研究生数学建模精品案例

（第二卷）

朱道元　编著

科学出版社

北京

内 容 简 介

本书精选了 2013~2017 年中国研究生数学建模竞赛的七个赛题. 全书共分 8 章, 内容包括对中国研究生数学建模竞赛的思考、水面舰艇编队防空和信息化战争评估模型、微蜂窝环境中无线接收信号的特性分析、乘用车物流运输计划问题、机动目标的跟踪与反跟踪、面向节能的单/多列车优化决策问题、多无人机协同任务规划、多波次导弹发射中的规划问题. 每个案例自成体系, 可以独立阅读.

本书可作为普通高等院校各专业的硕士生、博士生数学建模教学辅导书, 也可供从事数学建模的教师和相关科研人员参考使用.

图书在版编目 (CIP) 数据

研究生数学建模精品案例. 第二卷/朱道元编著. —北京: 科学出版社, 2020.6

ISBN 978-7-03-065096-2

Ⅰ. ①研… Ⅱ. ①朱… Ⅲ. ①数学模型-研究生-教学参考资料 Ⅳ. ①O141.4

中国版本图书馆 CIP 数据核字 (2020) 第 080518 号

责任编辑: 姚莉丽 / 责任校对: 杨聪敏
责任印制: 张 伟 / 封面设计: 陈 敬

科 学 出 版 社出版
北京东黄城根北街 16 号
邮政编码: 100717
http://www.sciencep.com

北京九州迅驰传媒文化有限公司 印刷
科学出版社发行 各地新华书店经销
*
2020 年 6 月第 一 版 开本: 720×1000 1/16
2022 年 11 月第四次印刷 印张: 28 1/4
字数: 570 000
定价: 108.00 元
(如有印装质量问题, 我社负责调换)

前　　言

中国研究生数学建模竞赛至今已经成功举办了十六届, 2019 年计有 500 多家研究生培养单位的 40000 多名研究生踊跃报名参赛, 竞赛规模再创历史新高. 竞赛正持续健康地向前发展.

回首中国研究生数学建模竞赛十多年来所走过的风雨历程, 我们蓦然发现竞赛的态势在经过长期不断地变化后, 夸张一点说已经进入了新阶段. 首先一批精英研究所、企业, 例如华为公司、某雷达研究所、交控科技公司、中国航天科工集团公司第三研究院, 甚至美国 Sabre 公司、海军指挥学院中各专业的专家都积极参与竞赛命题, 而且每年都有参与. 特别地, 华为公司 2019 年不仅为竞赛命题, 而且要求选择华为赛题的研究生必须在华为云平台上使用指定软件编程、计算、记录结果, 并由华为云平台为他们评分, 显然就是因为赛题与华为公司的研究比较密切. 其次, 从赛题的内容来看也更近似复杂的实际情况, 所要解决的问题也更接近前沿, 赛题的难度也在逐年震荡式加大. 虽然经全国上万研究生 4 天多合计 100 小时的奋力攻关, 仍然有一些问题没有解决或解决得不理想, 但是, 大家的努力没有白费, 经过十几年的发展, 竞赛的实际背景、创新性正在迈上新台阶.

仔细分析近几年的赛题会发现, 导弹的掩护与发射、无人机群的作战规划、飞行物的跟踪与反跟踪等显然都是亟待解决的重要科技问题; 轨道交通耗能巨大, 仅北京地铁每年消耗电力上千亿千瓦时, 节约轨道交通能耗既有重大经济价值又有显著的社会意义; 航母战斗群的抗饱和攻击能力即使提高 20% 也是对我国的国防力量了不起的贡献! 可以说近几年赛题若能完美解决, 哪怕是部分解决都具有非常重大的意义!

竞赛中有几个问题没有能够很好地被解决, 究其原因并不是研究生们不够优秀, 也不是研究生们不够努力, 确实是因为这些问题错综复杂、难度足够、需要一定的知识积累, 工作量大、创新性强, 难以借用现有的研究成果. 因为竞赛时间短来不及仔细分析全部问题, 来不及认真推敲, 这是可以理解的. 然而假以时日、持续研究、博采众长, 这些问题的部分解决是完全可能的, 本书中几条赛题的新成果就是例证. 同时应该指出的是, 在解决这些问题的过程中, 必须有一定比重的创新, 例如轿运车优化问题中装载方案选取的分析及选取办法就属于另辟蹊径; 分析问题的方法是可供借鉴的, 例如多波次导弹发射中寻找减少暴露时间关键的分析方法就值得学习; 对实际问题的理解也更全面、更丰满了, 例如对航母战斗群的抗饱和攻击能力的理解就是在反复多次的思考及失误后才逐渐充实、完整起来的; 而且还发现了数学上的新问题, 例如航母战斗群的抗饱和攻击能力提高是多次极值问题, 每次求极值又包含双方博弈寻优的过程. 为使抗饱和攻击能力达最大, 应该在全部具体的舰队队形、全部拦截来袭导弹方案中寻优, 要考虑全部来袭导弹方案、所有导弹来袭方向. 必须计算每种不同情况下拦截来袭导弹的次数, 既要关于所有导弹来袭方向及全部来袭导弹方案求极小值, 还要同时针对全部的舰队队形、对全部拦截来袭导弹方案取极大值. 因为同时在几种不同的领域取极值, 特别是同时取极小与极大, 所以这已经不是以往意义下的优化问题. 再如 2016 年无人机群侦察问题由于在雷达有效探测范围内的滞留路线最短与整个飞行路线最短并不等价, 所以这里并不是求哈密尔顿回路; 因为只考虑在区域 W 内的长度, 但起点、讫点不是固定点, 而是在 W 边界即可, 所以比普通意义下的链更广泛; 又因为链中可以包含不属于 W 的部分, 所以较长的链可能在区域 W 内的长度更短; 更有甚者, 需要连接的不再是点而是圆或圆环, 所以这是与图论中经典问题完全不同的新的一类问题. 综上所述, 这些问题不仅是具有重大价值的实际问题, 同时也是非常难得的培养数学建模能力和创造性的极好的载体.

发现这些问题并不十分困难, 只是人们经常由于实际问题所处的环境十分复杂而无意识、有意识地忽略了许多方面, 经常由于为了容易求解而对问题做出过度的简化, 甚至套用经典的模型, 人们也常常为了按期完成任务而放弃对更高目标的追求, 正如研究生在竞赛中所做的那样. 而只要与专业人士合作, 努力保持实际问题原本的情况, 这些问题就可以恢复到真实的面貌.

剩下的最后一个问题就是大力鼓励开展对于赛题的赛后研究. 由于学习时间紧, 研究生不可能再是主力. 现在从事这项任务的中坚力量只能是各单位数学建模的教练, 并由他们指导年年不断更新的研究生团队, 当然, 这也可以作为研究生数学建模协会自发开展数学建模活动的内容. 我们应建立一种机制 (例如竞赛组委会让全国教练或研究生来申请赛后研究的项目) 吸引各单位数学建模的教练乐意从事这项研究; 要创造条件、鼓励各单位、甚至不同单位的数学建模教练与研究所、企事业科技人员合作, 共同攻关, 既帮助研究所、企事业科技人员攻克研究中的难关, 也为培养研究生创新能力开辟道路; 我们应该为进行赛后研究的单位提供参赛的优秀论文, 甚至全部获一、二等奖的论文, 让他们博采众家之长, 在已有成果的基础上继续攀登.

笔者出版《研究生数学建模精品案例》(第二卷) 就是希望为开展中国研究生数学建模竞赛赛后研究起到抛砖引玉的作用, 本书的许多内容都学习了优秀论文的思想与结论, 也请研究生帮忙上机计算, 在此一并表示感谢. 受水平所限, 书中不少问题没有完全解决, 同时疏漏也在所难免, 敬请批评指正.

作　者

2019.10

目　　录

第1章

对中国研究生数学建模竞赛的思考

中国研究生数学建模竞赛已经成功举办了十六届. 2017 年由单位组织报名参赛的研究生培养单位达 465 家, 报名并交卷的研究生队达 10479 队, 其中包括博士生 1500 多名. 十多年来中国研究生数学建模竞赛规模从小到大, 从开始 2003 年"南京及周边地区研究生数学建模竞赛"仅 21 所高校研究生自发参加到 2017 年有 465 家高校、研究院所组织参赛; 从最初仅有 50 个研究生队 150 人参赛壮大为 2017 年有一万余队三万多研究生参赛, 规模扩大了数十倍乃至数百倍; 参赛单位也由早期仅少数知名高校参加到 2017 年在全国绝大多数培养研究生高校及包括中国科学院大学在内的多家研究院所中普及; 从 2003 年仅两个省研究生参赛到 2019 年全国所有的省、自治区、直辖市及特别行政区都有研究生参赛. 从前期仅有高校师生投入到后来获得华为公司、交控科技公司等公司的冠名赞助, 并进一步获得上海市人事局和众多企业的认可; 从 2003 年竞赛仅在少数教师的参与下由各校研究生会自发组织到 2004 年由各校研究生院联合组织竞赛再到 2012 年竞赛由教育部学位与研究生教育发展中心主办, 从纯民间组织走到了官方举办; 从完全是我国的国内赛事到 2017 年甚至有美国 Sabre 公司以他们公司核心问题为竞赛命题. 十多年来尽管也有些曲折, 但总体而言这项我国独创的研究生层次的数学建模竞赛始终在健康地向前发展.

回首十多年的历程, 有许多经验教训, 为了今后更好、更有成效地开展研究生数学建模活动, 我们有必要借此机会认真加以总结.

一、对研究生竞赛赛题的要求

命题是竞赛的生命线, 命题是实现竞赛目标的至关重要的环节, 命题体现着竞赛的导向, 命题反映出对研究生素质、能力的要求, 命题是竞赛能否吸引研究生踊跃参赛的关键, 命题是竞赛能够健康、持续成长的主要因素, 命题也是联系研究生培养单位与研究生使用单位之间的桥梁. 研究生数学建模竞赛最重要的学术工作就是命题. 因此总结竞赛首先应该总结命题. 为全面讨论中国研究生数学建模竞赛赛题的质量, 使今后达到更高的层次, 这里首先将以往 2004~2017 年竞赛的 64 条赛题题目全部列表如下 (表 1.1).

表 1.1

2004 年	A 题	发现黄球并定位 (实际是隐形飞机定位)
	B 题	实用下料问题
	C 题	售后服务数据的运用
	D 题	研究生录取问题
2005 年	A 题	Highway Traveling Time Estimate and Optimal Routing
	B 题	空中加油问题
	C 题	城市交通管理中的出租车规划
	D 题	仓库容量有限条件下的随机存储管理
2006 年	A 题	Ad-Hoc 网络中的区域划分和资源分配问题
	B 题	确定高精度参数问题
	C 题	维修线性流量阀时的内筒设计问题
	D 题	学生面试问题
2007 年	A 题	建立食品卫生安全保障体系数学模型及改进模型的若干理论问题
	B 题	机械臂运动路径设计问题
	C 题	探讨提高高速公路路面质量的改进方案
	D 题	邮政运输网络中的邮路规划和邮车调度
2008 年	A 题	汶川地震中唐家山堰塞湖泄洪问题
	B 题	城市道路交通信号实时控制问题
	C 题	货运列车的编组调度问题
	D 题	中央空调系统节能设计问题
2009 年	A 题	我国就业人数或城镇登记失业率的数学建模
	B 题	枪弹头痕迹自动比对方法的研究
	C 题	多传感器数据融合与航迹预测
	D 题	110 警车配置及巡逻方案
2010 年	A 题	确定肿瘤的重要基因信息 —— 提取基因图谱信息方法的研究
	B 题	与封堵溃口有关的重物落水后运动过程的数学建模
	C 题	神经元的形态分类与识别
	D 题	特殊工件的磨削加工的数学建模
2011 年	A 题	基于光的波粒二象性一种猜想的数学仿真
	B 题	吸波材料与微波暗室问题的数学建模
	C 题	小麦发育后期茎秆抗倒性的数学模型
	D 题	房地产行业的数学建模
2012 年	A 题	基因识别问题及其算法实现
	B 题	基于卫星无源探测的空间飞行器主动段轨道估计与误差分析
	C 题	有杆抽油系统的数学建模及诊断
	D 题	基于卫星云图的风矢场 (云导风) 度量模型与算法探讨

续表

年份	题号	题目
2013 年	A 题	变循环发动机部件法建模及优化
	B 题	功率放大器非线性特性及预失真建模
	C 题	微蜂窝环境中无线接收信号的特性分析
	D 题	空气中 PM$_{2.5}$ 问题的研究
	E 题	中等收入定位与人口度量模型研究
	F 题	可持续的中国城乡居民养老保险体系的数学模型研究
2014 年	A 题	小鼠视觉感受区电位信号 (LFP) 与视觉刺激之间的关系研究
	B 题	机动目标的跟踪与反跟踪
	C 题	无线通信中的快时变信道建模
	D 题	人体营养健康角度的中国果蔬发展战略研究
	E 题	乘用车物流运输计划问题
2015 年	A 题	水面舰艇编队防空和信息化战争评估模型
	B 题	数据的多流形结构分析
	C 题	移动通信中的无线信道 "指纹" 特征建模
	D 题	面向节能的单/多列车优化决策问题
	E 题	数控加工刀具运动的优化控制
	F 题	旅游路线规划问题
2016 年	A 题	多无人机协同任务规划
	B 题	具有遗传性疾病和性状的遗传位点分析
	C 题	基于无线通信基站的室内三维定位问题
	D 题	军事行动避空侦察的时机和路线选择
	E 题	粮食最低收购价政策问题研究
2017 年	A 题	无人机在抢险救灾中的优化运用
	B 题	面向下一代光通信的 VCSEL 激光器仿真模型估计
	C 题	航班恢复
	D 题	基于监控视频的前景目标提取
	E 题	多波次导弹发射中的规划
	F 题	构建地下物流系统网络

沿着这十四年竞赛题目的脉络不难发现, 中国研究生数学建模竞赛的命题正在逐渐形成具有重大实际背景、强烈的实践性、鲜明的前沿性、足够的创新性、刺激的挑战性、题材的广泛性等一系列特色.

党的十九大指出加快建设创新型国家. 发展研究生教育是作为创新驱动发展和提高国际竞争力的一个战略性的选择, 研究生教育下一步必将以全面提高质量为核心, 更加突出研究生创新和实际能力的培养, 更加突出产学研的结合.

党的十九大指出为实现中华民族伟大复兴的中国梦不懈奋斗. 而中国梦的实现需要教育部门提供坚强有力的人才支持. 人力资源是第一资源, 科学技术是第一生产力, 而这两个第一的有效结合点就是研究生教育, 研究生教育作为培养高层次人才的主要途径, 肩负着人才强国、人力资源强国的重要使命, 因此不断发展研究生教育, 培养大批高质量、高素质、创新型、国际化的人才是研究生培养单位的神圣责任.

近几年教育部进一步提出将服务需求、提高质量作为研究生教育改革发展的一条主线, 更加突出服务经济社会发展, 更加突出创新精神、实践能力的培养, 更加突出科教结合、产学研结合, 更加突出对外开放.

新的形势下发展深化研究生教育是国家经济社会发展的战略需要, 研究生教育作为我国国民教育的顶端和国家创新能力提升、创新体系建设的生力军应努力营造研究生教育创新氛围, 以行业需求为导向, 以增强研究生创新实践能力为核心, 大力提升研究生培养质量. 中国研究生数学建模竞赛作为全国性的赛事完全应该以努力提高研究生培养质量, 大力增强研究生解决实际问题的能力为己任.

1. 具有重大实际背景

数学建模竞赛与数学竞赛的重要差别就在于要解决的问题来自实际, 解决问题的情况要尽量接近实际, 问题是否被成功解决取决于研究成果能否应用于实际并取得预想的效果. 而作为全国性研究生数学建模竞赛则更应该坚持这条底线. 不仅如此, 为了强调竞赛的导向作用, 赛题应该具有重大的实际背景, 让全体参赛研究生通过参加竞赛都能够体会到其中强烈的实践性和应用价值. 因为只有那些来自具有重大应用价值的实际问题, 并尽量保留实际问题的原貌 (包括采用真实数据), 方能开阔研究生的视野, 让他们了解国家经济社会发展的真实需要, 坚定他们报效祖国的决心, 提升他们解决实际问题的自信心, 并让他们把学术上的注意力集中到和国家经济建设、国防建设以及人民生活质量紧密相关的重大实际问题上. 研究生通过数学建模竞赛参与解决具有重大应用背景的实际问题也可以使研究生亲身体会数学建模的巨大作用和重要的实用价值.

例如 2016 年 D 题 "军事行动避空侦察的时机和路线选择" 的实际背景就是我国导弹的移动隐蔽问题. 因为 "三位一体" 的核打击能力一直是核大国最重要的战略威慑力量, 是国之重器, 是大国地位的战略支撑, 是维护国家安全的重要基石. 所谓 "三位一体" 核打击能力就是指由陆基洲际弹道导弹、潜艇发射导弹和远程战略轰炸机组成的相互补充的战略核力量体系. 我国以洲际弹道导弹为主要组成部分的陆基核力量规模最大、实力最强. 但是陆基核力量具有在饱和核攻击下生存能力不强的先天不足. 因此使其灵活机动、能够有效躲避卫星侦察就可以保持强大的陆基核打击力量, 对我国的国防安全具有举足轻重的作用. 此命题显然既符合具有重大实际背景的要求, 又体现了数学建模与提升国防实力之间的紧密联系, 有力地激发研究生创新和学习数学建模的动力.

2015 年 A 题 "水面舰艇编队防空和信息化战争评估模型" 的实际背景就是为

我国航母舰队寻找最佳防御队形的问题. 2015 年前后由于少数国家蓄意在南海挑起争端, 南海紧张气氛急剧升温, 成为万人瞩目的热点问题. 军事实力是解决国际问题的坚强后盾, 在这种形势下, 充分利用现有装备, 增强部队的战斗力, 具有重大军事价值. 讨论航母舰队的最佳防御队形显然具有重大实际背景, 这是我们首次将纯军事问题引入研究生数学建模竞赛, 题目既达到吸引研究生关注国家大事、注重国防建设的目的, 又说明在军事上同样需要数学建模知识、需要创新, 数学建模、创新与提升我国国防实力息息相关.

2008 年 A 题 "汶川地震中唐家山堰塞湖泄洪问题" 的实际背景就是当年 5 月 12 日 14：28 在我国四川汶川地区发生的 8.0 级强烈地震, 给当地人民生命财产和国民经济造成了极大的损失. 不仅如此, 强烈地震引发的次生灾害也相当严重, 特别是地震的造地运动形成了三十多个高悬于地震灾区的堰塞湖, 对下游数百万人民的生命财产和国家建设构成巨大的威胁, 还关系到重要的国防设施的存毁, 这些堰塞湖中以唐家山堰塞湖的危险尤为严重. 各级领导、科技工作者必须快速做出判断、决策、慎重处理. 我们就以唐家山堰塞湖泄洪问题作为研究对象, 收集了相当一段时间内电视台、广播电台、报纸及其他媒体的大量报道及数据, 请研究生运用数学建模方法去研究解决完全与科技工作者当时需要解决的或事后继续研究的、内容相同的、真刀真枪的实际问题. 这一具有重大实际背景的问题在参赛研究生中产生很大的震动, 也加深了研究生对数学建模的重视, 因此有更多的研究生参加到中国研究生数学建模竞赛中来. 2017 年九寨沟县发生 7.0 级地震, 我们仍然以地震为背景但是以利用无人机实现灾情巡视、生命探测、通信保障的规划问题为竞赛命题, 说明数学建模应用的深度和广度超出想象、威力巨大.

2007 年我们以关系广大人民群众身体健康的热点问题而命 A 题 "建立食品卫生安全保障体系数学模型及改进模型的若干理论问题". 我国是一个拥有十几亿人口的发展中国家, 每天都在消费大量的各种食品, 这批食品是由成千上万的食品加工厂、不可计数的小作坊和几亿农民生产出来, 并且经过较多的中间环节和长途运输后才为广大群众所消费, 容易产生污染, 加之近年来我国经济发展迅速而环境治理没有能够完全跟上, 以致环境污染形势十分严峻, 食品安全的事件时有发生, 食品安全日益引起全国人民的高度重视, 成为新闻媒体聚集的焦点. 迫切需要建立包括食品卫生安全保障体系在内的公共安全应急机制是关系国计民生的重大而迫切的任务. 这是我们以重大实际问题为背景设计赛题的初次尝试, 为日后的命题闯出了一条新路.

2013 年 D 题 "空气中 $PM_{2.5}$ 问题的研究" 的命题依据是 "2013 年年初以来, 我国发生大范围持续雾霾天气. 据统计, 受雾霾天气影响区域包括华北平原、黄淮、江淮、江汉、江南、华南北部等地区, 受影响面积约占国土面积的 1/4, 受影响人口约 6 亿人". 2012 年 2 月 29 日, 环境保护部与国家质量监督检验检疫总局联合发布了新修订的《环境空气质量标准》(GB3095-2012),首次将产生灰霾的主要因素——对人类健康危害极大的细颗粒物 $PM_{2.5}$ 的浓度指标作为空气质量监测指标. 因为粒径在 2.5 微米以下的细颗粒物,直径相当于人类头发的 1/10 大小,不易被阻挡. 被吸入人体后会直接进入支气管,干扰肺部的气体交换,引发包括哮喘、支气管炎和心血管病等方面的疾病. 每个人每天平均要吸入约 1 万升的空气,进入肺泡的微尘可迅速被吸收、不经过肝脏解毒直接进入血液循环分布到全身; 其次,会损害血红蛋白输送氧的能力. 对贫血和血液循环障碍的病人来说,可能产生严重后果. 可以加重呼吸系统疾病,甚至引起充血性心力衰竭和冠状动脉等心脏疾病. 总之这些颗粒可以通过支气管和肺泡进入血液,其中的有害气体、重金属等溶解在血液中,对人体健康的伤害更大. 人体的生理结构决定了对 $PM_{2.5}$ 没有任何过滤、阻拦能力,而且 $PM_{2.5}$ 对人类健康的影响估计还会随着医学技术的进步,可能暴露出新的危害. 正因为如此,有些人谈 $PM_{2.5}$ 色变,而对 $PM_{2.5}$ 治理却知之甚少,值此情况,迫切需要普及 $PM_{2.5}$ 发生机理和治理 $PM_{2.5}$ 的有效手段. 我们选择这个问题供研究生研究,既要求研究生重视环境保护,关心国家大事,认真阅读有关文献、查找相关数据、探索了解 $PM_{2.5}$ 的有关规律,为治理 $PM_{2.5}$ 寻找可行途径,又可以通过研究生向全民普及关于 $PM_{2.5}$ 的知识,提高全民族素养. 这条赛题也是让研究生数学建模竞赛首次进入卫生、环境保护领域的成功尝试.

2013 年 F 题 "可持续的中国城乡居民养老保险体系的数学模型研究" 也是一条具有重大实际背景的赛题. "统筹推进城乡社会保障体系建设" 是党的十八大提出的任务,是关系国计民生的重大社会问题,关系每个人、每个家庭的切身利益,影响到整个社会的安定团结. 特别在世界银行研究机构的研究报告认为到 2013 年中国养老基金缺口达到 18.3 万亿元,中国社会科学院世界社保研究中心的报告指出 2011 年我国城镇基本养老保险个人账户 "空账" 已经超过 2.2 万亿元之后,更成为社会热点问题. 究竟我国城乡居民养老保险体系的前景如何? 究竟我国养老基金缺口的发展情况如何? 有没有什么好的方法解决这个难题? 对国家目前仍在酝酿让各方感到比较满意的解决问题的方案有什么好的建议? 都是人们热议的话题. 以此命题 "可持续的中国城乡居民养老保险体系的数学模型研究" 既让研究生了解国情、关注民生、学会从宏观角度看待社会问题,又说明数学建模非常适合研究此类长期、宏观问题,社会、经济与数学建模关系密切,是数学建模的重要应用领域. 这次研究生竞赛中得出的结论: 必须延长退休年龄和增加国家对城乡居民养老保险体系的投入,目前已经成为人们的共识,说明数学建模在经济领域应用前景一片光明.

2014 年 E 题 "人体营养健康角度的中国果蔬发展战略研究" 是中国工程院的战略研究课题的一部分. 既然是中国工程院的战略研究课题,肯定具有重大的实际背景. 它既关系全国人民的日常饮食和身体健康,又与全国农业生产、农村经济密切相关. 由于蔬菜、水果的种类繁多, 加之统计数据严重不全、统计口径不一, 还需要考虑地域、季节、进出口等诸多因素, 已经很困难了, 还需要与各种果蔬里包含的不同营养成分联系起来. 题目既是对数学建模的挑战, 也表明数学建模在解决跨学科、大系统问题上有一定的优势.

2016 年 E 题 "粮食最低收购价政策问题研究" 研究的是国家粮食政策和全国粮食生产的关系. 粮食, 不仅是人们日常生活的必需食品, 而且还是维护国家经济发展和政治稳定的战略物资, 具有不可替代的特性. 关于全国粮食生产和国家政策的问题当然是具有重大实际背景的研究课题. 由于耕地减少、人口增加、水资源短缺、气候变化等问题日益凸显, 加之国际粮食市场的冲击, 我国粮食产业面临着潜在的风险. 因此, 研究我国的粮食保护政策及其执行效果具有十分重要的意义. 赛题要求研究生建立影响粮食种植面积的指标体系和关于粮食种植面积的数学模型, 评价粮食最低收购价政策的实施效果并对 2017 年的粮食最低收购价的合理范围进行探讨, 给研究生指出了运用数学建模方法研究社会经济问题的方向.

2017 年 F 题 "构建地下物流系统网络", 其背景是国家自然科学基金的重大课题. 交通拥堵是困扰大城市的世界性难题, 每天交通拥堵都造成时间的严重浪费、效率的惊人降低、巨大的能源消耗和环境的不断恶化. 世界各国都在为解决城市交通和环境问题进行积极探索, 而处理好货运交通已成为共识. 大量实践证明, 仅通过增加地面交通设施来满足不断增长的交通需求, 既不科学也不现实, 地面道路不可能无限制地增加. 因此 "统筹规划地上地下空间开发" 势在必行, "地下物流系统" 正受到越来越多发达国家的重视. 亟待进行城市规模的前瞻性研究, 为发展地下物流系统的理论和实践进行探索. 显然这也是一条具有重大实际背景的课题.

此外, 2009 年 A 题 "我国就业人数或城镇登记失业率的数学建模"、2011 年 D 题 "房地产行业的数学建模" 也是具有比较重大实际背景的问题. 总之中国研究生数学建模竞赛十多年来, 赛题已经形成具有重大实际背景的特色.

2. 强烈的实践性

数学建模虽然也包含理论研究, 但不同于数学基础理论研究, 它更注重解决实际问题. 因为从宏观看, 实际问题中的大多数并不具有重大实际背景, 所以数学建模竞赛的赛题也不能强求每题都具有重大实际背景, 但中国研究生数学建模竞赛赛题具有重要的导向作用, 所以强烈的实践性是赛题必不可少的.

首先中国研究生数学建模竞赛赛题不再完全由老师来命题. 近几年每年研究生数学建模竞赛都有来自企业的赛题. 2013 年 B 题 "功率放大器非线性特性及预失真建模"、2013 年 C 题 "微蜂窝环境中无线接收信号的特性分析"、2014 年 C 题 "无线通信中的快时变信道建模"、2015 年 C 题 "移动通信中的无线信道 '指纹' 特征建模"、2016 年 C 题 "基于无线通信基站的室内三维定位问题"、2017 年 B 题

"面向下一代光通信的 VCSEL 激光器仿真模型估计" 都是华为公司提供的. 华为公司从 2012 年起就开始冠名赞助中国研究生数学建模竞赛, 但当时仅限于经费上给予支持. 我们认为吸引企业参与研究生数学建模竞赛不仅仅是为了提高竞赛的知名度, 更重要的是建立起高校和企业之间紧密的联系. 研究生数学建模竞赛不仅希望赛题来自实际, 更希望能够把研究成果返回到实践中去接受实践的检验, 这样就能实现我们一直期望的从实际中来再回到实际中去的完整的循环. 所以我们邀请华为公司组织本公司的技术人员从公司当前正在解决或尚未解决的技术问题中抽象、凝聚出赛题, 在竞赛中使用. 华为公司对此很配合, 如 "无线通信中的快时变信道建模" 不仅是整个通信行业都在奋力攻关的公开问题, 而且是正在高速发展的高铁、民航事业对通信技术提出的迫切需求, 具有重大的实用价值. 不断提高的人类生活质量及社会、经济的巨大发展正持续对移动通信服务提出更高质量的要求, 因此快时变信道建模被提上了议事日程, 也成为华为公司的预研课题. "基于无线通信基站的室内三维定位问题", 也是华为公司正在研究的课题, 提供基于地理位置信息的服务 (location-based service, 简称 LBS) 已经成为最具市场前景和发展潜力的业务之一, 虽然商用 GPS 已经随着智能手机的发展而得到了广泛的应用, 但是, 在诸如室内、地下、高楼林立的市区等诸多场景中, GPS 定位性能较差, 而基于无线通信基站的定位技术有着广阔的应用前景和巨大的商业价值.

"面向节能的单/多列车优化决策问题" 是 2015 年竞赛冠名赞助单位交控科技公司根据公司自身的业务和科研要求为竞赛命题的题目. 交控科技公司是一家从事轨道交通控制的高科技企业, 正对轨道交通中核心问题之一的节能问题奋力攻关. 考虑到当前全世界气候变暖、环境恶化的大背景, 节能具有极其重大的实际意义和巨大的经济价值. 显然该题具有强烈的实践性.

2014 年 B 题 "机动目标的跟踪与反跟踪" 是由某雷达研究所的技术人员提供的赛题. 机动目标的跟踪与反跟踪在军、民用领域都有重要的应用价值, 是雷达研究所多年来持续研究、不断创新的目标, 也是近年来跟踪理论研究的热点和难点, 尤其反跟踪问题具有重要实际价值, 而且目前研究成果还很少.

2012 年 D 题 "基于卫星云图的风矢场 (云导风) 度量模型与算法探讨" 以中国气象局的科技工作者为主命题, 采用的是我国风云二号气象卫星收集的真实数据, 是完全真实的问题, 该题以卫星云图为研究对象, 将研究生数学建模活动延伸到气象领域.

2017 年 C 题 "航班恢复" 问题是美国独资公司 Sabre 公司主动找我们, 用他们公司的核心技术问题为竞赛命题. 他们的目的: 一是通过命题扩大公司在中国的影响, 提高公司的知名度; 二是希望让中国研究生为他们的难题提供创新的思路. 这也从侧面反映中国研究生数学建模竞赛的赛题具有强烈的实践性已获得认可.

由企事业单位从当前紧迫的技术问题中挑选合适的内容为竞赛命题, 是竞赛赛题具有强烈实践性的有力保证，企业科技人员为竞赛命题也让赛题更接 "地气"，更具实际应用价值. 今后我们应创造条件逐步加大企业命题的比例.

　　由于我们现在与企业的联系还不够畅通，赛题命题人中大多数仍然是高校工程专业的教师. 由于这些老师常年从事实际课题的研究、与企业联系紧密、掌握企业的现状、了解企业的需求. 特别是赛题都来自他们正在研究的课题，他们又是研究生导师，熟悉研究生的实际水平与理论基础，故命题更加得心应手. 2004 年 B 题 "实用下料问题"、2006 年 C 题 "维修线性流量阀时的内筒设计问题"、2007 年 D 题 "邮政运输网络中的邮路规划和邮车调度"、2010 年 D 题 "特殊工件的磨削加工的数学建模"、2012 年 C 题 "有杆抽油系统的数学建模及诊断"、2015 年 E 题 "数控加工刀具运动的优化控制"、2017 年 D 题 "基于监控视频的前景目标提取" 就是这方面的典型代表，这类赛题使中国研究生数学建模竞赛赛题散发着浓郁的实践气息.

　　中国研究生数学建模竞赛还有许多赛题虽然不是来自企业，但是依然具有强烈的实践性，因为它们取自各行各业的社会实践. 如 2005 年 A 题 "Highway Traveling Time Estimate and Optimal Routing"、2005 年 C 题 "城市交通管理中的出租车规划"、2008 年 B 题 "城市道路交通信号实时控制问题" 都是和交通密切相关的实际问题. 再如 2009 年 B 题 "枪弹头痕迹自动比对方法的研究"、2009 年 D 题 "110 警车配置及巡逻方案" 都是和社会治安有关的实际问题. 又如 2005 年 D 题 "仓库容量有限条件下的随机存储管理"、2014 年 E 题 "乘用车物流运输计划问题" 都是物流行业里典型的实际问题. 当然 2011 年 C 题 "小麦发育后期茎秆抗倒性的数学模型"、2008 年 D 题 "中央空调系统节能设计问题" 分别属于农业生产、建筑行业的关键技术问题. 此外还有许多赛题来自科研第一线，总之，64 条赛题都具有重要的实际背景.

　　为了增强赛题的实践性，除了选题必须从实际中来，我们还始终坚持赛题的内容尽量保持问题的原来面貌，力求不降低难度，不做不必要的简化，尤其注意提供真实的资料、真实的数据. 如 2007 年 D 题 "邮政运输网络中的邮路规划和邮车调度" 的县、乡公路网、2009 年 D 题 "110 警车配置及巡逻方案" 的街道图形、2016 年 D 题 "军事行动避空侦察的时机和路线选择" 的地图和 2017 年 F 题 "构建地下物流系统网络" 的交通图就是山东省菏泽市和聊城市市区、新疆维吾尔自治区以及南京市仙林地区的真实地图. 2008 年 D 题 "中央空调系统节能设计问题" 的气象数据就是南京市气象站的观测数据. 2009 年 B 题 "枪弹头痕迹自动比对方法的研究" 所提供的几个 G 的数据都是公安系统测量的真实数据. 2011 年 C 题 "小麦发育后期茎秆抗倒性的数学模型" 所提供的数据也是几百名学生在田间采集的真实数值. 2014 年 E 题 "乘用车物流运输计划问题" 的数据就是某大型物流公司的某天真实的客户需求. 2007 年 C 题 "探讨提高高速公路路面质量的改进方案"

所提供数据就是全国几十条高速公路的实际检测结果. 正是这些真实的数据明显不符合一般的数据分布规律, 反映了实际问题的特性, 有利于探索实际问题的客观规律, 同时也让研究生深刻体会到具体问题必须具体分析的重要性. 2008 年 A 题 "汶川地震中唐家山堰塞湖泄洪问题" 是把电视台、广播电台、报纸及其他媒体的大量报道及数据全部提供出来让研究生自行挑选. 而在 2009 年 A 题 "我国就业人数或城镇登记失业率的数学建模"、2011 年 D 题 "房地产行业的数学建模"、2014 年 D 题 "人体营养健康角度的中国果蔬发展战略研究"、2016 年 E 题 "粮食最低收购价政策问题研究" 的题目中我们仅提供必要的网址, 鼓励研究生自行上网查找有关数据, 使研究生在竞赛中的环境与真实的科研工作的环境完全一致, 尽早让他们适应今后的科研环境, 培养、锻炼他们良好的数据处理的习惯、技能, 培养他们独立工作的能力.

即使一些问题由于保密的需要不能提供真实的数据, 我们也要求命题人减少人为加工的痕迹, 提供尽量接近真实的仿真数据, 防止产生误导. 上述措施使研究生通过参加数学建模竞赛得到真刀真枪的科研训练, 培养了分析、解决实际问题的本领.

3. 鲜明的前沿性

研究生教育作为培养高层次人才的主要途径, 尤其博士生教育是我国学历教育的最高层次, 肩负着人才强国、人力资源强国的重要使命, 培养大批高质量、高素质、创新型、国际化的人才是研究生培养单位的神圣责任. 研究生是提升国家创新能力、建设创新体系的生力军, 寄托着祖国的未来与希望, 已经参与或即将参与激烈的国际竞争. 中国研究生数学建模竞赛作为他们毕业前的重要演练应该尽早地让他们进入角色, 尽可能地贴近前沿阵地, 能够尽快地适应激烈竞争的态势, 同时树立起敢于挑战前沿问题、敢于挑战权威的自信心与勇气. 因此全国研究生数学建模竞赛必须具有鲜明的前沿性.

十几年来竞赛牢牢地抓住这一点. 2011 年 A 题 "基于光的波粒二象性一种猜想的数学仿真" 把与诺贝尔奖联系在一起的重大科学问题和数学建模挂上了钩; 因为这是从爱因斯坦起一百多年来全世界物理学家都在探究、尚未解决的最重大的问题, 其前沿性是公认的. 2010 年全国研究生数学建模竞赛 A 题 "确定肿瘤的重要基因信息——提取基因图谱信息方法的研究" 是以 1999 年世界顶尖科技杂志 *Science* 上发表的选取信息基因的一篇论文为范本, 要求研究生进一步研究确定另一肿瘤的重要基因的数学建模方法, 是院士团队正在研究的课题. 2014 年 A 题 "小鼠视觉感受区电位信号 (LFP) 与视觉刺激之间的关系研究" 以在世界另一本最高水平的科技期刊 *Nature* 上当年发表的最新论文为基础, 结合命题人与国外合作的研究项目为竞赛命题, 前沿性、挑战性、创新性不言而喻. 2015 年 B 题 "数据的多流形结构分析" 是对大数据进行分析、处理方法的课题, 在大数据时代, 其前沿性、创新性非常明显. 2016 年 B 题 "具有遗传性疾病和性状的遗传位点分析" 也是由国内外专家联合命题. 由于位点在 DNA 长链中出现频繁, 多态性丰富, 近年来成为人们研究 DNA 遗传信息的重要载体, 被称为人类研究遗传学的第三类遗传标记. 定位与性状或疾病相关联的位点在染色体或基因中的位置, 能帮助研究人员了解性状和一些疾病的遗传机理, 也能使人们对致病位点加以干预, 防止一些遗传病的发生. 因此这条题目的挑战性、前沿性毋庸置疑, 而且应用价值很大. 鉴于无人机是当今世界第六代战机的发展方向, 虽然还在快速研制、改进中, 但理论研究方兴未艾. 2016 年 A 题 "多无人机协同任务规划" 要求针对无人机群侦察、通信、攻击等多种任务实现优化, 并提出了数学上一些新问题, 前沿性非常明显. 2017 年 A 题 "无人机在抢险救灾中的优化运用" 则将无人机这一前沿问题进一步引向深入. 其实 2013 年 E 题 "中等收入定位与人口度量模型研究"、2009 年 C 题 "多传感器数据融合与航迹预测"、2015 年 D 题 "面向节能的单/多列车优化决策问题" 等赛题都是各学科的前沿课题, 只是非该学科人员可能不太了解罢了.

越来越多的前沿课题频繁出现在中国研究生数学建模竞赛的赛题中, 显著提升了中国研究生数学建模竞赛的学术水平, 提升了研究生数学建模竞赛的层次, 也使竞赛得到各专业人士的广泛认可.

4. 足够的创新性

创新是一个民族的灵魂, 教育部提出对研究生要更加突出创新精神的培养, 而且中国研究生数学建模竞赛的宗旨之一就是提高研究生的创新能力. 竞赛赛题理所当然要遵循竞赛的宗旨, 响应教育部的号召, 紧紧围绕创新这个主题.

创新能力的培养与在学期间知识传授虽然关系密切, 却差别很大. 因为并不能简单地通过知识的传授就可以让受教育者同步增加他们的创新能力. 显然学习并全部理解牛顿所创立的微积分和牛顿三大运动定律, 甚至学习并理解牛顿的全部学术著作也绝不能够就具备牛顿那样的创新能力. 加之有些课程忽略探究的过程, 没有突出创新的思想, 以致学习课程等同于知识传授, 在创新能力的培养上收效甚微. 所以培养研究生创新能力必须按客观规律办事.

提高创新能力的一个关键是必须经过自身的 "再加工". 创新能力的培养至少要经过两个阶段: 第一个阶段是感悟阶段, 通过向他人学习, 体会他们的创新思想、创新方法; 第二个阶段是实践阶段, 在解决新问题时提出创新思想、运用创新方法, 或在解决别人已经解决了的问题时, 提出新的想法、成功运用新的方法, 得到更好的结果. 两个阶段中的第二个阶段特别重要, 通过第二个阶段的训练才能真正提高自我创新的自信心、逐渐活跃思维、丰富想象力. 当然第二个阶段的实践也必须有合适的载体, 有明确要求解决的具体问题, 而且可能存在与当事人知识水平相匹配的方法、手段, 这些方法、手段以往没有被用来解决这个具体问题. 总之要让研究生有创新的基础与创新的空间. 研究生数学建模竞赛的赛题要能够对培养研究生创新能力有所帮助, 一定要有合适的基础和足够的创新空间.

显然要解决前沿性课题必须通过创新, 但很多情况下解决问题条件完全不成熟、太难或者基础、专业门槛太高, 所以只有那些估计研究生在几天之内能够取得一定进展的问题才可以作为竞赛赛题, 如前面提到的几条赛题. 更多的情况则是虽然可能不是学科前沿问题, 但仍然有至今未能攻克的难关, 或者目前虽然已经有了解决问题的方法但方法自身有缺陷希望改进, 抑或情况发生变化, 需要有新方法来适应新情况. 总之, 有比较高的难度又有解决可能的实际问题才可以改进成为研究生数学建模竞赛的赛题.

基于上述考虑, 2008 年全国研究生数学建模竞赛 A 题 "汶川地震中唐家山堰塞湖泄洪问题"、2011 年 B 题 "吸波材料与微波暗室问题的数学建模"、2007 年 C 题 "探讨提高高速公路路面质量的改进方案"、2009 年 B 题 "枪弹头痕迹自动比对方法的研究"、2010 年 D 题 "特殊工件的磨削加工的数学建模" 都是有足够创新空间的赛题 (有关创新性在《研究生数学建模精品案例》一书中已经详细介绍).

2014 年 B 题 "机动目标的跟踪与反跟踪" 的内容尤其是其中关于反跟踪问题在学术界还处于开始研究阶段, 成果极少, 当然创新的成分强, 研究生发挥的余地很大. 2015 年 A 题 "水面舰艇编队防空和信息化战争评估模型" 是首次将纯军事问题引入中国研究生数学建模竞赛, 是新问题、新要求, 解决起来肯定需要新思想、新做法, 所以创新的空间非常大, 容易借鉴、持续改进. 2016 年 A 题 "多无人机协同任务规划" 由于成像传感器的特殊成像要求, 形成了新的数学问题, 自然需要新的数学手段来解决, 对现有的方法必须按实际问题的要求进行修改; 后续实际问题甚至需要将几门数学分支知识综合加以考虑, 创新肯定在所难免 (详细内容见本书后续章节).

其他赛题例如 2004 年 A 题 "发现黄球并定位"、2010 年 B 题 "与封堵溃口有关的重物落水后运动过程的数学建模"、2013 年 A 题 "变循环发动机部件法建模及优化" 等也都是创新方向很多、创新方面很多的实际问题, 不一一列举.

5. 刺激的挑战性

任何竞赛想吸引选手来参与, 刺激的挑战性是必不可少的, 当然中国研究生数学建模竞赛也不例外. 刺激的挑战性可以引起参赛选手浓厚的兴趣; 刺激的挑战性可以极大地提升工作的效率; 刺激的挑战性可以促进激烈的思想交流和碰撞; 刺激的挑战性会给参赛选手留下难以忘怀的深刻印象; 刺激的挑战性可以充分激发选手的内在的潜能; 刺激的挑战性及挑战后的成功可以给参赛选手以强烈的自信.

中国研究生数学建模竞赛在这方面做了一些尝试, 参赛研究生普遍认为是毕生难忘的考验. 竞赛的时间是连续 100 小时, 是否休息、怎么安排休息由研究生自主决定; 竞赛允许使用计算机和一切现成或自编软件, 关键在于平时的积累; 竞赛鼓励利用互联网查找相关知识, 问题是查找的速度与恰当的选择; 参赛三名队员是一个整体, 协调配合是否默契关系重大.

　　因为每年赛题的数目只有四到六条, 所以赛题的专业背景必定和绝大多数研究生的专业方向不一致. 而竞赛的时间只有短短的 100 小时, 肯定需要在最短的时间里准确地理解题意, 尽快地阅读题目提供的中外文文献, 理解、掌握有关专业知识并创造性地解决赛题中的困难问题, 因而具有较强的挑战性.

　　竞赛赛题无疑是挑战性的关键. 光的波粒二象性、无人机群、堰塞湖泄洪、变循环发动机部件法建模及优化、小鼠视觉感受区电位信号 (LFP) 与视觉刺激之间的关系研究等都非常吸引眼球, 给人强烈的震撼; 赛题的难度也是挑战性的重要一环, 64 条赛题其中没有一条被任一研究生队在竞赛期间全部完成, 所以参赛研究生在竞赛期间必须开足马力、拼尽全力争取多做出一些成果; 解决问题的方法需要创新、另辟蹊径也是构成挑战性的重要原因, 2005 年 B 题 “空中加油问题”、2008 年 A 题 “汶川地震中唐家山堰塞湖泄洪问题”、2011 年 B 题 “ 吸波材料与微波暗室问题的数学建模”、2014 年 E 题 “乘用车物流运输计划问题”、2015 年 A 题 “水面舰艇编队防空和信息化战争评估模型” 在这方面都有突出的体现, 以致当年只有一、两个队甚至没有研究生队完成其中某些子问题.

　　如 2015 年 A 题 “水面舰艇编队防空和信息化战争评估模型”, 从初始解出发进行改进, 经常落入 “陷阱”、“顾此失彼”! 因为即使从数学角度看这个问题也非常困难. 第一, 这是既要多次求极小、又要多次求极大的多次极值问题, 要先关于所有导弹来袭方案求极大, 关于所有拦截方案求极小, 即敌对双方进行博弈对抗, 然后再在无穷多方向中求极小, 再关于无穷多方案求极大, 因此挑战的难度前所未有; 第二, 问题的结构——约束条件不是固定的 (如是否经过护卫舰的上方, 防御范围等), 是随着参数的变化而变化的, 开始无法写出准确的模型; 第三, 即使求目标函数的一个值 (拦截次数) 都要花费不少时间, 再要求关于无穷多方向的极小值, 若没有好方法, 计算机对此也无能为力; 第四, 目标函数是拦截次数的和, 是离散的, 不是每个加项取最大和就是最大, 求单项极值作用不大. 所以这条题目即使从纯数学角度也值得深入研究, 不能只靠尝试, 必须根据前面探索的过程找到一般规律, 要让寻优工作程序化, 至少是分段程序化.

　　赛题的数据量大、工作量大、追求更高效率是造成挑战性的重要原因, 2009 年 B 题 “枪弹头痕迹自动比对方法的研究” 需要处理的数据量有几个 G、2015 年 D 题 “面向节能的单/多列车优化决策问题” 要为上千列地铁详细规划出运行图、2016 年 A 题 “多无人机协同任务规划” 要为几百架无人机制定完整的路线图和时刻表, 工作量都非常大, 为了挑战成功必须有惊人的效率.

6. 题材的广泛性

经过十几年的发展, 中国研究生数学建模竞赛的参赛规模已经达一万队以上, 来自全国各省市自治区的 500 多个研究生培养单位, 覆盖了全部十三个学科门类. 参赛选手中既有硕士生, 也有博士生; 参赛单位既有 "985" "211" "双一流" 等名牌大学, 也有地方高校、研究院所; 既有理工科研究生, 也有农林、医药、人文、经济专业的研究生; 既有来自沿海大城市的, 也有地处边远省份少数民族研究生; 既有未出过校门的, 也有参加工作数年的在职研究生. 总之参赛人员多姿多彩、状态各异.

中国研究生数学建模竞赛的赛题必须适应参赛者的总体情况, 要保证所有参赛者都可以选择到比较适合的赛题; 要让全体参赛研究生在竞赛中都能够发挥聪明才智、展现才华; 要使每位选手通过竞赛能够有所收获、有所回报; 要尽量对所有的竞争者做到公平、公正.

因此, 竞赛赛题必须做到题材广泛, 每年赛题的学科不能集中在理工科, 而且从宏观看、从长期看赛题应该包含所有学科门类. 这样不仅能够说明数学建模是各学科知识发展深化的共同需要、各学科的科技工作者都需要培养数学建模能力, 也有利于各学科研究生公平参加竞赛, 尽量减少学科层面的倾斜.

十四年的 64 条赛题, 虽然从总体而言是以理工科赛题为主, 但从学科需求看也比较合理, 因为确实工科的实际问题对数学建模的要求多、要求高、要求迫切. 另外理科赛题也不少. 2004 年 B 题 "实用下料问题"、2005 年 B 题 "空中加油问题"、2010 年 C 题 "神经元的形态分类与识别"、2011 年 A 题 "基于光的波粒二象性一种猜想的数学仿真"、2015 年 B 题 "数据的多流形结构分析" 都属于理科赛题, 事实上理科对数学建模的需求也比较强烈.

经济管理学科与数学建模关系相对密切, 所以经济管理学科的赛题也占了一定的比例. 2004 年 C 题 "售后服务数据的运用"、2004 年 D 题 "研究生录取问题"、2005 年 D 题 "仓库容量有限条件下的随机存储管理"、2006 年 D 题 "学生面试问题"、2009 年 A 题 "我国就业人数或城镇登记失业率的数学建模" 都是管理学科的题目. 后来又从管理学科延伸到经济学科, 2011 年 D 题 "房地产行业的数学建模"、2013 年 E 题 "中等收入定位与人口度量模型研究"、2016 年 E 题 "粮食最低收购价政策问题研究" 都带有明显的经济色彩. 这些可以作为与国际上经济、管理学科数学的应用日益广泛、深入的情况接轨的体现.

2011 年 C 题 "小麦发育后期茎秆抗倒性的数学模型" 和 2014 年 D 题 "人体营养健康角度的中国果蔬发展战略研究" 是为数不多的与农林生产相关的研究生数学建模赛题, 但也填补了空白.

在当今生物科学、生命科学迅猛发展的形势下, 中国研究生数学建模竞赛接连出现了几条关于基因研究的赛题. 2010 年 A 题 "确定肿瘤的重要基因信息 —— 提取基因图谱信息方法的研究"、2012 年 A 题 "基因识别问题及其算法实现"、2016 年 B 题 "具有遗传性疾病和性状的遗传位点分析" 都体现了中国研究生数学建模竞赛跟上世界科技发展潮流的努力.

　　鉴于当前世界形势变化, 增强国防实力的需要日益紧迫, 而很多军事问题和数学建模密不可分, 因此近几年有关军事题材的赛题出现了几条. 2015 年 A 题 "水面舰艇编队防空和信息化战争评估模型"、2016 年 A 题 "多无人机协同任务规划"、2016 年 D 题 "军事行动避空侦察的时机和路线选择"、2017 年 E 题 "多波次导弹发射中的规划" 应运而生, 集中涌现. 实际上 2004 年 A 题 "发现黄球并定位"、2006 年 A 题 "Ad-Hoc 网络中的区域划分和资源分配问题"、2012 年 B 题 "基于卫星无源探测的空间飞行器主动段轨道估计与误差分析"、2014 年 B 题 "机动目标的跟踪与反跟踪" 都具有重要的军事应用价值.

　　严格讲, 有些赛题属于跨学科的问题, 2009 年 B 题 "枪弹头痕迹自动比对方法的研究"、2009 年 D 题 "110 警车配置及巡逻方案" 可以归类到公安, 属于法学大类. 2007 年 A 题 "建立食品卫生安全保障体系数学模型及改进模型的若干理论问题" 可以归类到公共卫生, 属于医学大类. 2004 年 D 题 "研究生录取问题"、2006 年 D 题 "学生面试问题" 都是研究生教育中的实际问题, 也可以归类到教育学科. 综上所述, 十四年的 64 条赛题已经覆盖了很多学科大类, 我们应该在已经取得成绩的基础上力争尽快让中国研究生数学建模竞赛赛题覆盖所有的学科.

　　既然教育部定位中国研究生数学建模竞赛是面向全国在校研究生的学术竞赛, 各学科也确实对数学建模有需求, 为吸引更多的研究生参与到这一赛事中来, 我们应该在各学科的发展中, 在各学科需要解决的实际问题中寻找数学建模的用武之地、挖掘数学建模人才能够施展才华的空间.

　　另一方面, 我们在实践中感到题材的广泛性是中国研究生数学建模竞赛公正、公平的重要因素, 但不是唯一的因素. 只要尽力降低赛题的专业门槛, 用简短的文字、图片、少量的公式进行科普介绍, 同时给出主要的参考文献, 让各专业研究生迅速进入实际问题的数学建模部分就能够达到类似的效果, 近几年每年我们都有几乎没有专业门槛的赛题, 受到非理工科研究生的欢迎.

二、努力提高研究生数学建模竞赛题目质量的尝试

　　研究生数学建模竞赛赛题的要求明确了, 怎么让赛题达到上述要求呢, 通过十几年的探索, 在这方面也积累了一些成功的经验.

1. 选好素材, 素材不理想, 再改也不会有大的起色

　　尽管有些年初始可能担心赛题数量不够, 对一些不怎么理想的素材也努力去完善, 但多次的实践表明在那些缺陷比较大的赛题素材上虽然花了不少工夫去修改,

然而成效不大; 相反有的赛题素材开始虽然粗糙, 但具有重大实际背景, 属于前沿问题, 有明显的创新可能, 则假以时日, 就可能成为不可多得的赛题.

因此对应征赛题的第一步筛选非常重要, 应该牢牢扣紧有无重大实际背景、是否是本专业或本专业方向的前沿课题、有无可以预见的创新机遇、是否具有比较大的难度, 是否前几届有过类似的题目等来进行判断, 这样不仅节省人力、时间, 也减少了许多无效劳动.

竞赛初期, 我们主要是等题目上门, 由于竞赛知名度不够高, 题目来源比较紧张. 即使如此, 受我国和美国大学生数学建模竞赛的影响, 怕赛题太大研究生做不好, 怕有争议影响竞赛的发展, 所以不敢涉及有重大实际背景问题和敏感问题, 但经过几次成功尝试后就发现这些题材却是赛题的优质素材, 具有这类背景的实际问题也是赛题的重要来源. 而且与一般实际问题相比, 我们可以根据当前国内外重大事件、热点问题、舆论的焦点, 特邀有关专家为中国研究生数学建模竞赛命题. 这样不仅扩大了题目来源, 同时让我们在命题中掌握了一定的主动权, 收到良好的效果. 例如 2014 年起我国南海形势不断升温, 我们邀请海军专家命题 "水面舰艇编队防空和信息化战争评估模型"; 又如近几年大数据成为人们的热门话题, 我们特邀这方面的专家命题 "数据的多流形结构分析", 效果都很好. 这样实行被动地接受题目与主动地邀约题目两条腿走路是命题工作一条成功的经验.

2. 着力争取从企业、研究院所获得赛题, 扩大题源

研究生数学建模竞赛的赛题要有强烈的实践性, 应该是真刀真枪、原汁原味的实际问题. 取得这样赛题的最好的方法当然是请企业、研究院所的科技人员以本单位正在研究或刚研究成功的实际问题为基础来命题.

由于我们刚开始与企业、研究院所的科技人员并不熟悉, 是通过校友与科研协作关系和他们建立起联系, 再进一步争取他们为竞赛命题. 如华为公司就是从先冠名赞助竞赛, 再到现在每年都既赞助竞赛又为竞赛命题. 交控科技公司、某雷达研究所、中国气象局的科技人员都曾为竞赛命题. 2017 年甚至美国 Sabre 公司也为竞赛命题, 随着竞赛知名度的提高, 竞赛命题的环境将进一步改善.

近几年承办单位的研究生院也为命题做出了不小的贡献, 从学校层面找企业办事更方便、更有力, 今后我们应该充分利用官方主办竞赛的有利条件做好命题工作.

另一方面, 我们应该努力经过研究生竞赛能够为企业解决、至少部分解决技术难题, 提高产品质量, 让企业在生产、技术上真正有所收获, 从而主动上门为竞赛提供赛题, 把为竞赛命题看成利用外界智力资源协助他们解决自身技术问题的一条途径. 当然要做到这样, 我们数学建模的老师必须苦练数学建模的内功, 要向专业老师学习必要的专业知识, 增强解决企业实际问题的本领, 学校也应该鼓励他们的探索, 承认他们的工作, 为他们创造有利的环境.

美国 Sabre 公司已经表达了与感兴趣的师生合作研究航班恢复课题的意向, 我们期待他们为竞赛开创新的亮点.

3. 尽力降低专业门槛, 力求竞赛赛题对大多数学科的研究生都比较公平

因为研究生的专业方向有几百个, 而每年的赛题只有几条, 所以对大多数研究生而言, 对每一条竞赛题他们都属于门外汉, 而本专业方向研究生的学科优势则不言而喻. 尽管这种情况如上所述在全国竞赛中肯定无法避免, 但既然有碍公平就必须尽量克服. 我们的做法是: ① 在赛题中多做一些铺垫, 比较详细地介绍有关专业的基本知识, 并力求通俗易懂. 宁可题目写得长一点也要把问题讲清楚, 让非本专业研究生仅通过看题目就对问题大致了解. ② 在赛题中提供参考文献, 供非本专业研究生快速阅读就可以初步掌握有关专业知识. ③ 赛题提出的问题尽量避开对专业知识要求比较高的部分, 并通过介绍专业知识基本上把专业实际问题转换成数学建模问题, 全体研究生面对这样的问题就差别不大了. ④ 在竞赛中还组织命题人在网上答疑, 研究生对赛题中不太理解的专业方面的问题可以提问, 命题人给予必要的解答.

最近几届竞赛每条赛题都回答提问上百条. 如 "吸波材料与微波暗室问题的数学建模" 赛题, 在答疑时就明确通知研究生对微波的反射一定遵循惠更斯原理不能按光线来处理; "水面舰艇编队防空和信息化战争评估模型" 赛题命题人答疑时也明白指出舰艇发射拦截导弹一定要等命中目标后才能准备下一个导弹发射; "军事行动避空侦察的时机和路线选择" 指明地面的观测数据是从固定的雷达站而不是从星下点观测到的.

又如 2016 年 A 题 "多无人机协同任务规划" 赛题中对无人机的类型、荷载及其特性都详细给出说明, 包括飞行速度、飞行高度、转弯最小半径、持续航行时间; 对荷载成像传感器的成像要求不仅用文字, 而且附图给予详细介绍; 对可能荷载的两类炸弹, 其发射条件、飞行速度、轰炸效果、制导要求都明确地说清楚, 目标也十分明确, 是无人机滞留雷达探测范围内的时间总和, 甚至指出无人机同时位于几个雷达的探测范围内只计算一次, 所以对非军事专业的研究生赛题几乎不存在任何专业问题.

4. 每年优先考虑一条专业门槛很低甚至没有专业门槛的赛题

随着中国研究生数学建模竞赛知名度的不断提高, 具有各种工程背景的科技人员被吸引过来, 不仅命题人的队伍在不断地扩大, 赛题来源多样化, 赛题的题材也丰富了, 这些为赛题的挑选创造了有利的条件. 由于应征题源数目大于竞赛要求的数目, 这就允许我们进行选择, 故近几年每年都有一、两条专业门槛很低甚至没有专业门槛的赛题.

例如 2004 年 D 题 "研究生录取问题" 对每一位研究生都不存在题意理解的问题. 2005 年 B 题 "空中加油问题" 不需要任何专业知识做基础. 2007 年 D 题 "邮政运输网络中的邮路规划和邮车调度" 需要的只是一些几乎没有研究生不熟悉的常识. 2009 年 D 题 "110 警车配置及巡逻方案" 同样只需要常识再稍作想象就行. 至于几条经济学科的赛题, 如 "房地产行业的数学建模" "中等收入定位与人口度量模型研究" "可持续的中国城乡居民养老保险体系的数学模型研究" "粮食最低收购价政策问题研究", 研究生有无经济学科背景对理解题意并无本质的影响, 对所有参赛研究生来说基本上都是公平的.

再如 2014 年 E 题 "乘用车物流运输计划问题"、2015 年 F 题 "旅游路线规划问题" 都是人们日常所见、所闻的情况, 不需要什么专业背景知识, 根本没有专业门槛, 中学生都可以读懂.

还有一些赛题粗看需要专业知识, 但实际上很多情况下有高中数理化知识也就差不多了, 因此这些赛题在公平性方面对大多数研究生而言, 差别微乎其微. 如 2008 年 A 题 "汶川地震中唐家山堰塞湖泄洪问题", 如果能够很好地利用高中数理化知识基本也能够解决, 并不一定需要水利方面的大量专业知识. 再如 2015 年 D 题 "面向节能的单/多列车优化决策问题", 同样运用高中数理化知识就可以解决问题, 再知道一些地铁运营方面的要求就更接近实际了. 又如 2014 年 D 题 "人体营养健康角度的中国果蔬发展战略研究", 研究生已经具有营养学知识很好, 没有也无妨, 自己上网查资料熟悉熟悉, 也问题不大.

近几年由于每年都有这种没有或只具有很低专业门槛的题目, 已经没有研究生拿到题目感觉一筹莫展了, 网上也不再呼吁没有适合他们专业基础的赛题了, 参赛研究生的专业覆盖全部 13 个门类说明在这个方面我们取得了初步的成功. 当然话又说回来, 这种题目每年也确实不应该再多, 因为它不符合我国生产、科研、社会、经济、军事等方面对数学建模的实际需求现状, 也不利于研究生数学建模能力及解决实际问题能力的培养.

5. 赛题要层次分明、难度递进、符合认知规律

前已说明研究生数学建模竞赛的赛题总体上应该有足够的难度, 富有挑战性, 还希望遗留部分问题让有兴趣的研究生或老师继续研究, 使研究生体会到数学建模和其他学科一样学无止境、需要不断创新.

但作为全国性研究生竞赛的题目必须符合认知规律, 适合绝大多数人研究问题的思路. 因此赛题应该在介绍专业背景之后, 把需要研究生完成的任务分成几个子问题, 难度逐渐加大, 由浅入深, 开始的一、两个子问题难度应该比较低, 确保无论参赛者来自哪个单位、学习哪个专业, 无论是硕士、博士, 只要是研究生都应该能够着手解决赛题中列出的这部分问题. 只有让全体参赛研究生都能够理解题意、

能够完成一些子问题, 才不至于有部分参赛研究生拿到赛题感到一筹莫展、望而却步、交出白卷; 并且使全体参赛研究生都能够通过参加竞赛做出成果, 在各方面都有所收获, 同时为下面的研究 "热身", 打下基础. 而后面几个子问题则应逐步加大难度、让子问题越来越接近实际情况、并不断地提高要求、直至提出前沿性的课题. 这样可以让竞赛反映出我国研究生的真实水平, 了解我国研究生教育质量的现状, 掌握研究生中带倾向性的问题, 并且在评审中能够做到比较准确地将研究生们拉开档次, 更主要的是确保赛题的前沿性、创新性、挑战性. 其中的关键是把握好挑战性的 "度", 要让研究生在 100 小时内可以不同进度地、不同程度地解决上述问题, 而不至于空手而归.

例如 2011 年 B 题 "吸波材料与微波暗室问题的数学建模" 最终要研究生队求出在密闭环境的特定区域上微波直射和全部反射的能量之比, 这是一个非常困难的问题. 为诱导研究生开展研究, 赛题的第一个子问题是求光线从一个尖劈的顶部射入, 然后在尖劈的一个垂直剖面内传播时的反射次数, 这是中学生都能够完成的问题, 接着求在一般情况下光线在尖劈的某个平面中传播时的反射次数, 进而在第二个子问题要求一般情况下光线在尖劈空间中传播时的反射次数, 最后将光线换成微波, 研究在密闭环境下微波直射和反射的传播, 并讨论在特定区域上直射和全部反射两者能量之比. 这样显然有利于研究生逐步进入角色, 循序渐进地解决问题. 再如 2015 年 D 题 "面向节能的单/多列车优化决策问题", 第一个子问题只要求研究生解决相邻两站之间一段路上地铁的最佳运行调度, 有好办法更好, 没有好办法也只要能够利用计算机进行仿真就能够优化. 第二个子问题是解决在相邻两段区间内地铁的最佳运行调度, 用穷举的方法总可以优化, 所以研究生队都能解决, 仅优劣程度有些差异. 第三个子问题要求制定地铁全程的最佳运行调度, 再推广至全天几百趟地铁的最佳运行调度, 最后请研究生解决在发生延误情况下尽快恢复正常的最佳运行调度. 层次十分鲜明, 难度逐层递进, 研究生都能够不同程度地做出成果, 也明显拉开了档次. 总之做到 "上手容易, 区分度高, 难度足够, 前沿性强".

6. 启发诱导, 鼓励另辟蹊径

既然是前沿课题, 不要说非本专业的研究生, 就是本专业的研究生做这样的问题也会感到困难, 特别要在短短 100 小时之内的时间做出一定分量的成果来就更困难, 甚至可能性会非常小. 如果全体研究生都无法获得任何成果, 则一是竞赛各队之间无法拉开档次, 二是对培养研究生创新能力没有发挥作用, 不但没有培养研究生的创造性, 反而挫伤了他们创新的热情, 打击了研究生的自信心. 为克服这个困难我们尝试以下做法. 赛题首先在技术上进行必要的铺垫, 对实际问题所涉及的知识做略微详细的科普介绍, 然后再介绍在这个前沿问题上所取得的最新成果. 如果下面再提出一些公开问题要求研究生完成, 这样的题目前沿性固然没有任何疑问,

但绝大多数研究生可能在四天之内仍然不知从何下手、束手无策, 尽管他们做了不小的努力, 最后还是会交白卷. 为此我们请命题人依据最新成果和他们自己的研究成果, 依据自己的技术路线, 提出解决前沿问题的某种新思路、新方法让研究生去尝试, 提出一些命题人猜测是有可能成立的结论, 要求研究生去证明或推翻这些结论, 把这些结论作为研究生在竞赛中需要完成的几个子问题. 研究生既可以按照猜测的思路与方法创新地完成题目的任务, 也可以按文献中其他思路去研究问题. 还可以挑战权威, 另辟蹊径, 按自己的想法去解决问题, 只要能够自圆其说即可; 鼓励标新立异, 大胆猜测, 只要不违背事实. 这样做的效果是尽管问题很前沿, 时间也很短, 但研究生就像在导师的悉心指导下做课题, 任务尽管不是清晰可见至少也不是虚无缥缈; 研究方向基本明确又可以根据进展情况自行调整; 创新的余地宽广, 研究的手段可以按赛题说的去尝试, 也可以另起炉灶; 知道研究的大致步骤, 工作起来比较紧张, 所以几天之内多多少少都会有一定的成果, 不至于竹篮打水一场空.

如 2010 年中国研究生数学建模竞赛 A 题 "确定肿瘤的重要基因信息 —— 提取基因图谱信息方法的研究" 就指出相对于基因数目, 样本往往很小, 如果直接用于分类会造成小样本的学习问题, 因此如何减少用于分类识别的基因特征是分类问题的核心, 事实上只有当这种特征较少时, 分类的效果才会更好些, 这些给了研究生明确的提示, 让他们少走弯路. 题目还提出对给定的结肠癌数据如何从分类的角度确定相应的基因 "标签", 接着又点明对含有噪声的基因表达谱提取信息时会产生偏差. 通过建立噪声模型, 分析给定数据中的噪声能否对确定基因标签产生有利的影响, 为研究生提供了一条研究的思路. 最后借在肿瘤研究领域通常会已知若干个信息基因与某种癌症的关系密切, 设法建立融入了这些有助于诊断肿瘤信息的确定基因 "标签" 的数学模型. 比如临床有下面的生理学信息: 大约 90% 结肠癌在早期有 5 号染色体长臂 APC 基因的失活, 而只有 40%~50% 的 ras 相关基因突变. 鼓励研究生千方百计利用可以获得的各类信息, 通过学科交叉来解决困难的方法. 而当年竞赛的实际情况也表明这种方法收到较好的结果, 研究生们在这些方面或多或少都取得一定的进展. 再如在 2014 年 A 题 "小鼠视觉感受区电位信号 (LFP) 与视觉刺激之间的关系研究" 中就明白地猜测: 由于对呼吸的观测是间接的, 能否通过分析呼吸的机理, 建立数学模型反映小鼠在睡眠状态下与呼吸相关联的脑电波 (猜测: 呼吸过程是由脑干部分发出 "呼" 和 "吸" 的命令, 由神经元集群同步产生动作电位, 该电位完成呼吸过程). 并继续猜测: 研究在清醒状态下, 小鼠视觉感受区的局部电位信号是否有周期性的变化? 该周期性的变化是否与小鼠呼吸所对应的脑电波的周期性的变化有关? 是线性相关吗? 如果不是线性相关, 是否具有其他形式的相关性? 这样提示研究生按 "呼" 和 "吸" 两个离散信号去研究问题, 指导研究生讨论呼吸周期与脑电波之间周期性变化的关系, 暗示两者之间可能存在非线性相关性, 这样不仅让研究生有了基本的想法, 有了立即可以着手做起来的工作, 进而完成赛题所要求的部分创新, 并在此基础上开展研究. 更重要的是让研究生学会怎样去发现问题, 怎样设计技术路线, 怎样分析问题, 怎样解决问题. 在其他赛题中也有一些类似的诱导, 也收到了一定的效果. 当然这样做对命题人的要求更高, 不仅能够提出问题, 而且能够指导研究生从事前沿问题的研究, 并且对这个前沿问题已经有比较多的了解和进一步研究的思路. 争取与这批专家在命题中尝试合作共赢是值得的.

7. 赛题的表述要非常清晰、异常准确、没有歧义

由于研究生数学建模竞赛是全国性竞赛, 参赛研究生人数众多, 专业基础差别很大, 接触实际问题的经历也各不相同, 数学水平也参差不齐, 加之背景不同的研究生会从不同的角度考虑问题, 或者由于时间紧, 看题目不够仔细, 对同一个问题, 甚至同一句话的理解都会有比较大的差异, 对此我们深有体会. 这种情况对于一般学习或研究, 问题不算大, 可以交流、纠正. 但对于竞赛那就不一样了, 理解不同引起约束条件不同、希望完成的任务不同、解决问题的路线不同、问题的难易程度不同、问题的答案不同, 以致在评审时无法比较、无法实现公平. 因此赛题一定要最大限度地消除歧义.

为防止歧义, 竞赛中增添了答疑环节, 虽然每次竞赛、每条题目都会有上百条、甚至上千条的提问, 但不同赛题的答疑数量还是会有几倍的差别, 说明除赛题内容的影响外, 赛题表述的清晰程度可能不一样. 尽管竞赛有答疑环节, 但由于时间紧, 不少研究生并不关心, 直至碰到问题才来问, 耽误了许多时间, 甚至有研究生到竞赛结束仍然没有能够完全正确理解题意. 凡此种种说明赛题如果不够清晰对提高竞赛的质量十分不利.

我们认为研究生数学建模竞赛的目的就是让研究生们在数学建模能力、创新能力、解决实际问题能力方面开展竞争, 而不是比较语文水平、专业水平, 赛题除了做必要的专业知识介绍, 力求专业知识方面实现公平竞争外, 赛题的表述应宁可不追求简洁, 多加说明, 多加定语限制, 在可能产生歧义的地方一定要多花笔墨把事情讲清楚, 专用术语在第一次出现时一定要进行解释. 特别注意对赛题每次修改稿都要请非本专业的专家反复审阅以避免专业方面的跳跃, 保证非本专业研究生不会理解错误, 注意赛题前后表述完全一致, 部分内容有变化要特别加以说明.

此外, 图、表应用得当, 可以起到文字无法达到的效果, 因为看到图形很可能就不会再有误解, 理解也可能更加深刻. 当然对图、表也要交代清楚, 注意与赛题文字的配合.

8. 反复修改, 多人、多次进行审阅校对

由于参赛研究生达四万多人, 竞赛时间长达 100 小时, 所以赛题的任意一点瑕

疵都会在竞赛中被放大并发现. 而命题人一般都是该领域的专家, 对题目的内容又非常熟悉, 但正因为对问题非常熟悉, 往往思维会发生跳跃, 常人容易发生的误解对他们绝无可能, 而他们司空见惯、习以为常的东西, 常人未必能够很快理解, 命题人、专业人士与非本专业研究生的想法也经常不同. 尤其是, 人们发现自己写的材料的错误经常比别人发现这些错误要困难得多, 所以命题人给出的赛题初稿肯定不能完全满足竞赛要求.

解决的办法就是赛题要经过多人的讨论争辩、反复推敲、多次校对. 除了这里提到的文字修饰, 表达准确, 防止歧义之外, 更重要的是对赛题的内容进行审核, 对赛题指定的任务进行明确的界定、合理的划分, 对创新的要求以及启发、提示的内容和程度给予把关.

三、竞赛中研究生的表现与对策

对研究生在历年竞赛中的表现, 评审专家并不十分满意. 而且随着竞赛规模的日益扩大、参赛研究生越来越多, 情况并没有好转, 所以在竞赛中暴露出来的研究生培养质量方面的问题有一定普遍意义, 值得引起有关方面的注意. 从竞赛的情况看, 我国研究生的分析问题解决问题的能力、创新的能力、表达的能力和严谨的学风这四方面问题比较突出, 在今后研究生培养中应该给予重视.

从竞赛情况看, 部分研究生分析问题和解决问题的能力明显不足. 现在计算机硬件高度发展, 计算速度很快, 上网非常方便, 软件研制更新速度惊人, 而且触手可及; 加之研究生对新生事物敏感、学习接受能力很强, 所以研究生计算机水平比以前显著提高, 使用起计算机来得心应手, 驾轻就熟. 但好事也能变成坏事, 部分研究生因为计算机得到的结果经常比自己按机理或推理的方法得到的结果要好, 久而久之依赖计算机解决问题已经成为习惯, 平时甚至竞赛时也很少主动思考分析问题, 不寻找突破口, 不分析主要矛盾, 不探索问题的关键所在, 不制定技术路线, 而是简单地把一切交给计算机.

如 2017 年 E 题 "多波次导弹发射中的规划" 要求导弹暴露总时间最短的两波次导弹齐射方案, 研究生们根据速度一定条件下, 运动的时间与运动的距离成正比, 把导弹运动时间错误地等价为导弹暴露时间, 由于不仔细分析问题与最短路问题的差别, 几乎所有的研究生队都简单地按求最短路来优化, 以至于迷失了方向, 得到的方案与最优解相差很远, 有的甚至差得太远而毫无价值. 而如果静下心来分析问题, 不难发现赛题与最短路问题有重大的不同. 最短路问题中每条路线对总时间的边际效应是相同的, 而赛题中 24 台导弹车的从一发点到二发点的运动时间对导弹暴露时间的边际效应可以为零, 而从一发点到二发点的最长时间所对应的导弹车, 其暴露时间对导弹总暴露时间的边际效应可以是数十倍, 没有抓住问题的这个关键, 显然优化效果不会理想, 所以没有分析、一切依赖计算机是不行的.

再如 2015 年 A 题 "水面舰艇编队防空和信息化战争评估模型", 赛题要求找出舰队的最佳队形以获得最大的抗饱和攻击能力. 研究生们没有对问题深入分析, 只是看到题目中 "最佳" 二字, 就立即认为这是简单的参数优化问题. 进而发现护卫舰的位置未定, 于是就将护卫舰间距离作为参数进行最大化, 花了较长时间上计算机编程才得到结果, 而实际上稍加分析, 无须使用计算机, 几分钟就可以得到相同的结果. 缺乏分析不仅浪费了很多的时间与精力, 更可惜的是由此完全束缚自己的思维, 以致没有发现这个初步方案的诸多缺陷, 更谈不上改进了. 由于没有仔细分析、仅靠计算机寻优的方案完全没有考虑攻防双方的对抗, 没有考虑舰队在不同方向上防守能力之间的差异, 结果与最优解相差 50% 以上, 即相当于损失了半个舰队的防守能力. 由此可见增强研究生分析问题的能力刻不容缓.

又如 2015 年 D 题 "面向节能的单/多列车优化决策问题" 的核心是节省能源, 研究生对题意的理解都正确, 绝大多数队也按照赛题的要求计算了能量总消耗, 但却没有一个队对能量消耗的情况进行详细分析, 不知道能量主要消耗在哪些方面, 不知道哪些能量消耗是必须的, 哪些能量消耗是应该避免的, 以致节省能量失去了正确的方向.

类似情况在其他赛题中也会遇到, 可见分析能力不足是研究生中带有倾向性的问题, 再不纠正, 令人担忧. 我们在日常的教学和数学建模培训中应该用这些有很强说服力的案例, 摆事实, 讲道理, 让研究生充分认识培养分析问题能力的重要性; 要通过具体的案例或知识发现过程, 尤其是具体的科学研究或数学建模赛题使研究生明白并进一步亲身体会到制定正确的技术路线对科研能否取得成功的极端重要性; 指导并训练研究生通过深入的分析, 学习找准突破口, 尝试抓住主要矛盾, 寻找解决问题的关键; 特别应该加强培训或赛后总结, 从竞赛中的偶然发现找出必然成功的路径, 根据竞赛中弯曲的前进轨迹去探索成功的捷径, 利用竞赛中观察到的大量现象和结论寻觅现象和本质之间联系的蛛丝马迹. 只有通过具体事实才能让研究生从内心深处重视这一点, 只有通过研究生的亲身实践才能达到事半功倍的效果.

表达能力是评审专家议论研究生能力时经常谈到的问题, 大家都有同感, 研究生的表达能力与研究生的学术水平明显不相称. 网评中部分论文摘要空话一大堆, 重要的结果在论文中很难找到或者干脆没有写; 有不少论文洋洋洒洒几十页, 似乎也做了一些工作, 可是让人不知所云、无法读懂; 有些论文貌似结果比较合理, 考虑也比较全面, 但是条理不清、逻辑混乱、缺乏说服力; 有的论文初看印象还不错, 感觉有创新思考, 可惜错别字多, 关键地点频频 "卡壳", 读不下去, 无法判断对错. 更有甚者, 论文不成体系, 前后矛盾, 而且对赛题是所答非所问, 令人啼笑皆非.

表达能力是研究生的重要素质、是研究生能力的重要方面, 表达是与他人交流的必不可少的环节, 表达是反映成果的必由之路, 表达是自身与外界联系的唯一的途径. 不仅如此, 表达是思维的高度和深度的反映, 因为没有考虑过的想法是无法表达的, 所以表达是受学术水平制约的; 表达的过程是对分析、研究全过程的条理化, 否则表达肯定是混乱不堪的; 表达的过程也是对问题进一步思索、创新的平台, 表达要达到让对方明白的目的, 必定会从不同侧面对问题进行观察、描述, 表达当然期望对方接受己方的观点, 势必希望从本质上说明问题, 表达方式可能起决定性作用.

因此对研究生表达能力普遍不佳这个突出问题, 我们应从多个角度寻求解决的办法. 硕士研究生没有或很少写过论文是其中重要原因, 看论文与写论文不是一回事, 我们应该鼓励研究生早点写论文, 特别在研究生数学建模培训期间一定要让研究生写几篇论文, 这是很多学校的成功经验, 值得推广. 研究生阶段类似大学生阶段与他人交流很少, 即使与导师可能也见面不多, 好像用到交流的机会不多; 我们应该告诫研究生, 表达是研究生的基本的、同时也是重要的能力, 研究生必须学会与人交流, 而且必须善于与人交流, 不仅与同门师兄弟要交流, 而且应该特别利用类似数学建模活动的机会强化与非本专业人士的交流.

研究生表达能力不足的另一原因是认为表达应该是无师自通的, 不需要什么指导与训练的. 实际上表达是再思考的过程, 表达甚至现场对话都应该是经过头脑组织的. 表达应该条理清楚, 不能眉毛胡子一把抓, 东一榔头西一棒; 表达应该由表及里、由浅入深、循序渐进; 表达应该抓住要害、突出重点、详略得当, 尤其是属于创新的部分需要论述清楚、严谨, 对重要结论和关键数据要列在突出位置; 表达需要逻辑正确、叙述严谨、说理充分、切中要害; 表达最好能够高屋建瓴、抓住问题的本质及演变的全貌; 表达同一个问题可以从不同的侧面, 也可以采用不同的方式, 往往产生不同的效果, 要设法选择最佳的角度与最好的方式, 例如有的情况图形比较直观、一目了然, 表格把要点集中, 对比性强. 综上所述表达能力的提高是个漫长的过程, 必须有意识地培养.

研究生数学建模竞赛鼓励创新, 赛题内容也预留了创新的空间, 研究生在竞赛的部分挑战性问题上也实现了创新, 展现了才华. 但总体而言, 和国家对研究生教育的要求相比还有不小的差距. 体现在以下几个方面: 一是按研究生甚至博士生的学术水平可能做到的创新没有实现; 至少应该有研究生实现的创新, 竞赛中却没有研究生实现. 如前面提及的导弹两波次齐射方案、航母舰队的最佳队形; 二是实现创新的研究生的比例低于估计, 例如 2014 年 E 题 "乘用车物流运输计划问题" 有 5 个子问题, 其中直到第五个子问题才采用一个大型物流公司的真实数据, 要将 45 种 1000 多辆轿车分送四个地点, 最终仅大约 20%的研究生队设法获得了结果 (尽管多数还不理想), 80%的研究生队没有完整地解决问题; 三是虽然有创新, 但创新的程度并不理想, 多数研究生队是借用文献上介绍的方法, 比较多的是略加修改, 从本质上改进的或另辟蹊径的少之又少.

究其原因, 创新能力是靠实践锻炼出来的、是在干的过程中培养出来的. 而研究生平时训练不够, 做书本上的作业是模仿, 搞科研有导师指导, 而需要创新的绝大多数是新课题、新任务, 所以必须要创造适宜创新的环境, 研究生数学建模竞赛的赛题就是很好的载体. 研究生创新能力不足的其他方面原因是对创新的方法不了解, 其实实现创新经常并不要求高深的数学背景, 创新主要来自于借鉴移植、交叉学科、另辟蹊径等, 所以要鼓励研究生扩大知识面, 利用各种机会学习创新的案例与途径, 才能做到见多识广、融会贯通、活跃思路.

在竞赛中还暴露出部分研究生学风很不严谨. 估计少数队连阅读题目也不认真、仔细, 以致题目中明确要求的任务压根就没有做, 有的论文是所答非所问. 例如 2017 年 E 题、C 题题目都要求上传电子版结果, 而且题目中特别对电子版格式给出了明确的要求, 不少队论文中虽然有结果, 但没有提供电子版结果, 即使提供电子版结果的研究生队也大多数格式不符合题目的规定, 无法用计算机验证. 学风很不严谨的另一种表现是有些研究生队随意地改题目, 降低了难度, 还企图蒙混过关. 竞赛的赛题都是来自实际, 约束条件比较复杂, 由于求解困难, 研究生往往求解时放弃一些约束条件, 这可以理解, 但应该在论文中注明, 少数研究生队不仅不注明, 还声称完全满足约束条件, 不讲诚信. 在竞赛中还发现个别研究生队有些子问题没有做出来, 这属于正常情况, 但他们从网上抄答案, 以致前后矛盾, 完全不可信. 更多的情况出现在论文引用, 研究生们在竞赛中都会查阅、引用大批参考文献, 这是完全应该的, 但很多队并没有规范地引用, 甚至少数队连参考文献中都没有列出. 凡此种种, 说明培养研究生严谨、诚信的学风非常迫切.

中国研究生数学建模竞赛是对我国研究生教育质量的大规模、持久的抽样调查, 我们应该珍视调查的结果, 认真查找存在问题, 寻求对策, 为提高我国研究生培养质量多做贡献!

第2章

水面舰艇编队防空和信息化战争评估模型

 2015 年全国研究生数学建模竞赛 A 题

我海军由 1 艘导弹驱逐舰 (航空母舰) 和 4 艘导弹护卫舰组成水面舰艇编队在我南海某开阔海域巡逻, 其中导弹驱逐舰为指挥舰, 重要性最大. 某一时刻 t 我指挥舰位置位于北纬 15 度 41 分 7 秒, 东经 112 度 42 分 10 秒, 编队航向 200 度 (以正北为 0 度, 顺时针方向), 航速 16 节 (即每小时 16 海里). 编队各舰上防空导弹型号相同, 数量充足, 水平最小射程为 10 千米, 最大射程为 80 千米, 高度影响不必考虑 (因敌方导弹超低空来袭), 平均速度 2.4 马赫 (即音速 340 米/秒的 2.4 倍). 编队仅依靠自身雷达对空中目标进行探测, 但有数据链, 所以编队中任意一艘舰发现目标, 其余舰都可以共享信息, 并由指挥舰统一指挥各舰进行防御.

以我指挥舰为原点的 20 度至 220 度扇面内, 等可能的有导弹来袭. 来袭导弹的飞行速度 0.9 马赫, 射程 230 千米, 航程近似为直线, 一般在离目标 30 千米时来袭导弹启动末制导雷达, 其探测距离为 30 千米, 搜索扇面为 30 度 (即来袭导弹飞行方向向左和向右各 15 度的扇面内, 若指挥舰在扇形内, 则认为来袭导弹自动捕捉的目标就是指挥舰), 且具有 "二次捕捉" 能力 (即第一个目标丢失后可继续向前飞行, 假设来袭导弹接近舰艇时受到电子干扰丢失目标的概率为 85%, 并搜索和攻击下一个目标, "二次捕捉" 的范围是从第一个目标估计位置算起, 向前飞行 10 千米, 若仍然没有找到目标, 则自动坠海). 每批来袭导弹的数量小于等于 4 枚 (即由同一架或在一起的一批飞机几乎同时发射, 攻击目标和导弹航向都相同的导弹称为一批).

由于来袭导弹一般采用超低空飞行和地球曲率的原因, 各舰发现来袭导弹的随机变量都服从均匀分布, 均匀分布的范围是导弹与该舰之间距离在 20~30 千米. 可以根据发现来袭导弹时的航向航速推算其不同时刻的位置, 故不考虑雷达发现目标后可能的目标 "丢失". 编队发现来袭导弹时由指挥舰统一指挥编队内任一舰发射防空导弹进行拦截, 进行拦截的准备时间 (含发射) 均为 7 秒, 拦截的路径为最快相遇. 各舰在一次拦截任务中, 不能接受对另一批来袭导弹的拦截任务 (命中前始终控制), 只有在本次拦截任务完成后, 才可以执行下一个拦截任务. 指挥舰对拦截任务的分配原则是, 对每批来袭导弹只使用一艘舰进行拦截, 且无论该次拦截成功与否, 不对该批来袭导弹进行第二次拦截. 不考虑每次拦截使用的防空导弹数量.

请通过建立数学模型, 解决以下几个问题:

一、在未发现敌方目标时, 设计编队最佳队形 (各护卫舰相对指挥舰的方位和距离), 应对所有可能的突发事件, 保护好指挥舰, 使其尽可能免遭敌导弹攻击.

二、当不考虑使用电子干扰和近程火炮 (包括密集阵火炮) 等拦截手段, 仅使用防空导弹拦截来袭导弹, 上述编队防御敌来袭导弹对我指挥舰攻击时的抗饱和攻击能力如何 (当指挥舰遭遇多批次导弹几乎同时攻击时, 在最危险的方向上, 编队能够拦截来袭导弹的最大批数)?

三、如果编队得到空中预警机的信息支援, 对距离我指挥舰 200 千米内的所有来袭导弹都可以准确预警 (即通报来袭导弹的位置与速度矢量), 编队仍然保持上面设计的队形, 仅使用防空导弹拦截敌来袭导弹对我指挥舰攻击时的抗饱和攻击能力 (定义同上) 提高多少?

四、预警机发现前方有 12 批可疑的空中目标, 从 t 时刻起, 雷达测得的目标位置信息在表 2.1、表 2.2 中 (说明: 表中作战时间为 time_t 格式, 即从 1970 年 1 月 1 日 0 时起到某一时刻的秒数; 目标位置经纬度的单位为弧度; 目标高度的单位为米), 各目标雷达反射面积见表 2.1. 用于判断空中目标的意图的知识和规则的样本见表 2.2. 请分析识别空中各目标可能的意图 (相关的背景知识介绍参见附件 A, 本书略).

五、如果我方的预警机和水面舰艇编队的雷达和通信系统遭到敌方强烈的电子干扰, 无法发现目标, 也无法传递信息, 这时, 后果将是极其严重的, 我编队防空导弹的拦截效能几乎降低到零. 由此引起人们的深思, 信息化条件下作战对传统的作战评估模型和作战结果已经产生重要的甚至某种程度上是决定性的影响! 在海湾战争 (相关资料参见附件 B, 本书略) 的 "沙漠风暴" 行动开始前, 一些军事专家用传统的战争理论和战争评估模型进行预测, 包括用兰彻斯特战争模型预测战争进程, 结果却大相径庭, 战争的实际结果让他们大跌 "眼镜". 那么信息化战争的结果应该用什么样的模型来分析或预测呢? 这是一个极具挑战性, 又十分有意义的课题. 请尝试建立宏观的战略级信息化战争评估模型, 从一般意义上反映信息化战争的规律和特点, 利用模型分析研究信息系统、指挥对抗、信息优势、信息系统稳定性, 以及其他信息化条件下作战致胜因素的相互关系和影响 (信息化战争相关概念参见附件 C, 本书略). 并通过信息化战争的经典案例, 例如著名的海湾战争, 对模

表 2.1 空中目标的雷达反射面积

目标 ID	雷达反射面积/m^2	目标 ID	雷达反射面积/m^2
41006893	3.1	41006830	3.5
41006831	5.7	41006836	1.9
41006837	4.3	41006839	5.5
41006842	2.6	41006851	5.5
41006860	6.2	41006872	1.7
41006885	1.1	41006891	3.6

表 2.2 已知意图的 15 批空中目标数据

空中目标	方位角 β/mil	距离D /km	水平速度 V/(m/s)	航向角 θ/(°)	高度H /km	雷达反射面积σ/m^2	目标属性	目标意图
e_1	810	281	250	202	6.0	3.0	中目标	侦察
e_2	2300	210	300	310	4.0	1.2	小目标	攻击
e_3	820	280	245	201	6.5	5.4	大目标	侦察
e_4	2325	215	320	324	4.2	2.8	中目标	攻击
e_5	830	282	255	200	4.2	4.7	大目标	侦察
e_6	825	284	250	204	5.0	2.6	中目标	侦察
e_7	2250	150	300	155	5.0	3.3	中目标	攻击
e_8	4000	110	300	50	3.4	2.1	中目标	掩护
e_9	2800	260	215	260	7.7	6.8	大目标	监视
e_{10}	5120	110	210	52	3.6	3.7	中目标	其他
e_{11}	4020	120	280	52	3.6	1.7	小目标	掩护
e_{12}	4800	140	220	18	9.6	5.7	大目标	其他
e_{13}	480	295	292	245	9.9	6.9	大目标	其他
e_{14}	2450	210	230	210	5.0	1.2	小目标	其他
e_{15}	2900	290	272	350	5.6	5.2	大目标	攻击

型加以验证.

说明:

1. 方位角 β(mil) 是指从我指挥舰到空中目标方向的方位角, 正北时 $\beta=0$, 顺时针方向一周分为 6400mil, 类似极坐标;

2. 距离 D(km) 是指从我指挥舰位置到空中目标的距离;

3. 水平速度 V(m·s^{-1}) 是指空中目标在水平面上的速度;

4. 航向角 θ(°) 是指空中目标飞行的方向, 正北为 0 度, 顺时针方向一周分为 360 度;

5. 高度 H(km) 是指空中目标距海平面的垂直距离;

6. 雷达反射面积 σ(m^2) 是指目标在雷达上回波的大小, $0 \leqslant \sigma < 2$ 为小目标, $2 \leqslant \sigma < 4$ 为中目标, $\sigma \geqslant 4$ 为大目标.

参 考 文 献

[1] 姜启源. 数学模型 [M]. 2 版. 北京: 高等教育出版社. 1993.

[2] 胡晓峰. 战争复杂系统建模与仿真 [M]. 北京：国防大学出版社. 2005.

[3] 张为民. 作战仿真建模理论与方法 [M]. 北京：海潮出版社. 2009.

[4] 军事科学院军事历史研究部. 海湾战争全史 [M]. 北京：解放军出版社. 2000.

[5] 张啸天等. 多维战争中兰彻斯特方程探讨 [J]. 火力与指挥控制. 2008, 33(2).

[6] 孔红山等. 兰彻斯特方程的系统动力学模型研究 [J]. 计算机工程与设计. 2011, 32(8).

[7] 史彦斌等. 基于兰彻斯特方程的信息支援效能研究 [J]. 航空计算技术. 2007, 37(5).

[8] 唐铁军, 徐浩军. 应用兰彻斯特法进行体系对抗效能评估 [J]. 火力与指挥控制. 2007, 32(8).

问题的求解

为满足研究生关心国家大事、关注国防建设的愿望, 特邀海军指挥学院张为民教授以寻求舰队在巡航中预防导弹来袭的最佳队形及建立信息化战争的数学模型作为竞赛 A 题, 首次将纯军事问题引入研究生数学建模竞赛. 既符合研究生关心我国南海形势的需求, 也说明数学建模与提升国防实力密切相关, 对提升中国研究生数学建模竞赛赛题的实用性、广泛性、创新性非常有益. 竞赛中有近千支研究生队选择了这条题目, 实践证明这条题目难度很大、创新色彩很浓、对研究生培养解决实际问题的能力很有帮助, 对我们的启发也很大.

表面上这是纯军事问题, 包含三个问题: 一是最佳舰队队形; 二是空中目标意图识别; 三是信息化战争的数学模型. 第三个问题的确很大, 也非常困难, 100 小时能够有一些创新的思想就很好了. 所以本章仅研究前两个问题.

一、第一问

第一个问题实际上很难, 但按正确的思路, 上手开始解决问题并不困难, 因为只要用图形来表示, 如图 2.1 所示, 很容易就转化为貌似简单的几何及计算问题.

由于除驱逐舰位置外再无其他绝对位置的坐标, 所以不必考虑舰队的绝对位置, 只要考虑来袭导弹及护卫舰与驱逐舰的相对位置. 可以取驱逐舰位置为原点, 向上方向为极轴代表正北方向, 长度单位为 1km 的极坐标系, 则舰队队形就由四艘护卫舰在上述极坐标中的位置决定, 仅用四艘护卫舰所在的 4 个点的 8 个极坐标参数就能够表达清楚. 图 2.1 非常直观, 非常有用, 有利于开始解决问题和逐步加深对问题的理解, 这是正确的思路. 再考虑显示拦截导弹不能经过每艘舰艇上空 10km 为半径的圆 (防止误伤己方) 和拦截导弹最大射程为 80km 所覆盖的圆, 图形修改如图 2.2 所示.

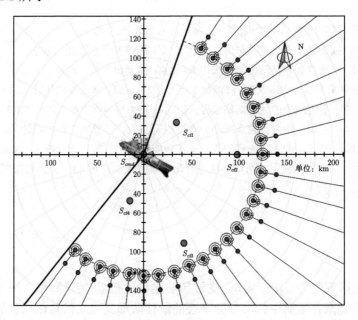

图 2.1

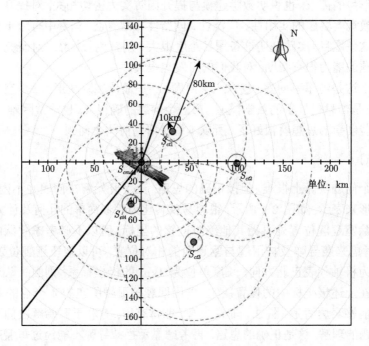

图 2.2

根据题目的要求, "应对所有可能的突发事件, 保护好指挥舰, 使其尽可能免遭敌导弹攻击" "以我指挥舰为原点的 20 度至 220 度扇面内, 等可能的有导弹来袭", 所以保护好指挥舰是必须考虑的. 从第二问抗饱和攻击能力 (当指挥舰遭遇多批次导弹几乎同时攻击时, 在最危险的方向上, 编队能够拦截来袭导弹的最大批数) 中更可以看出, 目标是确保指挥舰安全. 而且是在所有可能的突发事件发生的情况下做到这一点. 所以按来袭导弹离护卫舰不超过 20km, 肯定被雷达发现的情况来考虑, 即此时, 舰艇发现来袭导弹的概率为 100%. 顺便指出, 如果不要求发现来袭导弹的概率达到 100%, 而是某个小于 1 的常数, 只是距离 20km 发生变化, 但与下面讨论本质相同.

竞赛中不少研究生队, 一开始对问题理解还很肤浅, 感性认识不足, 连目标都不十分清晰, 看到 "最佳" 两个字就放弃思考, 完全依赖计算机进行优化, 以致迷失了方向. 一切依赖计算机, 完全不发挥人脑的推理和判断的作用, 显然既效率低下, 浪费了竞赛第一天的宝贵时间, 又僵化了自己的思想.

多数研究生队采用下面优化模型寻优, 目标是让护卫舰派出到离驱逐舰最远的地方, 同时确保任意方向的来袭导弹都能够被发现, 即通过约束条件, 保证被舰艇雷达发现的区域与边界构成封闭图形. 符号见图 2.2(下面模型的目标函数不准确, 而且繁琐. 数学建模强调得到相同的结论, 方法越简单越好, 因为模型的由繁到简就包含了创新).

$$
\begin{aligned}
\max \quad & F = \min\left[\left|\overrightarrow{S_{ct1}}\right|, \left|\overrightarrow{S_{ct2}}\right|, \left|\overrightarrow{S_{ct3}}\right|, \left|\overrightarrow{S_{ct4}}\right|\right], \\
\text{s.t.} \quad & \left|\overrightarrow{S_{ct1}} - \overrightarrow{S_{ct2}}\right| \leqslant 40, \\
& \left|\overrightarrow{S_{ct2}} - \overrightarrow{S_{ct3}}\right| \leqslant 40, \\
& \left|\overrightarrow{S_{ct3}} - \overrightarrow{S_{ct4}}\right| \leqslant 40, \\
& \overrightarrow{S_{ct1}} \cdot \overrightarrow{L_{1\perp}} \leqslant 20, \\
& \overrightarrow{S_{ct4}} \cdot \overrightarrow{L_{2\perp}} \leqslant 20, \\
& L_{1\perp}, L_{2\perp} \text{是扇形边界}.
\end{aligned}
$$

大多数优秀研究生队为保证没有防守上漏洞, 取上述约束这是对的, 但同时认为这样就能够找到最佳防守队形 (不少研究生队还没有得到这样的结果), 这就有问题了. 因为这里目标函数仅仅是四艘护卫舰与驱逐舰之间距离达最大, 与保护好指挥舰的要求仍然相去甚远. 表明研究生书生气太足, 考虑问题过于简单化, 分析问题的能力太弱.

实际上只要短短几句话的简单推理就可以立刻得到相同的结果, 而且更合理, 根本无须计算机. 根据常识, "兵来将挡, 水来土掩", 护卫舰的作用就是为了拦截来袭导弹, 显然在导弹来袭可能性越大的方向、来袭导弹数量越多的方向上我们的防卫能力应越强. 而本题是在 20° ~220° 扇面内, 等可能地有导弹来袭, 所以应该在 20° ~220° 扇面内, 等可能地布置防卫力量 (即在各个方向上防卫力量相等). 但护卫舰只有四艘, 而每艘护卫舰的导弹射程覆盖的范围是以其为圆心, 80km 为半径的圆, 每艘护卫舰发现来袭导弹的范围是以其为圆心, 20km 为半径的圆, 所以等可能地布置防卫力量无法办到 (整个发现拦截导弹的区域以及拦截导弹的射程覆盖范围都不是一个圆, 而是几个圆的并集), 只能尽量做到在各个方向上防卫力量大致相等. 因此第一个优化队形就有雏形了, 是四艘护卫舰均匀分布在 220° 扇面内, 下一步的任务是决定另一个参数——驱逐舰与护卫舰的距离 (根据均匀分布的思想, 驱逐舰与四条护卫舰的距离应该相等).

下面讨论驱逐舰与护卫舰的距离. 影响这个距离的因素是什么? 显然发现来袭导弹是拦截来袭导弹的前提, 首先早发现可以早拦截, 多拦截 (都是离驱逐舰 10km 不能拦截), 才可能使拦截导弹的次数多. 因为每艘舰艇发现来袭导弹的范围都是以其为圆心, 20km 为半径的圆. 另外防卫的目标是确保指挥舰安全, 所以在 20° ~220° 扇面内不应该有任何来袭导弹可以长驱直入的路线, 即在扇面内不应该有从驱逐舰出发的射线与四个圆都不相交、相切, 因而导弹从相反方向来袭, 四艘护卫舰都不会发现. 这就要求上述四个 20km 为半径的圆与扇面的两条边界线形成一个封闭图形. 而为了早发现, 就要求这个图形在从驱逐舰出发的各个方向上射线都尽量地长. 很容易想到应该让这四个圆保持两两相切, 而且首尾两个圆分别与扇面两条边界相切, 即四个圆尽量向外凸, 如图 2.3 所示.

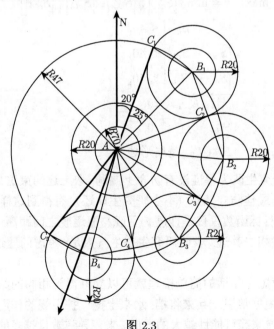

图 2.3

由图 2.3 可见, 从驱逐舰至相邻护卫舰的两条连线间的夹角都是 50°, 从驱逐舰作以护卫舰为圆心, 20km 为半径的圆的两条外公切线之间的夹角也为 50°. 外公切线和从驱逐舰至护卫舰连线间的夹角为 25°.

由图 2.4 立刻计算出

$$AB_1 = 20 \div \sin 25° \approx 47.32,$$

$$AC_2 = 20 \div \tan 25° \approx 42.89.$$

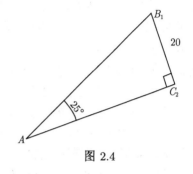

图 2.4

这就是许多研究生队优化后的结果, 现在仅仅推导了几步就得到了. 五分钟就能够得到的结果, 相信多数研究生不会再迷信计算机了. 继续考虑, 容易发现这个方案是有缺点的. 首先信息不仅要有, 而且信息要准、信息要多.

如图 2.3 所示, 在切点 C_1、C_2、C_3、C_4、C_5 处, 来袭导弹仅在切点一点处能够被护卫舰雷达所察觉, 这样无法获得来袭导弹的行驶方向等数据, 不利于拦截. 因此, 应该将 AB_1 稍微缩短一点, 使护卫舰雷达在两点或更多的点察觉来袭导弹, 才有利于拦截, 但为了能尽早发现来袭导弹, AB_1 也只能缩短一点, 综合考虑得

$$AB_1 = AB_2 = AB_3 = AB_4 \approx 47\text{km}.$$

绝大多数研究生队对此考虑得比较肤浅, 就把这个方案作为最优解. 其实这个方案并未实现初衷, 从多个角度观测, 上述方案都大有改进的必要. 首先, 只要认真查看图 2.3 就可以发现在 20° ~220° 扇面内的各个方向上发现来袭导弹时, 来袭导弹与驱逐舰的距离差异比较大, AB_4 和 AC 方向除相差半径 20km 外, 还要加上斜边大于直角边的因素 (进而拦截动作开始的时间不同), 不符合在各个方向上防卫力量尽量相等的要求. 其次, 至少在计算拦截次数时, 应该发现拦截的次数 (即防卫力量) 并不仅仅取决于在发现导弹来袭这一时刻, 来袭导弹与驱逐舰之间的距离 (对应拦截动作的执行总时间); 而且与每次拦截所花费的时间有关, 即拦截次数还与四艘护卫舰到来袭导弹方向上的距离和相对位置有关. 所以除了应该实行早发现早拦截外, 还应该让四艘护卫舰与所有来袭导弹方向的 "总体距离" 与发现来袭导弹的距离相适应, 从而做到在各个方向上所布置的防卫力量尽量相等. 最后, 题目指出在各个方向上导弹来袭的概率相等, 第二问又指出需要考虑最危险的方向, 隐含说明在各个方向上来袭导弹的突防能力是不同的, 而前面制定方案时根本没有对具体方向的拦截情况进行深入研究. 上述方案仅满足在四个防卫舰与驱逐舰连线方向上, 发现来袭导弹时来袭导弹与驱逐舰距离最远, 而这四个方向不一定是来袭

导弹的突防能力最强的方向, 好钢没有用在刀刃上, 所以上述队形还远不是最优解. 这样明显的几个疏漏都没有发现, 反映研究生们缺乏仔细分析问题的能力, 对问题浅尝辄止, 这样很难有所创新. 其实对上述方案进行改进并不困难, 关键在于观念的转变 (不要迷信计算机, 要多思考), 要多从不同角度看问题, 要多问自己几个为什么 (拦截次数与哪些因素有关), 不能想当然. 要时刻牢记最终目标 (提高舰队的抗饱和攻击能力), 经常对不同的方法、结果进行评估对比.

由图 2.3 不难发现, 20° ～220° 扇面的两个边界方向发现来袭导弹时, 驱逐舰和来袭导弹的距离最短, 因而拦截总时间最短; 而且因为是边界, 护卫舰到导弹来袭方向上的距离 (即点到直线的距离) 远, 每次拦截消耗的时间长, 肯定拦截的次数不会增加, 因此是防守最薄弱方向, 即题目中所说的最危险的方向 (战争中不能存在侥幸心理, 要做最坏的打算). 而在其他方向上不仅发现来袭导弹的时间早, 而且来袭导弹被发现时距离驱逐舰远, 并且护卫舰到导弹来袭方向上的距离近, 故而护卫舰对来袭导弹的防卫能力强, 如 AC_4 方向, 由于该射线左右两边都有护卫舰, 护卫舰对沿 AC_4 方向来袭导弹的防卫能力明显比边界方向强. 而如果让计算机靠穷举方法去找最危险的方向, 难度不知大了多少倍, 所以要充分发挥人在这方面的优势.

题目要求应对所有可能的突发事件, 保护好指挥舰, 因此需要考虑最坏的情况, 特别强调抗饱和攻击能力是在最危险的方向上, 舰艇编队能够拦截来袭导弹的最大批数. 所以抗饱和攻击能力类似木桶的盛水能力, 借鉴提高水桶的储存能力最有效的办法是增加最矮的一块木板的高度的 "木桶原理", 应加强舰队在最危险方向上的防卫能力. 现在无法增添新舰艇或增加拦截导弹射程, 而只能通过改变队形提高抗饱和攻击能力, 即没有新的木板情况. 继续借鉴 "木桶原理", "就地取材", 通过 "削峰补谷" 的方法进行优化. 舰队的队形也可以通过调整各个方向上的防卫力量, 做到削峰补谷, 所以改进并不困难.

为增加拦截沿边界方向来袭导弹的次数, 显然应该尽早发现从边界方向上来的来袭导弹. 但这时上述方案中驱逐舰和来袭导弹的距离从整体而言已经无法增加, 因为扩张一定产生防御漏洞 (这可能是许多队没有优化的原因), 即无法让每块板都加长. 殊不知可以逆向思维, 就地取材, 让护卫舰向驱逐舰收缩可以让四个圆的并集仍然形成封闭图形, 既无漏洞, 又能 "削峰补谷", 当然应尽量保持整体的防御范围变化很小. 如图 2.5 所示, 将以 $B_1(B_4)$ 为圆心, 以 20km 为半径的圆在分别保持与圆 $B_2(B_3)$ 继续相切 (无漏洞) 的情况下向驱逐舰 A 方向旋转 (收缩), 就可以使 $AC_1(AC_5)$ 长度增加, 从而使得护卫舰 $B_1(B_4)$ 能更早地发现沿边界方向来袭的导弹. 现以圆 B_4 为例, 观察其旋转的过程, 见图 2.5.

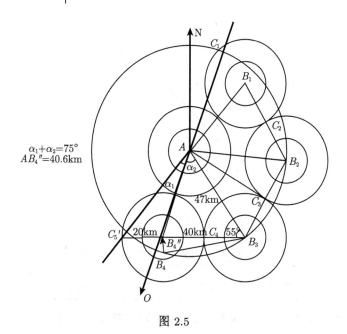

图 2.5

圆 $B_4(B_1)$ 必须在保持与圆 $B_3(B_2)$ 相切的前提下绕 $B_3(B_2)$ 向 A 靠拢. 为确定圆 $B_4(B_1)$ 的最佳旋转角度, 可以采用试画法, 用 AutoCAD 按照 1:1 绘图, 可快速直观地量出在不同的旋转角度下 AC_5 增加的长度 (研究生注意, 这样效率提高了数倍, 我们反对的是过度依赖计算机, 同时鼓励正确使用计算机). 将 B_3、B_4 连线沿顺时针方向分别旋转 2° 到 11°, 得到对应的 AC_5 增加的长度, 列于表 2.3 中. 放大的两张图见图 2.6、图 2.7.

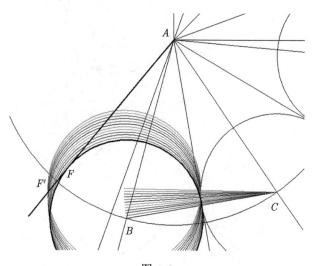

图 2.6

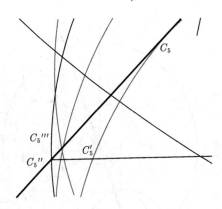

图 2.7

表 2.3　圆 B_4 旋转角度及对应 AF 增长量

旋转角度/(°)	1	2	3	4	5	6	7	8	9	10	11
FF'/km	4	5.49	6.38	7	7.46	7.78	8	8.14	8.21	8.22	8.17

　　根据表 2.3 的变化趋势 (单峰函数), 取旋转角度为 10°, 得到如图 2.8 所示的改进的队形图 —— 以 C 为基点, BC 向内旋转 10° 至 CB_1, $CB_1 = CB = 40$km, 根据对称性, DE 也以 D 为基点向内旋转 10° 至 DE_1, $DE_1 = DE = 40$km. 即在未发现敌方目标时, 编队较好的队形为 4 艘护卫舰极坐标分别为 (41.3°, 40.6km), (95°, 47km), (145°, 47km), (198.7°, 40.6km)(以导弹驱逐舰为原点, 正北为 0° 方向, 顺时针方向一周为 360°). 此时 $AF' = AK' = 51.11$km, $AG = AJ = 39.41$km, 似乎 "削峰补谷" 的做法达到预期的效果.

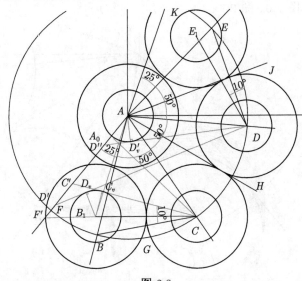

图 2.8

二、第二问

真正的拦截效果应该依据抗饱和攻击能力, 是在同时多批来袭导弹的打击下保证指挥舰的安全. 给定方案后虽然计算步骤比较多, 但并不是什么难题, 详细过程下面介绍, 这应该是中学生都能够做得对的问题, 但很多研究生做错了, 当然影响到后续问题的研究, 值得有关研究生引起足够的重视.

先讨论拦截范围 (图 2.8). 对于 $F'A$ 方向, F' 是 B 舰以概率 1 发现来袭导弹的最早点, 由于各舰之间可以信息共享, 且 F' 点在 A 舰的射程范围内, 所以指挥舰 A 可在来袭导弹到达 F' 时发起拦截, 当然需要 7s 的准备时间, 因此 A 舰的最大防御范围 (来袭导弹在这个范围内, 舰艇就可以开始拦截的过程并命中来袭导弹, 当然应该在来袭导弹被发现之后. 注意如不事先计算防御范围, 可能会做一些无用功) 为 $F'A$ 的子集:

对于 $\triangle ABC$, $AB = AC, BC = 40\text{km}, \angle BAC = 50°, \angle ABC = \angle ACB = 65°$,

$$AB = AC = \frac{20}{\sin(25°)} = 47.32(\text{km}).$$

对于 $\triangle AB_1C$, $AC = 47.32\text{km}, B_1C = BC = 40\text{km}, \angle ACB_1 = 55°$,

$$\begin{aligned}
AB_1 &= \sqrt{AC^2 + B_1C^2 - 2AC \cdot B_1C \cdot \cos(\angle ACB_1)} \\
&= \sqrt{47.32^2 + 40^2 - 2 \times 47.32 \times 10 \times \cos(55°)} \\
&= 40.84(\text{km}),
\end{aligned}$$

$$\begin{aligned}
\angle B_1AC &= \arccos\left(\frac{B_1A^2 + AC^2 - B_1C^2}{2 \cdot B_1A \cdot AC}\right) \\
&= \arccos\left(\frac{40.84^2 + 47.32^2 - 40^2}{2 \times 40.84 \times 47.32}\right) = 53.35(°).
\end{aligned}$$

对于 $\triangle AB_1F'$, $AB_1 = 40.84\text{km}, B_1F' = 20\text{km}$,

$$\angle F'AB_1 = \angle F'AC - \angle B_1AC = 75 - 53.35 = 21.65(°).$$

由 $\cos\angle F'AB_1 = \dfrac{AF'^2 + AB_1^2 - F'B_1^2}{2 \cdot AF' \cdot AB_1}$ 可得 $AF' = 51.11\text{km}$.

防空导弹的最短射程为 10km, 若来袭导弹到达距离 A 舰 10km 以内, A 舰就不能用防空导弹去执行拦截任务, 因此必然存在最小防御范围点 $A_{\min}$, 仅当来袭导弹没有到达 $A_{\min}$ 前 A 舰才可以发起拦截, 超过 $A_{\min}$ 点, 便不能再使用防空导弹去执行拦截. 在 $A_{\min}$ 点发起拦截时 (即拦截准备时间 7s 的开始时刻, 注意与拦截恰好发生的时间不同), 防空导弹可恰好与来袭导弹在距 A 舰 10km 处 (A_0 点) 相遇, $A_{\min}A$ 等于从 A 舰准备拦截到拦截完成的时间内来袭导弹的飞行距离与防空导弹最小射程 (10km) 之和. 这是相遇问题.

$$A_{\min}A = \left(\frac{10}{2.4 \times 340/1000} + 7 \right) \times 0.9 \times 340/1000 + 10 = 15.89(\text{km}).$$

通过以上分析可知, A 舰的防御范围为 $[15.89, 51.11]$.

由于信息共享, 沿 FA 方向的来袭导弹在 F' 点被 B 舰发现, 且没有任何遮挡, 可立即进行拦截, 因此 B 舰最大防御范围也是 $F'A$ 的子集, $F'A$ 的长度为 51.11km; 但 B 舰发射的导弹不能落在 A 舰周围 10km 范围内, 设最小防御范围点为 $B_{\min}$(也在 $F'A$ 上), 当来袭导弹在 $B_{\min}$ 点时 B 舰发起拦截 (开始拦截准备), 防空导弹恰好可与来袭导弹在距 A 舰 10km 处 (A_0 点) 相遇, $B_{\min}A$ 等于从 B 舰准备拦截到拦截完成的时间内来袭导弹的飞行距离与 A 舰安全范围 (10km) 之和.

对于 $\triangle AB_1A_0$, $A_0A = 10$km, $AB_1 = 40.84$km, $\angle F'AB_1 = 21.65°$,

$$
\begin{aligned}
B_1A_0 &= \sqrt{AA_0^2 + AB_1^2 - 2AA_0 \cdot AB_1 \cdot \cos(\angle F'AB_1)} \\
&= \sqrt{10^2 + 40.84^2 - 2 \times 10 \times 40.84 \times \cos(21.65°)} \\
&= 31.76(\text{km}),
\end{aligned}
$$

$$B_{\min}A = \left(\frac{31.76}{2.4 \times 340/1000} + 7 \right) \times 0.9 \times 340/1000 + 10 = 24.05(\text{km}).$$

通过以上分析可知, B 舰的防御范围为 $(24.05, 51.11)$.

C 舰为了避开 B 舰 10km 的安全范围, 最早可以在 C' 点与来袭导弹相遇, CC' 与圆 B 相切, 切点 C_v, 设最大防御范围点为 $C_{\max}$, 即当来袭导弹在 $C_{\max}$ 点时 C 舰发起拦截 (开始拦截准备), 防空导弹与来袭导弹的相遇点恰为 CC_v 与 FA 的交点 C'. 同理为了避开 A 舰的安全范围, 设最小防御范围点为 $C_{\min}$.

对于 $\triangle CB_1C_v$, $B_1C_v = 10$km, $B_1C = 40$km,

$$\angle B_1CC_v = \arcsin\left(\frac{10}{40}\right) = 14.48(°).$$

对于 $\triangle C'AC$, $AC = 47.32$km, $\angle C'AC = 75°$, $\angle ACC' = 55 - 14.48 = 40.52(°)$,

$$\angle AC'C = 180 - 75 - 40.52 = 64.48(°),$$

$$AC' = \frac{AC \cdot \sin(\angle ACC')}{\sin(\angle AC'C)} = \frac{47.32 \times \sin(40.52°)}{\sin(64.48°)} = 34.07(\text{km}),$$

$$C'C = \sqrt{AC'^2 + AC^2 - 2AC' \cdot AC \cdot \cos(\angle C'AC)}$$

$$= \sqrt{34.07^2 + 47.32^2 - 2 \times 34.07 \times 47.32 \times \cos(75°)}$$

$$= 50.65(\text{km}).$$

$$C_{\max}A = \left(\frac{C'C}{2.4 \times \frac{340}{1000}} + 7 \right) \times 0.9 \times \frac{340}{1000} + AC' = 55.21\text{km} > F'A.$$

由于 $C_{\max}A > F'A$, 假设的 $C_{\max}$ 点超出了 B 舰以概率 1 可探测的范围, 因此无法发起拦截, 所以 C 舰的最大防御范围仍为 $F'A = 51.11\text{km}$(初始时无法确定 $C_{\max}$ 点是否超出了 B 舰以概率 1 可探测的范围).

对于 $\triangle ACA_0$, $AA = 10\text{km}$, $AC = 47.32\text{km}$, $\angle A_0AC = 75°$,

$$CA_0 = \sqrt{AA_0^2 + AC^2 - 2AA_0 \cdot AC \cdot \cos(\angle A_0AC)} = 45.76\text{km},$$

$$C_{\min}A = \left(\frac{CA_0}{2.4 \times 340/1000} + 7 \right) \times 0.9 \times 340/1000 + AA_0 = 29.30\text{km}.$$

通过以上分析可知, C 舰的防御范围为 $(29.30, 51.11)$. (更一般的情况防御范围是几个区间的并, 而且每个区间的大小随护卫舰与来袭导弹方向而变化, 并要作切线, 注意遮挡仅影响拦截导弹的轨迹, 不影响拦截准备过程.)

为了避开 B 舰的安全范围, D 舰发射的防空导弹至多可在 D' 点与来袭导弹相遇, 如图 2.8 所示, 显然 $AD' > AC'$, 由上面对 $C_{\max}A$ 的计算可知, D 舰的最大防御范围仍为 $F'A = 51.11\text{km}$. 为避开 A 舰的安全范围, D 舰发射的防空导弹至少应在 D'' 点与来袭导弹相遇, 圆 A(半径 10km) 与 DD'' 相切, 切点为 D'_v, 设最小防御范围点为 $D_{\min}$, 当来袭导弹在 $D_{\min}$ 点时 D 舰发起拦截 (开始拦截准备) 时, 可与来袭导弹恰好在 D'' 点相遇.

对于 $\triangle ADD''$, $AD'_v = 10\text{km}$, $AD = 47.32\text{km}$, $\angle D''AD = 125°$,

$$\angle ADD'' = \arcsin\left(\frac{AD'_v}{AD} \right) = 12.20°,$$

$$\angle AD''D = 180 - 12.2 - 125 = 42.8(°),$$

$$AD'' = \frac{AD \cdot \sin(\angle ADD'')}{\sin(\angle AD''D)} = 14.72\text{km},$$

$$DD'' = \sqrt{AD''^2 + AD^2 - 2AD'' \cdot AD \cdot \cos(\angle D'AD)} = 57.05\text{km},$$

$$D_{\min}A = \left(\frac{DD''}{2.4 \times 340/1000} + 7 \right) \times 0.9 \times 340/1000 + AD'' = 38.26\text{km}.$$

通过以上分析可知, D 舰的防御范围为 $(38.26, 51.11)$.

从 E 舰对 FA 方向上来袭的导弹发起拦截, 必定会穿过 A 舰的半径为 10km 的安全范围 $(\angle F'AE_1 = 178.65°)$, 因而无法参与拦截.

同理可得到当其他方向有导弹来袭时, 各舰可参与拦截来袭导弹的防御范围. 不再赘述. 下面计算各次拦截所需要的时间及在每次拦截时刻来袭导弹与驱逐舰之间的距离.

导弹要能够拦截成功, 拦截位置应该处于拦截导弹的射程和各舰防御范围以内. 一次拦截所需时间可采用下式计算, 进而判断是否能够实施本次拦截. 每次拦截的时间从舰船开始准备执行任务的时刻开始计算.

$$t = \frac{\sqrt{\rho_{ct}^2 + (\rho_M - v_M t)^2 - 2\rho_{ct}(\rho_M - v_M t)\cos(\theta_{ct} - \theta_M)}}{v_{ct}} + 7,$$

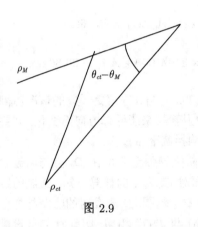

图 2.9

其中, t 为某次拦截所需全部时间;

ρ_{ct} 和 ρ_M 分别为本次拦截开始时护卫舰、来袭导弹与指挥舰之间的距离;

v_{ct} 和 v_M 分别为拦截导弹和来袭导弹的飞行速度;

θ_{ct} 和 θ_M 分别为执行任务的舰船和来袭导弹的飞行方向的角度 (图 2.9).

公式中 ρ_{ct} 及 $\rho_M - v_M t$ 是三角形的两条边的长, 根号是根据余弦定理计算得到三角形的第三条边即拦截导弹飞行的距离, 分数是拦截导弹飞行的时间, 加上 7s 准备时间得本次拦截需要的全部时间. $\rho_M - v_M t$ 即本次拦截来袭导弹地点与指挥舰之间的距离, 可以根据其是否在护卫舰的防御范围以内判断这一次拦截是否会发生.

计算结果如表 2.4 所示.

由表 2.4 可见从边界方向来袭的导弹可以被拦截 11 次.

类似地可以对前面提出的护卫舰均匀分布第一个方案进行计算, 其拦截沿边界方向来袭的导弹仅为 7 次, 其中驱逐舰可以拦 3 次, 邻近护卫舰可以拦 2 次, 靠近另一条边界的护卫舰仍然无法拦截, 其他两条护卫舰分别可以拦 1 次. 所以 "补谷" 的效果非常明显.

但 "削峰" 的情况也需要观察. 在图 2.8 中, 雷达发现沿 GA 方向来袭的导弹时, 来袭导弹距驱逐舰距离缩短为 39.11km, 拦截次数可能变少. 具体计算方法与

表 2.4　FA 方向的各舰各批次拦截用时

T/s＼M＼N/批	A (15.89, 51.11)	B (24.05,51.11)	C (29.30,51.11)	D(38.25,51.11)	本批拦截开始时来袭导弹到 A 的距离/km
1	50.65				51.11
2		26.47			51.11
3			67.32		51.11
4				86.32	51.11
5		25.79			43.01
6	36.83				35.61
7		30.81			35.12
8			63.03		30.51
9		43.32			25.69
10	26.79				24.34
11	19.48				16.14
总时/s	133.75	126.39	130.35	86.32	

注: 表头中 M 代表参与拦截的舰艇及其防御范围; N 代表拦截批次; T 代表本批拦截所花费的全部时间.

上面类似, 计算结果 GA 方向上可拦截来袭导弹 9 次 (从极小值变成最小值), 具体拦截位置如表 2.5 所示.

表 2.5　GA 方向的各舰各批次拦截用时　　　　　(单位:s)

拦截批次	A(15.89, 39.11)	B₄(24.23, 39.11)	B₃(26.44, 39.11)	B₂(29.17, 39.11)	B₁(38.38, 39.11)	导弹距指挥舰距离/km
1	39.952					
2		32.332				
3			37.29			
4				63.47		
5					71.934	
6		40.21				29.22
7			51.832			27.704
8	29.782					26.89
9	20.834					17.78
10						11.37

所以经过修改后的队形抗饱和攻击能力是由 7 次提高到 9 次, 而不是 11 次. 应该说有点 "顾此失彼", 说明 "削峰补谷" 过度 (长板子锯多了成为短板子), 形成了新的最危险的方向, 应该往回调整 (理想的情况应该是拦截次数相等, 均为 10 次). 通过对 FA(表 2.4) 的数据分析和试算, 估计 FA 约等于 50km 就可使该方向拦截批次达到 10 次, 因此决定回调, 使 AB 绕 C 逆时针旋转, 从而缩短 $F'A$, 适当延长

GA, 增加对沿 GA 方向来袭的导弹被拦截的次数, 从而增大舰队的抗饱和攻击能力, 具体改进方案如图 2.10 所示.

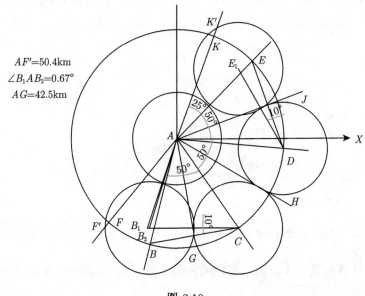

图 2.10

经验证知道, FA =50km, AB_1 以 A 为中心需逆时针旋转 1.04° 至 AB_3(在 B_2 附近, 图 2.10 中未显示), 但此时 FA 方向可同时拦截批次只有 9 次, 再经更详细的试算得出 FA 最小应有 50.4km, $\angle B_1AB_2$ =0.67° (精度要求很高) 时, FA 方向的最大拦截批次达到 10 次, 如图 2.10 所示, B_2 即为护卫舰 B 的新位置点. 此时 GA =42.5km, 沿 GA 方向来袭的导弹被拦截最大批次仍是 9 次, 小于沿 FA 方向的来袭的导弹被拦截最大批次. 因为前已表明 B 再向 C 靠拢将缩短 FA 长度, FA 方向的最大拦截批次将达不到 10 次, 因此 B 峰不可再削. 故将圆 C 向圆 B 适当靠拢以增加 AG 的长度, 但这样 AH 方向又成为来袭导弹长驱直入的漏洞, 似乎前进后退皆不行, 无法协调, 到了 "山重水复疑无路" 的境地. 但继续逆向思维, 结果是 "柳暗花明又一村". 可以在其他方向上削峰补谷 (AD 方向也是峰, 图 2.3 中有多峰多谷), 在圆 C 向圆 B 适当靠拢的同时将圆 D 的圆心向 A 内缩, 以增大 AH 和 AJ 的长度, 详细改进方案如下.

因为经多次计算发现, 在 AG、AH、AJ 约等于 44km 的情况下, 才可以保证对应各方向的拦截批次达到 10 次. 如图 2.11 所示, 在图 2.10 改进方案的基础上, 将 D 沿 DA 方向靠近 A, 使 AD_1 = 43km, AJ = 44.15km; C 以 A 为圆心, 顺时针旋转 0.85° 至 C_1, 可使 AG = 44.13km; 此时 AH = 45.27km, AK = 51.11km, AF = 50.40km, 由于 $AJ > AG, AK > AF$, 因此只需验证沿 FA、GA、HA 三个

方向的来袭导弹被拦截最大批次达到 10 次, 则舰队的抗饱和攻击能力就提高为 10 次. 削峰补谷目的就实现了. 验证如表 2.6~ 表 2.8 所示 (整个过程与前面相同).

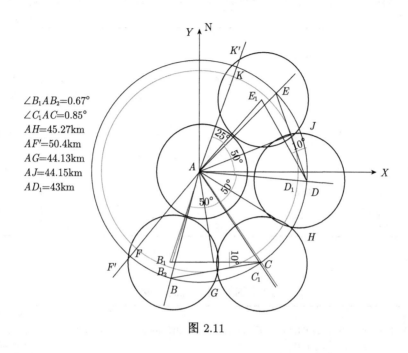

$\angle B_1AB_2=0.67°$
$\angle C_1AC=0.85°$
$AH=45.27$km
$AF'=50.4$km
$AG=44.13$km
$AJ=44.15$km
$AD_1=43$km

图 2.11

表 2.6　FA 范围的各舰各批次拦截用时

T/s ⟍M $N/批$	A(15.89, 50.40)	B(24.07,50.40)	C (29.25,50.40)	D(37.13,50.40)	本批拦截开始时来袭导弹到 A 的距离/km
1	50.01				50.40
2		26.77			50.40
3			66.59		50.40
4				81.94	50.40
5		26.55			42.21
6	36.37				35.10
7		32.25			34.08
8			62.85		30.02
9		45.77			24.21
10	26.45				23.97
总时/s	112.83	131.34	129.44	81.94	

注: 表头中 M 代表参与拦截的舰艇及其防御范围; N 代表拦截批次; T 代表本批拦截所花费的全部时间.

表 2.7 GA 范围的各舰各批次拦截用时

N/批	$A(15.89, 44.13)$	$B(24.23,44.13)$	$C(26.58,44.13)$	$D(27.78,44.13)$	$E(38.26,44.13)$	本批拦截开始时来袭导弹到 A 的距离/km
1	40.42					44.13
2		29.69				44.13
3			33.92			44.13
4				61.23		44.13
5					76.26	44.13
6		33.81				35.04
7			43.97			33.75
8	32.3					303.53
9		45.84				24.70
10	23.49					20.65
总时/s	100.21	109.34	77.89	61.23	76.26	

表 2.8 HA 范围的各舰各批次拦截用时

N/批	$A(15.89, 45.27)$	$B(27.04,45.27)$	$C(26.57,45.27)$	$D(25.00,45.27)$	$E(27.24,45.27)$	本批拦截开始时来袭导弹到 A 的距离/km
1	45.44					45.27
2		60.17				45.27
3			33.17			45.27
4				30.35		45.27
5					63.79	45.27
6				35.44		35.98
7			42.2			35.12
8	33.04					31.36
9				48.83 s		25.14
10	24.03					21.25
总时/s	102.51	60.17	75.37	114.62	63.79	

注意护卫舰 B、C 虽然都最靠近 GA, 但拦截次数却不相同, 显示护卫舰到来袭导弹方向上的距离发生小量变化就会影响拦截次数.

注意护卫舰 D、C 虽然都最靠近 HA, 但拦截次数却不相同, 说明拦截次数对位置的敏感性. 另外在各个方向上驱逐舰都是拦截的主力, 靠近来袭导弹方向的护卫舰拦截次数比较多, 如果离来袭导弹的方向距离比较远, 例如隔一艘护卫舰则拦截次数很少, 如果隔两艘护卫舰甚至就不能拦截了.

对 AB_2 等方向也进行了验证, 拦截次数也达 10 次, 具体情况见表 2.9.

表 2.9　AB_2 方向

T/s	M N/批 A(15.89,44.56)	B(23.71,36.73), (56.73,60.84)	C(27.85, 46.94)	D(30.80,54.79)	本批拦截开始 时来袭导弹到 A 的距离/km
1	44.79				44.79
2	32.58				30.84
3	23.69				20.87
1		22.92			60.84
2		19.25			36.73
3		30.81			30.84
1			52.63		46.94
2			56.47		30.84
1				78.27	54.79
2				64.28	30.84
共 10 次					

至于在其他方向上, 由于当雷达刚发现来袭导弹的时刻, 来袭导弹与驱逐舰之间距离都比 FA(或 GA、HA) 远, 故而拦截的总时间长. 而且护卫舰到导弹来袭方向上的距离比较近, 每次拦截用时较短, 所以一般在其他方向上来袭导弹被拦截的次数不会少. 例如 GA、HA 与两圆交点切线的夹角小于 30°, 所以护卫舰到该方向的距离增加 0.1km, 则来袭导弹被发现时, 来袭导弹与驱逐舰距离增加 0.15km以上, 加之拦截导弹速度是来袭导弹速度的 2.67 倍, 所以拦截导弹飞行距离增加约0.4km, 故 GA、HA 绕 A 左右旋转, 拦截次数不会减少. 而且拦截距离再增加, 则驱逐舰拦截次数也要增加, 因此 GA、HA 绕 A 左右旋转后的方向拦截来袭导弹次数不会少于 GA、HA 方向. 为保证结论准确, 我们详细计算了 GA、HA 绕 A 左右每次旋转 1°, 从 0° 直到 24°(即覆盖了全部方向, 因为相邻计算角度间隔仅 1°, 沿在这一度间隔中每个方向来袭导弹被拦截的次数一定介于与之相邻两个整数度方向拦截来袭导弹次数之间, 从下面几张表格不难发现这一规律) 全部方向的拦截来袭导弹次数, 见表 2.10∼ 表 2.13.

表 2.10 AG 向 AB_2 旋转过程

旋转角度/(°)	A/次	B/次	C/次	D/次	E/次	总计/次
0	3	3	2	1	1	10
1	3	3	2	1	1	10
2	3	3	2	1	1	10
3	3	3	2	2	1	11
4	3	3	2	2	1	11
5	4	4	3	2	1	14
9	4	4	3	2	1	14
10	4	5	3	2	1	15
13	4	5	3	2	1	15
14	4	5	3	2	1	15
15	3	4	2	2	1	12
17	3	4	2	2	1	12
18	3	4	2	2	1	12
19	3	3	2	2	0	10
20	3	3	2	2	0	10
23	3	3	2	2	0	10
25	3	3	2	2	0	10

表 2.11 AG 向 AC_1 旋转过程

旋转角度/(°)	A/次	B/次	C/次	D/次	E/次	总计/次
0	3	3	2	1	1	10
1	4	3	3	2	1	13
2	4	3	3	2	1	13
3	4	3	3	2	1	13
4	4	3	3	2	1	13
5	4	3	4	2	1	14
6	4	3	4	2	1	14
7	4	4	4	2	1	15
8	4	4	4	2	1	15
9	4	4	5	2	1	16
10	4	4	5	2	2	17
12	4	4	5	2	2	17
13	4	4	5	3	2	18
14	4	3	4	2	2	15
15	4	3	4	2	2	15
16	4	2	4	2	2	14
20	4	2	4	2	2	14
24	4	2	4	2	2	14

表 2.12　*AH* 向 *AC*₁ 旋转过程

旋转角度/(°)	A/次	B/次	C/次	D/次	E/次	总计/次
0	3	1	2	3	1	10
1	3	2	3	3	2	13
2	4	2	3	3	2	14
3	4	2	3	3	2	14
4	4	3	3	3	2	14
5	4	2	4	3	2	15
7	4	2	4	3	2	15
8	4	2	4	3	2	15
9	4	2	5	3	2	16
10	4	2	5	3	3	16
11	4	3	5	3	2	17
12	4	3	5	3	2	17
13	4	3	4	3	2	16
14	4	2	4	3	2	15
15	4	2	4	2	2	14
16	4	2	4	2	2	14
20	4	2	4	2	2	14
24	4	2	4	2	2	14

表 2.13　*AH* 向 *AD*₁ 旋转过程

旋转角度/(°)	A/次	B/次	C/次	D/次	E/次	总计/次
0	3	1	2	3	1	10
1	3	2	2	3	1	11
2	3	2	2	3	1	11
3	3	2	3	3	2	13
4	4	2	3	3	2	14
5	4	2	3	4	2	15
7	4	2	3	4	2	15
9	4	2	3	4	2	15
10	4	2	3	5	2	16
12	4	2	3	5	2	16
13	4	2	3	4	2	15
14	4	2	2	4	2	14
15	4	2	2	4	2	14
16	4	2	2	4	2	14
17	3	2	2	4	2	13
18	3	2	2	4	2	13
19	3	2	2	4	2	13
20	3	2	2	4	2	13
21	3	2	2	3	2	12
24	3	2	2	3	2	12

　　综合上述所有表格 (对旋转整数角度进行了穷举) 说明最新优化队形下舰队的抗饱和攻击能力为 10 次.

　　由此可见数学建模对于军事斗争的重要性, 舰队的舰艇没有增加, 设备没有更新, 技术参数没有任何改进, 仅改变队形就可以使编队的抗饱和攻击能力提高 42.857%, 相当于舰队凭空增添出来两艘护卫舰以上的防卫能力, 这充分体现了数学建模的作用.

以上都是根据来袭导弹以概率 1 被发现的情况来讨论编队的抗饱和攻击能力, 由于探测雷达在 20~30km 范围内发现来袭导弹的随机变量服从均匀分布, 若考虑雷达按概率提前发现了来袭导弹, 最危险方向及拦截次数是否会发生变化呢? 绝大多数研究生队认为在确定情况下计算来袭导弹被拦截的次数都很复杂, 随机时有无穷多种情况再按概率密度加权计算, 一定更困难, 因而放弃了. 事实恰恰相反.

在 FA 方向, 以 0.1km 为计算步长, 在 20~30km 范围内改变 BF 的值 (即 B 舰雷达按一定概率提前发现来袭导弹时, 来袭导弹与驱逐舰的距离加大, 几条舰的发现来袭导弹的圆的半径变长, 圆变大, 并集也变大. 其他各个方向上类似地来袭导弹被发现时与驱逐舰的距离也增大, 故拦截次数可能增加), 可得到来袭导弹被发现时 BF 的值域与在该状况下来袭导弹被拦截的最大批次数存在如表 2.14 所示的简单关系 (如 BF 长度达 20.1km 时, FA 方向上来袭导弹被拦截的次数由 10 次增加到 11 次), 即圆和圆的并集随半径加长而变大, 拦截次数单调上升.

表 2.14 来袭导弹被发现时, BF 的值域与 FA 方向上拦截批次的关系

BF 范围/km	[20,20.1)	[20.1,27.1)	[27.1,30]
AF 范围/km	[50.4,50.6)	[50.6,60.0)	[60.0,63.5]
最大拦截批次/次	10	11	12

由于可同时拦截来袭导弹的最大批次数是离散的, 虽然概率不断连续变化, 发现来袭导弹时, 来袭导弹与驱逐舰的距离也在变化, 但拦截来袭导弹的次数却只有几种可能. 因此该方向拦截来袭导弹次数的期望是各拦截批数及相应概率乘积并求和 (由于拦截次数仅三种结果, 仅需计算三个区间概率, 而区间均匀分布的概率与区间的长度成正比, 计算起来很简单):

$$E_{FA} = \frac{30 - 27.1}{30 - 20} \times 12 + \frac{27.1 - 20.1}{30 - 20} \times 11 + \frac{20.1 - 20}{30 - 20} \times 10 = 11.28(\text{批}).$$

在 GA 方向, 以 0.1km 为计算步长, 在 20~30km 范围内改变 BG 和 CG 的值, 且 $BG = CG$, 相应地获得 AG 对应的区间. 来袭导弹被发现时 $BG(CG)$ 的值域与可以拦截来袭导弹的批次关系如表 2.15 所示.

表 2.15 来袭导弹被发现时 $BG(= CG)$ 的值域与 AG 方向拦截来袭导弹批次的关系

$BG(CG)$ 范围/km	[20,20.9)	[20.9,21.5)	[21.5,22.4)	[22.4,23.4)	[23.4,28.4)	[28.4,29.7)	[29.7,30]
AG 范围/km	[44.1,47.1)	[47.1,48.6)	[48.6,50.6)	[50.6,52.5)	[52.5,60.1)	[60.1,61.8)	[61.8,62.2]
最大拦截批次/次	10	11	12	13	14	15	16

在该方向的拦截次数的期望为

$$E_{GA} = \frac{20.9 - 20}{30 - 20} \times 10 + \frac{21.5 - 20.9}{30 - 20} \times 11 + \frac{22.4 - 21.5}{30 - 20} \times 12$$
$$+ \frac{23.4 - 22.4}{30 - 20} \times 13 + \frac{28.4 - 23.4}{30 - 20} \times 14$$
$$+ \frac{29.7 - 28.4}{30 - 20} \times 15 + \frac{30 - 29.7}{30 - 20} \times 16$$
$$= 13.37(批).$$

同样的方法用于 HA 方向, 可得结果: 沿 HA 方向来袭的导弹被拦截次数的期望也大于 FA 方向, 因此 FA 方向仍然为最危险方向, 与前面来袭导弹以概率 1 被发现的情况的分析一致.

对上述问题可以进行定性分析. 如果护卫舰雷达发现来袭导弹的能力都增加相同的长度, 其对发现从不同方向发来的来袭导弹的时间的提前量影响大致相同, 故最危险的方向没有变化. 这与上面个别情况的结论是一致的. 说明可以仅根据确定的情况讨论舰队的队形. 例如护卫舰雷达可以在来袭导弹距离护卫舰 30km 发现它, 则在所有方向上雷达发现来袭导弹的最远距离大约都增加 10km 左右, 即使在扇面边界方向由于护卫舰到边界的距离小于 15km, 发现距离也仅增加 12.7km. 而护卫舰到来袭导弹速度方向直线的距离不变, 所以拦截次数的期望值几乎同步增加, 因此最危险的方向在雷达探测距离变化较小时不受影响是顺理成章的了.

几经周折、费尽九牛二虎之力好不容易才找到抗饱和攻击能力达 10 次的舰队队形. 是否这个方案就是最优解? 编队的最大抗饱和攻击能力能否达到 11 次呢? 要回答这个问题很困难, 开始试图证明抗饱和攻击能力达 11 次肯定无解, 但推导很久, 似乎始终没有发现矛盾, 又转向搜索抗饱和攻击能力达 11 次的参数范围. 虽然参数只有几个, 但却推导了二十多步, 硬是用循环压缩的方法把参数推导到很小的范围内, 靠计算机没有能够搜索出来最优解, 靠分析和推理找出来了, 其思路值得学习. 由于目的是用压缩的方法把参数推导到很小的范围内, 所以证明并不需要严格, 只要保证结论正确, 最终可以据此找到最大抗饱和攻击能力达 11 次的方案即可.

A. 驱逐舰拦截来袭导弹次数与发现来袭导弹时刻来袭导弹与驱逐舰之间的距离 (定义为发距) 之间的关系.

定义某次拦截点为某批拦截导弹与来袭导弹的相遇点, 定义某次拦截点与驱逐舰之间的距离为拦截距. 定义某次拦截开始准备时, 来袭导弹与驱逐舰之间距离为准备距. 下面讨论发距与驱逐舰拦截来袭导弹次数之间的关系.

由于在拦截次数相同的情况下, 发距可以在一定范围内随意变化, 讨论起来有困难, 故而讨论拦截次数为某次时的最小发距, 如果发距大于 n 次最小发距, 小于

$n+1$ 次最小发距的, 显然可以拦截 n 次. 又因为来袭导弹由远及近飞行, 而对拦截次数为某次时的最小发距事先并不知晓, 故推导是由近及远, 与真实的拦截过程恰好相反, 但过程完全可逆. 所以结果正确. 这里之所以拦截若干次是假设敌方几乎同时发射若干批来袭导弹, 每次我方一艘舰艇只能拦截其中的一批, 其余的来袭导弹未被拦截, 因而继续向驱逐舰前进, 所以其他舰艇也要尽可能加以拦截. 显然驱逐舰最后一次 (为方便, 反向计数, 记为第一次) 拦截距为 10km, 因来袭导弹再向前, 则它进入驱逐舰周围 10km 范围, 小于拦截导弹射程, 驱逐舰发射导弹无法拦截来袭导弹.

明显这是直线上的相遇问题, 记 S_n 为第 n 次拦截距, 因为在 7s 准备时间里来袭导弹可以飞行 2.142km, 来袭导弹与拦截导弹速度之比是 3:8, 根据题意, 拦截导弹到达拦截点后, 即可准备下一批拦截, 所以迭代公式是 $S_{n+1} = (1+3/8)S_n + 2.142$ (图 2.12).

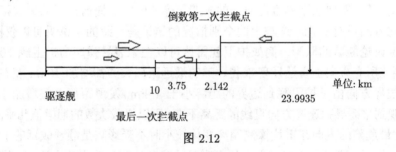

图 2.12

第一次拦截距 10km, 准备距 15.892km.

第二次拦截距 15.892km, 准备距 23.9935km.

第三次拦截距 23.9935km, 准备距 35.1330625km.

第四次拦截距 35.1330625km, 准备距 50.44996094km.

第五次拦截距 50.44996094km, 准备距 71.51069629km.

第六次拦截距 71.51069629km, 准备距 100.4692074km(无预警机时已肯定无法发现来袭导弹).

受射程 80km 限制, 无论有无预警机, 驱逐舰最多拦截 6 次. 这里的数据都是最小值, 即小于准备距则一定不能拦截, 大于等于准备距一定能够拦截.

B. 定义驱逐舰与护卫舰的连线方向为驱护方向, 对沿驱护方向来袭的导弹, 护卫舰自身可以拦截的次数与驱逐舰和护卫舰之间距离 (定义为驱护距) 的关系.

对沿驱护方向来袭的导弹, 护卫舰上的雷达能够在护卫舰前 20km 发现来袭导弹. 所以护卫舰一定可以在来袭导弹到达护卫舰上空前进行第一次拦截, 设 X 为拦截导弹拦截前飞行距离. 仍然是直线上的相遇问题, 根据公式 $11X/8 + 2.142 = 20$, 解得 $X = 12.98763636$km, 超过拦截导弹最小射程, 可以拦截.

受拦截导弹最小射程 10km 的限制, 护卫舰必须且一定可以在来袭导弹经过并离开护卫舰上空 (飞向驱逐舰) 后, 在护卫舰后 10km 处进行第二次拦截, 从护卫舰前的拦截点到该点, 来袭导弹共飞行了 $10 + 12.987 = 22.987(\text{km})$, 这段时间足够拦截导弹准备与飞行 (图 2.13).

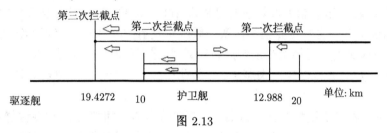

图 2.13

后面的拦击是直线上的追击问题, 计算公式: $S_n + 2.142 + 3 \times S_{n+1}/8 = S_{n+1}$.

第三次拦截准备距是护卫舰后 10km, 拦截距为护卫舰后 19.4272km. 由于是追击问题, 只有当拦截点位于驱逐舰 10km 外才可以拦截, 所以决定能否拦截不再是根据准备距, 而是根据拦截距.

第四次拦截准备距是护卫舰后 19.4272km, 拦截距为护卫舰后 34.51072km.

第五次拦截准备距是护卫舰后 34.51072km, 拦截距为护卫舰后 58.644352km. 因拦截导弹不能进入驱逐舰 10km 范围, 故护卫舰距离驱逐舰 68.644352km 以上才能拦截第五次. 至于第六次拦截时拦截导弹飞行距离超过 80km 射程, 肯定无法做到.

C. 定义拦截点区间为来袭导弹方向上的一个闭区间 (有些情况, 如在护卫舰的前、后各有一个闭区间), 区间内任意一点都满足拦截点的必要条件, 如已经被我方雷达发现, 又在舰艇 10km 安全范围之外等 (但是否真正成为拦截点则应根据具体的情况). 若拦截点区间长度小于等于 11.78km, 则无论驱逐舰或任一艘护卫舰都对沿这个方向来袭的导弹至多只能拦截两次(图 2.14).

相邻两次拦截点间最
短距离为5.892km

图 2.14

拦截导弹的射程不小于 10km. 发射拦截导弹事先必须准备 7s, 来袭导弹的速度为 0.9 马赫即 0.306km/s, 故在我方准备的 7s 内来袭导弹可以在来袭方向上前进 2.142km, 加上在拦截导弹飞行最短射程 10km 的时间内来袭导弹又可以在来袭方向上前进 $10 \times 0.9/2.4 = 3.75(\text{km})$, 如果射程大于 10km, 则来袭导弹应该飞行更长的距离, 因此在任意一艘舰艇的相邻两次拦截导弹的拦截点之间至少可达

$2.142 + 3.75 = 5.892$(km). 若能够拦截三次, 则第一、第三次拦截点之间距离至少为 $5.892 \times 2 = 11.784$(km). 这已经超出拦截点区间长度, 故即使在拦截点区间端点某舰就可以拦截一次也至多只能拦截来袭导弹两次.

D. 任意两艘舰艇之间的距离不能小于 10km.

因为拦截导弹不能进入其他舰艇周围 10km 范围, 所以当两艘舰艇之间的距离小于 10km 时, 这两艘舰艇中任意一艘舰艇发射的拦截导弹都可能误伤另一艘舰艇, 因而这两艘舰艇都无法发射拦截导弹, 相当于同时损失两艘舰艇的防卫能力, 舰队只有三艘舰艇可以拦截来袭导弹, 故此类方案一定无法实现最大抗饱和攻击能力.

E. 来袭导弹沿驱护线方向来袭, 若驱护线方向上的护卫舰 C 后拦截点区间长度小于等于 11.78km, 则除护卫舰 C 自身可能拦截来袭导弹三次外, 无论驱逐舰还是其他护卫舰至多拦截沿驱护线方向来袭导弹两次.

由结论 B, 护卫舰 C 可以在前方拦截沿驱护线方向来袭的导弹一次, 在护卫舰 C 后追击来袭导弹两次 (分别在护卫舰后 10km、19.4272km 处, 前者是拦截点区间端点, 后者在拦截点区间内).

若其余舰艇的拦截都在来袭导弹离开护卫舰 C 上空后进行, 由于拦截点区间长度小于等于 11.78km, 故根据结论 C, 无论驱逐舰还是其他护卫舰至多拦截来袭导弹两次.

若其余舰艇的拦截在进入护卫舰 C 上空前就进行, 因为护卫舰 C 的雷达在护卫舰 C 前 20km 处就发现来袭导弹, 拦截导弹射程最小为 10km, 还有 7s 的准备时间, 故来袭导弹被拦截前最少可以飞行 $2.142 + 10 \times 3/8 = 5.892$(km), 而最迟应在来袭导弹离护卫舰 C 前 10km 处拦截, 所以护卫舰 C 前面的拦截区间为 $[10, 14.108]$. 因为只有来袭导弹从距离护卫舰 C 前 20km 处飞到离护卫舰 C 前 10km 的这段时间是其余舰艇的拦截导弹准备、飞行的时间, 扣除 7s 准备时间, 再根据两种导弹速度之比, 则拦截导弹最大飞行距离为

$$(10 - 2.142) \times 8/3 = 20.9546667 \text{(km)}.$$

又因为拦截导弹不能飞越护卫舰 C 周围 10km 的范围 (是个圆, 见图 2.15), 要继续进行拦截, 最多沿上述圆的切线方向实施拦截. 所以从图 2.15 可以看出护卫舰为了在来袭导弹进入护卫舰 C 上空前就进行拦截, 几乎均应位于过护卫舰前 10km 处垂直于驱逐舰与护卫舰连线方向的直线的外侧, 离护卫舰前 10km 处最大距离为 20.9546667km(A 点)(注意: 在直线的内侧, 经过取离散点验证, 均比 A 点远离护卫舰前 10km 的点. 因为最后并不是证明拦截 11 次没有可行解, 而是推导参数的范围, 所以不一定要求证明严格, 只要结论正确就行了, 为简化证明, 以下都按此办法处理).

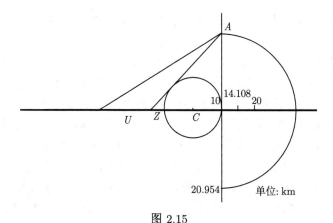

图 2.15

护卫舰即使位于 A 点, 要尽早对沿驱护线方向的来袭导弹实施第二次拦截, 只能沿以护卫舰 C 点为圆心, 10km 为半径的圆的切线方向实施拦截, 设第二次拦截点与护卫舰后 10km 处相距 Z, 根据相似三角形有

$$(20.954/10)^2 = (20 + Z)^2 / \{(10 + Z)^2 - 100\} = (20 + Z)^2 / (Z^2 + 20Z),$$

解得

$$Z = 5.89848502 \text{km}.$$

如果再进行一次拦截, 则应有

$$(25.58948502 + 2.142 + U)^2 + 20.954^2 = (8U/3)^2.$$

解得 $U = 19.47346015$km, 即位于护卫舰 C 后 $19.47346015 + 15.892 = 35.36546015$(km), 大大超出拦截点区间. 若想拦截第四次, 拦截点位于护卫舰 C 后 54.8km, 一般都超过驱逐舰的位置, 更越过驱逐舰周围 10km 范围, 因此遇此情况, 以后均不考虑.

综上所述, 拦截点区间长度小于等于 11.78km, 则除护卫舰 C 自身外, 无论驱逐舰或其他护卫舰至多拦截沿驱护线方向来袭导弹两次.

F. 抗饱和攻击能力为 11 次, 则驱逐舰与任意护卫舰之间距离不小于 29.4km.

用反证法, 设驱逐舰与护卫舰 C 之间距离小于 29.4km. 考虑沿驱逐舰与护卫舰 C 的连线方向来袭的导弹, 由结论 A, 驱逐舰对来袭导弹只能拦截两次 (第三次拦截点位于 23.9935km 处, 已经在驱逐舰周围 10km 范围内). 由结论 B, 护卫舰 C 可以在前面拦截来袭导弹一次, 在护卫舰 C 后面追击来袭导弹一次 (第三次拦截点位于护卫舰 C 后 35.36546015km 点已经在驱逐舰周围 10km 范围内), 或两次都在越过护卫舰后拦截. 要能够总共拦截 11 次, 其他三艘护卫舰共要拦截 7 次, 其中至少一艘护卫舰要能够拦截 3 次, 而根据结论 E, 因为拦截点区间长度才 $29.4 - 20 = 9.4$(km), 一定无法实现. 矛盾.

G. 抗饱和攻击能力为 11 次, 则驱逐舰与任意护卫舰之间距离大于 31.6km.

用反证法. 设护卫舰 C 与驱逐舰之间距离为小于等于 31.6km, 故驱护 C 线上护卫舰 C 后拦截点区间长度小于等于 $31.6 - 10 - 10 = 11.6$(km). 由结论 A, 驱逐舰对沿驱逐舰与护卫舰 C 连线方向的来袭导弹只能拦截两次, 由结论 B, 护卫舰 C 可以在前面拦截来袭导弹一次, 在护卫舰 C 后面追击来袭导弹 2 次. 两舰共拦截 5 次, 舰队要拦截 11 次, 则另外三艘护卫舰每艘都要拦截 2 次 (由结论 E, 拦截点区间长度小于等于 11.6km, 其他任意一艘护卫舰无法拦截 3 次).

若另外三艘护卫舰中有护卫舰 B 在护卫舰 C 前对驱护 C 线上来袭导弹发生拦截的情况, 由结论 E, 护卫舰 B 几乎均应位于过护卫舰 C 前 10km D 处垂直于驱逐舰与护卫舰连线方向的直线的外侧 (误差不影响后面的结果), 离 D 处最大距离为 20.9546667km 的半圆内, 记为区域甲 (图 2.16). 第三次拦截位于护卫舰 C 后 35.36546015km, 大大超出拦截点区间, 不予考虑.

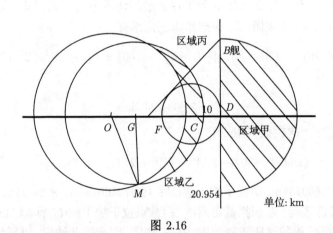

图 2.16

若另外三艘护卫舰有护卫舰 B 拦截都发生在来袭导弹越过护卫舰 C 后的情况, 对我方最有利的情况是第一次拦截恰好发生在护卫舰 C 后 10km F 处 (一般来袭导弹飞行 30km, 护卫舰 B 准备、拦截时间都足够了), 然后在来袭导弹继续飞行拦截点区间最长 11.6km 的时间内, 护卫舰 B 进行第二次拦截的准备与实施. 扣除 7s 的准备时间, 拦截导弹可以飞行的距离的上限为

$$(11.6 - 2.142) \times 8/3 = 25.221333(\text{km}).$$

即护卫舰 B 一定位于以驱逐舰前 10km G 点为圆心, 25.221333km 为半径的圆内. 即使第二次拦截点位于拦截点区间内某个地方, 由于这种情况来袭导弹比在 11.6km 处 (拦截点区间端点) 被拦截少飞行了一段距离 X, 根据两种导弹的速度之比, 拦截导弹应比 25.221333km 少飞行 $8X/3$ 距离, 加之三角形两边之和大于第三边的缘

故, $25.221333 - \dfrac{8}{3}x + x < 25.221333$, 护卫舰 B 与驱逐舰前 10km G 点的距离一定小于 25.221333km, 故无论如何护卫舰 B 一定位于以 G 点为圆心, 25.221333km 为半径的圆内, 记为区域乙.

由结论 F, 护卫舰 B 一定位于以驱逐舰为圆心, 29.4km 为半径的圆外, 记为区域丙. 因此三艘护卫舰每艘都要拦截 2 次, 必须都位于区域甲、乙的并集再与丙集的交集当中, 即图 2.16 中阴影区域.

在 $\triangle OMG$ 中, $OM \geqslant 29.4, MG \leqslant 25.221333, OG = 10$,

$$\cos \angle MOG = (29.4^2 + 100 - 25.221333^2)/(20 \times 29.4) \geqslant 0.5582387104,$$

所以 $\angle MOG \leqslant 56.06591986°$.

对于 $OM \geqslant 29.4$ 的情况, 视 OM 为变量, 余弦函数的公式对 OM 求导, 可以证明 $OM = 29.4$ 时, 角度最小. 因此四艘护卫舰都在以驱逐舰为顶点, 角度为 2×56.06591986 的扇形内, 故此扇形至少与一条边界夹角不小于 $200/2 - 56.066 = 43.934(°)$. 因为 $29.4 \times \sin 43.934° = 20.39861073(\text{km})$, 大于护卫舰雷达发现来袭导弹的距离, 所以在边界处一定产生探测来袭导弹的漏洞.

故另外三艘护卫舰不可能同时都能拦截来袭导弹两次, 所以总共拦截 11 次无法实现. 矛盾的结果说明驱逐舰与任意护卫舰之间距离大于 31.6km.

H. 抗饱和攻击能力为 11 次, 则驱逐舰与任意护卫舰之间距离大于 31.78km.

设护卫舰 C 与驱逐舰之间距离为小于等于 31.78km. 由结论 A, 驱逐舰对沿驱逐舰与护卫舰 C 连线方向的来袭导弹只能拦截两次, 由结论 B, 护卫舰 C 可以在前面拦截来袭导弹一次, 在自身后面追击来袭导弹两次. 两舰共拦截 5 次, 整个舰队要拦截 11 次, 则另外三艘护卫舰每艘都要拦截两次 (由结论 E, 其他护卫舰都无法拦截 3 次).

同前, 另外三艘护卫舰中若有护卫舰 B 在护卫舰 C 前进行拦截的情况, 由结论 E(图 2.16), 护卫舰 B 几乎均应位于过护卫舰 C 前 10km D 处垂直于驱逐舰与护卫舰连线方向的直线的外侧 (误差不影响后面的结果), 以 D 为圆心, 20.9546667km 为半径的半圆内, 两者的交集记为区域甲.

若另外三艘护卫舰中有护卫舰 B 均在护卫舰 C 后进行拦截的情况, 对我方最有利的情况是第一次拦截恰好发生在护卫舰 C 后 10km F 处, 这时在来袭导弹继续飞行拦截点区间 11.78km 的时间内, 护卫舰 B 进行第二次拦截的准备与实施. 扣除 7s 的准备时间, 拦截导弹可以飞行的距离的上限为

$$(11.78 - 2.142) \times 8/3 = 25.7013333(\text{km}),$$

即护卫舰 B 一定位于以驱逐舰前 10km G 点为圆心, 25.7013333km 为半径的圆内. 即使第二次拦截点位于拦截点区间内的某个地方, 由于来袭导弹比在 11.78km 处被

拦截少飞行了一段距离 X, 根据两种导弹的速度之比, 拦截导弹应比 25.7013333km 少飞行 $8X/3$ 距离, 加之三角形两边之和大于第三边的缘故, 护卫舰 B 与驱逐舰前 10km 的 G 点距离一定小于 25.7013333km, 故无论如何, 护卫舰 B 一定位于以 G 点为圆心, 25.7013333km 为半径的圆内, 记为区域乙.

由结论 G, 护卫舰 B 一定位于以驱逐舰为圆心, 31.6km 为半径的圆外, 记为区域丙. 因此三艘护卫舰每艘都要拦截 2 次, 必须位于区域甲、乙的并集再与丙集的交集当中, 即图 2.16 中阴影区域.

在 $\triangle OMG$ 中, $OM \geqslant 31.6, MG \leqslant 25.7013333, OG = 10$,

$\cos\angle MOG = (31.6^2 + 100 - 25.7013333^2)/(20 \times 31.6) \geqslant 0.6930403197$,

所以 $\angle MOG \leqslant 46.128739°$.

因此四艘护卫舰都在以驱逐舰为顶点, 角度为 2×46.128739 的扇形内, 故此扇形至少与一条边界夹角不小于 $200/2 - 46.129 = 53.871(°)$. 因为 $31.6 \times \sin 53.871° = 25.52305334(\text{km})$, 所以边界处一定产生探测来袭导弹的漏洞.

故另外三艘护卫舰不可能同时都能两次拦截沿驱护线方向的来袭导弹, 所以总共拦截 11 次无法实现. 矛盾. 最终证明驱逐舰与任意护卫舰之间距离大于 31.78km.

I. 驱逐舰与边护卫舰 (四艘护卫舰中距离两条边界中任意一条边界最近的护卫舰) 之间连线 (定义为驱边线) 与边界夹角小于 39.1°.

用反证法. 设边护卫舰 C 与驱逐舰之间连线与边界的夹角大于等于 39.1°. 由结论 H, 边护卫舰 C 与驱逐舰之间距离大于 31.78km. 因为 $31.78 \times \sin 39.1° = 20.04287716(\text{km})$, 边界位于边护卫舰 C 雷达的探测范围之外, 所以在边界一定出现来袭导弹入侵的漏洞, 所以该方案一定不可行, 故驱边线与边界夹角一定大于 39.1°.

J. 边护卫舰一定无法拦截沿另一边界方向来的来袭导弹.

根据结论 I, 驱逐舰与边护卫舰之间连线与边界夹角小于 39.1°. 因为两条边界间夹角是 200°, 所以驱逐舰与边护卫舰之间连线与另一边界夹角大于 160°.

因为拦截导弹不能飞越驱逐舰周围 10km 圆的内部, 所以拦截导弹轨迹与以驱逐舰为圆心, 10km 为半径的圆必须相切或相离 (图 2.17).

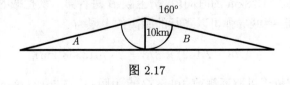

图 2.17

而三角形在底边上的高确定, 顶角的大小确定的情况下, 底边的长度在等腰三

角形时最小. 设 A、B 为三角形的两个底角, 证明如下:

$$\text{底边长} = 10 \times (\cot A + \cot B) = 10 \times (\cos A / \sin A + \cos B / \sin B)$$
$$= 10 \times (\sin A \cos B + \sin B \cos A) / (\sin A \sin B)$$
$$= 10 \times \sin(A + B) / (\sin A \sin B)$$
$$= 20 \times \sin(A + B) / \{-\cos(A + B) + \cos(A - B)\}.$$

当 $A + B = 160°$ 时, $\sin(A + B)$、$\cos(A + B)$ 都是定值, 分母中 $\cos(A - B)$ 随 A、B 而变化, 在 $A = B$ 时取最大, 即底边长度取最小, 为 113.4256364km.

因为底边取最短时, 长度都超过导弹射程, 所以边护卫舰一定无法拦截沿另一边界方向来的来袭导弹.

当 $A + B > 160°$ 时, 同样在 $A = B$ 时底边长度取最小, 若 $A + B$ 增大, 由于底边更长, 更超过拦截导弹的射程, 因此得到结论: 边护卫舰一定无法拦截沿另一边界方向来的来袭导弹.

K. 驱逐舰与边护卫舰之间连线与边界夹角不大于 32.18333°.

记边护卫舰到驱逐舰之间的距离为 y, 边护卫舰与驱逐舰之间的连线与边界的夹角为 C, 则边护卫舰到边界的距离为 $y \sin C$. 当取 $C = 32.18333°$, $y \geqslant 37.55$km 时, 边护卫舰到边界的距离大于 20km, 则边界是来袭导弹突防的漏洞, 所以当 $y \geqslant 37.55$km 时, 驱逐舰与边护卫舰之间连线与边界夹角不大于 32.18333°, 得证 (图 2.18).

因为已经证明驱逐舰与护卫舰之间距离 $y \geqslant 31.78$km, 下面证明在抗饱和攻击能力为 11 次的条件下, 若 $31.78 \leqslant y < 37.55$, 同样有驱逐舰与边护卫舰之间连线与边界夹角不大于 32.18333°, 则结论 K 得证. 这又分三步, 第一步是 $y = 31.78$, $C = 32.18329975°$ 时结论成立; 第二步是驱逐舰与边护卫舰之间连线与边界夹角等于 32.18333°, $31.78 \leqslant y < 37.55$ 时结论成立; 第三步是 $31.78 \leqslant y < 37.55$, 同样有驱逐舰与边护卫舰之间连线与边界夹角不大于 32.18333°, 结论成立.

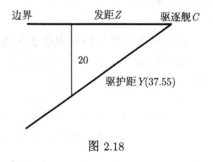

图 2.18

考虑拦截沿边界方向的来袭导弹, 当 $y = 31.78$, $C = 32.18329975°$, 满足 $y \tan C \leqslant 20$ 的情况, 由计算可知, 护卫舰到边界的距离为 16.926969km, 边界方

向的发距为 37.54954593km, 护卫舰刚发现来袭导弹时来袭导弹的位置与护卫舰在边界的垂足之间距离为 10.6525922km, 由结论 A, 驱逐舰只能拦三次.

边护卫舰拦第一次, 设来袭导弹飞行 x km,

$$(10.6525922 - 2.142 - x)^2 + 16.926969^2 = (8x/3)^2,$$
$$55x^2/9 + 17.02118439x - 358.9524591 = 0,$$

$x = 6.396910122$km, 再加上第二次拦截准备时间 7s, 超过护卫舰在边界上的垂足 0.02831792213km.

边护卫舰拦第二次,

$$(0.02831792213 + y)^2 + 16.926969^2 = (8y/3)^2,$$
$$55y^2/9 - 0.05663584426y - 286.5230814 = 0,$$

$y = 6.851941095$km, 再加上第三次拦截准备时间 7s, 超过护卫舰在边界上的垂足 9.022259017km.

边护卫舰拦第三次,

$$(9.022259017 + z)^2 + 16.926969^2 = (8z/3)^2,$$
$$55z^2/9 - 18.04451803z - 367.9234373 = 0,$$

$z = 9.374807524$km, 超过护卫舰在边界上垂足 18.39739769km, 离驱逐舰仅 8.499602306km, 进入驱逐舰周围 10km 范围, 故无法拦截第三次. 其他两护卫舰离得更远, 最多拦截两次, 根据结论 J, 另一艘边护卫舰无法拦截, 最多拦截 9 次, 无法达到 11 次. 所以驱逐舰与护卫舰之间距离 $y = 31.78$km, 驱逐舰与边护卫舰之间连线与边界夹角等于 32.18333° 的方案一定无法实现拦截边界方向来袭导弹 11 次的目标.

下面考虑驱逐舰与边护卫舰之间连线与边界夹角等于 32.18333°, 驱逐舰与护卫舰之间距离 31.78km$\leqslant y <$37.55km 的情况.

记边界方向的发距为 z, 则

$$\cos C = (z^2 + y^2 - 400)/(2zy), \quad z^2 - 2zy\cos C + y^2 - 400 = 0,$$
$$z = y\cos C + (y^2\cos^2 C + 400 - y^2)^{1/2}.$$

(因为发距是两根中大的一个, 故较小的解省去)

上式表明边界方向的发距 z 是边护卫舰与驱逐舰之间距离 y, 驱逐舰与边护卫舰之间连线与边界夹角 C 的函数. 显然 z 在 y 任意取值的情况下是关于 $\cos C$ 的单调上升函数, 即 z 是关于 C 的单调下降函数, 当夹角 C 增大时, 发距 z 反而变小.

下面求 z 关于 y 的偏导数及其驻点.

z 关于 y 的偏导数 $= \cos C - y \sin^2 C (400 - y^2 \sin^2 C)^{-1/2} \leqslant 0,$

$\cos^2 C \leqslant y^2 \sin^4 C (400 - y^2 \sin^2 C)^{-1},$

$\cos^2 C (400 - y^2 \sin^2 C) \leqslant y^2 \sin^4 C,$

$400 \cos^2 C \leqslant y^2 \sin^2 C, \quad 20/y \leqslant \tan C. (因为 C 肯定是锐角)$

因此当固定驱逐舰与边护卫舰之间连线与边界之间夹角 C, 且边护卫舰与驱逐舰之间距离 y 满足 $20/y \leqslant \tan C$ 时 (y 比较大), 偏导数一定小于等于零, 发距 z 随边护卫舰与驱逐舰之间距离 y 的增加而减小. 反之, 满足 $20/y \geqslant \tan C$ 时 (y 比较小), 偏导数一定大于等于零, 发距 z 随边护卫舰与驱逐舰之间距离 y 的减小而减小. 即对固定 C, y 满足 $y \tan C = 20$ 时, 发距 z 达最大值 $20 \csc C = (400 + y^2)^{1/2}$. 现在取 $C = 32.18333°$, $\tan C = 0.6293273$, 则当 y 从 31.78 增加到 37.55 时, 始终满足 $20/y \leqslant \tan C$, 故发距 z 随 y 的增加而减小, 以 $y = 31.78$ 时, 取 $z = 37.54954593$km 为最大值.

另一方面, 夹角 C 固定, 随着边护卫舰与驱逐舰之间距离 y 的增大, 护卫舰到边界的距离 $y \cos C$ 也不断增大. 当驱逐舰与边护卫舰之间连线与边界夹角固定为 $32.18333°$, 驱逐舰与护卫舰之间距离 31.78km$\leqslant y \leqslant 37.55$km 的情况与 $y = 31.78$km 相比, 发距 z 减小, 因此拦截的总时间变短, 而护卫舰到边界的距离增大, 因而每次拦截过程的时间变长, 故拦截次数只会减少, 不可能增加, 而后者前已证明不是抗饱和攻击能力大 11 次的可行解, 所以驱逐舰与边护卫舰之间连线与边界夹角固定为 $32.18333°$, 驱逐舰与护卫舰之间距离 31.78km$\leqslant y \leqslant 37.55$km 的方案都不是可行解.

下面证明在抗饱和攻击能力为 11 次条件下, 若 $31.78 \leqslant y < 37.55$, 同样有驱逐舰与边护卫舰之间连线与边界夹角 $C \leqslant 32.18333°$. 任取 $31.78 \leqslant y \leqslant 37.55$ 的方案, 若驱逐舰与边护卫舰之间连线与边界夹角大于 $32.18333°$, 与取 $C = 32.18333°$ 比较, 由于在 y 不变的情况下, 夹角 C 变大, 由公式 $z = y \cos C + (y^2 \cos^2 C + 400 - y^2)^{1/2}$ 可知, 发距 z 变小, 即拦截的总时间缩短, 而护卫舰到边界的距离 $y \sin C$ 随夹角 C 变大而增大, 即每次拦截时间加长, 所以拦截次数只会减少, 不会增加, 而前已经证明驱逐舰与边护卫舰之间连线与边界夹角 $C = 32.18333°$, $31.78 \leqslant y \leqslant 37.55$ 的方案都不是可行方案, 最终证明夹角 $C > 32.18333°$ 都不可行.

L. 驱逐舰与任意护卫舰之间距离大于 32.9km.

用反证法. 设护卫舰 B 与驱逐舰之间距离为 32.9km. 由结论 A, 驱逐舰对沿驱逐舰与护卫舰 B 连线方向的来袭导弹只能拦截两次, 由结论 B, 护卫舰 B 可以在前面拦截来袭导弹一次, 在自身后面追击来袭导弹两次. 两舰共拦截 5 次, 要整个舰队能够拦截 11 次, 则另外三艘护卫舰共要能够拦截六次.

首先证明另外三艘护卫舰都无法拦截三次.

若护卫舰 C 首次拦截发生在来袭导弹到达护卫舰 B 前, 则由结论 E, 护卫舰 C 应位于过护卫舰 B 前 10km 处垂直于驱逐舰与护卫舰连线方向的直线的外侧, 离护卫舰前 10km 处最大距离为 20.9546667km(A 点). 第三次拦截点位于护卫舰 B 后 35.36546015km, 已经进入驱逐舰周围 10km 范围, 所以无法拦截第三次 (图 2.19).

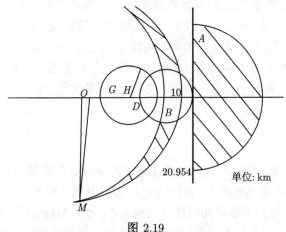

图 2.19

如果护卫舰 C 拦截来袭导弹都发生在护卫舰 B 后, 第一次拦截恰好在护卫舰 B 后 10km 处 (这是对我方最有利的位置, 因为如果首次拦截点在它的后面, 则拦截次数肯定不会超过首次拦截点发生在这个位置的拦截次数), 如果以后两次拦截发生在护卫舰 B 与驱逐舰连线上的拦截点区间内, 则

$$(12.9 - 2.142 \times 2) \times 8/3 = 22.976 (\text{km})$$

为在后两次拦截中拦截导弹可以飞行里程的上限. 由此可以推断, 该护卫舰应该离护卫舰 B 与驱逐舰连线上拦截点区间的中点 (离驱逐舰 16.45km, 可以再靠近驱逐舰些, 但这样可以包含全部护卫舰存在范围)H 不超过 11.488km, 由结论 H, 还要距离驱逐舰 31.78km 以上. 因为

$$16.45 + 11.288 < 31.78,$$

显然要离 H 点不超过 11.288km, 肯定在驱逐舰 31.78km 范围内, 一定不是可行解. 因此得到结论: 其他护卫舰中没有能够拦截三次的.

同结论 F 中的讨论, 若其他护卫舰都拦截两次来袭导弹, 其中第一次拦截发生在来袭导弹到达护卫舰 B 前, 则同结论 F, 这些护卫舰应位于图 2.19 中包含 A 点的半圆中. 若其他护卫舰拦截两次来袭导弹都发生在来袭导弹越过护卫舰 B 后, 则类似结论 F, 这些护卫舰应位于以下第二、三两个集合的并集与第一个集合的交集中. 这三个集合是: ① 以驱逐舰 O 为圆心, 31.78km 为半径的圆外部分; ② 过护卫舰 B 前 10km 点且垂直于护卫舰 B 与驱逐舰连线垂线远离驱逐舰的一侧; ③ 以拦截点区间另一端点 (即离驱逐舰 10km 的 G 点) 为圆心, $(12.9-2.142)\times 8/3 = 28.688(\text{km})$ 为半径的圆内. 即图中阴影部分.

在 $\triangle OGM$ 中 $OG=10, GM=28.688, OM \geqslant 31.78$. 利用余弦定理

$$\cos\angle MOG = (31.78^2 + 100 - 28.688^2)^2/(20 \times 31.78) = 0.4514900189,$$

$\angle MOG = 63.16067773°$(若 OM 增大, 余弦值变小, 则角度变小, 下述结论仍然成立).

上述结论表明五艘舰都位于以驱逐舰为顶点, 顶角角度不超过 $2\times 63.16067773°$ 的扇形中. 由此可知这个扇形的最外侧至少与一条边界的夹角不小于 $(200 - 2 \times 63.16067773)/2 \geqslant 36.8°$. 由结论 K, 这时肯定无可行解. 由推导过程可知, 若护卫舰 B 与驱逐舰之间距离小于 32.9km 则更无可行解, 所以结论 L 得证.

M. 驱逐舰与任意护卫舰之间距离大于 33.5km.

用反证法. 设护卫舰 B 与驱逐舰之间距离为 33.5km. 由结论 A, 驱逐舰对沿驱逐舰与护卫舰 B 连线方向的来袭导弹只能拦截两次, 由结论 B, 护卫舰 B 可以在前面拦截来袭导弹一次, 在自身后面追击来袭导弹两次. 两舰共拦截 5 次, 要整个舰队拦截 11 次, 则另外三艘护卫舰共要拦截六次.

首先证明其他护卫舰没有能够拦截三次的. 若护卫舰 C 第一次拦截发生在来袭导弹到达护卫舰 B 前, 则由结论 F, 第三次拦截发生在护卫舰 B 后 35.36546015km. 进入驱逐舰周围 10km 范围, 因此无法拦截三次.

若护卫舰 C 拦截来袭导弹三次都发生在来袭导弹越过护卫舰 B 后, 对我方最有利的情况是第一次拦截恰好在护卫舰 B 后 10km 处, 后面两次拦截点应位于护卫舰 B 与驱逐舰连线上的拦截点区间, 则

$$(13.5 - 2.142 \times 2) \times 8/3 = 24.576(\text{km})$$

为在后两次拦截中拦截导弹可以飞行里程的上限. 由此可以推断, 护卫舰 C 应该在驱逐舰与护卫舰拦截区间的靠近驱逐舰端点 H(离驱逐舰 10km) 不超过 12.288km 的地方, 且应该位于过 H 点垂直于护卫舰 B 与驱逐舰连线垂线远离驱逐舰的一侧, 还要距离驱逐舰 32.9km 以上. 因为 $10 + 12.288 \ll 32.9$, 显然无可行解, 故其他护卫舰中没有能够拦截三次的结论得证.

同结论 F 中的讨论, 若其他护卫舰均能够拦截两次来袭导弹, 其中第一次拦截发生在来袭导弹到达护卫舰 B 前, 则同结论 F, 这时护卫舰 C 应位于图 2.19 中

包含 A 点的半圆中. 若其他护卫舰两次拦截来袭导弹都发生在来袭导弹到达护卫舰 B 后, 则类似结论 F, 护卫舰应位于以离驱逐舰 10km 的 G 点为圆心, $(13.5 - 2.142) \times 8/3 = 30.288(\text{km})$ 为半径的圆内, 所以其他护卫舰应位于以下第二、三两个集合的并集与第一个集合的交集中. 这三个集合是: ① 以驱逐舰为圆心, 32.9km 为半径的圆外部分 (根据结论 L); ② 过护卫舰 B 前 10km 点且垂直于护卫舰 B 与驱逐舰连线垂线远离驱逐舰的一侧 (第一次拦截发生在来袭导弹到达护卫舰 B 前); ③ 以驱护线 B 上驱逐舰前 10km 的点为圆心, $(13.5 - 2.142) \times 8/3 = 30.288(\text{km})$ 为半径的圆内. 即图中阴影部分.

在 $\triangle OGM$ 中 $OG = 10, GM = 30.288, OM \geqslant 32.9$. 利用余弦定理

$$\cos \angle MOG = (32.9^2 + 100 + 30.288^2)^2/(20 \times 32.9) = 0.402807076,$$

$\angle MOG = 66.24621995°$(若 OM 增大, 余弦值变大, $\angle MOG$ 角度变小, 以下结论仍然成立).

上述结论表明五艘舰都位于以驱逐舰为顶点, 角度不超过 $2 \times 66.24621995°$ 的扇形中. 由此可知这个扇形的最外侧至少与一条边界的夹角不小于 $33.7°$. 由结论 K, 这时肯定无法拦截 11 次. 由推导过程可知, 若护卫舰 B 与驱逐舰之间距离小于 33.5km 则更无可行解, 所以结论 M 得证.

N. 沿边界方向来袭导弹的发距、边护卫舰到边界的距离和边角间的变化关系:

设边界方向发距为 z km. 根据余弦定理, 边界与驱逐舰与边护卫舰之间连线的夹角 C 的余弦为

$$\cos C = (z^2 + y^2 - 400)/(2zy),$$
$$\sin^2 C = ((2zy)^2 - (z^2 + y^2 - 400)^2)/(2zy)^2,$$
$$\sin C = (800(z^2 + y^2) - (z^2 - y^2)^2 - 160000)^{1/2}/(2zy).$$

边护卫舰到边界的距离
$$= y(800(z^2 + y^2) - (z^2 - y^2)^2 - 160000)^{1/2}/(2zy)$$
$$= (800(z^2 + y^2) - (z^2 - y^2)^2 - 160000)^{1/2}/(2z),$$

边护卫舰到边界的距离对驱边距 y 的导数符号取决于

$$1600y + 4y(z^2 - y^2),$$ 即取决于 $400 + (z^2 - y^2)$ 的符号.

因为 y 一定不超过 $(z^2 + 400)^{1/2}$(发距是余弦定理所描述一元二次方程中较大的根, 所以驱边距 y 所对应的内角一定是锐角或直角, 其余弦值一定非负, 故其余弦值的分子部分一定非负), 所以边护卫舰到边界的距离对驱边距 y 的导数符号一定恒非负, 即固定发距 z 随着驱边距 y 的增大, 边护卫舰到边界的距离一定增加.

$\cos C$ 对 z 偏导数的符号取决于 $400+(z^2-y^2)$ 的符号, 同上一定非负, 即 $\cos C$ 随 z 的增加而增加, 夹角 C 一定随 z 的增加而减少, $\sin C$ 也一定随 z 的增加而减少, 即固定驱边距 y 时, 随着发距 z 的增大, 边护卫舰到边界的距离一定减小 (图 2.20).

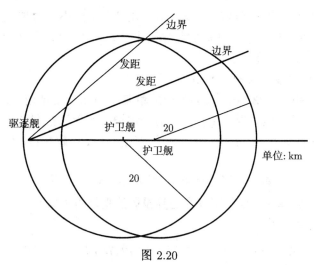

图 2.20

O. 边界方向的发距大于 37km.

用反证法. 设边界方向发距为 37km. 根据结论 M, 驱逐舰与边护卫舰之间距离大于等于 33.5km. 取最小值 33.5km, 由余弦定理, 边界与驱逐舰与边护卫舰之间连线的夹角 C 的余弦为

$$[37^2 + 33.5^2 - 400]/74 \times 33.5 = 0.8435861234.$$

对应夹角 C =32.47923434°(根据结论 K, 已经不是抗饱和攻击能力达 11 次的可行解), 在这种情况下, 边护卫舰到边界的距离为 17.98929577km.

若固定发距为 37km, 根据结论 N, 边护卫舰到边界的距离对驱边距 y 的导数符号一定非负, 即随着驱边距 y 的增大, 边护卫舰到边界的距离一定增加, 因此发距为 37km, 驱边距 y 从 33.5km 不断增加至 $(37^2+400)^{1/2}$(不可再增大), 则边护卫舰到边界的距离不小于 17.98929577km.

根据结论 N, 边护卫舰到边界的距离对发距 z 的导数符号一定非正, 因此任意固定驱边距 y(不小于 33.5km), 随着发距 z 从 37km 开始降低, 边护卫舰到边界的距离一定增大. 故驱边距 $y \geqslant$ 33.5km, 发距小于等于 37km 时, 边护卫舰到边界的距离不小于 17.98929577km.

若边界方向的发距小于等于 37km, 由结论 A, 驱逐舰可拦截边界方向来袭导弹 3 次, 由结论 J 另一边护卫舰无法拦截从另一边界方向来的来袭导弹. 要总共拦

截来袭导弹 11 次, 则其他三艘护卫舰共需要拦截 8 次, 至少有护卫舰能够拦截 3 次. 由于拦截点区间长度小于等于 27km, 则

$$(37 - 10 - 2.142 \times 3) \times 8/(3 \times 3) = 18.288(\text{km})$$

为每次拦截导弹平均飞行距离的上限. 由于几乎等于或小于边护卫舰到边界的距离, 显然并且容易验证任意一艘护卫舰都无法拦截 3 次. 因此若边界方向的发距不大于 37km, 一定无法拦截 11 次.

P. 边界方向的发距大于 40km.

先固定驱边距 $y = 33.5$km, 边界方向发距取为 40km, 由结论 A, 驱逐舰对沿边界方向来袭导弹只能拦三次, 由结论 J 另一边护卫舰无法拦截从边界方向来的来袭导弹. 整个舰队要拦截 11 次, 则三艘护卫舰共需要拦截 8 次. 先讨论边护卫舰拦截情况.

$$40 - 33.5 \cos(29.94428561) = 10.971875$$

是开始发现来袭导弹地点到护卫舰在边界投影的垂足的距离.

边护卫舰拦第一次,

$$(10.971875 - 2.142 - x)^2 + 16.72178098^2 = (8x/3)^2,$$
$$55x^2/9 + 17.65975x - 357.5846515 = 0,$$

$x = 6.339811437$km, 再加上第二次拦截准备时间 7s, 离护卫舰在边界上的垂足 0.3480635628km.

边护卫舰拦第二次,

$$(0.3480635628 - y)^2 + 16.72178098^2 = (8y/3)^2,$$
$$55y^2/9 + 0.6961271257y - 279.7391072 = 0,$$

$y = 6.709042536$km, 再加上第三次拦截准备时间7s, 超过来袭导弹距离垂足 8.502978794km.

边护卫舰拦第三次,

$$(8.502978794 + z)^2 + 16.72178098^2 = (8z/3)^2,$$
$$55z^2/9 - 17.00595795z - 351.9186104 = 0,$$

$z = 9.106489954$km, 超过边护卫舰在边界上垂足 17.6094893km, 离驱逐舰 11.4186357km, 所以边护卫舰可以拦截三次. 剩余 5 次拦截只能由两艘中护卫舰来完成. 因为中护卫舰比边护卫舰远离边界, 所以拦截来袭导弹次数不会超过边护卫舰.

讨论靠近边护卫舰的一艘中护卫舰的拦截情况, 它应该拦截 3 次. 由于边护卫舰第三次拦截离驱逐舰 10km 范围仅剩 1.4186357km 余量, 分到三次拦截上, 每次

拦截导弹只能多飞行 1.28km 的里程, 而根据结论 D, 中护卫舰至少与边护卫舰有 10km 的距离, 故而中护卫舰显然无法拦截 3 次, 这样最多拦截 10 次. 因此驱边距 y =33.5km, 边界方向发距 40km 的方案不是抗饱和攻击能力达 11 次的可行解.

仍然固定驱边距 y =33.5km, 根据结论 O, z 不能小于 37km, 假设 z 在 37~40km 任意取值. 与上述不可行方案比较, 根据结论 N, 边护卫舰到边界的距离对 z 的导数符号恒非正, 即边护卫舰到边界的距离随发距 z 的增大而减少, 故这里边护卫舰到边界的距离均大于驱边距 y =33.5km, 边界方向发距 40km 时边护卫舰到边界的距离. 由于后者发距大, 拦截时间长, 且边护卫舰到边界的距离小, 每次拦截花费的时间短, 因而拦截次数不会少, 故驱边距 y =33.5km, 边界方向发距小于 40km 也肯定不是抗饱和攻击能力达 11 次的可行解.

对于 z 在 37~40km 任意固定取值, 驱边距 y >33.5km 的方案, 与驱边距 y =33.5km, 边界方向发距也是 z 的非可行解方案比较. 由于发距相同, 所以拦截总时间相同, 根据结论 N, 边护卫舰到边界的距离对 y 的导数符号恒非负, 即边护卫舰到边界的距离随 y 的增大而增大, 每次拦截过程耗时增加, 拦截次数只会减少, 不会增加, 故 z 在 37~40km 任意取值的方案肯定不是可行解. 故边界方向的发距大于 40km 得证.

Q. 驱逐舰与边护卫舰之间连线与边界夹角不大于 30°.

在结论 O 的推导中, 当边界方向的发距等于 40km, 驱逐舰与边护卫舰之间距离 $y = 33.5$km, 则夹角 C 的余弦为

$$[40^2 + 33.5^2 - 400]/80 \times 33.5 = 0.866511194.$$

对应夹角 $C = 29.94428561°$. 在上述余弦公式中对驱逐舰与边护卫舰之间距离变量求导, 导数为 $-15/y^2 + 1/80$, 当 y 从 33.5 增加到 34.64101615, 导数从负逐渐增加到零, 余弦值逐渐减少至最小值, 对应的夹角达最大 30°. 而 y 从 34.64101615 再增大, 导数为正, 余弦值不断增加, 驱逐舰与边护卫舰之间连线与边界夹角减少, 故在发距等于 40km 的情况下, 驱逐舰与边护卫舰之间距离 y 从 33.5km 开始增加的情况下, 驱逐舰与边护卫舰之间连线与边界夹角始终不大于 30°.

根据结论 P, 边界方向的发距 $z \geqslant 40$km, 下面只需要考虑边界方向的发距 $z >$ 40km 的情况, 在驱逐舰与边护卫舰间距离 y 任意给定的条件下, 边角 C 的余弦对于边界方向的发距 z 求导, 导数为 $1/(2y) - (y^2 - 400)/(2yz^2)$. 由于其分子 $z^2 + 400 - y^2$ 恒非负. 故随着 z 从 40 不断增大, 导数恒非负, 余弦值增大, 夹角变小, 加上边界方向的发距等于 40km 时边角不大于 30° 的结论, 有驱逐舰与护卫舰之间连线与边界夹角不大于 30°.

R. 驱逐舰与相邻护卫舰两条连线之间的夹角不大于等于 62.2°.

用反证法. 设驱逐舰与相邻护卫舰两条连线之间的夹角等于 62.2°, 则驱逐舰与护卫舰连线与角平分线之间的夹角为 31.1°. 考虑沿此角平分线方向来袭导弹的拦截问题.

由结论 M, 驱逐舰与护卫舰之间距离不小于 33.5km, 在角平分线、驱逐舰与护卫舰连线 (长度可以变化)、20km 生成的三角形中, 因为根据结论 K 的证明, 在护卫舰与驱逐舰之间距离 y 满足 $20/y \leqslant \tan C$ 时 (y 比较大), 发距对驱护距的偏导数一定小于等于零, 发距 z 随边护卫舰与驱逐舰之间距离 y 的增加而减小. 故驱逐舰与护卫舰之间距离等于 33.5km 时, 角平分线方向上发距达最大值, 为 38.71966993km(图 2.21).

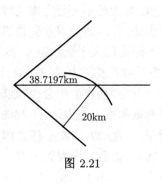

图 2.21

其时护卫舰到角平分线的距离为 $33.5 \times \sin(31.1°) = 17.30386652$, 护卫舰在角平分线上的垂足在距离驱逐舰 $33.5 \times \cos(31.1°) = 28.68494733$, 垂足前长度为

$$38.71966993 - 28.68494733 = 10.0347226.$$

护卫舰拦第一次,

$$(10.0347226 - 2.142 - x)^2 + 17.30386652^2 = (8x/3)^2,$$
$$55x^2/9 + 15.78544519x - 361.7188664 = 0,$$

$x = 6.509644659$km, 拦截点离垂足 1.383077937km.

护卫舰拦第二次,

$$(1.383077937 - 2.142 - y)^2 + 17.30386652^2 = (8y/3)^2,$$
$$55y^2/9 - 1.517544125y - 299.9997591 = 0,$$

$y = 7.13177543$km, 过垂足 7.890697493km.

护卫舰拦第三次,

$$(7.890697493 + 2.142 + z)^2 + 17.30386652^2 = (8z/3)^2,$$
$$55z^2/9 - 20.06539499z - 400.0788154 = 0,$$

$z = 9.897782681$km, 过垂足 19.93048017km, 已经进入驱逐舰周围 10km 范围, 故护卫舰只能拦截两次. 由于护卫舰关于角平分线对称, 相邻两艘护卫舰共可拦截 4

次, 由结论 A, 驱逐舰可以拦截 3 次, 计 7 次. 要一共拦截 11 次, 则另外两艘护卫舰也要拦截共 4 次. 因为其他两艘护卫舰离这条角平分线远, 下面证明另外两艘护卫舰也要拦截共 4 次是不可能的.

由结论 Q, 驱逐舰与边护卫舰连线与边界方向之间的夹角不大于 30°. 则驱逐舰与两艘边护卫舰的两条连线之间的夹角大于 140°, 无论现在讨论的这对相邻护卫舰是否包含边护卫舰, 无论这对相邻护卫舰与驱逐舰的两条连线之间夹角的平分线在什么位置, 这条角平分线和驱逐舰与边护卫舰的两条连线中至少一条生成角度一定大于等于 70°, 见图 2.22. 由结论 M, 驱逐舰与任意护卫舰之间距离不小于 33.5km, 则沿与这对相邻护卫舰两条连线之间的夹角角平分线 70° 方向 (仍然在 200° 扇形内) 远离驱逐舰 33.5km, 是边护卫舰离角平分线最近的位置, 如果在这个位置都无法两次拦截沿角平分线来的来袭导弹, 则总共拦截 11 次就无法达到.

护卫舰到角平分线的距离为 $33.5 \times \sin(70°) = 31.4797028$(km), 护卫舰在角平分线的垂足离驱逐舰 $33.5 \times \cos(70°) = 11.4576748$(km). 垂足前长度为

$$38.71966993 - 11.4576748 = 27.26199513\text{(km)}.$$

护卫舰拦截第一次 (图 2.22),

$$(27.26199513 - 2.142 - x)^2$$
$$+31.4797028^2 = (8x/3)^2,$$
$$55x^2/9 + 50.23999026x - 1621.985844 = 0,$$

$x = 12.69161124$km, 拦截点离垂足 12.42838389km.

护卫舰拦第二次,

$$(12.42838389 - 2.142 - y)^2$$
$$+31.4797028^2 = (8y/3)^2,$$
$$55y^2/9 + 20.57276779y - 1096.781382 = 0,$$

$y = 11.81886851$km, 过垂足 1.53248462km.

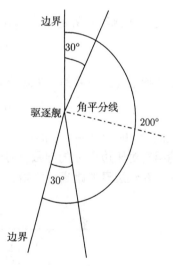

图 2.22

已经进入驱逐舰周围 10km 范围, 故护卫舰无法拦第二次, 立得整个舰队无法拦截 11 次. 所以驱护距为 33.5km, 驱逐舰与相邻护卫舰两条连线之间的夹角等于 62.2° 的方案一定不是抗饱和攻击能力达 11 次的可行解.

若驱护距为 33.5km, 驱逐舰与相邻护卫舰两条连线之间的夹角大于 62.2°, 则根据发距公式 $z = y\cos C + (y^2\cos^2 C + 400 - y^2)^{1/2}$, 随夹角变大, 角平分线方向的发

距缩小, 而且护卫舰到角平分线方向的距离变大, 与驱护距为 33.5km, 驱逐舰与相邻护卫舰两条连线之间的夹角等于 62.2° 的方案相比, 拦截次数只会少, 不会增加, 所以驱护距为 33.5km, 驱逐舰与相邻护卫舰两条连线之间的夹角大于 62.2° 的方案一定不是可行解.

如果驱逐舰与相邻护卫舰两条连线之间的夹角取大于等于 62.2° 的定值, 驱逐舰与护卫舰之间距离 y 从 33.5km 开始增加, 则 $20/y \leqslant \tan C$ 更容易满足, 沿角平分线方向上的发距变小, 而且在夹角相同的情况下, 护卫舰离角平分线的距离变大. 因此对沿角平分线方向上的来袭导弹发现的时间晚, 拦截的时间少 (拦截点区间共同的一个端点都是离驱逐舰 10km), 而每次拦截的距离变长, 拦截的时间加长, 所以拦截的次数只会减少, 不会增加. 由前面的结论, 整个舰队无法拦截 11 次, 一定不是抗饱和攻击能力达 11 次可行方案. 驱逐舰与相邻护卫舰两条连线之间的夹角不大于等于 62.2° 得证.

S. 驱逐舰与边护卫舰之间的距离不小于等于 40km.

由于驱逐舰与边护卫舰之间距离 $y \geqslant 33.5$km. 根据结论 O, 边界与驱逐舰与边护卫舰之间连线的夹角 C 的余弦为

$$\cos C = (z^2 + y^2 - 400)/(2zy),$$

边护卫舰到边界的距离 $= y(800(z^2 + y^2) - (z^2 - y^2)^2 - 160000)^{1/2}/(2zy)$

$$= (800(z^2 + y^2) - (z^2 - y^2)^2 - 160000)^{1/2}/(2z),$$

边护卫舰到边界的距离对驱边距 y 的导数符号取决于

$$1600y + 4y(z^2 - y^2),$$

即取决于 $400 + (z^2 - y^2)$ 的符号, 因为 y 一定不超过 $(z^2 + 400)^{1/2}$, 边护卫舰到边界的距离对驱边距 y 的导数符号一定恒非负, 即固定发距 z, 随着的驱边距 y 增大, 边护卫舰到边界的距离一定增加. 如图 2.23 所示, B 舰比 A 舰靠近边界.

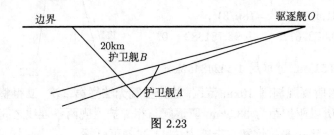

图 2.23

对于任意一个驱边距小于 40km 的具体方案甲, 当然有一个确定的发距 z. 找与它有相同的发距 z 和更短的驱边距的方案乙 (因为驱边距不小于 33.5km, 而且

边护卫舰到边界距离大于 10km, 由图 2.23 可见, 这样的方案一定存在) 与之对比, 因为两个方案的边界方向的发距相同, 所以拦截时间相同, 而根据上面的结论, 边护卫舰到边界的距离方案乙更小, 因此方案甲每次拦截花费时间不会减少, 所以拦截次数方案甲一定不会超过方案乙.

但结论 P 中已经证明当驱边距为 33.5km, 边界方向的发距不大于 40km 时, 整个舰队无法拦截来袭导弹 11 次, 驱边距 y 从 33.5km 增加到 40km, 都满足 $400+z^2 \geqslant y^2$, 故驱边距小于等于 40km 一定不是抗饱和攻击能力达 11 次的可行解.

T. 边角不大于等于 24°.

用反证法. 设某个边角大于等于 24°.

因驱边距大于 40km, 则边界发距最大为 48.17km.

讨论来自边界方向的来袭导弹. 驱逐舰可以拦三次, 经验证边护卫舰也只可以拦三次. 因为另一边护卫舰无法拦截, 故剩下 5 次拦截必须由两艘中护卫舰拦截. 由于中护卫舰比边护卫舰离边界远, 所以肯定无法比边护卫舰拦截更多次来袭导弹, 即中护卫舰最多栏截 3 次. 所以至少靠近该边界的中护卫舰必须拦截三次以上. 据此可以判定靠近该边界的中护卫舰与驱逐舰连线与该边界夹角小于 50°(因下面证明了中护卫舰与驱逐舰连线与该边界夹角为 50° 时无法拦击三次, 要拦截三次必须更靠近边界).

因为如果取中护卫舰与边界夹角等于 50°, 离边界距离最小 $33.5 \times \sin(50°) = 25.66248884$, 垂足后 $33.5 \times \cos(50°) = 21.53338492$, 垂足前 $48.17 - 21.53338492 = 26.63661508$(大于 50° 时, 发距更短, 离边界距离更大).

拦第一次,
$$(26.63661508 - 2.142 - x)^2 + 25.66248884^2 = (8x/3)^2,$$
$$即 55x^2/9 + 48.98923015x - 1258.549479 = 0,$$

得 $x = 10.89179716$, 拦截点位于垂足前 10.64158776.

拦第二次,
$$(10.64158776 - 2.142 - y)^2 + 25.66248884^2 = (8y/3)^2,$$
$$即 55y^2/9 + 16.99917552y - 730.8063256 = 0,$$

得 $y = 7.638774203$, 进入垂足前 0.8608135572.

拦第三次,
$$(0.8608135572 - 2.142 + z)^2 + 25.66248884^2 = (8z/3)^2,$$
$$即 55z^2/9 - 2.562372886z - 660.2047722 = 0,$$

得 $z = 10.6056797$, 拦截点位于垂足后 11.88686614, 已经进入驱逐舰周围 10km 范围, 故无法拦截第三次. 中护卫舰与边界夹角大于 50° 更无法拦截三次. 离边界近的护卫舰都无法拦击 3 次, 另一艘中护卫舰更无法拦击 3 次, 所以整个舰队一定无法拦击沿角平分线方向来袭的导弹 11 次.

这时若另一个边角小于 24°, 则 $(200 - 50 - 24)/2 = 63(°) > 62.2(°)$, 与结论 R 矛盾.

若另一边角也大于等于 24°, 类似可得另一中护卫舰和驱逐舰的连线与另一边界的夹角也不超过 50°. 则两艘中护卫舰与驱逐舰连线之间的夹角不小于 $200 - 2 \times 50 = 100(°)$, 与结论 R 矛盾.

U. 边护卫舰一定无法拦截另一边护卫舰与驱逐舰连线方向上的来袭导弹.

根据结论 J 的证明, 三角形的高一定, 则等腰三角形的底边最短. 因为拦截导弹不能经过驱逐舰周围 10km 范围内, 驱逐舰到拦截导弹的轨迹即三角形底边距离最少为 10km, 即三角形的高大于等于 10km. 根据结论 T, 边角不大于 24°. 则三角形的顶角不小于 $200 - 24 \times 2 = 152(°)$, 底边在等腰三角形的情况下, 长度为 80.2156km, 超过拦截导弹的射程, 故边护卫舰一定无法拦截另一边护卫舰与驱逐舰连线方向上的来袭导弹.

V. 驱逐舰与边护卫舰之间距离大于 42km.

设驱逐舰与边护卫舰之间距离小于等于 42km, 在边护卫舰与驱逐舰之间连线方向上, 由结论 A, 驱逐舰可以拦截沿此方向来袭导弹三次. 由结论 B, 边护卫舰在来袭导弹到达边护卫舰上空前拦截一次, 在来袭导弹越过边护卫舰上空后可以拦截两次. 由结论 U, 另一边护卫舰无法拦截沿该方向来的来袭导弹, 故要拦截 11 次, 两中间护卫舰必须拦截 5 次, 即至少有一艘中护卫舰能够拦截三次. 设第一次拦截点在拦截点区间的最远点, 即离驱逐舰 32km 处 (因为如果第一次拦击发生在护卫舰前, 则由结论 E, 两艘护卫舰相距太近, 与驱逐舰的两条连线之间的夹角太小, 必有两相邻护卫舰与驱逐舰的连线间的夹角太大, 与结论 R 矛盾), 则

$$(22 - 2.142 \times 2) \times 8/3 = 47.24266667(\text{km})$$

是第二、三次拦截导弹飞行距离之和的上限. 且根据结论 D, 两艘护卫舰至少相距 10km 以上, 即护卫舰必须位于离拦截点区间中靠近驱逐舰的 1/4 处 (这样到第二、三个拦截点距离的和最小) 不到 23.6213333km 的地方, 由于 23.6213333+15.5= 39.121333≤40, 且直角三角形斜边之长大于直角边, 所以边护卫舰离驱逐舰的距离小于 40km, 不满足结论 S, 故无法拦截 3 次, 因而对在边护卫舰与驱逐舰之间连线方向上来袭导弹总共拦截次数达不到 11 次.

W. 驱逐舰与边护卫舰之间距离大于 44.5km.

设驱逐舰与边护卫舰之间距离为 43.5km, 在边护卫舰与驱逐舰之间连线方向上, 由结论 A, 驱逐舰可以沿此方向来袭导弹拦截三次. 由结论 B, 边护卫舰在来袭导弹到达边护卫舰上空前拦截一次, 在来袭导弹越过边护卫舰上空后可以拦截两

次. 由结论 U, 另一边护卫舰无法拦截沿该方向来的来袭导弹, 故要拦截 11 次, 两中间护卫舰必须拦截 5 次, 即至少有一艘中护卫舰能够拦截三次. 设第一次拦截点在拦截点区间最远点, 即离驱逐舰 33.5km 处, 则

$$(23.5 - 2.142 \times 2) \times 8/3 = 51.2426667 (\text{km})$$

是第二、三次拦截导弹飞行距离之和的上限. 即护卫舰必须位于离拦截点区间中靠近驱逐舰的 1/4 处 (这样到第二、三个拦截点距离的和最小, 加之受到两种导弹速度之比的限制) 不到 25.6213333km 的地方, 由于

$$25.6213333 + 15.7625 = 41.3838333 \leqslant 42,$$

所以边护卫舰离驱逐舰的距离不满足结论 V 中超过 42km 的要求, 故无法拦截 3 次, 因而总共拦截次数达不到 11 次. 故驱逐舰与边护卫舰之间距离不小于 43.5km 得证.

类似设驱逐舰与边护卫舰之间距离为 44.5km, $(24.5 - 2.142 \times 2) \times 8/3 = 53.9093333 (\text{km})$ 是第二、三次拦截导弹飞行距离之和的上限. 即护卫舰必须位于离拦截点区间中靠近驱逐舰的 1/4 处 (这样到第二、三个拦截点距离的和最小, 一半的拦截时间, 对应拦截区间一半的里程, 加之受到两种导弹速度之比的限制) 不到 26.9546667km 的地方, 由于 26.9546667+16.125= 43.0796667 ≤43.5 与前面结果矛盾 (实际上即使到 1/4 处满足 26.9546667km, 仍然不满足到两个拦截点路程总和 53.9093333km 的要求), 护卫舰之间距离不小于 44.5km 得证.

X. 对边界方向来袭导弹的发距不小于 45km.

用反证法, 讨论沿边界方向来袭的导弹. 设边界方向的发距小于 45km. 由结论 A, 驱逐舰可以拦截 3 次. 拦截点区间长度为 45 − 10 = 35(km). 由结论 W 靠近这条边界的护卫舰与驱逐舰之间的距离大于 44.5km, 到拦截点区间远端点距离为 20km. 若靠近这条边界的护卫舰拦截四次, 扣除 4 次准备时间来袭导弹飞行 $4 \times 2.142 = 8.568 (\text{km})$, 剩余 35 − 8.568 = 26.432(km), 来袭导弹飞行 26.432km, 拦截导弹飞行 26.432 × 8/3 = 70.485333(km), 平均每次拦截飞行 17.621333km. 而护卫舰到拦截点区间远端点为 20km, 到拦截点区间近端点为 30 多千米, 差距非常明显, 所以靠近这条边界的护卫舰无法拦截沿边界方向来袭的导弹四次.

若要整个舰队拦截 11 次, 由于另一边护卫舰无法拦截边界方向的来袭导弹, 则两个中护卫舰共要拦截 5 次, 靠近这个边界的中护卫舰一定要拦截 3 次 (不可能超过边护卫舰的拦截次数), 而根据结论 R 和结论 T, 靠近这个边界的中护卫舰与驱逐舰连线与边界夹角不小于 200 − 62.2 × 2 − 24 = 51.6(°). 而且根据结论 M, 中护卫舰与驱逐舰的距离不小于 33.5km. 扣除 3 次准备时间来袭导弹飞行 $3 \times 2.142 = 6.426 (\text{km})$, 剩余 35 − 6.426 = 28.574(km), 来袭导弹飞行 28.574km, 拦截

导弹飞行 $28.574 \times 8/3 = 75.353(\text{km})$,平均每次拦截飞行 25.12km. 而这个中护卫舰到拦截点区间近端点的距离就大于 $(33.5^2 \times \sin^2(51.6°) + (33.5 \times \cos(51.6°) - 10)^2)^{1/2} = 28.3271(\text{km})$,所以靠近这条边界的中护卫舰无法拦截 3 次. 与拦截 11 次假设矛盾.

经过二十多步的推导,参数取值范围已经被大大压缩了,如边护卫舰离驱逐舰距离 44.5km 以上,边护卫舰与边界夹角小于 24°,中护卫舰到驱逐舰的距离大于33.5km. 经过试算发现按这批参数抗饱和攻击能力仍然没有达到 11 次,但很有可能改进方案使抗饱和攻击能力达到 11 次,这样再经过几次试算就找到了抗饱和攻击能力 11 次的方案,边护卫舰离驱逐舰距离 44.52km,中护卫舰到驱逐舰距离等于37.2km,边护卫舰与边界夹角等于 22°,驱逐舰到边护卫舰及相邻中护卫舰连线夹角为 49.5°(详细见图 2.24).

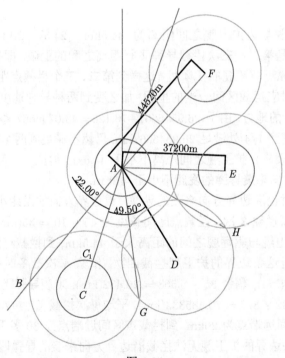

图 2.24

为了验证方案抗饱和攻击能力是否达到 11 次,我们选择了五个方向,验证结果如表 2.16 所示,说明方案确实抗饱和攻击能力达到 11 次.

表 2.16

AB方向 (11次)	舰名	A	C	D	E	F
	拦截次数	4	3	3	1	0
	准备拦截时 导弹距离 A的位置	52.32; 36.49; 24.98; 16.61; 10.52	52.32; 43.85; 35.03; 23.83	62.31; 42.55; 26.13; 10.99	52.32; 28.08	

AC方向 (11次)	舰名	A	C	D	E	F
	拦截次数	3	4	2	2	0
	准备拦截时 导弹距离 A的位置	49.61; 34.52; 23.55; 15.57	64.52; 38.63; 34.52; 25.09; 10.01	47.96; 34.52; 21.73	58.43; 34.52; 16.51	

AG方向 (11次)	舰名	A	C	D	E	F
	拦截次数	3	2	3	2	1
	准备拦截时 导弹距离 A的位置	46.76; 32.45; 22.04; 14.47	46.76; 37.05; 20.31	46.76; 38.61; 30.59; 20.92	46.74; 28.38; 12.23	46.74; 21.73

AD方向 (13次)	舰名	A	C	D	E	F
	拦截次数	3	4	3	2	1
	准备拦截时 导弹距离 A的位置	39.54; 27.20; 18.22; 11.70	42.05; 36.95; 31.85; 26.75; 21.65	57.2; 41.32; 37.2; 17.77	41.33; 27.20; 13.05	51.24; 27.2

AH方向 (11次)	舰名	A	C	D	E	F
	拦截次数	3	1	3	3	1
	准备拦截时 导弹距离 A的位置	41.91; 28.92; 19.48; 12.61	41.91; 22.68	41.908; 33.11; 23.46; 10.73	与 D 对称	与 C 对称

　　从最新的结果看, 护卫舰的分布肯定不是均匀的, 四条护卫舰到驱逐舰的距离也有很大的差别, 尤其是两条中护卫舰到驱逐舰的距离比之开始的均匀分布方案要少 10km, 所以一定要注意培养对复杂问题的分析能力.

　　现在回过头看前面两个问题, 表面上看, 似乎很清楚、也很简单的问题为什么做起来这么难? 为什么改进起来经常落入 "陷阱", "顾此失彼"? 前面走错了方向? 不是! 因为即使从数学角度看这个问题也是有价值的新问题, 初步看是非常困难的.

第一, 这是多次极值问题, 而且每次又包含双方博弈寻优的过程. 题目讲 "应对所有可能的突发事件", 虽然是短短一句话, 十一个字, 而我们优化的范围却包括全部队形 (即八个参数生成的八维空间)、导弹来袭全部情况 (导弹批次的数目、导弹的来袭方向、导弹来袭的时刻)、实施拦截的全部方案 (何时由何舰对何方向的来袭导弹进行拦截). 开始考虑不会这么全面是很正常的, 人们的认识都有个过程, 但如果在研究的过程中不继续深化就不行了. 题目讲 "保护好指挥舰", 也是短短一句话六个字, 但准确理解这个目标函数比较困难, 从开始的无漏洞、早发现, 到后来拦截来袭导弹次数多, 再到最后抗饱和攻击能力最强, 是在最佳队形、最佳导弹攻击方案的基础上, 在实行最佳防御后得出所有方向上拦截来袭导弹次数的集合, 从中找到的最小值, 也有认识逐渐深化的过程. 正因为人们对实际问题有个逐步认识的过程, 不可能像数学问题开始就描述得一清二楚, 所以在解决实际问题的过程中要根据实际情况反复思考, 不能把实际问题固化为初始认为的某个数学问题.

第二, 问题的结构——约束条件不是固定的 (如拦击导弹是否经过某些护卫舰的上方, 防御范围的确定), 是随着参数的变化而变化的, 甚至事先也不知道约束条件发生变化时的参数值, 无法写出准确的模型.

第三, 前面已经发现, 即使求目标函数的一个值 (拦截次数) 已经要花费不少时间, 再要求关于无穷多方向的极小值, 没有好的方法, 计算机对此也无能为力, 无法找到最优解.

第四, 目标函数是拦截次数的和, 是离散的, 所以不能使用每个加项取最大, 从而得到和的最大值的一般方法, 甚至某个加项取最大, 取整时没有优势, 反而影响其他加项, 导致和并没有取得极大. 例如两个实数变量极大值分别为 7.1 和 5.4(但不可同时达到, 例如图 2.5 中 B 舰向左移动, AF 方向拦截来袭导弹次数增加, 但 AG 方向拦截来袭导弹次数减少, 反之亦然), 整数值可取 7 和 5, 则和 12 即达最大. 但可能第二个变量取极大值 5.4 时影响第一个变量的取值, 此时最多可取 6.8, 取整只能是 6, 整数和为 11, 没有达到最大. 因此寻优是困难的. 所以这条题目即使从纯数学角度看也值得深入研究, 因为不能只靠尝试, 必须根据前面探索的过程找到一般规律, 要让寻优工作程序化, 至少是分段程序化.

这里还有一个问题 (研究生要学会自己找要研究的问题, 这是研究生走上工作岗位前必须掌握的本领), 就是自己提出新的需要研究的问题. 例如前面我们默认来袭导弹最危险的方向是集中某一个方向上. 但是否存在一种情况, 当来袭导弹批次数等于抗饱和攻击能力, 但分在两个或更多的方向上时, 如果应对不当就可能防御被突破, 指挥舰被击中. 如果应对准确则指挥舰不会被击中. 粗略的证明如下 (对更一般的情况证明估计有一定难度).

对第一种情况只要举个例子就可以了. 对前面抗饱和攻击能力等于 10 次的防

御方案, 若从 AH 方向先有九枚导弹来袭, 按 AH 方向抗饱和攻击能力, 可以从驱逐舰拦截三次, B、C、D 护卫舰分别拦截一、二、三次, 几乎同时再有一枚导弹沿 AF 边界方向来袭 (总共是 10 次), 这时驱逐舰及 B、C、D 护卫舰均无法再拦截 AF 边界方向的来袭导弹, 因而被突防. E 护卫舰原来可以拦截 AH 方向的来袭导弹, 但无法拦截边界 AF 方向的来袭导弹. 对抗饱和攻击能力等于 11 次的防御方案也有类似情况发生. 这时最危险的方向就应该是多个方向的加权集合.

至于应对准则不会突破防御的原因是驱逐舰对任意方向的来袭导弹至少可以拦截三次 (拦截功能特别强), 中间两艘护卫舰对任意方向的来袭导弹次数合在一起, 至少也达三次 (拦截功能比较强). 这样任意方向有来袭导弹时, 首先尽量让两艘边护卫舰去实施拦截, 至少可以拦截两次, 边护卫舰无法实施拦截时或正在拦截时, 让两艘中间护卫舰实施拦截, 最后边护卫舰和中间护卫舰都无法实施拦截时再由驱逐舰拦截, 每次有新的来袭导弹时都按这个顺序发起拦截. 除非都是 AH 方向的来袭导弹, 根据上述表格两艘边护卫舰总共可以实施拦截三次以上, 进一步除非都是与 AH 方向相差不大于 $2°$ 的来袭导弹, 则两艘边护卫舰可以实施拦截四次, 即无论如何两艘边护卫舰可以先拦截三次以上 (AH 方向例外). 而对来自与 AH 相差不大于 $2°$ 方向的来袭导弹, 则两艘中间护卫舰可以实施拦截四次, 与 AH 相差大于 $2°$ 方向的来袭导弹, 则两艘中间护卫舰可以实施拦截五次以上, 即无论如何两艘中间护卫舰可以先拦截三次以上 (若仅为 3 次, 则两艘边护卫舰可以先拦截四次), 总和不小于 7 次, 再加上驱逐舰对任意方向来袭的导弹可以拦截三次, 则可以拦截超过 10 次, 达到抗饱和攻击能力.

三、第三问

如果上述舰艇编队得到空中预警机的信息支援, 对距离我指挥舰 200km 内的所有来袭导弹都可以准确预警. 实际上是简化了问题, 因为各个方向上发现来袭导弹的距离都相等. 而且拦截导弹的射程没有变化. 似乎与第二问没有什么差别, 以致很多研究生队都忽视了, 没有注意到问题虽然是简化了, 但同时也变化了, 由于没有在这个问题上花精力进行深入研究, 结果都犯了错误.

在仅使用防空导弹拦截来袭导弹的情况下, 各舰有效防御范围的计算不仅要考虑舰艇 10km 内不能拦截以及拦截导弹的最小射程, 还要考虑拦截导弹的最大射程 (虽然射程本身没有变化, 都是 80km, 但在第一、二问中射程可以不必考虑, 因为护卫舰的雷达探测范围小, 发现来袭导弹时, 导弹距离舰艇近, 不超过 52km, 总在射程之内. 但现在有了远程雷达, 来袭导弹被发现时到舰艇的距离变长了, 就不在拦截导弹的射程之内了).

下面以图 2.25 中 C 舰对边界方向的来袭导弹的防御范围为例, 简要说明其计算思路, 且各线段的长度结果直接由 CAD 测量得出, 不再赘述具体的计算过程.

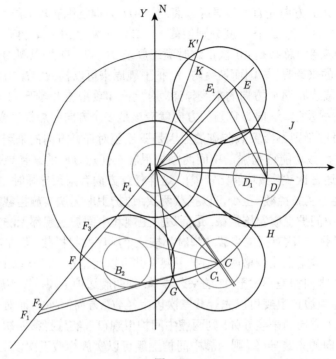

图 2.25

如图 2.25 所示, C 舰在扇形边界方向的防御范围计算包括 4 个点. $C_1F_1 = 80$km 是 C 舰发射的导弹的最大射程, 此时 $AF_1 = 78.71$km, 设 C 舰此时的最远的防御点为 $C_{\max 1}$, 即在 $C_{\max 1}$ 点开始准备拦截, 防空导弹和来袭导弹可恰好在 F_1 点相遇.

$$C_{\max 1}A = \left(\frac{C_1F_1}{2.4 \times \frac{340}{1000}} + 7 \right) \times 0.9 \times \frac{340}{1000} + AF_1 = 110.85\text{km}.$$

C_1F_2 与圆 B_2 相切, 这体现受到 B 舰的 10km 安全范围内拦截导弹不可飞越以防误伤的限制, $CF_2 = 78.40$km, $AF_2 = 76.75$km, 设 C 舰此次在 $C_{\max 2}$ 准备拦截, 防空导弹可恰好与来袭导弹在 F_2 点相遇, 再迟就可能发生误伤.

$$C_{\max 2}A = \left(\frac{C_1F_2}{2.4 \times \frac{340}{1000}} + 7 \right) \times 0.9 \times \frac{340}{1000} + AF_2 = 108.30\text{km}.$$

C_1F_3 与圆 B_2 相切, 同样是因为受到 B 舰的 10km 安全范围的限制, 此时 $C_1F_3 = 50.13$km, $AF_3 = 33.92$km, 设 C 舰此次对应的防御点为 $C_{\min 1}$, 在 $C_{\min 1}$ 点准备拦截时, 防空导弹可恰好与来袭导弹在 F_3 点相遇 (注意遮挡仅影响拦截导弹的轨迹, 不影响拦截准备过程).

$$C_{\min 1}A = \left(\frac{C_1 F_3}{2.4 \times \frac{340}{1000}} + 7 \right) \times 0.9 \times \frac{340}{1000} + AF_3 = 54.87\text{km}.$$

$C_1 F4$ 与圆 A 相交, 交点为 F_4, 同样是因为受到 A 舰的 10km 安全范围限制, $AF_4 = 10\text{km}$. 经测量得 $C_1 F_4 = 45.62\text{km}$, 设 C 舰此次对应的防御点为 $C_{\min 2}$, 在 $C_{\min 2}$ 点发起拦截时, 防空导弹可恰好与来袭导弹在 F_4 点相遇.

$$C_{\min 2}A = \left(\frac{C_1 F_4}{2.4 \times \frac{340}{1000}} + 7 \right) \times 0.9 \times \frac{340}{1000} + AF_4 = 29.25\text{km}.$$

综上可得 C 舰的防御范围为 $(29.25, 54.87) \cup (108.30, 110.85)$(由于遮挡防御范围被分割成几个区间的并, 每个区间必须逐个计算, 拦截准备开始的地点落在上述某个区间内就可以发射导弹进行拦截).

其余各舰的防御范围可以类似得到, 并采用在第二问中的使用的方法类似求出各舰对沿边界方向的来袭导弹的拦截次数, 如表 2.17 所示.

所有研究生队都毫不怀疑地认为在有预警机支援的情况下最危险的方向仍然不变, 抗饱和攻击能力是 20 次, 并且不再深入研究了.

其实, 稍加关注就不难发现各舰的拦截范围由于受到拦截导弹射程 (10~80km) 的限制, 并没有最大限度地发挥预警机的收集信息的优势, 最远的开始拦截点距离都远没有达到 200km(仅 148km), 即虽然发现得早, 但无法及时组织拦截. 而且经过试算, 因为射程短, 各舰之间的距离也并非越大越好. 因为虽然现在以各护卫舰为圆心 20 km 为半径的圆不再要求相交或相切, 但各舰仍然需要在射程范围内充分配合, 只靠个别护卫舰是无法让拦截任意方向来袭导弹的次数的最小值达到最大的. 如将 AC 扩大到 55km, $AD = 52\text{km}$, $AB = AE = 47.47\text{km}$, 此时 A、B、C、D 舰对沿边界方向的来袭导弹的拦截批次分别是 6 次、9 次、3 次、1 次, 反而降低了整个舰队拦截导弹的能力. 可见现在阻碍舰队最佳队形中护卫舰之间距离增大的主要因素是拦截导弹的射程. 影响编队抗饱和攻击能力的主要矛盾现在转向了舰艇配备的防空导弹射程, 战斗力是各项技术要素协调综合的结果, 过分追求某项技术指标, 与其他指标不匹配甚至会造成浪费.

所有研究生队都没有再优化舰队队形, 再次暴露出思维不活跃、分析不仔细、不深入的缺点.

表 2.17 有预警机时 *FA* 的最大可拦截批次

T/s ＼ M, N/批	A(15.89,112.14)	B(24.07,148.40)	C(29.25,54.87)∪ (108.30,110.85)	D(37.13,78.56)	本批拦截开始时来袭导弹到 A 的距离/km
1		105.04			148.4
2		76.95			116.26
3	105.04				112.14
4			105.04		110.85
5		56.8			92.71
6	76.39				80
7				105.04	78.56
8		42.57			75.33
9		32.97			62.31
10	55.56				56.62
11			68.44		54.87
12		27.41			52.22
13				79.05	46.60
14		26.16			43.83
15	40.41				39.62
16		30.52			35.82
17			62.83		33.92
18	29.39				27.26
19		42.25			26.49
20	21.37				18.27
总时/s	328.16	440.67	236.31	184.09	

在得到空中预警机的信息支援的条件下, 实际上最危险的方向已经发生了变化. 在同样的队形下 (包括后来得到的两种改进队形), 驱逐舰和边护卫舰连线方向 *AB* 是最危险的 (首先由于预警机的支援, *AB* 方向失去了在发现来袭导弹方面的优势, 不再是 "峰"), 而在第二问中, 经过计算可知沿 *AB* 方向有导弹来袭时, 最大拦截次数为 11 次, 一般情况下会超过或不小于沿边界方向的拦截次数. 但现在 (图 2.25) 因为拦截导弹不能越过舰艇上空 10km 为半径的圆, 该圆的直径达 20km, 在驱逐舰和边护卫舰连线方向 *AB* 上产生长达 20km 的空白. 而驱逐舰更是无法拦截驱逐舰和护卫舰连线之外的来袭导弹, 所以驱逐舰现在只能拦沿 *AB* 方向来袭导弹 3 次, 从而该方向变成了劣势方向 (而如果没有不能越过 10km 为半径的圆的限制, 驱逐舰能拦 6 次, 所以减少了 3 次, 造成重大影响). 进一步其他护卫舰拦截沿该方向来的导弹同样也受到影响, 拦截点的范围也被扣去至少 20km, 所以该方向现在变成了 "谷". 边护卫舰 *B* 在驱逐舰和边护卫舰 *B* 连接线段内只能拦截 2 次, 加上连接线段外 4 次, 总共在驱逐舰和边护卫舰连线方向上可以拦截 6 次 (否则超过射程), 注意这里既有相遇问题, 又有追击问题, 计算公式不同. 相邻护卫

舰 C 可以拦截 4 次 (注意来袭导弹在驱逐舰和边护卫舰连线上 B 护卫舰前后各 10km 范围内也都不能拦截), 护卫舰 D 可以拦截 2 次, 护卫舰 E 因拦截时必定经过驱逐舰 B 上空 10km 为半径的圆, 无法拦截. 所以总共只能拦截 15 次, 这决定了这个队形的抗饱和攻击能力减少到 15 次, 被拦截次数明显少于沿边界方向来袭导弹的被拦截次数. 这说明事物在变化过程中, 主要矛盾和主要矛盾方面是会发生变化的, 我们一定要用发展的眼光看问题, 要与时俱进.

既然主要矛盾变化了, 我们根据边界方向可以拦截 20 次的情况, 首先猜测在有预警机的信息支援下, 舰队抗饱和攻击能力可能为 20 次. 从前面过程可以想象要得到舰队的最佳队形是件非常困难的工作. 我们只能一步一步地缩小搜索的范围.

第一步经过简单计算可以得知, 驱逐舰由于受拦击导弹最大射程为 80km 的限制, 最多能够拦截来袭导弹 6 次. 驱逐舰对自身与护卫舰连线这些特殊方向上来的导弹一般只能拦截 3 次, 最多 4 次, 否则护卫舰离驱逐舰太远 (接近 50km), 护卫舰之间距离太大(接近60km), 容易形成漏洞(由于是猜测, 不需要严格加以证明).

第二步, 因为中间两艘护卫舰两边都有护卫舰, 而扇形边界只有一边有护卫舰, 显然中间两艘护卫舰所对应的扇形夹角, 应该是边护卫舰与驱逐舰连线和扇形边界之间夹角的 2~4 倍, 而边护卫舰与相邻护卫舰所对应的扇形夹角应大于边护卫舰与驱逐舰连线和扇形边界之间的夹角 2 倍. 借鉴没有预警机支援情况下的最佳队形也可以得到类似的结论, 边护卫舰与驱逐舰连线和扇形边界之间夹角小于 25°, 驱逐舰与相邻护卫舰所对应的扇形夹角应大于 50°.

第三步, 由于发现来袭导弹的时间提前了, 所以驱逐舰与护卫舰之间的距离应该不小于没有预警机支援情况下的驱逐舰与护卫舰之间的距离, 即 40km.

第四步, 一项基础性工作就是当驱逐舰与护卫舰连线与来袭导弹方向成固定角度时, 计算在护卫舰与驱逐舰给定不同距离时, 这艘护卫舰能够拦截沿该方向来袭导弹的次数, 部分详细的结果见表 2.18.

表 2.18

AB	1	2	3	4	5	6	7	8	9	10
角度 $=12°$										
40	151.05	118.85	95.38	78.24	65.67	56.35	49.29	43.60	38.33	32.11
角度 $=13°$										
40	150.86	118.65	95.17	78.01	65.40	56.02	48.87	43.03	37.46	30.75
角度 $=14°$										
40	150.67	118.44	94.94	77.75	65.10	55.67	48.42	42.40	36.53	29.30
角度 $=15°$										
40	150.44	118.21	94.69	77.47	64.79	55.29	47.93	41.74	35.54	27.77

AB	1	2	3	4	5	6	7	8	9	10
角度 =16°										
40	150.20	117.96	94.42	77.18	64.45	54.89	47.42	41.03	34.49	26.16
58	167.08	134.72	111.01	93.50	80.35	70.14	61.62	53.42	43.78	30.40
59	168.01	135.65	111.92	94.39	81.22	70.97	62.37	54.05	44.21	
角度 =17°										
40	149.96	117.70	94.14	76.87	64.09	54.46	46.87	40.27	33.38	24.46
46	155.55	123.26	99.65	82.28	69.37	59.52	51.59	44.40	36.48	25.88
47	156.48	124.18	100.56	83.18	70.24	60.36	52.36	45.07	36.96	
角度 =18°										
40	149.69	117.42	93.85	76.54	63.72	54.00	46.29	39.48	32.21	
角度 =19°										
40	149.42	117.13	93.54	76.20	63.32	53.53	45.68	38.64	30.99	
角度 =20°										
69	175.17	142.56	118.45	100.33	86.24	74.53	63.53	51.15	34.64	
70	176.05	143.44	119.30	101.15	87.01	75.21	64.07	51.47		
角度 =21°										
61	167.53	134.99	110.99	93.03	79.19	67.88	57.54	46.28	31.58	
62	168.41	135.86	111.84	93.84	79.96	68.57	58.10	46.61		
角度 =22°										
53	159.99	127.53	103.64	85.85	72.27	61.38	51.73	41.63	28.84	
54	160.87	128.39	104.48	86.66	73.04	62.08	52.30	41.99		
角度 =23°										
47	154.30	121.88	98.07	80.39	67.00	56.39	47.20	37.89	26.39	
48	155.17	122.74	98.91	81.20	67.76	57.09	47.78	38.26		
角度 =24°										
40	147.81	115.46	91.74	74.21	61.04	50.79	42.19	33.86	24.02	
41	148.68	116.32	92.58	75.02	61.81	51.49	42.79	34.28		
角度 =25°										
40	147.45	115.08	91.33	73.76	60.53	50.17	41.40	32.79		
角度 =26°										
68	170.28	137.42	112.88	94.07	78.91	65.47	51.60	34.46		
69	171.09	138.21	113.63	94.77	79.52	65.94	51.83			
角度 =27°										
62	164.72	131.94	107.53	88.93	74.08	61.16	48.13	32.39		
63	165.52	132.72	108.28	89.62	74.69	61.63	48.37			
角度 =28°										
57	160.06	127.34	103.03	84.59	69.99	57.47	45.10	30.46		
58	160.85	128.12	103.77	85.28	70.60	57.94	45.35			

续表

AB	1	2	3	4	5	6	7	8	9	10
角度 =29°										
52	155.47	122.83	98.63	80.35	66.01	53.90	42.23	28.74		
53	156.26	123.60	99.36	81.04	66.62	54.38	42.50			
角度 =30°										
48	151.76	119.16	95.04	76.89	62.74	50.94	39.77	27.12		
49	152.54	119.92	95.77	77.57	63.35	51.42	40.05			
角度 =31°										
44	148.11	115.56	91.53	73.50	59.56	48.07	37.43	25.66		
45	148.89	116.32	92.25	74.18	60.16	48.55	37.72			
角度 =32°										
40	144.53	112.04	88.08	70.19	56.45	45.29	35.18	24.31		
41	145.30	112.79	88.81	70.86	57.05	45.78	35.48			
角度 =33°										
40	144.06	111.55	87.56	69.62	55.80	44.51	34.20			
68	164.36	131.15	105.99	86.17	69.39	53.29	34.98			
69	165.06	131.81	106.59	86.69	69.77	53.43				
角度 =34°										
64	160.70	127.56	102.52	82.91	66.44	50.85	33.39			
65	161.38	128.21	103.12	83.42	66.81	50.99				
角度 =35°										
60	157.11	124.06	99.15	79.74	63.60	48.55	31.99			
61	157.79	124.70	99.74	80.25	63.97	48.70				
角度 =36°										
56	153.61	120.64	95.87	76.68	60.88	46.39	30.75			
57	154.28	121.28	96.46	77.18	61.25	46.55				
角度 =37°										
53	150.85	117.94	93.26	74.21	58.63	44.50	29.46			
54	151.51	118.57	93.84	74.70	59.00	44.66				
角度 =38°										
50	148.16	115.30	90.72	71.81	56.47	42.72	28.31			
51	148.81	115.92	91.29	72.30	56.83	42.87				
角度 =39°										
47	145.53	112.73	88.25	69.50	54.39	41.03	27.27			
48	146.17	113.34	88.81	69.98	54.76	41.19				
角度 =40°										
44	142.97	110.23	85.84	67.25	52.39	39.43	26.33			
45	143.60	110.83	86.40	67.73	52.76	39.60				

其中 AB 距离的变化范围根据前面的推理取 40~70km, 表中是各次拦截开始准备时来袭导弹与驱逐舰之间的距离; 表中一个角度只列出一个距离值的, 表示在 40~70km 范围内护卫舰的拦截批次未发生跳跃. 表中一个角度列出几个距离值的表示在 40~70km 范围内护卫舰的拦截批次在对应距离上发生跳跃, AB 越长, 一般拦截批次越少 (因为角度一定, 正弦值就一定, 护卫舰到来袭导弹方向的距离随 AB 的长度增加而增加).

第五步, 由于现在最危险的方向是驱逐舰与护卫舰之间连线的方向, 所以以沿该方向来袭导弹被拦截 20 次为目标讨论方案. 受拦击导弹最大射程 80km 的限制, 护卫舰与驱逐舰之间的距离不超过 50km, 则驱逐舰对该方向来袭导弹拦截次数不超过 4 次, 护卫舰本身对该方向来袭导弹拦截次数不超过 9 次.

第六步, 由于边护卫舰与驱逐舰之间的距离在 50km 左右, 边角应该比较小, 经过计算可知另一边护卫舰要对沿驱逐舰与边护卫舰之间连线的方向来袭导弹进行拦截势必经过驱逐舰 10km 周围的上空, 所以另一边护卫舰无法实施拦截, 故剩余 7 次拦截任务只能由中间两艘护卫舰完成.

第七步, 由于边护卫舰与不相邻的中间护卫舰所对应的扇形夹角大于 100°, 根据上述表格 (夹角超过 40° 未列出), 不相邻的中间护卫舰拦截来袭导弹的次数仅为 2 到 3 次, 再考虑到驱逐舰与护卫舰之间连线中护卫舰前后各 10km 的不能拦截, 则不相邻的中间护卫舰拦截来袭导弹的次数不多于 2 次, 故相邻护卫舰至少要拦截 5 次.

第八步, 由于在护卫舰前后 10km 以内地方都不能实施拦截, 故查表可得边护卫舰与相邻的中护卫舰所对应的扇形夹角应小于 38°. 因此边护卫舰与扇形边界所对应的扇形夹角小于 19°.

综上所述, 得出边护卫舰距离驱逐舰 50km 左右、边护卫舰与驱逐舰连线与扇面边界的夹角不超过 19°; 边护卫舰与相邻的护卫舰所对应的扇形夹角应小于 38°. 中间两艘护卫舰所对应的扇形夹角在 80° 以上, 驱逐舰与中间护卫舰之间的距离不小于 40km 等半定量的结论 (图 2.26). 下面以这些结论为基础进一步寻找定量结论.

有前述表格作基础, 再经过小范围内的穷举, 就得到当边护卫舰与驱逐舰连线与边界夹角为 16.5°, 边护卫舰距离驱逐舰 49.2km. 中间护卫舰与扇面边界 49.5°(注意到边护卫舰与其左右两边相邻护卫舰的距离已经差距很大了, 这突显相邻护卫舰的协防作用), 距离驱逐舰 40km. 可以使舰队抗饱和攻击能力达到 20 次 (具体四个护卫舰与驱逐舰连线的最危险方向上的拦截来袭导弹的次数见表 2.19~ 表 2.22). 但这时原有条件发生变化了, 突破口消失了, 以致现在没有办法证明抗饱和攻击能力达 20 次就是最优解.

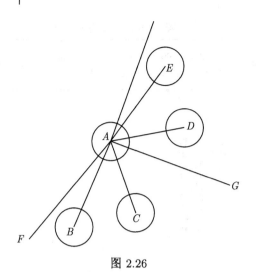

图 2.26

表 2.19　AF 方向

T/s　M　N/批	A(15.89,112.14)	B(27.03,158.09)	C(25.63,62.86)	D(48.34,77.12)	本批拦截开始时来袭导弹到 A 的距离/km
1	105.04				112.14
2	76.39				80
3	55.56				56.62
4	40.41				39.62
5	29.39				27.26
6	21.37				18.27
1		105.04			158.09
2		76.85			125.94
3		56.56			102.43
4		42.15			85.12
5		32.28			72.22
6		26.23			62.35
7		24.13			54.32
8		27.05			46.94
9		36.62			38.66
10		54.93			27.45
1			58.85		62.86
2			50.67		44.85
3			49.92		39.35
1				105.04	77.12
共 20 次					

表 2.20 　AB 方向

M / T/s / N/批	A(15.89,56.04)	B(26.84,45.09), (65.09,161.34)	C(24.66,52.23), (85.26,136.60)	D(35.99,67.57)	本批拦截开始时来袭导弹到 A 的距离/km
1	55.04				56.04
2	40.03				39.20
3	29.11				26.95
4	21.17				18.04
1		105.04			161.34
2		76.39			129.20
3		55.56			105.82
4		40.41			88.82
5		29.39			76.46
6		21.37			67.47
7		19.25			45.09
8		30.81			39.2
9		49.29			29.77
1			105.04		136.6
2			78.18		104.46
3			42.58		52.23
4			40.57		39.20
5			46.12		26.79
1				92.70	67.57
2				70.63	39.20
共 20 次					

表 2.21 　AC 方向

M / T/s / N/批	A(15.89, 43.39)	B(28.06,44.77), (66.87,140.75)	C(23.39,35.89), (55.89,152.14)	D(27.07,49.43), (82.09,107.96)	E(32.11, 54.97)	本批拦截开始时来袭导弹到 A 的距离/km
1	43.76					43.39
2	31.83					30
3	23.15					20.26
1		105.04				140.75
2		79.17				108.61
3		61.75				84.38
4		48.81				44.77
5		57.34				29.83
1			105.04			152.14
2			76.39			120
3			55.56			96.62
4			40.41			79.62
5			29.39			67.26
6			21.37			58.27
7			19.25			35.89
8			30.81			30
1				105.04		107.96
2				63.49		49.43
1					81.60	54.97
2					71.78	35.91
共 20 次						

表 2.22　AG 方向

M T/s N/批	A(15.89,112.14)	B(30.59,57.26)	C(24.53,138.22) D(24.53,138.22) E(15.89,112.14)	本批拦截开始时来袭导弹到 A 的距离/km
1	105.04			112.14
2	76.39			80
3	55.56			56.62
4	40.41			39.62
5	29.39			27.26
6	21.37			18.27
1		76.25		57.26
2		67.64		33.92
1			105.04	138.22
2			78.01	106.08
3			59.14	82.21
4			46.73	64.11
5			40.02	49.81
6			39.40	37.57
7			46.55	25.51
共 24 次				

　　AG 方向只计算了 A、B、C 三舰的拦截次数, 没有计算 D、E 护卫舰的拦截次数, 是因为现在整个队形关于 AG 对称, 所以 D、E 护卫舰的拦截次数与 B、C 两舰相同, 故沿 AG 方向来袭导弹总共被拦截 24 次.

　　这里只计算了四个方向的拦截次数, AD、AE 和另一个扇形边界方向的拦截次数也没有计算, 但根据对称性, 它们的拦截次数与 AB、AC、AF 方向的拦截次数相同. 当然更严格地要求, 至少还需要像在没有预警机提供支援的情况下以 1° 为间隔穷举从每个方向来袭的导弹被拦截的次数都不小于 20 次, 这里不再赘述. 所以在有预警机提供信息支援的情况下, 舰队抗饱和攻击能力不低于 20 次.

　　现在再回头审视前三问. 最重要的一点就是解决困难的问题一定要事先制定正确的技术路线. 本题首先选择正确的突破口, 让护卫舰均匀分布在驱逐舰周围; 先从早发现就可以早拦截入手找到最初的队形; 然后借鉴木桶盛水, 利用木桶原理看待抗饱和攻击能力, 注意针对最危险的方向进行讨论, 避免无效劳动; 根据削峰补谷、逆向思维对队形进行修改; 通过计算拦截来袭导弹的次数, 发现影响次数的各种因素, 再另辟蹊径对队形进行改进; 实现在舰队的舰艇没有增加, 设备没有更新, 技术参数没有任何改进的情况下, 仅改变队形就可以使编队的抗饱和攻击能力提高 57.143%. 经过对比发现从不同的方向来袭的导弹其突防能力是不同的, 深刻认识抗饱和攻击能力的含义, 使优化的目标函数逐渐清晰, 凸显各部分协调实现提升系统的功能; 恢复考虑雷达发现来袭导弹的概率, 将确定情况的结果推广到随机情况; 利用反证法推导抗饱和攻击能力可达 11 次, 很可能已经获得了最优解; 在引入预警机信息支援后, 注意到矛盾的主要方面已经发生了变化, 舰队是个大系统, 它的战斗力取决于全体技术参数的协调; 特别事物在经过一定程度的量变后可能实现质变, 最危险的方向已经发生变化, 从而找到适应新情况的较佳队形. 如何在研究中不断深化对问题的认识, 这里主要依靠时刻不忘最终目标, 经常按最高标准进行评估, 另辟蹊径, 这是值得研究生学习的地方.

前已说明, 这条题目是多次极值问题, 而且每次又包含双方博弈寻优的过程. 例如要使抗饱和攻击能力达最大, 要针对所有具体的舰队队形, 关于来袭导弹方案的全部方向计算拦截来袭导弹的次数, 接着对所有来袭导弹方案、所有的方向取极小值, 然后再从所有的具体舰队队形所对应的极小值集合中取极大值. 其中取极小值前要对于所有的拦截方案取最大. 所以这不是一般意义下的优化问题, 无法利用现有的方法直接求解. 我们的做法是: 先人工判断最危险的方向, 就完成了关于无穷多方向的极小化, 当然要进行验证, 而且情况发生变化时, 要注意最危险的方向的变化; 其次根据推理, 给出最优解所在的范围, 而且要尽量小, 然后在此小范围内搜索最优解, 这样效率就比较高. 例如先确定 FA、GA、HA 等长度、角度的范围. 如果在某个小范围内, 约束条件不变, 就可以写出准确的数学模型, 就可以程序化求解. 总之应该更自觉地把发挥人脑的智慧与借用现成科学成果有机地结合起来.

四、第四问

这是一个相对独立的问题, 舰队需要对已经被我方发现的空中目标的意图进行识别, 以便尽早采取应对措施.

因为是雷达的观测数据, 尤其是对敌方目标的观测数据, 由于存在隐身、欺骗、规避等多种原因, 数据不可能是 "干净" 的. 因此首先要进行数据处理, 对于解决工程问题这是必须有的一个环节, 希望研究生要养成习惯. 不少研究生队缺乏解决实际问题的经验, 漏掉这个环节, 效果当然就差了. 如果想到这一点, 解决起来并不难, 可以从以下三个角度分析.

1. 轨迹分析

表 2.1 给出了 12 批可疑的空中目标的数据, 包括作战时间、目标经度、目标纬度以及目标高度. 为了保证所采用的数据可靠, 对表中给出的 12 批的空中目标的数据, 可以进行轨迹分析, 来验证数据的合理性.

1) 时间与纬度的轨迹关系

如图 2.27 所示, 以时间为横坐标, 纬度为纵坐标, 利用 MATLAB 分析了 12 个空中目标时间与纬度的关系, 一般来说正常轨迹不会出现变异, 而在绘出的图形中发现有多个目标的纬度存在部分变异 (数据重合、数据缺失和轨迹转折), 需要对这些目标进一步分析.

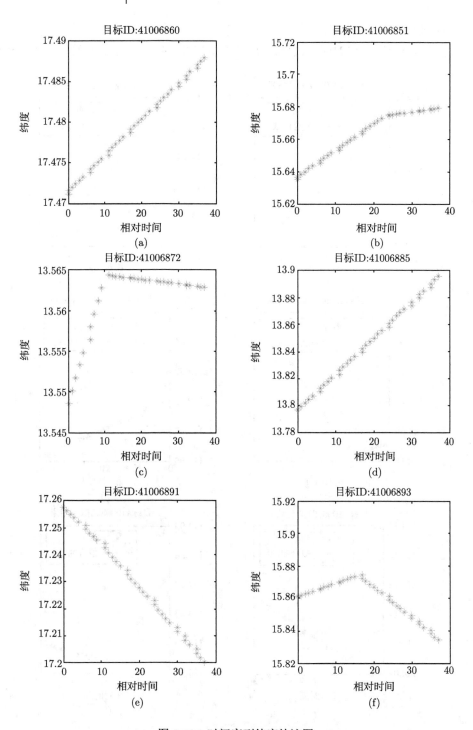

图 2.27　时间序列纬度轨迹图

2) 时间与经度的轨迹关系

如图 2.28 所示, 以时间为横坐标, 经度为纵坐标, 利用 MATLAB 分析了 12 个空

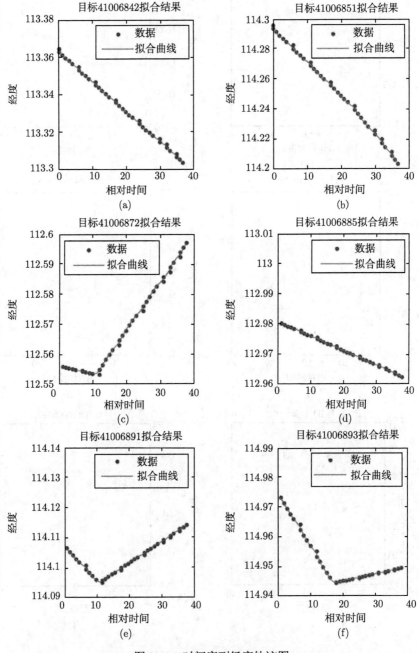

图 2.28　时间序列经度轨迹图

中目标时间与经度的关系, 发现有 6 个目标的数据存在异常, 分别为目标 ID41006891、目标 ID41006842、目标 ID41006885、目标 ID41006851、目标 ID41006872 和目标 ID41006893, 或者数据重合、数据缺失或者轨迹转折, 需要对这些目标的异常进一步分析与处理.

3) 空中目标的轨迹分析

如图 2.29, 以经度、纬度、高度为坐标, 利用 MATLAB 分析了 12 个空中目标在空中的轨迹, 发现大多数目标的轨迹是直线轨迹, 如图 2.29 中的 (a) 所示; 有三个目标的轨迹是折线轨迹, 如图 2.29 中 (b)、(c)、(d) 所示; 有两个目标存在高度上的变化, 如图 2.29 中 (e)、(f) 所示.

通过对附件 A 的观察, 发现原始数据是以 "作战时间" 作为主要关键字进行升序排列, 为便于针对每个目标进行意图分析, 首先使用 Excel 排序功能, 以 "目标 ID" 为主要关键字, "作战时间" 为次要关键字重新进行排序.

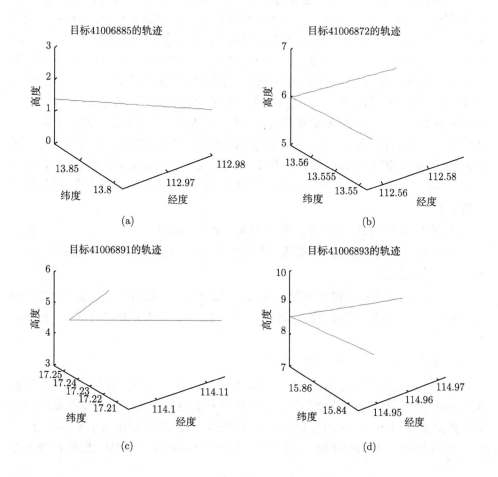

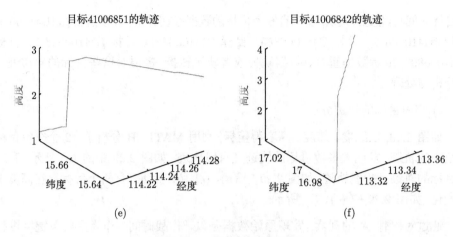

图 2.29　目标轨迹三维图

　　观察重新排序后的数据, 发现对于同一 "目标 ID", 存在 "作战时间" 数据缺失和数据重合现象. 进一步地, 对于每个 "作战时间" 数据缺失 (某合理作战时间点没有位置信息, 如 ID: 41006830, 时间: 1471427981 数据缺失), 紧接着必有 "作战时间" 重合现象 (某合理作战时间点对应一组以上位置信息, 如 ID: 41006830, 时间: 1471427982 数据重合); 同样, 对于每个 "作战时间" 重合现象 (如 ID: 41006830, 时间: 1471427987 数据重合), 其前或后亦必有 "作战时间" 数据缺失 (如 ID: 41006830, 时间: 1471427986 数据缺失). 此外, "作战时间" 数据缺失均为 1 秒, "作战时间" 数据重合最多为 2 组. 由此推断, 数据缺失和重合现象可能由于雷达探测信息延迟 (如探测时间间隔、地形、天气等原因) 导致, 需要对数据进行校正以便于分析. 考虑到时间不可逆性和飞行器短时 (2 秒内) 折返飞行的不可行性, 数据校正规则如下:

　　(1) 查找同一 "目标 ID" 下, "作战时间" 重合的数据;

　　(2) 提取该重合数据 (2 组, 假设 "作战时间" 为 t) 和其前或后 "作战时间"($t-1$ 或 $t+1$) 缺失数据;

　　(3) 比较 2 组重合数据的位置信息, 若某组位置信息比另一组更接近 "时间缺失" 时刻的位置信息 (距离更短), 则将其 "作战时间" 改为原缺失数据的 "作战时间";

　　(4) 进行下一 "目标 ID" 的数据校正.

　　经过上述初步分析与加工, 以 "目标 ID" 为主要关键字, "作战时间" 为次要关键字排序, 不再存在 "作战时间" 数据缺失和重合的数据. 再次观察发现存在高度数据异常 (ID: 41006842, 时间: 1471428007 – 1471428013; ID: 41006851, 时间: 1471428005 – 1471428013), 将其删除. 因为飞行物无法补充大量的能量故不可能在 1 秒内如此迅速地改变高度.

2. 基于 B 样条数据的剔除与修复

空中目标可能发生转向, 所以出现曲线轨迹是可能的, 而在高速运动中折线轨迹是不应该出现的. 但我们发现虽然有折线轨迹但整体而言, 数据尚属基本合理, 说明数据受到干扰, 但仍然可以修正.

因为高速运动物体的轨迹应该是光滑的, 可以利用 B 样条拟合来进行数据的剔除与修复.

本部分采用均匀 B 样条曲线, 给定 $n+1$ 个控制点 $P_i\,(i=0,1,2,\cdots,n)$ 的坐标 P_i, n 次 B 样条曲线段的参数表达式为

$$P(t) = \sum_{i=0}^{n} P_i F_{i,n}(t), \quad t \in [0,1],$$

式中 $F_{i,n}(t)$ 为 n 次 B 样条基函数, 其形式为

$$F_{i,n}(t) = \frac{1}{n!} \sum_{j=0}^{n-i} (-1)^j \, \mathrm{C}_{n+1}^{j} (t+n-i-j)^n,$$

其中 $\mathrm{C}_{n+1}^{j} = \dfrac{(n+1)!}{j!\,(n+1-j)!}$.

根据上述模型, 对原始数据进行修复, 得到修复后的数据, 如表 2.23 所示.

表 2.23　修复后的空中目标数据

目标 ID	作战时间	目标纬度	目标经度	目标高度
41006830	1471427976	.249264711886789	1.94281171850166	7000
41006830	1471427977	.249284249515577	1.94282282157269	7000
41006830	1471427978	.249303787144365	1.9428339246993	7000
41006830	1471427979	.249323324773153	1.94284502788147	7000
41006830	1471427980	.249342862401941	1.94285613111922	7000
41006830	1471427982	.249362400030729	1.94286723441254	7000
$\cdots$	$\cdots$	$\cdots$	$\cdots$	$\cdots$
41006893	1471428011	.276430747857601	2.00623207011008	8600
41006893	1471428012	.276397489977449	2.0062362875472	8600
41006893	1471428013	.276364232097297	2.0062405049443	8600

表 2.2 中记录了预警机发现的 15 组可疑的空中目标的 8 个参数, 分别是方位角 β、距离 D、水平速度 V、航向角 θ、高度 H、雷达反射面积 σ、目标属性和目标意图, 其中雷达反射面积 σ 与目标属性直接相关, 可视为 1 个参数, 以雷达反射面积 σ 来表达.

6 个参数中, 雷达反射面积 σ 在题目中已经给出, 从附件 A 也可以直接得到高度 H 这个参数. 因此在数学模型的建立和求解之前需将附件 A 中记录的雷达从 t 时刻起所记录的不同 ID 空中目标的经纬度信息转化为本模型所需要的方位角 β、距离 D、水平速度 V、航向角 θ. 这样才具有可比性.

可以利用经典公式精确地将经纬度信息转化为方位角 β、距离 D、水平速度 V、航向角 θ, 首先建立球坐标示意图, 如图 2.30 所示.

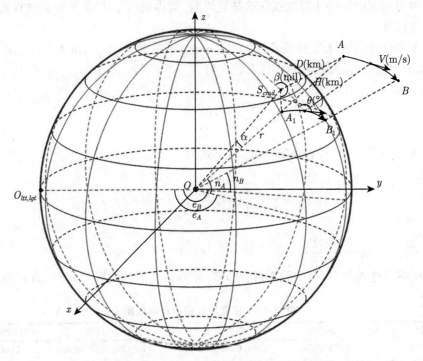

图 2.30 空中目标几何关系示意图

其中,

S_{cmd} 是指挥舰在 t 时刻的位置, 纬度为 n_S, 经度为 e_S, 数据在题目中;

A 是可疑目标在 t 时刻的位置, 纬度为 n_A, 经度为 e_A, 数据在附件 A 中, A_1 是 A 在地球表面的投影;

B 是可疑目标在 $t+\tau$ 时刻的位置, 纬度为 n_B, 经度为 e_B, 数据在附件 A 中, B_1 是 B 在地球表面的投影;

AA_1 是目标在 t 时刻的高度用 H 表示, 数据在附件 A 中;

$O_{ltt,lgt}$ 是经、纬度均为零度的点, O 是空间原点即地心, 地球半径为 r, α 是 S_{cmd}、A_1 与地心 O 连线之间的夹角.

通过以上参数和位置关系, 进行方位角 β、距离 D、水平速度 V、航向角 θ 的计算.

1) 方位角 β 的计算, 考虑利用 A 和 S_{cmd} 的经纬度数据以及几何关系直接求解, 由于 arctan 得到的角度存在符号正负之分, 应该对 A 和 S_{cmd} 的相对位置分为四类进行求解, 分别是 A 在 S_{cmd} 的东北、东南、西北、西南, 计算结果如下.

若 $n_A \geqslant n_S$ 且 $e_A \geqslant e_S$, 则

$$\beta = \left| \arctan \frac{\sin(e_A - e_S)\cos n_A}{\sin n_A \cos n_S - \cos(e_A - e_S)\cos n_A \sin n_S} \right|. \tag{2.1}$$

若 $n_A \geqslant n_S$ 且 $e_A < e_S$, 则

$$\beta = 2\pi - \left| \arctan \frac{\sin(e_A - e_S)\cos n_A}{\sin n_A \cos n_S - \cos(e_A - e_S)\cos n_A \sin n_S} \right|. \tag{2.2}$$

若 $n_A < n_S$ 且 $e_A \geqslant e_S$, 则

$$\beta = \pi - \left| \arctan \frac{\sin(e_A - e_S)\cos n_A}{\sin n_A \cos n_S - \cos(e_A - e_S)\cos n_A \sin n_S} \right|. \tag{2.3}$$

若 $n_A < n_S$ 且 $e_A < e_S$, 则

$$\beta = \pi + \left| \arctan \frac{\sin(e_A - e_S)\cos n_A}{\sin n_A \cos n_S - \cos(e_A - e_S)\cos n_A \sin n_S} \right|. \tag{2.4}$$

方位角 β 用不同时刻的 β, 计算其平均值表征.

2) 距离 D 的计算, 考虑利用 A_1 和 S_{cmd} 的经纬度数据以及几何关系求得 α, 再通过余弦定理, 使用地球半径 r 和目标高度 H, 求解得到距离 D, 计算结果如下:

$$\alpha = 2 \arcsin \frac{\sqrt{(\sin n_A - \sin n_S)^2 + (\cos n_A - \cos n_S \cos(e_A - e_S))^2 + (\cos e_S \sin(e_A - e_S))^2}}{2},$$

$$D = \sqrt{r^2 + (r+H)^2 - 2r(r+H)\cos\alpha}. \tag{2.5}$$

距离 D 用不同时刻的 D, 计算其平均值表征.

3) 水平速度 V 的计算, 考虑计算 $\overset{\frown}{AB}$ 之后, 除以时长 τ 得到水平速度 V. 然而在实际问题的分析中, 为了更加真实的反映目标在 τ 时长内目标飞行的路程, 应当采取以下方法: 解出 t 时刻到 $t+1$ 时刻目标的路程 L, 并对 τ 时长内各个时刻间的路程进行累加. 通过这个办法能够有效解决目标在 τ 时长内改变航向导致速

度计算不准确的问题, t 时刻目标的经纬度用 e_t, n_t 表示, $t+1$ 时刻目标的经纬度用 e_{t+1}, n_{t+1} 表示, γ 表示相邻时刻目标位置与地心 O 的夹角, 计算结果如下:

$$\gamma = 2\arcsin\frac{\sqrt{(\sin n_{t+1} - \sin n_t)^2 + (\cos n_{t+1} - \cos n_t \cos(e_{t+1} - e_t))^2 + (\cos e_t \sin(e_{t+1} - e_t))^2}}{2},$$

$$\tag{2.6}$$

$$L = \gamma(r + H), \tag{2.7}$$

$$V = \frac{\sum L}{\tau}. \tag{2.8}$$

水平速度 V 用 (2.8) 式的结果表征.

4) 航向角 θ 的计算, 考虑在实际问题中, 对问题求解有益的是 τ 时长内总的航向而不是某一时刻的航向, 因此问题转化为 $\overrightarrow{AB}$ 的方向与正北方向的夹角, 也即 $\overrightarrow{A_1B_1}$ 与正北方向的夹角, 空间中两矢量的夹角可采用直角坐标后计算, A_1 的空间坐标为

$$\begin{aligned} x_A &= r\cos n_A \sin e_A, \\ y_A &= r\cos n_A \cos e_A, \\ z_A &= r\sin n_A. \end{aligned} \tag{2.9}$$

同理可得 B_1 的空间坐标 (x_B, y_B, z_B). 计算结果如下.

若 $e_A < e_B$, 则

$$\theta = \arccos[(-\sin n_A \sin e_A (x_B - x_A) + \sin n_A \cos e_A (y_B - y_A) + \cos n_A(z_B - z_A))$$
$$/(\sqrt{(x_B - x_A)^2 + (y_B - y_A)^2 + (z_B - z_A)^2})(\sqrt{(-\sin n_A \sin e_A)^2 + (\sin n_A \cos e_A)^2 + (\cos n_A)^2})],$$

$$\tag{2.10}$$

若 $e_A \geqslant e_B$, 则

$$\theta = 2\pi - \arccos[(-\sin n_A \sin e_A (x_B - x_A) + \sin n_A \cos e_A (y_B - y_A) + \cos n_A(z_B - z_A))$$
$$/(\sqrt{(x_B - x_A)^2 + (y_B - y_A)^2 + (z_B - z_A)^2})(\sqrt{(-\sin n_A \sin e_A)^2 + (\sin n_A \cos e_A)^2 + (\cos n_A)^2})].$$

$$\tag{2.11}$$

航向角 θ 用 (2.10) 或 (2.11) 式的结果表征.

对不同空中目标的数据进行汇总整理, 并进行必要的量纲转化, 利用 Excel 软件进行处理, 结果如表 2.24 所示, 利用表 2.24 的汇总数据可进行下一步数据分析归类工作.

表面上这里公式很复杂, 其实道理并不难. 首先指出这里使用了两个坐标系, 一个是地心坐标系, 以地心为原点, 指向北极方向为 Z 轴, 指向经度 $0°$ 为 X 轴, 指

向东经 $90°$ 为 Y 轴. 另一个坐标系也是直角坐标系, 以舰艇为原点, X、Y 轴在过舰艇的地球的切平面上, X 轴指向正北, Y 轴是纬度圆的切线方向, Z 轴是地球的半径方向. 都取地球半径单位为 1, 前者用于计算舰艇与飞行物之间的距离、航向角; 后者用于计算方位角, 因为方位角在地球的切平面内.

表 2.24　12 个空中目标参数汇总

空中目标 ID	方位角 β/mil	距离 D /km	水平速度 V /(m/s)	航向角 θ/(°)	高度 H /km	雷达反射面积 σ/m²	目标属性
41006830	4000	235	139	29	7.0	3.5	中目标
41006831	5095	219	269	77	9.2	5.7	大目标
41006836	4365	242	230	80	4.6	1.9	小目标
41006837	5880	217	190	143	5.2	4.3	大目标
41006839	1283	211	188	190	5.2	5.5	大目标
41006842	361	143	260	220	3.4	2.6	中目标
41006851	1700	149	299	296	2.6	5.5	大目标
41006860	6003	203	283	280	9.4	6.2	大目标
41006872	3331	251	176	71	6.0	1.7	小目标
41006885	3147	218	294	350	1.4	1.1	小目标
41006891	702	207	189	173	4.8	3.6	中目标
41006893	1565	224	208	220	8.6	3.1	中目标

公式 (2.1)~(2.4) 是由于方位角以正北方向为始边, 逆时针方向为正. 因此计算舰艇与飞行物连接线段在纬度圆切线方向的投影与其在正北方向投影之比, 再对比值取反正切即得方位角. 故公式 (2.1)~(2.4) 的分子是舰艇与飞行物连接线段在纬度圆切线方向上的投影, 分母是舰艇与飞行物连接线段在正北方向上的投影.

下面解释分子 $\cos n_S \sin(e_A - e_S)$ 为舰与飞行物在纬度切线方向上的投影. 这是利用纬度圆圆心与舰艇连接矢量、纬度圆圆心与飞行物连接矢量投影之差来求. 纬度圆圆心与舰艇连接矢量在纬度切线方向上投影为零, $\cos n_S$ 是飞行物所在纬度圆的半径, $\sin(e_A - e_S)$ 是这条半径向纬度圆切线做投影, 即舰与飞行物在纬度切线方向上的距离.

分母 $\sin n_A \cos n_S - \cos(e_A - e_S) \cos n_A \sin n_S$ 是舰艇与飞行物连接线段在正北方向上的投影同样是利用两矢量投影之差得到. 其中 $\sin n_A \cos n_S$ 是纬度圆圆心与舰艇连接矢量的向正北方向的投影. $\cos n_S$ 是纬度圆圆心与舰艇距离, 乘 $\sin n_A$ 是向正北方向做投影, 因为正北方向与纬度圆的夹角是纬度角 n_A 的余角. $\cos(e_A - e_S) \cos n_A \sin n_S$ 是纬度圆圆心与飞行物连接矢量在正北方向上的投影.

$\cos n_A \cos(e_A - e_S)$ 是纬度圆圆心与飞行物连接矢量在纬度圆平面上的投影, 再乘 $\sin n_S$ 是向正北方向上做投影.

(2.5) 式的根号内 $\sin n_A - \sin n_S$ 是舰与飞行物在南北极方向上的距离 (即在南北极方向上的投影之差); 第二项 $\cos n_A - \cos n_S \cos(e_A - e_S)$ 为舰与飞行物在过舰艇纬度圆半径方向上的距离, $\cos n_A$ 是纬度圆的半径, 投影即自身, $\cos n_S$ 为舰所在纬度圆的半径, $\cos(e_A - e_S)$ 因子表示因为舰与飞行物不在同一纬度圆要向过舰艇纬度圆做投影; $\cos n_S \sin(e_A - e_S)$ 如前所述为舰与飞行物在纬度圆过舰艇的切线方向上的距离; 因为第二个坐标系是直角坐标系, 所以三个正交方向上距离的平方和就是舰与飞行物之间距离的平方.

(2.5) 的根号内是舰与飞行物在第二个正交系中三个坐标方向上坐标之差的平方和 (地球半径是 1), 所以根号是舰与目标在地面投影间的直线距离, 除 2 再取反正弦得等腰三角形顶角的一半, 乘 2 得舰与地心连线与飞行物与地心连线之间的夹角, 再由三角形的余弦定理得舰与目标之间的距离.

(2.8) 中将 n_{t+1}, n_t 分别与 (2.5) 中 n_A、n_S 对应, 显然 γ 表示相邻时刻目标位置与地心 O 的夹角, L 为相邻时刻目标位置之间的球面距离.

(2.11) 的反余弦符号内的分式的分母是两个向量长度的乘积, 分子是两个向量的内积, 因此对商取反余弦得到两个向量之间的夹角. 容易发现两个向量分别是 $A_1 B_1$, A 处地球的切平面中指向北极的矢量, 所以按 (2.11) 得到航向角.

也可以使用近似公式, 差别不大.

5) 距离的计算

先分类整理 12 个可疑目标的数据, 将所给经纬度的角度值转化为弧度值. 然后利用下列公式计算可疑目标与指挥舰的距离 D:

$$D = R \cdot \sqrt{(WZ - WA)^2 + (JZ - JA)^2 \cdot \cos^2(WPJ)}. \tag{2.12}$$

其中, D—可疑目标与指挥舰的距离, 单位: km;

R—地球半径, 取 6371km;

JZ、WZ—指挥舰的经纬度, 单位: 弧度;

JA、WA—可疑目标的经纬度, 单位: 弧度;

WPJ—可疑目标在探测这段时间的平均纬度, 单位: 弧度.

如果精确一点还可以考虑可疑目标的高度.

由于纬度圆不是赤道, 与经度圆总是大圆不同, 纬度圆是小圆, 所以相同的经度差、纬度差所对应的弧长是不同的, 故经度差要乘纬度的余弦. 许多研究生队都因为粗心而没有乘纬度的余弦, 直接导致结果的错误, 十分可惜.

6) 水平速度的计算

水平速度为可疑目标在雷达探测这段时间的飞行速度, 利用下列公式可求得:

$$V_{可疑} = \frac{R \cdot \sqrt{(WJS - WKS)^2 + (JJS - JKS)^2 \cdot \cos^2(WPJ)}}{t}. \tag{2.13}$$

其中, $V_{可疑}$—可疑目标在雷达探测这段时间的飞行速度, 若改变航向则为两段速度的平均值, 单位: m/s;

JKS、WKS—可疑目标开始时刻的经纬度, 若计算改变航向后的速度则为转折时刻的经纬度, 单位: 弧度;

JJS、WJS—可疑目标结束时刻的经纬度, 若计算改变航向前的速度则为转折时刻的经纬度, 单位: 弧度;

7) 方位角的计算

方位角指的是从我指挥舰到空中目标方向的方位角, 利用直角边之比,

$$\beta = \arctan\left[\frac{WA - WZ}{JA - JZ}\cos(WPJ)\right]. \tag{2.14}$$

其中, β—指挥舰到空中目标方向的方位角, 单位: 度 (°).

再考虑可疑目标与指挥舰的相对位置, 并将单位换算为 mil, 求得方位角.

8) 航向角的计算

航向角是指可疑目标飞行的方向, 利用下列方程,

$$\theta = \arctan\left[k/\cos(WPJ)\right], \tag{2.15}$$

其中, θ—航向角, 单位: 度 (°);

k—可疑目标位置经纬度函数在直角坐标中的斜率 (经纬度变化率之比).

再考虑可疑目标空中飞行的方向, 求得航向角, 若可疑目标改变航向, 则取两次航向角的平均值.

对上述求得的各 $V_i(t)$、$\theta_i(t)$、$D_i(t)$、$\beta_i(t)$ 求均值, 分别得到平均水平速度 $\bar{V}_i$、平均航向角 $\bar{\theta}_i$、平均距离 $\bar{D}_i$、平均方位角 $\bar{\beta}_i$, 结合高度数据和题目表 2.1 雷达反射面积数据, 制成表 2.25(数据由编程计算):

根据上述数据, 绘制未知意图的 12 批空中目标位置和航向图 (图 2.31), 以便进行意图分析:

空中目标意图识别, 可以看成判别分析、也可以看成目标归类. 可以使用聚类分析方法, 也可以使用人工神经网络 (ANN) 方法, 后者是在现代神经科学的基础上提出和发展起来的一种模型, 可用于样本的归类问题. BP 神经网络模型用已知归类的样本信息让所建立的网络模型进行学习, 以确定样本特征值所对应的加权值, 最终依据待归类样本信息对其进行归类.

表 2.25　未知意图的 12 批空中目标数据

目标 ID	方位角 $\bar{\beta}_i$/mil	平均距离 $\bar{D}_i$/km	平均水平速度 $\bar{V}_i$/(m/s)	平均航向角 $\bar{\theta}_i$/(°)	高度H_i /km	雷达反射面积 σ/m^2	目标属性 (小中大)
41006830	3997.5	217.0	143.2	29.6	7.0	3.5	中
41006831	5161.4	213.7	279.3	77.4	9.2	5.7	大
41006836	4392.8	227.7	237.5	80.3	4.6	1.9	小
41006837	5960.1	222.3	198.7	141.9	5.2	4.3	大
41006839	1269.4	239.8	195.9	190.1	5.2	5.5	大
41006842	454.6	162.6	271.2	221.1	3.4	2.6	中
41006851	1614.6	172.3	309.8	295.3	2.6	5.5	大
41006860	6092.2	209.0	296.2	279.6	9.4	6.2	大
41006872	3263.6	236.6	180.8	161.9	6.0	1.7	小
41006885	3052.3	206.7	302.6	349.8	1.4	1.1	小
41006891	750.2	231.8	197.4	173.5	4.8	3.6	中
41006893	1521.1	250.8	216.0	225.7	8.6	3.1	中

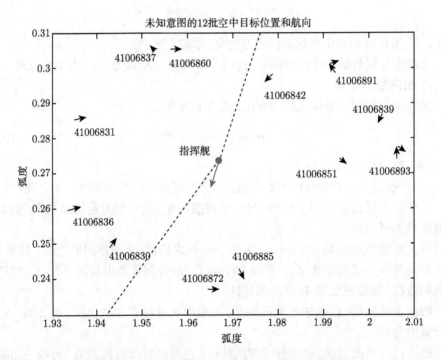

图 2.31　未知意图的 12 批空中目标位置和航向图

依据上述对问题的分析, 一般研究生队都简单地按侦察、攻击、掩护、监视、其他 5 类对 15 组已知飞行目标意图数据寻找分类的规律, 找出 5 类区域划分边界的方程, 然后根据 12 组未知飞行目标意图数据与各个边界的关系, 判断它们的飞行意图.

这种套用常规的方法实际上没有深入分析实际问题, 把 5 个分类等量齐观, 没有发现其中的差别. 其他类本质上不是具有共同特征的一类, 而是一个 "大杂烩", 或者是多个类别的并集. 把这个并集作为一类处理显然会引起巨大的误差, 影响分类的准确性. 正确的做法是利用 15 组已知分类的数据找出侦察、攻击、掩护、监视 4 个点群的点群中心, 将这 4 个点群中心定义为初始聚类中心. 并明确 4 个点群边界, 设置合适的阈值, 如果尚未做出判断的目标到 4 个聚类中心距离中的最短距离在对应的分类阈值以下, 则将该目标判为该类, 否则将该目标分为其他类. 在实际模型建立的过程中, 由于已分类的目标只有 15 个, 相对于未分类的目标 12 个并不足够多, 因此应当对 K-均值聚类分析进行改进, 考虑在确定了 15 个目标的 4 个点群中心后, 对 12 个目标的每一个进行分类时, 如果判断该目标为属于某一类点群, 则对新的点群确定新的点群中心, 通过这个办法提高模型的适应性. 改进后的 K-均值聚类分析模型的流程如流程图 2.32 所示.

初始聚类中心可以用在 6 维空间内同属于一类的若干个点坐标的平均值代表.

在计算距离之前需要进行归一化处理. 数据标准化 (归一化) 处理是数据挖掘的一项基础工作, 不同评价指标往往具有不同的量纲和量纲单位, 这样的情况会影响到数据分析的结果, 为了消除指标之间的量纲不同的影响, 需要进行数据标准化处理, 以实现数据指标之间的可比性. 原始数据经过数据标准化处理后, 各指标处于同一数量级, 适合进行综合对比评价. 常用的归一化方法有 min-max 标准化和 Z-score 标准化方法.

min-max 标准化方法也称为离差标准化, 是对原始数据的线性变换, 使结果值映射到 [0, 1]. 转换函数如下:

$$X^* = \frac{x - \min}{\max - \min},\tag{2.16}$$

其中 max 为样本数据的最大值, min 为样本数据的最小值.

BP(Back Propagation) 神经网络是 1986 年由 Rumelhart 和 McCelland 为首的科学家小组提出, 是一种按误差逆传播算法训练的多层前馈网络, 是目前应用最广泛的神经网络模型之一. BP 网络能学习和存储大量的输入输出 -模式映射关系, 而无须事前揭示描述这种映射关系的数学方程. 它的学习规则是使用最速下降法, 通过反向传播来不断调整网络的权值和阈值, 使网络的误差平方和最小. BP 神经网络模型拓扑结构包括输入层 (input)、隐含层 (hidden layer) 和输出层 (output layer). 图 2.33 显示了 BP 神经网络的拓扑结构.

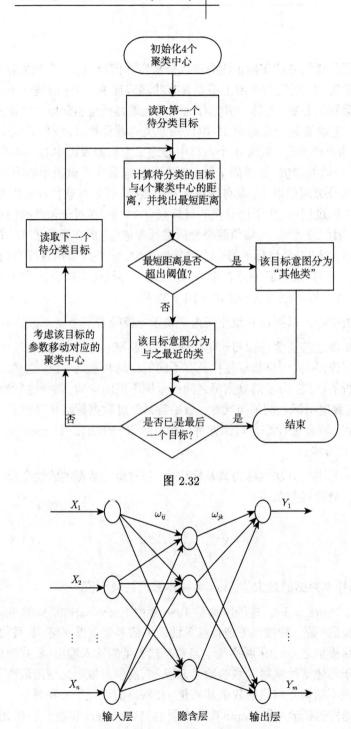

图 2.32

图 2.33　BP 神经网络的拓扑结构图

图 2.33 中, $x_1, x_2, \cdots, x_n$ 是 BP 神经网络的输入值, $y_1, y_2, \cdots, y_m$ 是 BP 神经网络的预测值, ω_{ij} 和 ω_{jk} 为 BP 神经网络权值. 从图中可以看出, BP 神经网络可以看成一个非线性函数, 网络输入值和预测值分别为该函数的自变量和因变量. 当输入节点数为 n, 输出节点数为 m 时, BP 神经网络就表达了从 n 个自变量到 m 个因变量的函数映射关系.

神经网络在预测前首先需要训练网络, 通过训练, 使得网络具有联想记忆和预测能力. 其训练过程包括以下几个步骤:

(1) 根据系统输入输出序列 (X, Y) 确定网络输入层节点数 n、隐含层节点数 l、输出层节点数 m, 初始化输入层、隐含层和输出层神经元之间的连接权值.

(2) 隐含层输出计算. 根据输入向量 X, 输入层和隐含层间连接权值 ω_{ij} 以及隐含层阈值 a, 计算隐含层输出 H.

$$H_j = f\left(\sum_{i=1}^{n} w_{ij}x_i - a_j\right), \quad j = 1, 2, \cdots, l, \tag{2.17}$$

式中, l 为隐含层节点数; f 为隐含层激励函数, 该函数可以有多种表达形式.

(3) 输出层的计算. 根据隐含层输出 H, 连接权值 W_{jk} 和阈值 b, 计算 BP 神经网络预测输出 O.

$$O_k = \sum_{j=1}^{l} H_j W_{jk} - b_k, \quad k = 1, 2, \cdots, m. \tag{2.18}$$

(4) 误差计算. 根据网络预测输出 O 和期望输出 Y, 计算网络预测误差 e.

$$e_k = Y_k - O_k, \quad k = 1, 2, \cdots, m. \tag{2.19}$$

(5) 权值更新. 根据网络预测误差 e 更新网络连接权值 w_{ij}, W_{jk}.

$$w_{ij} = w_{ij} + \eta H_j(1 - H_j)x(i)\sum_{k=1}^{m} W_{jk}e_k, \quad i = 1, 2, \cdots, n; j = 1, 2, \cdots, l. \tag{2.20}$$

$$W_{jk} = W_{jk} + \eta H_j e_k, \quad j = 1, 2, \cdots, l; k = 1, 2, \cdots, m. \tag{2.21}$$

(6) 阈值更新. 根据网络误差 e 更新网络节点阈值 a, b.

$$a_j = a_j + \eta H_j(1 - H_j)\sum_{k=1}^{m} W_{jk}e_k, \quad j = 1, 2, \cdots, l; \tag{2.22}$$

$$b_k = b_k + e_k, \quad k = 1, 2, \cdots, m. \tag{2.23}$$

(7) 判断算法迭代是否结束, 若没有结束, 则返回步骤 2.

在用神经网络方法优化时最重要的是目标函数的选取, 许多研究生在算法上投入不少的精力, 却往往在目标函数的选取方面过于简单化, 以至于效果并不理想.

按 BP 法可疑目标意图识别结果为表 2.26.

表 2.26

目标 ID	目标 ID 的最后 2 位	可能的意图
41006893	93	掩护/侦察
41006830	30	侦察
41006831	31	其他
41006836	36	其他
41006837	37	其他/侦察/掩护
41006839	39	监视/侦察
41006842	42	攻击
41006851	51	攻击
41006860	60	其他
41006872	72	掩护/其他
41006885	85	攻击
41006891	91	掩护/侦察

当然还可以有其他方法. 有研究生队绘制航向图; 通过计算数据与航向图结合的排除法, 识别空中未知目标意图. 这种方法值得推荐的原因就在于不再是套用现成的数学方法, 而是根据实际问题的背景和本质考虑问题, 虽然数学手段的运用尚不完善, 但解决问题的思路值得学习. 具体做法如下.

首先结合相关军事及民用背景, 对题目的表 2.2 中的数据进行分析, 联系空中目标意图识别, 讨论了各类别目标的方位角、航向角、距离、速度、高度及雷达反射面积等因素的特点.

1) 方位角

方位角说明目标来自什么方向, 以侦察类为例, 侦察类目标的方位在 450mil 左右, 说明这 4 个侦察类样本数据来自同一个敌方军事基地的可能较大. 同样, 攻击类也有可能来自同一陆上基地或海上舰载平台, 掩护类也是类似情况. 但是该特点并不具有一般性, 飞行目标处于同一位置, 其方位角是随指挥舰的位置变化而变化的, 尤其飞行目标与指挥舰的距离比较小的情况下影响更大. 本次预警机发现的 12 个可疑目标中, 各个类别的飞行目标其所来自的方向或基地很可能与已知样本不相同, 并不能说明它们的意图就不相同. 因此方位角并不能单独作为目标意图识别的一个重要指标. 由美军军事基地的地理位置可判断敌方空中目标一般是从日韩基地群、关岛基地群或东南亚基地群出发, 若方位角在范围之外, 则更可能是其他类.

2) 距离

执行各类任务的空中目标, 其指定作战区域或执行任务区域与我舰的距离是一定的, 但在执行任务的过程中, 距离是随时间变化的一个量, 在已知速度、方位角和航向角, 且速度航向不变的情况下, 可以确定任意时刻空中目标的距离. 已知意图的 15 批目标和未知的 12 个可疑目标之间, 作为时变的距离不能单独作为目标意图识别的一个重要指标.

不同意图的目标之间, 距离可进行比较, 有一定的参考价值. 一般在一次作战中, 各类意图的目标距离关系为: 侦察机距离 >预警机距离 >攻击类距离 >掩护类距离.

3) 航向角与偏离度

对我编队具有某种意图的空中目标任务明确, 其飞行方向是否朝向我编队, 对判断至关重要. 结合航向角与方位角, 可得到空中目标航向和该目标与我舰位置连线的夹角. 该夹角取绝对值, 并定义为偏离度, 这是原来题目中没有提到的.

若目标与我舰艇方向的偏离度为零, 可以理解为以我舰为目标飞行. 一般攻击类和掩护类飞行目标在到达指定战斗区域之前都是以我舰为目标飞行, 偏离度极小 (兵贵神速); 攻击类目标在完成攻击任务后, 脱离战斗, 背离我舰飞行, 偏离度较大. 而执行监视、指挥任务的敌方预警机, 则需要与我舰保持一定距离, 一般采取绕飞动作, 偏离度往往接近零. 因此偏离度应作为目标意图识别的一个重要指标.

虽然偏离度和距离一样都是时变的, 但前者变化幅度远小于后者. 不同意图的目标之间, 偏离度也有大小关系: 完成攻击任务的攻击类飞行目标偏离度 >预警机飞行目标偏离度 >侦察机飞行目标偏离度 >完成攻击任务前的攻击类和掩护类飞行目标偏离度.

4) 速度与高度

各类型飞机在执行任务时的速度和高度是目标意图识别的一个重要指标. 执行攻击和掩护任务的战斗机、歼轰机都是高速战机, 但高度一般不高; 而强击机速度稍慢, 轰炸机速度最慢. 由于地球的曲率, 执行侦察任务的飞机速度虽然不及作战飞机, 但高度要高于作战飞机. 而执行监视、指挥任务的敌方预警机一般飞行高度在敌方各类飞机中最高 (登高望远), 而速度偏低. 掩护类战斗机需要与我方执行拦截任务的战斗机进行空战, 因此高度偏低. 对于民航客机而言, 位于南海上空的属于长航线航班, 飞行高度一般在 8km 以上的高空, 巡航速度一般在 220m/s 以上, 最快的波音 747 巡航速度可达 310m/s 以上. 而民用运输机的飞行高度一般在 10km 以上.

不同意图的敌方目标中, 预警机高度最高, 掩护类高度最低; 战斗机、歼轰机速度最快.

5) 雷达反射面积

部分掩护类战斗机和攻击类歼轰机会采取一定的隐身设计, 以减小自身的雷达反射面积. 而侦察和监视类飞机以及其他类别的民用飞机往往没有隐身方面的需求, 雷达反射面积能够真实地反映出目标的大小. 一般民航客机和民用运输机都属于大目标.

以上分析充分说明上述各项指标在判别目标意图的重要性上存在明显的差距, 如果对这些指标按相等权重处理则与实际情况相去太远.

综合以上的分析, 我们仅采用距离、速度、偏离度、高度和雷达反射面积作为目标意图识别的依据, 并总结出各类型飞机的特点.

侦察类特点: 距离较远, 速度较快, 高度中高, 中小型, 雷达反射面大.

监视类特点: 距离较远, 速度较慢, 绕飞, 高度较高, 大中型, 雷达反射面大, 数量少.

掩护类特点: 距离近, 速度很快, 高度较低, 中小型, 雷达反射面小.

攻击类: 歼轰机, 速度快, 中小型; 强击机, 速度偏慢, 中小型; 轰炸机, 速度慢, 大型. 到达指定作战区域 (完成进攻动作) 前, 距离较远, 冲着我舰飞行, 偏离度较小; 到达指定作战区域并完成进攻动作后, 脱离战斗, 背离我舰飞行, 此时距离较近; 高度适中.

其他类: 民航客机、民用运输机, 巡航速度较快, 高度高, 大型. 其他民用飞机各类指标数据范围不定.

研究生们一定要牢记, 解决实际问题时与求解纯数学问题有重大的差别. 时刻考虑实际问题的背景、物理意义, 不能始终按纯数学问题处理, 否则失误就是难免的. 数学上经常把问题抽象化, 不考虑指标的具体含义和差别, 只有数值上的差别. 但实际问题中指标的影响可能截然不同, 甚至对不同的判断问题影响可能颠倒, 所以纯粹按数学方法处理实际问题出现很大的偏差是不可避免的. 必须按照实际问题对数学方法进行适当的修改才能应用.

为分析未知目标意图, 首先对题中表 2.2 已知意图的 15 批空中目标数据进行按意图和属性分类 (根据不同判断依据, 还可通过 Excel 进行多种分类方式), 如表 2.27 所示.

表 2.27

目标样本	方位角 $\bar{\beta}_i$/mil	平均距离 $\bar{D}_i$/km	平均水平速度 $\bar{V}_i$/(m/s)	平均航向角 $\bar{\theta}_i$/(°)	高度 H_i /km	雷达反射面积 σ/m^2	目标属性	目标意图
e_{15}	2900	290	272	350	5.6	5.2	大	攻击
e_2	2300	210	300	310	4.0	1.2	小	攻击
e_4	2325	215	320	324	4.2	2.8	中	攻击
e_7	2250	150	300	155	5.0	3.3	中	攻击
e_9	2800	260	215	260	7.7	6.8	大	监视
e_{12}	4800	140	220	18	9.6	5.7	大	其他
e_{13}	480	295	292	245	9.9	6.9	大	其他
e_{14}	2450	210	230	210	5.0	1.2	小	其他

续表

目标样本	方位角 $\bar{\beta}_i$/mil	平均距离 $\bar{D}_i$/km	平均水平速度 $\bar{V}_i$/(m/s)	平均航向角 $\bar{\theta}_i$/(°)	高度 H_i/km	雷达反射面积 σ/m²	目标属性	目标意图
e_{10}	5120	110	210	52	3.6	3.7	中	其他
e_{11}	4020	120	280	52	3.6	1.7	小	掩护
e_8	4000	110	300	50	3.4	2.1	中	掩护
e_5	830	282	255	200	4.2	4.7	大	侦察
e_3	820	280	245	201	6.5	5.4	大	侦察
e_6	825	284	250	204	5.0	2.6	中	侦察
e_1	810	281	250	202	6.0	3.0	中	侦察

图 2.34 为未知意图的 12 批空中目标的意图分析, 处理后的数据见表 2.28, 具体分析过程于表后阐述.

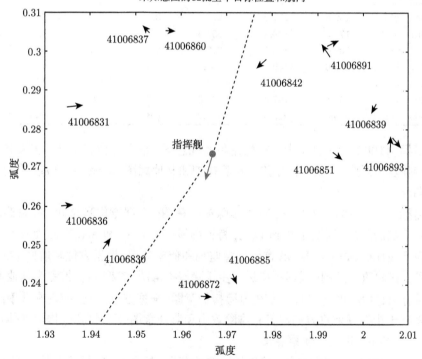

图 2.34　未知意图的 12 批空中目标意图

这个图比较直观, 仅用平面图就表达了飞行目标与舰艇之间的距离、飞行目标的方位角、航向角等诸多信息, 还可以进一步用图来集中表达更多的信息, 从而有利于把全部因素综合起来加以思考, 有利于更方便地发现具有相同意图的飞行目标间的共同特点. 例如借鉴物理书上用箭头的长度代表速度大小, 以箭头的尾部带上大小不同的圆圈表示反射面积大小, 借鉴地图上以色彩代表飞行目标的飞行高度, 这样就将六个指标都集中表示在一张平面图上, 非常容易从图上抓住要害, 发现问题的规律. 更进一步, 可以将最近的观测数据用一系列点来动态地表达, 则所包含的信息就更丰富了, 更全面了. 所以表达方式非常重要, 其中也可以有不少创新, 对解决问题往往会有很大的启发.

表 2.28 分析表

目标样本	方位角 $\bar{\beta}_i$/mil	平均距离 $\bar{D}_i$/km	平均水平速度 $\bar{V}_i$/(m/s)	平均航向角 $\bar{\theta}_i$/(°)	高度 H_i /km	雷达反射面积 σ/m^2	目标属性	目标意图
41006830	3997.5	217.0	143.2	29.6	7.0	3.5	中	侦察
41006831	5161.4	213.7	279.3	77.4	9.2	5.7	大	其他
41006836	4392.8	227.7	237.5	80.3	4.6	1.9	小	其他
41006837	5960.1	222.3	198.7	141.9	5.2	4.3	大	侦察
41006839	1269.4	239.8	195.9	190.3	5.2	5.5	大	监视
41006842	454.6	162.6	271.2	221.1	3.4	2.6	中	掩护
41006851	1614.6	172.3	309.8	295.3	2.6	5.5	大	攻击
41006860	6092.2	209.0	296.2	279.6	9.4	6.2	大	其他
41006872	3263.6	236.6	180.8	161.9	6.0	1.7	小	其他
41006885	3052.3	206.7	302.6	349.8	1.4	1.1	小	攻击
41006891	750.2	231.8	197.4	173.5	4.8	3.6	中	侦察
41006893	1521.1	250.8	216.0	225.7	8.6	3.1	中	侦察

目标 41006830: 中目标, 首先排除监视意图; 根据方位和航向 (在来袭扇面外), 排除攻击意图; 7km 飞行高度, 排除掩护和其他意图; 参照 e_1 和 e_6, 推测为侦察意图.

目标 41006831: 大目标, 首先排除掩护意图; 根据方位和航向 (在来袭扇面外), 排除攻击意图; 高度在 9km 以上, 特征明显; 参照 e_{12} 和 e_{13}, 推测为其他意图.

目标 41006836: 小目标, 首先排除监视和侦察意图; 根据方位和航向 (在来袭扇面外), 排除攻击意图; 根据距离进一步排除掩护意图; 参照 e_{14}, 推测为其他意图.

目标 41006837: 大目标, 首先排除掩护意图; 根据方位和航向 (在来袭扇面外, 近似垂直于指挥舰前进方向离开), 排除攻击和监视意图; 根据高度, 排除其他意图, 并参照 e_3 和 e_5, 推测为侦察意图.

目标 41006839: 大目标, 首先排除掩护意图; 根据高度, 排除其他意图; 根据速度, 排除侦察意图; 根据方位和航向 (近似平行于指挥舰前进方向), 排除攻击意图, 并参照 e_9, 推测为监视意图.

目标 41006842: 中目标, 首先排除监视意图; 根据高度, 排除攻击意图; 根据方位和航向 (指向指挥舰方向), 排除其他意图, 并参照 e_8, 推测为掩护意图.

目标 41006851: 大目标, 首先排除掩护意图; 根据高度, 排除监视和其他意图;

根据速度, 排除侦察意图, 并参照 e_{15}, 推测为攻击意图.

目标 41006860: 大目标, 首先排除掩护意图; 根据方位和航向 (在来袭扇面外), 排除攻击意图; 高度在 9km 以上, 特征明显; 参照 e_{12} 和 e_{13}, 推测为其他意图.

目标 41006872: 小目标, 首先排除监视和侦察意图; 根据距离, 排除掩护意图; 根据方位、航向和速度, 排除攻击意图; 参照 e_{14}, 推测为其他意图.

目标 41006885: 小目标, 首先排除监视和侦察意图; 根据距离, 排除掩护意图; 根据方位、航向和速度, 排除其他意图; 参照 e_2, 推测为攻击意图.

目标 41006891: 中目标, 首先排除监视意图; 根据高度和距离, 排除掩护意图; 根据速度和距离, 排除其他意图; 根据速度以及根据方位和航向 (在射程外折返), 排除攻击意图, 并参照 e_1 和 e_6, 推测为侦察意图.

目标 41006893: 中目标, 首先排除监视意图; 根据高度, 排除掩护和其他意图; 根据方位和航向 (射程外折返), 排除攻击意图; 参照 e_1 和 e_6, 推测为侦察意图.

绝大多数研究生队都基本上按照经典的判别分析来解决第四问, 没有队对此提出疑问. 空中目标意图可以归纳为五类, 是否在做判别分析或神经网络的输出就只能是五类? 仔细分析, 其他类是侦察、监视、攻击、掩护以外的其他任意机型、任意大小的飞机. 因此其他类与侦察、监视、攻击、掩护四类明显不同, 其他类在上述 6 维空间内的分布是几乎无规律的, 不应单独作为一类处理, 否则势必影响这部分目标以及相关类别的划分, 从而造成误判. 我们应该寻找 6 维空间中 4 个点群 (侦察、监视、攻击、掩护), 远离这 4 个点群的点归为其他, 即目标到 4 个聚类中心距离中的最短距离在对应的分类阈值以下, 则将该目标分为该类, 否则将该目标分为其他类.

再谈一点与上述方法差异比较大的观点, 供大家参考. 空中目标是运动的, 但前述种种方法实际上都是孤立、静止地看问题, 把空中目标看成 6 维空间内的一个点. 为什么要识别空中目标的意图, 是因为我指挥舰存在, 所以方位角、距离都是以我指挥舰为参照系的, 但航向角的参照系是固定的, 不考虑当时的情况与现在情况的不同, 生搬硬套, 不考虑指挥舰的情况有无变化, 这不是 "刻舟求剑" 嘛. 例如已知数据是 2010 年之前收集的, 能够用于 2015 年的情况吗? 航母舰队收集的数据也不能够用于单个舰艇独立航行的情况. 再如舰艇位于离大陆 200 海里与离大陆 1000 海里的情况也肯定不能相提并论. 再说题目给出的是空中目标在一段时间内的观测记录, 每个记录有 100 多点, 前面简化地看成一点肯定丢失了许多有价值的信息, 明显对做出正确判断非常不利. 当然研究生可能会讲书和文献上都没有介绍过解决这样问题的方法, 但都按书本, 何来创新? 历史上数学的前进的动力, 很多来自于数学内部的需求, 但更强大的外因就是其他学科发展中不断向数学学科提出的新问题, 所以研究生一定要大胆质疑、敢于挑战权威、勇于创新、不懈探索.

五、第五问

竞赛题 A 的第三个问题是建立宏观的战略级信息化战争评估模型, 从一般意义上反映信息化战争的规律和特点, 利用模型分析研究信息系统、指挥对抗、信息优势、信息系统稳定性, 以及其他信息化条件下作战致胜因素的相互关系和影响, 并通过信息化战争的经典案例, 对模型加以验证. 由于建立用于信息化战争胜负结果的验证或预测的评估模型, 难度巨大, 短短几天确实难于能有突出的创新, 所以这里不再介绍, 需要的读者可以查阅文献.

第**3**章

微蜂窝环境中无线接收信号的特性分析

 2013年全国研究生数学建模竞赛C题

近年来, 随着移动通信的发展, 对系统容量的要求越来越高, 频谱资源越来越紧缺. 微蜂窝、微微蜂窝系统由于采用频谱复用技术缓解这个矛盾而得到广泛应用, 这些系统的小区半径小于一千米, 造成微蜂窝之间原来的统计相似关系丢失, 这给运营商在网络初期规划带来了困难. 因为实际情况经常不满足电磁场模型的条件, 并且一般无法求解. 若没有良好的传播预测模型, 划分小区、选择基站位置和高度的唯一方法就是通过实际测量、反复测试. 显然这需要投入大量的人力、时间, 费用也会很高. 而传播模型则根据对无线传输信道的模拟和仿真, 预测接收信号, 可以为指导网络规划提供较为准确的理论依据, 链路预算小区半径, 计算电波传播及干扰, 当然希望越精确越好.

目前, 比较有代表性的就是射线跟踪模型. 射线跟踪是一种被广泛用于移动通信和个人通信环境 (街道微蜂窝和室内微微蜂窝) 中的预测无线电波传播特性的技术, 由于移动通信中使用的超高频微波和光同属电磁波, 有一定近似性 (当然还有差别), 按光学方法辨认出多路径信道中收、发射机间所有主要的传播路径. 一旦这些传播路径被辨认后, 就可根据电波传播理论来计算每条传播路径信号的幅度、相位、延迟和极化, 然后结合天线方向图和系统带宽就可得到到达接收点的所有传播路径的相干合成结果.

城市环境下的微蜂窝主要指高楼密集区, 覆盖范围大大缩小 (半径仅为几百米甚至几十米), 基站天线 (发射机) 低于周围建筑物的高度, 电波是在建筑物的 "峡谷" 当中传播. 因此, 电波经过屋顶绕射后再到达地面接收点的射线路径数量非常少, 而且其场强与经过建筑物多次反射和绕射的路径相比, 往往可以忽略, 地面的反射也不考虑. 这些特点构成了微小区中电波传播的主要特点. 因此, 可以假设微蜂窝环境下建筑物的高度高于基站天线的高度, 从而将三维问题近似地简化成二维问题, 只考虑两种传播机制: 反射和绕射. 这种简化大大地提高了射线跟踪模型的预测效率, 同时能够得到可以接受的预测精度.

对于城市微蜂窝的二维模型, 建筑群可被划分为一定的 "块", 建筑物 (即图 3.1 中带有灰色阴影的多边形) 则被定义为 "多边形", 多边形的 "边" 代表建筑物的表面, 多边形的 "顶点" 则代表了建筑物的拐角. 这种简化了的市区平面图大致反映出城市的主体结构, 利用它进行射线跟踪, 可以得到较为准确的路径损耗. 图 3.1 所示二维视图的所有数据详见文件 "城市微小区地图对应的数据.txt". 该数据的说明如图 3.2 所示, 每个框内的数据对应一个建筑物. 例如, 第一行的 00001 表示建筑物的序列号, buildings 表示存储的是建筑的信息, 00005 表示该建筑物共有 5 个顶点 (其中第一个点和最后一个点为同一个点, 构成一个闭合的多边形, 这样才能完整地表述一个建筑物). 以下各行分别是每个顶点的二维坐标值 (单位: 米), 直到第六行结束. 每行数据的第一列和第二列分别对应着 X 坐标值和 Y 坐标值 (计算时无须取这么多有效数字).

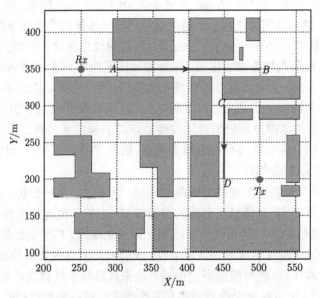

图 3.1   渥太华市区部分区域二维视图

在多边形的顶点上仅能产生绕射, 而在多边形的边上仅能产生反射, 这些多次的反射、绕射及其组合便是收、发射机间的传播路径. 二维射线跟踪模型可以通过以下两种规律分别确定反射传播路径和绕射传播路径:

(1) 反射传播路径, 如图 3.3(a) 所示, 产生反射时入射角 θ_i 等于反射角 θ_r;

(2) 绕射传播路径, 如图 3.3(b) 所示, 不论入射线以任意角度入射到建筑物顶点上, 绕射射线都会以任意出射角向没有建筑物覆盖的区域传播.

图 3.2　数据文件截图

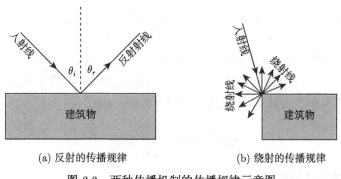

(a) 反射的传播规律　　　　　　　(b) 绕射的传播规律

图 3.3　两种传播机制的传播规律示意图

为了简化所要解决问题 (与反射和绕射相关), 降低计算难度, 假设图 3.1 中所有建筑物为理想电介质, 下面给出与反射和绕射相关的详细说明:

(1) 电磁波在不同介质交接处, 会发生反射. 如果电磁波传播到理想电介质表面, 则 80% 的能量按照如图 3.3(a) 所示的反射传播规律被反射出来, 其余能量进入新介质继续传播 (在理想导体表面将发生能量全反射, 反射波 E_r 和入射波 E_i 的强度相等).

(2) 绕射是指在电磁波传播路径上, 当电波被尺寸较大 (与波长相比) 的障碍物遮挡时, 电磁波改变传播方向的现象. 为了解决类似于如图 3.3(b) 中建筑物顶点 (可称为劈) 上的绕射问题, 需要计算绕射系数 D, 该系数体现出了绕射后绕射波强度 E_d 的衰减程度, 即 $|E_d| = |E_i| \times |D|$. 图 3.4 为发生在劈的绕射示意图, 下面是

绕射系数的计算方法.

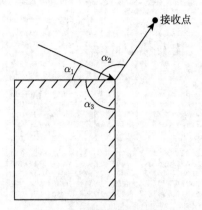

图 3.4 劈的绕射示意图

计算方法:

$$D = \frac{-\mathrm{e}^{-\mathrm{j}\pi/4}}{2n\sqrt{2\pi k}} \cdot \left\{ \cot\left(\frac{\pi+\beta^-}{2n}\right) F(kL\alpha^+(\beta^-)) + \cot\left(\frac{\pi-\beta^-}{2n}\right) F(kL\alpha^-(\beta^-)) \right.$$
$$\left. - \left[\cot\left(\frac{\pi+\beta^+}{2n}\right) F(kL\alpha^+(\beta^+)) + \cot\left(\frac{\pi-\beta^+}{2n}\right) F(kL\alpha^-(\beta^+)) \right] \right\}. \quad (3.1)$$

式中, k 为波常数, 其计算公式为 $k = 2\pi/\lambda$(式中 λ 为波长), L 是绕射点到场点之间的距离, $n = 2 - \alpha_3/\pi(\alpha_3$ 的定义如图 3.4 所示, 单位: 弧度), $F(x)$ 是用来修正 Keller 非一致性解的过渡函数, 它是菲涅尔积分的一种变形, 它的定义是

$$F(x) = 2\mathrm{j}\sqrt{x}\exp(\mathrm{j}x)\int_{\sqrt{x}}^{+\infty}\exp(-\mathrm{j}\tau^2)\mathrm{d}\tau. \quad (3.2)$$

过渡函数定义域在 $(0, +\infty)$ 上,

(1) 当 $0 \leqslant x < 0.001$ 时, 过渡函数可近似写成

$$F(x) = \left(\sqrt{\pi x} - 2x\mathrm{e}^{\mathrm{j}\pi/4} - \frac{2}{3}x^2\mathrm{e}^{-\mathrm{j}\pi/4}\right)\mathrm{e}^{\mathrm{j}(\pi/4+x)}. \quad (3.3)$$

(2) 当 $x > 10$ 时, 过渡函数可近似写成

$$F(x) \approx 1 + \mathrm{j}\frac{1}{2x} - \frac{3}{4x^2} - \mathrm{j}\frac{15}{8x^3} + \frac{75}{16x^4}. \quad (3.4)$$

(3) 当 $0.001 \leqslant x \leqslant 10$ 时, 需要直接计算 (3.2) 式中的积分. 由于积分的上限是 $+\infty$, 难以用数值方法实现. 可以用公式

$$\int_{-\infty}^{\infty}\exp(-au^2 + 2bu)\mathrm{d}u = \sqrt{\frac{\pi}{a}}\exp\left(\frac{b^2}{a}\right) \quad (3.5)$$

得出

$$F(x) = 2\mathrm{j}\sqrt{x}\exp(\mathrm{j}x)\left(\int_0^{+\infty}\mathrm{e}^{-\mathrm{j}\tau^2}\mathrm{d}\tau - \int_0^{\sqrt{x}}\mathrm{e}^{-\mathrm{j}\tau^2}\mathrm{d}\tau\right)$$
$$= 2\mathrm{j}\sqrt{x}\exp(\mathrm{j}x)\left(\frac{\sqrt{\pi}}{2}\mathrm{e}^{-\mathrm{j}\pi/4} - \int_0^{\sqrt{x}}\mathrm{e}^{-\mathrm{j}\tau^2}\mathrm{d}\tau\right), \tag{3.6}$$

$$\alpha^{\pm}(\beta) = 2\cos^2\left(\frac{2n\pi N^{\pm} - \beta}{2}\right), \tag{3.7}$$

其中, $\beta = \beta^{\pm} = \alpha_2 \pm \alpha_1 (\alpha_1$ 和 α_2 分别为入射角和绕射角, 其定义如图 3.4 所示, 这两个角的值以劈上任一边为参考). $N^{\pm}$ 是最接近满足下列方程的整数

$$2n\pi N^+ - \beta = \pi, \tag{3.8}$$

$$2n\pi N^- - \beta = -\pi. \tag{3.9}$$

仅考虑下列收、发射机间传播路径:

① 只存在反射, 且反射次数不超过 7 次;

② 只存在绕射, 且绕射次数不超过 2 次;

③ 一次绕射与一次、两次、三次或四次反射的任意组合;

④ 两次绕射和一次反射的任意组合.

我们的目的是计算每条到达接收天线处的场强值, 并进一步计算接收点处的总场强.

若天线到达接收场点处是视距传播, 则天线在场点处的辐射场, 作为直射路径到达场点的场强为

$$\boldsymbol{E}_{LOS} = \boldsymbol{E}_0\frac{\mathrm{e}^{\mathrm{j}kr_0}}{r_0}, \tag{3.10}$$

式中, k 为波数, $\boldsymbol{E}_0$ 为发射电场强度, r_0 为直射波的传播路径长.

若是非视距传播的路径, 则从发射天线出发, 先利用公式 (3.10) 计算出天线在第一节点处的辐射场, 然后沿着射线路径推进计算, 直至到达接收点, 求得此条射线路径在接收点处对总场强的贡献.

请研究下列问题.

一、基本问题

(1) 电波从发射天线出发, 向空间各个方向均匀发射. 为了能够进行数值计算, 我们需要将总的发射能量均匀地分配到若干条射线上, 这个过程称为发射角量化过程. 显然, 规定的射线条数越多, 量化就越精细, 计算量也就越大. 因此请根据实际

情况, 首先选择定量化的精细程度, 然后跟踪确定发射机 Tx (坐标为 (500, 200)) 和接收机 Rx (坐标为 (250, 350)) 间的主要传播路径, 并可视化展示在图 3.1 中.

(2) 如图 3.1 所示, 在路径 AB(两点坐标分别为 (300, 350) 和 (500, 350)) 上以 50m 为间隔取 5 个位置准备放置发射机; 在路径 CD(两点分别为 (450, 300) 和 (450, 200)) 上以 25m 为间隔取 5 个位置准备放置接收机; 这样有 25 种发射机–接收机组合. 请问哪一个组合收发机间的传播路径最多, 哪一个组合最少?

(3) 将 (2) 中所有发射机–接收机组合的传播路径进行比对, 请寻找尽可能多的规律.

二、宽带问题

(4) 两个或两个以上的波相遇时, 在一定情况下会相互影响, 这种现象叫干涉现象. 声波、光波和其他电磁波等都有此现象. 考虑如下的多波干涉问题: 对于 (2) 中提到的 CD 路径上的所有接收点, 从发射机出发的电波都有多个传播途径 (可能是多次反射传播、多次绕射传播或是反射与绕射的任意组合传播) 到达这些点, 这些频率相同、振动方向相同、初相位相同的简谐波 (即正弦波) 在各个接收点相遇叠加, 出现某些接收点振动始终加强、而在另一些接收点振动始终减弱的现象, 这种现象称为多波干涉现象.

上述接收点处, 多波干涉形成的接收信号可以描述为

$$f(\omega, t) = \sum_{i=1}^{Q} A_i e^{j(\omega t + k r_i)},$$

上式中, Q 为到达某接收点的传播途径总数; A_i 和 r_i 分别为到达接收点的第 i 条传播路径的信号电场强度和长度; $k r_i$ 为长度为 r_i 的传播路径上的相位积累; $\omega = 2\pi f = 2\pi c/\lambda$ (c 为光速, 值为 3×10^8m/s).

请针对上述 25 种情况, 对这种多波干涉的振幅 $|f(w, t)|$ 进行统计学分析, 包括: 一、二阶矩特性, 不同路径到达信号的相关性及概率密度分布函数.

(5) 继续考虑图 3.1, 从发射机同时发射一组功率相同的电波, 频率从 2000MHz 到 2100MHz, 间隔近似 1MHz, 这样我们总共要同时发射 101 个单频信号. 每个单频信号都会形成 (4) 中提到多波干涉问题, 多个单频信号会形成宽带多波干涉现象, 请对这种宽带多波干涉现象进行数学建模, 并分析合成波的包络统计特性, 如同一频率、不同路径信号之间, 同一路径、不同频率信号之间的相关性等.

参 考 文 献

[1] Kouyoumjian R G, Pathak P H. A uniform geometrical theory of diffraction for an edge in a perfectly conducting surface[J]. IEEE Proceedings, 1974, 62(11): 1448-1461.

[2] Catedra M F, Perez J, F. Saez De Adana, and Gutierrez O. Efficient ray-tracing techniques for three-dimensional analyses of propagation in mobile communications: application to picocell and microcell scenarios[J]. IEEE Antennas Propag. Mag., 1998, 40(2): 15-28.

[3] Georgia E Athanasiadou, Andrew R Nix, Joseph McGeehan. A microcellular ray-tracing propagation model and evaluation of its narrow-band and wide-band predictions[J]. IEEE Journal on Selected Areas in Communications, 2000, 18(3): 322-334.

[4] Yang C E, Wu B C. A ray-tracing method for modeling indoor wave propagation and penetration[J]. IEEE Trans. On A. and P., 1998, 46(6): 907-919.

[5] 顾晓龙. 利用可见性概念改进基于镜像原理的射线追踪法 [J]. 电波科学学报, 2001, 16(4): 16-19.

[6] George Liang, Henry L Bertoni. A new approach to 3D ray tracing for site specific propagation modeling[J]. IEEE VT. C., 1997: 1l13-1117.

[7] Schettino D N, Moreira F J S, Rego C G. Efficient ray tracing for radio channel characterization of urban scenarios[J]. IEEE Trans. Magn., 2007, 43(4): 1305-1308.

[8] 廖斌, 赵昵丽, 朱守正. 基于虚拟源树的射线跟踪算法的研究 [J]. 华东师范大学学报, 2008: 103-108.

[9] Chiya Saeidi, Farrokh Hodjatkashani, Azim Fard. New tube-based shooting and bouncing ray tracing method[J]. International Conference on Advanced Technologies for Communications, 2009: 269-273.

[10] 袁正午. 移动通信系统终端射线跟踪定位理论与方法 [M]. 北京：电子工业出版社, 2007.

问题的求解

2013 年 C 题 "微蜂窝环境中无线接收信号的特性分析" 由华为公司西安研究所陆晓峰博士命题, 这条题目与 2013 年 B 题 "功率放大器非线性特性及预失真建模" 都是全国研究生数学建模竞赛中首次由企业人士为竞赛命题, 因此值得我们认真总结, 为今后扩大题目来源、提高命题质量积累经验.

首先由企业人士命题比较容易再回到实际中去, 有可能实现赛题从实际中来再回到实际中去的完整的循环. 全国研究生数学建模竞赛历来倡导解决真刀真枪的实际问题, 着力培养研究生的创新能力和解决实际问题的能力, 并且希望能够为提高我国数学建模水平多做工作. 而非学校的科技工作者积极参与竞赛的命题与评审是与我们的目标一致的, 我们期待全国研究生数学建模活动会有更多的非学校的科技工作者参与或支持.

射线跟踪算法用于移动通信中小区划分、基站选择, 早在 20 世纪末的国外教材中就已经出现, 经过多年实践的检验, 表明这个方法是正确的, 尽管在精度上有一定误差, 但能够满足工程实际的需要, 所以值得研究. 至于其中多径干扰甚至宽带干扰问题至今仍是悬而未决, 故该题有一定的前沿性. 当然在竞赛中所暴露出来的研究生培养质量方面的问题研究生培养单位应该尽力加以解决.

一、对题目要深刻理解，多思考

可能研究生们认为多径干扰甚至宽带干扰的机理比较复杂, 题目介绍得相对少点. 但题目也介绍: 建立良好的传播预测模型是为了 "预算小区半径"、"选择基站位置"、"指导网络的规划", "辨认出多径信道中收、发射机间所有可能的传播路径". 研究生普遍对此理解得不够透彻, 反而将求出所有可能的传播路径作为最终目标, 在这个既繁琐又耗费时间但并不重要的地方花费了大量的时间, 也有人纠缠于射线跟踪算法不准确, 选择了错误的目标, 以致对题目希望解决的问题收效不大.

首先, 要注意这是前、后、左、右、上五个方向上完全开放的系统, 不同于 2011 年全国研究生数学建模竞赛 B 题 "微波暗室" 是完全封闭系统, 因此研究后者所使用的解题方法不适合本题, 即使也能根据能量守恒定律建立方程, 由于未知数太多, 条件太少, 根本无法求解. 必须放弃一定精确求解这样不切实际的要求, 退而求其次.

其次, 只要画一个图就可以说明电磁波无论是向上还是向下反射传播, 除透射外, 最终都射向天空, 不再在小区内继续传播, 所以对小区内通信不起什么作用. 又因为沿房顶绕射为零, 无法 "经过屋顶绕射再到达地面接收点". 所以只有基本水平方向的电磁波传播应该考虑, 证明如下.

根据文献, 绕射系数的计算公式是

$$D = \frac{-e^{-j\pi/4}}{2n\sqrt{2\pi k}} \cdot \left\{ \cot\left(\frac{\pi+\beta^-}{2n}\right) F(kL\alpha^+(\beta^-)) + \cot\left(\frac{\pi-\beta^-}{2n}\right) F(kL\alpha^-(\beta^-)) \right. $$
$$\left. - \left[\cot\left(\frac{\pi+\beta^+}{2n}\right) F(kL\alpha^+(\beta^+)) + \cot\left(\frac{\pi-\beta^+}{2n}\right) F(kL\alpha^-(\beta^+)) \right] \right\},$$

其中 $\alpha^{\pm}(\beta) = 2\cos^2\left(\frac{2n\pi N^{\pm} - \beta}{2}\right)$, $\beta = \beta^{\pm} = \alpha_2 \pm \alpha_1$, α_1 和 α_2 分别为入射角和绕射角, $N^{\pm}$ 是最接近满足下列方程的整数:

$$2n\pi N^+ - \beta = \pi,$$

$$2n\pi N^- - \beta = -\pi.$$

当入射角为零时, $\beta^+ = \beta^- = \alpha_2$, 所以,

$$\alpha^{\pm}(\beta^+) = \alpha^{\pm}(\beta^-), \quad \pi \pm \beta^- = \pi \pm \beta^+.$$

　　绕射系数公式中第一、二项分别与第三、四项完全相同, 符号相反, 抵消了. 故绕射系数为零. 出射角为零时, 也可以证明绕射系数为零. 当入射角、出射角近似为零时, 绕射系数公式中第一、二项分别与第三、四项近似相同, 符号相反, 几乎抵消了, 而且也无法返回, 因此 “近似地简化成二维问题” 就成为合理的选择.

　　第三, 手机的天线极其灵敏, 接收信号功率达 10^{-8} 瓦就可以实现通话, 题目结果也表明不同发射、接收位置所接收到信号的功率相差上万倍, 没有必要追求过高的精度, 所以射线跟踪模型完全胜任指导网络规划. 否则就会 “杀鸡用牛刀”, 造成浪费.

　　研究生普遍没有深入思考 “预算小区半径”、“选择基站位置” 的含义, 以致没有抓住问题的本质. 预算小区半径就是为了保证某小区的全部手机都能够做到与本小区基站之间通信畅通, 即某小区的全部手机接收到本小区基站发出信号的功率的极小值超过手机接收信号的阈值, 同时全部手机向本小区基站发出的信号也能够为基站接收到. 因此小区半径用数学语言描述就是保证某小区的全部手机接收到本小区基站信号功率的最小值超过接收信号阈值的小区内部长度的最大值的一半. 基站位置应该选择在使本小区任意位置接收到基站信号功率的极小值达到最大的位置. 这样就立即明白传播预测模型的目标是接收信号的功率, 通信质量的指标是信噪比 (一般手机的接收信号的阈值是 −90dbm, 而噪声大致是 −110dbm), 而不是射线的条数, 求射线的条数仅仅是中间目标. 不抓住根本目标, 仅追求中间目标肯定会限制研究的思路, 降低研究的水平. 固然四天时间非常紧, 研究生没有深入思考可以原谅, 但我们还是应该追求高标准.

　　再进一步, 我们不难发现, 手机在室内使用得比较多, 所以我们不仅应该考虑反射和绕射, 而且应该考虑透射, 至少应该考虑经过一次透射的情况, 另外房间是否有直接对外的窗户对此也影响很大. 当然可能手机接收信号功能很强大, 暂时不考虑透射问题不太大. 但是研究生必须培养自己进行更深入的思考、创新的习惯.

　　竞赛中许多研究生, 估计是非通信专业的, 在计算了不同发射、接收位置共 25 种情况下的射线条数后, 认为接收、发射机位置给定, 符合限制的反射、绕射全部路线就完全确定, 反射、绕射路线的长度也完全确定, 最终信号到达接收机的时刻、相位、功率也完全确定, 总信号就是确定的, 怎么会是随机的呢? 我们认为应该鼓励研究生大胆质疑的精神, 而不是只要求他们盲目地接受. 命题人当时指导研究生将信号的初相位作为 $[0, 2\pi]$ 的均匀分布, 虽然被接受, 但是比较勉强.

　　另一方面, 这也暴露了研究生思路不够灵活, 习惯于用宏观的方法去处理微观问题, 所以出现矛盾就在所难免了. 其实无论墙壁、建筑物拐角从微观看都不是几何意义下的平面、直线, 在二维情况下, 拐角也不是几何意义下的点. 基站天线、手机天线也都不是几何意义下的线段. “手机天线接收电磁波信号有一定的范围 (具体应根据有效面积计算, 大约半径几十厘米左右), 不需要电磁波信号一定准确通过天线的数学意义下的轴". 这样借助于物理中虽然每个分子都遵守力学定律做偶然的、无规则的分子热运动, 但大量分子的运动则显示出一定的规律并服从某一统计分布就不难理解了. 由于信号的分布是问题的前提, 如果发生错误, 下面的全部努力都可能 "前功尽弃", 所以理论推导是一种方法, 但最好也能够提供实际测量数据进行验证.

研究生竞赛中已经多次出现类似的问题, 应当引起研究生们的重视.

二、反射、绕射路线的搜寻

基本问题是寻找从发射机到接收机满足反射、绕射次数限制的全部射线, 因为文献中已经介绍镜像法和回溯法, 所以创新成分很少, 但工作量比较大. 为此必须注意表达清晰, 使人容易理解你们的工作, 如图 3.5 所示, 给边、角都编个号就容易说清问题. 此外如何针对特定问题找出简单方法也非常重要.

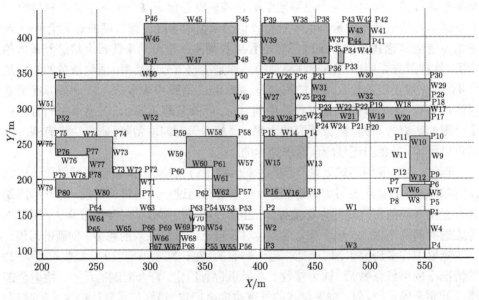

图 3.5

第一, 求虚拟镜像点, 其个数随反射次数指数式增长. 但如果考虑到虽然有 80 条边, 但集中在 48 条直线上, 因此经过一次反射后每个点只产生 48 个虚拟镜像点, 而不是 80 个, 工作量大为压缩. 第二, 绕射后射线是否可达. 这里建筑物的墙壁都平行于坐标轴, 据此可以迅速判定绕射后射线不可达的墙, 与求解方程组相比简单得多. 赛后有研究生对本题特殊情况仔细研究, 对剪枝函数做了一点改进, 分实发射源和虚发射源分别讨论, 但是搜索效率有了几十倍的提高. 所以精益求精应该是研究生追求的目标, 因为实现高要求一定伴随着创新. 第三, 赛题要求最多考虑两次绕射. 因此可以有比较简单的搜索方法. 整个算法采用正向法与反向法相结合的方式, 分别从发射点和接收点开始, 从 2 个方向进行搜索, 其算法步骤如下:

1) 对发射机所在点分别找出所有通过 1 次绕射及加上 1 次、2 次、3 次、4 次反射能到达的顶点;

2) 对接收机所在点分别找出所有通过 1 次绕射及加上 1 次、2 次、3 次、4 次反射能到达的顶点;

3) 寻找以上两个集合的公共点, 如果绕射、反射的次数又符合要求, 就找到全部电磁波射线.

(一) 镜像法

根据光的反射定律可以由镜像法精确求出反射路线. 射线从发射点出发, 经过多次反射到达接收点, 通过镜像法来追踪射线的路径. 如图 3.6 所示, 找到发射点 T 关于镜 (墙) 面 M_1 的像 V_1 后, 把 V_1 当作新的发射点, 继续找 V_1 关于镜 (墙) 面 M_2 的像 V_2. 如此迭代, 找出多次反射的成像轨迹, 再依据成像轨迹逆向确定反射路径. 镜面 M_2 朝向接收点 R, 找到 V_2、R 的连线与镜面 M_2 所在直线的交点 A, 若点 A 在镜面 M_2 上, 且交点 A 与接收点 R 连线不被遮挡, 则本次反射为有效反射, 否则, 该路径无效. 再找到 V_1、A 的连线与镜面 M_1 的交点 B, 若 B 在镜面 M_1 上, 且交点 B 与交点 A 的连线不被遮挡, 则本次反射有效, 否则, 该路径无效. 最后, 若发射点 A 与交点 B 的连线不被遮挡, 则确定一条反射路径.

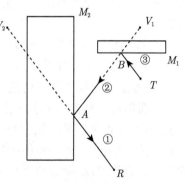

图 3.6　镜像法示意图

(二) 回溯法

如果问题的解空间可以用一棵状态空间树描述, 那么通过搜索状态树可以寻找答案状态. 最简单的做法是: 使用某种树搜索方法, 检查树中每个问题状态. 如果是解状态, 则用判定函数判定它是否是答案状态. 对于最优化问题, 在搜索过程中还需对每个答案节点计算其目标函数值, 记录下其中最优者. 深度优先搜索和广度优先搜索都可以用于搜索状态空间树. 这种遍历状态树的求解方法是问题求解的穷举法. 本题由于对反射、绕射次数有限制, 所以树不超过 8 层.

事实上, 状态空间树并不需要事先生成, 而只需在求解的过程中, 随着搜索算法的进展, 逐个生成状态空间树的问题状态节点.

为了提高搜索效率, 在搜索过程中使用约束函数, 可以避免无用地搜索那些已知不含答案状态的子树. 如果是最优化问题, 还可以使用限界函数剪去那些不可能产生最优答案节点的子树. 约束函数和限界函数的目的相同, 都是为了剪去不必要搜索的子树, 减少问题求解所需实际生成的状态节点数, 它们统称为剪枝函数.

使用剪枝函数的深度优先生成状态空间树中节点的求解方法称为回溯法.

(三) 回溯法在射线跟踪过程中的剪枝函数

1. 反射

射线追踪中的反射过程用镜像法求解. 若路径求解算法中不进行任何剪枝, 计算 7 次以内的反射路径的状态空间树节点数的数量级为 $10^{13} \approx 1+79^1+79^2+79^3+79^4+79^5+79^6+79^7$, 在短时间内几乎得不到结果. 若只考虑通过镜面朝向进行剪枝, 则状态空间树节点数的数量级为 $10^{11} \approx 1+40^1+40^2+40^3+40^4+40^5+40^6+40^7$, 虽然大幅减少, 但仍然不理想. 需要再考虑通过阴影区域进行剪枝. 但实发射源 (实际发射点以及绕射点都当作实发射源) 与虚发射源 (把发射源关于某一镜面的像以及像关于另一镜面的像当作虚发射源) 的剪枝过程有所不同, 为此设计了两个阴影区域剪枝函数.

1) 从实发射源出发的剪枝函数

实际发射点以及绕射点都当作实发射源.

(1) 根据镜面朝向进行剪枝

镜面朝向的确定: 对于一般矩形, 可以由下一条边的走向来确定. 如图 3.7(a) 所示, 矩形顶点坐标是按照 $ABCD$ 逆时针方向给的 (顺时针的道理是一样的). 边 AB 的下一条边是 BC, 而边 BC 由 B 到 C 朝下, 从而镜面 AB 是朝上的. 边 BC 的下一条边是 CD, 而边 CD 由 C 到 D 朝右, 从而镜面 BC 朝左. 同理, 判断镜面 CD 朝下, 镜面 DA 朝右. 而本题中 15、16、17 号建筑物存在凹角 (图 3.1), 须进行修正. 如图 3.7(b) 所示, 镜面 CD 按上述方法来判断是朝上的, 应修正为朝下, 镜面 FG 应修正为朝右.

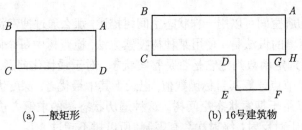

| (a) 一般矩形 | (b) 16号建筑物 |

图 3.7　镜面朝向示意图

只有镜面 (墙面) 朝向发射源时, 才有可能对从发射源射出来的电磁波进行反射, 据此可以剪掉每个节点至少一半的分枝. 水平镜面是通过 Y 坐标, 竖直镜面则是通过 X 坐标来确定镜面是否朝向发射源. 剪枝效果如图 3.8 所示, * 号点代表发射源, 80 面镜子缩减为 38 面. 图中较粗的边为选中的可能用来反射的镜面, 镜面中间前面的句点指示了对应镜面的朝向.

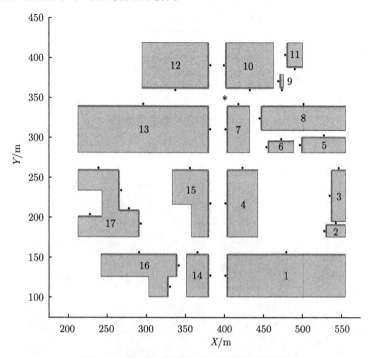

图 3.8　通过镜面朝向进行剪枝的效果图

(2) 根据阴影区域进行剪枝

从根据镜面朝向选出的镜子中再进行阴影剪枝, 剪除被其他镜面遮挡住的镜面. 为简单起见, 仅被一面镜面完全遮挡的镜面才认为该镜子是被遮挡的. 如图 3.9 所示, T 为发射点, 镜面 M_2、M_3 被镜面 M_1 完全遮挡, 予以剪除; 镜面 M_5 被镜面 M_1 部分遮挡, 不被剪除; 镜面 M_4 虽被镜面 M_1 和镜面 M_5 共同遮挡, 但不被剪除. 在实际解题过程中, 像 M_4 这样被两面或者多面镜子共同遮挡的情况极少, 但剪除它却十分复杂, 对改善算法执行效率并不明显, 却大大增加了算法设计及程序编写的难度, 因此不予剪除.

剪枝效果如图 3.10 所示, 由之前的 38 面镜子进一步缩减为 21 面. 图中较粗的边为选中的可能用来反射的镜面. 其中只有 74 号一面镜子是被完全遮挡 (被 49 号、50 号两面镜面共同遮挡) 而没被剪除. {6、7、10、11、18、19、22、23}号镜面因处于 26 号镜面的阴影区域而被剪除; {43、44}号镜面因处于 40 号镜面的阴影区域而被剪除; {63、71、72、73、78}号镜面因处于 49 号镜面的阴影区域而被剪除; {68、70}号镜面因处于 57 号镜面的阴影区域而被剪除.

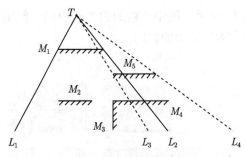

图 3.9　阴影区域剪枝示意图

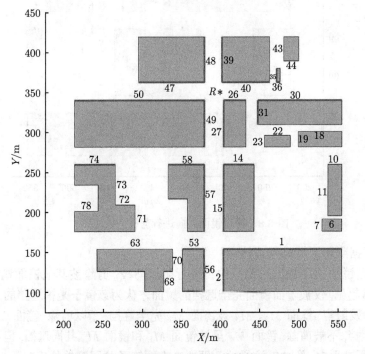

图 3.10　通过阴影区域进行剪枝的效果图

2) 从虚发射源出发的剪枝函数

把发射源关于某一镜面的像以及像关于另一镜面的像当作虚发射源.

(1) 根据镜面朝向进行剪枝

把虚像当作新的发射点继续探寻射线路径. 根据镜面朝向进行剪枝时, 其道理与实发射源一致. 如图 3.11 所示, 点 $R(400,350)$ 为实际发射点, 点 $\mathrm{VI}(400,328)$ 为发射点 R 关于 26 号镜面的像. 图中较粗的边为选中的可能用来下一次反射的镜面, 剪枝后 80 面镜子剩余 35 面.

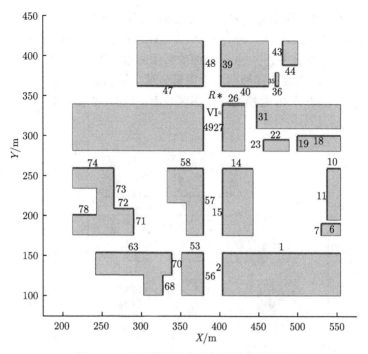

图 3.11　通过镜面朝向进行剪枝的效果图

(2) 根据阴影区域进行剪枝

从虚发射源出发进行下一次反射的镜面选择时, 根据阴影区域进行剪枝的过程稍复杂, 但剪枝效果更彻底. 与实发射源不同的是由于从虚发射源出发的射线只有经过镜面才产生反射作用, 而镜面一般较短, 经镜面反射的区域较小, 因而效果比较好. 如图 3.12 所示, 实际发射点 RI 关于镜面 M_1 的虚像为 VI. RI 关于镜面 M_1 的反射路径可能区域仅为由 L_1、M_1、L_2 所确定的右上角区域. 直线 L_2 的右下方, 直线 L_1 的左上方以及镜面 M_1 的正下方为阴影区域, 所有完全处于该阴影区域的镜面被剪除. 在反射路径可能区域中也存在阴影区域. 镜面 M_2 的阴影区域为 L_3、M_2、L_4 所确定的右上角区域, 剪除所有完全处于该阴影区域的镜面.

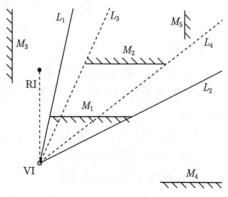

图 3.12　阴影剪枝示意图

如图 3.13 所示, 点 $R(400,350)$ 为实际发射源, 点 VI$(400,328)$ 为发射点关于 26 号镜面的像. 图中较粗的边为从虚发射源 VI$(400,328)$ 出发下一次反射的可选镜面. 通过镜面朝向和阴影剪枝, 80 面备选镜面缩减为 3 面, 效果显著. 其中, {1、2、6、7、10、11、14、15、18、19、22、23、27、31、49、53、56、57、58、63、68、70、71、72、73、74、78}号镜面因处于 26 号镜面的背面而被剪除; {39、47、48}号镜面因处于 VI 与 26 号镜面右端点连线的右上阴影区域而被剪除, 如图 3.12 中 M_3 所示; {43、44}号镜面因处于 40 号镜面的阴影区域而被剪除, 如图 3.12 中 M_5 所示.

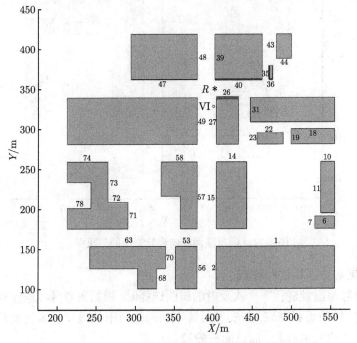

图 3.13　从虚发射源出发的剪枝效果图

2. 绕射

1) 从实发射源出发的剪枝函数

从实发射源开始寻找下一次绕射点的过程相对简单直观, 根据两点间的贯通性即可完成剪枝.

不计沿建筑物平面找到的绕射点 (前已证明入射或出射角为零时绕射为零).

2) 从虚发射源出发的剪枝函数

(1) 根据镜面朝向进行剪枝

如图 3.14 所示, 射线从实发射源 $R(400,350)$ 出发通过镜面{14, 15}反射后再寻找绕射点时, 绕射点只可能在水平镜面{14、15}的上侧. 只需把各顶点的纵坐标与水平镜面{14、15}的纵坐标 259 进行比较就可以, 纵坐标大于 259 的顶点留下, 计 36 个.

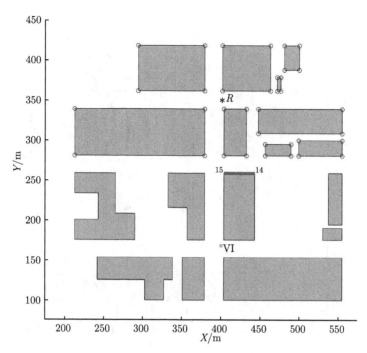

图 3.14　通过镜面朝向进行剪枝的效果图

(2) 根据阴影区域进行剪枝

剪枝原理与反射过程中从虚发射源出发根据阴影区域进行剪枝的原理相似. 根据镜面反射原理, 剪掉阴影区域外的顶点. 剪枝效果如图 3.15 所示, {17、18、19、20、21、22、24、29、30}号绕射点因处于像 VI 与镜面{14, 15}右端点连线的右下方阴影区域而被剪除; {27、28、39、40、45、46、47、48、49、50、51、52}号绕射点因处于像 VI 与镜面{14, 15}左端点的左上方阴影区域而被剪除, 剩下 15 个顶点 (标注加圈).

(3) 根据反射点与绕射点的贯通性进行剪枝

根据贯通性进行剪枝的过程稍复杂, 因此放在最后, 此时需要通过该剪枝函数的顶点数已大大减少, 有利于减少算法的时间复杂度. 如图 3.16 所示, 记虚发射源 VI(400,168) 和通过以上剪枝留下的 15 个顶点中的任一顶点的连线与镜面{14, 15}的交点为 A, 依次判断交点 A(反射点) 与对应顶点 (绕射点) 的贯通性, 据此剪枝. 由于虚发射源 VI 与 26、31、33、34、35、36、37、38、41、42、43、44 连线都被建筑物遮挡, 因此通过镜面朝向、阴影区域及贯通性剪枝, 80 个备选绕射点缩减为 3 个 (23, 25, 32), 效果显著.

(四) 算法步骤

程序进行了模块化处理, 主要分为从实发射源出发反射、从虚发射源出发反

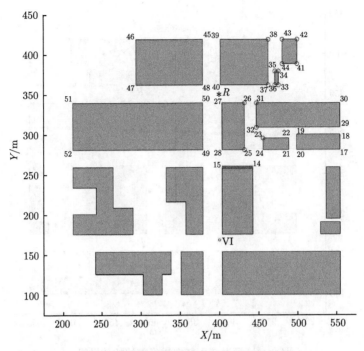

图 3.15　通过阴影区域进行剪枝的效果图

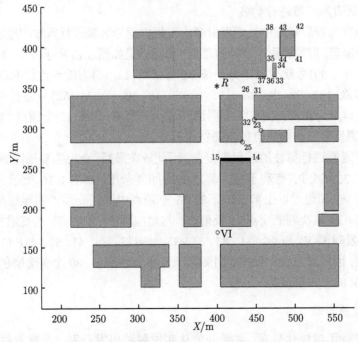

图 3.16　通过反射点与备选绕射点连线的贯通性进行剪枝的效果图

射、从实发射源出发绕射和从虚发射源出发绕射四大模块. 在求解该实例中的反射绕射组合路径时, 只需按排列组合堆砌相应模块即可. 以 7 次以内发射为例, 给出算法步骤.

Step 1　从发射机 (实发射源) 出发, 调用相应的剪枝函数和镜面成像函数, 得到第 1 次反射可能用到的镜面以及对应的像, 转 Step 2.

Step 2　依次判断 Step 1 中得到的镜面是否朝向接收机. 若是, 则将该镜面以及对应的像存入可能路径链表中. 反射次数加 1, 转 Step 3.

Step 3　判断反射次数是否大于 7. 若是, 则转 Step 6; 否则转 Step 4.

Step 4　依次以前一步得到的像 (虚发射源) 为出发点, 调用相应的剪枝函数和成像函数, 得到本次反射可能用到的镜面以及对应的像, 转 Step 5.

Step 5　依次判断 Step 4 中得到的镜面是否朝向接收机. 若是, 则将该镜面以及对应的像存入可能路径链表中. 反射次数加 1, 转 Step 3.

Step 6　根据镜面成像原理, 依次将可能路径链表中的路径从接收机逆向确定反射折线, 若折线中的所有线段都是贯通的, 则把该条路径的信息存入可行路径链表中. 转 Step 7.

Step 7　输出 Step 6 中得到的可行路径, 算法结束.

如果采用角量化的方法进行射线追踪, 则射线的条数及在符合对射线约束条件下电磁波可以到达的点都受到影响. 如图 3.17 中两幅不同精度下射线到达的条数差别较大.

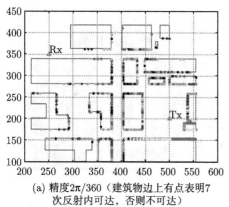
(a) 精度2π/360（建筑物边上有点表明7次反射内可达，否则不可达）

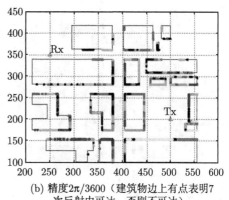
(b) 精度2π/3600（建筑物边上有点表明7次反射内可达，否则不可达）

图 3.17

又如图 3.18, 当设置精度为 $2\pi/360$ 时, 绕射点 (554.89, 153.80), (554.89, 190.93) 无法追踪到, 而当设置精度为 $2\pi/3600$ 时, 可以顺利追踪出所有绕射点.

既然角量化的精度对于射线的条数及在符合对射线约束条件下电磁波可以到达的点都有影响, 所以有必要讨论不同精度对最终结果的影响, 不考虑这一点, 研

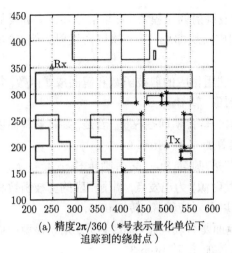
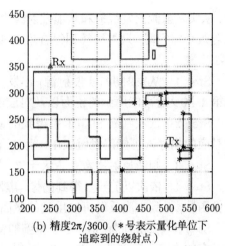

(a) 精度2π/360（*号表示量化单位下
追踪到的绕射点）　　　(b) 精度2π/3600（*号表示量化单位下
追踪到的绕射点）

图 3.18

究就是不完全的. 实际上, 只要量化达到一定的精度, 虽然射线的条数不同, 能量却相差不大, 图 3.19 绘制了量化值为 360 的射线追踪图, 图 3.20 绘制了量化值为 3600 的射线追踪图. 从两图比较可以看出, 图 3.20 接收射线明显比图 3.19 多, 但由于图 3.20 量化值较大, 每根射线携带的场强能量相对较小, 通过计算得到图 3.19 接收机接收能量为 4.02×10^{-7} 单位能量, 图 3.20 接收机能量为 4.36×10^{-7} 单位能量, 两者差别不大. 所以说问题的关键是功率, 而不是射线的条数.

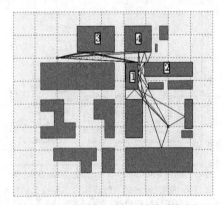
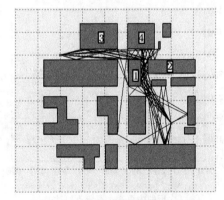

图 3.19　基本问题 1 射线路径图　　　　图 3.20　基本问题 1 射线路径图
(360 量化值)　　　　　　　　　　　　(3600 量化值)

三、关于第二与第三问

有了第一问的程序, 解决第二问就似乎只是计算问题了. 但大多数研究生在找规律时不够严谨, 匆忙下结论, 没有充分利用现有数据, 在第三问上拉开了档次, 体现分析解决实际问题能力方面的差距.

先介绍第二问的详细结果如下.

1. 25 种发射机–接收机组合的传播路径分析

按照相同的方法, 对于 25 种收发组合, 改变收发位置便可以得到每一种具体情况的传播路径, 统计每一种组合的路径条数, 记录在表 3.1 中.

表 3.1　不同收发位置对应的路径数

发射位置 ＼ 接收位置	(450,300)	(450,275)	(450,250)	(450,225)	(450,200)
(300, 350)	134	173	114	104	80
(350, 350)	122	169	102	99	81
(400, 350)	272	483	324	334	320
(450, 350)	345	451	383	384	367
(500, 350)	120	153	98	90	69

表 3.1 中最上面一行和最左边一列的单元格分别对应不同的收发位置, 每一组收发组合对应于一个路径数. 观察表 3.1 可以发现, 当发射、接收位置分别为 (500, 350)、(450, 200) 时传输路径的条数最少, 共 69 条; 当发射、接收位置分别为 (400, 350)、(450, 275) 时传输路径的条数最多, 共 483 条.

大多数研究生队都按照这里的表格来讨论规律. 既显得粗糙, 也缺乏说服力. 他们的结论是当发射、接收位置分别为 (400, 350)、(450, 275), 其收发位置均位于交通路口等枢纽位置, 收、发位置具有很好的可见性, 因此传输路径条数最多. 相反, 当发射、接收位置分别为 (500, 350)、(450, 200), 情况正好相反, 因此传输路径条数最少. 这个结论有一些道理, 但也很容易举出反例, 所以不能称之为规律.

2. 基于多种组合传播情况的规律提取

为了挖掘路径传播的规律, 需要进一步从上述多种组合情况中提取有用信息. 下面就针对不同组合情况中的同一信息要素进行对比, 试图探寻其中的规律.

1) [绕射 + 反射] 组合分布情况

规律总结: 表 3.2 中给出了各种绕射–反射组合所占的比例, 通过该比例大小可以直观地发现, 表格中绕射一次且反射三次以上和绕射两次的组合传输情况占有很大的比重, 其他组合情况出现的概率比较小. 特别是两次绕射、一次反射的路径数在 80% 情况下超过路径总数的一半以上. 而如果仅依靠反射则路径太少, 这与反射一定严格遵循反射定律, 而绕射的方向充满除建筑物外的全部方向 (一般达 270°), 因此容易到达任意指定的接收点的特点相符. 因此过长的街道又没有交叉道路情况下与不相邻街区的通信要受到较大的影响.

表 3.2 不同的反射、绕射情况占总传输路径的比例

发射位置 (300,350)

接收位置	只有反射	只一次绕射	只两次绕射	一次绕射一次反射	一次绕射两次反射	一次绕射三次反射	一次绕射四次反射	两次绕射一次反射
(450,300)	0	0.007463	0.097015	0.022388	0.067164	0.134328	0.164179	0.507463
(450,275)	0.00578	0.00578	0.132948	0.023121	0.052023	0.098266	0.115607	0.566474
(450,250)	0	0.008772	0.114035	0.026316	0.061404	0.087719	0.105263	0.596491
(450,225)	0	0.009615	0.115385	0.019231	0.048077	0.067308	0.115385	0.625
(450,200)	0	0	0.0625	0.0125	0.0375	0.075	0.1125	0.7

发射位置 (350,350)

接收位置	只有反射	只一次绕射	只两次绕射	一次绕射一次反射	一次绕射两次反射	一次绕射三次反射	一次绕射四次反射	两次绕射一次反射
(450,300)	0.02459	0.008197	0.106557	0.02459	0.04918	0.139344	0.147541	0.5
(450,275)	0.011834	0.005917	0.136095	0.023669	0.047337	0.100592	0.136095	0.538462
(450,250)	0	0.009804	0.127451	0.029412	0.04902	0.078431	0.107843	0.598039
(450,225)	0	0.010101	0.121212	0.020202	0.040404	0.050505	0.161616	0.59596
(450,200)	0.012346	0	0.061728	0.012346	0.037037	0.061728	0.148148	0.666667

发射位置 (400,350)

接收位置	只有反射	只一次绕射	只两次绕射	一次绕射一次反射	一次绕射两次反射	一次绕射三次反射	一次绕射四次反射	两次绕射一次反射
(450,300)	0.029412	0.003676	0.080882	0.014706	0.058824	0.128676	0.227941	0.455882
(450,275)	0.018634	0.010352	0.175983	0.020704	0.035197	0.082816	0.142857	0.513458
(450,250)	0.024691	0.003086	0.111111	0.012346	0.037037	0.089506	0.16358	0.558642
(450,225)	0.002994	0.002994	0.10479	0.017964	0.035928	0.086826	0.167665	0.580838
(450,200)	0.003125	0	0.0875	0.015625	0.034375	0.08125	0.1625	0.615625

发射位置 (450,350)

接收位置	只有反射	只一次绕射	只两次绕射	一次绕射一次反射	一次绕射两次反射	一次绕射三次反射	一次绕射四次反射	两次绕射一次反射
(450,300)	0.023188	0.005797	0.049275	0.026087	0.089855	0.173913	0.292754	0.33913
(450,275)	0.026608	0.004435	0.08204	0.02439	0.068736	0.144124	0.252772	0.396896
(450,250)	0.02611	0.005222	0.05483	0.023499	0.067885	0.16188	0.29765	0.362924
(450,225)	0.041667	0.002604	0.052083	0.020833	0.067708	0.164063	0.309896	0.341146
(450,200)	0.029973	0	0.035422	0.019074	0.070845	0.177112	0.33515	0.332425

发射位置 (500,350)

接收位置	只有反射	只一次绕射	只两次绕射	一次绕射一次反射	一次绕射两次反射	一次绕射三次反射	一次绕射四次反射	两次绕射一次反射
(450,300)	0	0.008333	0.108333	0.016667	0.066667	0.116667	0.175	0.508333
(450,275)	0	0.006536	0.150327	0.019608	0.039216	0.084967	0.117647	0.581699
(450,250)	0	0.010204	0.132653	0.020408	0.05102	0.061224	0.102041	0.622449
(450,225)	0	0.011111	0.133333	0.011111	0.044444	0.044444	0.1	0.655556
(450,200)	0	0	0.072464	0.014493	0.028986	0.057971	0.086957	0.73913

2) 收发位置处一次可达绕射点、可见边个数之和与辐射路径条数的关系

规律总结: 表 3.3 表明, 虽然可达边、一次可达绕射源的数目与路径总数不成正比 (因为可达边的长度、一次可达绕射源的周围空间也会影响路径总数), 但肯定是正相关的关系. 对于同一个接收位置, 当发射位置改变后, 发射点的可达边、一次可达绕射源的数目较多时, 此时收发之间可达的总路径数也明显多于其他情况. 可达边、一次可达绕射源数目较多时一般对应于城市中的交通枢纽的位置, 通信情况与交通类似.

表 3.3　不同位置对应的可见边、一次可绕射点数

发射位置	(300,350)	(350,350)	(400,350)	(450,350)	(500,350)
接收位置	(450,300)	(450,300)	(450,300)	(450,300)	(450,300)
可达边数	17	17	27	20	21
可达点数	22	22	34	23	27
总路径	134	122	272	345	120
发射位置	(300,350)	(350,350)	(400,350)	(450,350)	(500,350)
接收位置	(450,275)	(450, 275)	(450, 275)	(450, 275)	(450, 275)
可达边数	29	29	39	32	33
可达点数	35	35	47	36	40
总路径	173	169	483	451	153
发射位置	(300,350)	(350,350)	(400,350)	(450,350)	(500,350)
接收位置	(450,250)	(450, 250)	(450, 250)	(450, 250)	(450, 250)
可达边数	21	21	31	24	25
可达点数	26	26	38	27	31
总路径	114	102	324	383	98
发射位置	(300,350)	(350,350)	(400,350)	(450,350)	(500,350)
接收位置	(450,225)	(450, 225)	(450, 225)	(450, 225)	(450, 225)
可达边数	20	20	30	23	24
可达点数	26	26	38	27	31
总路径	104	99	334	384	90
发射位置	(300,350)	(350,350)	(400,350)	(450,350)	(500,350)
接收位置	(450,200)	(450, 200)	(450, 200)	(450, 200)	(450, 200)
可达边数	18	18	28	21	22
可达点数	27	27	39	28	32
总路径	80	81	320	367	69

3) 收发位置建筑的遮挡系数与传输路径条数的关系

遮挡系数定义: 为了计算起来比较方便, 用源点向四周均匀传播时遇到第一个障碍点的距离均值的倒数来代替. 考虑到道路宽度等因素, 在比较若干点的遮挡系数时, 也可对要比较的全部发射点的距离均值的倒数再进行归一化处理作为遮挡系数. 遮挡系数越大, 表明发射机的可视性越好.

规律总结: 对于表 3.4 中的 (400,350), 处于城区中的路口位置, 可视性最好, 对照表 3.1 可以发现, 其可达路径也较多. 因此, 可视性好的发射位置具有更多的传输路径.

表 3.4 不同发射位置的遮挡系数与传播路径关系表

发射位置	(300,350)	(350,350)	(400,350)	(450,350)	(500,350)
遮挡系数	0.582920079	0.473027724	1	0.544416756	0.849497458

4) 运用场强分布探寻 25 种收发组合情形的规律

根据后面推导的场强计算公式可以分别求得 25 种情况下接收到的电磁信号场强大小, 见表 3.5.

表 3.5 不同收发位置组合下的场强接收大小

接收位置 发射位置	(450,300)	(450,275)	(450,250)	(450,225)	(450,200)
(300, 350)	4.49e-08	9.88e-08	3.69e-09	3.46e-09	7.58e-11
(350, 350)	1.03e-05	5.32e-07	1.28e-08	5.88e-10	1.91e-08
(400, 350)	0.000115	3.68e-05	8.01e-06	6.14e-07	6.83e-08
(450, 350)	0.001503	0.001534	0.000456	0.000105	6.68e-06
(500, 350)	3.03e-08	1.52e-06	1.59e-10	3.83e-09	3.89e-11

规律总结: 从表 3.5 数据可以观察到, 当发射位置为 (450,350), 接收位置为 (450,300)、(450,275) 时, 场强值非常大. 根据反射、绕射公式可以发现, 经过一次绕射后的场强损耗一般远大于反射损耗. 当收发位置的坐标点是发射位置为 (450,350), 接收位置为 (450,300)、(450,275) 时, 存在着一次反射直达的情形, 因此得到的场强值非常大. 这再次说明第一问的关键不是到达接收器射线的条数, 而是所接收到信号的功率. 另一方面就在几百米的范围内, 不同位置的接收点所接收到信号的功率相差十万倍以上, 所以我们根本无须关心大多数接收点的情况, 只要判断接收到信号功率最小的位置是否满足要求即可. 因此处理前三问时, 仅关心有两次绕射和一次绕射及多次反射的路线就行了.

四、反射、绕射路线的相位变化、功率衰减的计算

电磁波经过反射、绕射后相位都会改变, 这点大多数研究生队没有考虑. 由于这对专业知识要求较高, 竞赛中没有苛求.

电场强度与发射点和观察点之间的距离成反比, 但当发生反射和绕射时, 这里应该取从发射点到观察点的折线中各段线段长度之和的倒数, 而不是折线中各段线段长度倒数的乘积. 部分研究生队采用的是后者. 我们认为这里对专业要求高, 而且对结果虽有影响, 但不是本质性的, 所以在评审过程中也没有给予较多的关注.

反射对于强度的影响在题目中已经讲清楚, 认为每反射一次能量损失 20%, 剩余 80%, 所以每反射一次场强应降低为原来的 0.8, 证明如下.

对于二维问题, 电场强度与能量密度成正比. 如图 3.21 所示, 假设波长为 c, 能量密度为 G, 考虑微元为 $\mathrm{d}r$:

$$\mathrm{d}r = c \cdot \mathrm{d}t (c \text{ 为波长}).$$

由能量守恒

$$G \cdot 2\pi r \cdot \mathrm{d}r = \mathrm{const}(\text{常数}),$$

即

$$G \propto \frac{1}{r}.$$

又因为 $\boldsymbol{E}_{LOS} = \boldsymbol{E}_0 \dfrac{\mathrm{e}^{\mathrm{j}kr_0}}{r_0}$, 也与距离成反比, 因此,

$$G \propto E.$$

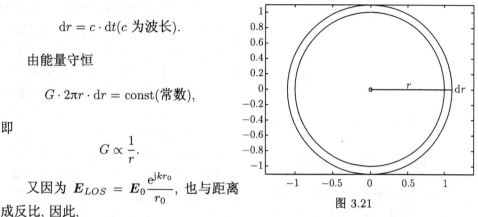

图 3.21

但是对经过绕射后场强的变化问题所有研究生队的考虑都比较粗糙. 赛题提供了绕射的参考文献, 并选用了其中的公式. 由于其中公式比较复杂, 研究生几乎都没有对公式进行认真分析, 而是直接编进程序进行计算. 实际上对于本题 (数学建模特别强调具体问题具体分析, 注意根据实际问题的特点, 大胆创新、另辟蹊径地解决问题), 其中大部分的公式都根本用不到, 因为这里线路长度至少 200 多米 (即 L), 波数 k 也达 30 多, 两者的乘积达 6000 多, 所以在绝大多数情况下 (仅需 $\alpha^{\pm}(\beta)$ 超过 1/600 即可), F 函数的自变量 $kL\alpha^{\pm}(\beta)$ 取值就超过 10, 这时就适用近似公式, 取 $x = 10$ 有 $F(x) \approx 1 + \mathrm{j}\dfrac{1}{2x} - \dfrac{3}{4x^2} - \mathrm{j}\dfrac{15}{8x^3} + \dfrac{75}{16x^4} = 0.99296875 + 0.03125\mathrm{j}$ (当然这个公式有误差, 但可以忽略), 函数值近似为 1, 若 $x > 10$, 则 $F(x)$ 更接近 1 (图 3.22), 而根据 $\alpha^{\pm}(\beta)$ 的表达式 $\alpha^{\pm}(\beta) = 2\cos^2\left(\dfrac{2n\pi N^{\pm} - \beta}{2n}\right)$, 要求 $\alpha^{\pm}(\beta)$ 超过 1/600, 则 $\cos$ 的绝对值取值大于 1/35 即可; 而 $\cos$ 取值小于 1/35 的情况仅存在于 2/35 弧度很小范围内, 即 $\alpha^{\pm}(\beta) = 2\cos^2\left(\dfrac{2n\pi N^{\pm} - \beta}{2n}\right)$ 取值小于 1/600 的情况下, 显然 $\dfrac{2n\pi N^{\pm} - \beta}{2n}$ 在 $\pm\pi/2$ 附近, $2n\pi N^{\pm} - \beta$ 在 $\pm n\pi$ 附近, β 在 $2n\pi N^{\pm} \pm n\pi$ 附近, 即 $N^{+} = 0, \beta$ 取值 $\pm n\pi$ 附近, $N^{+} = 1, \beta$ 取值 $3n\pi$ 或 $n\pi$ 附近 $N^{-} = 0, \beta$ 取值 $\pm n\pi$ 附近, $N^{-} = -1, \beta$ 取值 $-3n\pi$ 或 $-n\pi$ 附近, 但根据题目一般 $n = 3/2, N^{+} = 0, \beta$ 取

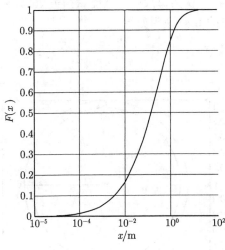

图 3.22 菲涅尔过渡函数

值 $\pm 3\pi/2$ 附近, $N^+ = 1, \beta$ 取值 $9\pi/2$ 或 $3\pi/2, \dfrac{\pi - \beta}{3}$ 在 $-\pi/6$ 或 $5\pi/6$ 或 $11\pi/6$ 附近, 故 cot 的函数值都不是很大, 所以不仅范围小, 而且影响不大, 不是绕射中必须考虑的方向.

因此大多数情况无须考虑 F 函数的多个公式 (图 3.22 就非常直观, 比公式容易理解). 由于无须计算很多 F 的函数值, 计算工作量大大减轻, 计算绕射系数就大部分变成通过查表求余切值的极其简单的问题, 我们也就可能在任意取定入射角的情况下, 容易画出绕射系数关于出射角的曲线 (见后面的图 3.23), 从而探寻出绕射系数关于入射角、出射角的变化规律.

对于绕射系数公式的运用, 再次暴露研究生习惯于用宏观的方法去研究微观问题, 不能从学科交叉的角度思考问题, 习惯于接受书本上的东西, 而想不到质疑. 研究生对于绕射是按字面去理解, 把发生绕射的建筑物的墙角错误地看成几何意义上的一点. 也没有发现这样的理解与能量守恒定律是矛盾的. 因为射到劈 (几何意义上的点) 的电磁波是一小束 (角量化之后, 而且随着量化精度的提高越来越小), 但绕射后一般却覆盖 3/4 个平面, 因此从能量守恒角度分析, 绕射后的电场强度应该非常小 (一条线上的能量分配给一个扇形, 所以扇形上一条线上的能量关于入射线的能量之比是数学上的无穷小量), 根本达不到绕射系数公式计算出来的大小 (某些方向达到 1). 但竞赛中研究生都按自己错误的理解, 把墙角看成几何上的点来进行计算, 没有任何队对此提出疑问. 实际上绕射点附近电磁场都发生变化, 才能实现能量守恒, 所以应该到达墙角附近小区域的电磁波都发生绕射.

此外赛题已经讲了, 从劈的哪一边开始计算入射角、出射角, 对绕射系数没有影响. 根据绕射的物理意义也可以很快明白这一点, 更换入射线与出射线起始边对绕射系数也没有影响. 我们还发现, 题目乃至文献 (经查与题目上的公式是相同的) 上的公式 $\alpha^\pm(\beta) = 2\cos^2\left(\dfrac{2n\pi N^\pm - \beta}{2}\right)$ 有误, 应该是 $\alpha^\pm(\beta) = 2\cos^2\left(\dfrac{2n\pi N^\pm - \beta}{2n}\right)$, 题目给出的公式中的分母漏了 n. 因为更换入射线与出射线起始边, 入射角与出射角与原来的入射角与出射角的和分别为 $n\pi$, $\beta = \beta^\pm = \alpha_2 + \alpha_1 (\alpha_1$ 和 α_2 分别为入射角和绕射角), 则更换入射角与出射角的起始边后新的 $\overline{\beta^+} = 2n\pi - (\alpha_2 + \alpha_1) = 2n\pi - \beta^+, \overline{\beta^-} = -(\alpha_2 - \alpha_1) = -\beta^-$, 代入公式 $\alpha^\pm(\beta) = 2\cos^2\left(\dfrac{2n\pi N^\pm - \beta}{2}\right)$, 则当

$N^\pm \neq 0$ 时, 由于 n 可以为任意值 (墙角的角度一般为 $90°$, 当然也可以不等于 $90°$), $\alpha^\pm(\beta)$ 与 $\alpha^\pm(\overline{\beta})$ 的数值不再相等, cot 函数也不可能不变, 所以绕射系数必然发生变化. 同一种情况下, 就有了两个不同的绕射系数, 矛盾.

但公式改成 $\alpha^\pm(\beta) = 2\cos^2\left(\dfrac{2n\pi N^\pm - \beta}{2n}\right)$, 则无论自变量增加 π 或者改变符号, $\alpha^\pm(\beta)$ 的取值均不发生变化, cot 函数的取值也不发生变化, 所以绕射系数不变.

进一步可以得出结论: 沿房屋顶面的绕射为零, 故无法 "经过屋顶绕射再到达地面接收点". 所以只有基本水平方向的电磁波传播应该考虑, 证明如下.

根据文献绕射系数的计算公式是

$$
D = \frac{-\mathrm{e}^{-\mathrm{j}\pi/4}}{2n\sqrt{2\pi k}} \cdot \left\{ \cot\left(\frac{\pi + \beta^-}{2n}\right) F(kL\alpha^+(\beta^-)) + \cot\left(\frac{\pi - \beta^-}{2n}\right) F(kL\alpha^-(\beta^-)) \right.
$$
$$
\left. - \left[\cot\left(\frac{\pi + \beta^+}{2n}\right) F(kL\alpha^+(\beta^+)) + \cot\left(\frac{\pi - \beta^+}{2n}\right) F(kL\alpha^-(\beta^+))\right] \right\},
$$

其中 $\alpha^\pm(\beta) = 2\cos^2\left(\dfrac{2n\pi N^\pm - \beta}{2n}\right)$, $\beta = \beta^\pm = \alpha_2 \pm \alpha_1$, α_1 和 α_2 分别为入射角和绕射角, $N^\pm$ 是最接近满足下列方程的整数

$$
2n\pi N^+ - \beta = \pi,
$$
$$
2n\pi N^- - \beta = -\pi.
$$

当入射角为零时, $\beta^+ = \beta^- = \alpha_2$, 所以,

$$
\alpha^\pm(\beta^+) = \alpha^\pm(\beta^-), \quad \pi \pm \beta^- = \pi \pm \beta^+.
$$

绕射系数公式中第一、二项

$$
\cot\left(\frac{\pi + \beta^-}{2n}\right) F(kL\alpha^+(\beta^-)) + \cot\left(\frac{\pi - \beta^-}{2n}\right) F(kL\alpha^-(\beta^-))
$$

分别与第三、四项

$$
-\cot\left(\frac{\pi + \beta^+}{2n}\right) F(kL\alpha^+(\beta^+)) - \cot\left(\frac{\pi - \beta^+}{2n}\right) F(kL\alpha^-(\beta^+))
$$

完全相同, 符号相反, 可以抵消. 故绕射系数为零.

还可得出交换入射线和出射线, 绕射系数不变的结论. 从而出射角为零时, 也没有绕射电磁波. 虽然现在看证明似乎并不困难, 但是开始看到如此复杂的公式, 尤其是对于任意角度大小 n (单位是 π 弧度, 显然 $0 < n < 1$, 为证明简单取 $n \geqslant 1/2$) 的尖劈, 感到结论的证明很可能是困难的, 所以尝试这样的证明对培养数学推导能力有帮助. 证明如下.

绕射系数公式按文献为

$$D = \frac{-e^{-j\pi/4}}{2n\sqrt{2\pi k}} \cdot \left\{ \cot\left(\frac{\pi + \beta^-}{2n}\right) F(kL\alpha^+(\beta^-)) + \cot\left(\frac{\pi - \beta^-}{2n}\right) F(kL\alpha^-(\beta^-)) \right.$$
$$\left. - \left[\cot\left(\frac{\pi + \beta^+}{2n}\right) F(kL\alpha^+(\beta^+)) + \cot\left(\frac{\pi - \beta^+}{2n}\right) F(kL\alpha^-(\beta^+)) \right] \right\}.$$

交换入射线与出射线仅交换 α_1 和 α_2, 所以 β^+ 没有任何变化, β^- 绝对值没有变, 仅改变了符号. $\alpha^\pm(\beta^+)$, $\pi \pm \beta^+$, 均无变化, 所以公式中第三项、第四项没有变化.

由于不熟悉下面的约束, 没有直观印象.

$N^\pm$ 是最接近满足下列方程的整数

$$2n\pi N^+ - \beta = \pi,$$
$$2n\pi N^- - \beta = -\pi.$$

实际上画个图就知道 $\beta + \pi$ 落在 $(-n\pi, n\pi)$ 或 $(n\pi, 3n\pi)$, 决定 N^+ 为 0 或 1, $\beta - \pi$ 落在 $(-n\pi, n\pi)$ 或 $(-3n\pi, -n\pi)$, 决定 N^- 为 0 或 -1, 所以全部情况有

$$\beta \in (-(1+n)\pi, (n-1)\pi), \text{ 则 } N^+ = 0,$$
$$\beta \in ((n-1)\pi, (3n-1)\pi), \text{ 则 } N^+ = 1,$$
$$\beta \in ((3n-1)\pi, (5n-1)\pi), \text{ 则 } N^+ = 2,$$
$$\beta \in (-(n-1)\pi, (n+1)\pi), \text{ 则 } N^- = 0,$$
$$\beta \in (-(3n-1)\pi, -(n-1)\pi), \text{ 则 } N^- = -1,$$
$$\beta \in (-(5n-1)\pi, -(3n-1)\pi), \text{ 则 } N^- = -2,$$

其中取值为 ± 2 在 $n > 1$ 的情况下不可能发生. 根据入射角、出射角的取值范围, 可知 $\beta^- \in ((n-2)\pi, (2-n)\pi)$.

则根据上面推导, 当 β 取相反数时, N^+、N^- 分别取原来的 N^-、N^+ 的相反数, 这也可以对式 $2n\pi N^+ - \beta = \pi$ 同时乘上 -1, $2n\pi(-N^+) - (-\beta) = -\pi$, 而得到证明.

$$2n\pi \overline{N^+} - (-\beta) = -(2n\pi N^- - \beta),$$
$$2n\pi \overline{N^-} - (-\beta) = -(2n\pi N^+ - \beta),$$

即 $\alpha^+((-\beta))$ 与 $\alpha^-(\beta)$ 中余弦的自变量为相反数, 故 $\alpha^+((-\beta)) = \alpha^-(\beta)$. 同理 $\alpha^-((-\beta)) = \alpha^+(\beta)$. 用数学式表达即有

$$\cot\left(\frac{\pi + \overline{\beta^-}}{2n}\right) F(kL\alpha^+(\overline{\beta^-})) = \cot\left(\frac{\pi - \beta^-}{2n}\right) F(kL\alpha^-(\beta^-)),$$
$$\cot\left(\frac{\pi - \overline{\beta^-}}{2n}\right) F(kL\alpha^-(\overline{\beta^-})) = \cot\left(\frac{\pi + \beta^-}{2n}\right) F(kL\alpha^+(\beta^-)),$$

即 β^- 变符号前第一、二项对应地与变符号后第二、一项相等, 所以绕射系数不变.

下面分别计算了关于不同出射角时绕射系数的图 (因为一般绕射建筑物是直角, 出射角不超过 $3\pi/2$), 由图 3.23 可见, 在入射角与出射角的和或差接近 π, COT 函数值非常大的两点及其附近绕射系数比较大, 这很容易理解, 因为 F 函数的取值绝大多数情况下接近 1, 绕射因子中其他是常数, 还有一个变量就是 COT 函数, 它在自变量取值接近 0 或 π, 函数值可以非常大. 由 $(\pi \pm \beta^{\pm})/3$ 接近 0 或 π, 可求 β, 即入射角与出射角的关系, 仔细讨论问题时必须注意这一点.

如果仔细讨论可以发现这两个绕射系数比较大的方向就在直射 (仿佛绕射点障碍不存在) 和反射 (关于绕射点所在的墙面) 方向附近, 很容易判定. COT 函数值非常大, $\pi \pm \beta^+$ 接近于 0 或 3π, $\beta^{\pm}$ 接近于 $\pm\pi$ 或 2π, 即 $\alpha_2 \pm \alpha_1 = \pm\pi$, 故 $\alpha_2 + \alpha_1 = \pm\pi$ 或 $\alpha_2 - \alpha_1 = \pm\pi$, 前者是反射, 后者是直射方向, 这对绕射路径研究十分重要. 所以科学研究中成功往往就在于再坚持一下的努力之中, 研究生培养顽强的毅力、坚韧的意志十分重要.

依据这里的结论, 我们可以发现题目在射线跟踪法中关于反射与绕射次数限制是不准确的. 赛题中是单独反射不超过 7 次, 单独绕射不超过 2 次, 绕射 1 次时反射不超过 4 次. 这样选择意味着绕射一次功率衰减相当于 3~3.5 次反射. 研究生对此毫不怀疑, 没有队提出质疑. 而根据图 3.23, 电磁波绕射一次功率衰减变化相当大, 对于特殊的两个出射角方向, 电磁波功率几乎没有衰减, 而在大多数方向衰减程度远远大于 3~3.5 次反射, 甚至可以忽略. 所以射线跟踪法关于反射与绕射次数的限制值得进一步研讨.

由图 3.23 可见在最大值附近, 绕射系数就迅速减小, 再远就接近零. 所以讨论绕射问题仅需要关注两个方向.

下面求解第四问, 先求单一路径上波束的初始能量模型.

在问题四中, 我们的目的是计算每条到达接收天线处的能量值, 并进一步计算接收点处的总能量.

为了计算每条波束到达接收天线处的能量值, 我们首先需要分析从发射天线发出的每条路径上波束的初始能量.

在二维蜂窝射线跟踪算法模型中, 信号可能发生绕射和反射, 在绕射和反射时必定造成能量的变化, 这里的变化包括振幅的衰减和相位的偏移.

针对信号在具体路径上遇到的各种情况, 给出对应的处理方法.

在本题中, 假设微蜂窝电波传播场景下所有建筑物为理想电介质, 电磁波在不同介质交接处, 会发生反射, 80% 的能量按照反射传播规律被反射出来.

在电磁波传播路径上, 当电波被尺寸较大 (与波长相比) 的障碍物遮挡时, 电磁波会改变传播方向. 为了解决建筑物顶点 (可称为劈) 上的绕射问题, 需要计算绕射系数 D, 该系数体现出了绕射后绕射波强度 E_d 的衰减程度, 即 $|E_d| = |E_i| \times |D|$.

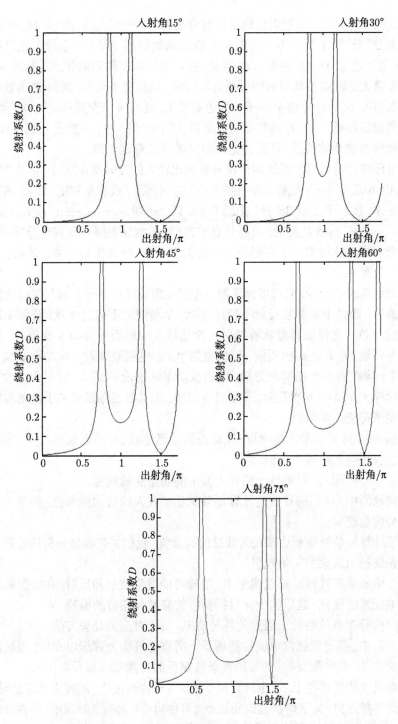

图 3.23

综合以上两种情况, 我们可以建立每次反射或绕射后能量发生变化的模型, 变化后的能量 E_d 与变化前的能量 E_i 关系为

$$E_d = E_i \times d_n,$$

其中,

$$d_n = \begin{cases} 0.8, & \text{发生反射时}, \\ D, & \text{发生绕射时}. \end{cases}$$

绕射系数 D 的计算方法见赛题.

多次折射/绕射后, 单条路径能量的变化

当从发射机到接收机主要的路径确定之后, 在路径中发生的绕射次数和反射次数是可以知道的, 将某个单路径中发生的反射次数和绕射次数的和记为 N_i, 那么根据公式, 容易求得在这个路径下的总衰减为

$$E_i = E_0 \frac{\mathrm{e}^{\mathrm{j}kr_i}}{r_i} \prod_{n=1}^{N_i} d_n.$$

在计算出每条路径上的能量变化后, 将这些变化后的能量进行合并, 便是所有路径上能量的总和.

因此, 根据上面公式, 容易得知所有路径上的总衰减为

$$E = \sum_{i=1}^{Q} \left(E_0 \frac{\mathrm{e}^{\mathrm{j}kr_i}}{r_i} \prod_{n=1}^{N_i} d_n \right).$$

定义 Q 表示收发机之间的路径数. 将初始信号 $\boldsymbol{E}_0$ 提取出来, 就可以得到信道的传输函数为

$$H = \sum_{i=1}^{Q} \left(\frac{\mathrm{e}^{\mathrm{j}kr_i}}{r_i} \prod_{n=1}^{N_i} d_n \right)$$

且有

$$E = E_0 \times H.$$

对于每条路径的信道传输函数 $\dfrac{\mathrm{e}^{\mathrm{j}kr_i}}{r_i} \prod\limits_{n=1}^{N_i} d_n$, 在单频的条件下, 可将 $\dfrac{\mathrm{e}^{\mathrm{j}kr_i}}{r_i} \prod\limits_{n=1}^{N_i} d_n$ 化为的 $A_i \mathrm{e}^{\mathrm{j}\varphi_i}$ 形式, 所以信道传输函数简化为

$$H = \sum_{i=1}^{Q} A_i \mathrm{e}^{\mathrm{j}\varphi_i}.$$

我们不妨假设初始信号为 $\cos(\omega t)$. 可以验证假设信号为 $\cos(\omega t)$ 是合理的.

根据通信理论, 为了便于分析, 对于初始信号 $g(\omega, t)$, 我们先把它转换为解析信号 $h(\omega, t)$:

$$h(w, t) = g(\omega, t) + \mathrm{j}\hat{g}(\omega, t),$$

其中, $\hat{g}(\omega, t)$ 为 $g(\omega, t)$ 的希尔伯特变换, 在假设初始信号为 $\cos(\omega t)$ 的情况下, $\hat{g}(\omega, t)$ 为

$$\hat{g}(\omega, t) = \sin(\omega t).$$

代入上式, 有

$$h(\omega, t) = \cos(\omega t) + \mathrm{j}\sin(\omega t) = \mathrm{e}^{\mathrm{j}\omega t},$$

即初始信号为

$$E_0 = \mathrm{e}^{\mathrm{j}\omega t}.$$

将初始信号代入前两个公式, 可得

$$E = \mathrm{e}^{\mathrm{j}\omega t} \cdot \sum_{i=1}^{Q} A_i \mathrm{e}^{\mathrm{j}\varphi_i} = \sum_{i=1}^{Q} A_i \mathrm{e}^{\mathrm{j}(\omega t + \varphi_i)}.$$

题目中所描述的接收信号为

$$f(\omega, t) = \sum_{i=1}^{Q} A_i \mathrm{e}^{\mathrm{j}(\omega t + k r_i)}.$$

对比公式与所描述的接收信号, 容易发现两个式子是一致的, 因而该模型假设的初始信号与实际情况是相符的.

在接收点处, 接收到的多径信号 $E = \sum_{i=1}^{Q} A_i \mathrm{e}^{\mathrm{j}(\omega t + \varphi_i)}$ 在单频条件下可以简化为

$$E = A\mathrm{e}^{\mathrm{j}(\omega t + \varphi)},$$

其中, A 为信号所有路径的综合总增益, φ 为信号在所有路径上的综合相移.

由于之前对源信号作了解析信号的变换, 所以最后的接收信号应为 E 的实部, 即

$$|f(\omega, t)| = r(\omega, t) = \mathrm{real}(E) = A\cos(\omega t).$$

信号的一阶矩即为信号的期望, 因此, 多径信号的一阶矩为

$$E[r(\omega, t)] = E[A\cos(\omega t)] = 0.$$

至于振幅的一阶矩与信号的一阶矩不一样, 通过仿真, 其中有一个结果如表 3.6 所示.

表 3.6　不同发射机/接收机位置组合时, 接收机处场强幅值的一阶矩

	C1(C)	C2	C3	C4	C5(D)
A1(A)	0.001823	0.001211	0.000898	0.00075	**0.000744**
A2	0.021235	0.004359	0.002446	0.001976	0.001879
A3	0.147363	0.002382	0.007475	0.00171	0.004043
A4	**0.37172**	0.050804	0.227451	0.070409	0.07466
A5(B)	0.016704	0.009655	0.008603	0.008614	0.008846

仿真得到的振幅二阶矩的一个结果如表 3.7 所示.

表 3.7　不同发射机/接收机位置组合时, 接收机处场强幅值的二阶矩

	C1(C)	C2	C3	C4	C5(D)
A1(A)	1.35e-06	7.88e-07	2.78e-07	1.64e-07	**1.19e-07**
A2	3.51e-05	6.88e-06	1.52e-06	7.88e-07	6.45e-07
A3	6.57e-04	3.71e-05	6.67e-05	1.68e-06	1.58e-06
A4	4.12e-03	1.36e-03	**5.04e-03**	2.29e-03	1.42e-03
A5(B)	9.71e-05	3.28e-05	7.24e-06	4.49e-06	4.66e-06

也可推导两个同频却不同路径到达的信号间的互相关函数为

$$
\begin{aligned}
R_{XY} &= E\left[X(t+\tau)X(t)\right]/\sqrt{\left[EX(t+\tau)EX(t)\right]} \\
&= \lim_{T\to\infty}\frac{1}{2T}\int_{-T}^{T} A_X\cos(\omega(t+\tau)+\varphi_{t+\tau})A_X\cos(\omega t+\varphi_t)\mathrm{d}t \\
&\quad /\sqrt{\left[EX(t+\tau)EX(t)\right]} \\
&= \lim_{T\to\infty}\frac{1}{T}\int_{-T}^{T}\left[\cos(2\omega t+\omega\tau+\varphi_{t+\tau}+\varphi_t)+\cos(\omega\tau+\varphi_{t+\tau}-\varphi_t)\right]\mathrm{d}t \\
&= \cos(\omega\tau+\varphi_{t+\tau}-\varphi_t).
\end{aligned}
\tag{3.1}
$$

由式 (3.1) 可知, 两个同频却不同路径到达的信号间的互相关函数是其时间 τ 差的函数, 与相位差 $\varphi_X-\varphi_Y$ 有关.

五、多波干涉问题

多径干扰、宽带干扰是通信领域的公开问题, 也是这条赛题的重要内容.

赛题已经将多波干涉形成的接收信号表达为

$$
f(\omega,t)=\sum_{i=1}^{Q}A_i\mathrm{e}^{\mathrm{j}(\omega t+kr_i)}=\left(\sum_{i=1}^{Q}A_i\mathrm{e}^{\mathrm{j}kr_i}\right)\mathrm{e}^{\mathrm{j}\omega t}.
$$

显然同频、不同路径到达信号的合成信号频率保持不变.

宽带干扰形成的接收信号可以表达为

$$R(t) = \sum_{n=1}^{101} \sum_{i=1}^{Q_n} A_{ni} e^{j(\omega_n t + k_n r_i)}.$$

从数学上看, 这两个问题形式上都很简单. 如果考虑频率是从 2000M 开始, 以公差 1M 的 101 项等差数列, 则问题又比实际问题简单了些. 为什么这样一个形式简单的问题会成为通信领域的公开问题呢, 值得深刻理解. **首先是上述表达式是否完全符合实际或与实际问题之间有多大的误差?** 众多研究生队没有认真考虑这一点也就无法取得显著的进展. 其实, 表达式中频率 ω_n 是给定的常数, Q_n 是第 n 种频率的路径总数, 也是常数. k_n 是频率 ω_n 的函数. t 代表时间变量. 显然问题之所以是随机问题并不是因为它们, 一定另含随机向量.

如果不知道随机向量是什么, 或者知道了随机向量, 但是不知道这些随机向量的分布只是没有根据地假设也一定无法做好研究. 做研究不仅要知其然, 而且一定要知其所以然, 创新往往就发源于此, 成功也经常从这里出发.

从表达式看, 随机向量只能是 r_i 和 A_{ni}. 从机理上分析, 产生随机性的因素主要是路径上的情况及长度 r_i, 通过各条路径传来的每种频率的信号振幅 A_{ni} 受频率 w_n、路径长度 r_i 的影响也有一定的随机性. 造成路径长度 r_i 的随机性是因为天线接收电磁波受有效面积决定, 有一定的范围. 如果有一条电磁波路径到达天线, 则同时就会有无穷多条电磁波路径到达天线附近的各点, 虽然从发射点出发时电磁波的振幅、相位是相同的, 但到达天线附近不同的点路径长度有细微的差别, 而且微波的波长很短, 因此造成相位上比较大的差别, 如果相差半个波长 (7.5 厘米) 就产生相位差 π, 相差 1/4 个波长 (3.75 厘米) 就产生相位差 $\pi/2$, 当天线的接收范围达到或超过一个波长, 相位差就充满 $[0, 2\pi]$(相位差是两个相位之差除以 2π 后的余数). 此外前已分析绕射点不能看成几何意义之下的点, 所以在同一墙角发生绕射一定有多条非常接近的路线, 在同一墙面发生反射也一定有多条非常接近的路线, 这些路径中的每一条都是确定的, 但是类似分子的热运动, 每个分子的运动是确定的, 但分子整体运动却是随机的一样, 可以认为到达同一接收器的信号是随机的. 但其服从什么分布值得深入研究.

对于多径传输信号, 因为开始就按随机情况进行讨论比较困难, 所以可以先按确定量处理, 这时接收的场强大小应为

$$|E| = \left| \sum_{i=1}^{Q} E_i e^{j(\omega t + k r_i)} \right| = \left| \sum_{i=1}^{Q} E_i e^{j(a_i)} \right|$$

$$= \left| \sum_{i=1}^{Q} [E_i(\cos(a_i)) + j E_i(\sin(a_i))] \right|$$

$$= \sqrt{\left[\sum_{i=1}^{Q} E_i \cos(a_i) \right]^2 + \left[\sum_{i=1}^{Q} E_i \sin(a_i) \right]^2}$$

$$= \sqrt{\sum_{k=1}^{Q}\sum_{l=1}^{Q}E_lE_k\cos(a_l)\cos(a_k) + \sum_{m=1}^{Q}\sum_{n=1}^{Q}E_mE_n\sin(a_m)\sin(a_n)}$$

$$= \sqrt{\sum_{k=1}^{Q}\sum_{l=1}^{Q}E_lE_k[\cos(a_l)\cos(a_k) + \sin(a_l)\sin(a_k)]}$$

$$= \sqrt{\sum_{p=1}^{Q}\sum_{l=1}^{Q}E_lE_p\cos[(\omega t+\varphi_p) - (\omega t + \varphi_l)]}$$

$$= \sqrt{\sum_{p=1}^{Q}\sum_{l=1}^{Q}E_lE_p\cos(\varphi_l - \varphi_p)}$$

$$= \sqrt{\sum_{p=1}^{Q}\sum_{l=1}^{Q}E_lE_p\cos k(r_l - r_p)}.$$

对于宽带合成后的信号定义为

$$f(\omega,t) = \sum_{i=1}^{N_f}\sum_{m=1}^{Q}A_{im}\mathrm{e}^{\mathrm{j}(\omega_i t+\varphi_{im})}.$$

显然该信号是多频合成的复信号, 且对于给定的 ω_i, 有

$$\sum_{m=1}^{Q}A_{im}\mathrm{e}^{\mathrm{j}(\omega_i t+\varphi_{im})} = \mathrm{e}^{\mathrm{j}\omega_i t}\sqrt{\sum_{k=1}^{Q}\sum_{l=1}^{Q}A_{il}A_{ik}\cos(\varphi_{il} - \varphi_{ik})}.$$

因此

$$f(\omega,t) = \sum_{i=1}^{N_f}\mathrm{e}^{\mathrm{j}\omega_i t}\sqrt{\sum_{k=1}^{Q}\sum_{l=1}^{Q}A_{il}A_{ik}\cos(\varphi_{il} - \varphi_{ik})}.$$

如果将宽带干扰接收信号 $f(\omega,t)$ 中的两个求和号 $\sum_{i=1}^{N_f}\sum_{j=1}^{Q}$ 合并为如 $|E|$ 式的一个求和 (本质上都是连加), A_{ij} 视为 $|E|$ 式的 E_i, $\omega_i t + kr_i$ 视为 $|E|$ 式的 a_i, 则同 $|E|$ 式的推导可得其瞬时振幅表达式为

$$\left|\sum_{k=1}^{N_f}\sum_{l=1}^{N_f}\sum_{i=1}^{q_k}\sum_{m=1}^{q_l}A_{km}A_{li}\cos[(\omega_k - \omega_l)t + \varphi_{ki} - \varphi_{lm}]\right|^{\frac{1}{2}}.$$

显然如果对于任意的 $k,l,(\omega_k - \omega_l)$ 有周期, 它们的最小公倍数也是上式中每一项的周期, 所以是上式的一个周期. 至于初相位 $\varphi_{ki} - \varphi_{lm}$ 则对周期没有影响. 由上式还可以发现单个频率中振幅最大的路径, 尤其是两个振幅最大的路径的叠加对合振幅影响一般比较大.

为了寻找多波干涉的规律, 可以先从比较简单的情况入手.

如果按题目给定的 101 个单音, 求和可得:

$$\cos(2000t) + \cos(2001t) + \cdots + \cos(2100t)$$

$$= [\cos(2000t) + \cos(2001t) + \cdots + \cos(2100t)]\frac{\sin t}{\sin t}$$

$$= [\sin(2001t) - \sin(1999t) + \cdots + \sin(2101t) - \sin(2099t)]/2\sin t$$

$$= [\sin(2101t) + \sin(2100t) - \sin(2000t) - \sin(1999t)]/2\sin t$$

$$= \frac{\left[\sin\left(\frac{4201t}{2}\right)\cos\left(\frac{t}{2}\right) - \sin\left(\frac{3999t}{2}\right)\cos\left(\frac{t}{2}\right)\right]}{\sin t}$$

$$= \left[\sin\left(\frac{4201t}{2}\right) - \sin\left(\frac{3999t}{2}\right)\right]\Big/2\sin\left(\frac{t}{2}\right)$$

$$= \sin\left(\frac{101t}{2}\right)\cos(2050t)\Big/\sin\left(\frac{t}{2}\right).$$

结果表明多波干涉有三个周期. 当然这里情况特殊, 初相位全为零. 实际上如果某时刻各个频率信号的相位相同, 也可以类似得到简化.

$$\cos(2000t + \alpha) + \cos(2001t + \alpha) + \cdots + \cos(2100t + \alpha)$$

$$= [\cos(2000t + \alpha) + \cos(2001t + \alpha) + \cdots + \cos(2100t + \alpha)]\sin t/\sin t$$

$$= [\sin(2001t + \alpha) - \sin(1999t + \alpha) + \sin(2002t + \alpha) - \sin(2000t + \alpha)$$

$$\quad + \cdots + \sin(2101t + \alpha) - \sin(2099t + \alpha)]/2\sin t$$

$$= [\sin(2101t + \alpha) + \sin(2100t + \alpha) - \sin(1999t + \alpha) - \sin(2000t + \alpha)]/2\sin t$$

$$= [\sin(4201t/2 + \alpha) - \sin(3999t/2 + \alpha)]/2\sin(t/2)$$

$$= \cos(2100t + \alpha)\sin(101t/2)/\sin(t/2).$$

为此可求解下列优化问题:

$$\min_{t,\alpha} \quad \sum_{i=1}^{101} r_i^2,$$
$$\text{s.t.} \quad [2000t]_{2\pi} = r_1 + \alpha,$$
$$[2001t]_{2\pi} = r_2 + \alpha,$$
$$\cdots\cdots$$
$$[2100t]_{2\pi} = r_{101} + \alpha,$$

其中 $[2001t]_{2\pi}$ 代表 $2001t$ 除以 2π 后的余数. 若 $\sum\limits_{i=1}^{101} r_i^2 = 0$ 有解, 则表明频率是等差级数的多波存在相位完全相同的时刻.

这点还可以继续推广, 在上式中将 2000 换成某常数 m, 100 换成常数 n, 可以进行完全相同的推导, 得到结果为

$$\sin[(n+1)t/2]\cos[(m+n)t/2]/\sin(t/2).$$

令 $n \to \infty$, 100 不变, 间隔长 $\to 0$, 就推广到频率充满一个带宽的情况, 只要振幅相同, 合成后就只剩下三个频率, 一个与带宽的一半有关, 另一个与带宽的中点有关, 还有一个越来越大的周期. 这说明在比较特殊的情况下, 多波干涉有比较明显的规律, 请见图 3.24.

观察 2000M 至 2020M, 2000M 至 2040M, 2000M 至 2060M, 2000M 至 2100M 信号叠加后的输出:

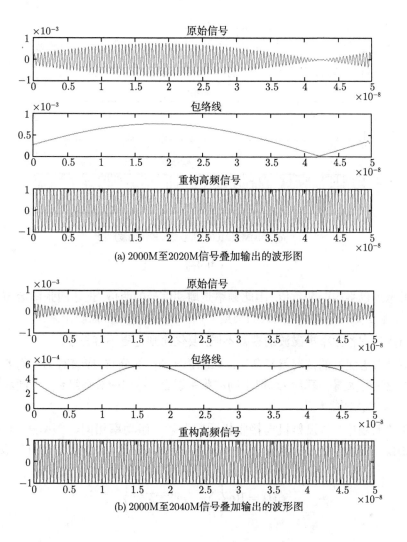

(a) 2000M至2020M信号叠加输出的波形图

(b) 2000M至2040M信号叠加输出的波形图

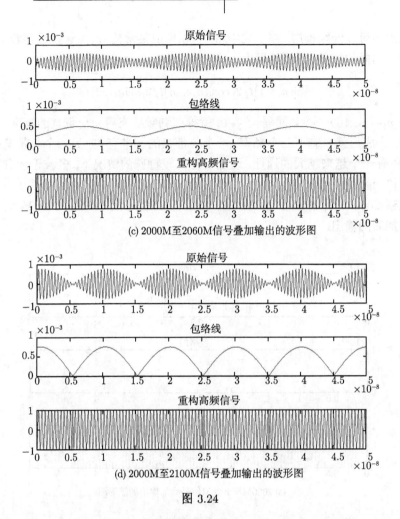

(c) 2000M至2060M信号叠加输出的波形图

(d) 2000M至2100M信号叠加输出的波形图

图 3.24

考虑到包络均取非负值, 因此频率是周期信号的两倍, 上述四张图恰与理论推导一致, 至于更低的频率 (更长的周期) 由于长度太长无法反映出来.

当然考虑各频率电磁波的振幅不同, 要化简则是更不容易了.

但是考虑随机的情况就复杂了, 关键在于 A_{ni} 的分布, 应该对第一问的结果及其他情况进行大量仿真后 (选取不同的频率组合、不同的振幅组合、不同数量的频率组合) 寻找规律.

在该问题中, 从发射机向接收机同时发射一组功率相同、频率从 2000MHz-2100MHz、间隔 1MHz 的电波, 共有 $L=101$ 个单频信号, 即发射信号可以表示为

$$S(t) = \text{Re}\left\{\sum_{l=1}^{L} A_l \mathrm{e}^{\mathrm{j}(\omega_l t + \Theta_l)}\right\},$$

其中 Θ_l 是独立同分布的随机变量, 服从 $[0, 2\pi]$ 区间的均匀分布.

在接收端, 多个单频信号会形成宽带多径现象, 得到接收信号:

$$R(t) = \mathrm{Re}\left\{\sum_{l=1}^{L}\sum_{i=1}^{Q} A_l \mathrm{e}^{\mathrm{j}(w_l t + \Theta_l)} g_{i,l}(t) \mathrm{e}^{-\mathrm{j}(\omega_l \tau_i(t) - \varphi_{i,l}(t))}\right\},$$

其中 $g_{i,l}(t)$, $\tau_i(t)$, $\varphi_{i,l}(t)$ 分别是第 i 条路径的总信号增益、传播时延以及相位差, 三者均为确定的常数, 其中信号增益与相位差由于绕射的原因, 会与信号频率有关, 而传播时延 $\tau_i(t) = \tau_i = \dfrac{r_i}{c}$, 与信号频率无关. 所以接收信号可以表示为

$$R(t) = \mathrm{Re}\left\{\sum_{l=1}^{L}\sum_{i=1}^{Q} A_l \mathrm{e}^{\mathrm{j}(\omega_l t + \Theta_l)} g_{i,l} \mathrm{e}^{-\mathrm{j}(\omega_l \tau_i - \varphi_{i,l})}\right\}.$$

它是不同频率、不同路径的信号干涉而成的合成波, 它的解析信号为

$$r(t) = \sum_{l=1}^{L}\sum_{i=1}^{Q} A_l \mathrm{e}^{\mathrm{j}(\omega_l t + \Theta_l)} g_{i,l} \mathrm{e}^{-\mathrm{j}(\omega_l \tau_i - \varphi_{i,l})}.$$

信号 $R(t)$ 的复包络为

$$R_L(t) = r(t)\mathrm{e}^{-\mathrm{j}\omega_l t} = \sum_{l=1}^{L}\sum_{i=1}^{Q} A_l \mathrm{e}^{\mathrm{j}\Theta_l} g_{i,l} \mathrm{e}^{-\mathrm{j}(\omega_l \tau_i - \varphi_{i,l})}.$$

但是由于研究生此后的讨论一直停留在多径信号和的形式上, 没有及时应用中心极限定理, 所以最终没有得到有用结论.

在通信理论中, 正确的分析思路应该是

第一步, 建立确定性模型, 即针对确定性信号, 推导接收信号的表达式, 由于路径众多, 所以接收信号一般为大量类似项的和.

第二步, 在通信理论中, 考虑信道时, 一般都假设发送信号是确定的, 而随机性如前所述来自于信道. 然后根据中心极限定理以及仿真、实测验证等, 将接收信号模型化为高斯随机过程.

第三步, 对高斯随机过程计算各种数字特征, 建立统计性模型.

注意只有把繁琐的多径信号和的形式甩掉, 引入高斯随机变量以简化分析, 即, 在得到接收信号的和表达式后, 就要立刻应用中心极限定理, 把多径信号和的形式改换为高斯随机变量的形式, 然后进行统计分析才可以得到通信理论中关于接收信号的一般结论:

信号本身的均值应该为零. 这代表着信号的直流分量为零. 事实上, 由于直流分量是确定性信号, 无法携带信息, 所以通信中的信号都没有直流分量.

但是, 信号包络的均值不为零. 事实上, 包络一定是正的, 不可能均值为零.

(1) 如果发射机与接收机之间有直达径, 接收信号为零均值复高斯随机过程, 其包络服从 Rayleigh 分布.

(2) 如果发射机与接收机之间没有直达径, 接收信号为非零均值复高斯随机过程, 其包络服从 Ricean 分布.

在通信理论中, 对于不同接收信号之间的相关性, 结论为

(1) 同频率、不同路径信号之间, 如果路径所经历的延时不同, 信号之间的相关性为零 (即不相关). (也称为非相关散射假设)

(2) 同路径、不同频率信号之间, 信号之间的相关性只与频率差有关.

但是, 上述结论是在时变 (time-varying) 随机信号的前提下给出的.

相关性在通信中的意义如下.

(1) 时间域的相关性: 称为相干时间 (coherence time), 即如果观察时间小于相干时间, 信道基本保持不变; 如果观察时间大于相干时间, 信道会变化. 根据相干时间, 信道可以分类为快衰落信道和慢衰落信道.

(2) 频率域的相关性: 称为相干带宽 (coherence bandwidth), 即如果发送信号带宽小于相干带宽, 则发送信号的所有频率分量所经历的衰落基本相同; 否则, 发送信号的不同频率分量所经历的衰落不同. 根据相干带宽, 信道可以分类为频率非选择性信道和频率选择性信道.

第4章

乘用车物流运输计划问题

整车物流指的是按照客户订单对整车快速配送的全过程. 随着我国汽车工业的高速发展, 整车物流量, 特别是乘用车的整车物流量迅速增长. 图 4.1 ～ 图 4.3 就是乘用车整车物流实施过程中的画面.

图 4.1 1-1 型轿运车

图 4.2 1-2 型轿运车

图 4.3 2-2 型轿运车

乘用车生产厂家根据全国客户的购车订单, 向物流公司下达运输乘用车到全国各地的任务, 物流公司则根据下达的任务制定运输计划并配送这批乘用车. 为此, 物流公司首先要从他们当时可以调用的 "轿运车" 中选择出若干辆轿运车, 进而给出其中每一辆轿运车上乘用车的装载方案和目的地, 以保证运输任务的完成. "轿运车" 是通过公路来运输乘用车整车的专用运输车, 根据型号的不同有单层和双层两种类型, 由于单层轿运车实际中很少使用, 本题仅考虑双层轿运车. 双层轿运车又分为三种子型: 上、下层各装载 1 列乘用车, 故记为 1-1 型 (图 4.1); 下、上层分别装载 1、2 列, 记为 1-2 型 (图 4.2); 上、下层各装载 2 列, 记为 2-2 型 (图 4.3), 每辆轿运车可以装载乘用车的最大数量在 6 到 27 辆之间.

在确保完成运输任务的前提下, 物流公司追求降低运输成本. 但由于轿运车、乘用车有多种规格等原因, 当前很多物流公司在制定运输计划时主要依赖调度人员的经验, 在面对复杂的运输任务时, 往往效率低下, 而且运输成本不尽理想. **请你们为物流公司建立数学模型, 给出通用算法和程序 (评审时要查)**.

装载具体要求如下: 每种轿运车上、下层装载区域均可等价看成长方形, 各列乘用车均纵向摆放, 相邻乘用车之间纵向及横向的安全车距均至少为 0.1 米, 下层力争装满, 上层两列力求对称, 以保证轿运车行驶平稳. 受层高限制, 高度超过 1.7 米的乘用车只能装在 1-1、1-2 型下层. 乘用车、轿运车规格 (第五问见附件) 如表 4.1、表 4.2 所示.

表 4.1　乘用车规格　　　　　　　　　　　　　　　　　(单位: 米)

乘用车型号	长度	宽度	高度
I	4.61	1.7	1.51
II	3.615	1.605	1.394
III	4.63	1.785	1.77

表 4.2　轿运车规格　　　　　　　　　　　　　　　　　(单位: 米)

轿运车类型	上下层长度	上层宽度	下层宽度
1-1	19	2.7	2.7
1-2	24.3	3.5	2.7

整车物流的运输成本计算较为繁杂, 这里简化为: 影响成本高低的首先是轿运车使用数量; 其次, 在轿运车使用数量相同情况下, 1-1 型轿运车的使用成本较低, 2-2 型较高, 1-2 型略低于前两者的平均值, 但物流公司 1-2 型轿运车拥有量小, 为方便后续任务安排, 每次 1-2 型轿运车使用量不超过 1-1 型轿运车使用量的 20%; 再次, 在轿运车使用数量及型号均相同情况下, 行驶里程短的成本低, 注意因为该物流公司是全国性公司, 在各地均会有整车物流业务, 所以轿运车到达目的地后原地待命, 无须放空返回. 最后每次卸车成本几乎可以忽略.

请为物流公司安排以下五次运输, 制定详细计划, 含所需要各种类型轿运车的数量、每辆轿运车的乘用车装载方案、行车路线 (前三问目的地只有一个, 可提供一个通用程序; 后两问也要给出启发式算法的程序, 优化模型则更佳):

1. 物流公司要运输 I 车型的乘用车 100 辆及 II 车型的乘用车 68 辆.

2. 物流公司要运输 II 车型的乘用车 72 辆及 III 车型的乘用车 52 辆.

3. 物流公司要运输 I 车型的乘用车 156 辆、II 车型的乘用车 102 辆及 III 车型的乘用车 39 辆.

4. 物流公司要运输 166 辆 I 车型的乘用车 (其中目的地是 A、B、C、D 的分别为 42、50、33、41 辆) 和 78 辆 II 车型的乘用车 (其中目的地是 A、C 的, 分别为 31、47 辆), 具体路线见图 4.4, 各段长度: $OD=160$, $DC=76$, $DA=200$, $DB=120$, $BE=104$, $AE=60$.

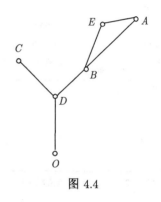

图 4.4

5. 附件中表 4.6 给出了物流公司需要运输的乘用车类型 (含序号)、尺寸大小、数量和目的地, 表 4.5 给出可以调用的轿运车类型 (含序号)、数量和装载区域大小 (表里数据是下层装载区域的长和宽, 1-1 型及 2-2 型轿运车上、下层装载区域相同; 1-2 型轿运车上、下层装载区域长度相同, 但上层比下层宽 0.8 米. 此外 2-2 型轿运车因为层高较低, 上、下层均不能装载高度超过 1.7 米的乘用车.

因为第五问的装载、运输方案太多, 提醒研究生, 再找最优解是不切实际的, 可以改用启发式算法, 就是类似有经验的调度人员的思想去安排任务, 简化目标函数为容易求解, 并且得到原来问题可能比较好的解. 为此目标的简化一定要做到具体问题具体分析, 洞察问题的主要矛盾或关键. 一定要开阔思路, 大胆创新. 其实一般情况可行解容易获得, 不断设法改进可行解也是常用方法. 最后自行设计运输方案的表达.

注: 程序可执行文件的电子版名: e 队号.exe, 如果无法用一个程序来完成, 可以分几个程序, 但应详细说明使用方法与步骤, 最初可执行文件输入接口为 Excel 文件, 见表 4.3; 最后可执行文件输出格式是一个 Excel 文件, 具体字段内容见表 4.4. 最后统计各型号轿运车使用数量 (仍然按轿用车的序号顺序排列, 没有使用的类型记为 0), 单列一个 Excel 文件.

表 4.3 输入格式

乘用车序号 (即类型)	需要运输的乘用车数量 (如果没有, 对应位置填 0)
1	
2	
3	
4	
⋮	

表 4.4 输出格式

轿运车类型 (第五问是序号)	相同类型、相同装载方式的车辆数	装在上层序号为 1 乘用车数量	装在上层序号为 2 乘用车数量	……	装在下层序号为 1 乘用车数量	装在下层序号为 2 乘用车数量	……	中间停靠地	目的地
*									
*									
*									
*									
*									

注: (如果没有, 对应位置填 0)

附件

表 4.5

序号	类型	长/米	宽/米	高/米	拥有量/辆
1	八位双桥边轮厢式 1-1 型	19	2.7	4.35	21
2	十位双桥双轮厢式 1-1 型	18.3	2.9	4.4	18
3	十二位双桥双轮厢式 1-1 型	24.3	2.7	4.3	22
4	十位双桥边轮厢式 1-1 型	22	2.7	4.35	15
5	十九位双桥双轮框架 1-2 型	23.7	2.8	3.9	10
6	十位单桥双轮框架 1-1 型	18.2	2.7	3.6	25
7	十位单桥双轮框架 1-1 型	21	2.7	3.6	4
8	十位单桥双轮框架 1-1 型	21	2.7	3.9	16
9	十九位双桥双轮框架 2-2 型	19	3.5	3.4	5
10	十七位双桥双轮框架 1-2 型	23.3	2.7	4.35	15

表 4.6

车型编号	主机厂名称	品牌	车型	长度/mm	宽度/mm	高度/mm	商品车车型类别	A需求数	B需求数	C需求数	D需求数	E需求数
1	北京奔驰-戴克	北京 JEEP	大切诺基	4610	1826	1763	普通车	4	2	0	3	1
2	北京奔驰-戴克	北京奔驰-戴克	克莱斯勒 300C	5015	1880	1475	中型车	2	3	0	4	2
3	北京现代	北京现代	雅绅特	4310	1695	1480	普通车	12	6	5	10	7
4	北京现代	北京现代	索纳塔	4747	1820	1440	普通车	15	8	4	9	6
5	比亚迪	比亚迪	F0	3460	1618	1465	微型车	12	8	7	21	6
6	比亚迪	比亚迪	F8	4490	1780	1405	普通车	10	12	14	9	13
7	昌河铃木	昌河铃木	利亚纳	4230	1690	1550	普通车	7	0	2	5	7
8	长安福特	长安马自达	马自达 2 劲翔	4270	1695	1480	普通车	5	3	12	5	4
9	长安福特	长安福特	福克斯三厢	4480	1840	1500	普通车	4	0	6	8	5
10	长安铃木	长安铃木	天语 SX4	4135	1755	1605	普通车	6	0	0	3	2
11	长安汽车	长安	志翔	4600	1800	1475	普通车	12	3	5	0	0
12	长城汽车	长城	嘉誉	4574	1704	1845	普通车	6	4	2	0	0
13	东风本田	东风本田	思域	4500	1755	1450	普通车	15	9	5	7	6
14	东风日产	东风日产	骏逸	4420	1690	1590	普通车	7	4	3	4	5
15	东风日产	东风日产	天籁	4930	1795	1475	中型车	4	2	3	1	2
16	东风悦达起亚	东风悦达起亚	赛拉图	4350	1735	1470	普通车	8	9	4	2	5
17	东南汽车	东南	得利卡	4945	1695	1970	中型车	3	0	0	0	2
18	广州本田	广州本田	CITY 锋范	4400	1695	1470	普通车	13	7	4	8	5
19	广州本田	广州本田	雅阁	4945	1845	1480	中型车	4	3	4	1	2
20	哈飞汽车	哈飞汽车	路宝	3588	1563	1533	微型车	3	5	15	5	8
21	海马汽车	海马汽车	福美来	4466	1705	1410	普通车	4	5	7	2	0
22	华晨宝马	华晨宝马	325i	4531	1817	1421	普通车	4	2	0	4	3
23	华晨汽车	华晨中华	尊驰	4880	1800	1450	中型车	5	3	2	6	5

续表

车型编号	主机厂名称	品牌	车型	长度/mm	宽度/mm	高度/mm	商品车车型类别	A需求数	B需求数	C需求数	D需求数	E需求数
24	华翔富奇	华翔富奇	华翔驭光	5160	1895	1870/1930	中型车	7	2	4	3	2
25	黄海汽车	曙光	领航者 CUV	4800	1770	1880	普通车	4	3	8	2	6
26	吉奥汽车	吉奥汽车	帅威	4590	1766	1767	普通车	0	1	5	7	8
27	吉利汽车	吉利	自由舰	4194	1680	1440	普通车	3	4	2	8	7
28	江淮汽车	江淮汽车	江淮宾悦	4865	1805	1450	普通车	12	8	4	2	6
29	南京菲亚特	南京菲亚特	派力奥	3763	1615	1440	微型车	3	5	14	4	7
30	奇瑞汽车	奇瑞	QQ6	3998	1640	1535	普通车	0	3	8	6	9
31	奇瑞汽车	奇瑞	瑞虎	4285	1765	1715	普通车	0	6	4	12	8
32	上海大众	上海大众	朗逸	4608	1743	1465	普通车	15	12	4	6	5
33	上海大众	上海大众	帕萨特	4789	1765	1470	普通车	10	8	6	7	0
34	上海大众	上海大众	桑塔纳	4687	1700	1450	普通车	0	2	12	6	5
35	上海通用	上海通用别克	凯越	4580	1725	1460/1500	普通车	9	4	3	7	5
36	上海通用	上海通用雪佛兰	科鲁兹	4603	1780	1480	普通车	5	6	8	0	9
37	上汽通用五菱	五菱	五菱扬光	3820	1495	1860	微型车	0	4	20	8	5
38	神龙汽车	东风标致	标致 307 两厢	4212	1762	1531	普通车	8	7	10	3	5
39	天津一汽	天津一汽	威志三厢	4245	1680	1500	普通车	5	7	8	4	9
40	天津一汽	天津一汽	夏利两厢	3745	1615	1385	微型车	0	0	15	8	4
41	天津一汽丰田	天津一汽丰田	皇冠	4855	1780	1480	普通车	9	5	0	5	6
42	一汽大众	一汽大众	速腾	4544	1760	1464	普通车	8	7	4	5	5
43	一汽大众	一汽奥迪	奥迪 A6	5035	1855	1485	中型车	12	6	0	4	3
44	一汽轿车	红旗	红旗旗舰加长豪华型	6831	1980	1478	大型车	2	0	0	1	1
45	一汽马自达	一汽马自达	马自达 6	4670	1780	1435	普通车	15	13	9	10	6

这条题目有两个显著的优点: 一是没有专业门槛, 连中学生都可以看懂题目, 因而适合所有专业的研究生, 对数学建模竞赛在研究生中推广具有重要价值. 而且具体问题也是由浅入深、逐渐增加难度, 所以无论研究生是什么专业背景, 无论他们来自什么学校都可以程度不同地解决实际问题, 竞赛既能拉开档次, 又使参赛研究生有所收获; 二是题目有比较大的、适合创新的空间, 经过富有创意的深入分析, 另辟蹊径, 并且利用计算机的强大运算能力, 最终成功解决问题. 其分析、求解的过程发人深省、令人茅塞顿开, 是不可多得的研究生数学建模的优秀载体, 研究生们通过对这样载体的深入研究, 能够迅速寻找出差距, 启发创新思维, 加速创新能力的培养.

这条题目同时有力地说明, 的确有一大类创造性, 不听就是想不到, 但是一听就明白, 且效果特别明显. 数学建模就是利用这些优秀的载体, 紧紧抓住这样的创造性, 通过研究生的亲身实践来显著地提升研究生解决实际问题的能力、创新的能力.

在竞赛中, 虽然有一千多队、五千多名研究生选择了这条题目, 但总体而言完成得并不理想, 80%的研究生队都没有能够完全正确地回答前四问. 这说明研究生数学建模创造性明显不足. 不少研究生中存在思维不活跃、思考不严谨、迷信书本、迷信计算机、不够踏实、不善于学习等缺点. 一方面这种状况应引起研究生培养部门和导师们的重视, 共同努力纠正这一不良倾向; 另一方面研究生自身也应该对号入座, 寻找差距, 尤其要动手做有价值的实际问题. 因为创造性培养需要载体, 结合实际问题培养创新能力更令人信服, 更容易掌握, 从而增强解决实际问题的能力和创新能力. 尽管这条题目的结论可能一辈子都没有用到, 但是其中的普遍规律、创造性和正确的思想方法却一定会经常发挥作用.

一、前四问解题思路参考

这条题目要求回答每辆轿运车应该怎么装, 即每一辆轿车应该装在哪辆轿运车上, 就是要给出具体的装载方案. 由于最优方案中可能有多辆轿运车的装载方案相同, 可以设使用各种装载方案的轿运车的辆数为未知数, 求出这些未知数, 具体的装载方案就有了. 由此首先要列出全部的装载方案, 由于轿运车上、下层装载情况不同, 所以应先讨论每一层的装载方案, 然后再组合, 本质上是穷举各层装载方案. 由此这个问题的数学模型也就非常清楚了, 这是约束优化问题, 目标函数是使用最少的轿运车, 约束条件是把给定的轿车全部运到目的地.

前三问的一般模型: 前三问的解题思路是一致的, 只是在具体求解时难度不太一样, 本质上可归结为一维下料问题. 假设需要运输 m 辆 I 型乘用车、n 辆 II 型乘用车、k 辆 III 型乘用车. 设 1-1 型轿运车有 N_1 种摆放方案, 其中第 i 种方案中摆放 a_{1i} 辆 I 型乘用车、b_{1i} 辆 II 型乘用车、c_{1i} 辆 III 型乘用车; 1-2 型轿运车有 N_2 种摆放方案, 其中第 i 种方案中摆放 a_{2i} 辆 I 型乘用车、b_{2i} 辆 II 型乘用车、c_{2i} 辆 III 型乘用车. 另外, 在运输中 1-2 型轿运车的数量不超过 1-1 型轿运车的数量的 20%. 假设在一次运输任务中, 使用了 x_i 次 1-1 型轿运车的第 i 种摆放方案; y_i 次 1-2 型轿运车的第 i 种摆放方案. 那么前三问的基本数学模型为

$$\min \quad P_1\left(\sum_{i=1}^{N_1} x_i + \sum_{i=1}^{N_2} y_i\right) + P_2\left(\sum_{i=1}^{N_2} y_i\right),$$

$$\text{s.t.} \quad \sum_{i=1}^{N_1} a_{1i}x_i + \sum_{i=1}^{N_2} a_{2i}y_i \geqslant m,$$

$$\sum_{i=1}^{N_1} b_{1i}x_i + \sum_{i=1}^{N_2} b_{2i}y_i \geqslant n,$$

$$\sum_{i=1}^{N_1} c_{1i}x_i + \sum_{i=1}^{N_2} c_{2i}y_i \geqslant k,$$

$$\sum_{i=1}^{N_2} y_i \leqslant 0.2\sum_{i=1}^{N_1} x_i,$$

$$x_i, y_i \text{ 均为非负整数},$$

其中 P_i 表示目标函数的优先级, 即 P_i 中的 i 越小, 其对应的目标函数的优先级越高. 这是一个两个目标的整数线性规划问题, 且目标函数的重要性已给出, 通常这样的问题可用序贯法求解 (分散难点, 逐次优化), 即先求解

$$\min \quad \sum_{i=1}^{N_1} x_i + \sum_{i=1}^{N_2} y_i,$$

$$\text{s.t.} \quad \sum_{i=1}^{N_1} a_{1i}x_i + \sum_{i=1}^{N_2} a_{2i}y_i \geqslant m,$$

$$\sum_{i=1}^{N_1} b_{1i}x_i + \sum_{i=1}^{N_2} b_{2i}y_i \geqslant n,$$

$$\sum_{i=1}^{N_1} c_{1i}x_i + \sum_{i=1}^{N_2} c_{2i}y_i \geqslant k,$$

$$\sum_{i=1}^{N_2} y_i \leqslant 0.2\sum_{i=1}^{N_1} x_i,$$

$$x_i, y_i \text{ 均为非负整数}.$$

设其最优值为 v^*, 再求解 (约束条件几乎相同) 找到最优方案.

$$\min \quad \sum_{i=1}^{N_2} y_i,$$

$$\text{s.t.} \quad \sum_{i=1}^{N_1} a_{1i}x_i + \sum_{i=1}^{N_2} a_{2i}y_i \geqslant m,$$

$$\sum_{i=1}^{N_1} b_{1i}x_i + \sum_{i=1}^{N_2} b_{2i}y_i \geqslant n,$$

$$\sum_{i=1}^{N_1} c_{1i}x_i + \sum_{i=1}^{N_2} c_{2i}y_i \geqslant k,$$

$$\sum_{i=1}^{N_2} y_i \leqslant 0.2 \sum_{i=1}^{N_1} x_i,$$

$$\sum_{i=1}^{N_1} x_i + \sum_{i=1}^{N_2} y_i \leqslant v^*,$$

x_i, y_i 均为非负整数.

由于轿运车都有上、下各一层, 可以对每层分别讨论装载方案.

1. 第一问

考虑两种情况.

(1) 第一、1-1 型轿运车长 19 米, 装载 I 型乘用车和 II 型乘用车的基本摆放方案通过穷举得到如下结果 (表 4.7, 注意一定要考虑混装).

表 4.7

基本摆放方案	I 型乘用车	II 型乘用车	余量/米
1	4	0	0.26
2	3	1	1.255
3	2	2	2.25
4	1	3	3.245
5	0	5	0.525

因此, 1-1 型轿运车装载 I 型乘用车和 II 型乘用车的摆放方案通过上、下层组合有以下 9 种 (从上述 5 个方案中任抽两种, 求和后相同的再合并):

(8,0,0), (7,1,0), (6,2,0), (5,3,0), (4,5,0), (3,6,0), (2,7,0), (1,8,0), (0,10,0).

(2) 第二、1-2 型轿运车长 24.3 米, 装载 I 型乘用车和 II 型乘用车的基本摆放方案如下 (表 4.8).

因此, 1-2 型轿运车装载 I 型乘用车和 II 型乘用车的摆放方案有以下 16 种:

(15,0,0), (14,1,0), (13,2,0), (12,4,0), (11,5,0), (10,6,0), (9,8,0), (8,9,0), (7,10,0), (6,12,0), (5,13,0), (4,14,0), (3,15,0), (2,16,0), (1,17,0), (0,18,0).

表 4.8

基本摆放方案	I 型乘用车	II 型乘用车	余量/米
1	5	0	0.85
2	4	1	1.845
3	3	2	2.84
4	2	4	0.12
5	1	5	1.115
6	0	6	2.11

所以, 第一问的数学模型为

$$\min P_1\left(\sum_{i=1}^{9} x_i + \sum_{i=1}^{16} y_i\right) + P_2\left(\sum_{i=1}^{16} y_i\right),$$

$$\text{s.t. } 8x_1 + 7x_2 + 6x_3 + 5x_4 + 4x_5 + 3x_6 + 2x_7 + x_8$$

$$+ 15y_1 + 14y_2 + 13y_3 + 12y_4 + 11y_5 + 10y_6 + 9y_7$$

$$+ 8y_8 + 7y_9 + 6y_{10} + 5y_{11} + 4y_{12} + 3y_{13} + 2y_{14} + y_{15} \geqslant m,$$

$$x_2 + 2x_3 + 3x_4 + 5x_5 + 6x_6 + 7x_7 + 8x_8 + 10x_9$$

$$+ y_2 + 2y_3 + 4y_4 + 5y_5 + 6y_6 + 8y_7$$

$$+ 9y_8 + 10y_9 + 12y_{10} + 13y_{11} + 14y_{12} + 15y_{13} + 16y_{14} + 17y_{15} + 18y_{16} \geqslant n,$$

$$\sum_{i=1}^{16} y_i \leqslant 0.2 \sum_{i=1}^{9} x_i,$$

$$x_i, y_i \text{ 均为非负整数}.$$

取 $m = 100, n = 68$, 先使用 LINGO 求解

$$\min \sum_{i=1}^{9} x_i + \sum_{i=1}^{16} y_i,$$

$$\text{s.t. } 8x_1 + 7x_2 + 6x_3 + 5x_4 + 4x_5 + 3x_6 + 2x_7 + x_8$$

$$+ 15y_1 + 14y_2 + 13y_3 + 12y_4 + 11y_5 + 10y_6 + 9y_7$$

$$+ 8y_8 + 7y_9 + 6y_{10} + 5y_{11} + 4y_{12} + 3y_{13} + 2y_{14} + y_{15} \geqslant 100,$$

$$x_2 + 2x_3 + 3x_4 + 5x_5 + 6x_6 + 7x_7 + 8x_8 + 10x_9$$

$$+ y_2 + 2y_3 + 4y_4 + 5y_5 + 6y_6 + 8y_7$$

$$+ 9y_8 + 10y_9 + 12y_{10} + 13y_{11} + 14y_{12} + 15y_{13} + 16y_{14} + 17y_{15} + 18y_{16} \geqslant 68,$$

$$\sum_{i=1}^{16} y_i \leqslant 0.2 \sum_{i=1}^{9} x_i,$$

$$x_i, y_i \text{ 均为非负整数},$$

得最优值为 $v^* = 18$; 再使用 LINGO 求解

$$\min \sum_{i=1}^{16} y_i,$$

$$\text{s.t. } 8x_1 + 7x_2 + 6x_3 + 5x_4 + 4x_5 + 3x_6 + 2x_7 + x_8$$

$$+ 15y_1 + 14y_2 + 13y_3 + 12y_4 + 11y_5 + 10y_6 + 9y_7$$

$$+ 8y_8 + 7y_9 + 6y_{10} + 5y_{11} + 4y_{12} + 3y_{13} + 2y_{14} + y_{15} \geqslant 100,$$

$$x_2 + 2x_3 + 3x_4 + 5x_5 + 6x_6 + 7x_7 + 8x_8 + 10x_9$$

$$+ y_2 + 2y_3 + 4y_4 + 5y_5 + 6y_6 + 8y_7$$

$$+ 9y_8 + 10y_9 + 12y_{10} + 13y_{11} + 14y_{12} + 15y_{13} + 16y_{14} + 17y_{15} + 18y_{16} \geqslant 68,$$

$$\sum_{i=1}^{16} y_i \leqslant 0.2 \sum_{i=1}^{9} x_i,$$

$$\sum_{i=1}^{9} x_i + \sum_{i=1}^{16} y_i \leqslant 18,$$

$$x_i, y_i \text{ 均为非负整数},$$

可得摆放方案如下: $x_1 = 11, x_9 = 5$, $y_{10} = 2$, 即使用 16 辆 1-1 型轿运车, 装载方案分别为 (8,0,0) 和 (0,10,0), 分别使用 11 辆、5 辆; 2 辆 1-2 型轿运车, 装载方案为 (6,12,0). (注: 所用 18 辆轿运车可装载 100 辆 I 型乘用车和 74 辆 II 型乘用车, 空了 6 辆 II 型乘用车的车位, 这里总共使用了 3 种装载方案.)

2. 第二问

第二问中装载 II 型乘用车和 III 型乘用车, 由于 III 型乘用车只能装载在下层. 上层情况比较简单, 下层方案多些. 分别考虑两种轿运车.

(1) 1-1 型轿运车长 19 米. 上层单列只能装载 II 型乘用车, 在装满的情况下只有一个摆放方案: (0,5,0); 下层单列可装载 II 型乘用车和 III 型乘用车, 下层的基本摆放方案如表 4.9 所示.

表 4.9

基本摆放方案	II 型乘用车	III 型乘用车	余量/米
1	5	0	0.525
2	3	1	3.225
3	2	2	2.21
4	1	3	1.195
5	0	4	0.18

因此, 1-1 型轿运车装载 II 型乘用车和 III 型乘用车的摆放方案有以下 5 种:

(0,10,0), (0,8,1), (0,7,2), (0,6,3), (0,5,4).

(2) 1-2 型轿运车长 24.3 米. 上层双列只能装载 II 型乘用车, 在装满的情况下只有一个摆放方案: (0,12,0); 下层单列可装载 II 型乘用车和 III 型乘用车, 其摆放方案如表 4.10 所示.

表 4.10

基本摆放方案	II 型乘用车	III 型乘用车	余量/米
1	6	0	2.11
2	5	1	1.095
3	4	2	0.08
4	2	3	1.78
5	1	4	1.765
6	0	5	0.75

因此, 1-2 型轿运车装载 II 型乘用车和 III 型乘用车的摆放方案有以下 6 种:

(0,18,0), (0,17,1), (0,16,2), (0,14,3), (0,13,4), (0,12,5).

所以, 第二问的数学模型为

$$\min P_1 \left(\sum_{i=1}^{5} x_i + \sum_{i=1}^{6} y_i \right) + P_2 \left(\sum_{i=1}^{6} y_i \right)$$

$$\text{s.t. } 10x_1 + 8x_2 + 7x_3 + 6x_4 + 5x_5$$
$$+ 18y_1 + 17y_2 + 16y_3 + 14y_4 + 13y_5 + 12y_6 \geqslant m,$$
$$x_2 + 2x_3 + 3x_4 + 4x_5$$
$$+ y_2 + 2y_3 + 3y_4 + 4y_5 + 5y_6 \geqslant k,$$
$$\sum_{i=1}^{6} y_i \leqslant 0.2 \sum_{i=1}^{5} x_i,$$

x_i, y_i 均为非负整数.

取 $n = 72, k = 52$, 先使用 LINGO 求解

$$\min \sum_{i=1}^{5} x_i + \sum_{i=1}^{6} y_i,$$

$$\text{s.t. } 10x_1 + 8x_2 + 7x_3 + 6x_4 + 5x_5$$
$$+ 18y_1 + 17y_2 + 16y_3 + 14y_4 + 13y_5 + 12y_6 \geqslant 72,$$
$$x_2 + 2x_3 + 3x_4 + 4x_5$$
$$+ y_2 + 2y_3 + 3y_4 + 4y_5 + 5y_6 \geqslant 52,$$
$$\sum_{i=1}^{6} y_i \leqslant 0.2 \sum_{i=1}^{5} x_i,$$

x_i, y_i 均为非负整数,

得最优值为 $v^* = 13$; 再使用 LINGO 求解

$$\min \sum_{i=1}^{6} y_i,$$
$$\text{s.t. } 10x_1 + 8x_2 + 7x_3 + 6x_4 + 5x_5$$
$$+ 18y_1 + 17y_2 + 16y_3 + 14y_4 + 13y_5 + 12y_6 \geqslant 72,$$
$$x_2 + 2x_3 + 3x_4 + 4x_5$$
$$+ y_2 + 2y_3 + 3y_4 + 4y_5 + 5y_6 \geqslant 52,$$
$$\sum_{i=1}^{6} y_i \leqslant 0.2 \sum_{i=1}^{5} x_i,$$
$$\sum_{i=1}^{5} x_i + \sum_{i=1}^{6} y_i \leqslant 13,$$
$$x_i, y_i \text{ 均为非负整数},$$

可得摆放方案如下: $x_5 = 12, y_6 = 1$, 即使用 12 辆 1-1 型轿运车 (摆放方案为 $(0,5,4)$) 和 1 辆 1-2 型轿运车 (摆放方案为 $(0,12,5)$). (注: 所用 13 辆轿运车可装载 72 辆 I 型乘用车和 53 辆 II 型乘用车, 空了 1 辆 III 型乘用车的位子, 这里总共使用了 2 种装载方案.)

3. 第三问

第三问中同时装载 I 型、II 型和 III 型乘用车, 注意 III 型乘用车只能装载在下层. 考虑轿运车两种情况.

(1) 1-1 型轿运车长 19 米. 上层单列只能装载 I 型和 II 型乘用车, 其基本摆放方案有 5 种: $(4,0,0)$, $(3,1,0)$, $(2,2,0)$, $(1,3,0)$, $(0,5,0)$. 下层单列可装载 I 型、II 型和 III 型乘用车, 其基本摆放方案如表 4.11 所示.

因此, 1-1 型轿运车装载 I、II 型和 III 乘用车的摆放方案有以下 35 种方案:

$(8,0,0)$,

$(7,1,0)$, $(7,0,1)$,

$(6,2,0)$, $(6,1,1)$, $(6,0,2)$,

$(5,3,0)$, $(5,2,1)$, $(5,1,2)$, $(5,0,3)$,

$(4,5,0)$, $(4,3,1)$, $(4,2,2)$, $(4,1,3)$, $(4,0,4)$,

$(3,6,0)$, $(3,5,1)$, $(3,3,2)$, $(3,2,3)$, $(3,1,4)$,

$(2,7,0)$, $(2,6,1)$, $(2,5,2)$, $(2,3,3)$, $(2,2,4)$,

$(1,8,0)$, $(1,7,1)$, $(1,6,2)$, $(1,5,3)$, $(1,3,4)$,

(0,10,0), (0,8,1), (0,7,2), (0,6,3), (0,5,4).

表 4.11

基本摆放方案	I 型乘用车	II 型乘用车	III 型乘用车	余量/米
1	4	0	0	0.26
2	3	1	0	1.255
3	2	2	0	2.25
4	1	3	0	3.245
5	0	5	0	0.525
6	3	0	1	0.24
7	2	0	2	0.22
8	1	0	3	0.20
9	0	0	4	0.18
10	0	3	1	3.225
11	0	2	2	2.21
12	0	1	3	1.195
13	2	1	1	1.235
14	1	2	1	2.23
15	1	1	2	1.215

(2) 第二、1-2 型轿运车长 24.3 米. 上层只能装载 I 型乘用车和 II 型乘用车, 上层单列的基本摆放方案如表 4.12 所示.

表 4.12

基本摆放方案	I 型乘用车	II 型乘用车	余量/米
1	5	0	0.85
2	4	1	1.845
3	3	2	2.84
4	2	4	0.12
5	1	5	1.115
6	0	6	2.11

因此, 上层双列装载 I 型和 II 型乘用车的摆放方案有 11 种:

(10,0,0), (9,1,0), (8,2,0), (7,4,0), (6,5,0), (5,6,0), (4,8,0), (3,9,0), (2,10,0), (1,11,0), (0,12,0).

下层单列可装载 I 型、II 型和 III 型乘用车, 其基本摆放方案如表 4.13 所示.

因此, 1-2 型轿运车装载 I、II 型和 III 乘用车的摆放方案有以下 81 种方案:

(15,0,0),

(14,1,0), (14,0,1),

(13,2,0), (13,1,1), (13,0,2),

(12,4,0), (12,2,1), (12,1,2), (12,0,3),

(11,5,0), (11,4,1), (11,2,2), (11,1,3), (11,0,4),

(10,6,0), (10,5,1), (10,4,2), (10,2,3), (10,1,4), (10,0,5),

(9,8,0), (9,6,1), (9,5,2), (9,4,3), (9,2,4), (9,1,5),

(8,9,0), (8,8,1), (8,6,2), (8,5,3), (8,4,4), (8,2,5),

(7,10,0), (7,9,1), (7,8,2), (7,6,3), (7,5,4), (7,4,5),

(6,12,0), (6,10,1), (6,9,2), (6,8,3), (6,7,4), (6,5,5),

(5,13,0), (5,12,1), (5,10,2), (5,9,3), (5,8,4), (5,6,5),

(4,14,0), (4,13,1), (4,12,2), (4,10,3), (4,9,4), (4,8,5),

(3,15,0), (3,14,1), (3,13,2), (3,11,3), (3,10,4), (3,9,5),

(2,16,0), (2,15,1), (2,14,2), (2,12,3), (2,11,4), (2,10,5),

(1,17,0), (1,16,1), (1,15,2), (1,13,3), (1,12,4), (1,11,5),

(0,18,0), (0,17,1), (0,16,2), (0,14,3), (0,13,4), (0,12,5).

表 4.13

基本摆放方案	I 型乘用车	II 型乘用车	III 型乘用车	余量/米
1	5	0	0	0.85
2	4	1	0	1.845
3	3	2	0	2.84
4	2	4	0	0.12
5	1	5	0	1.115
6	0	6	0	2.11
7	0	5	1	1.095
8	0	4	2	0.08
9	0	2	3	1.78
10	0	1	4	1.765
11	0	0	5	0.75
12	4	0	1	0.83
13	3	0	2	0.81
14	2	0	3	0.79
15	1	0	4	0.77
16	3	1	1	1.825
17	2	2	1	2.82
18	2	1	2	1.805
19	1	4	1	0.1
20	1	2	2	2.8
21	1	1	3	1.785

这样两种轿运车共有 116 种装载方案, 显然轿车仅增加 1 种, 装载方案却是指数式

增长. 记

$$a = (8, 7, 7, 6, 6, 6, 5, 5, 5, 5, 4, 4, 4, 4, 4, 3, 3, 3, 3, 3, 2, 2, 2, 2, 2, 1, 1, 1, 1, 1,$$
$$0, 0, 0, 0, 0, 15, 14, 14, 13, 13, 13, 12, 12, 12, 12, 11, 11, 11, 11, 11, 10, 10, 10,$$
$$10, 10, 10, 9, 9, 9, 9, 9, 9, 8, 8, 8, 8, 8, 8, 7, 7, 7, 7, 7, 7, 6, 6, 6, 6, 6, 6, 5, 5, 5, 5, 5, 5, 4,$$
$$4, 4, 4, 4, 3, 3, 3, 3, 3, 2, 2, 2, 2, 2, 2, 1, 1, 1, 1, 1, 1, 0, 0, 0, 0, 0, 0),$$

$$b = (0, 1, 0, 2, 1, 0, 3, 2, 1, 0, 5, 3, 2, 1, 0, 6, 5, 3, 2, 1, 7, 6, 5, 3, 2, 8, 7, 6, 5, 3,$$
$$10, 8, 7, 6, 5, 0, 1, 0, 2, 1, 0, 4, 2, 1, 0, 5, 4, 2, 1, 0, 6, 5, 4, 2, 1, 0, 8, 6, 5, 4,$$
$$2, 1, 9, 8, 6, 5, 4, 2, 10, 9, 8, 6, 5, 4, 12, 10, 9, 8, 7, 5, 13, 12, 10, 9, 8, 6, 14,$$
$$13, 12, 10, 9, 8, 15, 14, 13, 11, 10, 9, 16, 15, 14, 12, 11, 10, 17, 16, 15, 13, 12,$$
$$11, 18, 17, 16, 14, 13, 12),$$

$$c = (0, 0, 1, 0, 1, 2, 0, 1, 2, 3, 0, 1, 2, 3, 4, 0, 1, 2, 3, 4, 0, 1, 2, 3, 4, 0, 1, 2, 3, 4,$$
$$0, 1, 2, 3, 4, 0, 0, 1, 0, 1, 2, 0, 1, 2, 3, 0, 1, 2, 3, 4, 0, 1, 2, 3, 4, 5, 0, 1, 2, 3, 4, 5, 0, 1,$$
$$2, 3, 4, 5, 0, 1, 2, 3, 4, 5, 0, 1, 2, 3, 4, 5, 0, 1, 2, 3, 4, 5, 0, 1, 2, 3, 4, 5, 0, 1, 2, 3, 4, 5,$$
$$0, 1, 2, 3, 4, 5, 0, 1, 2, 3, 4, 5, 0, 1, 2, 3, 4, 5, 0, 1, 2, 3, 4, 5),$$

$$x = (x_1, x_2, \cdots, x_{35})^{\mathrm{T}}, \quad y = (y_1, y_2, \cdots, y_{81})^{\mathrm{T}},$$

那么, 第三问的数学模型为

$$\min P_1 \left(\sum_{i=1}^{35} x_i + \sum_{i=1}^{81} y_i \right) + P_2 \left(\sum_{i=1}^{81} y_i \right),$$

$$\text{s.t.} \begin{pmatrix} a \\ b \\ c \end{pmatrix} \begin{pmatrix} x \\ y \end{pmatrix} \geqslant \begin{pmatrix} m \\ n \\ k \end{pmatrix},$$

$$\sum_{i=1}^{81} y_i \leqslant 0.2 \sum_{i=1}^{35} x_i,$$

$$x_i, y_i \ \text{均为非负整数}.$$

取 $m = 156, n = 102, k = 39$, 先使用 LINGO 求解

$$\min \sum_{i=1}^{35} x_i + \sum_{i=1}^{81} y_i,$$

$$\text{s.t.} \begin{pmatrix} a \\ b \\ c \end{pmatrix} \begin{pmatrix} x \\ y \end{pmatrix} \geqslant \begin{pmatrix} m \\ n \\ k \end{pmatrix},$$

$$\sum_{i=1}^{81} y_i \leqslant 0.2 \sum_{i=1}^{35} x_i,$$

x_i, y_i 均为非负整数,

得最优值为 $v^* = 30$; 再使用 LINGO 求解

$$\min \sum_{i=1}^{81} y_i,$$

$$\text{s.t.} \begin{pmatrix} a \\ b \\ c \end{pmatrix} \begin{pmatrix} x \\ y \end{pmatrix} \geqslant \begin{pmatrix} m \\ n \\ k \end{pmatrix},$$

$$\sum_{i=1}^{81} y_i \leqslant 0.2 \sum_{i=1}^{35} x_i,$$

$$\sum_{i=1}^{35} x_i + \sum_{i=1}^{81} y_i \leqslant 30,$$

x_i, y_i 均为非负整数,

可得摆放方案如下: $x_1 = 15, x_2 = x_{29} = x_{31} = x_{33} = 1, x_{35} = 6,$ $y_{39} = y_{63} = 1, y_{40} = 3$, 即使用了 25 辆 1-1 型轿运车 (其中, 15 辆按方案 (8,0,0) 摆放; 按方案 (7,1,0)、(1,5,3)、(0,10,0)、(0,7,2) 各摆放 1 辆; 6 辆按方案 (0,5,4) 摆放) 和 5 辆 1-2 型轿运车 (其中, 3 辆按方案 (6,12,0) 装载; 按方案 (7,4,5) 和 (3,9,5) 各摆放 1 辆). (注: 所用轿运车可载 156 辆 I 型乘用车、102 辆 II 型乘用车和 39 辆 III 型乘用车, 所有轿运车刚好装满, 总共使用了 9 种装载方案.)

4. 第四问

分两个阶段进行.

(1) 第一阶段, 由第一问的方法知无法再增加轿车运输量的摆放方案为 (8,0,0), (7,1,0), (6,2,0), (5,3,0), (4,5,0), (3,6,0), (2,7,0), (1,8,0), (0,10,0)、(15,0,0), (14,1,0), (13,2,0), (12,4,0), (11,5,0), (10,6,0), (9,8,0), (8,9,0), (7,10,0), (6,12,0), (5,13,0), (4,14,0), (3,15,0), (2,16,0), (1,17,0), (0,18,0), 计 25 种. 假设按照以上摆放方案装运的轿运车终点是 D 的轿运车数量分别为 $x_1, \cdots, x_{25}$; 终点是 B 的数量分别为 $y_1, \cdots, y_{25}$; 终点是 C 的数量分别为 $z_1, \cdots, z_{25}$; 终点是 A 的数量分别为 $w_1, \cdots, w_{25}$(这里必须成倍地增加自变量, 否则约束条件无法表达). 记

$$a = (8,7,6,5,4,3,2,1,0,15,14,13,12,11,10,9,8,7,6,5,4,3,2,1,0)^{\mathrm{T}},$$

$$b = (0,1,2,3,5,6,7,8,10,0,1,2,4,5,6,8,9,10,12,13,14,15,16,17,18)^{\mathrm{T}},$$

$$x = (x_1, x_2, \cdots, x_{25})^{\mathrm{T}}, \quad y = (y_1, y_2, \cdots, y_{25})^{\mathrm{T}},$$
$$z = (z_1, z_2, \cdots, z_{25})^{\mathrm{T}}, \quad w = (w_1, w_2, \cdots, w_{25})^{\mathrm{T}},$$

则以轿运车最少为目标可建立如下数学模型:

$$\min \sum_{i=1}^{25} x_i + \sum_{i=1}^{25} y_i + \sum_{i=1}^{25} z_i + \sum_{i=1}^{25} w_i,$$

[四个和式代表四个目的地, 各有 25 种装载方案]

s.t. $a^{\mathrm{T}} x \leqslant 41,$

$a^{\mathrm{T}} y + a^{\mathrm{T}} z + a^{\mathrm{T}} w \geqslant 125,$ [满足 A、B、C 处对 I 型轿车的要求]

$a^{\mathrm{T}} z \geqslant 33,$ [满足 C 处对 I 型轿车的要求]

$b^{\mathrm{T}} z \geqslant 47,$ [满足 C 处对 II 型轿车的要求]

$a^{\mathrm{T}} y + a^{\mathrm{T}} w \geqslant 92,$ [满足 A、B 处对 I 型轿车的要求]

$a^{\mathrm{T}} y \leqslant 50,$ [与上式共同满足 A 处对 I 型轿车的要求]

$a^{\mathrm{T}} w \geqslant 42,$ [满足 A 处对 I 型轿车的要求]

$b^{\mathrm{T}} w \geqslant 31,$ [满足 A 处对 II 型轿车的要求]

$a^{\mathrm{T}} x + a^{\mathrm{T}} y + a^{\mathrm{T}} z + a^{\mathrm{T}} w \geqslant 166,$ [满足 D 处对 I 型轿车的要求]

$b^{\mathrm{T}} z + b^{\mathrm{T}} w \geqslant 78,$ [满足 A、C 处对 II 型轿车的要求]

$$\sum_{i=10}^{25} (x_i + y_i + z_i + w_i) \leqslant 0.2 \sum_{i=1}^{9} (x_i + y_i + z_i + w_i),$$

[满足 1-2 型轿运车的比例要求]

$x_i, y_i, z_i, w_i,$ 均为非负整数.

使用 LINGO 求解以上模型, 得最优值为 $v^* = 25$; 再使用 LINGO 求解

$$\max \sum_{i=1}^{9} x_i + \sum_{i=1}^{9} y_i + \sum_{i=1}^{9} z_i + \sum_{i=1}^{9} w_i,$$

s.t. $a^{\mathrm{T}} x \leqslant 41,$

$a^{\mathrm{T}} z \geqslant 33,$

$b^{\mathrm{T}} z \geqslant 47,$

$a^{\mathrm{T}} y + a^{\mathrm{T}} w \geqslant 92,$

$a^{\mathrm{T}} w \geqslant 42,$ [不影响在 B 卸货]

$b^{\mathrm{T}} w \geqslant 31,$

$$a^{\mathrm{T}}x + a^{\mathrm{T}}y + a^{\mathrm{T}}z + a^{\mathrm{T}}w \geqslant 166,$$

$$\sum_{i=10}^{25}(x_i + y_i + z_i + w_i) \leqslant 0.2\sum_{i=1}^{9}(x_i + y_i + z_i + w_i),$$

$$\sum_{i=1}^{25}x_i + \sum_{i=1}^{25}y_i + \sum_{i=1}^{25}z_i + \sum_{i=1}^{25}w_i \leqslant 25,$$

$$x_i, y_i, z_i, w_i \text{均为非负整数},$$

可得摆放方案如下: $x_1 = 5, y_1 = 6, z_1 = z_9 = z_{19} = 2, z_4 = 1, w_1 = 4,\ w_8 = 1,\ w_{19} = 2$, 即使用 21 辆 1-1 型轿运车和 4 辆 1-2 型轿运车.

(2) 第二阶段, 以总里程最短为目标, 可建立如下数学模型:

$$\min\ 160\sum_{i=1}^{25}x_i + (160+120)\sum_{i=1}^{25}y_i + (160+76)\sum_{i=1}^{25}z_i + (160+200)\sum_{i=1}^{25}w_i,$$

$$\text{s.t.}\ a^{\mathrm{T}}x \leqslant 41,$$

$$a^{\mathrm{T}}y + a^{\mathrm{T}}z + a^{\mathrm{T}}w \geqslant 125,$$

$$a^{\mathrm{T}}z \geqslant 33,$$

$$b^{\mathrm{T}}z \geqslant 47,$$

$$a^{\mathrm{T}}y + a^{\mathrm{T}}w \geqslant 92,$$

$$a^{\mathrm{T}}y \leqslant 50,$$

$$a^{\mathrm{T}}w \geqslant 42,$$

$$b^{\mathrm{T}}w \geqslant 31,$$

$$a^{\mathrm{T}}x + a^{\mathrm{T}}y + a^{\mathrm{T}}z + a^{\mathrm{T}}w \geqslant 166,$$

$$b^{\mathrm{T}}z + b^{\mathrm{T}}w \geqslant 78,$$

$$\sum_{i=10}^{25}(x_i + y_i + z_i + w_i) = 4,$$

$$\sum_{i=1}^{9}(x_i + y_i + z_i + w_i) = 21,$$

$$x_i, y_i, z_i, w_i \text{均为非负整数}.$$

使用 LINGO 求解以上模型得:

$$x_1 = 5,\quad y_1 = 6,\quad z_5 = 8,\quad z_7 = 1,\quad w_1 = 1,\quad w_{13} = 2,\quad w_{19} = 2.$$

因此, 有 5 辆 1-1 型轿运车按方案 (8,0,0) 装载, 全部在 D 处卸载完毕 (卸载 40 辆 I 型乘用车, 比 D 处要求的少了 1 辆 I 型乘用车, 这一辆由其他轿运车运来);

有 8 辆 1-1 型轿运车按方案 (4,5,0) 装载, 1 辆 1-1 型轿运车按方案 (2,7,0) 装载, 全部在 C 处卸载完毕 (以上 9 辆车共装载 34 辆 I 型乘用车和 47 辆 II 型乘用车, 比 C 处要求的多了 1 辆 I 型乘用车, 这辆 I 型乘用车改在 D 处卸载);

有 6 辆 1-1 型轿运车按方案 (8,0,0) 装载, 全部在 B 处卸载 (卸载了 48 辆 I 型乘用车, 比 B 处要求的少了 2 辆 I 型乘用车, 这两辆由其他轿运车运来);

有 1 辆 1-1 型轿运车按方案 (8,0,0) 装载, 2 辆 1-2 型轿运车按方案 (12,4,0) 装载, 2 辆 1-2 型轿运车按方案 (6,12,0) 装载, 在 A 处卸载 (这 5 辆轿运车可装载 44 辆 I 型乘用车和 32 辆 II 型乘用车, 比要求的多了 2 辆 I 型乘用车和 1 辆 II 型乘用车, 多的 2 辆 I 型乘用车刚好可在 B 处卸载, 多的 1 辆 II 型乘用车位置则保留空位).

第四问结论: 此运输任务共使用轿运车 25 辆, 其中有 21 辆 1-1 型轿运车和 4 辆 1-2 型轿运车; 总运输里程为 6404km; 具体运输方案有很多种, 上面只给出了其中的一种方案.

这条题目的难点就在第五问, 轿车、轿运车的种类和数量都比较多, 而实际问题的轿车、轿运车的种类和数量就和第五问处于同一数量级, 甚至更复杂一些. 所以创新也蕴藏在第五问, 第五问解答的优劣反映了数学建模能力和解决实际问题的能力的高低.

从竞赛的情况看, 参赛队在这一问上确实拉开了差距. 不少队第五问没有结果或结果不理想, 但也有个别队得到了非常好的答案 (见两种使用 113 辆轿运车及使用 114 辆轿运车的装载方案). 其实用启发式方法也能够得到比较好的解答 (见第三部分), 这条题目并非如许多研究生想象的那么困难.

下面介绍竞赛中没有研究生考虑过的几个问题, 看看怎样开辟新的思路、另辟蹊径.

首先证明前面几个问题的答案都是最优解. 后面在第二、第三部分再介绍创新的做法.

首先需要建立可行解的必要条件, 用以判定不符合这些条件的方案都不可行, 其原理就是总体应该大于等于部分和.

(1) 用被运送的乘用车的总数减去被使用的轿运车的列的总和, 两者之差乘 0.1(安全间隔), 再加上可行方案中的所有被运送的乘用车的总长度, 其和应小于等于被使用的轿运车的总长度 (因为轿运车每列中轿车之间的间隔数比所装载的轿车数小 1).

(2) 可行方案的所有被运送的乘用车的总长度加上所有被运送的乘用车的总数与被使用的轿运车的列的总和之差乘 0.1(安全间隔) 再加上每辆轿运车的最小浪费长度 (浪费长度因轿运车及装载乘用车种类而异, 如前面 0.08 或 0.12 等, 这里取所有方案中的最小值) 之和应小于等于被使用的轿运车的总长度.

(3) 可行方案的所有被运送的乘用车的总长度加上所有被运送的乘用车的总数与被使用的轿运车的列的总和之差乘 0.1(安全间隔) 再加上可以采用的轿运车的最小浪费长度 (如前面 2 辆 III 型乘用车、4 辆 II 型乘用车安排在一辆 24.3 米长的 1-2 轿运车上浪费 0.08 米), 还要加上各型轿车数量与最小浪费方案中各型轿车数量之间不匹配以至最小浪费长度无法实现而必须采用的次小浪费长度, 四者之和应小于等于被使用的轿运车的总长度.

据此可以证明第一问的解答 (16, 2) 是最优解.

因为根据题目的要求, 首先是要使被使用的轿运车的总数达到最少, 在被使用的轿运车的总数给定的前提下, 1-2 轿运车使用最少的就是最优解. 由于装载方案是离散的, 而且可以按优劣排序. 如果比某个可行方案排序在前的所有方案都不可行, 显然这个方案就是最优方案. 当轿运车总数减少或轿运车总数不变而 1-2 轿运车使用量减少, 轿运车的总长度会变短. 所以排序在后的方案 (轿运车总长度较长) 不满足必要条件, 则排在前面的方案一定也不满足必要条件. 故只要检验与某个可行方案排序相邻且排在前面的方案不满足必要条件, 则该可行方案就是最优解.

又因为 1-2 轿运车的长度大于 1-1 轿运车的长度, 但又小于 1-1 轿运车的长度的两倍, 所以可能排在 (16, 2) 前面的方案只能是 (17, 1)、(18, 0)、(16, 1)、(15, 2) 等, 前两者轿运车的总数不变, 但 1-2 轿运车使用比 (16, 2) 方案更少, 后两个轿运车的总数比 (16, 2) 少. 因为这四个方案中排序最后的是 (17, 1), 它的轿运车的总长度最大. 如果这种情况下所有被运送的乘用车的总长度再加上所有被运送的乘用车的总数与被使用的轿运车的列的总数之差乘 0.1(安全间隔) 大于被使用的轿运车的总长度, 则 (17, 1) 就不满足可行解的必要条件, 从而是不可行的, 这样 (16, 2) 既是可行解, 也是最优解就被证明.

$$24.3 \times 3 + 19 \times 2 \times 17 = 718.9 < 719.92 = 3.615 \times 68 + 4.61 \times 100$$
$$+ (68 + 100 - 17 \times 2 - 3) \times 0.1.$$

因此, (17, 1) 方案不是第一问的可行解, 故方案 (16, 2) 是最优解得证.

同理因 $4.63 \times 72 + 3.615 \times 52 + (72 + 52 - 13 \times 2) \times 0.1 > 13 \times 2 \times 19$, (13, 0) 辆轿运车方案不可行.

因 $4.61 \times 156 + 3.615 \times 102 + 4.63 \times 39 + (156 + 102 + 39 - 26 \times 2 - 4 \times 3) \times 0.1 > 19 \times 2 \times 26 + 24.3 \times 3 \times 4$, 故 (26, 4) 辆轿运车方案不可行.

因 $4.61 \times 166 + 3.615 \times 78 + (166 + 78 - 22 \times 2 - 3 \times 3) \times 0.1 > 19 \times 2 \times 22 + 24.3 \times 3 \times 3$, 故 (22, 3) 辆轿运车方案不可行.

类似第一问的证明, (12, 1) 是第二问的最优解, (25, 5) 是第三问的最优解, (21, 4) 是第四问在仅考虑轿运车的总数情况下的最优解都得到证明.

前面得到第四问使用 (21, 4) 辆轿运车, 里程为 6404km 的方案. 要证明它是第四问的最优解则困难一些, 因为没有类似的必要条件可用, 为此必须对问题进一步分析.

可以这样考虑问题. 里程总数是 25 辆轿运车行驶里程的总和, 即 25 个正数之和. 又因为只有四个目的地, 如果可以不考虑折返运输 (考虑折返, 则显然里程变长, 不影响最小值), 则里程总数仅是四种正数之和. 因此如果能够得到从大到小四种正数的最少个数就能够得到总和的下界.

关于这点, 有以下三点结论:

(1) 若 1-2 型轿运车使用不超过 4 辆, 到达 A 点的轿运车不能少于 5 辆;

(2) 若 1-2 型轿运车使用不超过 4 辆, 到达 A 和到达 B 点的轿运车总和不能少于 11 辆;

(3) 若 1-2 型轿运车使用不超过 4 辆, 到达 A、到达 B 与到达 C 的轿运车总和不能少于 20 辆;

因为到达 A 点的轿运车不少于 5 辆, 故至少 5 辆轿运车的里程大于等于 360km; 因为到达 A 与到达 B 点的轿运车总和不少于 11 辆; 故至少 11 辆轿运车的里程大于等于 280km, 因此除去里程大于等于 360km 的 5 辆, 至少还有 6 辆轿运车的里程大于等于 280km; 又因为到达 A、到达 B 与到达 C 的轿运车总和不少于 20 辆, 故除去里程大于等于 280km 的 11 辆, 至少还有 9 辆轿运车的里程大于等于 236km(到 C 的最短距离); 由于一定使用轿运车 25 辆, 至少都到达 D; 故至少还有 5 辆轿运车的里程大于等于 160km. 将上述结论用不等式表示:

$$\sum_{i=1}^{5} x_i \geqslant 5 \times 360,$$

$$\sum_{i=6}^{11} x_i \geqslant 6 \times 280,$$

$$\sum_{i=12}^{20} x_i \geqslant 9 \times 236,$$

$$\sum_{i=21}^{25} x_i \geqslant 5 \times 160.$$

将上述同向不等式相加, 得

$$\sum_{i=1}^{25} x_i \geqslant 360 \times 5 + 6 \times 280 + 9 \times 236 + 5 \times 160 = 6404,$$

其中 x_i 是按里程长短顺序排列的第 i 辆轿运车的里程, 因此 6404km 是总里程的下界, 因为又是可行的, 所以是最小值.

至于三个结论的证明并不困难.

因为 A 目的地需要乘用车 (42, 31) 辆, 合计 73 辆, 而每辆 1-2 轿运车最多可以运送 6×3 辆乘用车 (每列最多运 6 辆), 4 辆 1-2 轿运车最多可以运送 72 辆乘用车, 无法满足要求, 至于换成 1-1 轿运车运输, 因为每辆 1-1 轿运车能够运送的乘用车更少, 所以 A 地至少需要轿运车 5 辆来进行运输.

因为 A、B 目的地需要乘用车 (92, 31) 辆, 1-2 型轿运车使用又不超过 4 辆, 如果到 A、B 目的地的轿运车少于 11 辆, 则 1-1 轿运车最多使用 6 辆. 但

$$24.4 \times 3 \times 4 + 19.1 \times 2 \times 6 = 522 \text{ 小于}$$
$$3.715 \times 31 + 4.71 \times 92 = 548.485,$$

故 10 辆轿运车不可行, A、B 两个目的地至少需要 11 辆轿运车来进行运输.

同理, 因为 A、B、C 目的地需要乘用车 (125, 78) 辆, 1-2 型轿运车使用又不超过 4 辆, 如果到 A、B、C 目的地的轿运车少于 20 辆, 则 1-1 轿运车最多使用 15 辆. 但

$$24.4 \times 3 \times 4 + 19.1 \times 2 \times 15 = 865.8 \text{ 小于}$$
$$3.715 \times 78 + 4.71 \times 125 = 878.52,$$

所以不可行, 故到达 A 或 B 或 C 点的轿运车不能少于 16+4=20(辆).

二、第四问的数学模型

前面第四问的第二阶段的数学模型, 前提是假定轿运车不存在折返运输, 所以目标函数是四种里程之和. 但实际中完全可能存在按第一阶段得到的最少轿运车使用量必须包括折返运输 (同一辆轿运车把它所装载的轿车运到几个目的地) 才能完成全部运输任务. 这时前面第四问的第二阶段的数学模型就可能无解, 有必要加以完善. 尽管这个模型可能比不考虑折返运输要复杂, 而且求解也困难得多, 但它对建模能力的培养很有意义.

设第一阶段的数学模型已经得到需要使用的 1-1、1-2 型轿运车中采用第 i 种装载方案的数量分别记为 x_i^*, y_i^*.

由于第二阶段的每种运输方案可以简化用轿运车卸货的地点集合来描述 (隐含可以折返), 因为有四个地点, 故有 15 种线路运输方案, 分别是:

1D, 2-B, 3-C, 4-A, 5-DB, 6-DC, 7-DA, 8-BA, 9-BC, 10-AC, 11-DBA, 12-DCB, 13-BCA, 14-ACD, 15-$ABCD$.
经过这些地点集合的最短里程都是唯一的, 第 j 种运输方案 (除线路外不考虑卸货的地点和乘务车种类及数量的不同) 的最短里程记为 d_j.

采用各种装载方案的轿运车均可以使用上述若干种运输方案其中的一种, 分别设采用第 i 种装载方案的 1-1 和 1-2 型轿运车中车辆里采用第 j 种运输方案的车辆数为 x_{ij}, y_{ij}. 所以应该有 $\sum_{j=1}^{u} x_{ij} = x_i^*, \sum_{j=1}^{u} y_{ij} = y_i^*$.

这时第三层次的目标函数为

$$\min \sum_{i=1}^{N_1} \sum_{j=1}^{u} x_{ij} d_j + \sum_{i=1}^{N_2} \sum_{j=1}^{u} y_{ij} d_j,$$

其中 N_1, N_2 是 1-1 和 1-2 型轿运车分别采用的不同装载方案的总数, 这里的装载方案应该都完全满足题目的约束条件.

因为允许折返, 仅用轿运车卸货的地点集合来描述还不够, 应该对每种装载方案给出全部的满足题目要求的卸货方案, 要求在所有卸货地点卸下的轿车种类及其数量之和与装载方案完全一致. 卸货种类不同、数量不同、卸货地点不同都属于不同的卸货方案. 这样就要求第二个下标代表不同的卸货方案, 当然同前, x_{ij}, y_{ij} 必须是非负整数.

至于约束条件显然增加了, 对每种型号的轿车在每个目的地都必须满足供应量不小于需求量.

当然这样的模型求解可能相当困难, 是否有简单一些的数学模型, 大家不妨试一试.

三、启发式方法及推广

部分研究生队在竞赛的前四问就 "卡" 住了, 或者没有结果或者结果很不理想. 其实这四个问题并不复杂. 这说明不少研究生思维不活跃、思路不开阔, 简化复杂问题的能力、创新的能力不够强, 是到了数学建模方面应该认真 "补课" 的时候了.

第一问要运送 100 辆 I 型乘用车, 68 辆 II 型乘用车. 而每辆 1-1 型轿运车最少可以运送 8 辆乘用车, 最多能够运送 10 辆乘用车, 每辆 1-2 型轿运车最多能够运送 18 辆乘用车, 所以轿运车的使用总量小于等于 20 辆, 1-2 型轿运车最多可以使用 3 辆 (不超过总量 1/6). 为了减少轿运车的使用量, 显然应该多用 1-2 型轿运车, 而且采用长度浪费小的装载方案. 对 1-2 型轿运车长度浪费最小的装载方案是每列装载 (2, 4) 辆乘用车. 3 辆 1-2 型轿运车最多能够运送 (18, 36) 辆乘用车, 剩余 (82, 32) 辆乘用车等待 1-1 型轿运车运送. 对 1-1 型轿运车长度浪费最小的装载方案是每列装载 (4, 0) 辆乘用车或 (0, 5) 辆乘用车. 共需要 1-1 型轿运车至少 82/4+32/5=26.9(列), 即 14 辆 1-1 型轿运车. 但这样 1-2 型轿运车使用量超过 1-1 型轿运车使用量的 20%, 不合题目的要求. 可以将原来由 1 辆 1-2 型轿运车运输的乘用车改由 2 辆 1-1 型轿运车来运送. 立即获得使用 (16, 2) 辆轿运车运送 100 辆 I 型乘用车, 68 辆 II 型乘用车的最优方案, 极其简单.

　　类似第一问, 第二问要运送 72 辆 II 型乘用车, 52 辆 III 型乘用车, 共计 124 辆. 同前可得, 轿运车的使用总量小于等于 15 辆, 1-2 型轿运车最多可以使用 2 辆. 为了减少轿运车的使用量, 显然应该多用 1-2 型轿运车, 而且采用长度浪费小的装载方案. 对 1-2 型轿运车长度浪费最小的装载方案是每列装载 (4, 2) 辆乘用车, 每列仅浪费 8cm. 但由于 III 型乘用车必须装载在轿运车的下层, 上层只能采用 (6, 0) 装载方案, 2 辆 1-2 型轿运车最多能够运送 $(6×2×2+4×2, 2×2)$ 即 $(32, 4)$ 辆乘用车, 剩余 $(40, 48)$ 辆乘用车等待 1-1 型轿运车运送. 对 1-1 型轿运车长度浪费最小的装载方案是每列装载 (5, 0) 辆乘用车或 (0, 4) 辆乘用车. 需要 1-1 型轿运车 $40/5+48/4=20$(列), 即 10 辆 1-1 型轿运车. 然而这样下层只有 10 列, 无法装载完必须装在下层的 III 型乘用车, 故至少需要 12 辆 1-1 型轿运车, 同时可以减少 1 辆 1-2 型轿运车. 1 辆 1-2 型轿运车最多能够运送 (16, 2) 辆乘用车, 剩余 (56, 50) 辆乘用车等待 1-1 型轿运车运送. 对 1-1 型轿运车采用装载方案是每列装载 (5, 0) 辆 II 型乘用车或 (0, 4) 辆 III 型乘用车的装载方案. 共需要 1-1 型轿运车 $56/4+50/5=24$(列), 恰好 12 辆 1-1 型轿运车可以运送完. 前已证明这也是最优方案.

　　类似第一问, 第三问要运送 156 辆 I 型乘用车, 102 辆 II 型乘用车, 39 辆 III 型乘用车, 共计 297 辆. 根据前两问的最优解, 对需要使用的轿运车的数量可以做出更精确的估计.

$$168/18 = 9.33, \qquad 124/13 = 9.54.$$

因此第三问需要使用轿运车的约 31 辆, 1-2 型轿运车最多可以使用 5 辆. 又因为 III 型乘用车与 I 型乘用车在长度上仅相差 2cm, 可以与 I 型乘用车一起考虑. 对 1-2 型轿运车长度浪费最小的装载方案是每列装载 (2, 4, 0) 辆乘用车或 (0, 4, 2) 辆乘用车 (只能用于下层). 5 辆 1-2 型轿运车最多能够运送 (20, 60, 10) 辆乘用车, 剩余 (136, 42, 29) 辆乘用车等待 1-1 型轿运车运送. 对 1-1 型轿运车长度浪费最小的装载方案是每列装载 4 辆 I 型或 III 型乘用车或 5 辆 II 型乘用车. 共需要 1-1 型轿运车 $(136+29)/4+42/5=49.75$(列), 即 25 辆 1-1 型轿运车. 共计使用轿运车 (25, 5) 辆, 前已证明这是最优方案. 至于 III 型乘用车必须装载在轿运车的下层, 5 辆 1-2 型轿运车装载后只剩下 29 辆 III 型乘用车, 但有 25 辆 1-1 型轿运车, 有 25 个下层, 所以没有任何问题.

　　第四问是多目标规划问题, 分段决策, 先只考虑减少轿运车的使用量, 则第四问的第一阶段与前三问完全一致. 第四问要运送 166 辆 I 型乘用车, 78 辆 II 型乘用车, 共计 244 辆. 根据前两问的最优解, 对需要使用的轿运车的数量可以做出更精确的估计 26 辆左右, 1-2 型轿运车最多可以使用 4 辆. 对 1-2 型轿运车长度浪费最小的装载方案是每列装载 (2, 4) 辆乘用车. 4 辆 1-2 型轿运车最多能够运送 (24,

48) 辆乘用车, 剩余 (142, 30) 辆乘用车等待 1-1 型轿运车运送. 对 1-1 型轿运车长度浪费最小的装载方案是每列装载 (4, 0) 辆乘用车或 (0, 5) 辆乘用车, 需要 1-1 型轿运车 142/4+30/5=41.5(列), 即 21 辆 1-1 型轿运车. 前已证明这也是轿运车的使用量最优的方案.

第四问的第二阶段是在轿运车使用总量为 (21, 4) 的前提下, 使运输里程最短. 在轿运车的使用量 (包括 1-2 轿运车使用量) 一定的前提下, 要使运输总里程最短, 即轿运车总数给定情况下全体正数的和要小, 显然应该大的数目其个数小, 即里程最长的轿运车数量最少 (启发式思维, 不是理论证明), 同样使里程短的轿运车数量多. 又因为各目的地点需要运送的乘务车的数量给定, 所以要实现这一点, 应该让容量大的轿运车去里程最远的目的地 (任务相同的情况下, 每辆轿运车装的轿车多, 则使用的轿运车就少). 对于第四问的第二阶段即应该让 1-2 轿运车去 A 点 (可能还包括 B、C 点, 视 1-2 轿运车使用量和 A 点需要的乘务车的数量而定). 因 A 点需要的乘用车 (42, 31) 辆, 不能完全采用最小浪费长度的装载乘用车 (2, 4) 的方案, 只能使用 7 列, 另 5 列采用次小浪费长度的装载乘用车 (5, 0) 的方案, 剩余 I 型乘用车 42−7×2−5×5=3(辆), II 型乘用车 31−7×4=3(辆), 再用 1 辆 1-1 型轿运车就可以完全运完 (同时留下 2 辆 I 型乘用车空位), 即 5 辆轿运车就可以完成 A 点的乘务车运输任务, 前已证明这是轿运车使用数量的最小值 (注意这里启发式的目的只是求一个较优的可行解, 不排除有更好的方案, 无须在这里花费太多的时间).

由于 1-2 轿运车已经用完, 下面任务很简单了, 就是让到 B、C 点的 1-1 型轿运车尽量装满, 减少 1-1 型轿运车即可.

因为 A、B 在一条路线上, 而且到 B 的里程比到 C 的里程长, 所以优先考虑 B 点. B 点的乘务车运输任务是 50 辆 I 型乘用车, 因为去 A 点的轿运车上留有 2 辆 I 型乘用车空位, 应该充分利用, 故 (50−2)/8=6(列)1-1 型轿运车就可以完成 B 点的运输任务.

再考虑 C 点, C 点的乘务车运输任务是 33 辆 I 型乘用车, 47 辆 II 型乘用车, 对 1-1 型轿运车长度浪费最小的装载方案是每列装载 (4, 0) 辆乘用车或 (0, 5) 辆乘用车, 需要 1-1 型轿运车 33/4+47/5=17.65(列), 即 9 辆 1-1 型轿运车就可以完成 C 点的运输任务.

最后再考虑 D 点, D 点的乘务车运输任务是 41 辆 I 型乘用车, 因为去 C 点的轿运车上留有 1 辆 I 型乘用车空位, 应该充分利用. 对 1-1 型轿运车长度浪费最小的装载方案是每列装载 4 辆 I 型乘用车, 需要 1-1 型轿运车 40/4=10(列), 即 5 辆 1-1 型轿运车就可以完成 C 点的运输任务. 显然这样与第一阶段得到的最优解使用了相同数量的轿运车 (包括 1-2 轿运车使用量)(21, 4) 辆. 其运送总里程是

$$5×360+6×280+9×236+5×160=6404(km),$$

前已证明是第四问的最短里程.

可能有部分研究生对此不以为然, 甚至嗤之以鼻, 这等 "小儿科" 的方法简直不登 "大雅之堂". 这充分暴露这些研究生盲目自大、不善于学习的缺点. 其实方法决定效率, 抓住规律, 问题就可以迎刃而解, 启发式方法为什么能够如此简单地解决实际问题是有其本质原因的.

首先是这种方法选择了正确的技术路线, 分散难点, 分步逐个击破.

其次它选择了正确的突破口 —— 要使用轿运车的估计数, 它既容易求解, 也立即确定 1-2 轿运车使用量, 对下面问题解决有很大帮助.

局部优化代替整体优化, 极大地降低了求解的难度, 1-2 型轿运车用足, 采用长度浪费最小的装载方案, 把容量比较大的轿运车派往路程最远的目的地, 不产生选择问题, 工作量显著减少. 解决了 1-2 型轿运车装载问题之后, 只剩下 1-1 型轿运车, 方案大大减少, 求解难度大大降低.

简化约束, 在解决主要问题之前不考虑所有的约束, 只在找到解后进行调整, 大大降低起始时的难度.

先找较优解, 迭代寻找更好的解.

前几问容易求解就是因为维数低. 找到最优解的范围对简化求解方程有利, 有了目标, 也不至于做无用功.

这些都是非常重要的思想方法值得学习, 部分研究生看他人东西往往只看具体内容而忽略其背后的思想, 所以学习效率低下.

前四问现在都已经用启发式方法求出了最优解, 这短短两页多纸的推理, 都无须使用计算机就实现了, 应该在一天之内能够办到. 如果在竞赛中同样做到这些, 还有三天多的时间就可以非常从容地做前四问的数学模型和第五问了. 当然如果论文仅是上面两页纸, 估计不会有很好的奖励级别, 但是如果能够从中发现解决这个问题的规律, 并得到第五问的好结果, 就大不一样了, 而这是完全可能的.

对第五问, 首先也有对轿运车使用量的估计及 1-2 型轿运车的最大使用量问题 (显然多使用 1-2 型轿运车可以减少轿运车使用总量).

21 米长的轿运车每列可以运送 4 辆乘用车, 长 21 米以上的轿运车每列可以运送 5 辆乘用车, 由于这两种轿运车数目大致相等, 可以认为轿运车的每列平均可以装载乘用车 4.5 辆, 则 $4 \times 5 + 25 \times 3 + x \times 2 = 1207/4.5 = 268$, 其中 x 代表 1-1 轿运车的使用量, 2-2 轿运车每辆有 4 列, 1-2 轿运车每辆有 3 列, 1-1 轿运车每辆有 2 列, 为了减少轿运车使用总量, 这里让 1-2、2-2 型轿运车全部使用, 可能偏大, 后面再修正. 解得

$$x = 87,$$

则 1-2 型轿运车最大使用量为 18 辆. 因而

$$4 \times 5 + 18 \times 3 + x \times 2 = 1207/4.5 = 268,$$

解得

$$x = 97,$$

则 1-2 型轿运车最大使用量为 19 辆, 得到轿运车使用量的第一次估计为 5+18+97=120(辆). 这就是前面思想应用到第五问的收获. 竞赛中除个别队外, 或第五问没有结果或相差太远, 而这里短短几行的推导就做出如此接近的估计, 显示创造性的威力.

还可以利用必要条件来推导轿运车使用量的下界.

设 D_i 为轿用车长度, d_i 为乘用车长度, W_i 为轿用车拥有数目, S_i 为轿用车装车列数, 对 1-1, $s_i = 2$, 1-2, $s_i = 3$, 2-2, $s_i = 4$.

假设 10 种轿用车使用的数量分别为 $p_i(i = 1, 2, \cdots, 10)$, 考虑以下约束条件

(1) 总长度限制: $\sum\limits_{i=1}^{10} p_i s_i (D_i + 0.1) \geqslant \sum\limits_{i=1}^{1207} (d_i + 0.1)$.

这是根据必要条件.

(2) 20%限制: $p_2 + p_3 \leqslant 0.2 \sum\limits_{i=4}^{10} p_i$.

(3) 车辆资源限制, 使用车辆不超过能提供的车辆: $p_i \leqslant W_i(i = 1, 2, \cdots, 10)$.

代入具体数据得到:

$$76.4p_1 + 71.4p_2 + 70.2p_3 + 48.8p_4 + 44.2p_5 + 42.2p_6 + 44.2p_7$$
$$+ 38.2p_8 + 36.8p_9 + 36.6p_{10} \geqslant 5457.25.$$

显然 2-2 轿运车使用量应该就等于拥有量, 23.8 米长的 1-2 轿运车的使用量也应该等于拥有量, 依长度递减的顺序代入不等式, 可以明白 24.3 米、22.1 米、21.1 米、19 米长的 1-1 轿运车的使用量也应该等于使用量. 18.2 米长的 1-1 轿运车可能没有使用. 这样只剩下 p_3 和 p_9 两个未知数.

用尝试方法就可以求出 p_3 和 p_9 两个未知数的极小值是 8、12(因为要使轿运车使用量达最小). 因此得到第五问轿运车使用量的下界是 2-2 轿运车 5 辆, 1-2 轿运车 18 辆, 1-1 轿运车 90 辆, 合计 113 辆 (表 4.14).

因为已经找到仅使用 113 辆轿运车就可以将题目要求的 1207 辆乘用车全部装载的方案, 所以 113 辆就是第五问关于轿运车使用量的最优解.

还可以有更简单的方法, 即让轿运车的长度从长到短排序, 从最长的开始, 逐个相加, 最先实现轿运车总长度大于等于轿车总长度和间隔总长度之和的轿运车数就是第五问的下界.

表 4.14

序号	类型	长/米	宽/米	高/米	拥有量/辆	使用数量
9	十九位双桥双轮框架 2-2 型	19	3.5	3.4	5	5
5	十九位双桥双轮框架 1-2 型	23.7	2.8	3.9	10	10
10	十七位双桥双轮框架 1-2 型	23.3	2.7	4.35	15	8
3	十二位双桥双轮厢式 1-1 型	24.3	2.7	4.3	22	22
4	十位双桥边轮厢式 1-1 型	22	2.7	4.35	15	15
7	十位单桥双轮框架 1-1 型	21	2.7	3.6	4	4
8	十位单桥双轮框架 1-1 型	21	2.7	3.9	16	16
1	八位双桥边轮厢式 1-1 型	19	2.7	4.35	21	21
2	十位双桥双轮厢式 1-1 型	18.3	2.9	4.4	18	12
6	十位单桥双轮框架 1-1 型	18.2	2.7	3.6	25	0

　　第一到第四问的做法还有值得借鉴的地方. 这个实际问题有许多约束条件, 例如: 长度、高度、宽度、目的地、1-2 型轿运车与 1-1 轿运车数量比、安全间隔、上层对称、下层尽量装满等限制. 如果在建模初期无一例外地全部加以考虑, 显然会极大地增加建模和求解的难度, 我们应该采取启发式解决问题时的做法, 对这些约束区别对待, 因为这些约束有些很容易实现; 有些影响不大, 事先不考虑, 事后进行微调即可. 例如第一阶段就不考虑地点, 安全间隔可以让轿运车的每列、乘用车长度都增加 10cm 就行了; 上层对称、下层尽量装满可以在每辆轿运车所要装载的乘用车确定以后再安排或选择方案时就剔除无法满足题目要求的装载方案; 1-2 型轿运车与 1-1 轿运车数量比可以事先对轿运车总的使用数量及 1-2 型轿运车最大使用量做出估计, 求解时作为已知, 在方案大致有了之后再根据情况进行微调.

　　再如对高度、宽度约束, 可以按启发式方法先进行分析. 因为高度超过 1700mm 的乘用车只有 8 种 156 辆, 而轿运车使用量就达 113 辆以上, 1-1 轿运车及 1-2 型轿运车的下层都可以装载高度超过 1700mm 的乘用车, 平均每列 1 辆, 因此事先完全可以不考虑高度约束, 最多事后上、下层之间微调即可. 宽度超过 1700mm 的乘用车一般无法安排在 2-2 型轿运车和 1-2 型轿运车的上层, 而且超宽乘用车有 30 种, 数量也比较大, 似乎必须考虑. 然而定量分析, 1-1 型轿运车的上、下层和 1-2 型轿运车的下层均可装载超宽乘用车, 而且 1-1 型轿运车的数量是 1-2 型轿运车数量的 5 倍以上, 2-2 型轿运车仅占轿运车总量的 5%不到. 所以可以装载超宽乘用车的轿运车列数占轿运车总列数 75%以上, 调节的余地还是比较大的, 仍然可以采用事后调整的方法解决. 当然有的队采取先安排超宽乘用车的办法也是可以的, 但是这样可能会降低轿运车的利用率.

　　先不考虑这些约束条件, 就可以大大简化问题, 使原来几乎无法解决的问题可以找到解答. 所以分步决策、分散难点是重要的思想方法.

　　从前四问的启发式方法获得的结果明显发现, 虽然符合题目的装载方案很多, 但是最优解中采用的装载方案却很少, 而且利用率不高的方案的绝大多数甚至全部都没有被采用. 这一发现对简化第五问很有价值.

对于每类轿运车每层分别考虑装载 1、2、3、4、5 和 6 种不同类型乘用车的情况, 而且装满, 穷举可得各种轿运车每层装载不同种类的乘用车可能方案的总数如表 4.15 所示.

表 4.15　八种轿运车每层装载方案数按乘用车种数不同统计表

序号		乘用车种类数					
		1 种	2 种	3 种	4 种	5 种	6 种
1	下层	13	238	874	28	1	0
	上层	13	238	874	28	1	0
2	下层	45	2235	24597	51087	0	0
	上层	37	1525	14076	24190	0	0
3	下层	45	2559	34218	65102	2	0
	上层	37	1740	19193	27703	1	0
4	下层	45	2962	42575	32189	22517	0
	上层	37	1990	23269	16977	10130	0
5	下层	45	3038	47482	92180	168950	0
	上层	37	2047	26390	45036	70551	0
6	下层	45	3408	75186	160833	295828	3897
	上层	37	2299	41484	63411	87711	1384
7	下层	45	3268	63449	208777	483770	19
	上层	13	280	1641	248	13	3
8	下层	45	3348	68994	212244	462694	234
	上层	17	493	3904	875	107	28

可能有人对表内数据有怀疑, 但由于有 45 种轿车, 如果某列装载其中的 5 种, 则一个估计是有 $C_{45}^5 = 45 \times 44 \times 43 \times 42 \times 41 \div (1 \times 2 \times 3 \times 4 \times 5)$ 大约 120 万种. 所以 48 万是可信的.

上述表格中已经将长度相同的轿运车合在一起, 所以是 8 种. 由于装载方案随着轿运车和乘用车种类的增加而指数式的增长, 使得利用计算机求问题的最优解甚至比较好的解都无法实现.

事实上, 好的方案只使用 100 多辆轿运车, 大约 270 列. 因此装载方案充其量使用了 270 种, 即几百万种装载方案 (如果包括未装满的方案有上千万种) 中仅极少数可能被采用, 因此**绝大多数装载方案无须考虑**. 这对问题的简化极其关键.

竞赛中有两个队找到使用 113 辆轿运车就能够运送全部 1207 辆乘用车的装载方案, 可以看到其中使用的装载方案绝大多数都是浪费仅几厘米的, 甚至有一批是完全没有浪费的. 而且两种 113 辆轿运车的最优装载方案之间差别很大, 说明即使最优解也不是唯一的, 最优解的个数可能还不是很少, 因此即使开始选择的装载方案有不太适合的, 只要其比重不大, 对最后结果影响也不会太大.

上述事实还启发我们, 装载方案随着轿运车和乘用车的种类增加而指数式的增长, 即使开始就考虑按目的地装载, 由于轿运车和乘用车的种类还是比较多, 因此装载方案的数量仍然相当大, 所以对最优解影响不大, 可能仅个别乘用车需要综合考虑, 这就大大简化了问题的难度.

下面给出根据上述启发式思想求解第五问的过程. 这里大约需要一个人一整天的时间, 相比计算机三四天都得不到一个结果, 这已经是重大的进步了.

因为乘用车高度超过 1700mm 对装载限制比较多, 所以可以首先安排高度超过 1700mm 的乘用车. 根据题目这样的乘用车共有 8 种 156 辆. 它们是 1 号车, 宽度为 4610mm, 共 10 辆车; 12 号车, 长度为 4574mm, 共 12 辆车; 17 号车, 长度为 4945mm, 共 5 辆车; 24 号车, 长度为 5160mm, 共 18 辆车; 25 号车, 长度为 4800mm, 共 23 辆车; 26 号车, 长度为 4590mm, 共 21 辆车; 31 号车, 长度为 4285mm, 共 30 辆车; 37 号车, 长度为 3820mm, 共 37 辆车. 下面制定装载方案的思想是尽量乘用车安排完一种后再安排下一种. 虽然可能降低了轿运车利用率, 但安排起来不易发生遗漏.

(1) 9 辆 19 米长 1-1 轿运车仅先利用下层, 每层装载 2 辆 24 号车, 1 辆 1 号车, 1 辆 29 号车 (长度 3763mm); $5260 \times 2 + 4710 + 3863 = 19093 < 19100$.

24 号车运完. 1 号车剩 1 辆, 29 号车剩 24 辆 (总共需要运送 33 辆)

(2) 4 辆 19 米长 1-1 轿运车仅先利用下层, 每层装载 1 辆 17 号车, 3 辆 12 号车; $4674 \times 3 + 5045 = 19067 < 19100$.

12 号车运完. 17 号车剩 1 辆.

(3) 1 辆 19 米长 1-1 轿运车仅先利用下层, 每层装载 1 辆 1 号车, 1 辆 17 号车, 1 辆 25 号车, 1 辆 31 号车; $5045 + 4710 + 4900 + 4385 = 19040 < 19100$.

1、17 号车运完. 31 号车剩 29 辆, 25 号车剩 22 辆.

(4) 14 辆 18.3 米长 1-1 轿运车仅先利用下层, 每层装载 1 辆 26 号车, 2 辆 31 号车, 1 辆 25 号车; $4900 + 4690 + 4385 \times 2 = 18360 < 18400$.

31 号车剩 1 辆, 25 号车剩 8 辆, 26 号车剩 7 辆.

(5) 1 辆 19 米长 1-1 轿运车仅先利用下层, 每层装载 1 辆 31 号车, 3 辆 25 号车; $4900 \times 3 + 4385 = 19085 < 19100$.

31 号车运完, 25 号车剩 5 辆.

(6) 5 辆 19 米长 1-1 轿运车仅先利用下层, 每层装载 1 辆 25 号车, 1 辆 26 号车, 2 辆 32 号车 (长度 4608mm). $4900 + 4690 + 4708 \times 2 = 19006 < 19100$.

25 号车运完, 26 号车剩 2 辆, 32 号车剩 32 辆 (总共需要运送 42 辆)

(7) 1 辆 19 米长 1-1 轿运车仅先利用下层, 每层装载 2 辆 26 号车, 2 辆 4 号车 (长度 4747mm); $4690 \times 2 + 4847 \times 2 = 19074 < 19100$.

26 号车运完, 4 号车剩 40 辆 (总共需要运送 42 辆).

(8) 4 辆 24.3 米长 1-1 轿运车仅先利用下层, 每层装载 4 辆 37 号车, 2 辆 39 号 (长度 4245mm); $4345 \times 2 + 3920 \times 4 = 24370 < 24400$.

37 号车剩 21 辆, 39 号车剩 25 辆 (总共需要运送 33 辆).

(9)5 辆 19 米长 2-2 轿运车仅先利用下层, 每列装载 2 辆 37 号车, 3 辆 5 号车 (长度 3560mm); $3660 \times 3 + 3920 \times 2 = 18820 < 19100$, 而且两种乘用车均适合装载 2 列.

37 号车剩 1 辆, 5 号车剩 24 辆 (总共需要运送 54 辆).

(10) 1 辆 18.3 米长 1-1 轿运车仅先利用下层, 每层装载 1 辆 37 号车, 3 辆 34 号车 (长度 4687mm); $3920 + 4787 \times 3 = 18281 < 18400$.

37 号车运完, 34 号车剩 22 辆 (总共需要运送 25 辆).

至此高度超过 1700mm 的 8 种乘用车已经全部装载. 共用 5 辆 19 米长 2-2 轿运车、4 辆 24.3 米长 1-1 轿运车、21 辆 19 米长 1-1 轿运车、15 辆 18.3 米长 1-1 轿运车的全部下层.

下面安排宽度超过 1700mm 的乘用车, 因为它们无法将两列装载在同一层. 它们有 24 种: 10 号车, 长度 4135mm, 11 辆; 38 号车, 长度 4212mm, 33 辆; 16 号车, 长度 4350mm, 28 辆; 21 号车, 长度 4466mm, 18 辆; 9 号车, 长度 4480mm, 23 辆; 6 号车, 长度 4490mm, 58 辆; 13 号车, 长度 4500mm, 42 辆; 22 号车, 长度 4531mm, 13 辆; 42 号车, 长度 4544mm, 29 辆; 35 号车, 长度 4580mm, 28 辆; 11 号车, 长度 4600mm, 20 辆; 36 号车, 长度 4603mm, 28 辆; 32 号车, 长度 4608mm, 现在剩 32 辆; 45 号车, 长度 4670mm, 53 辆; 4 号车, 长度 4747mm, 现在剩 40 辆; 33 号车, 长度 4789mm, 31 辆; 41 号车, 长度 4855mm, 25 辆; 28 号车, 长度 4865mm, 32 辆; 23 号车, 长度 4880mm, 21 辆; 15 号车, 长度 4930mm, 12 辆; 19 号车, 长度 4945mm, 14 辆; 2 号车, 长度 5015mm, 11 辆; 43 号车, 长度 5035mm, 25 辆; 44 号车, 长度 6831mm, 4 辆.

首先用上面已经装好了下层的 40 辆轿运车的上层来装载 (5 辆 19 米长 2-2 轿运车除外), 因为它们都只有一列, 宽度不是问题.

(1) 2 辆 18.3 米长 1-1 轿运车上层装载, 每层装载 1 辆 16 号车 (长度 4350mm), 2 辆 44 号车; $6931 \times 2 + 4450 = 18312 < 18400$.

44 号车运完, 16 号车剩 26 辆.

(2) 9 辆 24.3 米长 1-1 轿运车上层装载, 每层装载 2 辆 43 号车, 3 辆 32 号车; $5135 \times 2 + 4708 \times 3 = 24394 < 24400$.

43 号车剩 7 辆, 32 号车剩 5 辆.

(3) 7 辆 19 米长 1-1 轿运车上装载层, 每层装载 1 辆 43 号车, 1 辆 19 号车, 2 辆 16 号车 (长度 4350mm), $5135 + 5045 + 4450 \times 2 = 19080 < 19100$.

43 号车运完, 19 号车剩 7 辆, 16 号车剩 12 辆.

(4) 7 辆 19 米长 1-1 轿运车上装载层, 其中 6 辆每层装载 1 辆 2 号车, 1 辆 19 号车, 2 辆 16 号车, $5115 + 5045 + 4450 \times 2 = 19060 < 19100$.

另 1 辆轿运车上层 1 辆 19 号车, 3 辆 35 号车, $5115 + 4680 \times 3 = 19085 < 19100$.

19、16 号车运完, 2 号车剩 5 辆, 35 号车剩 25 辆.

(5) 5 辆 19 米长 1-1 轿运车上层装载, 每层装载 1 辆 2 号车, 3 辆 42 号车, $5115 + 4644 \times 3 = 19047 < 19100$.

2 号车运完, 42 号车剩 14 辆.

(6) 2 辆 19 米长 1-1 轿运车上层装载, 每层装载 2 辆 15 号车, 2 辆 18 号车, $5030 \times 2 + 4500 \times 2 = 19060 < 19100$.

15 号车剩 8 辆, 18 号车剩 33 辆 (总共需要运送 37 辆).

(7) 1 辆 21 米长 1-1 轿运车, 上下层都装载 4 辆 15 号车; $5030 \times 4 = 20120 < 21100$.

15 号车运完.

(8) 2 辆 18.3 米长 1-1 轿运车上层装载, 其中 1 辆上层装载 3 辆 32 号车, 1 辆 10 号车; $4235 + 4708 \times 3 = 18359 < 18400$.

另 1 辆上层装载 2 辆 32 号车, 1 辆 35 号车, 1 辆 10 号车; $4235 + 4680 + 4708 \times 2 = 18331 < 18400$.

32 号车运完, 10 号车剩 9 辆 (总共需要运送 11 辆), 35 号车剩 24 辆.

(9) 3 辆 18.3 米长 1-1 轿运车上层装载, 每层装载 2 辆 28 号车, 2 辆 10 号车; $4235 \times 2 + 4965 \times 2 = 18400$.

28 号车剩 26 辆, 10 号车剩 3 辆.

至此用完了前一阶段上层已经装载完的 4 辆 24.3 米长 1-1 轿运车的下层、现在又新用了 5 辆 24.3 米长 1-1 轿运车, 计 9 辆. 又用了 21 辆 19 米长 1-1 轿运车、7 辆 18.3 米长 1-1 轿运车的全部上层; 同时用了 1 辆 21 米长 1-1 轿运车.

(10) 5 辆 24.3 米长 1-1 轿运车装载上下层, 每层 1 辆 23 号车, 4 辆 4 号车; $4980 + 4847 \times 4 = 24368 < 24400$.

4 号车运完, 23 号车剩 11 辆.

(11) 2 辆 24.3 米长 1-1 轿运车装载上下层, 其中 2 辆上层和 1 辆下层装 3 辆 23 号车, 2 辆 36 号车; $4980 \times 3 + 4703 \times 2 = 24346 < 24400$.

另 1 辆下层装 2 辆 23 号车, 2 辆 36 号车, 1 辆 28 号车; $4980 \times 2 + 4703 \times 2 + 4965 = 24331 < 24400$.

23 号车运完, 36 号车剩 20 辆, 28 号车剩 25 辆.

(12) 4 辆 24.3 米长 1-1 轿运车装载上下层, 其中 3 辆每层装载 4 辆 28 号车, 1 辆 14 号车; $4965 \times 4 + 4520 = 24380 < 24400$.

第四辆下层装载 1 辆 28 号车, 3 辆 41 号车, 1 辆 21 号车; $4965+4566+4955\times3=24396<24400$. 上层装载 4 辆 41 号车, 1 辆 21 号车; $4566+4955\times4=24386<24400$.

28 号车运完, 14 号车剩 17 辆, 41 号车剩 18 辆, 21 号车剩 16 辆.

(13) 1 辆 24.3 米长 1-1 轿运车装载上下层, 每层装载 4 辆 41 号车, 1 辆 21 号车; $4566+4955\times4=24386<24400$.

41 号车剩 10 辆, 21 号车剩 14 辆.

(14) 5 辆 24.3 米长 1-2 轿运车下层装载, 每层装载 1 辆 41 号车, 4 辆 36 号车; $4955+4703\times4=23767<24400$. 上层前面已经装载.

36 号车运完, 41 号车剩 5 辆.

(15) 5 辆 23.7 米长 1-2 轿运车下层装载, 每层装载 1 辆 41 号车, 4 辆 11 号车, $4955+4700\times4=23755<23800$. 轿运车上层暂未装载.

41、11 号车都已经运完.

(16) 5 辆 23.3 米长 1-2 轿运车下层装载, 每层装载 2 辆 33 号车, 3 辆 14 号车; $4520\times3+4889\times2=23338<23400$. 轿运车上层暂未装载.

33 号车剩 21 辆, 14 号车剩 2 辆.

(17) 7 辆 23.3 米长 1-2 轿运车下层装载, 每层装载 3 辆 33 号车, 2 辆 7 号车; $4330\times2+4889\times3=23327<23400$. 轿运车上层暂未装载.

33 号车运完, 7 号车剩 7 辆 (总共需要运送 21 辆).

(18) 3 辆 23.3 米长 1-2 轿运车下层装载, 每层装载 2 辆 45 号车, 3 辆 13 号车; $4770\times2+4600\times3=23340<23400$. 轿运车上层暂未装载.

45 号车剩 47 辆, 13 号车剩 33 辆.

(19) 7 辆 22 米长 1-1 轿运车装载上下层, 其中 6 辆轿运车每层装载 3 辆 45 号车, 2 辆 29 号车; $4770\times3+3883\times2=22076<22100$. 另一辆轿运车下层装载 1 辆 45 号车, 4 辆 7 号车. $4770+4330\times4=22090<21100$. 上层装载 2 辆 35 号车, 3 辆 10 号车; $4680\times2+4235\times3=22065<22100$.

10、29 号车都已经运完, 7 号车剩 3 辆, 35 号车剩 22 辆, 45 号车剩 10 辆.

(20) 1 辆 22 米长 1-1 轿运车装载上下层, 其中下层装载 1 辆 35 号车, 3 辆 7 号车, 1 辆 3 号车; $4680+4330\times3+4410=22080<22100$. 上层装载 1 辆 35 号车, 3 辆 38 号车, 1 辆 3 号车. $4680+4312\times3+4410=22026<22100$.

7 号车运完, 35 号车剩 20 辆, 3 号车剩 38 辆, 38 号车剩 30 辆.

(21) 5 辆 22 米长 1-1 轿运车装载上下层, 每层装载 1 辆 35 号车, 3 辆 38 号车, 1 辆 3 号车. $4680+4312\times3+4410=22026<22100$.

38 号车运完, 35 号车剩 10 辆, 3 号车剩 28 辆.

(22) 2 辆 22 米长 1-1 轿运车装载上下层, 其中 1 辆轿运车每层装载 2 辆 35 号车, 1 辆 40 号车, 2 辆 3 号车. $4680\times2+4410\times2+3845=22025<22100$. 另 1 辆轿

运车上层装载 3 辆 35 号车, 1 辆 5 号车, 1 辆 8 号车. $4680 \times 3 + 4370 + 3560 = 21970 < 22100$; 下层装载 3 辆 35 号车, 1 辆 5 号车, 1 辆 18 号车. $4680 \times 3 + 4500 + 3560 = 22100$.

35 号车运完, 40 号车剩 25 辆, 5 号车剩 22 辆, 18 号车剩 32 辆, 8 号车剩 28 辆, 3 号车剩 24 辆.

(23) 3 辆 18.3 米长 1-1 轿运车装载上下层, 每层装载 2 辆 22 号车, 2 辆 21 号车. $4566 \times 2 + 4631 \times 2 = 18394 < 18400$.

22 号车剩 1 辆, 21 号车剩 2 辆.

(24) 1 辆 21 米长 1-1 轿运车装载上下层, 上层装载 1 辆 22 号车, 2 辆 21 号车, 2 辆 5 号车. $4566 \times 2 + 4631 + 3560 \times 2 = 20883 < 21100$. 下层装载 3 辆 42 号车, 2 辆 5 号车. $4644 \times 3 + 3560 \times 2 = 21052 < 21100$.

21、22 号车都已经运完, 42 号车剩 11 辆, 5 号车剩 18 辆.

(25) 2 辆 21 米长 1-1 轿运车装载上下层, 2 辆上层及 1 辆下层均装载 3 辆 42 号车, 2 辆 5 号车. $4644 \times 3 + 3560 \times 2 = 21052 < 21100$. 另一辆下层装载 2 辆 42 号车, 2 辆 5 号车, 1 辆 13 号车; $4644 \times 2 + 3560 \times 2 + 4600 = 21008 < 21100$.

42 号车运完, 13 号车剩 32 辆, 5 号车剩 10 辆.

(26) 3 辆 21 米长 1-1 轿运车装载上下层, 其中 3 辆上层及 2 辆下层装载 2 辆 45 号车, 3 辆 40 号车. $4770 \times 2 + 3845 \times 3 = 21075 < 21100$. 另一辆下层装载 3 辆 13 号车, 2 辆 5 号车; $4600 \times 3 + 3560 \times 2 = 20920 < 21100$.

45 号车运完, 40 号车剩 10 辆, 5 号车剩 8 辆, 13 号车剩 29 辆.

(27) 2 辆 21 米长 1-1 轿运车装载上下层, 每层装载 3 辆 13 号车, 2 辆 5 号车; $4600 \times 3 + 3560 \times 2 = 20920 < 21100$.

5 号车运完, 13 号车剩 17 辆.

(28) 8 辆 18.3 米长 1-1 轿运车装载上层, 每层装载 6 号车 4 辆; $4590 \times 4 = 18360 < 18400$. 6 号车剩 26 辆.

(29) 5 辆 21 米长 1-1 轿运车装载上下层, 每层装载 20 号车 2 辆、8 号车 1 辆, 13 号车 2 辆, 待 13 号车装完后替换为 6 号车; $4600 \times 2 + 4370 + 3688 \times 2 = 20946 < 21100$.

13 号车运完, 20 号车剩 16 辆, 6 号车剩 23 辆, 8 号车剩 18 辆, .

(30) 6 辆 21 米长 1-1 轿运车装载上下层, 每辆上层及 5 辆下层装载 4 辆 9 号车或 6 号车; $4590 \times 4 = 18360 < 21100$. 第六辆下层装载 2 辆 9 号车, 2 辆 18 号车; $4580 \times 2 + 4500 \times 2 = 18160 < 21100$.

9、6 号车运完. 18 号车剩 30 辆.

至此宽度超过 1700mm 的乘用车全部装载完毕, 除使用了 4 辆 24.3 米长 1-1 轿运车、21 辆 19 米长 1-1 轿运车、15 辆 18.3 米长 1-1 轿运车的全部上层; 又使用了 3 辆 18.3 米长 1-1 轿运车、15 辆 22 米长 1-1 轿运车、20 辆 21 米长 1-1 轿运车、17 辆 24.3 米长 1-1 轿运车、5 辆 23.7 米长 1-2 轿运车、15 辆 23.3 米长 1-2 轿运车的全部上层. 尚有 24 辆 3 号车 (长度 4310mm)、18 辆 8 号车 (长度 4270mm)、2 辆 14 号车 (长度 4420mm)、30 辆 18 号车 (长度 4400mm)、16 辆 20 号车 (长度 3588mm)、24 辆 27 号车 (长度 4194mm)、26 辆 30 号车 (长度 3998mm)、22 辆 34 号车 (长度 4687mm)、25 辆 39 号车 (长度 4245mm) 没有装载.

因为 5 辆 23.7 米长 1-2 轿运车、15 辆 23.3 米长 1-2 轿运车、5 辆 19 米长 2-2 轿运车的全部上层还没有使用, 而且现在乘用车的高度、宽度适合装在这些上层的两列.

(1) 3 辆 23.7 米长 1-2 轿运车装载上层, 其中 2 列每列装载 4 辆 34 号车, 1 辆 14 号车; $4520 + 4787 \times 4 = 23668 < 23800$. 第三、四、五列每列装载 4 辆 34 号车, 1 辆 27 号车; $4294 + 4787 \times 4 = 23442 < 23800$. 第六列装载 2 辆 34 号车, 3 辆 8 号车; $4370 \times 3 + 4787 \times 2 = 22684 < 23800$.

14、34 号车运完. 27 号车剩 21 辆, 8 号车剩 15 辆.

(2) 2 辆 23.7 米长 1-2 轿运车装载上层, 每列装载 5 辆 18 号车. $4500 \times 5 = 22500 < 23800$.

18 号车剩 10 辆.

(3) 1 辆 23.3 米长 1-2 轿运车装载上层, 每列装载 5 辆 18 号车. $4500 \times 5 = 22500 < 23400$.

18 号车运完.

(4) 3 辆 23.3 米长 1-2 轿运车装载上层, 每列装载 4 辆 3 号车, 1 辆 8 号车. $4410 \times 4 + 4370 = 22010 < 23400$.

3 号车运完. 8 号车剩 9 辆.

(5) 3 辆 23.3 米长 1-2 轿运车装载上层, 前 5 列每列装载 5 辆 39 号车, $4345 \times 5 = 21725 < 23400$. 第六列装载 5 辆 8 号车. $4370 \times 5 = 21850 < 23400$.

39 号车运完. 8 号车剩 1 辆.

(6) 3 辆 23.3 米长 1-2 轿运车装载上层, 每列装载 4 辆 27 号车, 1 辆 30 号车. $4294 \times 4 + 4098 = 21274 < 23400$.

27 号车运完. 30 号车剩 20 辆.

(7) 4 辆 23.3 米长 1-2 轿运车装载上层, 前 2 列每列装载 5 辆 30 号车, $4098 \times 5 = 20490 < 23400$. 后两辆的 3 列每列装载 5 辆 20 号车. $3688 \times 5 = 18440 < 23400$. 最后一列装载 1 辆 20 号车, 1 辆 8 号车.

30、8 号车运完.

1207 辆乘用车装载完毕, 1 辆 23.3 米长 1-2 轿运车上层及 5 辆 19 米长 2-2 轿运车上层没有使用. 由于 25 辆 18.2 米长 1-1 轿运车、5 辆 23.7 米长 1-2 轿运车以及 1 辆 24.3 米长 1-1 轿运车没有使用, 总共使用轿运车 120 辆.

为了克服许多研究生的方案漏发送乘用车的情况, 可以造两张表, 一张是 45 种乘用车的, 开始全部注上需要运送的数目, 安排运送了几辆之后, 就再写上剩余需要运送的数目, 直至为零. 另一张是 10 种轿运车的, 开始注上拥有的车辆数, 装载了几辆之后, 再写上还没有安排的这种轿运车数目, 直至为零或乘用车装载完. 为提高效率, 1-2 轿运车不一定在 1-1 轿运车装载 5 辆之后安排 1 辆, 只要不超过预先估计的数目之内即可.

四、创新的做法

从表 4.15 可以获知, 当有 8 种轿运车、45 种轿车时满载的装载方案达 200 多万种, 加上不是满载的装载方案可能达 1000 万种以上, 所以明显给求解带来极大的难度. 但是我们绝不应该忘记问题的另一面, 最优解仅需要 113 辆轿运车, 254 列. 即使被采用的 254 列中还有不少列的装载方案是相同的, 因此真实被采用的装载方案不超过 100 种. 因此考虑全部的装载方案再寻优, 实际上 99999/100000 都是无用功, 而且整数规划的计算量随整数变量的个数增加而指数式增长, 所以 LINGO 软件在几天之内无法求解就是非常正常的事了, 这又一次说明完全依赖计算机, 一切迷信计算机是不行的, 必须发挥人的创造性, 必须让计算机的优异的性能与人的聪明才智有机地结合. 现在的问题是尽管我们知道其中绝大多数是无用功, 但并不准确知道哪些装载方案是有用的. 退一步, 我们能否猜测哪些装载方案是有用的, 从而适当扩大装载方案的集合, 再利用计算机的优势来解决这个困难的问题. 当然我们不应该指望一次就可能一个不漏地找到全部有用的装载方案, 但我们可以借用常用优化方法的思想, 通过迭代的方式逐步寻优, 只要保证每次迭代目标函数值是单调的即可, 如果能够是严格单调的则更好. 根据 LINGO 软件的实际情况求解几千个整数变量问题不大, 结合问题选取 4800 个整数变量.

对每种轿运车上、下层所有装载方案按照装满后剩余空间由小到大进行排序, 各取前 200 组装载方案 (注意每种轿运车、每种轿车都应该有装载方案包括在其中, 一般方案越多, 利用率越高, 但应考虑计算效率). 考虑到单台轿运车每层剩余空间最小不一定包含在总体最佳装载方案中, 所以再从每种轿运车上、下层剩余的装载方案中各随机取出 100 组不重复的装载方案 (这里是借用模拟退火、遗传算法的思想), 并就用这 300 组装载方案去寻找装载方案解的最优解或较优解.

将这些装载方案的解空间代表放在 16 个 (18.2 米轿运车暂不使用, 两个 21 米长的轿运车合在一起, 这样轿运车有 8 种长度, 每种轿运车再分上、下两层, 层共有 16 种)300×45(300 是方案组数, 45 是乘用车种数) 矩阵中. 这些矩阵为 $N_{1D}, N_{2D}, \cdots, N_{8D}, N_{1U}, N_{2U}, \cdots, N_{8U}$. 各种装载方案出现次数用 300 维的行向量表示, 为 $x_{1D}, x_{2D}, \cdots, x_{8D}, x_{1U}, x_{2U}, \cdots, x_{8U}$ (D 代表下层, U 代表上层, 总共 4800 个未知数). 将这些数据代入第一阶段优化模型, 以轿运车使用数量最小作为目标函数, 考虑上下层约束、乘用车供需约束、1-2 和 1-1 型轿运车数量约束等. 第一阶段优化模型仅考虑各类乘用车的总供应量, 而不考虑目的地. 因为以各层装载方案出现次数为自变量, 所以模型比前面以轿运车各种装载方案出现次数为自变量的模型要多出几个约束条件.

具体优化模型及说明如下:

$$\min C_{\text{sum}} = \frac{1}{2} \cdot \sum_{i=1}^{300} x_{1\text{D}i} + \sum_{j=2}^{8} \sum_{i=1}^{300} x_{j\text{D}i},$$

[因为 2-2 型轿运车下层有两列, 所以乘 1/2,

其余轿运车全取下层, 一列代表一辆轿运车] (4.1)

$$\text{s.t.} \sum_{i=1}^{300} x_{1\text{D}i} = \sum_{i=1}^{300} x_{1\text{U}i}, \quad \mod\left(\sum_{i=1}^{300} x_{1\text{D}i}, 2 \right) = 0,$$

[2-2 型轿运车上、下层均为两列, 上层列数一定偶数] (4.2)

$$\sum_{i=1}^{300} x_{j\text{D}i} = \sum_{i=1}^{300} x_{j\text{U}i}, \quad j = 2, 3, \cdots, 6,$$

[1-1 型轿运车上、下层都是 1 列] (4.3)

$$2 \cdot \sum_{i=1}^{300} x_{j\text{D}i} = \sum_{i=1}^{300} x_{j\text{U}i}, \quad j = 7, 8,$$

[1-2 轿运车上层列数是下层的两倍] (4.4)

$$\sum_{j=1}^{8} x_{j\text{D}} N_{j\text{D}} + \sum_{j=1}^{8} x_{j\text{U}} N_{j\text{U}} \geqslant \begin{bmatrix} P_1 & P_2 & \cdots & P_{45} \end{bmatrix},$$

[几个目的地对 45 种轿车的需求总和得到满足] (4.5)

$$\sum_{j=7}^{8} \sum_{i=1}^{300} x_{j\text{D}i} \leqslant 20\% \cdot \sum_{j=2}^{6} \sum_{i=1}^{300} x_{j\text{D}i},$$

[1-2 型轿运车数量不超过 1-1 型轿运车数量的 20%] (4.6)

$$x_{j\text{D}i} \in \mathbf{N}, x_{j\text{U}i} \in \mathbf{N}. \tag{4.7}$$

利用 LINGO 软件求解上述整数规划模型, 得到该搜索空间下轿运车使用数量的最优解.

每种轿运车每层有 300 种乘用车装载方案, 将求得的可行解中被采用的乘用车装载方案保留, 删除没有采用的运载方案 (即对后来产生的 100 组进行淘汰, 对前 200 种剩余空间最小的装载方案后期也可以淘汰). 重新在总运载方案空间随机搜索乘用车运载方案补充, 加入保留下来的装载方案集合中, 所以被删除的装载方案后来仍有可能再次被加入新的装载方案集合中 (这样更新的目的在于不断变化搜索空间). 将新 300 组乘用车装载方案重新代入第一阶段模型优化. 同时, 将已经找到轿运车使用数量的最小值设为约束, 即在以前结果的基础寻找更优的可行解 (也可以对每次更新的方案数目调整, 但不应该大于 150 个).

从理论上讲, 当启发式—淘汰搜索空间足够大, 寻优得到的可行解也会逐渐逼近真实最优解, 但实际上装载、运输方案过于庞大, 企图搜索到全部解空间是不切实际的, 上述方法在有限的解空间获得满意的可行解, 并且在可行解的基础上淘汰—搜索, 不断优化, 因而由上述方法得到的可行解易于寻找, 满足实际整车物流运输在制定运输方案时对时间的需求.

经过实际验证, 当按照上述规则改变运载方案 10~15 次 (每次计算机约运行 15 分钟), 所得的轿运车使用数量不再减少, 则认为该优化模型已经找到最优解, 终止寻优过程.

进一步分析, 乘用车最短 3460mm, 次长 5160mm, 相差 1700mm, 而乘用车 (除去最长的一种) 有 44 种, 立即可知, 不同乘用车长度平均相差不足 4cm, 因此不少情况下, 轿运车长度方面的浪费就小于等于 4cm, 而轿运车每列长度平均 20 米, 相对损失 0.2%. 所以在求解时根本无须考虑浪费比较大 (例如浪费超过 5%) 的方案, 这为我们剔除装载方案提供理论依据.

上述方案仍然有应当修改的地方, 各取前 200 组装载方案是不够的, 因为 45 种轿车都要运走, 可能其中有部分轿车因为长度或其他原因搭配不理想, 这样在前 200 组装载方案中就可能不包括这种轿车, 肯定找不到比较好的解. 因此必须再按照包含各种轿车的装载方案按照装满后剩余空间由小到大进行排序, 保证 200 组装载方案中包含全部轿车的装载方案.

也可能某种轿车的数量比较大, 虽然可以与其他轿车很好地搭配浪费很小, 但由于其他轿车数量小, 前面搭配完了, 这时这种轿车必须采用浪费比较大的方案, 因此在 200 组装载方案中应该多考虑需要运输数量比较大的轿车的装载方案.

比较前四问得到的解答, 可以发现虽然都是最优解, 但是采用的装载方案并不完全相同, 甚至采用的装载方案的个数也不相同, 因此在迭代的过程中, 不应该把未使用的全部装载方案从集合中剔除, 而应该保留其中重要的及曾经使用过的装载方案.

第二阶段优化模型以轿运车使用成本最小 (即 1-2 型轿运车使用数量最小) 为目标函数, 将第一阶段优化模型得到的轿运车总量作为该阶段优化的等式约束. 优化模型同第四问的第二阶段优化模型类似, 此处不再赘述.

上述两个阶段优化模型得到的结果作为第三阶段优化模型的约束, 进行第三阶段优化. 第三阶段优化的目标函数为行驶里程数最短, 同时需要满足各个地点的乘用车供应需求.

将所有轿运车按照行驶路线分为以下 6 种路线.

线路 1: O-D, 用下标 D 表示;

线路 2: *O-D-B*, 用下标 *B* 表示;

线路 3: *O-D-C*, 用下标 *C* 表示;

线路 4: *O-D-B-E*, 用下标 *E* 表示;

线路 5: *O-D-B-A*, 用下标 *A* 表示;

线路 6: *O-D-B-A-E*, 用下标 *AE* 表示.

假设模型中线路不考虑绕行情况, 且不考虑线路 *O-D-B-E-A*. 因为当轿运车需要在 *A* 地和 *E* 地都卸车时, 线路 *O-D-B-E-A* 和 *O-D-B-A-E* 均能达到这一效果, 且线路 *O-D-B-A-E* 的里程数小于线路 *O-D-B-E-A*, 因而只考虑线路 *O-D-B-A-E* 是合理的.

设这 6 种路线, 各型轿运车上、下层每列各种方案出现的次数分别为

$$\boldsymbol{x}_{iDM} = \begin{bmatrix} x_{iDM1} & x_{iDM2} & \cdots & x_{iDM300} \end{bmatrix}, \quad \boldsymbol{x}_{iUM} = \begin{bmatrix} x_{iUM1} & x_{iUM2} & \cdots & x_{iUM300} \end{bmatrix},$$
$$i = 1, 2, \cdots, 8, \quad M \in \{D, C, B, A, E, AE\}.$$

这样自变量个数达到 28800, 求解难度大为增加.

第三阶段优化模型如下:

$$\min \ S_{\text{sum}} = S_D \times \left[\frac{1}{2} \cdot \sum_{i=1}^{300} x_{1DDi} + \sum_{j=2}^{8} \sum_{i=1}^{300} x_{jDDi} \right]$$

$$+ S_C \times \left[\frac{1}{2} \cdot \sum_{i=1}^{300} x_{1DCi} + \sum_{j=2}^{8} \sum_{i=1}^{300} x_{jDCi} \right]$$

$$+ S_B \times \left[\frac{1}{2} \cdot \sum_{i=1}^{300} x_{1DBi} + \sum_{j=2}^{8} \sum_{i=1}^{300} x_{jDBi} \right]$$

$$+ S_A \times \left[\frac{1}{2} \cdot \sum_{i=1}^{300} x_{1DAi} + \sum_{j=2}^{8} \sum_{i=1}^{300} x_{jDAi} \right]$$

$$+ S_E \times \left[\frac{1}{2} \cdot \sum_{i=1}^{300} x_{1DEi} + \sum_{j=2}^{8} \sum_{i=1}^{300} x_{jDEi} \right]$$

$$+ S_{AE} \times \left[\frac{1}{2} \cdot \sum_{i=1}^{300} x_{1DAEi} + \sum_{j=2}^{8} \sum_{i=1}^{300} x_{jDAEi} \right],$$

[六条路线上轿运车里程和最小]

$$\text{s.t.} \ \sum_{i=1}^{300} x_{1Di} = \sum_{i=1}^{300} x_{1Ui}, \quad \text{mod} \left(\sum_{i=1}^{300} x_{1Di}, 2 \right) = 0,$$

$$\sum_{i=1}^{300} x_{jDi} = \sum_{i=1}^{300} x_{jUi}, \quad j = 2, 3, \cdots, 6,$$

$$2 \cdot \sum_{i=1}^{300} x_{jDi} = \sum_{i=1}^{300} x_{jUi}, \quad j = 7, 8,$$

$$\sum_{j=7}^{8} \sum_{i=1}^{300} x_{jDi} \leqslant 20\% \cdot \sum_{j=2}^{6} \sum_{i=1}^{300} x_{jDi},$$

$$\frac{1}{2} \cdot \sum_{i=1}^{300} x_{1DDi} + \sum_{j=2}^{8} \sum_{i=1}^{300} x_{jDDi} + \frac{1}{2} \cdot \sum_{i=1}^{300} x_{1DCi} + \sum_{j=2}^{8} \sum_{i=1}^{300} x_{jDCi}$$

$$+ \frac{1}{2} \cdot \sum_{i=1}^{300} x_{1DBi} + \sum_{j=2}^{8} \sum_{i=1}^{300} x_{jDBi} + \frac{1}{2} \cdot \sum_{i=1}^{300} x_{1DAi} + \sum_{j=2}^{8} \sum_{i=1}^{300} x_{jDAi}$$

$$+ \frac{1}{2} \cdot \sum_{i=1}^{300} x_{1DEi} + \sum_{j=2}^{8} \sum_{i=1}^{300} x_{jDEi} + \frac{1}{2} \cdot \sum_{i=1}^{300} x_{1DAEi} + \sum_{j=2}^{8} \sum_{i=1}^{300} x_{jDAEi} = C_{\mathrm{sum}},$$

$$\boldsymbol{T}_D = \sum_{j=1}^{8} \boldsymbol{x}_{jDD} \boldsymbol{N}_{jD} + \sum_{j=1}^{8} \boldsymbol{x}_{jUD} \boldsymbol{N}_{jU},$$

[D 目的地各种轿车的可以卸货数, $\boldsymbol{N}_{jD}$ 是下层装载方案]

$$\boldsymbol{T}_C = \sum_{j=1}^{8} \boldsymbol{x}_{jDC} \boldsymbol{N}_{jD} + \sum_{j=1}^{8} \boldsymbol{x}_{jUC} \boldsymbol{N}_{jU},$$

$$\boldsymbol{T}_B = \sum_{j=1}^{8} \boldsymbol{x}_{jDB} \boldsymbol{N}_{jD} + \sum_{j=1}^{8} \boldsymbol{x}_{jUB} \boldsymbol{N}_{jU},$$

$$\boldsymbol{T}_A = \sum_{j=1}^{8} \boldsymbol{x}_{jDA} \boldsymbol{N}_{jD} + \sum_{j=1}^{8} \boldsymbol{x}_{jUA} \boldsymbol{N}_{jU},$$

$$\boldsymbol{T}_E = \sum_{j=1}^{8} \boldsymbol{x}_{jDE} \boldsymbol{N}_{jD} + \sum_{j=1}^{8} \boldsymbol{x}_{jUE} \boldsymbol{N}_{jU},$$

$$\boldsymbol{T}_{AE} = \sum_{j=1}^{8} \boldsymbol{x}_{jDAE} \boldsymbol{N}_{jD} + \sum_{j=1}^{8} \boldsymbol{x}_{jUAE} \boldsymbol{N}_{jU},$$

$\boldsymbol{T}_C \geqslant \boldsymbol{P}_C$, [$C$ 处各种轿车可卸货量不小于需求量]

$$\boldsymbol{T}_E + \boldsymbol{T}_{AE} \geqslant \boldsymbol{P}_E,$$

$$\boldsymbol{T}_A + \boldsymbol{T}_{AE} \geqslant \boldsymbol{P}_A,$$

$$\boldsymbol{T}_A + \boldsymbol{T}_E + \boldsymbol{T}_{AE} \geqslant \boldsymbol{P}_A + \boldsymbol{P}_E,$$

[与上两个不等式合在一起, 保证 A、E 处需求得到满足, 因为 A、E 均可以从两条

路线的轿运车上卸载轿车, AE 路线保证 A、E 各自的需求, 总体又可保证总量需求]

$$\boldsymbol{T}_B + \boldsymbol{T}_A + \boldsymbol{T}_E + \boldsymbol{T}_{AE} \geqslant \boldsymbol{P}_A + \boldsymbol{P}_B + \boldsymbol{P}_E,$$

[A、B、E 的路线都经过 B, 不等式左边是到达 B 的轿车总量, 不等式右边是 A、B、E 的轿车需求总量, 两边同减去 A、E 的轿车需求总量, 不等式仍然成立, 即 B 的轿车剩余量超过 B 的轿车需求总量]

$$T_D + T_C + T_B + T_A + T_E + T_{AE} \geqslant P_A + P_B + P_C + P_D + P_E,$$

$$x_{jDM_i} \in \mathbf{N}, \quad x_{jUM_i} \in \mathbf{N}.$$

上面五个不等式为乘用车供需约束, 表示经过该点的轿运车所运载的乘用车数量大于等于该点乘用车的需求量.

需要说明的是, 关于 C_{sum} 的约束原则上应为等式约束, 但由于前两阶段优化模型为不考虑线路情况下得到的轿用车使用量和装载情况, 现在假设第三阶段模型**不考虑绕行情况, 因而前两阶段的最优可行解实际上是第三阶段可行解的下限解, 故本模型引入松弛变量μ, 将等式约束转化为如下不等式约束:**

$$
\begin{aligned}
&\frac{1}{2} \cdot \sum_{i=1}^{300} x_{1DDi} + \sum_{j=2}^{8} \sum_{i=1}^{300} x_{jDDi} + \frac{1}{2} \cdot \sum_{i=1}^{300} x_{1DCi} + \sum_{j=2}^{8} \sum_{i=1}^{300} x_{jDCi} \\
&+ \frac{1}{2} \cdot \sum_{i=1}^{300} x_{1DBi} + \sum_{j=2}^{8} \sum_{i=1}^{300} x_{jDBi} \\
&+ \frac{1}{2} \cdot \sum_{i=1}^{300} x_{1DAi} + \sum_{j=2}^{8} \sum_{i=1}^{300} x_{jDAi} + \frac{1}{2} \cdot \sum_{i=1}^{300} x_{1DEi} + \sum_{j=2}^{8} \sum_{i=1}^{300} x_{jDEi} \\
&+ \frac{1}{2} \cdot \sum_{i=1}^{300} x_{1DAEi} + \sum_{j=2}^{8} \sum_{i=1}^{300} x_{jDAEi} \leqslant C_{\mathrm{sum}} + \mu,
\end{aligned}
\tag{4.8}
$$

式中 μ 为大于 0 的整数变量.

引入松弛变量简化分析后, 这里提出以下两种求解方法.

方法一:

方法一的首要目标在于最小化轿运车总数量, **即在使松弛变量 μ 尽可能小的条件下, 最小化轿运车总数量.**

方法二:

由于方法一中在松弛变量 μ 很小 (例如 $\mu = 1$) 的情况下, 可行的解空间非常有限, 寻找最优里程更为困难, 较难得到最优解, 下面提出一种局部整数—分散连续的逐步优化方法.

考虑到相比于离散变量, 连续变量的优化问题更易于求解, 方法二考虑将离散变量连续化. 首先, 将线路 1 各型轿运车上、下层每列各种方案出现的次数设为整型变量, 其余线路各种方案次数均为连续变量, 求得线路 1 各型轿运车上、下层每列的方案, 线路 1 的装载方案在之后的连续化过程中保持恒定 (这样自变量的个数回到 4800 个); 接着设定线路 i 装载方案次数为整型变量, 线路 1, $\cdots$, $i-1$ 装载为恒定不变的整数, 线路 $i+1, \cdots, 6$ 装载方案为连续变量; 重复该过程 (每次仅一条线路的装载方案的次数为整型变量, 所以自变量的个数始终是 4800 个), 直到所有线路对应各种方案的出现次数全部固定. 显然该方法各线路最终求得的装载方案均为整数, 在松弛变量固定的情况下, 该方法对应的装载方案所需的里程数是可以接受的可行解.

具体步骤如下:

Step1　$m = 1$;

Step2　固定 x_{jDpi}, x_{jUpi} 的值保持不变, $p = 1, 2, \cdots, m-1$, 保持前 $m-1$ 种路线各型轿运车上、下层每列各种方案出现的次数不变; $x_{jDmi} \in \mathbf{N}, x_{jUmi} \in \mathbf{N}$, 第 m 条路线各型轿运车上、下层每列各种方案出现的次数设为整型变量; $x_{jDqi} \in \mathbf{R}, x_{jUqi} \in \mathbf{R}, q = m+1, \cdots, 6$, 后 $6-m$ 条路线各型轿运车上、下层每列各种方案出现的次数设为连续变量;

Step3　将上述变量代入第三阶段优化模型进行求解;

Step4　IF $m < 6$, 则 $m = m+1$, 转至 Step2; ELSE 结束程序, 输出结果.

计算结果

利用 LINGO 软件实现上述启发式搜索三阶段优化模型. 第一、二阶段得到的最优解为搜索空间内的全局最优解, 对于第三阶段优化模型, 由于求解规模过于庞大, 加上松弛变量后, 仍然很难获得全局最优解, 因此本模型通过第三阶段优化得到的结果是搜索空间内的局部最优解.

二阶段优化的最优解为 113 辆, 通过第二阶段优化求得 2-2、1-1 和 1-2 型轿运车数量分别为 5, 90 和 18 辆. 具体的方案见表 4.16. 在不允许轿运车绕行的情况下, 113 辆轿运车的运输方案没有找到解, 用启发式方法增加一辆轿运车, 即 114 辆轿运车是可行运输方案 (表 4.17).

表 4.16　113 辆轿运车的最优装载方案

排列方案:

序号	轿运车序号	轿运车类型	下层						下层剩余空间/mm	上层						上层剩余空间/mm	总剩余空间/mm
1	1	1-1	4	12	12	25	0	0	5	4	28	42	42	0	0	0	5
2	1	1-1	4	12	12	25	0	0	5	4	6	32	41	0	0	0	5
3	1	1-1	4	6	33	45	0	0	4	4	6	32	41	0	0	0	4
4	1	1-1	4	6	33	45	0	0	4	19	32	36	42	0	0	0	4
5	1	1-1	4	12	26	33	0	0	0	19	32	36	42	0	0	0	0
6	1	1-1	4	12	26	33	0	0	0	19	32	36	42	0	0	0	0
7	1	1-1	4	12	26	33	0	0	0	19	32	36	42	0	0	0	0
8	1	1-1	4	12	26	33	0	0	0	19	32	36	42	0	0	0	0
9	1	1-1	4	12	26	33	0	0	0	19	32	36	42	0	0	0	0

续表

序号	轿运车序号	轿运车类型	下层						下层剩余空间/mm	上层						上层剩余空间/mm	总剩余空间/mm
10	1	1-1	11	23	32	32	0	0	4	21	28	33	35	0	0	0	4
11	1	1-1	11	23	32	32	0	0	4	21	28	33	35	0	0	0	4
12	1	1-1	6	25	25	32	0	0	2	21	28	33	35	0	0	0	2
13	1	1-1	6	25	25	32	0	0	2	21	28	33	35	0	0	0	2
14	1	1-1	6	25	25	32	0	0	2	21	28	33	35	0	0	0	2
15	1	1-1	6	25	25	32	0	0	2	21	28	33	35	0	0	0	2
16	1	1-1	6	25	25	32	0	0	2	4	4	11	36	0	0	3	5
17	1	1-1	6	17	26	45	0	0	5	4	4	11	36	0	0	3	8
18	1	1-1	4	4	36	36	0	0	0	4	4	11	36	0	0	3	3
19	1	1-1	4	4	36	36	0	0	0	4	4	11	36	0	0	3	3
20	1	1-1	4	4	36	36	0	0	0	4	4	11	36	0	0	3	3
21	2	1-1	9	26	31	42	0	0	101	13	13	13	18	0	0	100	201
22	2	1-1	9	26	31	42	0	0	101	13	13	13	18	0	0	100	201
23	2	1-1	9	26	31	42	0	0	101	13	13	13	18	0	0	100	201
24	2	1-1	9	26	31	42	0	0	101	13	13	13	18	0	0	100	201
25	2	1-1	9	26	31	42	0	0	101	6	9	16	35	0	0	100	201
26	2	1-1	9	26	31	42	0	0	101	6	9	16	35	0	0	100	201
27	2	1-1	9	26	31	42	0	0	101	2	19	27	40	0	0	101	202
28	2	1-1	9	26	31	42	0	0	101	2	19	27	40	0	0	101	202
29	2	1-1	9	26	31	42	0	0	101	2	19	27	40	0	0	101	202
30	2	1-1	13	13	16	42	0	0	106	9	16	21	36	0	0	101	207
31	2	1-1	13	13	16	42	0	0	106	13	21	21	21	0	0	102	208
32	2	1-1	13	13	16	42	0	0	106	13	21	21	21	0	0	102	208
33	2	1-1	13	13	16	42	0	0	106	13	21	21	21	0	0	102	208
34	3	1-1	15	26	41	41	45	0	0	2	2	11	11	45	0	0	0
35	3	1-1	15	26	41	41	45	0	0	6	43	43	45	45	0	0	0
36	3	1-1	1	11	17	19	25	0	0	6	43	43	45	45	0	0	0
37	3	1-1	1	2	28	28	42	0	1	15	33	33	33	36	0	0	1
38	3	1-1	1	2	28	28	42	0	1	15	33	33	33	36	0	0	1
39	3	1-1	1	2	28	28	42	0	1	15	33	33	33	36	0	0	1
40	3	1-1	1	2	28	28	42	0	1	35	35	43	43	45	0	0	1
41	3	1-1	1	2	28	28	42	0	1	35	35	43	43	45	0	0	1
42	3	1-1	1	2	28	28	42	0	1	41	43	45	45	45	0	0	1
43	3	1-1	15	15	23	35	35	0	0	41	43	45	45	45	0	0	0
44	3	1-1	1	12	15	15	41	0	1	41	43	45	45	45	0	0	1
45	3	1-1	4	4	33	35	43	0	2	41	43	45	45	45	0	0	2
46	3	1-1	6	15	28	35	43	0	0	41	43	45	45	45	0	0	0
47	3	1-1	6	15	28	35	43	0	0	41	43	45	45	45	0	0	0

续表

序号	轿运车序号	轿运车类型	下层						下层剩余空间/mm	上层						上层剩余空间/mm	总剩余空间/mm
48	3	1-1	1	1	19	23	41	0	0	4	4	6	23	43	0	1	1
49	3	1-1	23	23	25	45	45	0	0	4	23	23	33	36	0	1	1
50	3	1-1	23	23	25	45	45	0	0	4	23	23	33	36	0	1	1
51	3	1-1	23	23	25	45	45	0	0	4	23	23	33	36	0	1	1
52	3	1-1	23	23	25	45	45	0	0	4	23	23	33	36	0	1	1
53	3	1-1	6	17	25	25	28	0	0	4	4	19	36	41	0	3	3
54	3	1-1	6	17	25	25	28	0	0	4	4	19	36	41	0	3	3
55	3	1-1	6	17	25	25	28	0	0	4	4	19	36	41	0	3	3
56	4	1-1	9	13	18	18	37	0	0	3	3	3	8	18	0	0	0
57	4	1-1	9	13	18	18	37	0	0	3	3	3	8	18	0	0	0
58	4	1-1	9	13	18	18	37	0	0	3	3	3	8	18	0	0	0
59	4	1-1	9	13	18	18	37	0	0	3	3	3	8	18	0	0	0
60	4	1-1	9	13	18	18	37	0	0	3	18	18	39	39	0	0	0
61	4	1-1	9	13	18	18	37	0	0	7	8	16	16	18	0	0	0
62	4	1-1	9	13	18	18	37	0	0	7	8	16	16	18	0	0	0
63	4	1-1	9	13	18	18	37	0	0	7	8	16	16	18	0	0	0
64	4	1-1	13	31	31	31	39	0	0	7	8	16	16	18	0	0	0
65	4	1-1	13	31	31	31	39	0	0	7	8	16	16	18	0	0	0
66	4	1-1	13	31	31	31	39	0	0	7	8	16	16	18	0	0	0
67	4	1-1	13	31	31	31	39	0	0	7	9	18	39	39	0	0	0
68	4	1-1	13	31	31	31	39	0	0	7	9	18	39	39	0	0	0
69	4	1-1	13	31	31	31	39	0	0	3	8	8	8	9	0	0	0
70	4	1-1	13	31	31	31	39	0	0	6	6	27	38	38	0	2	2
71	5	1-2	11	12	12	32	42	0	400	5	5	7	7	7	20	2	402
										5	5	7	7	7	20	2	2
72	5	1-2	22	22	22	43	45	0	2	5	5	7	7	7	20	2	4
										5	5	7	7	7	20	2	2
73	5	1-2	11	15	26	26	26	0	0	3	3	5	5	5	27	6	6
										3	3	5	5	5	27	6	6
74	5	1-2	6	6	11	28	41	0	0	3	3	5	5	5	27	6	6
										3	3	5	5	5	27	6	6
75	5	1-2	6	6	11	28	41	0	0	3	3	5	5	5	27	6	6
										3	3	5	5	5	27	6	6
76	5	1-2	6	6	11	28	41	0	0	5	5	8	30	30	30	16	16
										5	5	8	30	30	30	16	16
77	5	1-2	6	6	11	28	41	0	0	5	5	8	30	30	30	16	16
										5	5	8	30	30	30	16	16
78	5	1-2	6	6	11	28	41	0	0	32	32	32	32	34	0	181	181
										32	32	32	32	34	0	181	181

序号	轿运车序号	轿运车类型	下层						下层剩余空间/mm	上层						上层剩余空间/mm	总剩余空间/mm
79	5	1-2	6	6	11	28	41	0	0	32	32	32	32	34	0	181	181
										32	32	32	32	34	0	181	181
80	5	1-2	6	6	11	28	41	0	0	32	32	32	32	34	0	181	181
										32	32	32	32	34	0	181	181
81	7	1-1	16	16	37	37	39	0	15	7	10	39	39	40	0	0	15
82	7	1-1	26	37	37	37	42	0	6	10	29	38	39	39	0	0	6
83	7	1-1	21	37	37	39	39	0	4	10	29	38	39	39	0	0	4
84	7	1-1	21	37	37	39	39	0	4	10	29	38	39	39	0	0	4
85	8	1-1	22	37	37	38	38	0	5	10	29	38	39	39	0	0	5
86	8	1-1	22	37	37	38	38	0	5	10	29	38	39	39	0	0	5
87	8	1-1	22	37	37	38	38	0	5	13	33	35	44	0	0	0	5
88	8	1-1	22	37	37	38	38	0	5	13	33	35	44	0	0	0	5
89	8	1-1	22	37	37	38	38	0	5	13	33	35	44	0	0	0	5
90	8	1-1	22	37	37	38	38	0	5	13	33	35	44	0	0	0	5
91	8	1-1	22	37	37	38	38	0	5	6	16	29	30	30	0	1	6
92	8	1-1	22	37	37	38	38	0	5	6	16	29	30	30	0	1	6
93	8	1-1	22	37	37	38	38	0	5	6	16	29	30	30	0	1	6
94	8	1-1	22	37	37	38	38	0	5	6	16	29	30	30	0	1	6
95	8	1-1	24	24	24	43	0	0	185	6	16	29	30	30	0	1	186
96	8	1-1	24	24	24	43	0	0	185	6	16	29	30	30	0	1	186
97	8	1-1	24	24	24	43	0	0	185	10	10	10	27	0	0	4101	4286
98	8	1-1	24	24	24	43	0	0	185	27	27	30	30	38	0	4	189
99	8	1-1	24	24	24	43	0	0	185	10	10	16	29	38	0	5	190
100	8	1-1	24	24	24	43	0	0	185	38	38	38	38	40	0	7	192
101	9	2-2	3	14	34	34	0	0	596	20	20	20	20	39	0	3	599
			3	14	34	34	0	0	596	20	20	20	20	39	0	3	599
102	9	2-2	3	14	34	39	0	0	1038	20	20	20	29	0	0	4173	5211
			3	14	34	34	0	0	596	20	20	20	27	0	0	3742	4338
103	9	2-2	3	14	34	34	0	0	596	3	5	5	20	29	0	19	615
			3	14	34	34	0	0	596	3	5	5	20	29	0	19	615
104	9	2-2	3	14	34	34	0	0	596	14	14	14	14	0	0	1020	1616
			3	14	34	34	0	0	596	14	14	14	14	0	0	1020	1616
105	9	2-2	3	14	34	34	0	0	596	14	14	14	14	0	0	1020	1616
			3	14	34	34	0	0	596	14	18	18	18	0	0	1080	1676
106	10	1-2	6	6	35	45	45	0	0	20	27	29	29	40	40	2	2
										20	27	29	29	40	40	2	2
107	10	1-2	6	6	35	45	45	0	0	20	27	29	29	40	40	2	2
										20	27	29	29	40	40	2	2

续表

序号	轿运车序号	轿运车类型	下层						下层剩余空间/mm	上层						上层剩余空间/mm	总剩余空间/mm
108	10	1-2	6	6	35	45	45	0	0	20	27	29	29	40	40	2	2
										20	27	29	29	40	40	2	2
109	10	1-2	6	6	35	45	45	0	0	5	5	8	8	20	40	7	7
										5	5	8	8	20	40	7	7
110	10	1-2	6	6	35	45	45	0	0	5	5	8	8	20	40	7	7
										5	5	8	8	20	40	7	7
111	10	1-2	6	6	35	45	45	0	0	5	5	8	8	20	40	7	7
										5	5	8	8	20	40	7	7
112	10	1-2	6	6	35	45	45	0	0	5	20	20	27	27	29	13	13
										5	20	20	27	27	29	13	13
113	10	1-2	11	12	12	32	42	0	0	3	5	29	29	40	40	14	14
										3	5	29	29	40	40	14	14
							总计: 9376									18865	282

上表中 1-45 对应轿车车型编号, 编号 0 表示空; 其中, 97 号车有 1 个空位, 102 号车有 2 个空位.

表 4.17　114 辆轿运车按地点运输方案

线路	轿运车序号	轿运车类型	所装乘用车类型	
			下层	上层
O-D	4	1-1	2, 2, 2, 28	27, 27, 30, 30, 38
	4	1-1	3, 16, 16, 20, 30	27, 27, 30, 30, 38
	6	1-1	23, 23, 25, 45, 45	4,4,19,33,45
O-D-C	1	2-2	5, 20, 20, 27, 29	3,5,5,20,29
			5, 20, 20, 27, 29	5,5,5,27,30
	1	2-2	5, 20, 20, 27, 29	5,5,5,27,30
			5, 7, 20, 20, 20	5,29,40,40,40
	2	1-1	13, 33, 33, 37	13,13,13,18
	2	1-1	13, 33, 33, 37	8,9,9,45
	2	1-1	9, 26, 31, 42	13,30,41,42
	2	1-1	26, 26, 31, 31	2,22,36,40
	3	1-1	4, 6, 33, 45	4,4,36,36
	3	1-1	4, 6, 33, 45	4,4,36,36
	3	1-1	4, 6, 33, 45	9,13,15,33
	3	1-1	21, 21, 25, 25	10,15,19,34
	3	1-1	12, 12, 28, 45	6,6,41,41
	4	1-1	22, 37, 37, 38, 38	10,14,20,38,39
	4	1-1	26, 37, 37, 37, 42	6,20,20,21,21
	4	1-1	26, 37, 37, 37, 42	3,16,16,20,30
	4	1-1	26, 37, 37, 37, 42	29,30,40,42,42

线路	轿运车序号	轿运车类型	所装乘用车类型	
			下层	上层
	4	1-1	26, 37, 37, 37, 42	27,29,38,38, 38
	5	1-1	7, 28, 28, 37, 37	3,3,3,8,18
	5	1-1	7, 28, 28, 37, 37	16,35,38,38,39
	5	1-1	9, 39, 39, 39, 39	16,35,38,38,39
	6	1-1	3, 11, 24, 24, 45	15,33,33,33,36
	6	1-1	3, 11, 24, 24, 45	41,43,45,45,45
	6	1-1	3, 11, 24, 24, 45	13,15,19,19,35
	6	1-1	3, 11, 24, 24, 45	4,23,23,33,36
	6	1-1	9, 25, 25, 25, 25	4,4,19,36,41
	6	1-1	3, 3, 3, 3, 3	4,13,35,43,43
	7	1-2	6, 6, 35, 45, 45	5,5,8,8,20,40
				5,5,8,8,20,40
O-D-C	7	1-2	6, 6, 35, 45, 45	29,29,29,30,40,40
				5,8,29,29,40,40
	7	1-2	11, 18, 31, 35, 43	8,20, 20,29,29,40
				5,5,29,29,30,39
	7	1-2	6, 6, 6, 6, 23	5,5,5,8,8,40
				20,29,29,30,40,40
	7	1-2	6, 6, 6, 6, 23	14,14,14,34,34
				14,14,14,34,34
	7	1-2	9, 9, 9, 9, 21	18,18,34,34,39
				18,18,34,34,39
	8	1-2	6, 18, 25, 25, 25	5,5,5, 8,8,39
				32,32,32,32,34
	8	1-2	2, 21, 21, 21, 23	32,32,32,34,35
				32,32,32,34,35
	2	1-1	6, 6, 13, 14	4,8,16,22
	2	1-1	1, 1, 31, 31	14,21,21,42
	3	1-1	4, 6, 33, 45	4,4,11,11
O-D-B	4	1-1	21, 25, 36, 44	5,21,38,38,39
	4	1-1	3, 16, 16, 20, 30	5,21,38,38,39
	5	1-1	8, 8, 8, 22, 39	3,3,3,8,18
	6	1-1	16, 19, 24, 24, 31	6,20,20,27,27,40
	2	1-1	9, 26, 31, 42	3,13,42,42
	2	1-1	9, 26, 31, 42	3,13,42,42
	2	1-1	1, 13, 39, 42	3,13,42,42
O-D-B-A	3	1-1	2, 6, 26, 36	4,4,36,36
	3	1-1	4, 6, 33, 45	4,4,36,36
	3	1-1	4, 6, 33, 45	4,4,11,36

续表

线路	轿运车序号	轿运车类型	所装乘用车类型	
			下层	上层
	3	1-1	4, 6, 33, 45	19,36,36,42
	3	1-1	4, 6, 33, 45	4,9,28,36
	3	1-1	12, 12, 28, 45	6,6,41,41
	3	1-1	15, 42, 42, 45	6,6,41,41
	3	1-1	2, 12, 22, 35	6,6,41,41
	4	1-1	8, 8, 14, 37, 37	5,7,7, 10,42
	4	1-1	8, 8, 14, 37, 37	21,41,42,44
O-D-B-A	4	1-1	17, 24, 24, 24	27,27,30,30,38
	4	1-1	21, 37, 37, 39	38,38,38,38,40
	5	1-1	3, 3, 38, 38, 42	7,16,16,30,45
	6	1-1	24, 25, 25, 31, 41	41,43,45,45,45
	6	1-1	19, 19, 19, 22, 22	13,23,28,28,33
	6	1-1	19, 19, 19, 22, 22	22,28,28,36,43
	6	1-1	23, 23, 25, 45, 45	4,13,35,43,43
	6	1-1	23, 23, 25, 45, 45	4,13,35,43,43
	8	1-2	6, 6, 11, 28, 41	3,3,5,20,29,29
				32,32,32,34,35
	1	2-2	5, 20, 29, 30, 40	14,14,14,14
			5, 20, 29, 30, 40	18,18,18,18
	2	1-1	3, 11, 18, 26	13,13,13,18
	2	1-1	26, 26, 31, 31	13,13,13,18
	3	1-1	4, 12, 12, 25	4,4,36,36
	3	1-1	31, 31, 43, 43	4,28,42,42
	4	1-1	1, 7, 7, 29, 29	10,10,10,27,30
O-D-B-E	4	1-1	1, 7, 7, 29, 29	3,16,16,20,30
	5	1-1	1, 10, 31, 31, 31	3,18,18,39,39
	5	1-1	3, 3, 12, 27, 38	3,5,6,45,45
	5	1-1	3, 6, 27, 30, 32	3,5,6,45,45
	6	1-1	6, 9, 24, 24, 32	6,43,43,45,45
	8	1-2	1, 6, 9, 28, 41	20,20,29,29,39,39
				5,5,5,7,7,16
	8	1-2	17, 17, 35, 35, 39	5,5,16,16,29,40
				32,32,32,34,35
	1	2-2	5, 5, 20, 39, 40	14,18,18,18
			5, 5, 20, 39, 40	14,18,18,18
O-D-B-A-E	1	2-2	18, 18, 18, 27	5,5,5,27,40
			3, 5, 5, 20, 40	14,14,18,39
	2	1-1	9, 26, 31, 42	13,13,13,18
	2	1-1	26, 26, 31, 31	3,13,42,42

续表

线路	轿运车序号	轿运车类型	所装乘用车类型	
			下层	上层
O-D-B-A-E	3	1-1	4, 12, 26, 33	6,13,43,45
	3	1-1	4, 12, 26, 33	6,13,43,45
	3	1-1	4, 12, 26, 33	6,13,43,45
	3	1-1	22, 26, 33, 33	6,13,43,45
	3	1-1	4, 4, 36, 36	3,18,19,43
	4	1-1	16, 16, 37, 37, 39	5,16,18,27,27
	4	1-1	10, 28, 28, 44	14,28,35,44
	4	1-1	4, 21, 37, 37, 40	8,10,27,30,30
	4	1-1	17, 24, 24, 24	27,29,38,38,38
	4	1-1	21, 37, 37, 39, 39	27,29,38,38,38
	5	1-1	7, 28, 28, 37, 37	7,8,16,16,18
	5	1-1	7, 28, 28, 37, 37	7,8,16,16,18
	5	1-1	1, 10, 31, 31, 31	7,8,16,16,18
	5	1-1	13, 31, 31, 31, 39	7,9,21,38,38
	5	1-1	13, 31, 31, 31, 39	9,10,10,13,16
	5	1-1	1, 5, 6, 12, 21	8,20,22,32,36
	5	1-1	7, 15, 25, 37, 37	8,8,36,38,39
	6	1-1	6, 15, 15, 19, 36	9,41,41,41,41
	6	1-1	2, 2, 13, 13, 41	6,15,28,35,43
	6	1-1	6, 15, 28, 35, 43	2,2,11,11,45
	6	1-1	23, 23, 25, 45, 45	15,33,33,33,36
	6	1-1	23, 23, 25, 45, 45	15,33,33,33,36
	6	1-1	23, 23, 25, 45, 45	4,4,33,35,43
	6	1-1	23, 23, 25, 45, 45	11,22,28,28,43
	6	1-1	6, 17, 25, 25, 28	9,9,28,43,43
	7	1-2	11, 11, 13, 13, 13	5,20,30,30,40,40
				3,3,18,34,34
	7	1-2	11, 11, 13, 13, 13	3,8,18,34,34
				14,14,14,18,34
	8	1-2	1, 6, 9, 28, 41	20,20,29,29,39,39
				5,5,5,7,7,16,
	8	1-2	6, 6, 11, 28, 41	32,32,32,34,35
				32,32,32,34,35
	8	1-2	6, 6, 11, 28, 41	32,32,32,34,35
				32,32,32,34,35
	8	1-2	6, 6, 11, 28, 41	32,32,32,34,35
				32,32,32,34,35
	8	1-2	2, 9, 15, 26, 31	32,32,32,34,35
				32,32,32,34,35

我们感到非常奇怪, 为什么前四问与第五问的求解难度有如此巨大的差距, 一个手工一小时之内就可能求解, 另一个却使三名优秀研究生采用先进的计算机并使用先进的 LINGO 软件在四天多时间的 100 小时都无法求解. 问题几乎没有变化, 仅仅是轿运车、乘用车的种类增加了一些, 不过轿车也仅为 45 种, 轿运车甚至不足 10 种. 问题的本质似乎没有大的变化, 我们不禁要问, 能否借用前四问的 "捷径" 呢?

下面启发式方法的思想就是通过对轿运车、乘用车重新分类的办法将问题简化为前三问的规模, 即将轿运车、乘用车各自合并成 3~5 类, 而且各类轿运车、乘用车之间在车辆长度方面没有交集. 这样就极大压缩了问题的规模, 达到与前四问相同的规模. 但由于类型变少了, 没有准确的长度, 无法利用前四问的数学模型. 为此将每类轿运车以该类中最短的轿运车长度作为该类轿运车长度, 每类乘用车以该类中最长的乘用车长度作为该类乘用车长度. 这时就可以按照前三问的方法和程序进行计算机求解, 花时间仅以秒计就可以得到可行解. 当然可以想象效果一定极差, 因为其中有太多浪费长度非常大的装载方案, 自然其中也会有极少数浪费长度很小的装载方案. 我们可以对得到的装载方案区别对待, 对获得的解答并不全部执行, 甚至绝大多数浪费大方案不予执行. 仅仅执行那些既不超过最长的乘用车数量、又不超过最短的轿运车数量并且浪费很小、甚至没有浪费长度的方案. 然后将已经安排的待运输轿车和已经使用过的轿运车从现有任务总体中去除, 越严格则损失越小. 这样剩下的轿运车、乘用车又形成新的问题, 虽然与前面的问题规模相同, 但是一般情况下, 实际的轿运车、乘用车种类数减少了. 这是一个积极的变化, 因为这样通过简单的运算就可以降低令人色变的问题规模, 即使每次轿运车、乘用车的数量减少 1, 也仅做 20~30 次手工运算就可以把问题规模真正压缩成与前四问一样. 当然此时各类中最长的乘用车、最短的轿运车的运输任务已经完成, 故此类的轿运车长度应该变大、有关类的乘用车长度应该变小 (轿运车长度应该取这类轿运车中长度最短的), 但规模同前, 仍然是 3~5 类. 而且在这样的迭代过程中轿运车、乘用车的种数是严格单调下降的, 特别要指出的是这种方法以极小的计算工作量换取问题规模的单调下降, 多次迭代后应该可以找到较优解. 有研究生按这种方法来做第五问 (这种方法的计算工作量主要在于将从现有任务总体中去除已经执行的部分运输任务, 并形成新的问题程序化), 很快可以得到 120 多辆轿运车的较优解. 这种方法也可以变化分类的标准以及分类数进行优化, 特别要指出这种优化非常简单, 只要计算机编个并不复杂的程序就能够实现.

这个方法与第一种创新方法相比, 一个显著优点是其计算的时间主要与轿运车、乘用车的分类数有关, 在两个分类数确定之后, 计算工作量与真实的轿运车、乘用车的种数是线性关系 (轿运车和轿车的种类数下降速度与轿运车和轿车的真实的种类数无关) 而不是指数式增长, 而第一种方法显然受轿运车和轿车的真实的种类数的影响更大, 肯定超过线性速度增长. 第二种方法的缺点也是明显的, 即几乎无法获得最优解, 但可以获得较好的可行解.

考虑到在给定轿运车长度、乘用车长度后, 明显发现有些乘用车很容易安排, 例如长度小于等于轿运车长度的 1/5 或 1/4 或 1/6 减去安全间隔的, 因为它们在极不利的情况下都可以自我搭配而使浪费极小, 甚至为零. 当然乘用车中会有部分在装载时难以做到浪费很少. 因此在启发式方法中优先考虑难以安排的乘用车, 为此可以在分类时让这些难以安排的乘用车作为某类乘用车的最长者或让长度小于等于轿运车长度的 1/5 或 1/4 或 1/6 减去安全间隔的作为某类乘用车的最短者, 在迭代中找不到浪费小的方案时再通过调整乘用车分类标准来改进.

第 5 章

机动目标的跟踪与反跟踪

 2014 年全国研究生数学建模竞赛B题

目标跟踪是指根据传感器 (如雷达等) 所获得的对目标的测量信息, 连续地对目标的运动状态进行估计, 进而获取目标的运动态势及意图. 目标跟踪理论在军、民用领域都有重要的应用价值. 在军用领域, 目标跟踪是情报搜集、战场监视、火力控制、态势估计和威胁评估的基础; 在民用领域, 目标跟踪被广泛应用于空中交通管制、目标导航以及机器人的道路规划等行业.

目标机动是指目标的速度大小和方向在短时间内发生变化, 通常采用加速度作为衡量指标. 目标机动与目标跟踪是 "矛" 与 "盾" 的关系. 随着估计理论的日趋成熟及平台能力提升, 目标作常规的匀速或者匀加速直线运动时的跟踪问题已经得到很好的解决. 但被跟踪目标为了提高自身的生存能力, 通常在被雷达锁定情况下会作规避的机动动作或者释放干扰力图摆脱跟踪, 前者主要通过自身运动状态的快速变化导致雷达跟踪器精度变差甚至丢失跟踪目标, 后者则通过制造假目标掩护自身, 因此引入了在目标进行机动时雷达如何准确跟踪的问题.

机动目标跟踪的难点在于以下几个方面: (1) 描述目标运动的模型即目标的状态方程难于准确建立. 通常情况下跟踪的目标都是非合作目标, 目标的速度大小和方向如何变化难于准确描述; (2) 传感器自身测量精度有限加之外界干扰, 传感器获得的测量信息如距离、角度等包含一定的随机误差, 用于描述传感器获得测量信息能力的测量方程难以完全准确反映真实目标的运动特征; (3) 当存在多个机动目标时, 除了要解决 (1)、(2) 两个问题外, 还需要解决测量信息属于哪个目标的问题, 即数据关联. 在一定的测量精度下, 目标之间难以分辨, 甚至当两个目标距离很近的时候, 传感器往往只能获得一个目标的测量信息. 由于以上多个挑战因素以及目标机动在战术上主动的优势, 机动目标跟踪已成为近年来跟踪理论研究的热点和难点.

不同类型目标的机动能力不同. 通常情况下战斗机的飞行速度在 $100\sim400\mathrm{m/s}$,

机动半径在 1km 以上, 机动大小一般在 10 个 g 以内, 而导弹目标机动, 加速度最大可达到几十个 g, 因此在对机动目标跟踪时, 必须根据不同的目标类型选择相应的跟踪模型.

目标跟踪处理流程通常可分为航迹起始、点迹航迹关联 (数据关联)、航迹滤波等步骤. 如果某个时刻某雷达站 (可以是运动的) 接收到空间某点反射回来的电磁波, 它将记录下有关的数据, 并进行计算, 得到包括目标相对于雷达站的距离、方位角和俯仰角等信息. 航迹即雷达站在接收到某一检测目标陆续反射回来的电磁波后记录、计算检测目标所处的一系列空中位置而形成的离散点列. 航迹起始即通过一定的逻辑快速确定单个或者多个离散点序列是某一目标在某段时间内首先被检测到的位置. 点迹航迹关联也称同一性识别, 即依据一定的准则确定雷达站多个回波数据 (点迹) 中哪几部分数据是来自同一个检测目标 (航迹). 航迹滤波是指利用关联上的点迹测量信息采用线性或者非线性估计方法 (如卡尔曼滤波、拟合等) 提取所需目标状态信息, 通常包括预测和更新两个步骤. 预测步骤主要采用目标的状态方程获得对应时刻 (被该目标关联上的点迹时间) 目标状态和协方差预测信息; 更新步骤则利用关联点迹的测量信息修正目标的预测状态和预测协方差.

现有 3 组机动目标的测量数据, 数据分别包含在 Data1.txt, Data2.txt, Data3.txt 文件 (此处略) 中, 其中 Data1.txt 为多个雷达站在不完全相同时刻获得的单个机动目标的测量数据, Data2.txt 为某个雷达站获得的两个机动目标的测量数据, Data3.txt 为某个雷达站获得的空间目标的测量数据.

数据文件中观测数据的数据结构如表 5.1 所示.

表 5.1

目标距离/m	目标方位/(°)	目标俯仰/(°)	测量时间/s	传感器标号

其中 Data1.txt 和 Data2.txt 数据的坐标系表示如下: 原点 O 为传感器中心, 传感器中心点与当地纬度切线方向指向东为 x 轴, 传感器中心点与当地经度切线方向指向北为 y 轴, 地心与传感器中心连线指向天向的为 z 轴, 目标方位指北向顺时针夹角 (从 y 轴正向向 x 轴正向的夹角, 范围为 0°~360°), 目标俯仰指传感器中心点与目标连线和地平面的夹角 (即与 xOy 平面的夹角, 通常范围 −90°~90°).

Data1.txt 中的雷达坐标和测量误差如表 5.2 所示.

表 5.2

雷达标号	经度/(°)	纬度/(°)	高度/m	测距误差/m	方位角误差/(°)	俯仰角误差/(°)
1	122.1	40.5	0	50	0.4	0.4
2	122.4	41.5	0	40	0.3	0.3
3	122.7	41.9	0	60	0.5	0.5

Data2.txt 雷达坐标为 [0,0,0]. 对应两个目标的测量误差如表 5.3 所示.

表 5.3

目标	测距误差/m	方位角误差 /(°)	俯仰角误差 /(°)
1	100	0.3	0.3
2	100	0.6	0.6

Data3.txt 的雷达坐标和测量误差见表 5.4.

表 5.4

经度 /(°)	纬度 /(°)	高度/m	测距误差/m	方位角误差 /(°)	俯仰角误差 /(°)
118	39.5	0	100	0.5	0.5

其余格式与 Data1.txt 和 Data2.txt 相同.

请完成以下问题:

1. 根据附件中的 Data1.txt 数据, 分析目标机动发生的时间范围, 并统计目标加速度的大小和方向. 建立对该目标的跟踪模型, 并利用多个雷达的测量数据估计出目标的航迹. 鼓励在线跟踪.

2. 附件中的 Data2.txt 数据对应两个目标的实际检飞考核的飞行包线 (检飞: 军队根据国家军标规则设定特定的飞行路线用于考核雷达的各项性能指标, 因此包线是有实战意义的). 请完成各目标的数据关联, 形成相应的航迹, 并阐明你们所采用或制定的准则 (鼓励创新). 如果用序贯实时的方法实现更具有意义. 若出现雷达一段时间只有一个回波点迹的状况, 怎样使得航迹不丢失? 请给出处理结果.

3. 根据附件中 Data3.txt 的数据, 分析空间目标的机动变化规律 (目标加速度随时间变化). 若采用第 1 问的跟踪模型进行处理, 结果会有哪些变化?

4. 请对第 3 问的目标轨迹进行实时预测, 估计该目标的着落点的坐标, 给出详细结果, 并分析算法复杂度.

5. Data2.txt 数据中的两个目标已被雷达锁定跟踪. 在目标能够及时了解是否被跟踪, 并已知雷达的测量精度为雷达波束宽度 3°, 即在以雷达为锥顶, 雷达与目标连线为轴, 半顶角为 1.5° 的圆锥内的目标均能被探测到; 雷达前后两次扫描时间间隔最小为 0.5s. 为应对你们的跟踪模型, 目标应该采用怎样的有利于逃逸的策略与方案? 反之为了保持对目标的跟踪, 跟踪策略又应该如何相应地变换?

问题的求解

"机动目标的跟踪与反跟踪" 这条题目是某雷达研究所的同志以亲身从事的科研项目内容为竞赛命题. 该项研究在军、民用领域都有重要的应用价值, 是近年来跟踪理论研究的热点和难点. 从第一部雷达诞生至今, 对目标的检测与跟踪始终是雷达的核心用途之一. 随着在现代战争中作战需求的提升, 电磁环境的日益复杂以及不同作战单位生存能力的提升 (如隐身、干扰、机动等), 对雷达的威力、精度以及监视范围等都提出了更高的要求, 而对机动目标持续稳定跟踪则是其中的一项难点, 也是近几十年来国内外雷达数据处理领域研究的热点, 该问题至今仍未有彻底解决的公认方法. 例如近些年来, 在频繁的局部战争中, 以美国为首的多国部队所使用的先进机载火控系统、空中预警系统和地面爱国者 II 防空导弹系统等武器装备是多目标跟踪技术综合应用的典型例证. 尤其命题小组增加的反跟踪问题不仅具有重要实际价值, 而且到目前为止研究成果极少, 前沿性、创新性也很强. 这条题目的不够理想的方面是专业性比较强, 专业知识门槛比较高, 部分专业研究生在短时间内完成这样的问题难度似乎大了点, 但自动控制或相近专业的研究生则是能够胜任的.

从选做这条题目的研究生的论文完成情况来看, 还不够理想, 绝大多数研究生队都在使用现有的理论和方法来解决问题, 很少创新, 考虑问题也不全面. 其实论文中出现的不少问题并不都属于前沿问题, 有的并不非常困难, 甚至有些是常识性的. 所谓跟踪模型其本质都是对目标真实运动的离散化描述. 在没有跟踪目标任何先验信息前提下, 认为目标做匀速 (CV) 或者匀加速 (CA) 运动是最直观的且是易于实现的. 倘若雷达的探测周期无限小, 可以将目标运动细化成无限多组的 CV 或者 CA 片段. 但实际上雷达的时间资源是有限且宝贵的, 这样在固定的雷达探测周期, 不同的跟踪模型产生的跟踪精度也不同. 最常用的 CV 和 CA 模型可以描述任何运动过程, 但往往是不准确的; Singer、Jerk 以及 "当前统计" 模型, 则是对加速度项进行特殊描述; 而 IMM 则是利用多个模型进行加权交互逼近目标的真实运动模型. 竞赛中研究生们对跟踪模型的选择缺乏亮点, 大多采用基于 CV 和 CA 的模型, 效果不佳也就是意料之中的了.

此外, 研究生在竞赛中明显缺乏人胆质疑、挑战权威的勇气; 对于解决实际问题思路比较狭窄、创新能力不足. 例如在滤波器选择上中规中矩, 大多采用 Kalman 滤波器, 较少采用非线性滤波器, 跟踪精度比较一般. 再如竞赛中针对数据关联问题探讨较为薄弱, 深度不够, 方法较为单一, 采用实时序贯的处理方法较少. 而针对落点预测问题可能因为专业性较强, 大多采用批处理方式, 较少采用二体运动模型, 实时性和精度有待提高.

当然竞赛也有收获, 跟踪与反跟踪是 "矛" 与 "盾" 的关系, 既相互对立又相互促进. 针对该问题许多研究生给出了具有一定战术参考意义的策略, 演练出了许多战术对抗措施, 包括被锁定目标的摆脱跟踪策略 (目标逃逸路线的选择) 和雷达跟踪调整策略 (跟踪模型的调整等), 从理论上预先探讨了雷达对抗方法的可行性. 该问题的解答是本次竞赛的一个亮点.

首先介绍研究这条题目的大致思路和一般方法.

针对问题 1: 可以考虑对机动目标在线跟踪与非在线跟踪两种模式. 在线跟踪

应该具有序贯实时的功能, 而非在线跟踪对原有的数据可以进行插值预处理. 问题 1 的实质为分布式多传感器的目标跟踪问题, 由于坐标系的不统一, 首先要完成站心球坐标系 (ρ, θ, φ), 站心直角坐标系 (x, y, z), 球心直角坐标系 (X, Y, Z) 以及大地坐标系 (L, B, H) 之间的相互转换. 针对多传感器对同一目标的同时刻观测问题, 在统一坐标系的基础上, 可以依据加权融合的原则进行多传感器的信息融合. 在线与非在线两种跟踪模式均可以采用各种 Kalman 滤波 (如 Kalman 滤波, 扩展 Kalman 滤波, 无迹 Kalman 滤波等), 同时对目标机动状态的估计分别采用了各种不同机动跟踪模型, 如 Singer 模型、修正的当前模型、强跟踪模型 (STF)、匀速模型 (CV)、匀加速模型 (CA) 和匀速转弯模型 (CT) 等. 这些模型都能在许多情况下对目标进行有效的跟踪. 不同的跟踪模型都有其适用的场景, 如问题 1 中描述飞机目标运动的模型就很难用来描述问题 3 中的弹道导弹目标, 反之亦然. 目前并没有一种能适用于所有场景的机动跟踪模型, 跟踪模型是在鲁棒性和跟踪精度间进行折中. 由于雷达的探测性能受到天线尺寸、噪声等因素制约, 单纯依靠雷达的测量信息来对机动目标跟踪性能提升非常有限. 然而任何事物都有其特有的规律可循, 如果能够利用某些先验信息, 则能够避免雷达自身的局限性. 例如欧、美、俄的 3、4 代机型号是有限的, 每种飞机的机动性能也是有限的, 而对于弹道导弹全世界不同地区能够生产的国家屈指可数, 每种型号导弹的射程、关键战术参数也可通过情报收集. 倘若能够充分利用这些信息, 则对问题 1 和问题 3 的机动统计问题, 会有很大的帮助. 题目特地列出两种情况, 分别是问题 1 的飞机和问题 3 的导弹提醒研究生注意 (虽然没有直接点明), 可惜大多数研究生们由于缺乏实际锻炼没有能够加以区别和改进.

　　针对问题 2: 对于单传感器多目标的跟踪问题, 数据的关联和航迹的生成是核心. 数据关联又称同一性识别, 是跟踪模型进一步应用的体现. 当雷达一次探测回来多个点迹时, 就必须通过一定算法区分出这些点迹分别是来自哪些目标. 此时如果跟踪模型与目标运动模型相似程度较高, 则可通过建立较小的关联波门去寻找正确的点迹, 减小误关联概率. 换句话说好的跟踪模型能够提高关联成功的概率, 而正确的关联结果则能进一步提高跟踪精度, 它们之间是相互促进的关系. 目前数据关联算法较常用的有最近邻 (NN), 概率数据互联 (PDA), 联合概率数据互联 (JPDA), 多假设 (MHT) 等方法, 通常情况下 NN 和 PDA 用在杂波比较少、环境比较干净的跟踪场景, 而 JPDA 和 MHT 则在复杂环境下具有较好的关联效果. 航迹关联的首要问题是初始航迹的确定, 可以采用航迹起始算法中的直观法进行初始航迹确定. 直观法实时性较好, 在合适的波门阈值下, 该方法能较快确定起始航迹, 满足序贯实时的要求. 也可以采用 KMeans 算法实现初始航迹的分离. 针对航迹关联的问题, 可以分别采用距离关联准则、结合 Kalman 滤波预估位置距离关联准则、速度关联准则、加速度关联准则和机动半径判别准则判定的方法, 也可以同时综合使用这些准则. 此外还能够采用目标观测方位角、俯仰角等相关波门特征进行判决.

针对问题 3: 航迹预测是作战指挥控制系统关注的事件, 通常具有较高的跟踪精度才能得到一个可靠的航迹预测结果. 如问题 3 的弹道导弹落点预测, 只有很高的跟踪精度以及合适的跟踪模型才能得到较精确的落点, 才能弄清敌方的作战意图. 采用与问题 1 一致的 Kalman 滤波方式来进行跟踪时, 得到的目标机动规律在滤波初始阶段可能存在较大误差. 这时应采用新的滤波方式, 如: 基于初值的 Singer 模型 Kalman 滤波, 来优化初始阶段的滤波. 通过对初值的尝试, 获取目标的机动规律. 通过估计可以看出, 目标在整个观测过程中, 都在做机动, 并且航迹类似于一条抛物线. 目标的速度峰值估计在 3km/s 以上, 加速度峰值估计在 5g 左右, 可以判定目标为高速高机动飞行器 (导弹).

针对问题 4: 考虑到 Data3 中目标运动比较规律, 可以采用两种不同的方式对目标落点进行估计, Kalman 滤波估计与空间曲线拟合估计. 由于目标在观测的末尾阶段, 运动状态 (加速度矢量等) 较为稳定, 根据目标运动状态的估计值可以较好地预测目标与大地的交点, 即着陆点, 同时还可以估计出着陆时间. 空间曲线拟合又可以使用了两种不同的拟合方式: 一种与时间无关, 是三维空间回归模型, 一种是与时间有关的三维坐标时间回归模型. 在三维空间回归模型中, 通过对比三次模型和二次模型, 采用拟合优度较高为 99.768%的三次模型. 三维坐标时间回归, 采用二次型的时间回归模型, 其拟合优度均在 99%以上, 具有较高的拟合效果. 两种模型的拟合对着陆点的经度、纬度估计差距较小. 但是三维空间回归模型无法直接估计着陆时间, 而与时间相关的三维坐标时间回归模型与 Kalman 滤波一样, 可以估计着陆时间, 二者的着陆点估计经纬度误差较小. 但是如果需要满足序贯实时的要求, 空间曲线拟合则无法满足要求, 可以利用 Kalman 滤波实现实时的跟踪与估计. 如果这方面的知识更多些, 应用弹道参数的轨迹生成原理, 对给定的 t, 迭代进行计算模拟导弹的运动, 能够做到实时预测, 并得到比较准确的着陆点.

针对问题 5: 比较正确的方法是根据前面的跟踪模型及实际飞行目标的各种限制条件建立非线性规划的逃逸模型, 然后利用先进的寻优算法找出实时最佳目标逃逸位置, 这样确定的逃逸位置对躲避雷达追踪可望取得非常满意的结果. 考虑雷达的跟踪性能, 跟踪模型应根据当时情况实时调整. 而且当一部雷达的工作性能有限时, 可以采用分布式雷达处理模式. 从问题 1 中可以看出, 采用分布式多雷达系统, 不仅会增加跟踪到目标的可能性, 而且通过信息融合, 可以提高跟踪精度.

综上所说, 如果对 Kalman 滤波事先有一定的了解, 完成题目是正常的. 当然原来根本不了解 Kalman 滤波, 甚至对随机问题都接触很少, 则另当别论.

详细做法列在下面.

一、问题 1 的分析与建模

附件中的 Data1.txt 数据包含三个传感器对同一个目标不同时刻的观测距离,

观测方位角、俯仰角以及观测时间. 因为传感器对目标观察的时间非均匀连续, 如果非实时处理, 可以对其进行插值预处理.

要分析目标机动发生的时间范围, 统计出目标在不同时刻加速度大小和方向, 首先需要将观测值统一到同一个坐标系中才能进行相关处理, 然后采用 Kalman 滤波方法可以实时得到目标的位置信息, 速度信息, 加速度信息, 最终再分析目标的航迹以及相关机动问题.

由于数据中存在多个传感器对同一个目标同一时刻的观测值, 在这种情况下, 需要对时间重叠的数据进行融合处理, 方法之一是采用加权融合.

Kalman 滤波所选择的目标机动模型与滤波效果紧密相连, 这里分别采用 Singer 模型以及修正的当前统计模型 (其他模型效果比较差) 来进行处理并进行对比. 其流程图如图 5.1 所示.

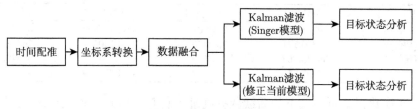

图 5.1　问题 1 处理流程

通过分析, Data1 的数据有如下特点:

①时间数据间隔均为 1s 的整数倍 (或未观测);

②大部分时间数据间隔均为 1s, 小部分数据间隔为 2s 或 3s, 存在数据缺失;

③雷达 1 观测总时长 255s, 雷达 2 观测总时长 301s, 雷达 3 观测总时长 251s;

④雷达 1 结束观测到雷达 2 开始观测的时间间隔为 46s;

⑤雷达 2 和雷达 3 同时存在观测数据的时间段长度为 101s.

1. 时间配准

针对 Data1 中的时间数据特点, 我们需要进行时间配准. 对于不同的数据处理要求可以选择不同的时间配准方式. 在线跟踪模式下, 需要对数据进行序贯实时处理. 非在线数据分析模式下, 为了提高估计精度, 需要对数据进行插值处理.

(1) 在线跟踪

在线跟踪模式下, 数据的处理只依赖于已观测到的数据. Data1 中时间数据的特点使得最新观测值时有时无, 因此在滤波过程中需要引入时间参数. 雷达 2 和雷达 3 的时间数据有交叉情况, 需要我们对滤波数据的更新进行融合.

(2) 非在线数据分析

非在线数据分析模式下, 可以根据雷达每秒钟观测一次数据, 以传感器在整个开机观测时间内每秒钟都有观测值的原则进行线性插值, 插值后三个传感器数据大小 (观测点个数) 变化如表 5.5 所示.

表 5.5   传感器插值处理前后数据大小变化情况

传感器编号	插值前数据大小	插值后数据大小
1	237×5	255×5
2	264×5	301×5
3	227×5	251×5

以 Data1 中传感器 1 的某段数据为例, 对缺失观测值的两个时刻进行线性插值, 插值结果如表 5.6 所示.

表 5.6   传感器 1 插值效果

传感器编号	距离/m	方位角/(°)	俯仰角/(°)	时间/s
1	59751.579	30.332015	0.027023885	36640.4
1(插值一)	59600.171	30.3430	0.1505	36641.4
1(插值二)	59448.763	30.3539	0.2742	36642.4
1	59297.356	30.364824	0.39771819	36643.4

非在线数据分析模式下的后续数据处理流程与在线跟踪模式一致, 如图 5.2 所示.

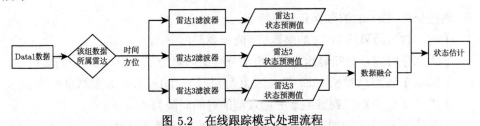

图 5.2   在线跟踪模式处理流程

2. 坐标系转换

将观测坐标系中的观测值转换到共同的坐标系中是多传感器信息融合的基础. 本题有三个雷达独立观测, 故需要将三个雷达的数据转换到同一坐标系中. 下面给出坐标系转换的推导.

站心直角坐标系: 指定传感器中心为原点 O, 过传感器中心与当地纬度圆相切切线的向东方向为 x 轴, 过传感器中心与当地经度圆相切切线的向北方向为 y 轴, 由地心指向传感器中心的方向为 z 轴, 目标方位角指朝北方向与传感器中心和目标连线方向顺时针夹角 (从 y 轴正向向 x 轴正向的夹角), 目标俯仰角指传感器中心点与目标连线和地平面的夹角 (即与 xOy 平面的夹角).

站心球坐标系: 将站心直角坐标系转变为球坐标的形式.

球心直角坐标系: 以地球中心为原点, 起始子午平面与赤道的交线为 X 轴, 椭球的短轴为 Z 轴, 在赤道面上与 X 轴正交的方向为 Y 轴, 构成右手直角坐标系. 两个坐标系如图 5.3 所示.

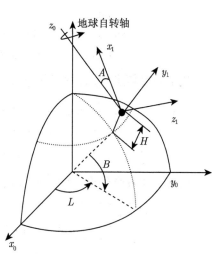

　　传感器对目标的量测在极坐标系下完成, 获得目标的距离、方位角和俯仰角 (R, θ, φ), 注意角度的取向. 其中东北天坐标系是 (x_1, y_1, z_1), 构成右手系.

　　假设目标在站心直角坐标系中坐标为 $X_1 = (x_1, y_1, z_1)$, 在地心直角坐标中坐标为 $X_0 = (x_0, y_0, z_0)$, 同时设定雷达观测站的经、纬、高度为 L, B, H, 通过推导, 得出观测站在对应的球心直角坐标系中的坐标 $X_0 = (x_0, y_0, z_0)$ 为

图 5.3　站心坐标系与地心直角坐标系示意图

$$
\begin{cases}
z_0 = [N_R(1 - e_1^2) + H] \sin B, \\
x_0 = (N_R + H) \cos B \cos L, \\
y_0 = (N_R + H) \cos B \sin L,
\end{cases}
$$

式中, $e_1^2 = \dfrac{(a^2 - b^2)}{a^2}$ 为第一偏心率; $N_R = \dfrac{a}{\sqrt{1 - e_1^2 \sin^2 B}}$; a 为长半轴; b 为短半轴, 采用 WGS-84 坐标, 则 $a = 6378137\mathrm{m}$, $b = 6356752\mathrm{m}$.

　　题中给出的是目标在雷达的站心球坐标系下的观测距离 R, 方位角 θ, 俯仰角 φ. 首先需要将该球坐标系转换到站心直角坐标系 (x_1, y_1, z_1) 中,

$$
\begin{cases}
x_1 = R \cos(\varphi) \cos(\theta), \\
y_1 = R \cos(\varphi) \sin(\theta), \\
z_1 = R \sin(\varphi).
\end{cases}
$$

　　从球心直角坐标系转换到站心直角坐标系, 是两个直角坐标系之间的转换, 将 $X_l = (x_l, y_l, z_l)$ 先做一次平移, 再做两次旋转: 绕 Z 轴旋转 $(90° + L)$, 绕 X 轴旋转 $(90° - B)$, 计算式如下.

$$
X_1 = R_x(90° - B) R_Z(90° + L)(X_l - X_0)
$$

$$
= \begin{bmatrix} 1 & 0 & 0 \\ 0 & \sin B & \cos B \\ 0 & -\cos B & \sin B \end{bmatrix} \begin{bmatrix} -\sin L & \cos L & 0 \\ -\cos L & -\sin L & 0 \\ 0 & 0 & 1 \end{bmatrix} \left(\begin{bmatrix} x_l \\ y_l \\ z_l \end{bmatrix} - \begin{bmatrix} x_0 \\ y_0 \\ z_0 \end{bmatrix} \right)
$$

$$
= \begin{bmatrix} -\sin L & \cos L & 0 \\ -\sin B\cos L & -\sin B\sin L & \cos B \\ \cos B\cos L & \cos B\sin L & \sin B \end{bmatrix} \left(\begin{bmatrix} x_l \\ y_l \\ z_l \end{bmatrix} - \begin{bmatrix} x_0 \\ y_0 \\ z_0 \end{bmatrix} \right).
$$

从站心直角坐标系转换到球心直角坐标是上述过程的逆过程, 其表达式为

$$
\begin{bmatrix} x_l \\ y_l \\ z_l \end{bmatrix} = \begin{bmatrix} -\sin L & -\sin B\cos L & \cos B\cos L \\ \cos L & -\sin B\sin L & \cos B\sin L \\ 0 & \cos B & \sin B \end{bmatrix} \begin{bmatrix} x_1 \\ y_1 \\ z_1 \end{bmatrix} + \begin{bmatrix} x_0 \\ y_0 \\ z_0 \end{bmatrix}.
$$

根据上述各个坐标系的转换公式, 对题中坐标系转换流程如图 5.4 所示.

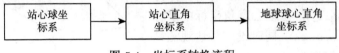

图 5.4   坐标系转换流程

按照图 5.4 处理流程, 将三个雷达的观测数据统一到球心直角坐标系中, 效果如图 5.5 所示.

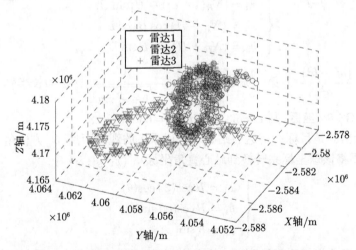

图 5.5   多雷达单目标跟踪 (该图缺点是代表点的图标太大)

3. Kalman 滤波

Kalman 滤波器适用于有限观测间隔的非平稳过程, 是适合用计算机来递推的算法, 滤波的目的是对目标过去和现在的状态进行估计, 同时预测目标未来时刻的运动状态, 包括目标的位置、速度和加速度等变量.

图 5.6 给出了 Kalman 滤波的流程.

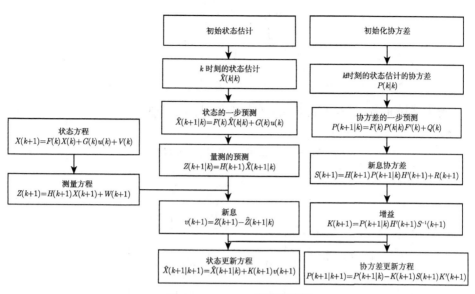

图 5.6　Kalman 滤波流程图

4. 机动目标跟踪模型

1) 模型一: Singer 模型

机动目标跟踪算法包括多模型、Singer 模型、交互式多模型和 Jerk 模型等算法. 这里介绍的是 Singer 模型算法.

Singer 模型是介于匀速和匀加速之间的模型. Singer 模型认为, 机动模型是相关噪声模型, 而不是通常认为的白噪声模型, 他将目标的加速度定义为指数自相关的零均值随机模型

$$R(\tau) = E[a(t)a(t+\tau)] = \sigma_m^2 e^{-\alpha|\tau|},$$

其中 σ_m^2 是目标的加速度方差; α 为机动频率, 是机动时间常数 τ_m 的倒数, 即 $\alpha = 1/\tau_m$. 机动时间常数即机动的持续时间, 飞机慢速转弯的时候机动时间常数约为 60s, 逃逸机动的持续时间约为 20s, 而大气扰动一般为 1s, 准确值一般通过实际测量得到.

1970 年 R.A.Singer 提出的 Singer 模型法认为, 坐标 x 的状态向量为

$$X = [x \ \dot{x} \ \ddot{x}],$$

其中, $\ddot{x} = a$(加速度), 上述一阶时间相关模型如果用状态方程可表示为

$$\dot{X}(t) = AX(t) + \tilde{V}(t).$$

这就是著名的 Singer 模型. 其中, 系统矩阵

$$A = \begin{pmatrix} 0 & 1 & 0 \\ 0 & 0 & 1 \\ 0 & 0 & -\alpha \end{pmatrix}.$$

对于采样间隔 T, 与上式对应的离散时间动态方程为

$$X(k+1) = F(k)X(k) + V(k),$$

其中

$$F = \mathrm{e}^{AT} = \begin{pmatrix} 1 & T & \dfrac{\alpha T - 1 + \mathrm{e}^{-\alpha T}}{\alpha^2} \\ 0 & 1 & \dfrac{(1 - \mathrm{e}^{-\alpha T})}{\alpha} \\ 0 & 0 & \mathrm{e}^{-\alpha T} \end{pmatrix},$$

其离散时间过程噪声 V, 具有协方差

$$Q = 2\alpha \sigma_m^2 \begin{pmatrix} q_{11} & q_{12} & q_{13} \\ q_{21} & q_{22} & q_{23} \\ q_{31} & q_{32} & q_{33} \end{pmatrix}.$$

Singer 模型认为加速度的概率分布是从零到最大加速度 $a_{\max}$ 之间的均匀分布. 零加速度的概率为 P_0, 最大加速度 $a_{\max}$ 和 $-a_{\max}$ 的概率均为 $P_{\max}$. 可得对应方差为

$$\sigma_m^2 = \frac{a_{\max}^2}{3}(1 + 4P_{\max} - P_0),$$

$$\begin{bmatrix} x(k) \\ \dot{x}(k) \\ \ddot{x}(k) \end{bmatrix} = \begin{bmatrix} 1 & T & (\alpha T - 1 + \mathrm{e}^{-\alpha T})/\alpha^2 \\ 0 & 1 & (1 - \mathrm{e}^{-\alpha T})/\alpha \\ 0 & 0 & \mathrm{e}^{-\alpha T} \end{bmatrix} \begin{bmatrix} x(k-1) \\ \dot{x}(k-1) \\ \ddot{x}(k-1) \end{bmatrix} + V(k),$$

其中, $V(k)$ 是具有协方差 Q 的过程噪声, 其精确数值如下:

$$Q = 2\alpha \sigma_m^2 \begin{bmatrix} q_{11} & q_{12} & q_{13} \\ q_{21} & q_{22} & q_{23} \\ q_{31} & q_{32} & q_{33} \end{bmatrix},$$

$$
\left\{
\begin{aligned}
q_{11} &= \frac{1}{2\alpha^5}\left[1 - e^{-2\alpha T} + 2\alpha T + \frac{2\alpha^3 T^3}{3} - 2\alpha^2 T^2 - 4\alpha T e^{-\alpha T}\right], \\
q_{12} &= q_{21} = \frac{1}{2\alpha^4}[e^{-2\alpha T} + 1 - 2e^{-\alpha T} + 2\alpha T e^{-\alpha T} - 2\alpha T + \alpha^2 T^2], \\
q_{13} &= q_{31} = \frac{1}{2\alpha^3}[1 - e^{-2\alpha T} - 2\alpha T e^{-\alpha T}], \\
q_{22} &= \frac{1}{2\alpha^3}[4e^{-\alpha T} - 3 - e^{-2\alpha T} + 2\alpha T], \\
q_{23} &= q_{32} = \frac{1}{2\alpha^2}[e^{-2\alpha T} + 1 - 2e^{-\alpha T}], \\
q_{33} &= \frac{1}{2\alpha}[1 - e^{-2\alpha T}].
\end{aligned}
\right.
$$

Singer 模型与普通的运动学模型相比, 存在两个特点:

(1) 增加了关于加速度的概率分布, 最大加速度以及加速度的自相关函数等先验信息.

(2) 机动频率不同, 模型的过程噪声方差和模型结构会发生改变.

在 Singer 模型中, 机动频率表征目标的人为机动, 加速度方差表征目标的随机机动. 两者共同决定了过程噪声的方差 Q.

本章取机动频率 $\alpha = 0.1$, 以雷达 1 中心为原点建立东北天坐标系, 图 5.7 显示 Singer 模型的跟踪效果. Singer 全程都能进行良好的跟踪. 说明 Singer 跟踪滤波器的响应速度快, 对机动的敏感性强, 能够迅速进行调整.

注意到前式矩阵 A 中当 $\alpha = 0$ 时,

$$
A = \begin{pmatrix} 0 & 1 & 0 \\ 0 & 0 & 1 \\ 0 & 0 & 0 \end{pmatrix}.
$$

状态转移矩阵为

$$
F = e^{AT} = \begin{pmatrix} 1 & T & \frac{1}{2}T^2 \\ 0 & 1 & T \\ 0 & 0 & 1 \end{pmatrix}.
$$

过程噪声协方差矩阵为

$$
Q = q \begin{pmatrix} T^5/20 & T^4/8 & T^3/6 \\ T^4/8 & T^3/3 & T^2/2 \\ T^3/6 & T^2/2 & T \end{pmatrix}.
$$

此即为匀加速直线运动模型. 其中, q 可取为一个较小值, 如 $q = 0.05$. 若 A 取

$$A = \begin{pmatrix} 0 & 1 \\ 0 & 0 \end{pmatrix},$$

此时, 状态转移矩阵为

$$F = \mathrm{e}^{AT} = \begin{pmatrix} 1 & T \\ 0 & 1 \end{pmatrix},$$

过程噪声协方差矩阵为

$$Q = q \begin{pmatrix} T^3/3 & T^2/2 \\ T^2/2 & T \end{pmatrix}.$$

此即为匀速直线运动模型. 由此可见匀加速直线运动模型和匀速直线运动模型是 Singer 模型的两种特例.

2) 模型二: 修正的当前模型

修正的当前模型算法针对当前模型算法中自相关时间常数选取困难的问题, 结合多模型的思想对当前模型算法进行修正. 从而使当期模型能够自适应地跟踪不同环境的机动目标.

设目标运动规律在离散状态方程的基础上可模拟为

$$X(k+1) = F(k)X(k) + G(k)\bar{a} + V(k),$$

其中,

$$X(k) = [x(k), \dot{x}(k), \ddot{x}(k)]',$$

$$F(k) = \begin{bmatrix} 1 & T & \dfrac{(-1 + \alpha T + \mathrm{e}^{-\alpha T})}{\alpha^2} \\ 0 & 1 & \dfrac{1 - \mathrm{e}^{-\alpha T}}{\alpha} \\ 0 & 0 & \mathrm{e}^{-\alpha T} \end{bmatrix}.$$

修正的当前模型综合考虑在不同机动情况下自相关时间常数对跟踪效果的影响. 最终的组合估计表达式为

$$\hat{X}(k|k) = \sum_{j=1}^{r} u_j(k)\hat{X}_j(k|k),$$

$$P(k|k) = \sum_{j=1}^{r} u_j(k)_j P(k|k) + \sum_{j=1}^{r} u_j(k)_j [\hat{X}_j(k|k) - \hat{X}(k|k)][\hat{X}_j(k|k) - \hat{X}(k|k)]',$$

式中, $u_j(k)$ 为在时刻 k 第 j 个模型是正确的后验概率,

$$u_j(k) = \frac{\lambda_j(k)u_j(0)}{\displaystyle\sum_{l=1}^{r}\lambda_l(k)u_l(0)},$$

其中, $u_j(0)$ 为在时刻 k 第 j 个模型是正确的先验概率, 可以预先设定.

图 5.7 为两个不同模型对相同目标的跟踪对比.

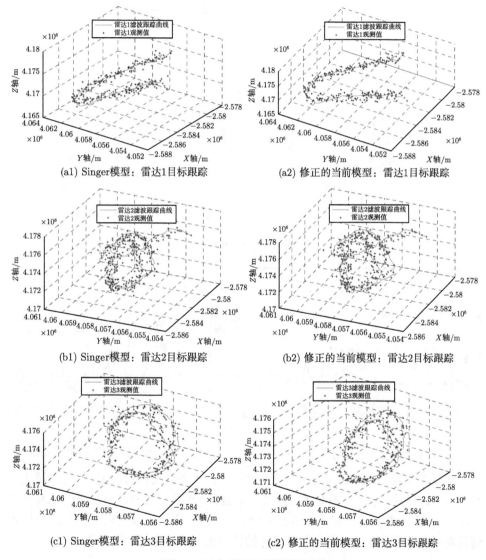

(a1) Singer模型: 雷达1目标跟踪　　(a2) 修正的当前模型: 雷达1目标跟踪

(b1) Singer模型: 雷达2目标跟踪　　(b2) 修正的当前模型: 雷达2目标跟踪

(c1) Singer模型: 雷达3目标跟踪　　(c2) 修正的当前模型: 雷达3目标跟踪

图 5.7　两个模型的目标跟踪效果

图 5.7 直观地给出了 Singer 模型和修正的当前模型的 Kalman 滤波效果. 图中

点阵表示量测值, 曲线表示滤波的预测跟踪情况. 从图中可以分析出, 这两种模型对 Data1 中数据的处理效果比较接近.

　　但是很多研究生队, 甚至大多数获一等奖的研究生队对跟踪结果仅按模型进行滤波得到一批估计值, 然后将这批数据点连成折线作为飞行目标的运动轨迹, 然后用差分方法计算各点的速度和加速度, 如图 5.8~ 图 5.10 所示.

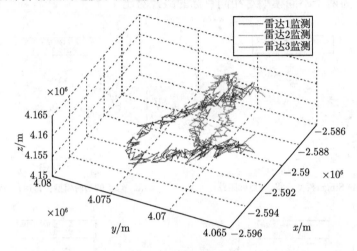

图 5.8　跟踪效果图

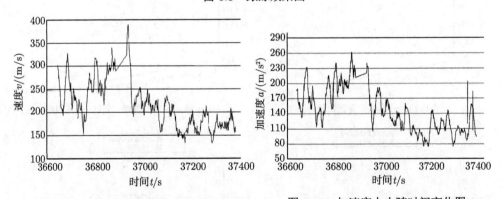

图 5.9　速度大小随时间变化图　　　　图 5.10　加速度大小随时间变化图

　　可以明显看出这样的结果与实际相差太远, 不要说飞机, 恐怕风筝的轨迹也没有图 5.8 这样迂折, 再说如此飞行也毫无必要; 在十几分钟时间内承受十几甚至二十几个 g 的加速度是所有飞行员都完全做不到的, 飞机的速度经历如此激烈的震荡也绝对是不安全的. 研究生们对这样的错误都完全不考虑, 令人遗憾.

5. 数据融合

由于 Data1 中部分数据为传感器 2 和传感器 3 在相同时刻对同一目标的不同

观测数据. 在统一到球心直角坐标系后, 要对这两组数据分别进行 Kalman 滤波. 但是由于两个传感器对距离、方位角和俯仰角有不同的测量误差, 导致对同一目标的跟踪轨迹也存在一定量的差值, 影响对目标最终状态的估计. 因此需要对两组滤波结果进行融合. 由于题中分别给出了传感器 1 和传感器 2 对相应参数测量误差的大小, 可以此为依据进行数据融合. 数据融合处理流程如图 5.11 所示.

图 5.11　数据融合处理流程

对三个传感器的测量的重叠时间进行分析如图 5.12 所示.

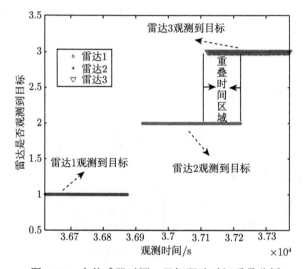

图 5.12　多传感器对同一目标跟踪时间重叠分析

要使送回的数据最有效, 就要确定合理的融合法则. 常用的目标跟踪融合算法有联合概率数据互联算法、广义 S- 维分配的跟踪融合算法、加权融合估计算法等. 下面采用加权融合估计算法对雷达 2 和雷达 3 的跟踪数据进行数据融合.

设雷达 2 和雷达 3 对目标的测量值为 X_1, X_2, 它们彼此互相独立, 并且都是 X 的无偏估计, 两个传感器的加权因子分别为 W_1, W_2, 则融合后的 $\hat{X}$ 和加权因子满足以下两式:

$$\hat{X} = \sum_{p=1}^{n} W_p X_p,$$

$$\sum_{p=1}^{n} W_p = 1.$$

总均方误差为

$$\sigma^2 = E[(X - \hat{X})^2]$$
$$= E\left[\sum_{p=1}^{2} W_p^2 (X - X_p)^2 + \sum_{\substack{p=1,q=1 \\ p \neq q}}^{2} W_p W_q (X - X_p)(X - X_q)\right].$$

因为假设 X_1, X_2 相互独立, 故 σ^2 可以写成

$$\sigma^2 = E\left[\sum_{p=1}^{2} W_p^2 (X - X_p)^2\right] = W_1^2 \sigma_1^2 + W_2^2 \sigma_2^2.$$

从上式可以看出, 总均方误差 σ^2 是关于各加权因子的二元二次函数, 因此 σ^2 必然存在最小值. 根据多元函数求极值理论, 可求出总均方误差最小时所对应的加权因子为

$$W_p = 1 \Big/ \left(\sigma_p^2 \sum_{i=1}^{2} \frac{1}{\sigma_i^2}\right).$$

此时所对应的最小均方误差为

$$\sigma_{\min}^2 = 1 \Big/ \sum_{p=1}^{2} \frac{1}{\sigma_p^2}.$$

已知坐标系转换公式为

$$\bar{X}^3 = \begin{bmatrix} x \\ y \\ z \end{bmatrix} = \begin{bmatrix} R\cos(\varphi)\sin(\theta) \\ R\cos(\varphi)\cos(\theta) \\ R\sin(\varphi) \end{bmatrix}.$$

误差转移矩阵 (三维向量对三维自变量求导) 为

$$S = \begin{bmatrix} \dfrac{\partial \bar{X}^3}{\partial R} & \dfrac{\partial \bar{X}^3}{\partial \theta} & \dfrac{\partial \bar{X}^3}{\partial \varphi} \end{bmatrix}$$
$$= \begin{bmatrix} \cos(\varphi)\sin(\theta) & R\cos(\varphi)\cos(\theta) & -R\sin(\varphi)\sin(\theta) \\ \cos(\varphi)\cos(\theta) & -R\cos(\varphi)\sin(\theta) & -R\sin(\varphi)\cos(\theta) \\ \sin(\varphi) & 0 & R\cos(\varphi) \end{bmatrix}.$$

在极坐标中各分量误差相互独立的情况下, 通过极坐标误差获取直角坐标误差的公式为

$$\begin{bmatrix} \sigma_x^2 & \sigma_{xy} & \sigma_{xz} \\ \sigma_{yx} & \sigma_y^2 & \sigma_{yz} \\ \sigma_{zx} & \sigma_{zy} & \sigma_z^2 \end{bmatrix} = S' \begin{bmatrix} \sigma_R^2 & 0 & 0 \\ 0 & \sigma_\theta^2 & 0 \\ 0 & 0 & \sigma_\varphi^2 \end{bmatrix} S.$$

图 5.13 为采用平均加权系数分配和融合加权系数分配时, 总均方误差大小对比图. 可以看出, 采用融合加权系数分配的方法较大程度上优于平均加权法.

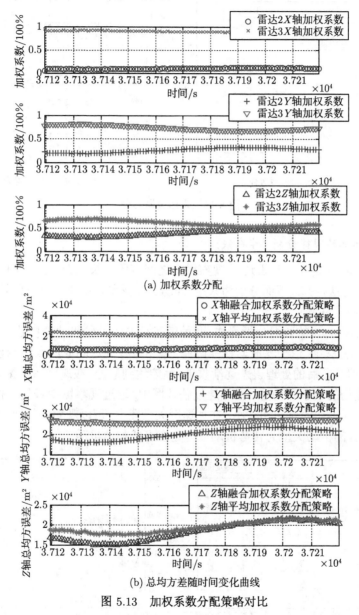

(a) 加权系数分配

(b) 总均方差随时间变化曲线

图 5.13　加权系数分配策略对比

图 5.14 为 Singer 模型和修正的当前模型分别根据融合加权系数进行融合的效果图.

从图 5.14(b) 与图 5.7 中部分对比可知, 将相同时刻雷达 2, 雷达 3 对目标的预测进行数据融合, 有助于提高跟踪精度.

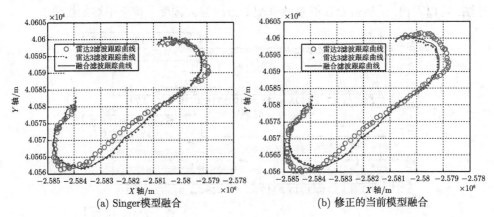

(a) Singer模型融合 　　　　　　　　(b) 修正的当前模型融合

图 5.14　雷达数据融合

6. 目标机动规律分析 (非在线)

分析后可知雷达 1 与雷达 2 观察数据之间有段较长空白, 这段空白时间的目标机动情况无法得知. 下面分别为采用 Singer 模型和修正的当前模型得到的目标机动分析图 (非在线).

通过对图 5.15 的数据分析得知, 两种模型对 Data1 的机动分析趋势基本相同, 部分数据存在差异. 由于滤波器性能限制, 最初进行处理的滤波点性能较差, 大致在 10 个处理点之后的处理误差逐渐收敛, 性能达到最佳. 在速度估计图中, 可以观察到速度变化的大小和趋势. 在加速度估计图中, 通过观察图中峰值的位置, 可以估计目标进行机动的时间和大小. 在加速度矢量图中, 可以观察到加速度的方向信息, 判断目标的机动类型为转弯机动或者是在直线加速机动.

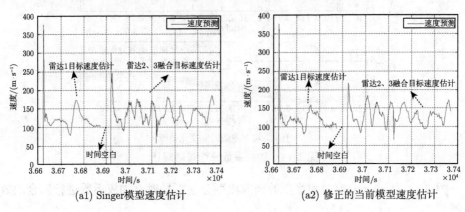

(a1) Singer模型速度估计 　　　　　　(a2) 修正的当前模型速度估计

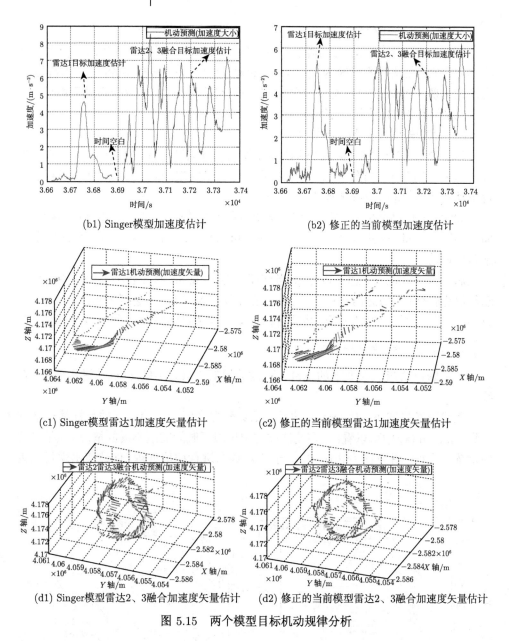

图 5.15　两个模型目标机动规律分析

(1) 速度估计图分析.

①速度均值大约为 125m/s, 峰值大约为 180m/s, 谷值大约为 80m/s.

②速度出现较大峰值的时间有: 36768.4s, 37008.4s, 37033.4s, 37101.4s, 37168.4s, 37226.4s, 37359.4s.

③速度出现较小谷值的时间有: 36740.4s, 36977.4s, 37259.4s, 37436.4s.

(2) 加速度估计图分析.

①加速度出现较大波动的时段: 36728.4~36817.4s(雷达 1) 内出现一个较大波峰, 可以判定在这些段时间内, 目标进行机动. 36973.4~37569.4s(雷达 2 和雷达 3) 内连续出现大约 7 个较大波峰, 可以判定在这些段时间内, 目标频繁进行机动.

②加速度波动范围: 大约 $5m/s^2$.

(3) 加速度方向估计图分析.

①36728.4~36817.4s(雷达 1) 时段内, 加速度方向既有行进方向分量, 又有行进方向内侧法向分量, 如图 5.15 (c1)(c2) 所示. 可以断定, 目标在该时间内进行了转弯机动和爬坡机动 (直线加速机动).

②36973.4~37569.4s(雷达 2 和雷达 3) 时段内, 加速度方向主要分量为行进方向内侧法向分量, 如图 5.15 (d1)(d2) 所示. 可以断定, 标在该时间内主要进行了连续转弯机动.

总之基于 Singer 模型和修正的当前模型的 Kalman 滤波器对 Data1 中目标机动能够进行估计. 估计出目标速度大小, 变化规律及方向, 加速度大小, 变化规律及方向, 并通过对加速度的分析, 估计目标机动时间和机动波动大小, 判断机动类型.

7. 目标机动规律分析 (在线)

利用修正的当前模型下的 Kalman 滤波器对 Data1 中目标机动进行分析 (在线).

在线跟踪模式下, 对 Data1 的目标估计和非在线跟踪模式下的目标估计基本一致. 图 5.16 (a) 中可以看出, 在滤波过程中出现了时间间隔不同的情况, 但是滤波性能依旧良好. 图 5.16 (c)(d) 中, 由于未对数据进行插值处理, 估计值出现抖动现象.

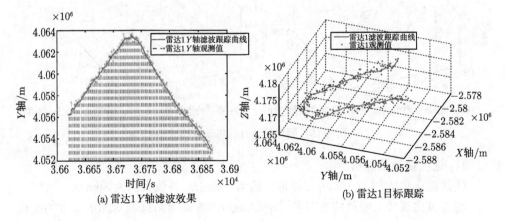

(a) 雷达1 Y 轴滤波效果   (b) 雷达1目标跟踪

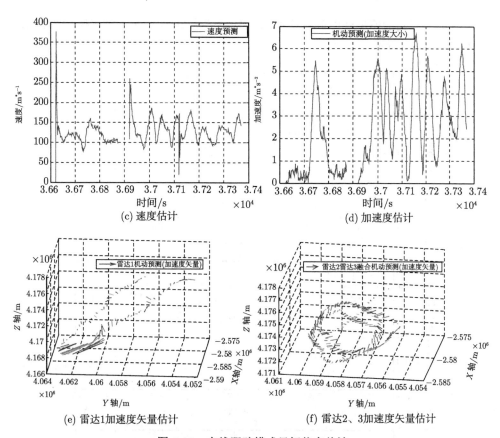

(c) 速度估计　　　　　　　　　　　(d) 加速度估计

(e) 雷达1加速度矢量估计　　　　　(f) 雷达2、3加速度矢量估计

图 5.16　在线跟踪模式目标状态估计

根据 MATLAB 仿真结果可知, 在线跟踪模式下对 728 点数据进行滤波估计, 总仿真耗时为 0.752251s, 平均对每个点的滤波耗时约为 0.001s, 远小于 Data1 中的最小时间间隔 1s, 可以实现实时在线跟踪.

目标真实飞行包络如图 5.17(注：测量数据有缺失和误差, 解题结果不会与实际情况完全符合) 所示.

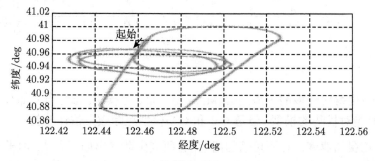

图 5.17

目标的三向加速度随时间变化如图 5.18(横坐标可以从 1 开始, 不一定要用本初子午线时间) 所示.

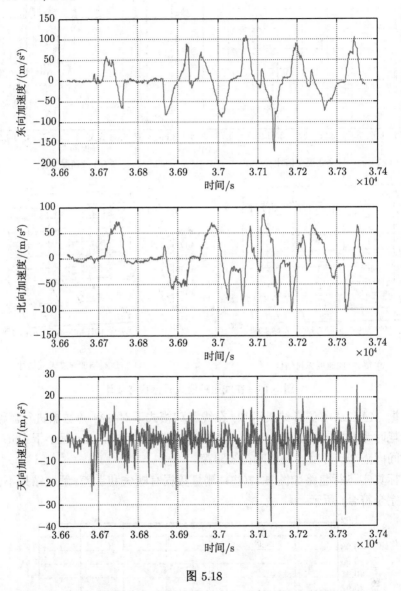

图 5.18

竞赛中用得比较多的模型是 IMM, Singer, CT 等模型, 每种模型都有一定的效果, 暂未有绝对优势的模型. 但是 CV 和 CA 模型跟踪效果估计较差.

为了克服加速度估计不可信的问题, 有研究生队提出如下方法. 由于传感器自身精度有限加之外界干扰, 传感器获得的测量信息都包含一定的随机误差. 因此,首先对量测数据进行数据拟合, 以减少随机误差对统计结果的影响, 然后, 再根据拟合数据分析目标机动发生的时间范围, 统计目标加速度大小和方向. (1) 数据拟合使用 MATLAB 工具箱进行数据拟合, 分别尝试了三角函数拟合、高斯函数拟合、傅里叶函数拟合等多种拟合方法, 综合对比拟合效果得出, 针对所给数据, 将量测数据分三部分使用 8 阶傅里叶函数拟合效果最佳. 拟合曲线是将量测数据根据雷达编号分为三部分, 分别对 X、Y、Z 三个方向上的距离–时间量测值进行拟合, 得到一条平滑的距离–时间拟合曲线. 三部分的拟合曲线分别对应图 5.19~ 图 5.21.

由以上测量–拟合曲线可知, 使用 8 阶傅里叶函数拟合法拟合量测数据可以较好地减少随机误差的影响, 有利于后续的目标机动情况分析.

对于上述做法, 单纯从效果看是好的, 无论是航迹, 还是加速度的取值都比较符合实际情况. 然而不能仅根据一次或几次对比就下结论, 先进行拟合后进行滤波方法是否合理, 还要经过多方论证.

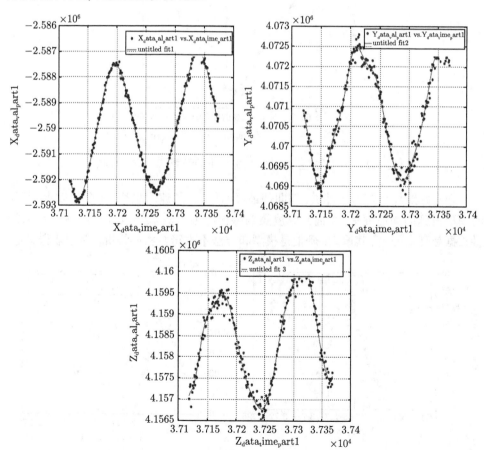

图 5.19　雷达 1 在 X、Y、Z 方向上的量测 —— 拟合曲线

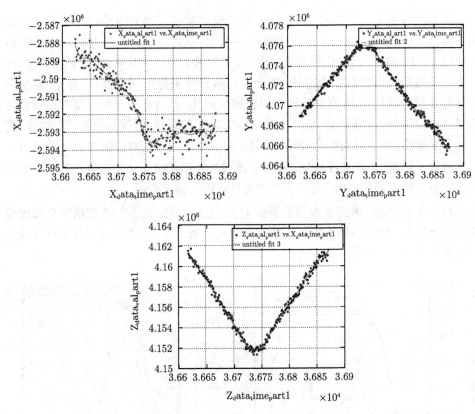

图 5.20　雷达 2 在 X、Y、Z 方向上的量测 —— 拟合曲线

　　现有跟踪模型都基于滤波, 但即使最好的结果, 加速度也达 10 个 g 以上, 其他的模型得到的加速度更大, 而且速度震荡得很厉害, 飞机运动轨迹有尖点. 如果测量数据是真实的, 究其原因, 恐怕是模型和方法不太符合实际情况. 要想取得进展,

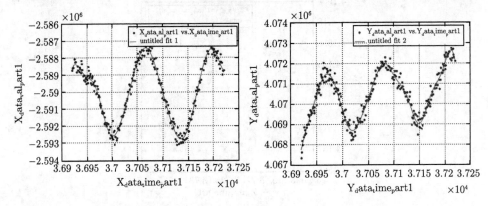

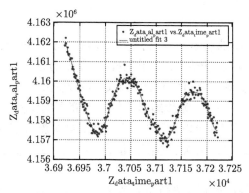

图 5.21　雷达 3 在 X、Y、Z 方向上的量测 —— 拟合曲线

一定要跳出原来的框框. 是否可能是滤波的假设与实际有一些差距? 借用先拟合的思想是否可以换个思路, 把这个问题作为在约束条件 (包括轨迹光滑、曲率、速度和加速度可信, 同时在测量点为中心的球的并集里) 下的寻优问题? 当然要用于实时预测非常困难, 应该还有很长的路要走.

二、问题 2 的分析与建模

Data2 数据中包含两个目标的信息, 所以问题是单传感器多目标的跟踪. 将两个目标数据进行关联, 可有效地分离两者的航迹. 考虑到实时性要求, 最近邻域算法有较大的优势, 必要时可以采用其他准则, 如：结合 Kalman 滤波预估位置距离关联准则、速度关联准则、加速度关联准则和机动半径判别准则.

航迹的管理包含航迹起始、保持以及撤销等. 整个处理流程见图 5.22.

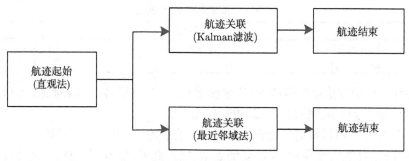

图 5.22　航迹管理流程 (仅举一种方法)

通过分析, Data2 的数据有如下特点：
①时间数据间隔非均匀, 存在 5 种可能, 分别是 0.1s, 0.2s, 0.4s, 0.5s, 0.6s;
②雷达观测总时长 808.8s;
③两个目标航迹为多交叉式.

1. 航迹起始算法

航迹起始是目标跟踪的第一步, 它是建立新的目标档案的决策方法. 常用的航迹起始算法包括直观法、逻辑法、基于 Hough 变换的方法等. 考虑到实时性和噪声的大小, 本问题用直观法就可以较好地确定航迹起始.

假设 $X_i, i = 1, 2, \cdots, N$, 为传感器连续扫描获得的位置观测值, 如果这 N 次扫描中有某 M 个观测值满足以下条件, 依启发式规则就认定为一条起始航迹.

(1) 测得的连续或相近两次的距离差值在 $\Delta R_{\min}, \Delta R_{\max}$ 之间. 这是距离约束形成的相关波门.

(2) 测得的连续或相近两次方位角差值在 $\Delta \theta_{\min}, \Delta \theta_{\max}$ 之间. 这是方位角约束形成的相关波门.

(3) 测得的连续或相近两次俯仰角差值在 $\Delta \varphi_{\min}, \Delta \varphi_{\max}$ 之间. 这是俯仰角约束形成的相关波门.

以上三个判决可以表达为

$$\Delta R_{\min} < |R_i - R_{i-1}| < \Delta R_{\max},$$
$$\Delta \theta_{\min} < |\theta_i - \theta_{i-1}| < \Delta \theta_{\max},$$
$$\Delta \varphi_{\min} < |\varphi_i - \varphi_{i-1}| < \Delta \varphi_{\max}.$$

由于一般对两个目标的距离项测量差值较小, 而方位角、俯仰角差值大, 故以方位角和俯仰角约束形成相关波门.

表 5.7 为设定的相关阈值.

表 5.7 航迹起始阈值设定

相关波门	下限/(°)	上限/(°)
$|\theta_i - \theta_{i-1}|$	0	2.49
$|\varphi_i - \varphi_{i-1}|$	0	1.02

根据上述阈值选取雷达前 70 组观测数据, 并且分别属于两条航迹的点数不小于 30 个, 根据如上准则, 得到的航迹起始图 5.23.

从图 5.23 中可以很清晰地看出两条不同的航迹. 当然在观测初始时刻, 如果目标距离较近, 可能出现误判, 但等观测点增多后, 起始航迹可以被较好地确定下来. 也可以直接采用 KMeans 算法进行起始航迹的分解.

对于初始采集到的极坐标量测值 $(R_i, \theta_i, \varphi_i)$, 其中 $i = 1, \cdots, N_{start}$. N_{start} 为初始点选择数目, 首先将其转换到 X-Y-Z 直角坐标中, 得到 (x_i, y_i, z_i), 随后利用 KMeans 算法将其聚为两类或几类, 距离函数选择普通的欧氏距离. 由于 KMeans 算法对于初始点选择较为敏感, 因此, 本章重复多次计算 KMeans, 取较为稳定的结

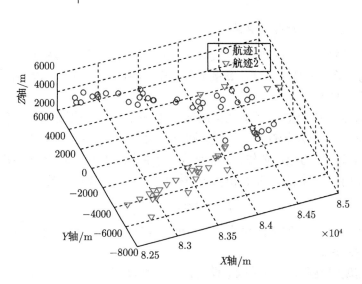

图 5.23　航迹初始

果作为航迹起始的依据. 本章选取前 20 个量测值进行 KMeans 聚类, 重复 10 次, 其稳定结果如图 5.24 所示.

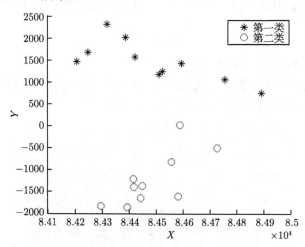

图 5.24　10 次 KMeans 重复后得到的初始航迹分离 (X-Y 平面)

　　根据图 5.24 所示, 经过 10 次重复的 KMeans 聚类过后, 初始的 20 个量测值可以比较好地分离, 此外, 本章也观察了在 X-Z 和 Y-Z 平面内的情况, 由于初始的 Z 值分布比较分散, 因此聚类的效果不明显, 但航迹的分解只需要在某个投影面甚至投影线上能够区分就行.

2. 特征判决的最近邻域算法

最近邻域算法是把落在相关跟踪门之内且与被跟踪目标预测位置最近的观测点作为关联对象. 该算法具有计算量小和鲁棒性特点, 简单而高效特别适合实时性要求高的应用环境.

在应用最近邻域法时, 关联的判断标准是关联核心. 根据题目给定的目标距离 R, 目标方位角 θ 以及俯仰角 φ 信息, 即目标状态特征向量 $X = (R, \theta, \varphi)$. 由于目标的机动, 若以 X 的绝对量作为判决对象, 会导致关联度不高. 但是考虑目标的机动能力的限制, 速度满足一定范围, 加速度在 $10g$ 之内, 因此将特征向量的相对值

$$E = \mathrm{abs}(X - X_0)$$

(其中 X_0 为属于某一航迹的目标的最近的一个状态), 作为相对特征向量, 可以有效地提高关联正确率.

根据速度限制和加速度限制, 设定特征阈值为 $E_0 = (e_1, e_2, e_3)$(三个分量不相等). 如果传感器的观测目标要与某一航迹关联, 就必须满足

$$E < E_0.$$

对于题中所给的多目标跟踪, 存在多个航迹, 如果观测值对于两个航迹都满足上式, 需要考虑观测值的倾向性, 设 E_1, E_2 分别是观测值针对两个不同航迹的相对特征向量, 如果

$$E_1 < E_2,$$

则该观测点属于航迹 1, 否则属于航迹 2.

根据航迹起始算法, 得到相关的阈值, 在航迹关联与保持过程中, 采用了相同的阈值. 最终的航迹关联如图 5.25 和图 5.26 所示.

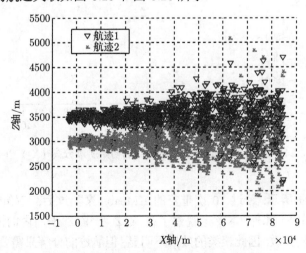

图 5.25　最近邻域法多目标 X-Z 切面图

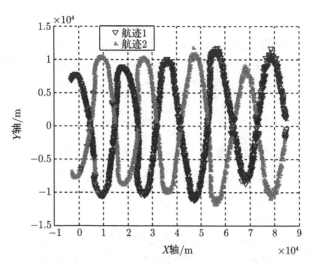

图 5.26　最近邻域法多目标 X-Y 切面图

从图 5.25 中可以看出两个目标在不同高度, 结合图 5.26 可以看出两个目标在 XOY 平面作类似于正弦的机动, 并伴有在不同高度的机动动作.

3. 其他准则

采用序贯实时算法, 对本题中的两个目标的监测数据实时分别放入两个队列中, 则这两个队列就构成了两条航迹, 其中队尾元素为该航迹的最新状态. 当下一个时刻读取到一个新的位置数据, 先运用非线性滤波算法 —— 无迹 Kalman 滤波 (Unscented Kalman Filter), 即 UKF 算法对两条航迹进行滤波操作, 再让滤波后的数据同两个队列分别进行数据关联处理, 判断新读取到的数据信息属于哪个队列, 再进行入队操作. 以下为数据关联的五个评判依据.

1) 距离关联准则

计算新读取的位置点同两个队列的队尾元素之间的距离. 分别得到两个距离 dl_1, dl_2. 若 $dl_1 < dl_2$, 则说明新位置点同航迹 1 关联度更高, 反之则新位置点同航迹 2 的关联度更高. 此准则和最近邻域算法一样当两条航迹尾端相距较远时具有极高效率.

2) 预估位置距离关联准则

运用两个队列最后的 n 个元素进行函数拟合, 本题中采用的 $n = 30$. 再根据读取新数据点的时间 t, 计算出两条航迹在 t 时刻的预估航迹点, 并计算刚读取的新数据点同两个预估航迹点的距离 ds_1, ds_2. 若 $ds_1 < ds_2$, 则说明新位置点同航迹 1 的关联程度更高, 反之则新位置点与航迹 2 的关联度更高. 此准则对两条航迹交叉情况下的数据关联较为有效.

3) 速度关联准则

运用两个队列的队尾元素经过差分计算, 可以计算出两个队列的队尾元素的速度 v_1 和 v_2, 并计算新读取位置点同两个队列的队尾元素构成的速度 v_{tmp1} 和 v_{tmp2}. 按如下公式计算两队列速度同新观测位置点的速度之差:

$$dv_1 = |v_1 - v_{tmp1}|, \quad dv_2 = |v_2 - v_{tmp2}|.$$

若 $dv_1 < dv_2$, 则说明新观测位置点同航迹 1 的关联程度更高, 反之则新观测位置点与航迹 2 的关联度高. 此准则在两航迹尾端相距较远及航迹交叉情况具有较高的准确度.

4) 加速度关联准则

此准则运用两个队列队尾元素经过差分计算, 得出两个队列队尾的加速度 a_1 和 a_2, 并计算新读取位置点同两个队列队尾元素构成的加速度 a_{tmp1} 和 a_{tmp2}. 按如下公式计算两队列加速度同新观测位置点的加速度之差:

$$da_1 = |a_1 - a_{tmp1}|, \quad da_2 = |a_2 - a_{tmp2}|.$$

若 $da_1 < da_2$, 则说明新观测位置点同航迹 1 的关联程度更高, 反之则新观测位置点与航迹 2 的关联度高. 此准则在两航迹尾端相距较远及航迹交叉情况具有较高的准确度.

5) 机动半径判别准则

依据题目已知条件: 战斗机的机动半径在 1km 以上, 所以可将新观测位置点同两个队列的队伍多个元素进行曲线拟合, 分别计算出曲率半径 r_1, r_2. 若出现 $r_1 < 1000 - \Delta r$(其中 Δr 为曲率半径容忍度, 在程序中取值 $\Delta r = 100$), 则排除此新测目标位置点属于航迹 1 的情况. 类似排除新观测位置点属于航迹 2 的情况. 若 r_1, r_2 均大于等于最小机动半径, 则运用前述数据关联准则进行判断. 此法对于两航迹交叉时, 出现新航迹点具有较好的判别效果.

还可以对上面提及的五种关联准则变量综合考虑, 分别乘以各自的权系数 w_i, 按下式进行加权求和:

$$Q_1 = w_1 dl_1 + w_2 ds_1 + w_3 dv_1 + w_4 da_1 + w_5 dr_1,$$
$$Q_2 = w_1 dl_2 + w_2 ds_2 + w_3 dv_2 + w_4 da_2 + w_5 dr_2.$$

若 $Q_1 < Q_2$, 则可以判断新观测航迹点同航迹 1 关联度高, 反之则与航迹 2 的关联度高. 然后进行入队操作, 更新各队的航迹的队尾状态.

研究生在竞赛中提出这些准则, 应该说能够考虑得这么全面是很好的, 美中不足的是分析不够, 没有分析哪个因素的前后数据间的联系应该是最紧密的, 因此是最重要的, 另外这五种关联准则变量之间有一定数量上的关系, 限制了各种关联准则变量的变化范围, 如果讨论清楚, 综合效果可能会好些.

这里再说两点: 首先, 这五个方面的确都和航迹关联很密切, 但上述想法有两点值得改进之处. 量变到质变的情况没有考虑, 例如, 机动半径从比较大到小于 1km、速度从比较大到超过第一宇宙速度、加速度从 m/s² 到超过 30 个 g 等, 在不超过阈值时关联程度连续变化, 一旦超过阈值可能性就突变为零, 所以上述加权求和的公式还不全面. 其次, 五个关联准则的物理量量纲不同, 描述它们对航迹关联的影响时必须考虑相应物理量的单位, 如距离增加 1m、速度增加 1m/s 和加速度增加 1m/s² 对关联程度影响的差别非常大. 不同的飞行目标的五个关联准则的物理量之间也相差很大, 例如飞行速度, 飞机几百米/秒, 导弹则几千米/秒, 所以航迹关联的参数应随飞行目标的改变而改变, 不仅考虑绝对变化量, 还要考虑相对的变化量.

进一步分析, 在飞行目标比较少的情况下, 问题还是简单的, 一般情况距离是重要的, 但当交叉情况下, 速度的差异 (包括速度方向的变化) 就突出了, 加速度由于受发动机控制, 所以变化能够相对突然一些.

4. 只有一个回波点的情况分析

题目说得很清楚, 雷达一段时间只有一个回波点迹的状况, 并没有说, 回波点一定丢失, 然而绝大多数研究生队武断地认为回波点一定是丢失了. 暴露出思路狭窄、想当然地去考虑问题的缺点, 今后必须引以为戒. 实际上产生只有一个回波点迹的情况可以是因为回波点丢失, 也可能是多个回波点重叠造成的, 还可能是噪声造成的, 甚至是目标突然机动的后果, 应该区别对待, 分析其原因, 针对不同的情况采用不同的办法, 而不是不分青红皂白统一处理.

由 Singer 模型和修正当前模型可知, 在 Kalman 滤波过程中目标的状态变量为 $X = [x \quad \dot{x} \quad \ddot{x}]$, 在没有回波点的情况下, $\tilde{X}(k+1|k) = \Phi(k)\hat{X}(k|k)$ 为目标的状态估计更新公式.

在回波点丢失的时间内, 如果目标仍然按照原来的机动模式飞行, 即在回波点丢失的这段时间里目标加速度变化被保持在一个很小的范围内, 并且在这段时间内, 目标没有向雷达分辨率差的区域飞行. 那么在短时间内, 滤波器仍然能够较为准确地预测目标的方位, 产生正确关联.

如果丢失时间过长, 累计的误差会使滤波器预测效果变差, 从而失去了继续航迹关联的能力, 产生错误关联.

如果目标在回波点丢失的时间内飞向雷达分辨率差的区域, 或者目标在回波点丢失的时间内突然做出了较大的机动, 即加速度变化很大, 那么滤波器将会直接失去继续航迹关联的能力, 产生错误关联.

对第二问, 如果用序贯实时的方法实现更具有意义. 航迹维持方法不限, 可以根据已形成的两条航迹进行外推. 外推的精度主要取决于外推采用什么模型, 如二阶多项式拟合或者高阶多项式拟合, 方向连续性等.

目标在雷达坐标系中真实的航路如图 5.27 所示.

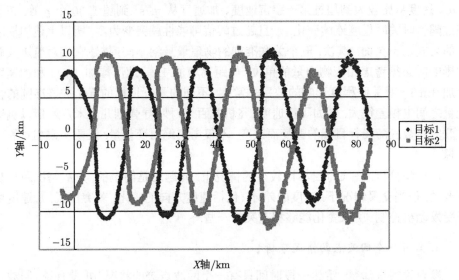

图 5.27   飞机真实航路图

三、问题 3 的分析与建模

对目标的机动性分析可以归结为对目标的速度以及加速度分析, 特别是对目标加速度变化的分析.

通过分析, Data3 的数据有如下特点:

①时间数据间隔均匀为 1s, 除去最后一个点 (处理时舍去最后一点);

②雷达观测总时长 528.32s;

③目标航迹为抛物线形式.

1. 采用问题 1 中的模型

如果采用问题 1 中的模型, 问题 3 中目标航迹估计如图 5.28 所示.

采用问题 1 中的模型进行目标机动估计, 处理结果如图 5.29 所示.

如图 5.29 所示, 由于 Singer 模型和修正当前模型最初几点的滤波性能较差, 所以这两种模型对最初几点的速度和加速度估计较差, 之后的处理过程中, 滤波器逐渐收敛接近真实值.

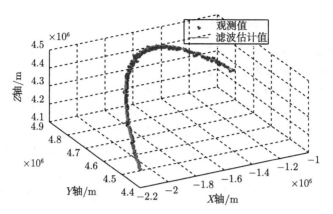

图 5.28　Data3 目标航迹估计

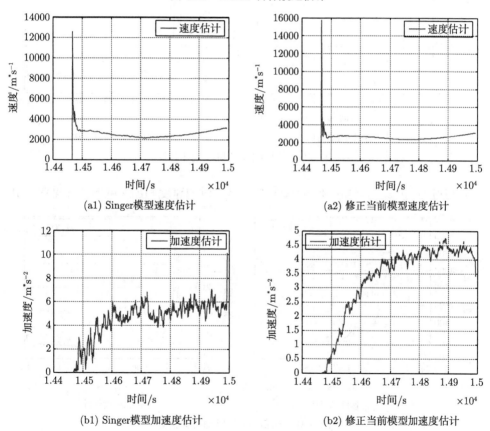

(a1) Singer模型速度估计 　　　　　(a2) 修正当前模型速度估计

(b1) Singer模型加速度估计 　　　　(b2) 修正当前模型加速度估计

图 5.29　采用问题 1 模型处理的机动分析

2. 采用基于初值的 Singer 模型

基于初值的 Singer 模型, 舍弃原本 Singer 模型中的协方差 $P_{0|0}$ 初始化过程, 添加对状态初始化 $X_{0|0}$ 的设计过程.

已知 $X_{0|0} = [x \ \dot{x} \ \ddot{x} \ y \ \dot{y} \ \ddot{y} \ z \ \dot{z} \ \ddot{z}]^{\mathrm{T}}$, 初始化 $[x \ y \ z]^{\mathrm{T}} = [Z_{0x} \ Z_{0y} \ Z_{0z}]^{\mathrm{T}}$, 其中 $[Z_{0x} \ Z_{0y} \ Z_{0z}]^{\mathrm{T}}$ 为观测值中的第一点. 通过测试数据点, 找到最合理的速度初值为 $[\dot{x} \ \dot{y} \ \dot{z}]^{\mathrm{T}} = [-2200 \ 900 \ 1000]^{\mathrm{T}}$, 加速度初值实验过程如下.

初值 $[\ddot{x} \ \ddot{y} \ \ddot{z}]^{\mathrm{T}} = [30/\sqrt{3} \ 30/\sqrt{3} \ 30/\sqrt{3}]^{\mathrm{T}}$ 时的速度和加速度的估计见图 5.30.

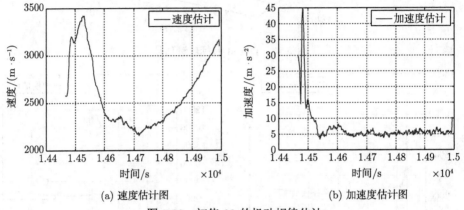

(a) 速度估计图　　　　　　　(b) 加速度估计图

图 5.30　初值 30 的机动规律估计

初值 $[\ddot{x} \ \ddot{y} \ \ddot{z}]^{\mathrm{T}} = [50/\sqrt{3} \ 50/\sqrt{3} \ 50/\sqrt{3}]^{\mathrm{T}}$ 时的速度和加速度的估计见图 5.31.

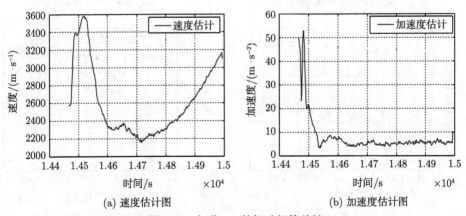

(a) 速度估计图　　　　　　　(b) 加速度估计图

图 5.31　初值 50 的机动规律估计

初值 $[\ddot{x} \ \ddot{y} \ \ddot{z}]^{\mathrm{T}} = [60/\sqrt{3} \ 60/\sqrt{3} \ 60/\sqrt{3}]^{\mathrm{T}}$ 时的速度和加速度的估计见图 5.32.

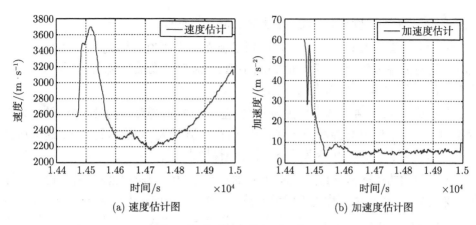

图 5.32 初值 60 的机动规律估计

初值 $[\ddot{x}\ \ddot{y}\ \ddot{z}]^{\mathrm{T}} = [100/\sqrt{3}\ \ 100/\sqrt{3}\ \ 100/\sqrt{3}]^{\mathrm{T}}$ 时的速度和加速度的估计见图 5.33.

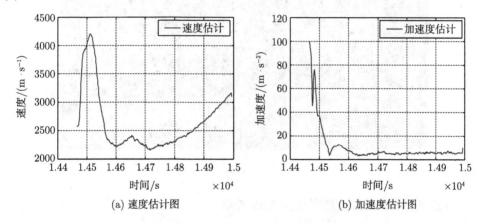

图 5.33 初值 100 的机动规律估计

从图中我们可以看出当加速度初值设置在 $30\mathrm{m/s}^2$ 时, 除初始点以外的预测峰值 $45\mathrm{m/s}^2$, 大于初始值; 当加速度初值设置在 $50\mathrm{m/s}^2$ 时, 除初始点以外的预测峰值 $52\mathrm{m/s}^2$, 略大于初始值; 当加速度初值设置在 $60\mathrm{m/s}^2$ 时, 除初始点以外的预测峰值 $57\mathrm{m/s}^2$, 略小于初始值; 当加速度初值设置在 $100\mathrm{m/s}^2$ 时, 除初始点以外的预测峰值 $75\mathrm{m/s}^2$, 小于初始值.

通过分析图中的数据, 可以得知, 预测加速度峰值与加速度初始值的设置关系密切, 根据峰值点和初始值差异关系, 可以初步估计初始加速度达到 $55\mathrm{m/s}^2$(这只是一种猜测, 应该还可以根据其他分析确定初值, 而且加速度在 x, y, z 三个轴的方向上分量不一定相同). 导弹在前 20s 内进行高度机动性运动, 中间 70s 加速度有小幅度波动, 其后加速度逐渐平稳, 并维持在 $5\mathrm{m/s^2}$ 左右.

速度曲线图较为稳定, 在 14491s 时达到第一个极值点, 速度为 3440m/s, 在 14532s 时达到最大值, 速度为 3662m/s, 在 14728s 时达到最小值, 速度为 2155m/s, 后来, 导弹速度近似线性增大.

分析结果为, 导弹在前 20s 加速升空, 在 14532s 时速度达到最大值, 转为减速运动. 在 14728s 时是导弹海拔达到最高, 势能达到最大, 动能达到最小, 速度达到最小. 其后, 导弹进入自由落体状态, 速度线性增大.

这个问题的实际情况是图 5.34 所示的一个导弹. 正确的做法是首先提取目标的加速度变化, 跟踪模型优先考虑弹道模型. 也可采用比较常用的 Singer, IMM 等模型, 但如果采用 CA 或者 CV 模型, 则跟踪效果将比较差, 弹道模型是以地心为一个焦点的椭圆模型, 从图 5.34 能够看出是最贴近真实目标的模型.

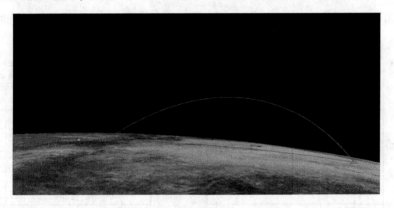

图 5.34

目标飞行三向加速度图示如图 5.35 所示.

图 5.36 是加速度的幅度和方向图 (弹道目标主要受地球引力作用, 大小随着高度有些许变化, 但总的受引力产生的加速度大概 1 个 g 左右, 方向指向地心).

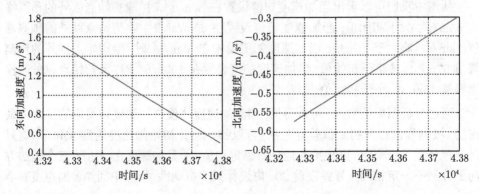

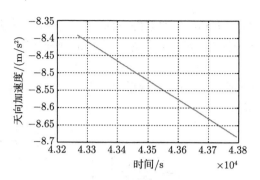

图 5.35

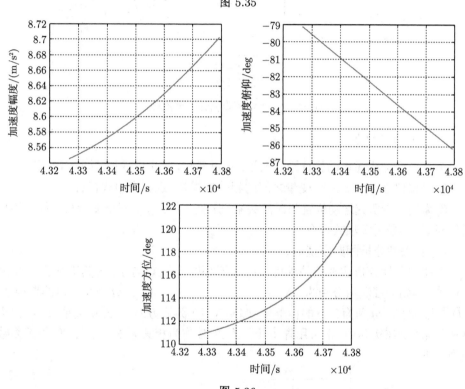

图 5.36

四、问题 4 的分析与建模

通过对问题 3 的分析可知, 移动目标就是导弹, 在近似地依抛物线轨迹运动. 因此可以用 Kalman 滤波对机动目标进行跟踪、并能够有效地追踪到目标的航迹. 由于 Kalman 滤波可以给出目标的运动速度、加速度等, 并且能够比较准确地估计飞行目标的位置, 尤其在问题 3 的研究中已知目标在最后一段被跟踪的时间里运动状态趋于稳定, 有利于估计目标的落点坐标. 当然如果专业知识比较深厚, 也可以直接根据导弹运动公式估计落地点的坐标.

首先介绍曲线拟合、Kalman 滤波的方法. 由于目标运动轨迹较为规则, 先在三维空间对其进行曲线拟合. 然后再根据曲线与地球表面的交点估计出落地点的坐标.

考虑到目标观察值位于站心球坐标系中, 因此需要进行相应的坐标转换. 整个处理流程如图 5.37 所示.

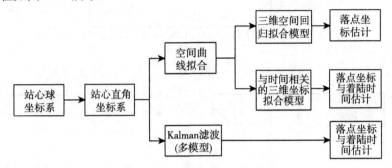

图 5.37　目标落点估计处理流程

1. 空间曲线拟合

为了更好地描述机动目标运动轨迹, 可以建立以下两种相关性回归模型:

①直接建立 x, y, z 三个变量之间的相关性模型, 进行多项式拟合;

②为进一步研究运动位置与时间关系, 分别建立 x, y, z 三个变量与时间 t 的相关性模型, 都采用多项式拟合.

(1) 相关性分析回归模型

根据相关性分析法理论基础可知: 设有随机变量 X 与 Y, 对其进行了 n 次随机试验, 得到的观测值分别为 $(X_i, Y_i)(i = 1, 2, \cdots, n)$, $\bar{X}$, $\bar{Y}$ 分别为各自的期望值, $\sqrt{DX}$ 与 $\sqrt{DY}$ 分别为各自的标准差, $\text{Cov}(X, Y)$ 为协方差, r 为相关系数, R 为样本相关系数. 在实际中, 常常用样本相关系数 R 作为相关系数 r 估计值. 相关系数模型如下:

$$\begin{cases} r = \dfrac{\text{Cov}(X, Y)}{\sqrt{DX}\sqrt{DY}}, \\ R = \dfrac{\displaystyle\sum_{i=1}^{n}(X_i - \bar{X})(Y_i - \bar{Y})}{\sqrt{\displaystyle\sum_{i=1}^{n}(X_i - \bar{X})^2 \sum_{i=1}^{n}(Y_i - \bar{Y})^2}}, \\ \text{Cov}(X, Y) = E[(X - EX)(Y - EY)], \\ \bar{X} = \dfrac{1}{n}\sum_{i=1}^{n}X_i, \quad \bar{Y} = \dfrac{1}{n}\sum_{i=1}^{n}Y_i. \end{cases}$$

在有多个随机变量时, 上式中随机变量 X 与 Y 可以代表其中任意两个随机变量, 即公式不因具体随机变量而变化.

(2) 回归模型的建立与求解

模型 1: 三维空间回归模型

为了描述 x, y, z 三个变量之间存在的某种数量上的联系, 这里分别对 x, y, z 三维空间数据和 x, y 二维平面数据进行数据回归分析.

Step 1: 坐标系转换及散点图分析.

利用站心球坐标 (ρ, θ, φ) 向站心直角坐标系 (x, y, z) 的转换, 得到的 Data3 三维空间数据和二维平面数据的散点图如图 5.38, 图 5.39 所示.

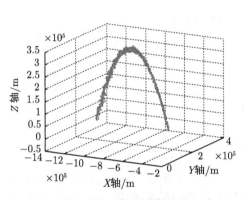 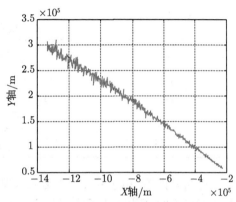

图 5.38　目标三维散点图　　　　　　　　图 5.39　X-Y 平面目标二维散点图

Step 2: 在三维坐标系下进行回归分析.

由图 5.38 三维坐标系下的散点图可以看出, 空间坐标系下轨迹呈现抛物线形式. 故采用 $z = a_1 x^2 + a_2 x + b_1 y^2 + b_2 y + c$ 的多项式拟合, 当然也可以用三次多项式拟合等.

三维坐标空间内常见的二次模型:

$$z = a_1 x^2 + b_1 y^2 + a_2 x + b_2 y + c.$$

常见的三次模型:

$$z = a_1 x^3 + b_1 y^3 + a_2 x^2 + b_2 y^2 + a_3 x + b_3 y + c.$$

首先使用二次多项式模型, 根据最小二乘法拟合出对应的曲线如图 5.40 所示. 拟合方程系数估计结果如表 5.8 所示.

由表 5.8 可知, 拟合优度为 99.444%, 拟合效果较好. 拟合方程表示为

$$z = (-1.14457\text{e-}06)x^2 + (3.76176\text{e-}06)y^2$$
$$- 1.85429613x - 1.86287774y - 193590.1543.$$

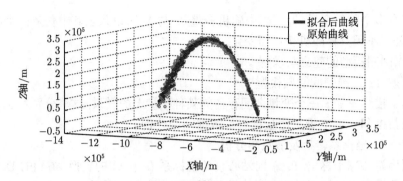

图 5.40　二次多项式模型在三维空间拟合情况

表 5.8　拟合方程系数估计

拟合系数	参数估计值	参数置信区间 (95%)
a_1	$-1.14457\mathrm{e}\text{-}06$	$[-1.2\mathrm{e}\text{-}06, -1.1\mathrm{e}\text{-}06]$
b_1	$3.76176\mathrm{e}\text{-}06$	$[2.68\mathrm{e}\text{-}06, 4.84\mathrm{e}\text{-}06]$
a_2	-1.85429613	$[-1.96716, -1.74143]$
b_2	-1.86287774	$[-2.38811, -1.33764]$
c	-193590.1543	$[-199719, -187461]$
$R^2 = 0.994440484$		

　　分析其残差, 由于残差一般是针对某一固定自变量的, 在本模型中, 由于 (x, y) 是成对出现的, 所以这里我们的残差是针对 (x, y) 联合的残差图, 并分别向 X-Z、Y-Z 平面上作投影得到残差图如图 5.41, 图 5.42 所示.

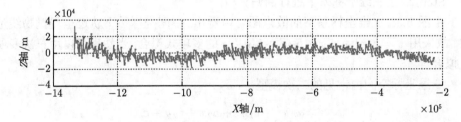

图 5.41　二次模型 X-Z 残差曲线

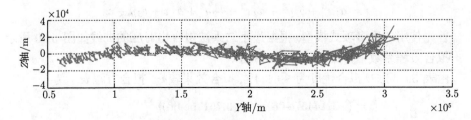

图 5.42　二次模型 Y-Z 残差曲线

由残差图可知, 残差在 0 值上下浮动, 拟合效果较好.

接下来采用三次模型 $z = a_1x^3 + b_1y^3 + a_2x^2 + b_2y^2 + a_3x + b_3y + c$ 来拟合. 拟合效果如图 5.43 所示.

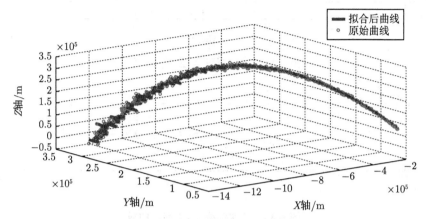

图 5.43　三次模型三维空间拟合

拟合方程系数估计结果如表 5.9 所示.

表 5.9　三次模型拟合系数估计

拟合系数	参数估计值	参数置信区间 (95%)
a_1	3.31276e-13	[2.508e-13, 4.118e-13]
b_1	1.05265e-11	[3.180e-12, 1.787e-11]
a_2	-1.03823e-07	[-3.3064e-07, 1.23e-07]
b_2	-7.36734e-06	[-1.210e-05, -2.634e-06]
a_3	-0.796475622	[-1.00400, -0.588949]
b_3	1.495378461	[0.50030, 2.490452]
c	-151578.1533	[-161456, -141700]
$R^2 = 0.997680076$		

由表 5.9 可知, 拟合优度为 99.768%, 拟合效果比二次模型更好. 拟合方程为

$$z = (3.31276e\text{-}13)x^3 + (1.05265e\text{-}11)y^3 - (1.03823e\text{-}07)x^2 - (7.36734e\text{-}06)y^2$$
$$-0.796475622x + 1.495378461y - 151578.1533.$$

三次模型的残差分析. 在本模型中, 由于 (x, y) 是成对出现的, 所以这里我们的残差是针对 (x, y) 联合的残差图, 并分别向 $X\text{-}Z$、$Y\text{-}Z$ 平面上作投影得到残差图如图 5.44, 图 5.45 所示.

由残差图可知, 三次模型的残差在 0 值附近浮动的范围比二次模型的浮动范围更小, 拟合效果更好. 因此后面选择三次模型进行后续分析.

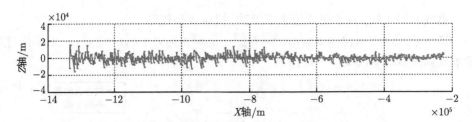

图 5.44 三次模型 X-Z 残差曲线

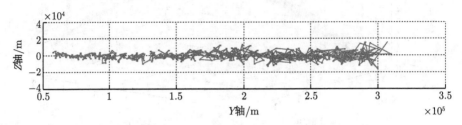

图 5.45 三次模型 Y-Z 残差曲线

Step3: 在二维坐标系下进行回归分析.

分析 X-Y 平面坐标系下的散点图, 显然其在 X-Y 平面上呈线性或者二次曲线形式. 若直接选择二次模型, 其基本模型为 $y = ax^2 + bx + c$. 利用最小二乘法拟合出对应的曲线如图 5.46 所示.

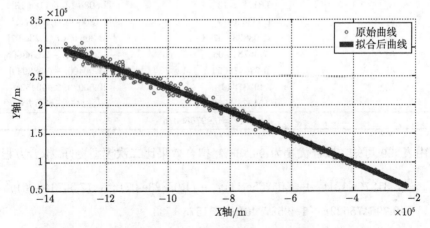

图 5.46 X-Y 平面内拟合出的二次模型

拟合方程系数估计结果如表 5.10 所示.

由表 5.10 可知: 拟合优度为 99.50%, 拟合效果较好. 拟合方程为

$$y = -(2.43605\text{e-}08)x^2 - 0.25336x + 1454.095.$$

表 5.10　二次模型 X-Y 平面拟合系数估计

拟合系数	参数估计值	参数置信区间 (95%)
a	$-2.43605\mathrm{e}{-08}$	$[-2.891\mathrm{e}{-08}\ -1.981\mathrm{e}{-08}]$
b	-0.25336	$[-0.2606660\ -0.2460572]$
c	1454.095	$[-1165.6200\ 4073.8098]$
	$R^2 = 0.994988$	

残差图如图 5.47 所示.

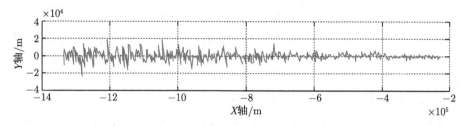

图 5.47　二次模型 X-Y 平面拟合残差

由残差图可知, 残差在 0 值附近上下浮动范围较小, 拟合效果较好.

为了进行对比分析, 还使用五次多项式拟合进行对比, 由于五次多项式对噪声更加敏感, 出现了过拟合, 在某些位置根据滑动窗拟合的函数不能求得落地点. 取同一段时间的预测值和测量值, 计算五次多项式拟合的误差如表 5.11 所示.

表 5.11　五次多项式拟合时的相对误差

时间/s	x 坐标误差	y 坐标误差	z 坐标误差
14865	0.14%	0.05%	0.02%
14866	0.01%	0.02%	0.02%
14867	0.16%	0.05%	0.04%
14868	0.12%	0.06%	0.01%
14869	0.05%	0.07%	0.08%
14870	0.15%	0.02%	0.04%
14871	0.11%	0.08%	0.06%
14872	0.06%	0.05%	0.04%
14873	0.09%	0.00%	0.05%
14874	0.11%	0.06%	0.02%
平均值	0.10%	0.05%	0.04%

可以发现, 五次多项式拟合的误差和二次多项式拟合的误差接近, 说明用二次多项式拟合已经很精确了, 五次多项式拟合由于过拟合反而不准.

为了比较滑动窗的大小对预测结果的影响, 对同一时间段 (时间取 14865-14874), 滑动窗口长度 k 分别取不同值的各自的平均相对误差进行比较 (表 5.12).

表 5.12　不同滑动窗口长度 k 下的误差和 MSE

滑动窗口 k	x 坐标误差	y 坐标误差	z 坐标误差	平均相对误差	MSE
60	0.0762%	0.0409%	0.0308%	0.0493%	3012.43
70	0.0762%	0.0409%	0.0308%	0.0493%	2968.90
80	0.0826%	0.0420%	0.0294%	0.0513%	2937.81
90	0.0805%	0.0392%	0.0261%	0.0486%	2922.71
100	0.0791%	0.0402%	0.0335%	0.0509%	2868.51
150	0.0789%	0.0413%	0.0317%	0.0506%	2824.61
200	0.0787%	0.0399%	0.0381%	0.0522%	2646.41

通过比较取不同滑动窗口长度 k 所产生的误差, 可以发现滑动窗口越大, 均方误差 (MSE) 越小, 平均相对误差基本一致. 因此下面就采用二或三次多项式进行全部数据拟合.

Step4: 根据拟合结果进行着落点预测.

根据 Step2 与 Step3 所得到的三维空间和 X-Y 平面的回归模型, 可以估计着落点的位置. 先利用坐标系转换将雷达站心坐标系转到地心直角坐标系, 并且将目标在不同时刻与地心之间的距离和地球半径进行比较进而判断导弹是否到达着落点. 这里我们将地球看成球, 忽略因为地球真实是椭球所产生的误差, 球半径取实际椭球长半轴与短半轴的均值 (即 6367444.5m). 整个实现算法流程如图 5.48 所示.

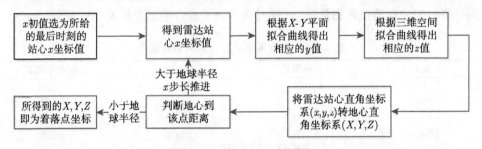

图 5.48　曲线拟合流程图

最后得出的着落点的球心直角坐标系中的坐标如表 5.13 所示.

表 5.13　三维空间模型拟合落点估计 (球心直角坐标系)

X/m	Y/m	Z/m
−2.175198e+06	4.381109e+06	4.076605e+06

根据坐标转换得到经度计算表达式:

$$L = \arctan\left(\frac{Y}{X}\right),$$

纬度计算这里使用精度较高的迭代算法, 得到着落点经纬度结果如表 5.14 所示.

表 5.14　三维空间模型拟合落点估计 (大地坐标系)

经度 /(°)	纬度 /(°)
116.4042	39.8090

所以求得的着落点的 $(L, B, H) = (116.4042°, 39.8090°, 0)$.

Step 5: 分析算法复杂度.

本算法的复杂度主要体现在两次曲线拟合上, 其中三维空间拟合的多项式表达式为

$$z = \sum_{k=0}^{N} (a_k x^k + b_k y^k) \quad (N \text{为多项式最高次幂}).$$

N 次模型共需要 $2 \times \dfrac{N(N+1)}{2} = N(N+1)$ 次乘法运算, $(2 \times N + 1)$ 次加法运算, 该算法的复杂度为 $O(N^2)$. 这里选取的是三次模型, 所以每次拟合需要 12 次乘法运算和 7 次加法运算.

$X\text{-}Y$ 平面数据拟合的多项式表达式为

$$y = \sum_{k=0}^{N} a_k x^k \quad (N \text{为多项式最高次幂}).$$

N 次模型共需要 $\dfrac{N(N+1)}{2}$ 次乘法运算, N 次加法运算, 该算法的复杂度也为 $O(N^2)$. 这里选取的是二次模型, 所以每次拟合需要 3 次乘法运算和 2 次加法运算.

根据上述分析, 该模型的算法复杂度为 $O(N^2)$.

模型 2: (x, y, z) 与时间回归模型

Step1: 坐标系转换及散点图分析.

将雷达站心球坐标数据 (ρ, θ, φ) 转换成站心直角坐标系 (x, y, z) 数据, 再根据站心直角坐标系数据分别做出 $x\text{-}t, y\text{-}t, z\text{-}t$ 散点图, 如图 5.49 所示.

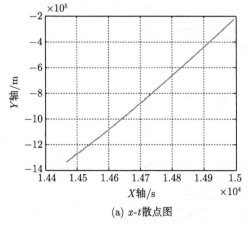

(a) $x\text{-}t$散点图

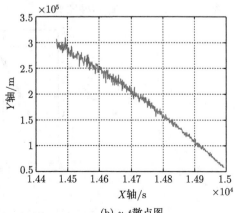

(b) $y\text{-}t$散点图

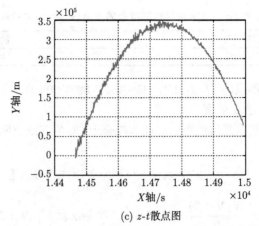

(c) z-t散点图

图 5.49   目标在不同时间的 XYZ 坐标的散点图

Step 2: 回归分析.

根据散点图特征选择二次模型, 其基本模型为 $x = a_1t^2 + b_1t + c_1$, $y = a_2t^2 + b_2t + c_2$ 和 $z = a_3t^2 + b_3t + c_3$. 我们将 t 作为自变量, x, y, z 作为因变量, 最小二乘拟合曲线如图 5.50 所示.

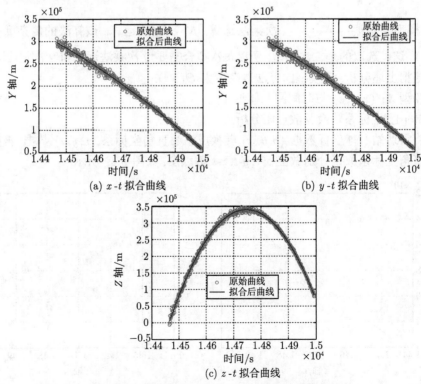

(a) x-t 拟合曲线

(b) y-t 拟合曲线

(c) z-t 拟合曲线

图 5.50   目标散点的 XYZ 三个坐标的拟合曲线

拟合方程系数估计如表 5.15～ 表 5.17 所示.

表 5.15　x-t 拟合曲线参数估计

拟合系数	参数估计值	参数置信区间 (95%)
a_1	0.5008	[0.493205, 0.508395]
b_1	-12638.9	$[-12862.6, -12415.1]$
c_1	76694953	[75047254, 78342652]
	$R^2 = 0.999967$	

拟合方程为 $x = 0.500800374t^2 + (-12638.86627)t + 76694953.34$.

表 5.16　y-t 拟合曲线参数估计

拟合系数	参数估计值	参数置信区间 (95%)
a_2	-0.21507	$[-0.23461, -0.19553]$
b_2	5882.0059	[5306.4735, 6457.5383]
c_2	-39785227.12	$[-4.4\text{E}+07, -3.6\text{E}+07]$
	$R^2 = 0.995355504$	

拟合方程为 $y = -0.21507243t^2 + 5882.005914t - 39785227.12$.

表 5.17　z-t 拟合曲线参数估计

拟合系数	参数估计值	参数置信区间 (95%)
a_3	-4.24796	$[-4.26647, -4.22946]$
b_3	125290.6	[124745.5, 125835.7]
c_3	-923498758	$[-9.3\text{e}+08, -9.2\text{e}+08]$
	$R^2 = 0.997587$	

拟合方程为 $z = -4.247962306t^2 + 125290.5601t - 923498758.2$.

残差图如图 5.51～5.53 所示.

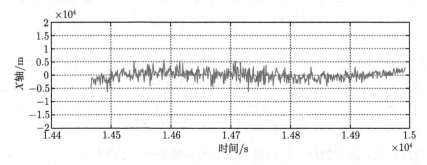

图 5.51　x-t 残差曲线

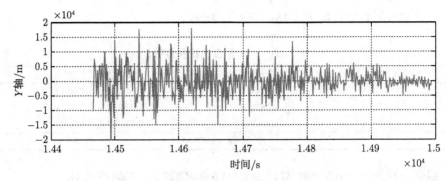

图 5.52　y-t 残差曲线

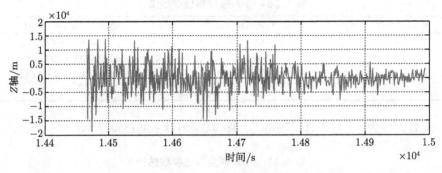

图 5.53　z-t 残差曲线

由三幅残差图可知, 残差在 0 值附近上下浮动范围都比较小, 拟合效果较好.

Step 3: 根据拟合结果进行着落点预测.

整个实现流程如图 5.54 所示.

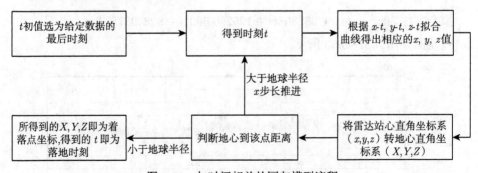

图 5.54　与时间相关的回归模型流程

最后得到着落点的球心直角坐标系中的坐标如表 5.18 所示.

同模型 1, 落点经纬度估计如表 5.19 所示.

所以求得的着落点的 (L, B, H)=(116.4234°, 39.8130°, 0).

表 5.18　时间模型拟合落点估计 (球心直角坐标系)

X/m	Y/m	Z/m
$-2.176543e+06$	$4.380124e+06$	$4.076950e+06$

表 5.19　时间模型拟合落点估计 (大地坐标系)

经度 /(°)	纬度 /(°)
116.4234	39.8130

同时可以得到着落点的时间估计为 $t=15030.572\mathrm{s}$, 因 t 的初始取 14993s, 所以在该段轨迹后再经过 37.572s 导弹落地.

Step 4: 分析算法复杂度.

同上述模型 1 的复杂度计算方法类似, 其三种拟合多项式表达式为

$$
\begin{cases}
x = \sum_{k=0}^{N} a_k t^k, \\
y = \sum_{k=0}^{N} b_k t^k, & (N\text{次多项式最高次幂}). \\
z = \sum_{k=0}^{N} c_k t^k
\end{cases}
$$

在 N 相同的前提下, 三种拟合表达式的形式完全相同, 所以在多项式最高次幂 N 相同的前提下, 算法复杂度相同.

由上述表达式可知, 每种拟合表达式中需要 $\dfrac{N(N+1)}{2}$ 次乘法运算, N 次加法运算, 算法的复杂度为 $O(N^2)$. 这里选取的都是二次模型, 所以每个表达式每次拟合需要 3 次乘法运算和 2 次加法运算, 三个拟合表达式就需要 9 次乘法运算和 6 次加法运算.

这里对每种拟合所选取的最高次幂相同, 所以该算法的复杂度为 $O(N^2)$.

2. Kalman 滤波估计

选用基于初值的 Singer 模型和修改当前模型这两种模型进行滤波和预测. 滤波过程沿用 Kalman 滤波方法, 预测过程中只利用状态转移方程进行预测 (表 5.20, 表 5.21).

表 5.20　时间模型拟合落点估计 (球心直角坐标系)

滤波模型	X/m	Y/m	Z/m
基于初值的 Singer 模型	$-2.164047e+06$	$4.382927e+06$	$4.077654e+06$
修改当前模型	$-2.184575e+06$	$4.375942e+06$	$4.075225e+06$

表 5.21 时间模型拟合落点估计和时间 (大地坐标系)

滤波模型	经度/(°)	纬度/(°)	时间/s
基于初值的 Singer 模型	116.2776	39.8350	38
修改当前模型	116.5295	39.8020	42

Kalman 滤波的算法复杂度.

设滤波的状态维数为 n, 量测维数为 m, 则根据 Kalman 滤波的过程可知,

状态一步预测: $\hat{X}(k+1|k)=E[X(k+1)|Z^k]=\Phi(k)\hat{X}(k|k)$. 该表达式为 $n \times n$ 维矩阵与 $n \times 1$ 维矩阵的乘法运算, 其算法运算复杂度为 n^2.

状态估计: $\hat{X}(k+1|k+1)=\hat{X}(k+1|k)+K(k+1)[Z(k+1)-H(k+1)\hat{X}(k+1|k)]$, 其算法运算复杂度为 $2mn+m+n$.

一步预测协方差: $P(k+1|k)=\Phi(k)P(k|k)\Phi^{\mathrm{T}}(k)+G(k)Q(k)G^{\mathrm{T}}(k)$, 其算法运算复杂度为 n^3+n^2+n.

滤波增益计算: $K(k+1)=P(k+1|k)[H(K+1)P(k+1|k)H^{\mathrm{T}}(K+1)+R(k+1)]$. 该运算中包含一次矩阵求逆, 在此以初等行变换的矩阵求逆方法为例对其进行分析, 可得该算法的运算复杂度为 $2(m^3+m^2n+mm)+m$.

估计均方差: $P(k+1|k+1)=[I-K(k+1)H(k+1)]P(k+1|k)$. 该算法的运算复杂度为 mn^2+2n^2.

由以上分析可得, Kalman 滤波的运算复杂度

$$n^3+2m^3+2m^2n+mn^2+4n^2+4mn+2m+2n.$$

算法的总复杂度为 $O(n^3)$ 与 $O(m^3)$ 量级, 即与状态维数和量测维数均呈三次方关系.

在 Singer 模型中用到一次 Kalman 滤波, 修正当前模型中用到三次 Kalman 滤波. 算法的总复杂度仍然为 $O(n^3)$ 与 $O(m^3)$ 量级. 因为状态维数为 9, 量测维数为 3. 一次滤波的算法复杂度在 $O(9^3)$ 量级.

这一问比较理想的模型是二体运动目标的落点预报. 可以采用椭圆轨道拟合外推或者采用滤波外推方法. 落点预报误差大小主要取决于目标受力模型、雷达测量精度、采样间隔等因素. 复杂度主要是考核实时性 (实时的还是事后的, 如果实时的可给出预测协方差的大小随时间的变化情况).

按弹道模型效果会好些. 根据题目中的说明及对加速度分析以及目标的量测航迹图可以确定目标的类型为导弹目标. 下面采用弹道导弹模型对目标进行跟踪.

弹道导弹动力学模型.

弹道导弹的飞行分为主动段和被动段, 被动段又分为自由段和再入段. 在非惯性系中, 弹道导弹的位置矢量用 p 表示, 速度矢量用 v 表示, 弹道导弹主动段运动

矢量可以用下式表示:

$$\dot{p} = v, \quad \dot{v} = a_T + a_D + a_C + a_G.$$

式中, a_T 为推力加速度, a_D 为气动阻力加速度, a_G 为重力加速度, a_C 为表视力加速度.

上述四个加速度变量可以用下式表示,

$$a_T = \frac{V_E M}{1 - Mt},$$

$$a_D \approx \frac{\rho(h(t))v^2(t)}{2\beta},$$

$$a_C = -\omega \wedge v(t),$$

$$a_G = -\frac{\mu}{\|p\|^3}p,$$

其中, 已知量: ω 为地球自转角速度矢量, μ 为地球引力常量. 未知量: V_E 表示排气速度, M 表示归一化的质量变化率, β 为弹道系数. $\wedge$ 表示矢量积.

弹道导弹被动段的运动矢量用下式表示,

$$\dot{p} = v, \quad \dot{v} = a_D + a_G + a_C.$$

进一步建立弹道导弹运动状态方程. 弹道系数 β 敏感性很弱, 因此可以忽略不计. 其他参数需要精确估计. 在 ECEF 坐标下, 弹道导弹在主动段动力学模型可以用下式表示, 在被动段, 将各向加速度的第一项推力去掉即可.

$$\dot{p}_x = v_x, \quad \dot{p}_y = v_y, \quad \dot{p}_z = v_z,$$

$$\dot{v}_x = \frac{V_E M}{(1 - M_t)}\frac{v_x}{\sqrt{v_x^2 + v_y^2 + v_z^2}} - \frac{\mu p_x}{(p_x^2 + p_y^2 + p_z^2)^{\frac{3}{2}}} + (2\omega v_y + \omega^2 p_x),$$

$$\dot{v}_y = \frac{V_E M}{(1 - M_t)}\frac{v_y}{\sqrt{v_x^2 + v_y^2 + v_z^2}} - \frac{\mu p_y}{(p_x^2 + p_y^2 + p_z^2)^{\frac{3}{2}}} + (-2\omega v_x + \omega^2 p_y),$$

$$\dot{v}_z = \frac{V_E M}{(1 - M_t)}\frac{v_z}{\sqrt{v_x^2 + v_y^2 + v_z^2}} - \frac{\mu p_z}{(p_x^2 + p_y^2 + p_z^2)^{\frac{3}{2}}}.$$

因此将弹道导弹空间位置, 速度, 排气速度和质量变化率作为待估状态量, 状态向量为 $X = (x \quad y \quad z \quad \dot{x} \quad \dot{y} \quad \dot{z} \quad V_E \quad M)^{\mathrm{T}}$, 可以得到下式描述弹道运动方程:

$$\dot{X} = \begin{bmatrix} \dot{x} \\ \dot{y} \\ \dot{z} \\ \ddot{x} \\ \ddot{y} \\ \ddot{z} \\ \dot{V}_E \\ \dot{M} \end{bmatrix} = \begin{bmatrix} \dot{x} \\ \dot{y} \\ \dot{z} \\ a_{\mathrm{T}}\dfrac{\dot{x}}{|\bar{v}|} - \dfrac{\mu x}{r^3} + 2\omega\dot{y} + \omega^2 x \\ a_{\mathrm{T}}\dfrac{\dot{y}}{|\bar{v}|} - \dfrac{\mu y}{r^3} - 2\omega\dot{x} + \omega^2 y \\ a_{\mathrm{T}}\dfrac{\dot{z}}{|\bar{v}|} - \dfrac{\mu z}{r^3} \\ 0 \\ 0 \end{bmatrix}.$$

采用扩展 Kalman 滤波算法进行弹道目标跟踪, 需要将上式进行离散化和线性化, 得到状态方程为

$$X_{k+1} = F_k X_k + W_k,$$

其中, F_k 状态转移矩阵为

$$F_k = \left[\begin{array}{cccc}
1 & 0 & 0 & \Delta T \\
0 & 1 & 0 & 0 \\
0 & 0 & 1 & 0 \\
\left(-\dfrac{\mu}{r^3} + \dfrac{3\mu x^2}{r^5}\right)\Delta T + \omega^2 & \dfrac{3\mu xy}{r^5}\Delta T & \dfrac{3\mu xz}{r^5}\Delta T & 1 + \left(\dfrac{a_{\mathrm{T}}}{|\bar{v}_k|} - \dfrac{a_{\mathrm{T}}\dot{x}_k^2}{|\bar{v}_k|^3}\right)\Delta T \\
\dfrac{3\mu xy}{r^5}\Delta T & \left(-\dfrac{\mu}{r^3} + \dfrac{3\mu y^2}{r^5}\right)\Delta T + \omega^2 & \dfrac{3\mu yz}{r^5}\Delta T & -\dfrac{a_{\mathrm{T}}\dot{x}_k\dot{y}_k}{|\bar{v}_k|^3}\Delta T - 2\omega \\
\dfrac{3\mu xz}{r^5}\Delta T & \dfrac{3\mu yz}{r^5}\Delta T & \left(-\dfrac{\mu}{r^3} + \dfrac{3\mu z^2}{r^5}\right)\Delta T & -\dfrac{a_{\mathrm{T}}\dot{x}_k\dot{z}_k}{|\bar{v}_k|^3}\Delta T \\
0 & 0 & 0 & 0 \\
0 & 0 & 0 & 0
\end{array}\right.$$

$$\left.\begin{array}{cccc}
0 & 0 & 0 & 0 \\
\Delta T & 0 & 0 & 0 \\
0 & \Delta T & 0 & 0 \\
-\dfrac{a_{\mathrm{T}}\dot{x}_k\dot{y}_k}{|\bar{v}_k|^3}\Delta T + 2\omega & -\dfrac{a_{\mathrm{T}}\dot{x}_k\dot{z}_k}{|\bar{v}_k|^3}\Delta T & \dfrac{a_{\mathrm{T}}}{V_E}\dfrac{\dot{x}_k}{|\bar{x}_k|}\Delta T & \dfrac{\dot{x}_k}{|\bar{v}_k|}\left(\dfrac{a_{\mathrm{T}}}{M} + \dfrac{a_{\mathrm{T}}^2 t}{V_E M}\right)\Delta T \\
1 + \left(\dfrac{a_{\mathrm{T}}}{|\bar{v}_k|} - \dfrac{a_{\mathrm{T}}\dot{y}_k^2}{|\bar{v}_k|^3}\right)\Delta T & -\dfrac{a_{\mathrm{T}}\dot{y}_k\dot{z}_k}{|\bar{v}_k|^3}\Delta T & \dfrac{a_{\mathrm{T}}}{V_E}\dfrac{\dot{y}_k}{|\bar{v}_k|}\Delta T & \dfrac{\dot{y}_k}{|\bar{v}_k|}\left(\dfrac{a_{\mathrm{T}}}{M} + \dfrac{a_{\mathrm{T}}^2 t}{V_E M}\right)\Delta T \\
-\dfrac{a_{\mathrm{T}}\dot{y}_k\dot{z}_k}{|\bar{v}_k|^3}\Delta T & 1 + \left(\dfrac{a_{\mathrm{T}}}{|\bar{v}_k|} - \dfrac{a_{\mathrm{T}}\dot{z}_k^2}{|\bar{v}_k|^3}\right)\Delta T & \dfrac{a_{\mathrm{T}}}{V_E}\dfrac{\dot{z}_k}{|\bar{v}_k|}\Delta T & \dfrac{\dot{z}_k}{|\bar{v}_k|}\left(\dfrac{a_{\mathrm{T}}}{M} + \dfrac{a_{\mathrm{T}}^2 t}{V_E M}\right)\Delta T \\
0 & 0 & 1 & 0 \\
0 & 0 & 0 & 1
\end{array}\right],$$

噪声矩阵 W_k 为

$$W_k = \begin{bmatrix} \dfrac{T^2}{2} & 0 & 0 & 0 & 0 \\ 0 & \dfrac{T^2}{2} & 0 & 0 & 0 \\ 0 & 0 & \dfrac{T^2}{2} & 0 & 0 \\ T & 0 & 0 & 0 & 0 \\ 0 & T & 0 & 0 & 0 \\ 0 & 0 & T & 0 & 0 \\ 0 & 0 & 0 & 1 & 0 \\ 0 & 0 & 0 & 0 & 1 \end{bmatrix} \begin{bmatrix} w_x(k) \\ w_y(k) \\ w_z(k) \\ w_{V_{\mathrm{E}}}(k) \\ w_M(k) \end{bmatrix}.$$

雷达测量方程建立. 雷达在雷达站球坐标系中对导弹弹道进行量测的, 测量的结果是距离、方位角和仰角. 在这个球坐标系中, 相对于目标的真实斜距 r、方位角 θ 和俯仰角 η, 雷达量测得到的斜距 r_m, 方位角 θ_m 和俯仰角 η_m 可以被定义为

$$\begin{cases} r_m = r + \tilde{r}, \\ \theta_m = \theta + \tilde{\theta}, \\ \eta_m = \eta + \tilde{\eta}, \end{cases}$$

其中, 假定斜距量测误差 $\tilde{r}$, 方位角误差 $\tilde{\theta}$ 和俯仰角误差 $\tilde{\eta}$ 之间相互独立, 是均值为零的高斯噪声, 标准差分别为 σ_r, σ_θ, σ_η. 球坐标系中的量测通过前面公式可以转换为笛卡儿坐标系中的量测.

具体的雷达三维去偏量测转换公式详见由清华大学出版社出版韩崇昭, 朱洪艳, 段战胜等著《多元信息融合》. 最后得到在局部笛卡儿坐标下的量测模型是线性的, 为

$$Z_k = HX_k + v_k,$$
$$H = \begin{bmatrix} 1 & 0 & 0 & 0 & 0 & 0 & 0 & 0 & 0 \\ 0 & 0 & 0 & 1 & 0 & 0 & 0 & 0 & 0 \\ 0 & 0 & 0 & 0 & 0 & 0 & 1 & 0 & 0 \end{bmatrix},$$

其中, Z_k 是转换到局部笛卡儿坐标系下的量测, v_k 为量测噪声, 其转换到局部坐标系上协方差阵见同一文献.

结合建立的状态方程, 采用扩展 Kalman 滤波算法对目标进行实时跟踪预测. 其跟踪预测航迹图如图 5.55.

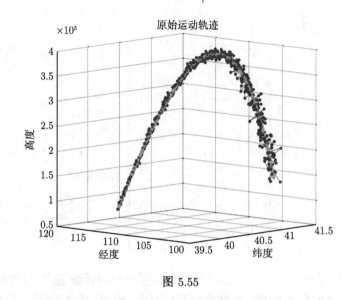

图 5.55

结合图 5.55 建立的再入段状态空间模型, 采用步长为 0.01s, 对导弹的再入段进行预测, 得到的预测轨迹图如图 5.56 中红色曲线.

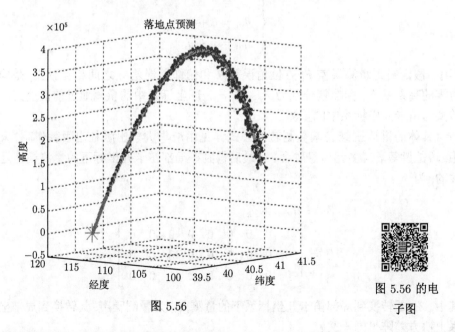

图 5.56

图 5.56 的电
子图

预测得到导弹的着落点的经纬度: 经度 $116.3338°$, 纬度 $39.8497°$. 而落地点实际经、纬、高度为 [116.333 39.833 0]; 由此可见基于初值的 Singer 模型效果比较接近实际. 而弹道模型比较专业, 精度最好.

五、对问题 5 的分析与建模

考虑反跟踪与跟踪策略的前提都是假定雷达已经锁定目标, 根据 Kalman 滤波跟踪模型, 雷达对目标当前时刻的运动状态 (如位置信息, 速度, 加速度) 有了较为准确的估计, 而目标自身也已经知道被对方雷达跟踪了.

根据雷达波束宽度可以知道雷达的跟踪范围是一个由扇形绕过其顶点的对称轴旋转所形成的旋转体, 只要目标在旋转体内即可被雷达跟踪到, 目标要逃逸, 就要在雷达扫描时间间隔内运行到旋转体外, 解决该问题的重点是在一定的时间、速度和加速度限制条件下寻求目标下一时刻可运行到旋转体外的最佳位置, 最佳位置的连线即是逃逸轨迹, 因此该问题是大空间状态下的全局最优搜索问题. 反跟踪主要指被跟踪的目标根据自身相对于雷达的不同位置, 可采用在水平、垂直等方向上作不同战术的规避, 外加辅助释放干扰, 诱饵等措施 (但本题明确不考虑释放干扰), 依靠自身机动摆脱雷达的跟踪. 逃逸成功的标准是一段时间后目标不被雷达连续扫描到.

逃逸模型建立

根据前面的雷达追踪模型可预测出下一时刻 $t_0+0.5\text{s}$(其中 t_0 为当前时刻) 雷达中轴线指向的位置 (a, b, c), 再结合雷达波束宽度就可以求出下一时刻雷达精确跟踪范围所对应的圆锥方程为

$$\left(x^2 + y^2 + z^2\right)\left(a^2 + b^2 + c^2\right)(\cos 1.5°)^2 - (ax + by + cy)^2 = 0.$$

要使目标逃出雷达下一时刻精确跟踪范围, 则在下一时刻雷达扫描时, 目标的位置 (x, y, z) 必须在圆锥外, 因此必须满足:

$$\left(x^2 + y^2 + z^2\right)\left(a^2 + b^2 + c^2\right)(\cos 1.5°)^2 - (ax + by + cy)^2 > 0.$$

而且目标位置与雷达经过滤波之后测出的当前时刻 t_0 目标位置 (x_0, y_0, z_0) 之间的距离还要满足:

$$\sqrt{(x_0 - x)^2 + (y_0 - y)^2 + (z - z_0)^2} \leqslant v_0 \Delta t + \frac{1}{2} a_{\max} \Delta t^2,$$

$$\sqrt{(x_0 - x)^2 + (y_0 - y)^2 + (z - z_0)^2} \leqslant v_{\max} \Delta t,$$

其中 v_0 为 t_0 时刻目标的速度, $a_{\max}$ 为目标的最大加速度, $v_{\max}$ 为目标的最大速度.

此外目标机动半径 $r(x, y, z)$ 还要满足:

$$r(x, y, z) \geqslant 1000.$$

综上所述通过

$$\max f(x,y,z) = \left(x^2 + y^2 + z^2\right)\left(a^2 + b^2 + c^2\right)(\cos 1.5°)^2 - (ax + by + cy)^2,$$

$$\text{s.t.} \begin{cases} \left(x^2 + y^2 + z^2\right)\left(a^2 + b^2 + c^2\right)(\cos 1.5°)^2 - (ax + by + cy)^2 > 0, \\[2mm] \sqrt{(x_0 - x)^2 + (y_0 - y)^2 + (z - z_0)^2} \leqslant v_0\Delta t + \dfrac{1}{2}a_{\max}\Delta t^2, \\[2mm] \sqrt{(x_0 - x)^2 + (y_0 - y)^2 + (z - z_0)^2} \leqslant v_{\max}\Delta t, \\[2mm] r(x,y,z) \geqslant 1000, \\[2mm] -10^6 \leqslant x, y \leqslant 10^6, -4 \times 10^6 \leqslant z \leqslant 4 \times 10^6 \end{cases}$$

求出的位置就是下一时刻逃逸的最佳位置.

实际上也可以不求上述规划问题, 直接分析.

1. 反跟踪策略

反跟踪策略的理想状态是, 做相应的机动, 使得雷达根据目标当前时刻的观测, 无法在下一次的扫描中跟踪到目标, 导致雷达跟踪时丢失目标.

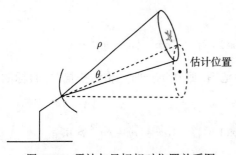

图 5.57　雷达与目标相对位置关系图

下面考虑目标能否在雷达一次扫描间隔内脱离雷达的跟踪. 根据题中所给条件, 设定雷达的测量精度为雷达波束宽度 $\theta = 3°$, 即在以雷达为锥顶, 雷达正前方方向为轴, 半顶角为 $1.5°$ 的圆锥内的目标均能被探测到; 雷达前后两次扫描时间间隔最小为 $0.5s$, 如图 5.57 所示. 根据 Data2 中数据, 设定雷达与目标间距离 $\rho = 8$km. 目标初始速度为 $100\sim400$m/s, 假定 $v_0 = 400$m/s, 加速度假定为 a_0.

若目标想脱离雷达下一时刻的跟踪, 目标沿垂直雷达扫描边界方向穿过波束截面为最快逃脱策略. 目标做相应机动且在较短时间内加速度变大为 a, 则充分条件为

$$v_0\Delta t + 0.5a\Delta t^2 > \rho \sin(0.5\theta).$$

根据设定条件得, $a > 75.325$m/s^2, 而飞机一般不具备这么强的机动性, 这说明飞机如果恰好出现在雷达的中轴线旋转生成的旋转面上, 则很难在雷达的一次扫描间隔内就逃脱雷达的跟踪. 但大多数情况飞机出现在靠近雷达扫描圆锥的边界则逃脱雷达的跟踪就很有可能. 而且在每个雷达一次扫描间隔内能够不断地改进目标

的位置, 就有可能在雷达多次扫描间隔后实现逃逸. 反之在雷达每一次扫描间隔内目标的位置越来越接近雷达的轴线旋转生成的旋转面则无法逃逸.

可以具体划分为三个基本模型进行分析.

(1) 模型一

默认当前跟踪时刻, 飞机恰好出现在雷达的轴线旋转生成的旋转面上. 当飞机沿着与雷达连线的方向运动时, 如图 5.58(a) 所示.

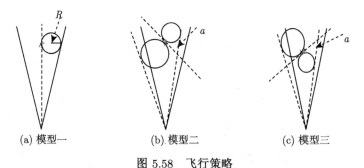

(a) 模型一　　　　　(b) 模型二　　　　　(c) 模型三

图 5.58　飞行策略

飞机加速度一般都比较小, 速度在短时间内变化很小, 这里假设飞机飞行一直是匀速飞行, 可建立如下模型:

$$\begin{cases} \dfrac{v^2}{R} < 10g, \\[2mm] \dfrac{\pi R}{v} < 0.5, \\[2mm] R > 1000. \end{cases}$$

分析结果如图 5.59 所示.

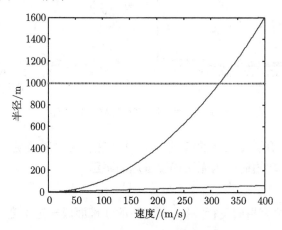

图 5.59　模型一飞行策略边界条件

由图 5.59 分析可知, 没有满足条件的值, 所以当飞机在雷达的轴线旋转生成的旋转面上飞行时, 短时间内无法摆脱雷达的跟踪.

(2) 模型二

当飞机沿着波束指向飞行, 并与预测后的新锥面成一定角度时, 如图 5.58(b) 所示. 可建立如下模型, 若 $0 < a < \pi/2$,

$$
\begin{cases}
\dfrac{v^2}{R} < 10g, \\[2mm]
\dfrac{2\pi R}{v} \cdot \dfrac{2\pi - (\pi - a)}{2\pi} < 0.5, \\[2mm]
R > 1000,
\end{cases}
$$

$$
\begin{cases}
\dfrac{v^2}{R} < 10g, \\[2mm]
\dfrac{2\pi R}{v} \cdot \dfrac{\pi - (a - 3/180 \times \pi)}{2\pi} < 0.5, \\[2mm]
R > 1000.
\end{cases}
$$

满足上述不等式, 分析结果如图 5.60 所示.

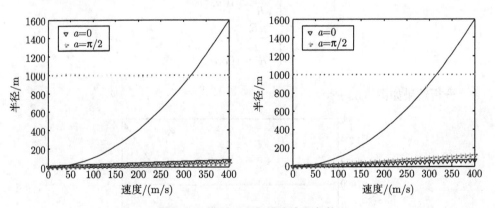

图 5.60　模型二飞行策略边界条件

由图 5.60, 没有满足条件的值, 所以在飞机在雷达的轴线旋转生成的旋转面按一定角度飞行时, 较短时间内无法摆脱雷达的跟踪.

(3) 模型三

当飞机逆着波束指向飞行, 并与预测后的新锥面成一定角度时, 见图 5.58(c).

若 $0 < a < \pi/2$, 可建立如下模型

$$
\begin{cases}
\dfrac{v^2}{R} < 10g, \\[2mm]
\dfrac{2\pi R}{v} \cdot \dfrac{2\pi - (\pi - a)}{2\pi} < 0.5, \\[2mm]
R > 1000,
\end{cases}
$$

$$
\begin{cases}
\dfrac{v^2}{R} < 10g, \\[2mm]
\dfrac{2\pi R}{v} \cdot \dfrac{\pi - (a + 3/180 \times \pi)}{2\pi} < 0.5, \\[2mm]
R > 1000.
\end{cases}
$$

根据上述不等式, 分析可得目标飞行策略如图 5.61 所示.

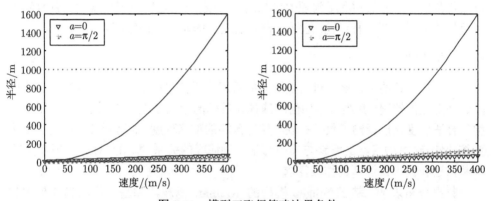

图 5.61　模型三飞行策略边界条件

由图 5.61, 仍然没有满足条件的值, 所以飞机在雷达的轴线旋转生成的旋转面按任意角度飞行时, 较短时间内无法摆脱雷达的跟踪.

综上所述, 飞机在雷达的中轴线旋转生成的旋转面上近似作匀速直线飞行, 在被雷达跟踪后, 由于无法在满足战斗机的飞行速度在 100~400m/s、机动半径在 1km 以上、机动大小在 10 个 g 以内的条件下, 经过雷达一个扫描周期时间规避雷达的跟踪. 相反飞机在离雷达的轴线旋转生成的旋转面较远的区域飞行就可能逃逸雷达的跟踪, 尤其目标在圆锥的母线生成的旋转面附近时.

根据上述分析, 如果目标欲采取机动的策略反跟踪, 则可以通过多次的非规则的机动来躲避雷达的跟踪. 如 Data2 中类似于 S 型的航迹可以用 Kalman 滤波模型跟踪, 但飞机可以在某个转弯处, 改变加速度大小, 朝相反的方向机动, 就会超出了滤波模型可以跟踪的范围. 设目标在雷达波束椎体的底圆截面上, 目标应该用最大速度尽量沿雷达波束移动的垂直方向向靠近边缘一边逃逸. 在 0.5s 范围内位移大于 $R \cdot \theta$, 其中 R 为测量距离, θ 为波束宽度.

根据对 Data2 数据处理过程中, 在航迹交叉处滤波效果较差这一特点, 可以采用多机编队机动, 或者发射杂波使得雷达接收到更多冗余信息, 而丢失跟踪.

2. 跟踪策略

考虑雷达的跟踪性能, 当一部雷达的工作性能有限时, 可以采用分布式雷达处理模式. 从问题 1 中可以看出, 采用分布式多雷达系统, 不仅会增加跟踪到目标的可能性, 而且通过信息融合, 可以提高跟踪精度. 根据反跟踪的讨论, 发现将目标锁定在波束中心位置有利于保持跟踪不丢失; 此外尽可能地提高雷达的性能, 缩短扫描时间间隔也有利于持续跟踪.

作为对策问题, 双方都应该力求知己知彼, 不应该只考虑自己. 逃逸问题与前四问是紧密相连的, 前四问中出现跟踪不理想的情况都可以为逃逸策略提供思路. 将它们割裂开来显然不利于问题的研究. 作为跟踪一方还应该根据观测及预测结果对目标的主观意图进行讨论, 这样逃逸与反逃逸的研究才能够深入.

六、分析总结

机动量估计的关键是通过对被污染的雷达测量信息的估计, 得出目标的加速度随时间变化的情况, 其难点是如何准确描述目标的运动模型; 因为被选择的跟踪模型的合适程度直接影响了数据关联和航迹预测的准确程度, 而这两者又决定了雷达系统的性能; 机动目标的跟踪与反跟踪是一种博弈的关系, 既相互对立又相互促进, 不断推进和提出雷达新的作战需求.

数据分析表明, 基于 Singer 模型的 Kalman 滤波器和基于修改当前模型的 Kalman 滤波器满足题目中对各部分数据的处理要求. 这两种滤波器能够实时处理非均匀时间间隔的数据. 对于各种机动 (包括转弯机动和加速机动) 下的目标均有很好的处理效果. 同时这两种滤波器也支持多雷达观测数据的数据融合, 在航迹关联中也能提供很好的支持.

但是在解决问题 3 时, 这两种滤波器对大波动加速度的情形预测效果较差. 改用基于初值的 Singer 模型 Kalman 滤波, 这个方法的主要思路是通过尝试各种可能的初值条件, 来加快滤波器的收敛, 缩短收敛时间, 通过这种方法成功解决了问题 3 中的导弹航迹的处理.

滤波器采用了多模型的处理方式. 数据融合理论中将数据的融合和相关误差结合. 航迹关联中利用滤波器协助关联, 并提出航迹分离算法, 未分离航迹关联算法和分离航迹关联算法, 这些方法在处理航迹关联问题中取得了良好的效果. 针对导弹航迹的特点, 对数据进行二次、三次多项式拟合, 为数据的处理提供了新的参考.

当然这里的研究还很不深入, 例如噪声与机动对雷达观测各有什么影响? 怎么

区分它们? 这与跟踪和反跟踪策略都有关. 再如针对不同的情况采用不同的模型,
似乎还应该更深入. 尤其是反跟踪问题由于时间关系, 讨论还太少, 对策也很少, 这
一前沿问题的研究空间还非常大.

参 考 文 献

[1] 何友, 修建娟, 张晶炜, 等. 雷达数据处理及应用 [M]. 2 版. 北京: 电子工业出版社, 2009.

[2] 何友, 王国宏, 关欣, 等. 信息融合理论及应用 [M]. 北京: 电子工业出版社, 2010.

[3] Li X R, Jilkov V P. Survey of maneuvering target tracking. Part I. Dynamic models[J]. Aerospace and Electronic Systems, IEEE Transactions on, 2003, 39(4): 1333-1364.

[4] Kasprzak P, Elecktronika B, Kowalczuk P, et al. Kalman-Singer filter: theory and practice[C]//Signal Processing Symposium (SPS), 2013. IEEE, 2013: 1-5.

[5] 王树亮, 阮怀林. 修正的 "当前" 统计模型自适应跟踪算法 [J]. 电子信息对抗技术, 2011, (1): 34-38.

[6] 权义宁, 姜振, 黄晓冬, 等. 一种新的数据融合航迹关联算法 [J]. 西安电子科技大学学报, 2012, (1): 67-74.

[7] 黄晓冬, 何友, 赵峰. 几种典型情况下的航迹关联研究 [J]. 系统仿真学报, 2005, (9): 2085-2088.

[8] Arasaratnam I, Haykin S, Hurd T R. Cubature Kalman filtering for continuous-discrete systems: theory and simulations[J]. Signal Processing, IEEE Transactions on, 2010, 58(10): 4977-4993.

[9] Zengin U, Dogan A. Real-time target tracking for autonomous UAVs in adversarial environments: a gradient search algorithm[J]. Robotics, IEEE Transactions on, 2007, 23(2): 294-307.

[10] Lei M, van Wyk B J, Qi Y. Online estimation of the approximate posterior cramer-rao lower bound for discrete-time nonlinear filtering[J]. Aerospace and Electronic Systems, IEEE Transactions on, 2011, 47(1): 37-57.

第6章

面向节能的单/多列车优化决策问题

轨道交通系统的能耗是指列车牵引、通风空调、电梯、照明、给排水、弱电等设备产生的能耗. 根据统计数据, 列车牵引能耗占轨道交通系统总能耗 40% 以上. 在低碳环保、节能减排日益受到关注的情况下, 针对减少列车牵引能耗的列车运行优化控制近年来成为轨道交通领域的重要研究方向.

1. 列车运行过程

列车在站间运行时会根据线路条件、自身列车特性、前方线路状况计算出一个限制速度. 列车运行过程中不允许超过此限制速度. 限制速度会周期性更新. 在限制速度的约束下列车通常包含四种运行工况: 牵引、巡航、惰行和制动.

① 牵引阶段: 列车加速, 发动机处于耗能状态.

② 巡航阶段: 列车匀速, 列车所受合力为 0, 列车是需要牵引还是需要制动取决于列车当时受到的总阻力.

③ 惰行阶段: 列车既不牵引也不制动, 列车运行状态取决于受到的列车总阻力, 发动机不耗能.

④ 制动阶段: 列车减速, 发动机不耗能. 如果列车采用再生制动技术, 此时可以将动能转换为电能反馈回供电系统供其他用电设备使用, 例如其他正在牵引的列车或者本列车的空调等 (本列车空调的耗能较小, 通常忽略不计).

如果车站间距离较短, 列车一般采用 "牵引–惰行–制动" 的策略运行. 如果站间距离较长, 列车通常会采用牵引到接近限制速度后, 交替使用惰行、巡航、牵引三种工况, 直至接近下一车站采用制动进站停车 (图 6.1).

2. 列车动力学模型

列车在运行过程中, 实际受力状态非常复杂. 采用单质点模型是一种常见的简化方法. 单质点模型将列车视为单质点, 列车运动符合牛顿运动学定律. 其受力可分为四类: 重力 G 在轨道垂直方向上的分力与受到轨道的托力抵消, 列车牵引力 F, 列车制动力 B 和列车运行总阻力 W(图 6.2).

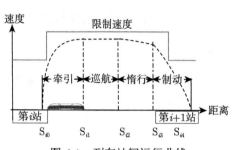

图 6.1 列车站间运行曲线

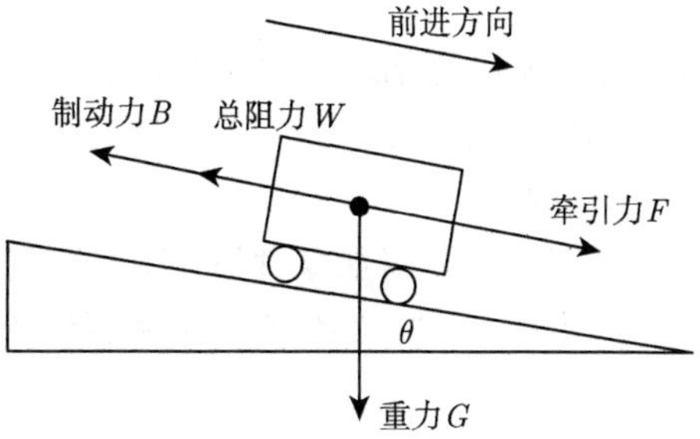

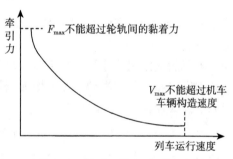

图 6.2 单质点列车受力分析示意图

1) 列车牵引力 F

列车牵引力 F 是由动力传动装置产生的、与列车运行方向相同、驱动列车运行并可由司机根据需要调节的外力. 牵引力 F 在不同速度下存在不同的最大值 $F_{\max} = f_F(v)$, 具体数据参见附件 (此处略). 列车实际输出牵引力 (kN) 基于以下公式进行计算:

$$F = \mu F_{\max},$$

其中, μ 为实际输出的牵引加速度与最大加速的百分比, $F_{\max}$ 为牵引力最大值 (kN)(图 6.3).

图 6.3 列车牵引特征曲线示意图

2) 列车运行总阻力 W

列车总阻力是指列车与外界相互作用引起与列车运行方向相反、一般是阻碍列车运行的、不能被司机控制的外力. 按其形成原因可分为基本阻力和附加阻力.

(1) 基本阻力

列车的基本阻力是列车在空旷地段沿平、直轨道运行时所受到的阻力. 该阻力是由于机械摩擦, 空气摩擦等因素作用而产生的固有阻力. 具体可分为以下五部分: ①车轴轴承间摩擦阻力; ②轮轨间滚动摩擦阻力; ③轮轨间滑动摩擦阻力; ④冲击阻力; ⑤气动阻力. 因此, 基本阻力与许多因素有关, 它主要取决于机车、车辆结构和技术状态、轴重、以及列车运行速度等, 同时又受线路情况、气候条件影

响. 由于这些因素极为复杂, 而且相互影响, 实际应用中很难用理论公式进行准确计算, 通常采用以下经验公式进行计算:

$$w_0 = A + Bv + Cv^2,$$

其中 w_0 为单位基本阻力 (N/kN), A、B、C 为阻力多项式系数, 通常取经验值, v 为列车速度 (km/h).

(2) 附加阻力

列车由于在附加条件下 (通过坡道、曲线、隧道) 运行所增加的阻力叫做附加阻力. 附加阻力主要考虑坡道附加阻力和曲线附加阻力:

$$w_1 = w_i + w_c.$$

列车的坡道附加阻力是列车上、下坡时重力在列车运行方向上的一个分力. 通常采用如下公式计算

$$w_i = i,$$

其中 w_i 为单位坡道阻力系数 (N/kN), i 为线路坡度 (‰). i 为正表示上坡, i 为负表示下坡.

列车的曲线阻力主要源自取决于轨道线路的曲率半径, 列车在曲线上运行时, 轮轨间纵向和横向的滑动摩擦力增加, 转向架等各部分摩擦力也有所增加. 通常采用如下公式计算:

$$w_c = c/R,$$

其中 w_c 为单位曲线阻力系数 (N/kN), R 为曲率半径 (m); c 为综合反映影响曲线阻力许多因素的经验常数, 我国轨道交通一般取 600.

有时为了计算方便, 当坡道附加阻力、曲线附加阻力同时出现时, 根据阻力值相等的原则, 把列车通过曲线时所产生的附加阻力折算为坡道阻力, 加上线路实际坡度即为加算坡度.

综上, 列车运行总阻力可按照如下公式计算:

$$W = (w_0 + w_1) \times g \times M/1000,$$

其中, W 为线路阻力 (N), w_0 为单位基本阻力系数 (N/kN), w_1 为单位附加阻力系数 (N/kN), M 为列车质量 (kg), g 为重力加速度常数.

3) 列车制动力 B

制动力 B 是由制动装置引起的、与列车运行方向相反的、司机可根据需要控制其大小的外力. 制动力 B 存在与制动时列车速度有关的最大值, $B_{\max} = f_B(v)$,

当然制动力也可以小于 B_{max}. 具体数据参见附件. 列车实际输出制动力 (kN) 基于以下公式进行计算

$$B = \mu B_{max},$$

其中, μ 为实际输出的制动加速度与最大加速度的百分比, B_{max} 为制动力最大值 (kN).

3. 运行时间与运行能耗的关系

当列车在站间运行时, 存在着多条速度距离曲线供选择. 不同速度距离曲线对应不同的站间运行时间和不同的能耗. 列车按照图 6.4 所示 4 条曲线可以走完相同的距离, 但运行时间和能耗并不相同. 此外, 即便站间运行时间相同时, 也存在多条速度距离曲线可供列车选择.

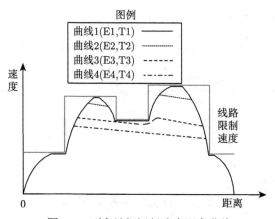

图 6.4　列车站间运行速度距离曲线

一般认为, 列车站间运行时间和能耗存在近似图 6.5 中的反比关系, 比较准确的定量关系应根据前面的公式计算. 注意, 增加相同的运行时间不一定会减少等量的能耗. 列车站间运行时间与能耗变化的趋势影响能耗的减少.

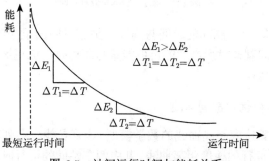

图 6.5　站间运行时间与能耗关系

4. 再生能量利用原理

随着制动技术的进步, 目前城市轨道交通普遍采用再生制动. 再生制动时, 牵引电动机转变为发电机工况, 将列车运行的动能转换为电能, 发电机产生的制动力使列车减速, 此时列车向接触网反馈电能, 此部分能量即为再生制动能. 如图 6.6 所示, 列车 $i+1$ 在制动时会产生能量 E_{reg}, 如果相邻列车 i 处于加速状态, 其可以利用 E_{reg}, 从而减少从变电站获得的能量, 达到节能的目的. 如果列车 $i+1$ 制动时, 其所处供电区段内没有其他列车加速, 其产生的再生能量除用于本列车空调、照明等设备外, 通常被吸收电阻转化为热能消耗掉.

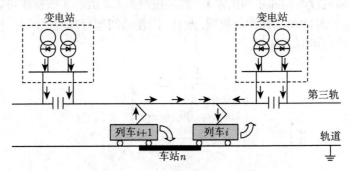

图 6.6　再生能量利用示意图

假设:
产生的再生能量

$$E_{reg} = (E_{mech} - E_f) \cdot 95\%,$$

其中 E_{mech} 是制动过程中列车机械能的变化量, E_f 是制动过程中为克服基本阻力和附加阻力所做功.

被利用了的再生能量可按照以下假设的公式计算

$$E_{used} = E_{reg} \cdot t_{overlap}/t_{brake},$$

其中 $t_{overlap}$ 是列车 $i+1$ 制动的时间与列车 i 加速时间的重叠时间, t_{brake} 是列车 $i+1$ 的制动时间. 即制动时所产生的再生能量与制动时间成正比.

请研究以下问题:

一、单列车节能运行优化控制问题

(1) 请建立计算速度距离曲线的数学模型, 计算寻找一条列车从 A_6 站出发到达 A_7 站的最节能运行的速度距离曲线, 其中两车站间的运行时间为 110 秒, 列车参数和线路参数详见文件 "列车参数.xlsx" 和 "线路参数.xlsx".

(2) 请建立新的计算速度距离曲线的数学模型, 计算寻找一条列车从 A_6 站出发到达 A_8 站的最节能运行的速度距离曲线, 其中要求列车在 A_7 车站停站 45 秒, A_6 站和 A_8 站间总运行时间规定为 220 秒 (不包括停站时间), 列车参数和线路参数详见文件 "列车参数.xlsx" 和 "线路参数.xlsx".

注: 请将本问 (1) 和 (2) 得到的曲线数据按每秒钟一行填写到文件 "数据格式.xlsx" 中红色表头那几列, 并将该文件和论文一并提交. (请只填写和修改数据, 一定不要修改文件 "数据格式.xlsx" 的格式. 其中计算公里标 (m) 是到起点的距离, 计算距离 (m) 是到刚通过的一站的距离.)

二、多列车节能运行优化控制问题

(1) 当 100 列列车以间隔 $H = \{h_1, \cdots, h_{99}\}$ 从 A_1 站出发, 追踪运行, 依次经过 $A_2, A_3, \cdots\cdots$ 到达 A_{14} 站, 中间在各个车站停站最少 $D_{\min}(s)$, 最多 $D_{\max}(s)$. 间隔 H 各分量的变化范围是 $H_{\min} \sim H_{\max}(s)$. 请建立优化模型并寻找使所有列车运行总能耗最低的间隔 H. 要求第一列列车发车时间和最后一列列车的发车时间之间间隔为 $T_0 = 63900$ 秒, 且从 A_1 站到 A_{14} 站的总运行时间不变, 均为 2086s(包括停站时间). 假设所有列车处于同一供电区段, 各个车站间线路参数详见文件 "列车参数.xlsx" 和 "线路参数.xlsx".

补充说明: 列车追踪运行时, 为保证安全, 跟踪列车 (后车) 速度不能超过限制速度 V_{limit}, 以免后车无法及时制动停车, 发生追尾事故. 其计算方式可简化如下:

$$V_{\text{limit}} = \min(V_{\text{line}}, \sqrt{2LB_e}),$$

其中 V_{line} 是列车当前位置的线路限速 (km/h), L 是当前时刻前后车之间的距离 (m), B_e 是列车制动的最大减速度 (m/s^2).

(2) 接上问, 如果高峰时间 (早高峰 7200 至 12600 秒, 晚高峰 43200 至 50400 秒) 发车间隔不大于 2.5 分钟且不小于 2 分钟, 其余时间发车间隔不小于 5 分钟, 每天 240 列. 请重新为它们制定运行图和相应的速度距离曲线.

三、列车延误后运行优化控制问题

接上问, 若列车 i 在车站 A_j 延误 DT_j^i(10 秒) 发车, 请建立控制模型, 找出在确保安全的前提下, 首先使所有后续列车尽快恢复正点运行, 其次恢复期间耗能最少的列车运行曲线.

假设 DT_j^i 为随机变量, 普通延误 (0< DT_j^i < 10s) 概率为 20%, 严重延误 (DT_j^i >10s) 概率为 10%(超过 120s, 接近下一班, 不考虑调整), 无延误 ($DT_j^i = 0$) 概率为 70%. 若允许列车在各站到、发时间与原时间相比提前不超过 10 秒, 根据上述统计数据, 如何对第二问的控制方案进行调整?

参 考 文 献

[1] Howllet P. An Optimal Strategy for the Control of A Train[J]. Journal of the Australian Mathematical Society. Series B. Applied Mathematics, 1990, 31(4): 454-471.

[2] 丁勇, 毛保华, 刘海东, 张鑫, 王铁城. 列车节能运行模拟系统的研究 [J]. 北京交通大学学报, 28(2): 76-81.

[3] 金炜东, 靳蕃, 李崇维, 胡飞, 苟先太. 列车优化操纵速度模式曲线生成的智能计算研究 [J]. 铁道学报, 20(5): 47-52.

[4] Khmelnitsky E. On an optimal control problem of train operation[J]. IEEE Transactions on Automatic Control, 45(7): 1257-1266.

[5] Liu R, Lakov M Golovitcher. Energy-efficient operation of rail vehicles[J]. Transportation Research Part A: Policy and Practice, 37(10): 917-932.

[6] Su S, Tang T, Li X, et al. Optimization of multitrain operations in a subway system[J]. Intelligent Transportation Systems, IEEE Transactions on, 2014, 15(2): 673-684.

[7] Albrecht T, Oettich S. A new integrated approach to dynamic schedule synchronization and energy-saving train control[J]. WIT Press, 2002.

问题的求解

　　"面向节能的单/多列车优化决策问题" 由北京交通大学、交控科技公司荀径博士和北京交通大学王兵团教授命题. 是本次竞赛的冠名赞助商交控科技公司根据我国正在迅速发展、他们正在奋力攻关的轨道交通事业中核心问题 —— 节能 —— 为竞赛命题, 该题密切结合当前全世界气候变暖、环境恶化的大背景, 具有极其重大的实际意义和巨大的经济价值. 例如仅北京地铁每年消耗电力就达上千亿千瓦时, 若能够节省 1%, 就可以减少能耗几十亿千瓦时, 经济和社会效益极其明显.

一、基本思路

　　本题是以单列车运行曲线优化为基础的列车运行优化控制的综合性问题. 难度是逐步递进加深的, 有利于研究生思考、解决、研究、创新. 第一问中的两个小问题是单列车运行曲线优化的基本问题, 要求考虑的优化目标就是在准时、舒适等约束条件下使列车的运行能耗最小. 第一 (1) 小问最简单, 只有一段里程, 第一 (2) 小问增加为两段里程, 中间停站一次. 第二问是第一问的延伸, 其中第二 (1) 小问优化对象从单列车扩展为多列车, 第二 (2) 小问则考虑更接近实际的情况, 轨道交通系统运营明显存在早、晚高峰的情况, 同时要考虑再生能量的有效利用. 第三问是第二问的延伸, 通过增加列车延误这一带有随机性质的干扰因素, 增加了实际问题求解的复杂度. 从求解角度看, 采用遗传法、粒子群算法或动态规划等多种优化方法求解该问题都是可以的.

评审后我们反复看了优秀论文. 应该说比较失望, 因为亮点很少, 创新罕见, 几乎都是相同的思路. 姑且先撇开一些明显的低级错误, 即使是模型、解法正确的论文也都是中规中矩, 建立模型之后就一切交给计算机, 或者是没有什么分析、讨论, 或者是抄文献, 没有结合实际问题进行深入研讨. 创新、另辟蹊径非常少. 研究生们的数学建模能力和解决实际问题的能力迫切需要加强. 下面就先介绍这个问题的一般方法, 然后再按照数学建模的思路对实际问题进行详细的分析、讨论, 简化问题并得到更简捷、更好的结果.

针对问题一:

问题一是关于单列车节能运行优化控制的研究, 集中考虑减少列车的牵引能耗, 暂不考虑列车制动能量的利用. 该问题应该属于最优控制问题, 根据动力学方程采用微分方程模型.

根据题目和参考文献, 列车在速度受到一定限制的约束下通常包含四种运行工况: 牵引、巡航、惰行和制动.

牵引阶段: 列车加速, 发动机处于耗能状态. 此时列车一般处于启动阶段、加速阶段, 列车运行的受力情况为

$$f_t = f(v) - W.$$

巡航阶段: 列车所受合力为 0, 列车匀速前进, 这时列车是需要牵引还是需要制动取决于列车当时受到的总阻力. 列车巡航运行时仅克服总阻力做功. 其运行受力状况为

$$f_t = 0.$$

惰行阶段: 列车既不受牵引也不被制动, 此时发动机不消耗能量, 列车运行状态取决于受到的列车总阻力, 运行受力状况为

$$f_t = -W.$$

制动阶段: 列车减速, 发动机不消耗能量. 如果列车采用再生制动技术, 此时可以将动能转换为电能反馈回供电系统供其他用电设备使用, 例如其他正在牵引的列车或者本列车的空调等. 此时列车一般处于减速阶段或者准备停车阶段, 列车运行受力状况为

$$f_t = -W - b(v).$$

当然还有其他许多工况, 还有许多更复杂的操作, 如加加速度、匀加速度、减加速度等变速运动, 但根据文献研究, 基本上无须考虑更多的操作.

经常有以下列车行驶控制策略:

如果车站间距离较短, 列车一般采用 "牵引–惰行–制动" 的策略运行. 如果站间距离较长, 列车通常会采用牵引到接近一定速度后, 交替使用牵引、巡航、惰行三种工况, 直至接近下一车站时采用制动进站停车. 高铁就采用的是这种运行模式.

列车使用最大牵引力, 以最大加速度启动, 可减少加速过程中的基本阻力耗能; 最大制动力制动有利于节能运行 (这些结论后面有证明).

惰行是列车在运行过程中既不受到牵引又不被制动, 只在阻力作用下运行的状态, 是一种节能的操纵方式, 制动前一般均采用惰行方式. 若由于惰行而增加的运行时间在可以接受的范围内 (例如在一些非高峰时段), 惰行能有效降低列车能耗. 惰行时列车只在阻力作用下逐步降低运行速度, 列车动能的减少用于克服前进阻力, 降低了制动的初速度, 从而节省牵引的能量消耗. 同理在列车下坡时应尽可能利用本身的势能, 尽量避免或减少下坡时的调速制动.

针对问题二:

问题二是关于多列车节能运行优化策略的研究, 主要考虑每列列车在从起点 A_1 到终点 A_{14} 的行驶全程中牵引能耗和相邻列车间制动能量的再生利用. 根据第一问的研究成果, 只要决定每段的列车运行时间就可以得到全程的运行方案, 所以根据列车总运行时间对每段的列车运行时间进行优化, 根据每段的列车分配运行时间优化各段运行方案交替进行就可以最终得到全程的运行方案. 根据题目和问题假设, 给出以下列车发车、停站控制策略.

对车站间距离进行统计分类, 在较短的站间距离内, 列车采用 "牵引–惰行–制动" 三段运行策略; 在较长的站间距离内, 列车采用 "牵引–巡航–惰行–制动" 四段运行策略.

列车运行耗能取决于运行时间和给定时间内选择的行驶策略; 对于给定的行驶路段和运行时间, 总存在耗能最小的运行控制策略. 在不考虑制动能量再生利用的情况下, 列车行驶全程的牵引能耗只取决于对各段站间运行时间的分配和行驶方案.

列车站间运行时间和能耗存在反比关系, 适当增加列车的运行时间可以有效降低列车牵引能耗. 由于列车运行和停站总时间给定, 在设计停站时间时, 取可行域内的最小值 30s 可以增加列车运行时间, 节省能耗.

在给定单列列车行驶方案后, 对于列车之间制动能量的再生利用取决于列车发车间隔, 考虑到地铁的实际情况, 以近似相等间隔发车, 空闲段时间列车发车间隔较大, 上下班人流高峰期列车以较小间隔 (120~150s) 发车, 兼顾乘客需求和制动能量的再生利用.

针对问题三:

车站发生初始延误, 会直接造成列车的出发晚点. 在初始延误产生后, 后续的列车有可能会受影响, 随着时间的推移, 后续列车也需要不断地调整, 直至后面的所有列车都恢复至正点运行.

延误调整时, 以车站的实际到点与发点为基础, 通过不断比较列车在车站的实际到发点与标准到发点, 不断判断车站的各种间隔时间要求, 得到列车最快可以出发的时间, 直至所有受影响的列车调整结束. 调整过程中列车运行顺序必须保持不

变 (不同于铁路可以交换次序, 而且晚点太长, 则取消本趟地铁列车, 故地铁延误, 处理起来相对简单), 并充分运用区间运行缓冲时间和车站缓冲时间.

二、第一问

1. 数据处理

由于列车行驶方向遵循 $A_1 \sim A_{14}$ 的方向, "线路参数" 中 $A_1 \sim A_{14}$ 的车站公里标 (m) 从大到小 (A_1 公里标 22903m, A_{14} 公里标 175m), 考虑坐标轴和列车行驶从左到右的习惯将公里标取负, 将 "线路参数" 中的坡度和曲率列表转化为对应车站示意图.

坡度随着行驶方向的取反而取反号, 但是曲率不取负号.

由图 6.7 可见, A_1-A_{14} 上坡较下坡多, 起点低, 终点略高. 坡度虽然有, 但由于长度较短, 所以高度差也仅有几米. 合并考虑曲率半径, 见图 6.8.

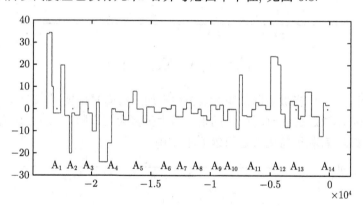

图 6.7　A_1-A_{14} 坡度公里标图

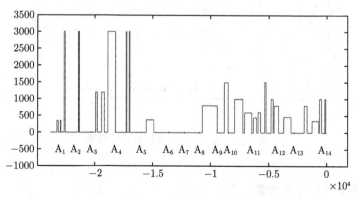

图 6.8　A_1-A_{14} 曲率半径公里标图

注意曲率半径为零时没有阻力, 曲率半径越小, 则阻力越大. 曲率半径超过 600

米, 弯道阻力低于 1%坡度的坡道阻力.

由图 6.9 可见, 除个别地段, 速度被限制得较低的路段都在站点及其附近. 因为列车的牵引力、制动力受到限制, 故对列车的加速度、减速度也有较大的限制. 到达站点时列车的速度为零, 站点附近速度一定比较小, 所以限速几乎不影响行驶策略 (讨论见后). 仅 A_5-A_6、A_{13}-A_{14} 两部分路段需要注意限速的影响.

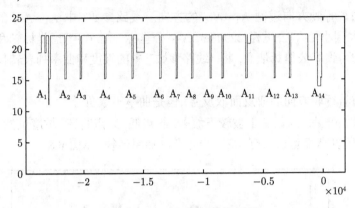

图 6.9 A_1-A_{14} 限速公里标图

为了计算方便, 当坡道附加阻力、曲线附加阻力同时出现时, 根据阻力值相等的原则, 把列车通过曲线时所产生的附加阻力折算为坡道阻力, 加上线路实际坡度即为加算坡度. 有利于简化考虑问题 (图 6.10).

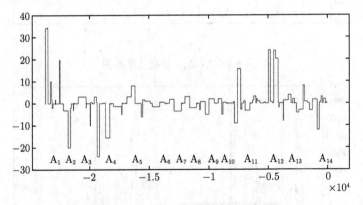

图 6.10 A_1-A_{14} 加算坡度公里标图

2. 列车运行动力学模型

根据相关知识, 在列车运行过程中, 由于运行轨道的长度远大于列车的长度, 故可以将列车简化为一个质点. 根据牛顿运动第二定律, 列车运动学模型为如下

形式:

$$\begin{cases} \dfrac{\mathrm{d}v}{\mathrm{d}t} = (f(v) - b(v) - w(v)) \cdot g, \\ \dfrac{\mathrm{d}s}{\mathrm{d}t} = v, \end{cases}$$

其中, v 为列车运行速度 (m/s); s 为列车位移 (m); $f(v)$ 为单位牵引力 (N/kN); $b(v)$ 为单位制动力 (N/kN); $w(v)$ 为单位总阻力 (N/kN). 单位牵引力、单位制动力、单位总阻力的引入相当于上式两边同除以 M.

$$\begin{cases} 0 \leqslant v \leqslant 55(\mathrm{km/h}), & 0 \leqslant x \leqslant 120, \\ 0 \leqslant v \leqslant 80(\mathrm{km/h}), & 120 < x \leqslant 1354, \end{cases}$$

列车在运动过程中, 不可避免会受到阻力或抵消牵引力或消耗列车动能. 阻力按性质可分为基本阻力和附加阻力. 其中基本阻力主要来自列车轮对与钢轨间的摩擦力和空气阻力; 附加阻力为线路构造带来的阻碍力, 表现为坡道、曲线和隧道附加阻力.

列车基本阻力受多种复杂因素影响, 各因素难以精确计算. 实际计算时, 通常对实验数据进行曲线拟合, 用速度的二次函数表示单位重量基本阻力公式, 即

$$w_0(v) = A + Bv + Cv^2,$$

其中, $w_0(v)$ 为单位重量基本阻力; A、B、C 为阻力多项式系数, 通常取经验值; v 为列车行驶速度 (km/h). 根据计算列车行驶速度为 54 km/h 时基本阻力大约相当于 1%坡度的坡道阻力.

单位总阻力 $w(v)$

$$w(v) = w_0 + w_1,$$

$$w_0 = 2.031 + 0.0622v + 0.001807v^2,$$

$$w_1 = w_i + w_c,$$

$$w_i = i,$$

$$w_c = c/R,$$

$$W = (w_0 + w_1) \times g \times M/1000,$$

其中, w_0 为单位基本阻力 (N/kN); w_i 为单位坡道阻力系数 (N/kN); i 为线路坡度 (‰), 正表示上坡, 负表示下坡; w_c 为单位曲线阻力系数 (N/kN), R 为曲率半径 (m); c 为综合反映影响曲线阻力许多因素的经验常数, 一般取 600.

单位牵引力 $f(v)$

$$f(v) = \frac{F}{Mg},$$

$$F = \mu_f F_{\max},$$

$$F_{\max} = \begin{cases} 203, & 0 \leqslant v \leqslant 51.5(\text{km/h}), \\ -0.002032v^3 + 0.4928v^2 - 42.13v + 1343, & 51.5 < v \leqslant 80(\text{km/h}), \end{cases}$$

上式中, v 为列车速度 (km/h); M 为列车质量, 本题为 194295 kg. μ_f 为实际输出的牵引加速度与最大加速度的百分比; $F_{\max}$ 为牵引力最大值 (kN), 由 $F_{\max}$ 的公式可知, 除当前速度已经超过 54 km/h 外, 几乎都能实现最大加速度 1m/s^2.

单位制动力 $b(v)$

$$b(v) = \frac{B}{Mg},$$

$$B = \mu_b B_{\max},$$

$$B_{\max} = \begin{cases} 166, & 0 \leqslant v \leqslant 77(\text{km/h}), \\ 0.1343v^2 - 25.07v + 1300, & 77 < v \leqslant 80(\text{km/h}), \end{cases}$$

其中, μ_b 为实际输出的制动加速度与最大加速度的百分比; $B_{\max}$ 为制动力最大值 (kN). $0 \leqslant \mu_{f(x)} \leqslant 1, 0 \leqslant \mu_{b(x)} \leqslant 1$. 由 $B_{\max}$ 的计算公式可知, 制动产生的减速度无论如何达不到 1m/s^2.

因为是节能问题, 肯定需要讨论列车运行**耗能模型**.

根据物理学知识可知, 如果一个物体受到力的作用, 并在力的方向上发生了一段位移, 则称这个力对物体做了功. 列车在牵引阶段加速前进, 牵引力做功, 发动机处于耗能状态; 巡航阶段一般需要牵引, 同样发动机也耗能. 经过对目标函数、约束条件的分析后建立列车运行耗能优化模型:

$$\min \ E = M \int_{T_i}^{T_j} f(v)v(t)\mathrm{d}t,$$

$$\text{s.t.} \ T_j - T_i \leqslant \Delta T,$$

$$S = \int_{T_i}^{T_j} v(t)\mathrm{d}t,$$

$$a_{\min} \leqslant \frac{\mathrm{d}v}{\mathrm{d}t} \leqslant a_{\max},$$

$$\sigma < \frac{a_i - a_{i-1}}{\Delta t} \leqslant \varepsilon,$$

$$0 \leqslant v(t) \leqslant v_{\max}(t),$$

$$v(T_i) = 0, \ v(T_j) = 0.$$

E 为列车运行发动机耗能 (J 或者 kW·h); T_i、T_j 为列车运行的起止时刻; ΔT 为列车的运行时长限制; $a_{\min}$、$a_{\max}$ 分别为列车运行时的最小加速度和最大加速度; S 为两站之间的距离, $v_{\max}(t)$ 为列车在该路段运行时的限制速度.

3. 单列车 A_6-A_7 节能运行模型建立与求解

题目第一 (1) 小问, 要求列车从 A_6 行驶至 A_7 的运行时间为 110s, 行驶距离 为 1354m, 由列车参数和线路参数可得最大加速度为 1m/s^2, 即

$$0 \leqslant t \leqslant 110,$$

$$-1 \leqslant a \leqslant 1,$$

$$0 \leqslant x \leqslant 1354,$$

其中, t 代表列车行驶的时间变量; x 表示列车从 A_6 开始行驶过的距离变量; a 表示列车行驶时加速度变量.

从列车运行过程考虑, 结合运动学方程, 建立起列车速度 v, 列车运行距离 x, 列车行驶中的加速度 a 和时间 t 之间的表达式, 用来约束速度和加速度. 即

$$\frac{\mathrm{d}t}{\mathrm{d}x} = \frac{1}{v},$$

$$a = \frac{\mathrm{d}v}{\mathrm{d}t},$$

$$0 \leqslant a \leqslant 1.$$

由于在 A_6 至 A_7 之间全部点的曲率均为 0, 因此 $w_c = 0$.

$$w_j = \begin{cases} 0, & 0 \leqslant x \leqslant 305, \\ 1.8, & 305 < x \leqslant 685, \\ -3.5, & 685 < x \leqslant 1305, \\ 0, & 1305 < x \leqslant 1354. \end{cases}$$

上述模型虽然简单, 但由于速度不断变化, 总阻力也跟着不断变化, 所以这个问题没有解析解. 但可以使用差分的方法离散求解, 即进行仿真. 取定公里标 S 和速度 V 为状态变量, 以微小时间间隔 $\mathrm{d}t$ (0.1s 或 0.01s) 离散化, 假定在每个微小时间间隔内加速度保持不变, 迭代求解 S 和 V 的序列值.

以列车的车头作为运行监测点, 由线路参数可知: A_6-A_7 段距离 1354m; 起点开始的一段和到达终点前的一段限速为 15.28m/s(55km/h), 中间部分限速为 22.22m/s (80km/h); 起点开始的 305m 和到达终点前的 49m 加算坡度为 0, 中间部分前 380m 加算坡度为 1.8 ‰, 中间部分后 620m 加算坡度为 −3.5 ‰ (图 6.11).

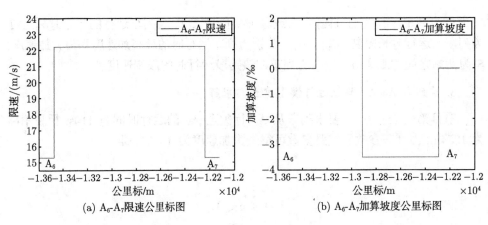

(a) A_6-A_7限速公里标图   (b) A_6-A_7加算坡度公里标图

图 6.11

1) 定点停车制动曲线

为实现定点停车, 从停车点开始, 反算列车停车全力制动曲线 (如图 6.12 中的粗线部分所示). 当列车运行曲线与停车制动曲线相交时, 列车工况切换为全力制动停车.

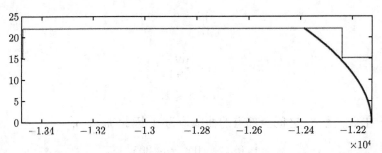

图 6.12 列车定点停车制动曲线

图 6.13 中最下面一条曲线为列车的实际加速度, 最上面一条线为制动工况输入, 中间线为牵引工况输入.

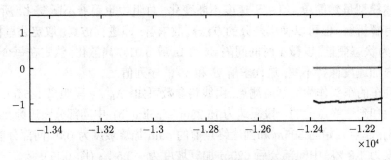

图 6.13 列车定点停车制动加速度曲线

图 6.12 中, 速度逐渐下降, 终点速度为 0; 图 6.13 中制动工况输入, 全力制动段为 1; 牵引工况输入, 全力制动段为 0.

将 "线路参数" 中所给限速段公里标与车站公里标相比较, 列车在车站附近需满足限速条件, 通常这两段列车处于加速段或制动段运行. 为使列车安全进入低限速区段, 检验全力制动 (牵引) 曲线是否满足限速条件. 从图 6.12 可以看出, 列车定点停车制动曲线满足 "线路参数" 中的限速条件.

2) 列车**全力牵引–惰行–全力制动三段运行模型**

由于车站 A_6-A_7 段距离较短 (1354m), 单列车运行节能规划模型采用 "牵引–惰行–制动" 三段行驶的策略 (开始为了拿出具体方案先指定策略是完全可以的, 但后面一定要注意改进, 不能全凭主观臆断). 根据对问题一的分析中关于列车行驶控制策略, 在列车行驶过程中, 使用最大牵引力 (最大加速度) 加速起动, 使用最大制动力 (最大减速度) 停车 (表 6.1).

表 6.1　列车极限加速/减速三段模型工况

列车运行段	工况	控制输入
牵引段 (最大加速度)	全力牵引 (FP)	$\mu_f = 1, \mu_b = 0$
惰行段	惰行 (C)	$\mu_f = 0, \mu_b = 0$
制动段 (最大减速度)	全力制动 (FB)	$\mu_f = 0, \mu_b = 1$

注: 牵引段 $\mu_f = 1$ 和制动段 $\mu_b = 1$ 为控制输入, 但在列车运行中, 需要通过实际加速度的限制反算 μ_f、μ_b, 使实际加速度在允许范围内.

列车全力制动段运行状态满足列车前面建立的运行动力学模型中方程和约束, 控制输入:

$$\mu_f = 0, \quad \mu_b = 1.$$

列车全力牵引段运行状态满足列车前面建立的运行动力学模型中方程和约束, 控制输入:

$$\mu_f = 1, \quad \mu_b = 0.$$

列车惰行段运行状态满足列车前面建立的运行动力学模型中方程和约束, 控制输入:

$$\mu_f = 0, \quad \mu_b = 0.$$

可以得到列车全力牵引段和惰行段曲线 (图 6.14), 其中全力牵引段行驶位移 s(或牵引段末端点公里标) 为变量, 对应不同的惰行段位移 s'、全力制动段位移 s'' 和列车运行时间 t.

$$t = t(s).$$

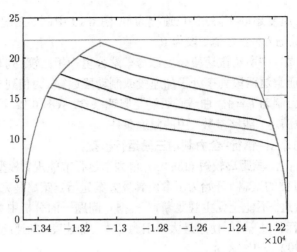

图 6.14   列车全力牵引段和惰行段曲线

(x 轴为公里标, y 轴为列车运行速度)

注意巡航曲线之间、惰行曲线之间相互平行.

图 6.14 为速度距离曲线, 由于应用了定点停车制动曲线, 列车定里程运行条件耗能模型方程自动满足. 全力牵引段行驶位移 s 对应不同的列车运行时间 t.

$$E = E(t).$$

由经验可知列车站间运行时间 t 和能耗 E 存在反比关系, 可以认为当全力牵引段行驶路程的取值可以使列车运行时间取到最大时 $(t_{\max})$, 同时满足耗能模型方程时, 列车耗能最小 $(E_{\min})$.

$$E_{\min} = E(t_{\max}).$$

由模型可以看出, 列车 A_6-A_7 段的全力牵引–惰行–全力制动运行模型属于**有约束条件的单目标非线性规划问题**.

现采用**模拟退火算法**(simulated annealing, SA) 求解全力牵引段位移 s, 使得运行时间在可行域中取最大值, 列车耗能取最小值.

T 为系统控制参数, T_0 为控制参数初值, 控制参数衰减函数 $T_{k+1} = \alpha T_k$, 取 $\alpha = 0.99$; s 为列车全力牵引段位移, s_0 为位移初值, 取极限加速到限速 22.22m/s (80km/h) 列车行驶的距离; 每一个 $t(s)$ 对应固定的 s 值和 $E(t)$ 值, 通过上述分析, $t(s)$ 在可行域中的最大取值 (110s) 得到的 $E(t)$ 值最小, 为模型最优解. 通过模拟退火算法, 得到 A_6-A_7 站间列车耗能最小的速度距离曲线, 见图 6.15.

3) 计算结果分析与讨论

最终得到的最小能耗为 3.2659e+07J(9.0718kW·h), 这里使用了三段模型, 通过实验对比与四段模型得到的结果相差不是很大, 而三段模型则计算简单一点.

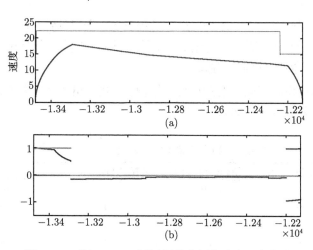

图 6.15　列车 A_6-A_7 站运行最小耗能速度距离曲线

(x 轴为公里标取负号, 图 (b) 蓝色线为加速度变化情况, 黄色线、
棕色线代表输入工况, 分别为 μ_f、μ_b)

图 6.15 的电

子图

对 A_6-A_7 站间列车耗能最小的速度距离曲线的节点坐标进行提取统计, 生成
距离、时间和能耗表格 (表 6.2), 便于结果分析和问题的进一步研究.

表 6.2　A_6-A_7 站列车运行参数

牵引段/m	惰行段/m	制动段/m	用时/s	能耗
174.89	1068.8929	110.37	109.97	3.2659e+07J(**9.0718kW·h**)

注: A_6-A_7 段运行距离误差 0.0071m, 时间误差 0.03s.

也可以使用 LINGO 软件对定时节能优化模型进行求解, 得出最低能耗为 3.528×10^7kJ, 运行的速度距离曲线和速度公里标曲线如图 6.16, 图 6.17 所示.

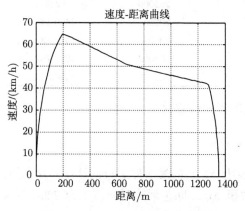

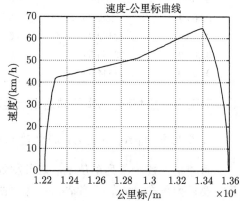

图 6.16　A_6-A_7 速度距离曲线图　　　　　图 6.17　A_6-A_7 速度公里标曲线

从两图中, 我们了解到列车从 A_6-A_7 运行过程分为：牵引–惰行–制动, 速度急速上升时, 为牵引; 速度缓慢下降时为惰行, 由于坡度不同, 所以惰行阶段又可以分成减速度不同的两段; 急速下降时为制动.

题目要求得出以秒为时间间隔的列车运行情况, 故共得出 110 行数据, 在这里选出列车行驶中的部分数据结果如表 6.3 所示.

表 6.3　列车行驶运行数据表

时刻/(hh:mm:ss)	实际速度/(cm/s)	实际速度/(km/h)	计算加速度/(m/s^2)	计算距离/m
0:00:00	0	0	0	0
0:00:01	100	3.6	1	0.5
0:00:02	200	7.2	1	2
0:00:03	300	10.8	1	4.5
0:00:04	400	14.4	1	8
0:00:05	500	18	1	12.5
0:00:06	600	21.6	1	18
0:00:07	699.7273	25.19018	0.997273	24.49864
0:00:08	798.8846	28.75985	0.991573	31.9917
0:00:09	897.4297	32.30747	0.985451	40.47327
0:00:10	995.3217	35.83158	0.97892	49.93702

时刻/(hh:mm:ss)	计算公里标/m	当前坡度/‰	计算牵引力/N	计算牵引功率/kW
0:00:00	13594	0	0	0
0:00:01	13593.5	0	203000	203
0:00:02	13592	0	203000	406
0:00:03	13589.5	0	203000	609
0:00:04	13586	0	203000	812
0:00:05	13581.5	0	203000	1015
0:00:06	13576	0	203000	1218
0:00:07	13569.5	0	203000	1420.446
0:00:08	13562.01	0	203000	1621.736
0:00:09	13553.53	0	203000	1821.782
0:00:10	13544.06	0	203000	2020.503

其中牵引力虽然相同, 功率不同是由于速度不同造成的.

4. 单列车 A_6-A_8 节能运行模型建立与求解

问题是寻找一条列车从 A_6 站出发到达 A_8 站的最节能运行的速度距离曲线, 其中要求列车在 A_7 车站停站 45s, A_6 站和 A_8 站间总运行时间规定为 220s(不包括停站时间).

以列车的车头作为运行监测点, 由线路参数可知: 车站 A_7-A_8 段距离 1280m; 起点后一段和到达终点前的一段限速为 15.28m/s(55km/h), 中间部分限速为 22.22m/s (80km/h); 起点开始后一段和到达终点前的一段加算坡度为 0, 中间部分前 400m 加算坡度为 3‰, 中间部分后 560m 加算坡度为 −2‰ (因此与 A_6-A_7 不同, 这里终点 A_8 相比起点 A_7 势能是增加的, 而 A_6-A_7 终点 A_7 相比起点 A_6 势能是减少的). 限速公里标图及加算坡度公里标图见图 6.18.

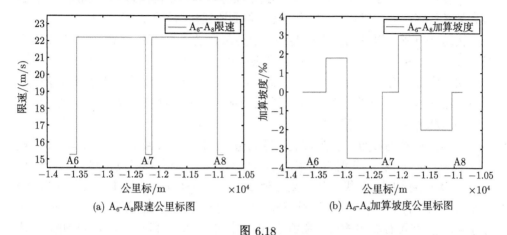

(a) A_6-A_8限速公里标图　　　　　　(b) A_6-A_8加算坡度公里标图

图 6.18

考虑到车站 A_7-A_8 段距离较短 (1280m), 速度限制条件和加算坡度条件与 A_6-A_7 段接近, 可以采用和 A_6-A_7 段相同的列车行驶控制策略. 因此列车 A_6-A_8 段的行驶过程可以分别就 A_6-A_7、A_7-A_8 段使用全力牵引–惰行–全力制动运行模型.

1) 列车两区段全力牵引–惰行–全力制动运行模型

根据上述的思路分析, 给出 A_6-A_8 列车运行段耗能最小求解步骤:

①根据列车全力制动段约束方程分别绘制 A_6-A_7、A_7-A_8 段的定点停车制动曲线, 检验曲线是否满足限速条件;

②根据列车全力牵引段和惰行段的约束方程分别绘制给定全力牵引位移 (全力牵引加速到限速) 下的 A_6-A_7、A_7-A_8 段的全力牵引段和惰行段曲线;

③引入变量 A_6-A_7 段的全力牵引位移 s_{6-7} 和 A_7-A_8 段的全力牵引位移 s_{7-8};

④由方程

$$t_{6-7} = t(s_{6-7}), \quad t_{7-8} = t(s_{7-8})$$

得到第一目标函数

$$\max t = t_{6-7} + t_{7-8},$$

其中 t_{6-7}, t_{7-8} 为 A_6-A_7、A_7-A_8 段的运行时间.

⑤由方程

$$E_{6-7} = E(t_{6-7}), \quad E_{7-8} = E(t_{7-8})$$

得到第二目标函数

$$\min E = E_{6-7} + E_{7-8}.$$

⑥使用智能算法在给定可行域内寻找 s_{6-7} 和 s_{7-8}, 使在第一目标函数 (时间) 最大的条件下令第二目标函数取极小值, 得到所建模型下的最优解.

由这些方程可以看出, 列车 A_6-A_8 段的两区段全力牵引–惰行–全力制动运行模型属于有约束条件的多目标非线性规划问题.

采用模拟退火算法 (simulated annealing, SA) 求解 A_6-A_7 全力牵引段位移 s_{6-7} 和 A_7-A_8 段全力牵引段位移 s_{7-8}, 使得运行时间 t 在可行域中取最大值 (即 220s), 同时列车耗能 E 取最小值.

T 为系统控制参数, T_0 为控制参数初值, 控制参数衰减函数 $T_{k+1} = \alpha T_k$, 取 $\alpha = 0.99$; s_{6-7}, s_{7-8} 分别为列车在 A_6-A_7、A_7-A_8 全力牵引段位移, $s_{6-7}(0)$ 和 $s_{7-8}(0)$ 为位移初值, 取极限加速到限速 22.22 m/s(80km/h) 列车行驶的距离; 每一个 $t_{6-7}(s_{6-7})$ 和 $t_{7-8}(s_{7-8})$ 对应固定的 s 值和 $E(t)$ 值, 通过上述分析, t(即 $t_{6-7} + t_{7-8}$) 在可行域中的最大取值 (220s) 时, 调节 t_{6-7} 和 t_{7-8} 可以得到的 E(即 $E_{6-7} + E_{7-8}$) 值最小, 为模型最优解.

继续使用前述模拟退火算法流程, 对 A_6-A_8 段有约束条件的多目标非线性规划模型求解, 得到 A_6-A_8 站间列车耗能最小的速度距离曲线 (图 6.19).

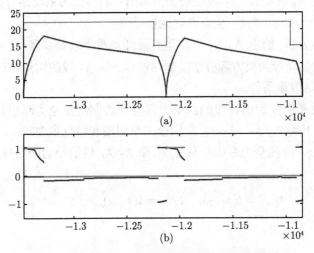

图 6.19　列车 A_6-A_8 站运行最小耗能速度距离曲线
(x 轴为公里标, 图 (b)y 轴为列车运行实际加速度和
输入工况, 说明同图 6.15)

图 6.19 的电
子图

2) 计算结果分析与讨论

可以看出由于两段路程长度大致相同, 路况大致相似, 因此时间分配的结果倾向于平均分配, 任何一段时间过短都会导致能耗一定程度的增加.

对 A_6-A_8 站间列车耗能最小的速度距离曲线的节点坐标进行提取统计, 生成距离、时间和能耗表格 (表 6.4), 便于结果分析和问题的进一步研究.

表 6.4　A_6-A_8 站列车运行参数

	牵引段/m	惰行段/m	制动段/m	用时/s	能耗
A_6-A_7	174.89	1068.74	110.37	109.97	3.2659e+07J **(9.0718kW·h)**
A_7-A_8	170.00	1049.71	60.29	109.99	3.2001e+07J **(8.8890kW·h)**
A_6-A_8 合计	344.89	2118.45	170.66	219.96	6.466e+07J **(17.9608kW·h)**

注: A6-A8 段运行距离误差 0.1586m, 时间误差 0.04s.

由表 6.4 可以看出, A_7-A_8 段的制动段明显比 A_6-A_7 段短, 与牵引段、惰行段几乎相等形成鲜明的对照, 说明寻优的结果可能不太理想.

也可以利用 LINGO 软件对定时节能优化模型进行求解, 可以得出最低能耗为 17.329558×10^7kJ, 列车从 A_6 站出发到达 A_8 站的最节能运行的速度距离曲线和速度公里标如图 6.20 所示.

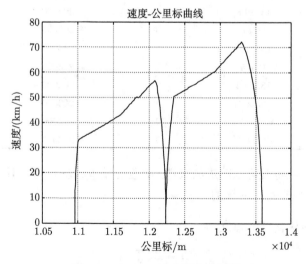

图 6.20　A_6-A_8 速度距离曲线图

从图 6.20 中, 我们了解到列车从 A_6-A_8 运行过程分为两个部分, 每个部分又分为 3 个部分: 牵引–惰行–制动, 速度变化上升时, 为牵引; 速度缓慢下降时为惰行; 急速下降时为制动.

题目要求得出以秒为时间间隔的列车运行情况, 故共得出 220 行数据, 在这里筛选出列车行驶中的部分数据结果如表 6.5 所示.

表 6.5 列车行驶运行数据表

时刻/(hh:mm:ss)	实际速度/(cm/s)	实际速度/(km/h)	计算加速度/(m/s²)	计算距离/m
0:00:00	0	0	0	0
0:00:01	100	3.6	1	0.5
0:00:02	200	7.2	1	2
0:00:03	300	10.8	1	4.5
0:00:04	400	14.4	1	8
0:00:05	500	18	1	12.5
0:00:06	600	21.6	1	18
0:00:07	699.7273	25.19018	0.997273	24.49864
0:00:08	798.8846	28.75985	0.991573	31.9917
0:00:09	897.4297	32.30747	0.985451	40.47327
0:00:10	995.3217	35.83158	0.97892	49.93702

时刻/(hh:mm:ss)	计算公里标/m	当前坡度/‰	计算牵引力/N	计算牵引功率/W
0:00:00	13594	0	0	0
0:00:01	13593.5	0	203000	203000
0:00:02	13592	0	203000	406000
0:00:03	13589.5	0	203000	609000
0:00:04	13586	0	203000	812000
0:00:05	13581.5	0	203000	1015000
0:00:06	13576	0	203000	1218000
0:00:07	13569.5	0	203000	1420446
0:00:08	13562.01	0	203000	1621736
0:00:09	13553.53	0	203000	1821782
0:00:10	13544.06	0	203000	2020503

显然这个结果也有可以改进的余地. 两段的基本状况相同, 但两段的最大速度却相差较大, 这似乎是不应该的.

三、多列车节能优化模型建立

1. 模型

多列车的节能运行优化控制, 应从两个方面进行考虑: 其一, 应满足单列车全程运行期间的能耗最小; 其二, 应使相邻列车之间产生的可再生能量利用实现最大化. 根据已知条件, 列车在站间运行时间与能耗基本存在反比关系, 如图 6.21 所示, 列车在站间运行时间越长, 能耗最低.

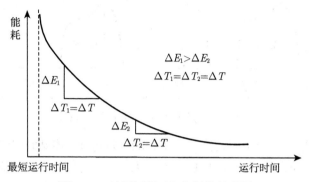

图 6.21　站间运行时间与耗能关系图

由于多列车总运行时间固定, 要使得能耗最低, 应使列车停站时间尽量短, 运行时间尽量长. 再在单列车最节能运行策略的基础之上, 同时使得列车制动时产生的可再生能量利用实现最大化, 可再生能量利用示意图如图 6.22 所示.

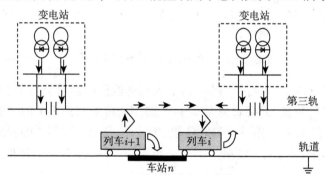

图 6.22　再生能量利用示意图

相邻列车可再生能量数学表达式如下:

$$E = \eta \frac{T_{ol}}{T_{br}} \left(\frac{1}{2} m v^2 + mg\Delta H - E_f \right).$$

由上式可知, 可再生能量与相邻列车的制动、加速过程间重叠时间基本成正比关系. 因此, 多列车耗能最低模型的第二步最终转化为相邻列车制动和牵引的重叠时间最长, 即为

$$\max T_{ol}.$$

为不失一般性, 以列车 i 和列车 $i+1$ 为研究对象, 分析其速度随时间的变化规律, 如图 6.23 所示为两车在行驶过程中的关键时间节点.

下面用到运行时间的概念, 指的是从列车由起点站出发开始计算的时间.

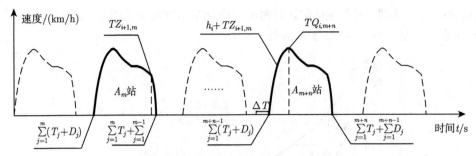

图 6.23 列车行驶关键时间节点示意图

$T_j, D_j, TQ_{i,m+n}$ 分别代表第 j 段里程的运行时间、停站时间和第 i 辆列车在 $m+n$ 段里程中停止加速的时间. 由图 6.23 可知, 当列车 $i+1$ 处于制动刚开始的时刻 $TZ_{i+1,m}$, 列车 $i+1$ 与列车 i 发车的时间间隔为 h_i, 故此时列车 i 的运行时间为 $h_i + TZ_{i+1,m}$, 通过判断列车 i 此刻处于速度–距离 (时间) 曲线中的哪一阶段, 对可能产生再生能量的过程进行分析. 具体来讲, 可分为两种情景.

情景一: 当列车 $i+1$ 刚处于制动阶段时刻 $TZ_{i+1,m}$, 列车 i 处于牵引阶段, 二者产生能量交换. 当 $\sum\limits_{j=1}^{m+n-1} (T_j + D_j) \leqslant h_i + TZ_{i+1,m} \leqslant TQ_{i,m+n}$ 时, 即列车 $i+1$ 制动的起始时刻 $h_i + TZ_{i+1,m}$ 在列车 i 开始牵引时刻 $\sum\limits_{j=1}^{m+n-1} (T_j + D_j)$ 和列车 i 结束牵引时刻 $TQ_{i,m+n}$ 当中, 列车 $i+1$ 的制动能量可以用于列车 i 的牵引. 为计算被再生能量的数量, 还要计算列车 $i+1$ 的制动阶段与列车 i 的牵引阶段之间的重叠时长. 从列车 $i+1$ 刚处于制动阶段 $TZ_{i+1,m}$ 开始, 列车 i 的剩余牵引时间为 $TQ_{i,m+n} - (h_i + TZ_{i+1,m})$(注意 $TZ_{i+1,m}$ 和 $h_i + TZ_{i+1,m}$ 的计算时间起点相差 h_i), 列车 $i+1$ 的剩余制动时间为 $\sum\limits_{j=1}^{m+1} T_j + \sum\limits_{j=1}^{m} D_j - TZ_{i+1,m}$, 重叠时间取二者中的较小值, 即为

$$T_{ol} = \min\left\{ TQ_{i,m+n} - (h_i + TZ_{i+1,m}), \quad \sum_{j=1}^{m+1} T_j + \sum_{j=1}^{m} D_j - TZ_{i+1,m} \right\}.$$

情景二: 当列车 i 处于刚要发车时刻, 列车 $i+1$ 尚未停止制动, 二者产生能量交换. 记为 $h_i + TZ_{i+1,m} \leqslant \sum\limits_{j=1}^{m+n-1} (T_j + D_j)$. 定义先制动与后启动时刻之差 (这段时间制动产生的能量无法利用) 为

$$\Delta T = \sum_{j=m}^{m+n-1} (T_j + D_j) - (h_i + TZ_{i+1,m}).$$

列车 i 的可利用再生能量的剩余牵引时间不超过 $TQ_{i,m+n} - \sum\limits_{j=1}^{m+n-1}(T_j + D_j)$, 列车 $i+1$ 可利用的剩余制动时间为 $\sum\limits_{j=1}^{m}(T_j + D_j) - TZ_{i+1,m} - \Delta T$(制动总时间扣除没有能够利用的时间), 取二者较小值. 即有

$$T_{ol} = \min\left\{\sum_{j=1}^{m}(T_j + D_j) - TZ_{i+1,m} - \Delta T, TQ_{i,m+n} - \sum_{j=1}^{m+n-1}(T_j + D_j)\right\}.$$

综上所述, 多列车能量交换最大重叠时间数学模型, 具体表达式如下:

$$\max \sum_{i=1}^{99} T_{ol},$$

$$T_{ol} = \begin{cases} 0, \quad \sum\limits_{j=1}^{m+n} T_j + \sum\limits_{j=1}^{m+n-1} D_j \geqslant h_i + TZ_{i+1,m} \geqslant TQ_{i,m+n}, \text{对全部可行的 } n \text{ 满足}, \\[4mm] \min\left\{TQ_{i,m+n} - (h_i + TZ_{i+1,m}), \sum\limits_{j=1}^{m+1} T_j + \sum\limits_{j=1}^{m} D_j - TZ_{i+1,m}\right\}, \\[4mm] \quad \text{当} \sum\limits_{j=1}^{m+n-1}(T_j + D_j) \leqslant h_i + TZ_{i+1,m} \leqslant TQ_{i,m+n}, \\[4mm] \min\left\{\sum\limits_{j=1}^{m}(T_j + D_j) - TZ_{i+1,m} - \Delta T, TQ_{i,m+n} - \sum\limits_{j=1}^{m+n-1}(T_j + D_j)\right\}, \\[4mm] \quad \text{当} h_i + TZ_{i+1,m} \leqslant \sum\limits_{j=1}^{m+n-1}(T_j + D_j), \end{cases}$$

$$\text{s.t.} \begin{cases} \sum\limits_{i=1}^{99} h_i = T_{\text{sum}}, \\[3mm] h_{\min} \leqslant h_i \leqslant h_{\max}, \\[3mm] \sum\limits_{m=1}^{13} T_m + \sum\limits_{m=1}^{12} D_m = T_{\text{sum}}, \\[3mm] D_{\min} \leqslant D_i \leqslant D_{\max}, \\[2mm] a_{\min} \leqslant a_{A_m - A_{m+1}} \leqslant a_{\max}, \\[2mm] v_{\min} \leqslant V_{A_m - A_{m+1}}(t) \leqslant \min\left\{v_{\max}, \sqrt{2LB_e}\right\}, \\[2mm] 0 \leqslant B_{A_m - A_{m+1}}(t) \leqslant B_{\max}, \\[2mm] 0 \leqslant F_{A_m - A_{m+1}}(t) \leqslant F_{\max}, \\[2mm] \sum\limits_{t=0}^{T} s_t = L_{A_1 - A_{14}}. \end{cases}$$

在第二 (2) 小问中要求在高峰时段 (早高峰 7200～12600s, 晚高峰 43200～50400s) 发车间隔 h_i 不大于 2.5min 且不小于 2min, 其余时间发车间隔不小于 5min, 每天开车 240 列. 该问题优化的实质与第二 (1) 小问相同, 不同之处在于在特定时段内改变发车时间的约束条件, 且运行的列车总数量增多. 为此, 在第二 (1) 小问的基础上建立了如下数学模型:

$$\max \sum_{i=1}^{239} T_{ol},$$

$$T_{ol} = \begin{cases} 0, & \displaystyle\sum_{j=1}^{m+n} T_j + \sum_{j=1}^{m+n-1} D_j \geqslant h_i + TZ_{i+1,m} \geqslant TQ_{i,m+n}, \text{对全部可行的 } n \text{ 满足,} \\[2mm] \min\left\{ TQ_{i,m+n} - (h_i + TZ_{i+1,m}), \displaystyle\sum_{j=1}^{m+1} T_j + \sum_{j=1}^{m} D_j - TZ_{i+1,m} \right\}, \\[2mm] \quad \text{当} \displaystyle\sum_{j=1}^{m+n-1} (T_j + D_j) \leqslant h_i + TZ_{i+1,m} \leqslant TQ_{i,m+n}, \\[2mm] \min\left\{ \displaystyle\sum_{j=1}^{m} (T_j + D_j) - TZ_{i+1,m} - \Delta T, TQ_{i,m+n} - \sum_{j=1}^{m+n-1} (T_j + D_j) \right\}, \\[2mm] \quad \text{当} h_i + TZ_{i+1,m} \leqslant \displaystyle\sum_{j=1}^{m+n-1} (T_j + D_j), \end{cases}$$

$$\text{s.t.} \begin{cases} \displaystyle\sum_{i=1}^{239} h_i = T_{\text{sum}}, \\[2mm] h_{\min,1} \leqslant h_{i,1} \leqslant h_{\max,2}, h_{\min,2} \leqslant h_{i,2} \leqslant h_{\max,2}, \\[2mm] \displaystyle\sum_{m=1}^{13} T_m + \sum_{m=1}^{12} D_m = T_{\text{sum}}, \\[2mm] D_{\min} \leqslant D_i \leqslant D_{\max}, \\[2mm] a_{\min} \leqslant a_{A_m - A_{m+1}} \leqslant a_{\max}, \\[2mm] v_{\min} \leqslant V_{A_m - A_{m+1}}(t) \leqslant \min\left\{ v_{\max}, \sqrt{2LB_e} \right\}, \\[2mm] 0 \leqslant B_{A_m - A_{m+1}}(t) \leqslant B_{\max}, \\[2mm] 0 \leqslant F_{A_m - A_{m+1}}(t) \leqslant F_{\max}, \\[2mm] \displaystyle\sum_{t=0}^{T} s_t = L_{A_1 - A_{14}}. \end{cases}$$

差别在于第二个约束条件不同.

2. 模型求解

采用动态搜索算法结合布谷鸟优化算法对问题二进行求解. 首先, 为了使多列车的总能耗最低, 将列车停站时间取最小值, 即 $D_{\min}=30\mathrm{s}$, 以此保证列车运行时间的最大化, 同时, 各列车均按照问题一方法所获得的速度距离曲线运行, 从而在整体上保证每列列车运行能耗相对较低. 其次, 通过调整发车间隔, 使得相邻两列车制动、牵引之间的重叠时间最大化, 从而保证列车间利用的再生能量的相对较大. 最后, 判断在上述发车策略下, 有无可能发生追尾事故, 如果可能发生追尾事故, 更新限制速度, 同时调整速度距离曲线以及发车策略; 如果不会发生追尾事故, 则直接输出最优发车策略.

调整发车间隔, 以相邻两列车为研究对象, 进行优化, 具体计算步骤如下.

步骤 1: 首先将总时间分配至各站点区间, 基于第一问的模型, 计算单辆列车从 A_1-A_{14} 各站间的速度距离曲线.

步骤 2: 将各列车停站时间取最小值 $D_{\min}=30\mathrm{s}$, 以确定列车运行总时间.

步骤 3: 以相邻两辆车为研究对象, 对于不同的发车间隔分量 h_i, 在其限定的范围内, 以一定的步长进行动态搜索, 找出不同 h_i 值时两列车的重叠时间, 同时建立重叠时间与 h_i 的函数关系.

步骤 4: 以 h_i 为优化变量, 以列车重叠时间最大为目标, 采用布谷鸟算法对其进行优化, 并采用惩罚函数法处理等式约束条件 (总时间为定值).

步骤 5: 输出最优发车间隔, 根据速度限制公式并判断是否需要对限制速度进行更新, 需要, 返回步骤 1; 不需要, 输出最优发车间隔.

求解有高峰期的模型方法同上.

3. 结果分析

基于以上分析, 由于列车总运行时间、停站时间均为定值, 可以求得列车在站点间的总运行时间; 然后, 将此时间根据各站点间的距离以及坡度情况合理分配到各站点区间, 距离长的运行时间长, 阻力大的运行时间长, 下坡多的运行时间短; 基于第一问模型以及模拟优化算法逐一计算相邻两站点间的速度距离曲线. 表 6.6 为列车从 A_1 站至 A_{14} 站的牵引与制动时刻表, 利用该表根据列车发车间隔就可计算相邻两列车制动牵引的重叠时间.

图 6.24 为列车行驶在 A_1 站至 A_{14} 站过程中的速度距离曲线 (距离采用公里标表示). 由于该速度距离曲线是基于第一问模型优化所得, 因此, 采用该速度距离曲线的运行策略能在局部上确保多列车运行耗能较低.

采用如上提出的动态搜索优化策略对模型进行求解, 可得到 100 列列车的发车时间间隔, 见表 6.7 和图 6.25, 每列车运行曲线图见图 6.24. 可知, 在 99 个发车时间间隔中, 有 86 次为 660s, 有 1 次为 444s, 有 12 次为 558s, 总时长为 63900s,

结果合理. 结合表 6.6, 可以得到列车 $i+1$ 制动与列车 i 加速最大重叠时间总和为 3760s, 约占总运行时间的 5.9%(这里是与 63900 s 比较, 应与 2086×100 或每站制动时间 $\times 13 \times 100$ 比较).

表 6.6　列车运行过程牵引与制动时刻表

站点名称	牵引		制动	
	起始时刻/s	终止时刻/s	起始时刻/s	终止时刻/s
A_1-A_2	0	28	93.2	111.5
A_2-A_3	141.5	163.2	228.35	240
A_3-A_4	270	295	334	363
			397.85	417.35
A_4-A_5	447.35	476.51	630.67	635.57
A_5-A_6	665.57	689.57	852.47	860.47
A_6-A_7	890.47	917.47	968.57	986.27
A_7-A_8	1016.27	1042.27	1094.77	1110.57
A_8-A_9	1140.57	1166.57	1231.22	1245.97
A_9-A_{10}	1275.97	1298.97	1334.49	1352.27
A_{10}-A_{11}	1382.27	1407.27	1537.8	1548.11
A_{11}-A_{12}	1578.11	1606.61		
	1682.61	1719.61	1738.91	1748.56
A_{12}-A_{13}	1778.56	1806.56	1845.01	1862.51
A_{13}-A_{14}	1892.51	1921.06		
	1951.36	1954.86	2073.5	2086

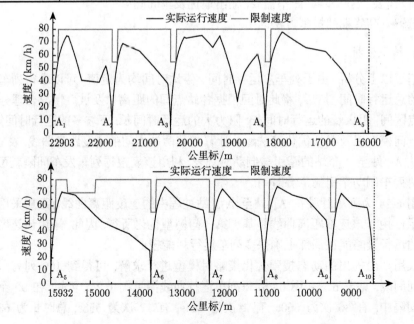

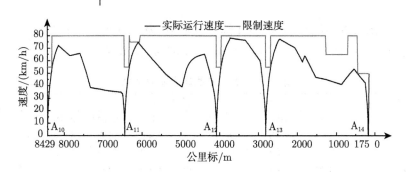

图 6.24　列车从 A_1 至 A_{14} 站的速度–公里标运行曲线图

表 6.7　100 辆列车发车时刻表

列车序号	发车时刻/s									
1-10	0	660	1320	1980	2640	3300	3960	4620	5280	5940
10-20	6600	7260	7920	8580	9240	9900	10560	11220	11880	12540
20-30	13200	13860	14520	15180	15840	16500	17160	17820	18480	19140
30-40	19800	20460	21120	21780	22440	23100	23760	24420	25080	25740
40-50	26400	27060	27720	28380	29040	29700	30360	31020	31680	32340
50-60	33000	33660	34320	34980	35640	36300	36960	37620	38280	38940
60-70	39600	40260	40920	41580	42240	42900	43560	44220	44880	45540
70-80	46200	46860	47520	48180	48840	49500	50160	50820	51480	52140
80-90	52800	53460	54120	54780	55440	56100	56760	57204	57762	58320
90-100	58878	59436	59994	60552	61110	61668	62226	62784	63342	63900

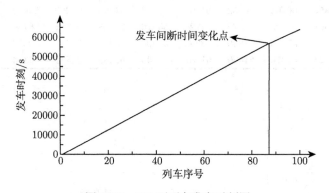

图 6.25　100 列列车发车时刻图

　　由于相邻列车之间的发车时间较长, 最短为 444s, 根据列车追尾速度限制公式可得到列车的限制速度不会超过原来的限制速度. 因此, 预先确定的列车速度距离曲线仍为最优, 无须进行调整.

　　同理, 采用如上方法对有高峰期模型进行求解, 得到 240 列列车的发车时刻表,如表 6.8 及图 6.26 所示. 可知, 列车运行过程中, 发车时间间隔中有 35 次为 120s, 有 61 次为 150s, 有 84 次为 354s, 有 46 次为 353s, 有 13 次为 352s; 所有列车牵引

表 6.8　240 辆列车发车时刻表

列车序号	发车时刻/s									
1-10	0	354	708	1062	1416	1770	2124	2478	2832	3186
10-20	3539	3892	4245	4598	4951	5304	5657	6010	6363	6716
20-30	7069	7189	7309	7429	7549	7669	7789	7909	8029	8149
30-40	8269	8389	8509	8629	8749	8869	8989	9109	9229	9349
40-50	9499	9649	9799	9949	10099	10249	10399	10549	10699	10849
50-60	10999	11149	11299	11449	11599	11749	11899	12049	12199	12349
60-70	12499	12649	12799	13152	13505	13858	14211	14564	14917	15270
70-80	15623	15976	16329	16682	17035	17388	17741	18094	18447	18800
80-90	19153	19506	19859	20212	20565	20918	21271	21624	21977	22330
90-100	22683	23036	23389	23742	24095	24448	24801	25154	25507	25860
100-110	26213	26566	26919	27272	27626	27980	28334	28688	29042	29396
110-120	29750	30104	30458	30812	31166	31520	31874	32228	32582	32936
120-130	33290	33644	33998	34352	34706	35060	35414	35768	36122	36476
130-140	36830	37184	37538	37892	38246	38600	38954	39308	39662	40016
140-150	40370	40724	41078	41432	41786	42140	42494	42848	43202	43322
150-160	43442	43562	43682	43802	43922	44042	44162	44282	44402	44522
160-170	44642	44762	44882	45002	45152	45302	45452	45602	45752	45902
170-180	46052	46202	46352	46502	46652	46802	46952	47102	47252	47402
180-190	47552	47702	47852	48002	48152	48302	48452	48602	48752	48902
190-200	49052	49202	49352	49502	49652	49802	49952	50102	50252	50402
200-210	50552	50702	50852	51204	51556	51908	52260	52612	52964	53316
210-220	53668	54020	54372	54724	55076	55428	55781	56134	56487	56840
220-230	57193	57546	57899	58252	58605	58958	59311	59664	60017	60370
230-240	60723	61076	61429	61782	62135	62488	62841	63194	63547	63900

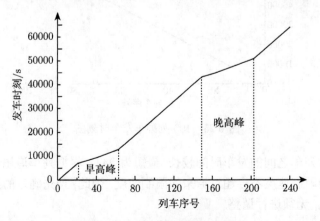

图 6.26　240 列列车发车时刻图

制动的最大重叠时间总和约为 11139s, 约占总时间的 17.4%(应与 2086×240 或每站制动时间×13×240 比较). 由于高峰期列车发车间隔短, 整条运行线路上正在运行的列车多, 增加了启动与制动阶段重叠的可能, 所以重叠的比例增加是正常的.

表格的表达形式显然比较好, 比较实用. 下面再介绍在离散情况下表达再生能量被利用情况的方法, 也很简捷. 同样的结果可以有多种不同的表达方式, 效果也相差很大, 所以表达能力值得努力培养.

建立模型时, 设列车在任意 i 时刻都对应状态 $c(i)$ =0,1,2,3, 分别代表加速牵引、匀速巡航、惰行和减速制动四种列车的运行状态. 了解该状态函数值就知道列车在 i 时刻的运行状态. 确定列车是处于耗能状态还是供能状态.

基于这样的思想我们可以建立最大时间重叠模型如下.

目标函数:

$$\max \sum_{i=1}^{T_p} \delta' \left[\min \left(\sum_{k=1}^{N} \delta_0 \left(c_k \left(i \right) \right), \sum_{k=1}^{N} \delta_3 \left(c_k \left(i \right) \right) \right) \right],$$

其中, $\delta_0 (x) = \begin{cases} 1, & x = 0, \\ 0, & x \neq 0, \end{cases}$　$\delta_3 (x) = \begin{cases} 1, & x = 3, \\ 0, & x \neq 3, \end{cases}$　$\delta' (x) = \begin{cases} x, & x > 0, \\ 0, & x = 0. \end{cases}$

式中, i 表示当前时刻;

k 表示第 k 辆列车编号;

$c_k (i)$ 表示第 k 列列车在 i 时刻的状态函数值;

T_p 为一辆列车通过全程的总时间 (已经离散化);

N 表示 i 时刻正在运行列车的数量;

$\sum_{k=1}^{N} \delta_3 (c_k (i))$ 表示 i 时刻正在减速的列车数量;

$\sum_{k=1}^{N} \delta_0 (c_k (i))$ 表示 i 时刻正在加速的列车数量;

$\min \left(\sum_{k=1}^{N} \delta_0 (c_k (i)), \sum_{k=1}^{N} \delta_3 (c_k (i)) \right)$ 能够保证至少有若干对列车辆处于牵引状态和制动状态, 可以向处于牵引状态的列车提供再生能量. 对 $\delta' (x)$ 求和则可以得到该种发车方案中可以节省再生能量的列车运行总时间.

设计变量:

$H = \{h_1, \cdots, h_{99}\}$ 为 100 列列车的发车间隔;

$c_1(t)$ 为第一辆列车的运行状态与时间的关系;

边界条件:

$$120 \leqslant h_i \leqslant 660, \quad c_1(t_J) = 0, \quad c_1(t_C) = 3, \quad \sum_{i=1}^{99} h_i = 63900,$$

其中, h_i 表示 i 与 $i+1$ 辆列车之间的发车间隔, t_J 为列车出站的时刻, t_C 为列车进站的时间.

第二问还可以很直观地用图像表达, 并求出 100 列列车在离散时间 t_k 至 t_{k+1} $(k=0,\cdots,63899)$ 所利用的再生能为 E_{used}^k, 图 6.27 为各列车的在相应时间点处一秒内牵引力或制动力所做的功, 纵坐标为车号, 横坐标为时间, 图中不同的颜色对应不同的能量大小.

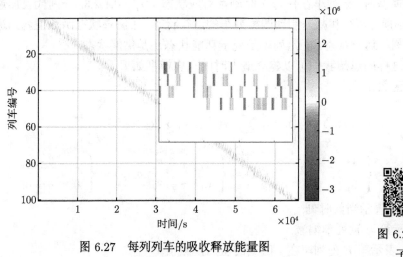

图 6.27　每列车的吸收释放能量图

图 6.27 的电子图

以车号 1 为例, 在其对应的运行时间 2086s 内, 其中黄色方块表示牵引所需的能量, 蓝色方块表示制动对应的再生能.

如图 6.27 所示, 在 1s 的时间间隔内 100 列列车所能利用的再生能为

$$E_{\text{used}}^k = 0.5 \left(\sum_{j=1}^{N_l} \left| E_{kj}^{\text{reg}}(H) \right| - \left| \sum_{j=1}^{N_l} (E_{kj}^{\text{reg}}(H)) \right| \right).$$

四、列车延误后运行优化控制问题

1. 问题分析

问题三是在问题二的基础上研究列车在车站延误发车时的对策, 要求建立控制模型, 找出在确保安全的前提下, 首先使所有后续列车尽快恢复正点运行, 其次恢复期间耗能最少的列车运行曲线. 尽可能快地恢复正常运行和能耗最低是一对矛盾的目标函数, 根据实际需求前者优先.

在第一 (2) 小问和第二问中, 我们得到许多运行方案, 分别对应不同的总运行时间和不同的能耗. 这些方案中用时最短的时间就是追赶方案关于尽快恢复正点运行所需要时间的上限, 其对应的能耗就是追赶方案关于尽快恢复正点运行所需要最

少能耗的上限. 因此, 可以在前两问的基础上进行优化.

2. 模型假设

(1) 第一辆延误列车的起点在站上, 在站间运行期间除因为与前车安全距离过近外不发生延误.

(2) 运行线路上同一时刻只发生一次延误, 不存在该列车延误尚未恢复正常运行期间再次发生延误.

3. 延误节能追赶模型的建立

列车 i 在车站 A_j 延误 DT_j^i(例如 10s) 发车, 在确保安全的前提下, 找出为了使所有后续列车尽快恢复正点运行, 其次恢复期间耗能最少的列车运行曲线. 为此列车 i 需要提速, 减少运行时间, 经过 A_p 个站间路段将时间追回, 每个站间追回 a_p 秒, 满足 $\sum a_p = DT_j^i$. 从车站 A_{j+A_p} 开始正点运行. 在这个过程中列车 i 由于提速的原因, 导致列车耗能增加. 同时列车 i 之后可能有 k 辆列车在列车 i 恢复正点发车之前也受到延误的影响. 显然为了列车能够尽快恢复正点运行, 列车 i 要在最少的站间路段内恢复正点运行, 同时让受影响的列车数量 k 要最小. 其次要使恢复期间增加的耗能最少. 我们为此建立多目标优化模型, 具体如下.

优化模型的目标函数: $\min A_p(DT_j^i), k(DT_j^i), E_{总}(DT_j^i)$.

约束条件:

$$v(t) \leqslant v_{\max}(t),$$
$$v(DT_j^i) = v\left(DT_j^i + t\left(\sum A_p\right)\right) = 0,$$
$$\sum a_p = DT_j^i.$$

决策变量: A_p, a_p.

这里 $A_p(DT_j^i)$ 是列车 i 将延误时间追回需要经过的站间路段数量, 与尽快恢复正点运行是一致的, $E_{总}(DT_j^i)$ 是恢复期间总的耗能, $k(DT_j^i)$ 是受到影响的列车数量, 三个目标函数都受到延误时间的影响, 都是 DT_j^i 的函数. $v\left(DT_j^i + t\left(\sum A_p\right)\right) = 0$ 代表经过 A_p 站后, 列车 i 到达站点并停车.

4. 模型的求解

恢复期间内的总耗能 $E_{总}(DT_j^i)$ 是列车 i 和受到延误影响的 k 辆列车各自耗能的和. 而每辆列车恢复期间的耗能是延误时间 DT_j^i 的函数, 用 $E_n(DT_j^i)$ 表示, $n = i, i+1, \cdots, i+k$. 其中 $E_i(DT_j^i)$ 表示列车 i 的能耗, $E_{i+k}(DT_j^i)$ 表示列车 $i+k$ 的能耗, 于是可以得到

$$E_{总}(DT_j^i) = \sum_{n=i}^{i+k} E_n(DT_j^i) = \sum_{n=i}^{i+k}\left(\sum_{m=j}^{j+A_p} \Delta E_m\right)$$

$$= \sum_{n=i}^{i+k} \left(\sum_{m=j}^{j+A_p} (\tilde{E}(T - a_p + \Delta\tau) + \tilde{E}(T)) \right),$$

式中, $\sum_{n=i}^{i+k} E_n(DT_j^i)$ 表示列车 i 至列车 $i+k$ 共 $k+1$ 辆车的能耗和; $\sum_{m=j}^{j+A_p} \Delta E_m$ 表示列车 n 从第 j 站开始, 运行 A_p 个站间距离的能耗; $\tilde{E}(T - a_p + \Delta\tau)$ 表示列车为追回 a_p 秒所增加的最低能耗, $\tilde{E}(T)$ 即为原来运行时间所对应的最低能耗; 增加控制变量 $\Delta\tau$ 是为了保证安全, 当后一辆列车有可能追赶上前一辆列车的方案中, 让后一辆列车减少追赶时间.

根据建立的模型, 在列车 n 从第 j 站出发到第 $j+A_p$ 站过程中首先选择最短运行时间, 在最短运行时间的前提下寻找最低能耗的方案.

5. 结果与分析

假设有两列列车分别在 A_4 站延误 10s, A_9 站延误 5s. 分别考虑了其后几个站间内追赶的情况, 对于 A_4 站延误 10s 来说, 在 A_4 站到 A_5 站内把时间追赶回来总耗能最小. 在 A_6 或 A_7 段追回来, 耗能相差不大 (表 6.9). 对于 A_9 站延误 5s 来说, 在 A_{10} 内追赶回来反而比 A_{12} 追赶回来耗能多, 但由于不是最快恢复正点, 所以不予考虑. 但也说明对于这样一组矛盾的优化目标, 在实际问题中统筹考虑也是一种选择 (表 6.10).

表 6.9 A_4 站延误 10s 不同的追赶策略耗能比较

	延误站点	延误时间/s	追赶策略			增加最小能耗 /($\times 10^7$ J)
			第 5 站追赶时间/s	第 6 站追赶时间/s	第 7 站追赶时间/s	
算例1	4	10	10	0	0	0.39
			7	3	0	0.44
			6	3	1	0.41

表 6.10 A_9 站延误 5s 不同的追赶策略耗能比较

	延误站点	延误时间/s	追赶策略			增加最小能耗 /($\times 10^7$ J)
			第 10 站追赶时间/s	第 11 站追赶时间/s	第 12 站追赶时间/s	
算例2	9	5	5	0	0	0.21
			2	2	1	0.13

6. 两车站间的时间余量模型

考虑列车在延误后要尽快恢复正点运行, 则首先对列车在车站间进行安全行驶的时间余量进行分析. 在第二问的控制方案中, 我们采取了最节能的策略去控制两车站间的速度距离曲线, 得到每段路程实际的运行时间 t.

两车站间的距离是固定的, 那么在路段限速以及安全距离限制下, 根据最快速策略: 以最大的牵引力加速到限定速度, 做巡航运动, 然后以最大的制动力减速到终点, 我们可以计算出每段路程最小的运行时间 $t_{\min}$.

那么两车站之间的时间余量: 即在保证安全行驶的前提下, 列车允许延迟出发的时间, 公式为

$$\Delta t = t - t_{\min}.$$

根据第二问的运行图, 采取最快速策略, 分别在高峰时期和非高峰时期对各车站间的速度曲线进行重新计算, 得到最小的运行时间 $t_{\min}$. 结合每段路程实际的运行时间 t, 我们可以计算出各车站间的时间余量如表 6.11.

表 6.11　各车站间时间余量

路段	高峰时期时间余量/s	非高峰时期时间余量/s
A_1-A_2	7.4	21.0
A_2-A_3	8.1	20.8
A_3-A_4	11.7	32.8
A_4-A_5	13.4	36.1
A_5-A_6	14.5	37.7
A_6-A_7	8.3	21.8
A_7-A_8	7.3	20.2
A_8-A_9	9.4	24.7
A_9-A_{10}	5.3	15.4
A_{10}-A_{11}	10.9	31.1
A_{11}-A_{12}	14.7	38.0
A_{12}-A_{13}	7.8	20.5
A_{13}-A_{14}	15.9	42.1

在已知列车延误后, 我们可以根据各车站间的时间余量进行及时的控制, 从而使列车尽快恢复正点运行.

列车延误后运行优化控制问题可以分为两类: 其中一类延误时间是固定的, 另一类延误时间是随机变量, 在这两种情况下分别对列车的控制方案进行调整, 得到列车延误后优化控制的方案.

7. 基于固定延误时间的列车优化控制问题

若列车 i 在车站 A_j 延误了 DT_j^i(例如 10s), 建立控制模型使得在确保安全的

前提下, 首先使所有后续列车尽快恢复正点运行, 其次恢复期间耗能最少的列车运行曲线.

针对这种延误时间一定的延误问题, 对运行曲线的控制有以下两种情况 (首先满足使所有后续列车尽快恢复正点运行):

(1) 在下一段路程 (A$_j$ 站到 A$_{j+1}$ 站之间) 的运行过程中能将延误的时间补回来, 即下一段路程可以在 $t - DT_j^i$ 时间内完成, 则列车能在下一个站就开始恢复正点运行. 在时间 $t - DT_j^i$ 内完成规定路程的前提下, 尽可能采用最节能的速度距离曲线.

(2) 在下一段路程 (A$_j$ 站到 A$_{j+1}$ 站之间) 的运行过程中不能将延误的时间完全补回来, 则在下一段路程中用最大的限速完成全段路程, 然后将缩小了的延误的时间推至下一段路程, 直到列车恢复正点运行.

具体对列车的运行控制策略如图 6.28 所示.

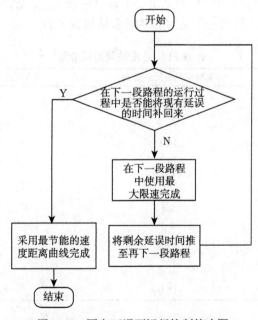

图 6.28 固定延误下运行控制策略图

根据题目我们知道延误时间为

$$DT_j^i = 10\text{s}.$$

在前面我们计算得到了列车在各站间的时间余量, 若列车在 A$_j$ 站发生延误, 则可以得到相应的控制策略调整如表 6.12 所示.

表 6.12　各车站延误对应的调整策略

延误车站	非高峰时期调整策略	高峰时期调整策略
A_1	将 A_1-A_2 间运行时间减少 10s	A_1-A_2 间采用最快速策略,然后将 A_2-A_3 间运行时间减少 2.6s
A_2	将 A_2-A_3 间运行时间减少 10s	A_2-A_3 间采用最快速策略,然后将 A_3-A_4 间运行时间减少 1.9s
A_3	将 A_3-A_4 间运行时间减少 10s	将 A_3-A_4 间运行时间减少 10s
A_4	将 A_4-A_5 间运行时间减少 10s	将 A_4-A_5 间运行时间减少 10s
A_5	将 A_5-A_6 间运行时间减少 10s	将 A_5-A_6 间运行时间减少 10s
A_6	将 A_6-A_7 间运行时间减少 10s	A_6-A_7 间采用最快速策略,然后将 A_7-A_8 间运行时间减少 1.7s
A_7	将 A_7-A_8 间运行时间减少 10s	A_7-A_8 间采用最快速策略,然后将 A_8-A_9 间运行时间减少 2.7s
A_8	将 A_8-A_9 间运行时间减少 10s	A_8-A_9 间采用最快速策略,然后将 A_9-A_{10} 间运行时间减少 0.6s
A_9	将 A_9-A_{10} 间运行时间减少 10s	A_9-A_{10} 间采用最快速策略,然后将 A_{10}-A_{11} 间运行时间减少 4.7s
A_{10}	将 A_{10}-A_{11} 间运行时间减少 10s	将 A_{10}-A_{11} 间运行时间减少 10s
A_{11}	将 A_{11}-A_{12} 间运行时间减少 10s	将 A_{11}-A_{12} 间运行时间减少 10s
A_{12}	将 A_{12}-A_{13} 间运行时间减少 10s	A_{12}-A_{13} 间采用最快速策略,然后将 A_{13}-A_{14} 间运行时间减少 2.2s
A_{13}	将 A_{13}-A_{14} 间运行时间减少 10s	将 A_{13}-A_{14} 间运行时间减少 10s

8. 基于随机延误时间的列车优化控制问题

列车的延误时间为随机变量, 具体出现的概率如表 6.13 所示.

表 6.13　延误时间概率表

延误类别	延误时间	出现的概率
普通延误	$0 < DT_j^i < 10s$	20%
严重延误	$DT_j^i \geqslant 10s$	10%
无延误	$DT_j^i = 0s$	70%

由于允许列车在各站到发时间与原时间相比提前不超过 10s, 则对上节的调节策略进行修改.

若列车的延误时间较长, 在经过一段路程的调整后不能完全恢复正点运行时, 我们可以考虑令列车提前出发, 设提前出发时间为 t_p, 则

$$t_p \leqslant 10.$$

在考虑令列车提前出发的问题时, 首先要确保列车的停站间隔大于最小停站时间 $D_{\min}$, 即

$$D - t_p \geqslant D_{\min}.$$

针对允许列车提前出发的情况, 对运行曲线的控制有以下两种情况:

(1) 在下一段路程 (A_j 站到 A_{j+1} 站之间) 的运行过程中能将延误的时间补回来, 即下一段路程可以在 $t - DT_j^i$ 时间内完成, 则列车能在下一个站就开始恢复正点运行. 在时间 $t - DT_j^i$ 内完成规定路程的前提下, 尽可能采用最节能的速度距离曲线.

(2) 在下一段路程 (A_j 站到 A_{j+1} 站之间) 的运行过程中不能将延误的时间完全补回来, 则在下一段路程中用最大的限速完成全路程, 并在 A_{j+1} 站提前出发. 若 $D - t_p \geqslant D_{\min}$, 则提早 t_p 出发; 若 $D - t_p = D_{\min}$, 则无法提前. 然后将缩小的延误的时间推至下一段路程, 直到列车恢复正点运行.

具体对列车的运行控制策略如图 6.29 所示.

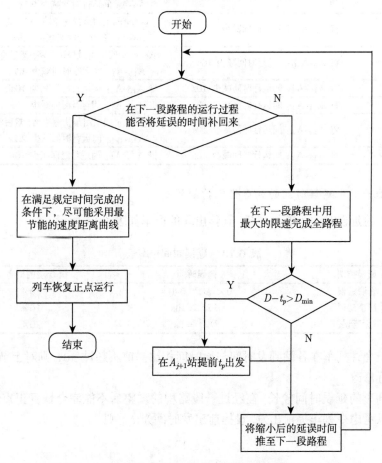

图 6.29 随机延误下运行控制策略图

在前面我们计算得到了列车在各站间的时间余量, 若列车在 A_j 站发生延误,则可以根据上述模型进行调整. 下面以列车 30(序号) 和列车 10(序号) 为例, 分别展示列车高峰时期和非高峰时期发生 30s 延误的调整策略.

表 6.14　高峰时期和非高峰时期发生 30s 延误的调整策略表

发生延误的车站	高峰时期调整策略	非高峰时期调整策略
A_1	A_1-A_4 间采用最快速策略, 然后将 A_4-A_5 间运行时间减少 2.8s	A_1-A_2 间采用最快速策略, 然后将 A_2-A_3 间运行时间减少 9s
A_2	A_2-A_4 间采用最快速策略, 然后将 A_3-A_4 间运行时间减少 10.2s	A_2-A_3 间采用最快速策略, 然后将 A_3-A_4 间运行时间减少 9.2s
A_3	A_3-A_5 间采用最快速策略, 然后将 A_5-A_6 间运行时间减少 4.9s	A_3-A_4 间采用最快速策略
A_4	A_4-A_6 间采用最快速策略, 然后将 A_6-A_7 间运行时间减少 2.1s	A_4-A_5 间采用最快速策略
A_5	A_5-A_7 间采用最快速策略, 然后将 A_7-A_8 间运行时间减少 7.2s	A_5-A_6 间采用最快速策略
A_6	A_6-A_9 间采用最快速策略, 然后将 A_9-A_{10} 间运行时间减少 5s	A_6-A_7 间采用最快速策略, 然后将 A_7-A_8 间运行时间减少 8.2s
A_7	A_7-A_{10} 间采用最快速策略, 然后将 A_{10}-A_{11} 间运行时间减少 8s	A_7-A_8 间采用最快速策略, 然后将 A_8-A_9 间运行时间减少 9.8s
A_8	A_8-A_{11} 间采用最快速策略, 然后将 A_{11}-A_{12} 间运行时间减少 4.3s	A_8-A_9 间采用最快速策略, 然后将 A_9-A_{10} 间运行时间减少 5.3s
A_9	A_9-A_{11} 间采用最快速策略, 然后将 A_{11}-A_{12} 间运行时间减少 13.8s	A_9-A_{10} 间采用最快速策略, 然后将 A_{10}-A_{11} 间运行时间减少 14.6s
A_{10}	A_{10}-A_{12} 间采用最快速策略, 然后将 A_{12}-A_{13} 间运行时间减少 4.6s	A_{10}-A_{11} 间采用最快速策略
A_{11}	A_{11}-A_{13} 间采用最快速策略, 然后将 A_{13}-A_{14} 间运行时间减少 8.7s	A_{11}-A_{12} 间采用最快速策略
A_{12}	A_{12}-A_{14} 间采用最快速策略	A_{12}-A_{13} 间采用最快速策略, 然后 A_{13}-A_{14} 间运行时间减少 9.5s
A_{13}	A_{13}-A_{14} 间采用最快速策略	A_{13}-A_{14} 间采用最快速策略

五、可以改进的方面

1. 要抓主要矛盾, 要找关键, 要突出重点

题目的主要目标是节能. 可是竞赛中却没有一个研究生队仔细计算过能量究竟消耗在哪些地方, 哪方面的消耗是主要的, 哪些方面的消耗是次要的? 哪些耗能是必不可少的? 哪些耗能是可以节省的? 哪些耗能肯定属于浪费? 影响耗能的因素有哪些? 影响耗能的关键指标又是哪些? 这些关键指标中哪些指标是可以控制的? 哪些指标是无法直接控制的? 不把这些问题搞清楚, 就可能犯方向性错误, 抓住芝麻丢掉西瓜, 也很可能事倍功半, 花了大量的时间、人力, 做了许多无用功, 最后收效

甚微. 所以研究生解决实际问题时一定要牢记抓主要矛盾, 要善于发现问题的关键, 研究要突出重点.

可能有些研究生也想到要进行分析, 但不知从何下手. 不妨先进行定性分析, 其实从前面的模型就知道, 问题的关键一是力, 二是能量. 在了解了问题的关键之后, 进一步再讨论它们的来源, 它们的去处, 它们的表现形式和它们相关的因素等, 对问题的研究就自然逐步深入了.

从题目可知, 机车在运行过程中就受四个力作用. 而且重力和地面的弹力在列车运行一个来回后做功为零. 所以只需要考虑两种力: 牵引力和阻力.

列车能量也只有三种形式: 势能、动能和热能 (后来还包括再生的电能). 然而势能虽然在一个周期内会发生变化, 但经过整数周期势能不发生变化, 所以势能可以不必关注.

列车机械能的增加是因为牵引力做功, 机车运行受到基本阻力和附加阻力, 所以一般情况下不仅启动阶段, 巡航阶段牵引力也要做功. 提供能量的只能是牵引力 (后面再生利用的能量, 能量归根到底仍然由牵引力提供), 牵引力所提供能量的数量就是启动和巡航阶段牵引力提供的瞬时功率关于时间积分. 制动力只消耗列车能量并转变为热能.

从能量使用的情况看, 列车要克服基本阻力和附加阻力前进必须要消耗能量, 而且克服基本阻力和附加阻力所消耗能量 (除增加势能外) 无法回收; 制动时列车速度降低, 部分动能的减少用于克服基本阻力和附加阻力做功, 其他损失的动能可能部分回收, 也可能转化为热能没有回收. 因为列车末速度为零, 故而制动阶段所减少的能量大小, 取决于制动开始时的速度.

为了容易发现规律, 先简化问题, 讨论机车在平直轨道上行驶, 势能不发生变化. 所以牵引力做功或使机车动能增加或者使机车克服总阻力前进. 所以从提供能量的角度, 不难发现机车的最大速度和各时刻瞬时速度 (与总阻力有关) 是能耗的重要因素. 从能量使用角度看, 机车动能的减少或是由于克服总阻力而前进或者受到制动力动能转变成为热能. 所以总阻力和制动所产生的热能是能耗的重要因素. 据上述分析, 列车全程的速度, 尤其是最大速度和制动速度是耗能的主要指标. 最大速度决定了牵引力需要向列车提供的动能的最大值, 由于在站点列车速度为零, 所以也是列车动能变化的最大值. 制动速度决定了在能量没有被回收的情况下, 列车动能损失值, 列车全程的速度决定了列车全程由于受到总阻力及摩擦等所消耗的能量. 由于力是瞬时可变的, 而速度是连续的, 速度是积累量, 所以速度的规律更容易发现. 这样发现主要矛盾并不十分困难, 关键是要有这样的意识.

显然降低速度就能够节能, 但是影响列车耗能的全程速度指标又不是可以任意变化的, 因为列车速度是被列车在站间运行的时间所决定的. 当站间运行的时间给定, 列车在这个站间运行的平均速度就随之确定了. 由于在制动和启动阶段的大部分时间内列车瞬时速度一定小于平均速度, 全程肯定也有很多时间的瞬时速度大于平均速度. 速度距离曲线一定如图 6.30, 在平均速度线上的面积与在平均速度线下的面积相等.

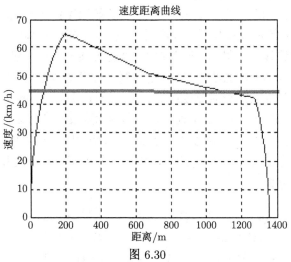

图 6.30

考虑到速度和耗能的关系及速度所受到的约束, 显然在满足时间约束的前提下, 降低最大速度, 降低制动速度都是有利于节省能量的. 但这两者之间又是矛盾的, 因为降低最大速度的同时一定也降低了平均速度, 为了准点运行, 势必要提高制动速度; 反之降低了制动速度, 肯定也降低了平均速度, 为了准点运行, 势必要提高最大速度. 由此可知, 好的运行方案需要恰当地选择最大速度和制动速度, 保持两者之间的平衡.

下面进一步分析研究实现优化时, 最大速度、制动速度和全程速度的一些性质. 包括最大速度和制动速度在内的全程速度每时每刻都对应着一定的功率消耗, 由经验公式, 速度越大总阻力就越大 (因为公式中包含速度的平方项), 任意时刻所消耗的功率的主要部分与速度的三次方 (因为列车移动的距离等于瞬时速度乘时间, 牵引力所做的功等于力乘以在力的作用下物体移动的距离) 成正比, 还有一部分与速度的平方成正比, 并且这部分能耗是无法回收的. 所以怎样能够降低速度从而减少基本阻力, 进而节省能耗值得深入研究. 为找准节能的主攻方向, 对总阻力所产生的耗能应该再细分, 并进一步分析哪些耗能部分可以节省. 由于现在站间运行的平均速度给定, 借用统计中方差分析的思想, 原点矩等于中心矩加上方差, 中心矩对应平均速度, 现在是常量. 显然全程速度与平均速度之间的波动 (对应方差) 越小, 则基本阻力所产生的耗能就越小. 但是因为停靠站点时列车速度一定为零, 而且速度又一定是连续变化的, 所以肯定有几段时间的瞬时速度低于平均速度, 当然也肯定另有一定时间段列车的瞬时速度大于平均速度, 即在地铁运行中速度有波动是肯定的, 我们只能设法降低波动的程度以减少阻力产生的能耗.

巡航阶段列车匀速运行, 因此这个阶段波动为零, 状态比较理想. 而且巡航阶段速度高, 巡航阶段越长, 将弥补启动、制动阶段瞬时速度低于平均速度的任务分配给更长的区间, 可以降低最大速度 (一般即巡航速度), 同时也减小了波动, 故有利于节能. 而且巡航阶段只是要求速度是常数, 并不指定具体的速度, 故对最大速度及制动速度的选择没有限制, 所以优化的运行方案一般均应包含巡航阶段.

由于在站点列车速度为零, 所以启动和制动阶段都是必须有的. 但制动和启动阶段的大部分时间内列车瞬时速度远小于平均速度, 波动很强, 因此应该用最大牵引力加速 (最大制动力减速) 以缩短在启动和制动阶段速度明显小于平均速度的时间长度, 从而降低波动. 利用庞特里亚金极大值原理可以得到相同的结论.

同样用最大牵引力加速 (最大制动力减速) 与列车最大速度和制动速度无关.

进一步定量分析,

$$(V + \Delta V)^3 + (V - \Delta V)^3 - 2V^3 = 6V\Delta V^2,$$
$$(V + \Delta V)^2 + (V - \Delta V)^2 - 2V^2 = 2\Delta V^2,$$
$$3(V + \Delta V)^3 + (V - 3\Delta V)^3 - 4V^3 = 54V\Delta V^2 - 24\Delta V^3,$$
$$2(V + 2\Delta V)^3 + 2(V - 2\Delta V)^3 - 4V^3 = 48V\Delta V^2.$$

所以将高速和低速取平均, 效果肯定是好的. 如果高速运动和低速运动的时长相等, 效果更好些. 由于平均速度不变, 所以运行时间不受影响, 取平均速度可以降低基本阻力, 减少克服基本阻力所做的功. 高速和低速相差越大, 即 ΔV 越大, 效果越好. 此外, 参与调速的区间越长, 影响也越大, 降低波动的效果越好.

惰行由于不消耗任何能量, 利用的全是机车的动能, 所以在时间允许的情况下, 扩大惰行阶段有利于降低制动速度, 有利于节能, 只要保持速度在预定的制动速度

图 6.31

以上即可. 如果惰行阶段长了, 速度低了, 则应加速后再惰行. 这就是地铁与高铁在运行方面的差别.

通过以上分析, 对于城市地铁交通, 由于站点间距离比较短, 一般应采用最大牵引力启动–巡航–惰行–最大制动力制动的优化运行模式 (可能省去其中巡航、惰行阶段).

例如, 如果必须用最大加速度加速, 而且到达最大速度后又必须按最大减速度减速才能够准时到达的情况, 就没有巡航、惰行阶段, 见速度距离图 6.31.

由于起点、终点的速度一定为零, 加速、减速都是按最大牵引 (制动) 力处理, 所以其他运行方案在任意位置列车对应的速度都不能超过按最大加速度加速的距离速度曲线, 而且在任意位置列车速度都不能超过按最大减速度减速的曲线, 否则

无法在规定时间停止在终点. 故任意距离速度曲线都在用最大加速度加速, 而且到达最大速度后又必须按最大减速度减速的两条线围成图形的下方, 但这样由于每点速度都对应小于前者的速度, 一定无法准点到达, 因此可行解是唯一的, 只有最大牵引力启动–最大制动力制动两个阶段.

2. 在定性分析基础上, 对速度的影响进行定量分析以得到更准确的结论

由于第一问两站之间距离为 1354m, 运行时间 110s. 平均速度 12.3m/s. 最大速度估计在 15.5m/s 左右, 则最大动能为 $1/2MV^2 = 0.5 \times 194295 \times 240.25 = 2.3339686 \times 10^7$(J). 即使最大速度降低为 14m/s, 最大动能也达 1.9040910×10^7J. 但如果最大速度为 20m/s, 则最大动能达 3.8859×10^7J, 如果取列车限制速度 80km/h, 最大动能达 4.7974074×10^7J, 与优化的最大速度方案相比, 仅用于增加动能方面的能耗就增加一倍以上. 由下面计算结果可以发现, 动能方面增加的消耗超过全程用于克服基本阻力的能耗. 所以最大速度对应的动能是节能的主要矛盾方面, 降低最大速度是节能的关键.

如果制动速度取 10m/s, 不考虑制动阶段克服总阻力所做的功 (这时列车速度低, 总阻力小, 而且路程短, 耗能少), 制动阶段列车的动能损失为 0.971475×10^7J, 数量不小, 所以降低制动速度也是节省能耗时必须重点关注的问题. 下面讨论总阻力的计算公式,

$$\int_0^{1354} (0.001807V^2 + 0.0622V + 2.031)Mg/1000\mathrm{d}x$$

$$= \int_0^{110} (0.001807V^2 + 0.0622V + 2.031)VMg/3600\mathrm{d}t$$

$$= \int_0^{110} [0.001807(44.28 + \Delta V)^2 + 0.0622(44.28 + \Delta V) + 2.031]$$
$$\cdot (44.28 + \Delta V)Mg/3600\mathrm{d}t.$$

这里积分变换后分母扩大 3.6 倍, 是因为速度单位原来是 km/h, 积分变量变成时间, 以秒为单位, 速度单位变成 m/s, 1 小时 =3600 秒, 1 千米 =1000 米, 所以换算的比例常数为 3.6. 平均速度取 12.3m/s, 即 44.28km/h. 下面对结果近似进行估计.

$$上式 = \int_0^{110} (0.001807 \times 44.28^2 + 0.001807 \times 2 \times 44.28\Delta V + 0.001807 \times \Delta V^2$$
$$+ 0.0622 \times 44.28 + 0.0622\Delta V + 2.031) \times (44.28 + \Delta V)Mg/3600\mathrm{d}t$$

$$= \int_0^{110} (0.001807 \times 44.28^3 + 0.0622 \times 44.28^2 + 2.031 \times 44.28)Mg/3600\mathrm{d}t$$

$$+ \int_0^{110} (0.001807 \times \Delta V^3 + 0.001807 \times 2 \times 44.28 \Delta V^2$$

$$+ 0.0622 \Delta V^2 + 2.031 \times \Delta V + 0.001807 \times 44.28^2 \Delta V$$

$$+ 0.0622 \times 44.28 \Delta V + 2 \times 0.001807 \times 44.28^2 \Delta V$$

$$+ 0.001807 \times 44.28 \Delta V^2 + 44.28 \times 0.0622 \Delta V) Mg/3600 \mathrm{d}t$$

$$= \int_0^{110} (0.001807 \times 44.28^3 + 0.0622 \times 44.28^2 + 2.031 \times 44.28) Mg/3600 \mathrm{d}t$$

$$+ \int_0^{110} (0.001807 \times \Delta V^3 + 0.001807 \times 3 \times 44.28 \Delta V^2 + 0.0622 \Delta V^2) Mg/3600 \mathrm{d}t.$$

上式中关于 ΔV 一次项的积分, 因为 12.3 是平均速度, 所以积分为零, 只剩 ΔV 的二次、三次项保留. 上述积分是克服基本阻力所做的功, 其中 V 是时间 t 的函数, 我们这里又将积分分成两部分, 第一部分作为匀速运动处理, 其中 V 取 12.3m/s, 即 44.28km/h, 结果为 2.1455489×10^7J(这是最小能耗的下界), 略低于最大速度 15.5m/s 时列车所具有的动能. 如果第二部分全部按 15.5m/s(估计略小于但接近最优解的克服基本阻力做的功), 即 55.8km/h, 也就是 ΔV 均按 11.52km/h 计算, 结果为.2574112$\times 10^7$J, 因此比较理想的情况下波动造成的能耗可能不超过 0.35×10^7J, 但 ΔV 均按 20km/h 计算, 结果为 0.7874898×10^7J, 即在最优解的情况下波动所造成的附加能耗大致为以平均速度匀速运动克服基本阻力所耗能量的 1/6 到 1/4.

下面讨论上述估计是否有对应的可行方案. 即运行时间符合题目要求, 这里启动 (制动) 按匀加速 (匀减速) 处理,

$$\frac{1}{2} \times 15.5^2 + \frac{1}{2} \times 10^2 + (110 - 25.5) \times 14 = 1353.125.$$

两站之间巡航、惰行阶段的平均速度设为 14m/s, 惰行也按匀减速处理, 惰行阶段的平均速度为 $\frac{1}{2} \times (15.5 + 10) = 12.75$(m/s), 设巡航在巡航、惰行中比例为 α, 则 $15.5\alpha + 12.75 \times (1 - \alpha) = 14, \alpha = 5/11, 1 - \alpha = 6/11$, 惰行 $(110 - 25.5) \times 6/11 = 46$(s), 降低速度不足 4.5m/s, 无法实现制动速度 10m/s, 故提高制动速度到 12m/s.

$$\frac{1}{2} \times 15.5^2 + \frac{1}{2} \times 12^2 + (110 - 27.5) \times 14.1 = 1355.375.$$

两站之间巡航、惰行阶段的平均速度设为 14.1m/s, 惰行也按匀减速处理, 惰行阶段平均速度为 $\frac{1}{2} \times (15.5 + 12) = 13.75$(m/s), 设巡航在巡航、惰行中比例为 α, 则 $15.5\alpha + 13.75 \times (1 - \alpha) = 14.1, \alpha = 1/5, 1 - \alpha = 4/5$, 而惰行 62s, 降低速度 3.5m/s, 可行.

综上所述, 在平直轨道上以目前的平均速度运行, 达最大速度所对应的动能及克服平均速度的基本阻力约耗能 4.5×10^7J 左右, 扣除惰行、制动中降低的动能用于克服总阻力做功而节省的能量 (按制动速度 12m/s, 惰行阶段可以节省的能量估计为 0.85×10^7J, 制动阶段用于克服总阻力的动能估计约 0.5×10^7J), 再加上波动造成的能耗约 0.3×10^7J. 总耗能 3.45×10^7J, 如果考虑 A_7 站比 A_6 站位置低 1.21m, 势能小 0.24×10^7J, 则进一步优化, 3.21×10^7J 左右的结果是可信的. 即使基本阻力全部按 15.5m/s, 即 55.8km/h 计算, 这样既保证在 110s 之内到达 A_7, 因为每点的速度都大于等于可行解的速度, 所以基本阻力大于等于可行解的基本阻力, 克服基本阻力所消耗的能量一定大于等于可行解所消耗的能量. 所以在 4×10^7J 的基础上再增加由于速度加大所增加的 0.7×10^7J 是最优解的上界. 这个结果与研究生们得到的结果相比, 差距太大, 究竟是计算问题还是模型问题, 必须认真总结. 从上面结果可以得出结论, 平均速度所产生的基本阻力耗能约占 1/2, 这是必须付出的, 无法节省. 而最大动能能耗约占 1/2, 所以控制最大速度最重要, 同时也必须注意控制波动. 因为降低最大速度可能也减少了波动, 所以决定最大速度是矛盾的主要方面. 很多研究生队的方案中最大速度达到 80km/h, 仅达最大动能就需要 4.93×10^7J, 耗能太多了, 也有研究生队的结果是耗能仅 2×10^7J, 连平均速度的耗能都没有达到, 这些明显的错误稍加检验应该是容易发现的, 没有纠正错误说明这些研究生事后根本没有进行检验, 丧失了改正错误的机会. 研究生一定要学会抓最重要的指标进行定性分析的本领, 切记避免发生方向性的错误!

3. 关于最大速度、制动速度的讨论

前面研究表明最优方案一定采用最大牵引力启动–巡航–惰行–最大制动力制动的运行模式, 则待定参数就是最大速度 (即巡航速度) 或制动速度. 由于惰行的起点一定在巡航结束点, 巡航的速度即最大速度. 而惰行其牵引力为零, 因而运动方程给定, 运动情况几乎是确定的, 仅受线路可能有些不同的影响, 故在最大速度 (或制动速度) 确定的情况下, 不同的惰行起点 (终点) 对应不同的运行时间 (最后一段按最大制动力制动也是确定的). 所以如果运行时间事先确定, 最大速度 (或制动速度) 确定, 则制动速度 (或最大速度) 不再可以任意选择 (详细见后面 4 的讨论). 因为降低最大速度的同时也降低了平均速度, 为了准点运行势必要提高制动速度 (上面例子也说明了这一点), 这样可能部分抵消了降低最大速度的效果. 加之动能与速度的平方成正比, 最大速度即使降低相同的数值, 随着最大速度的变小, 它所降低的能耗 (对应速度的平方差) 也越来越小; 相反随着制动速度的增加, 虽然增加相同的数值, 因为制动速度逐渐变大, 它所引起的能耗增加却越来越大. 所以降低最大速度对节省能耗的边际效应是下降的. 因为最大速度的降低伴随着制动速度的提高, 所以当最大速度的降低、制动速度的增加对节省能耗的边际效应之和为零时就

得到了最优解. 按此分析, 第一问的求解就没有什么难度, 能耗是关于最大速度或制动速度的单谷函数, 按最大速度或制动速度搜索寻优即可找到很理想的解.

4. 同一方案速度距离图之间是相似的

采用最大牵引力启动–巡航–惰行–最大制动力制动的运行模式, 不同运行方案的速度距离图之间、速度时间图之间很大部分是重合的、平行的. 由于采用最大牵引力启动, 根据列车动力学, 现在虽然是不同的方案, 在牵引阶段却是相同的方程, 相同的参数、相同的初值, 因此速度时间图重合, 速度距离图也重合. 当然在两个方案的最大速度不同时, 一个方案超过另一个方案最大速度部分不再重合. 同理, 由于均采用最大制动力制动, 根据列车动力学, 在制动阶段也是相同的方程, 相同的参数、相同的终值, 因此速度时间图重合, 速度距离图也重合. 当然由于两个方案选择的制动速度不同, 一个方案超过另一个方案的制动速度部分不再重合. 巡航阶段由于速度不变, 因此在速度时间图和速度距离图上都是水平直线, 因此巡航阶段图形即使不重合也一定相互平行.

当然同一个运行方案的速度时间图与速度距离图之间有差别, 但是两者是相似的, 见图 6.32, 图 6.33.

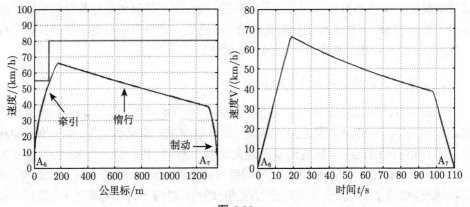

图 6.32

从图 6.32 发现速度时间图与速度距离图在启动与制动阶段差异大些, 这是由于一个是直线, 一个是抛物线, 但采用最大牵引力启动–巡航–惰行–最大制动力制动运行模式的两个方案的两张速度时间图或两张速度距离图的启动与制动阶段平行或重合.

至于惰行阶段, 由于牵引力为零, 在平直的轨道上行驶, 只受到基本阻力的作用, 而基本阻力只与速度有关, 与列车所在位置无关, 也与具体的时刻无关, 所以不同的速度距离图在相同的速度区间根据列车相同的动力学方程, 相同的参数、再选取相同的初值和终值, 曲线应该完全平行, 即平行移动后可以重合. 同理, 不同速度时间图在相同的速度区间根据列车相同的动力学方程, 相同的参数、再选取相同的初值和终值, 曲线也应该完全平行, 即平行移动后可以重合 (当然两个不同的速度距离 (时间) 图 6.33 在四个阶段的速度距离曲线长度会有不同, 这里不予考虑).

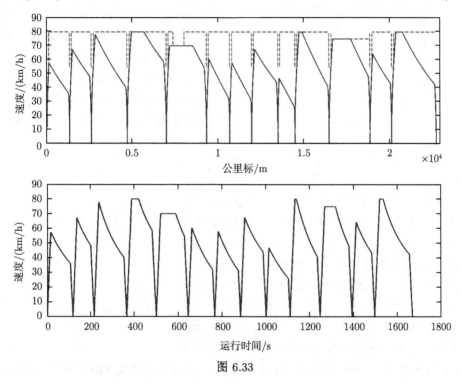

图 6.33

图 6.34 就非常直观, 容易给人以启发, 也容易从中发现问题, 还可能另辟蹊径, 所以多种表达方式、更简洁直观的表达方法值得注意.

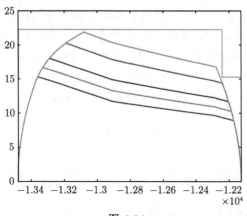

图 6.34

5. 一定以最大速度巡航 (包括达最大速度时立即制动) 的证明

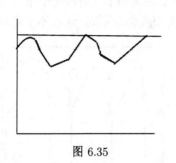

图 6.35

使用反证法. 若某方案是最节省能量的方案, 但不是以最大速度巡航. 首先, 最节省能量的方案达最大速度后不应该如图 6.35 再多次达最大速度地震荡, 因为在第一点已经定量地证明, 波动增加能耗, 多次震荡的操作与以震荡周期的平均速度做匀速运动相比, 其运行时间相同, 但因为波动增加了克服总阻力的能量消耗, 与该方案是最节省能量的方案矛盾.

其次, 因为列车的速度一定是连续变化的, 故距离速度图中肯定存在以最大速度为开始、总体是下降的 (因为根据假设没有按最大速度巡航)、且后面速度都小于本段末端速度 (因为已经证明达最大速度后没有震荡) 的一段. 将这个方案改为当瞬时速度到达最大速度 $-\mathrm{d}v$ 时, 就提前开始进行匀速巡航 (由于原方案速度总体是下降的, 所以一定可以选择出合适的 $\mathrm{d}v$), 使匀速运动速度一定大于原方案后来的速度 (如图 6.36 中的细线), 所以如果同时出发, 一定原方案的列车在前面行驶 (开始时间

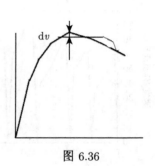

图 6.36

相同, 最大速度大, 所以跑在前面), 但后来巡航方案的速度又逐渐大于原方案的速度 (巡航速度不变, 而原方案速度下降), 所以这段时间增添巡航方案的列车在后面追赶, 由于速度差越来越大, 肯定能够赶得上. 在两个方案的列车非常接近时, 让巡航方案后来较原方案在非常短的时间间隔 dt 内做匀减速运动, 减速度为 a, 则在 dt 时间内, 速度下降了 adt, 从而实现和原方案速度相同, 而行驶里程比原方案少 $1/2at^2$, 通过调节匀减速运动的起点和加速度 a, 就实现在相同的时间行驶相同的里程, 同时达到相同的速度. 由于巡航 (匀速) 运动没有波动, 后面微小的波动影响很小, 所以克服基本阻力所消耗的能量一定小于原来方案 (证明在后), 与原来方案最节能矛盾, 所以最优解一定以最大速度巡航 (包括达最大速度立即制动).

$$\int_0^S (0.001807V^2 + 0.0622V + 2.031)Mg/1000\mathrm{d}x$$

$$= \int_0^S (0.001807(\overline{V} + \mathrm{d}V)^2 + 0.0622(\overline{V} + \mathrm{d}V) + 2.031)Mg/1000\mathrm{d}x$$

$$\approx \int_0^S (0.001807\overline{V}^2 + 0.0622\overline{V} + 2.031)Mg/1000\mathrm{d}x$$

$$+\int_0^S 0.001807\mathrm{d}V^2 Mg/1000\mathrm{d}x$$

$$\geqslant \int_0^S (0.001807\overline{V}^2 + 0.0622\overline{V} + 2.031)Mg/1000\mathrm{d}x.$$

上式中 S 表示原方案和巡航方案前面证明存在的相同的里程 (对应的时间、速度也相同), 其中积分中关于 $\mathrm{d}V$ 的一次项, 因为平均速度相同, 所以 $\mathrm{d}V$ 有正有负相互抵消.

6. 关于一定用最大牵引力启动的证明

设最大牵引力为 F, 非最大牵引力为 αF, $0 \leqslant \alpha < 1$, 非最大牵引力执行范围从 $V-\mathrm{d}V$ 到 V, 最大加速度为 a, $a\mathrm{d}t = \mathrm{d}V$, 非最大加速度为 a_1, $a = [F - f(v)]/M$, $a_1 = [\alpha F - f(V)]/M$, 由于在极短的时间内可以认为列车做匀加速运动, 所以最大牵引力作用下移动距离为 $\mathrm{d}x = (V-\mathrm{d}V/2)\mathrm{d}t$. 见图 6.37.

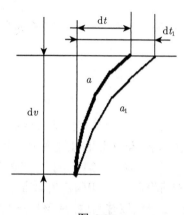

使用非最大牵引力达同样速度, 所需时间为

$$a_1\mathrm{d}t_1 = \mathrm{d}V, \quad \mathrm{d}t_1 = \mathrm{d}t\frac{a}{a_1} = \mathrm{d}t\frac{F - f(V)}{\alpha F - f(V)}.$$

图 6.37

由于两种方案的初速度 V 和末速度相同, 故两者的平均速度相等. 在最大与非最大牵引力作用下, 列车移动的距离之比与列车运行时间成比例, 故 $\mathrm{d}x_1 = \mathrm{d}x\frac{F - f(V)}{\alpha F - f(V)}$, 多行驶的路程为

$$\mathrm{d}x\frac{F - f(V)}{\alpha F - f(V)} - \mathrm{d}x = \frac{F(1-\alpha)}{\alpha F - f(V)}\mathrm{d}x.$$

最大牵引力所做的功为 $F\mathrm{d}x$, 使用非最大牵引力所做的功为 $\alpha F\mathrm{d}x\dfrac{F - f(V)}{\alpha F - f(V)}$. 相对于最大牵引力多做的功为

$$\alpha F\mathrm{d}x\frac{F - f(V)}{\alpha F - f(V)} - F\mathrm{d}x = \frac{f(V)(1-\alpha)}{\alpha F - f(V)}F\mathrm{d}x,$$

除以非最大牵引力多运行的路程, 牵引力数值为 $f(V)$, 即牵引力与总阻力相等, 所以处于巡航阶段. 但显然没有达到以最大速度 V 巡航.

综上所述, 非最大牵引力与最大牵引力相比, 动能变化相同, 相当于以较低的

速度巡航 $\dfrac{F(1-\alpha)}{\alpha F - f(V)}\mathrm{d}x$, 而且 α 越小, 则相当于以较低的速度巡航的路程越长. 当然如果 α 再小, 甚至可能无法加速.

由于前已证明不以最大速度巡航, 则一定不是最节能的, 所以应该采用最大牵引力启动.

7. 类似可以证明最节能方案一定以最大制动力制动

8. 一般应该包含惰行阶段

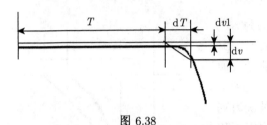

图 6.38

若最优方案由巡航阶段直接进入制动阶段, 巡航阶段的长度为 T. 如果修改方案, 在巡航阶段结束前约 $\mathrm{d}T$ 时刻采取惰行, 经过 $\mathrm{d}T$ 时间后, 列车速度下降 $\mathrm{d}v$ 后, 再与原方案的全力制动曲线重合 (图 6.38).

由于惰行开始时受到的总阻力为 $(A + BV + CV^2)Mg/1000$, 其中 V 是巡航速度. 则列车此时的减速度为 $(A + BV + CV^2)g/1000$, $\mathrm{d}v$、$\mathrm{d}T$ 之间有如下关系, $\mathrm{d}V = (A + BV + CV^2)g\mathrm{d}T/1000$. 将这段近似看成匀减速运动, 由于匀减速造成少行驶路程近似为 $\mathrm{d}V\mathrm{d}T/2$(原方案中包含制动, 故少行驶路程略少些), 为保证方案修改后仍然按时到达, 应该提高巡航速度 $\mathrm{d}V_1 \approx \mathrm{d}V\mathrm{d}T/(2(T-\mathrm{d}T))$(因 $\mathrm{d}T$ 中含制动, 修改后巡航时段长度应不小于 $T-\mathrm{d}T$, 故修改后巡航速度应略小于上式). 由于提高巡航速度造成克服总阻力多消耗的能量略小于 (因为 $\mathrm{d}T$ 中惰行不消耗能量)

$$\int_0^{T-\mathrm{d}T} \{[A + B(V+\mathrm{d}V_1) + C(V+\mathrm{d}V_1)^2](V+\mathrm{d}V_1)$$

$$- (A + BV + CV^2)V\}Mg/1000\mathrm{d}t$$

$$\approx (T-\mathrm{d}T)(A\mathrm{d}V_1 + 2BV\mathrm{d}V_1 + 3CV^2\mathrm{d}V_1)Mg/1000$$

$$\approx (A + 2BV + 3CV^2)Mg\mathrm{d}V\mathrm{d}T/2000.$$

由于惰行无须牵引, 惰行列车动能的减少用于克服总阻力而前进, 利用了列车减少的动能 $MV\mathrm{d}V$ 即 $(A + BV + CV^2)VMg\mathrm{d}T/1000$(力乘距离等于功, 同前忽略高阶无穷小项), 与上面求出的由于需要提高巡航速度所造成克服总阻力多消耗的能量两者相比, 比值数量级为 $\mathrm{d}V/2V$(因为 A 与 $2BV + 3CV^2$ 在同一数量级), 即只要 $\mathrm{d}T$ 充分小, 则比值一定小于 1, 因此惰行一定可以节能. 至于由于最大速度提高 $\mathrm{d}V_1 - \mathrm{d}V$ 所增加的动能, 因为 $(\mathrm{d}V_1 - \mathrm{d}V)/\mathrm{d}V \approx \mathrm{d}T/T$, 当 $\mathrm{d}T$ 很小时可以忽略.

9. 距离速度图中不相交的两条曲线所运行的时间一定不同, 相同运行时间的
   曲线之间一定相交

尤其是采用最大牵引力启动–巡航–惰行–最大制动力制动的运行模式的两条曲
线一定是一条开始高后来低, 另一条是开始低后来高.

由于速度是连续的, 所以距离速度图中不相交的两条曲线一定是一条曲线始
终在另一条曲线的上方, 即在两站之间任意点上一条曲线所对应的运行方案的速度
都高于下面一条曲线所对应的运行方案的速度, 显然前者会先到达终点, 故两条曲
线所运行的时间一定不同. 若两条曲线所运行的时间相同, 但不重合, 一定在某个
地点两个方案的速度不再相同, 例如甲曲线在乙曲线的上方, 但这种情况不可能持
续到终点, 否则一定分别先后到达终点, 而不可能同时到达. 因此一定在某地速度
相同, 两曲线交汇, 然后原来速度较小的曲线速度继续增大到达另一条曲线的上方.
如果都采用最大牵引力启动–巡航–惰行–最大制动力制动的运行模式, 由于曲线很
多部分重合、平行, 除启动阶段速度增加, 在巡航时速度不变, 其他两个阶段减速度
越来越大, 故不会再发生相交的情况, 所以一定是一条开始高后来低, 另一条是开
始低后来高.

10. 主动降低最大速度 (或主动降低制动速度) 的节能边际效应随着最大速度
    (或制动速度) 的降低而单调下降

由于考虑降低巡航速度 (即最大速度) 的节能边际效应应该在可行解范围内
进行, 因而不同方案的站间运行时间相同. 不妨认为降低巡航速度前的曲线和降低
巡航速度后的曲线分别就是上面讨论的开始高后来低与开始低后来高的两条曲线
(图 6.39). 设前者巡航速度 V_1, 后者巡航速度 $V_1 - dV_1$, 巡航阶段时长前者为 T_1, 后
者为 $T_1 + dT_1$, 前者制动速度 V_2, 后者制动速度 $V_2 + dV_2$, 惰行阶段时长前者为 T_2,
后者为 $T_2 - dT_2$.

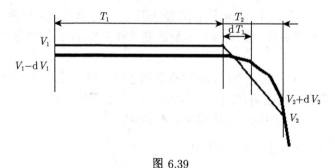

图 6.39

显然, $dV_1 \times T_1 \approx dV_2 \times T_2$. 这是因为要保证运行时间相同 (注意速度时间图与
速度距离图是相似的).

随着巡航速度的降低, 其动能也减少 $MV_1\mathrm{d}V_1$, 由于制动速度的增加, 动能增大 $MV_2\mathrm{d}V_2$, 所以降低巡航速度的最终节能效果是

$$MV_1\mathrm{d}V_1 - MV_2\mathrm{d}V_2 \approx M\mathrm{d}V_1\left(V_1 - V_2\frac{T_1}{T_2}\right).$$

因为随着巡航速度 V_1 主动降低 (即 $\mathrm{d}V_1$ 增大), T_1 不断增加, 而 T_2 不断减少, 而 V_2 增加, 边际效应 $M\left(V_1 - V_2\dfrac{T_1}{T_2}\right)$ 单调下降, 甚至由正变负.

同理, 主动降低制动速度的节能边际效应随着制动速度的降低而降低.

至于降低巡航速度以及提高制动速度减少了波动, 因而减少了因克服总阻力所做的功. 类似第 8 点的证明, 在微量降低巡航速度的情况下这部分与动能变化相比不起决定性作用.

11. 同一段里程, 不同运行时间的最优解距离速度曲线互不相交

根据前面的结论, 一定采用最大牵引力启动–巡航–惰行–最大制动力制动的运行模式, 因此距离速度曲线的形状给定. 若运行时间相差 $\mathrm{d}T$ 的两个最优解的距离速度曲线相交, 根据第 9 点结论, 一定一个曲线的一段在上面, 另一个曲线的另一段在上面, 将开始高后来低一条曲线的巡航段向下平移, 同时惰行段向上平移, 保持平均速度不变, 则显然降低波动, 克服总阻力的能量少了, 与最优解, 矛盾. 所以不同运行时间的最优解距离速度曲线互不相交. 即时间短的曲线总在上方, 巡航速度和制动速度都要提高.

因为给定运行时间, 最优解的耗能就给定了, 即在方案都是不同运行时长的最优解的情况下, 耗能是运行时间的函数 从而引申出一个重要的指标: 延长运行时间对于节能的边际效应, 题目已经讲了延长运行时间对于节能的边际效应随时间的延长而降低, 这对于多站运行非常重要.

至此在平直轨道上两站之间运行的最佳模式有了, 运行时间给定, 则只有一个参数巡航速度, 而且目标函数能耗是巡航速度单谷函数, 甚至用两分法就可以快速找到最优解.

这里需要指出的是我们为什么要这么仔细地讨论第一问, 这是解决困难问题常用的方法, 一定先把问题简化到最简单的情况, 进行仔细讨论, 力争发现问题的规律, 才有可能利用实际问题的规律解决困难的问题.

12. 下面讨论有坡度、转弯的情况

转弯的情况相对简单, 因为对来去两个方向的列车弯道都是产生阻力, 总阻力增加, 如果弯道阻力不大时无须特别处理. 如果弯道阻力比较大时, 在启动阶段一定会降低最大加速度, 同时延长启动阶段. 如果发生在巡航阶段, 则需要比较大的

牵引力, 消耗较多的能量. 如果发生在惰行阶段, 则加快减速的进程. 如果发生在制动阶段则比较理想, 因为既利用动能克服弯道阻力做功节省耗能, 又能够以超过最大减速度制动, 有利于减小波动.

有坡度的情况, 对于来往的列车的作用是不同的, 对上坡的列车产生阻力, 与弯道情况相同, 但对下坡的列车则是前进的动力. 下坡在启动和巡航阶段都是有利的, 可以节省牵引力所做的功. 在惰行阶段也可以减缓速度的下降. 但在制动阶段就起反作用了, 势能被浪费, 增加制动力, 加长列车的低速部分, 增加波动, 从而增加克服总阻力所消耗的能量. 当然如果是陡坡, 可能使启动时无法达到最大加速度, 惰行阶段速度降低过快, 特别是陡下坡在制动阶段仅采取制动措施可能无法实现到站停止, 更需要在上、下坡之前就采取措施.

(1) 站点应该设置在坡顶, 没有特殊情况不应该将站点设置靠近谷底, 完全不应该将站点设置在谷底. 尽量不要将站点设置在陡坡或半径比较小的弯道中.

站点设置在坡顶, 无论来或者去, 下坡势能有利于启动, 上坡有利于制动, 充分利用势能, 反之站点设置在谷底, 情况恰好相反, 出发时阻碍启动, 返回时阻碍制动, 浪费势能. 站点设置在陡坡或半径比较小的弯道中, 总有一个方向的列车受影响, 或阻碍启动或阻碍制动.

(2) 斜坡对站间运行时间有影响, 下坡应适当缩短运行时间, 上坡应适当延长运行时间, 至于弯道总是延长运行时间. 这点在给各路段分配列车运行时间时应该考虑, 至于分配时间的最优方案类似于前面, 应该让各段延长时间对于节能的边际效应相等.

这是由于平均速度相同的条件下, 延长运行时间在各路段的节能边际效应受路况的影响, 一般是不同的, 所以延长运行时间应该放在效率最大的地方. 延长运行时间在各路段的节能边际效应总的说是随运行时间的增加而单调下降的.

(3) 如果坡道或转弯的地方处于两站之间, 则可能需要调整巡航、惰行及制动的起始点, 总的原则是尽量利用势能、利用阻力制动、减少波动.

13. 关于两段运行的优化问题

如果解决了两段里程的运行时间最优分配问题, 则问题就变为两个上面已经解决了的问题, 所以只需要讨论运行总时间的分配问题. 显然里程长, 运行的时间就长, 所以在路线坡度、弯道情况类似的情况下, 根据前面的结论, 延长运行时间在各路段的节能边际效应应该相等. 可以从平均速度相等出发, 按里程长短成正比的分配运行时间. 如果两段路况相差比较大, 则应给路况差 (上坡多, 坡度大、弯道半径小) 的路段适当多分配些运行时间 (由于坡度对两个方向的列车作用不同, 所以即使同一段里程, 往返列车的运行时间应该不同), 然后再通过计算真实耗能, 对运行时间进行微调 (含有穷举意思, 但开始就逼近了最优解, 效率较高) 以搜索更节能的方案. 由此可见两段的平均速度、最大速度、制动速度应该大致相等, 不少研究生队的方案两段的各种速度相差比较大, 又不加以讨论是不应该的.

14. 关于第二问

第二问由于要讨论 14 个站点、每天发运几百趟列车、还要考虑制动能量的回收问题, 比第一问难度增加几个数量级, 所以不可能如前面详细讨论, 但可以借用前面获得的结论.

第二 (1) 小问若不考虑再生能源利用, 则类似前面第一 (2) 小问, 只是站点多些. 因此仍然先完成 13 段里程运行时间的最优分配问题, 接着是站点内最佳运行方案. 由于这 13 段里程的路况相差比较大, 所以平均速度只能是出发点, 一定要按延长运行时间在各路段的节能边际效应相等进行微调优化.

方法之一, 可以先计算并做出 13 段里程的运行时间与相应耗能的图, 如图 6.40. 进而按同一斜率做出 13 段运行时间与相应耗能的曲线的切线 (各曲线在切点处切线的斜率就代表运行时间在各路段的节能边际效应, 斜率相同则边际效应相同), 将对应的运行时间相加, 如果等于给定的总运行时间, 则找到了最优解. 当然也可以先根据平均速度给各段里程分配初始的运行时间, 再分析各里程的详细路况, 对有上坡、弯道及比较短的里程适当调整, 多给点运行时间, 对平直路段及有明显下坡的里程适当减少运行时间, 最后根据计算结果微调.

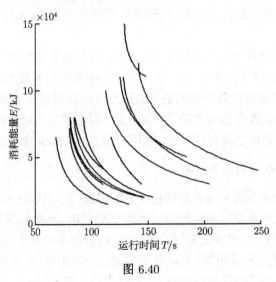

图 6.40

由于第二 (1) 小问讨论 100 列列车的最节能运行方案, 这里除了有每趟列车自身的耗能大小问题, 还有不同列车的启动与制动时间重叠范围大小的问题. 显然最优解很可能是各趟列车的运行方案不尽相同 (这样是在大范围内寻优, 一般可以找到更好的解, 但在实际中几乎无法采用), 但这样优化的变量就太多了, 每段里程都有最大速度、制动速度、运行时间几个参数, 13 段就有 39 个变量, 加上开始时间、停站时间就有 52 个, 100 列列车就有 5200 个变量. 约束条件也很多, 有最大速度限制、最大加速度限制、最大减速度限制、每趟列车运行总时间限制、100 列列车间隔的总时间限制、列车避免相撞限制等, 即使求目标函数的一个值就要花费很长的时间, 所以求最优解是不现实的.

事实上再生能量的利用, 数量也有限制, 再生能量不能超过制动速度的动能, 制动速度比较小 (如 12m/s, 前已讨论过, 约占总耗能的 1/3), 则再生能量一定也比较小. 而且制动产生的功率前大后小, 启动需要的功率前小后大, 不可能吻合. 不同列车的启动与制动时间重叠范围大小与每列车的运行方案似乎没有太大的关系, 所以我们可以假定这个复杂的问题中不同列车的启动与制动时间重叠范围大小与列车的运行方案无关, 则整个问题可以分成两步来完成, 第一步对列车共同的运行方案进行优化, 第二步是对相邻两列列车的间隔进行优化, 以增加不同列车的启动与制动时间重叠范围. 当然如果有时间也有必要的话, 可以再对相邻列车的运行方案进行微调.

第二步表面上有 100 列列车要调整发车间隔, 但仔细分析, 第一列列车发车时间和最后一列列车的发车时间之间间隔为 T_0 =63900s, 平均间隔 643s, 从 A_1 站到 A_{14} 站的总运行时间不变, 均为 2086s(包括停站时间), 所以正常情况下, 每趟列车全程只会前方同时至多有 4 列或 3 列列车在运行, 当列车序号相差比较大时, 就不可能启动与制动时间有重叠. 所以同一时间段优化的范围只有几列列车. 甚至可以用穷举的办法寻优.

绝大多数研究生队都将列车在站停车时间定为 30s, 这样可以使运行时间达到最大, 但也限制了不同列车的启动与制动时间重叠范围的优化. 估计将列车在站停车时间初步定为 37s, 在对不同列车的启动与制动时间重叠范围进行优化时优化变量增加 13 倍, 有比较好的解可以延长列车在站停车时间, 如果改进不大, 再维持较低的停站时间.

对于两车模型进行计算后, 在约束范围内, 发车时间间隔与两车总耗能的关系如图 6.41 所示.

对于三车模型进行计算后, 在约束范围内, 发车时间间隔与两车总耗能的关系如图 6.42 所示, 在满足实际要求的情况下某些时段延长间隔有利于再生能量的利用 (两列之间 656s).

至于第二 (2) 小问与第二 (1) 小问并无本质差别, 仅是发车间隔变化复杂些. 非高峰期第二 (2) 小问与第二 (1) 小问发车密度增加至两倍再多点, 高峰期第二 (2) 小问与第二 (1) 小问发车密度增加至五倍. 第一步可以采用完全相同的单列车运行方案. 第二步由于发车密度成倍增加, 高峰期甚至可以有十几列列车同时在轨道上运行. 显然这有利于实现不同列车的启动与制动时间重叠, 因此再生能量的利用率应比第二 (1) 小问有明显的提高.

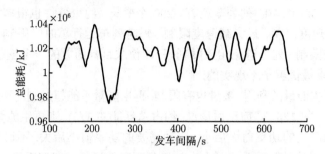

图 6.41 两列车发车间隔与总耗能关系曲线图

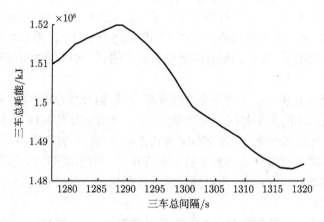

图 6.42 二列车总能耗与发车间隔关系图

从第一问的结果看, 每列列车在每个路段由于最大速度总是大于制动速度, 故总是启动的时间长, 制动时间短, 因此制动能量不可能满足需要. 而且启动阶段牵引力所产生的功率由小到大 (因为功率等于力乘速度), 制动阶段动能所产生的功率由大到小 (同样因为功率等于力乘速度), 所以即使不同列车的启动与制动时间完全重叠, 制动的动能也不能被完全利用. 由于再生能量的利用取决于产生能量和需要能量中小的一个, 所以即使时间完全重叠也不是再生能量利用达到最大. 应该做出启动时的总阻力关于距离的曲线图和制动时制动力的关于距离的曲线图, 再寻找两个曲线图重叠面积的最大值. 研究生队对此都没有进行讨论, 反映我国研究生缺乏大胆质疑的精神, 纸上谈兵的味道比较浓.

实际情况除了启动阶段牵引力做功, 在巡航阶段仍然需要牵引力做功, 而且根据前面的讨论, 巡航阶段需要牵引力做功按巡航的里程占全程的 1/3~1/2, 速度按 15m/s 估计, 占总能耗的 20%~30%, 也不能忽视.

15. 关于延误

对于这个问题, 由于文献中都认为比较难, 所以研究生中不少队采取了回避的态度, 也有人不根据题目的要求, 不做具体分析, 抄文献了事. 须知数学建模的灵魂就是具体问题具体分析.

题目已经明确延误后, 首先是尽快恢复正点, 其次是节能. 还是有研究生队按文献思路, 似乎很难做到完全独立的思考.

分情况讨论: ① 列车正点, 一切不变; ② 列车晚点 10s 之内, 对前、后列车均无影响, 本身加速. 如果下站可以赶上, 类似第一 (1) 小问, 仅 110s 换成 100s. 若下一段按最大速度也赶不上, 增加追赶站点, 再按第二问处理. ③ 晚点不超过 120s, 在非高峰期, 情况类似第②种情况; ④ 晚点不超过 120s, 在高峰期, 对前面列车无影响, 后面列车要保持安全间隔减速. 但当晚点列车以最大速度运行, 与后续列车间隔只会扩大, 就没有问题了, 又转化为第②种情况了.

第三 (1) 小问其实非常简单, 某列车在某站点晚点 10s, 多数情况下是一站就可以纠正的晚点, 完全可以按第一问的做法将运行时间缩短 10s 来求解最优方案, 因为这样显然达到尽快恢复正点, 而且最节能. 如果不是一站就可以纠正的晚点, 按尽快恢复正点的要求, 计算需要按最快策略运行的站数 n, 然后如第一 (2) 小问将 $n+1$ 站运行时间较原来缩短 10s 来求最优解.

至于随机延误, 指当时并未发生延误, 根据可能发生延误的规律, 事先采取对策, 以减少损失. 与前面明显不同的地方是允许列车提前 10s 出发 (因为地铁与高铁不同, 一个方向只有一条轨道, 提前 10s 不会产生碰撞).

第7章

多无人机协同任务规划

无人机 (Unmanned Aerial Vehicle, UAV) 是一种具备自主飞行和独立执行任务能力的新型作战平台, 不仅能够执行军事侦察、监视、搜索、目标指向等非攻击性任务, 而且还能够执行对地攻击和目标轰炸等作战任务. 随着无人机技术的快速发展, 越来越多的无人机将应用在未来战场.

某无人机作战部队现配属有 P01~ P07 等 7 个无人机基地, 各基地均配备一定数量的 FY 系列无人机 (各基地具体坐标、配备的无人机类型及数量见附件 1 表 7.1, 位置示意图见附件 2 图 7.1). 其中 FY-1 型无人机主要担任目标侦察和目标指示, FY-2 型无人机主要担任通信中继, FY-3 型无人机用于对地攻击. FY-1 型无人机的巡航飞行速度为 200km/h, 最长巡航时间为 10h, 巡航飞行高度为 1500m; FY-2 型、FY-3 型无人机的巡航飞行速度为 300km/h, 最长巡航时间为 8h, 巡航飞行高度为 5000m. 受燃料限制, 无人机在飞行过程中尽可能减少转弯、爬升、俯冲等机动动作, 一般来说, 机动时消耗的燃料是巡航的 2~ 4 倍. 最小转弯半径 70m.

FY-1 型无人机可加载 S-1、S-2、S-3 三种载荷. 其中载荷 S-1 系成像传感器, 采用广域搜索模式对目标进行成像, 传感器的成像带宽为 2km(附件 3 对成像传感器工作原理提供了一个非常简洁的说明, 对性能参数进行了一些限定, 若干简化亦有助于本赛题的讨论); 载荷 S-2 系光学传感器, 为达到一定的目标识别精度, 对地面目标拍照时要求距目标的距离不超过 7.5km, 可瞬时完成拍照任务; 载荷 S-3 系目标指示器, 为制导炸弹提供目标指示时要求距被攻击目标的距离不超过 15km. 由于各种技术条件的限制, 该系列无人机每次只能加载 S-1、S-2、S-3 三种载荷中的一种. 为保证侦察效果, 对每一个目标需安排 S-1、S-2 两种不同载荷各自至少侦察一次, 两种不同载荷对同一目标的侦察间隔时间不超过 4 小时.

为保证执行侦察任务的无人机与地面控制中心的联系, 需安排专门的 FY-2 型无人机担任通信中继任务, 通信中继无人机与执行侦察任务的无人机的通信距离限定在 50km 范围内. 通信中继无人机正常工作状态下可随时保持与地面控制中心的通信.

FY-3 型无人机可携带 6 枚 D-1 或 D-2 两种型号的炸弹. 其中 D-1 炸弹系某种类型的 "灵巧" 炸弹, 采用抛投方式对地攻击, 即投放后炸弹以飞机投弹时的速度作抛物运动, 当炸弹接近目标后, 可主动寻的攻击待打击目标, 因此炸弹落点位于目标中心 100m 范围内可视为有效击中目标. D-2 型炸弹在激光制导模式下对地面目标进行攻击, 其飞行速度为 200m/s, 飞行方向总是指向目标. 攻击同一目标的 D-2 型炸弹在整个飞行过程中需一架 FY-1 型无人机加载载荷 S-3 进行全程引导, 直到命中目标. 由于某些技术上的限制, 携带 D-2 型炸弹的无人机在投掷炸弹时要求距目标 10~30km, 并且要求各制导炸弹的发射点到目标点连线的大地投影不交叉 (以保证弹道不交叉). 为达到一定的毁伤效果, 对每个目标 (包括雷达站和远程搜索雷达) 需成功投掷 10 枚 D-1 型炸弹, 而对同一目标投掷 2 枚 D-2 型炸弹即可达到相同的毁伤效果.

多架该型无人机在同时执行任务时可按照一定的编队飞行, 但空中飞行时两机相距要求 200m 以上. 由于基地后勤技术保障的限制, 同一基地的两架无人机起飞时间间隔和降落回收的时间间隔要求在 3 分钟以上. 无人机执行完任务后需返回原基地.

根据任务要求, 需完成侦察和打击的目标有 A01~ A10 等 10 个目标群, 每个目标群包含数量不等的地面目标, 每个目标群均配属有雷达站 (目标以及各目标群配属雷达的位置示意图见附件 2 图 7.1, 具体坐标参数见附件 4 表 7.2), 各目标群配属雷达对 FY 型无人机的有效探测距离为 70km.

请你们团队结合实际建立模型, 研究下列问题:

(1) 一旦有侦察无人机进入防御方某一目标群配属雷达探测范围, 防御方 10 个目标群的配属雷达均开机对空警戒和搜索目标, 并会采取相应对策, 包括发射导弹对无人机进行摧毁等, 因此侦察无人机滞留防御方雷达探测范围内时间越长, 被其摧毁的可能性就越大. 现需为 FY-1 型无人机完成对 10 个目标群 (共 68 个目标) 的侦察任务拟制最佳的路线和无人机调度策略 (包括每架无人机起飞基地、加载的载荷、起飞时间、航迹和侦察的目标), 以保证侦察无人机滞留防御方雷达有效探测范围内的时间总和最小.

(2) FY-1 型无人机对目标进行侦察时, 须将侦察信息实时通过 FY-2 型无人机传回地面控制中心. 鉴于 50km 通信距离的限制, 需安排多架 FY-2 型无人机升空, 以保证空中飞行的侦察无人机随时与 FY-2 型无人机的通信. FY-2 型无人机可同时与多架在其有效通信范围的侦察无人机通信并转发信息. 为完成问题 (1) 的侦察任务, 至少安排多少架次的 FY-2 型通信中继无人机?

(3) 所有 FY-1 型无人机现已完成侦察任务并返回基地, 均可加载载荷 S-3 用于为制导炸弹提供目标指示. 现要求在 7 个小时内 (从第一架攻击无人机进入防御方雷达探测范围内起, 到轰炸完最后一个目标止) 完成对 10 个目标群内所有 68 个地面目标的火力打击任务, 如何进行任务规划以保证攻击方的无人机滞留防御方雷达有效探测范围内的时间总和最小? 请给出具体的无人机任务规划结果 (包括每架无人机飞行路线、FY-3 型无人机携带炸弹的具体清单和攻击的目标清单).

(4) 由相关信息渠道获知在 A02、A05、A09 周边可能还配置有三部远程搜索雷达, 该雷达对 FY 型无人机的有效作用距离是 200km. 这三部雷达的工作模式是相继开机工作, 即只有首先开机的雷达遭到攻击后才开启第二部雷达, 同样只有第二部雷达被攻击后才开启第三部雷达. 远程搜索雷达一旦开机工作, 攻击方无人机群即可获知信号并锁定目标, 而后安排距其最近的无人机对其摧毁. 请基于防御方所部署远程搜索雷达的情形重新考虑问题 (3).

(5) 请对求解模型的算法的复杂度进行分析; 并讨论如何有效地提高算法的效率, 以增强任务规划的时效性. 基于你们小组构建的数学模型和对模型解算的结果, 讨论哪些技术参数的提高将显著提升无人机的作战能力?

附件 1

表 7.1 无人机基地的相关信息

基地名称	(X, Y) 坐标/km	FY-1 配属量/架	FY-2 配属量/架	FY-3 配属量/架
基地 P01	(368, 319)	2	1	13
基地 P02	(264, 44)	0	1	15
基地 P03	(392, 220)	2	1	13
基地 P04	(360, 110)	0	1	15
基地 P05	(392, 275)	2	1	13
基地 P06	(296, 242)	0	1	15
基地 P07	(256, 121)	2	1	13

附件 2 目标群、无人机基地位置示意图

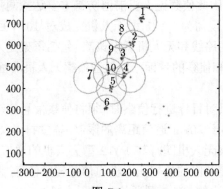

图 7.1

附件 3　成像传感器的工作原理及性能参数

实际中, UAV 载荷成像传感器对目标进行侦察时会根据目标的不同特点采用不同的扫描方式. 为简化问题, 如图 7.2 所示, 本赛题中成像传感器统一采用广域搜索模式对目标进行成像, 即目标落入传感器成像带宽内即可. 在二维平面上看, 传感器的成像带宽限定为 2km 是指 AB 两点的距离为 2km. 一般限定成像传感器在无人机的一侧成像, 图 7.1 呈现的是在无人机右侧成像 (也可在左侧成像). 本赛题限定无人机加载 S-1 型载荷后, 起飞前已完成设备调试, 即固定在无人机的某一侧成像, 飞行中不再调整.

一般来说, 成像传感器对目标进行侦察需要一定的时间来收集需要的信息, 所以要求侧向距离 OA 需大于一定的阈值, 同时也有一个最大作用距离的限制, 即示意图中的 OB 需小于一定的阈值. 为简化问题, 本赛题统一限定要求为 $OA > 2$km, $OB < 8$km. 当成像传感器采用广域搜索模式对目标进行成像时, 为保证成像效果, 一般要求载机做匀速直线运动.

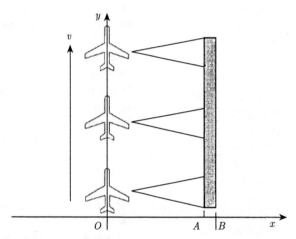

图 7.2　成像传感器工作原理及相关性能参数示意图

附件 4

表 7.2　目标的相关信息

点位名称	(X, Y) 坐标/km	备注	点位名称	(X, Y) 坐标/km	备注
目标群 A01			目标群 A01		
目标 A0101	(264, 715)	雷达站	目标 A0106	(257, 733)	
目标 A0102	(258, 719)		目标 A0107	(260, 731)	
目标 A0103	(274, 728)		目标 A0108	(262, 733)	
目标 A0104	(264, 728)		目标 A0109	(268, 733)	
目标 A0105	(254, 728)		目标 A0110	(270, 739)	

点位名称	(X, Y) 坐标/km	备注	点位名称	(X, Y) 坐标/km	备注
目标群 A02			目标群 A06		
目标 A0201	(225, 605)		目标 A0601	(96, 304)	雷达站
目标 A0202	(223, 598)		目标 A0602	(88, 305)	
目标 A0203	(210, 605)		目标 A0603	(100, 312)	
目标 A0204	(220, 610)		目标 A0604	(93, 311)	
目标 A0205	(223, 615)		目标 A0605	(86, 310)	
目标 A0206	(209, 615)		目标 A0606	(94, 315)	
目标 A0207	(230, 620)				
目标 A0208	(220, 622)	雷达站			
目标 A0209	(205, 618)		目标群 A07		
			目标 A0701	(10, 451)	雷达站
目标群 A03			目标 A0702	(11, 449)	
目标 A0301	(168, 538)		目标 A0703	(13, 450)	
目标 A0302	(168, 542)		目标 A0704	(16, 450)	
目标 A0303	(164, 544)		目标 A0705	(12, 453)	
目标 A0304	(168, 545)		目标 A0706	(15, 455)	
目标 A0305	(174, 544)				
			目标群 A08		
目标群 A04			目标 A0801	(162, 660)	雷达站
目标 A0401	(210, 455)	雷达站	目标 A0802	(161, 659)	
目标 A0402	(180, 455)		目标 A0803	(159, 659)	
目标 A0403	(175, 452)		目标 A0804	(160, 657)	
目标 A0404	(170, 453)		目标 A0805	(164, 658)	
目标 A0405	(185, 460)				
目标 A0406	(178, 460)		目标群 A09		
目标 A0407	(190, 470)		目标 A0901	(110, 561)	雷达站
目标 A0408	(183, 473)	雷达站	目标 A0902	(110, 563)	
目标 A0409	(175, 472)		目标 A0903	(110, 565)	
目标 A0410	(180, 476)		目标 A0904	(109, 567)	
			目标 A0905	(112, 568)	
目标群 A05					
目标 A0501	(120, 400)	雷达站			
目标 A0502	(119, 388)		目标群 A10		
目标 A0503	(112, 394)		目标 A1001	(105, 473)	雷达站
目标 A0504	(125, 410)		目标 A1002	(106, 471)	
目标 A0505	(114, 405)		目标 A1003	(103, 473)	
目标 A0506	(116, 410)		目标 A1004	(107, 475)	
目标 A0507	(113, 416)		目标 A1005	(104, 477)	

附件 5　无人机任务规划概述

多无人机协同作战中的任务规划从功能上可大致划分为系统资源分配、任务分配、航线规划、轨迹优化、武器投放规划等. 资源分配将多无人机系统要执行的总体任务分解为一系列可由无人机单机/编队完成的基本任务, 进而根据系统资源的总体情况提出执行各个基本任务的资源需求, 并给出任务执行的大体时间窗口. 任务分配根据系统内各无人机平台的载荷挂载情况与任务能力, 确定各无人机平台要执行或参与的一个或多个基本任务并且给出具体执行时间. 航线规划根据战场中敌方威胁情况规划和协调系统中各无人机的航线, 引导无人机平台在指定时间到达指定任务区域并避免各无人机平台/编队在空间上的冲突. 轨迹优化在航线规划的基础上, 进一步对无人机的飞行航线进行平滑和优化, 从而得到无人机平台飞行控制系统能够有效跟踪的飞行轨迹. 武器投放规划综合考虑无人机平台飞行高度、速度及其携带弹药的性能等因素, 计算攻击方向、武器投放区域, 进而确定无人机平台的投弹机动动作与武器投放时机, 控制无人机平台对目标实施打击, 提高武器的命中率.

问题的求解

无人机是世界上第六代战机的发展方向, 无人机相对于有人机具有很多优势. 因为无人机群危险性小, 一次可以调动上百架甚至更多的无人机参与, 远超目前有人机的使用规模, 而且无人机的加速度可以更大, 所以更加灵活, 无人机群将在未来空战中发挥重大作用. 同时无人机协同作战面临诸多新问题, 无人机协同作战是前沿课题, 富有挑战性, 创新的余地很大, 本题有许多理论问题并未彻底解决.

正因为如此, 解决这条非常接近实际情况的赛题并无现成的方法可以借用, 更没有成熟的论文可以照搬, 迫切需要具体问题具体分析, 迫切需要创新. 可惜绝大多数研究生或者由于时间不够, 或者因为没有认真思考分析, 赛题提出的几个问题都解决得很不理想, 几乎都没有找到最优解, 甚至不少明显的错误也没有发现, 竞赛中的结果与后面的结果差别比较大, 甚至是非常大. 一方面充分说明这条题目的创新性很强, 挖掘、提升的空间足够大, 理论和实际的价值都很大, 很有必要继续深入研究. 另一方面说明我们赛后应该进行总结, 认真研究, 以提高研究生数学建模能力和解决实际问题的能力. 因为解决实际问题方面出现的各种差距一般都有深层次的原因, 都可能体现研究生在数学建模某个方面存在薄弱环节, 甚至是思想方法的缺陷, 如果通过竞赛找出自身的薄弱环节并着力予以加强, 就可以显著提高研究生创新能力和解决实际问题的能力.

一、无人侦察机路径规划

(一) 问题的描述

FY-1 型无人机通过携带成像传感器 (S-1 型载荷) 或光学传感器 (S-2 型载荷) 进行侦察. 其巡航飞行速度为 200 km/h, 最长巡航时间为 10 h, 巡航飞行高度为 1500 m, 机动时消耗的燃料是巡航的 2~ 4 倍, 最小转弯半径为 70m. 成像传感器采用广域搜索模式对目标进行成像, 其成像带在其一侧, 宽度为 2km, 光学传感器可对地面目标完成瞬时拍照, 但要求距目标的距离不超过 7.5km. 在进行侦察的过程中, 要求对每一个目标需安排 S-1、S-2 两种不同载荷各至少侦察一次, 且两种不同载荷对同一目标的侦察间隔时间不超过 4 小时. 若采用多架无人机同时执行侦察任务, 要求两机之间的距离在 200m 以上, 同一基地的两架无人机起飞时间间隔和降落回收的时间间隔需在 3min 以上. 完成侦察任务后, 无人机需返回原基地. 各目标群配属雷达对 FY 型无人机的有效探测距离为 70km.

要解决的问题是在满足上述条件的情况下, 为 FY-1 型无人机制定最佳的飞行路线和调度策略, 保证 FY-1 型无人机滞留防御方雷达有效探测范围内的时间总和最小.

(二) 问题一的数学模型

根据上述问题的描述可知, 该问题属于多约束路径规划问题, 在满足约束条件下探测到所有目标. 这个问题的模型很复杂, 表达方法值得学习.

首先用普通的语言把实际问题的数学本质精确地表达清楚, 如果普通语言都表达不清, 则说明问题还没有界定清楚. 如果用语言表达都不严谨、完整, 则数学模型一定不会严格、准确. 因为有些语言表达很方便的事情, 用数学语言来表达则比较复杂, 例如滞留时间总和、满足传感器的技术要求、无人机的侦察路径等, 所以先用普通语言来表达就分散了难点. 该问题的目标函数、决策变量和约束条件用表 7.3 的文字表示.

表 7.3 问题一中目标函数、决策变量和约束条件

目标函数 (1 个)	无人机在雷达有效探测范围内的滞留时间总和最小.
决策变量 (4 个)	各基地使用的加载 S-1 型载荷的 FY-1 型无人机数量; 各基地使用的加载 S-2 型载荷的 FY-1 型无人机数量; 各架无人机的侦察路径; 各架无人机的起飞时间.
约束条件 (8 个)	对 68 个目标安排加载 S-1、S-2 两种不同载荷的无人机各至少侦察一次; 加载不同种类载荷的无人机对同一目标的侦察间隔时间不超过 4 小时; 若采用多架无人机同时执行侦察任务, 两机之间的距离在 200m 以上; 同一基地的两架无人机起飞时间间隔、降落回收时间间隔在 3min 以上; 采用尽可能少的机动飞行, 因为机动所消耗的燃料是巡航所消耗的燃料的 2~ 4 倍, 最小转弯半径为 70m; 各无人机的持续飞行时间不大于 10h; 各基地、各类无人机数量都有限制; 所有无人机必须在同一基地起飞和降落. 成像传感器、光学传感器的使用要满足技术要求.

逐步数学化, 是非常重要的方法.

目标函数:

$$\min_{\{A_i\}} \sum_i f(S_i),$$

式中, $f(S_i)$ 表示无人机 i 沿路径 S_i 飞行时, 飞行路线中在防御方雷达有效探测范围的距离.

建模初期, 甚至最后也无法得出沿路径 S_i 飞行的无人机 i 在防御方雷达有效探测范围的距离的精确表达式, 但它一定是路径 S_i 的函数, 用一般函数 f 来表达就避开了难点, 建模工作就可以继续下去了.

决策变量:

$$A_i = \{Base_i, Load_i, ts_i, S_i\},$$

A_i 为一次无人机侦察任务, 可以用一个四元组表示. 其中, $Base_i$ 表示无人机所属基地, 可以从 $v_{B1}, \cdots, v_{B7}$ 中任取, $Load_i$ 为无人机搭载载荷, 可以取 L_{s1} 或 L_{s2}, ts_i 为无人机 i 起飞时间, $S_i = \{v_{i0}, v_{i1}, v_{i2}, \cdots, v_{in}\}$ 为无人机路径 (这里也很有创意, 一般路径表达非常困难, 但无人机只要侦察 68 个目标, 又要求尽量减少机动, 没有理由在其他地点改变航向, 增加里程, 故这里把路径取成折线, 而 n 条首尾相接的线段只要用 $n+1$ 个端点的坐标就表达清楚了, 转弯半径取不小于 70m 圆弧).

约束条件:

1) 起飞降落在同一基地的约束条件. 第 i 架无人机路径的起始点 v_{i0} 和终止点 v_{in} 都位于同一基地, 即

$$v_{i0} = v_{in} = Base_i.$$

2) 每个目标至少用 S-2 型载荷侦察一次, 侦察点位与目标之间的距离不超过 S-2 载荷最大的成像距离 D_2, 即

$$\forall v_j \in V_{\text{Target}}, \quad \exists v_{ik} \in S_i, \quad \|v_j, v_{ik}\| \leqslant D_2 \quad \text{和} \quad Load_i = L_{s2},$$

式中, V_{Target} 表示 68 个目标的集合. V_{ik} 可以是折线端点或是线段中的点.

3) 每个目标至少用 S-1 型载荷侦察一次, 目标位于无人机匀速直线运动航迹的成像带宽内, 即

$$\forall v_j \in V_{\text{Target}}, \quad \exists v_{ik} \in S_i, \quad v_j \in G(v_{ik}, v_{i,k+1}) \quad \text{和} \quad Load_i = L_{s1},$$

式中, $G(v_{ik}, v_{i,k+1})$ 表示无人机从 v_{ik} 匀速直线运动至 $v_{i,k+1}$ 所形成的成像带. 这个约束条件的表达也值得学习, 数学的语言使表达很简捷明了, 同时 $G(v_{ik}, v_{i,k+1})$ 的使用描述也使满足传感器的技术要求变得简单. 当然具体检验依然比较困难, 上述表达并未实质性降低验证的难度. 严格的表述下面会介绍.

4) 无人机航行时间约束. 根据上文分析, 可将航行时间约束处理为航行距离约束, 即

$$\text{Dis}(S_i) < u_1 T_1,$$

式中, $\text{Dis}(S_i)$ 表示 S_i 的路径总长, u_1 表示 FY-1 型无人机巡航速度, T_1 表示 FY-1 型无人机最大巡航时间.

5) 同一基地起飞的无人机, 其起飞时间时间间隔和降落回收时间间隔约束, 即

$$\forall i, j \in \{Base_i = Base_j | i, j\},$$

$$|ts_i - ts_j| > t_D \quad \text{和} \quad \left|ts_i + \frac{\text{Dis}(S_i)}{u_1} - ts_j - \frac{\text{Dis}(S_j)}{u_1}\right| > t_D,$$

式中, t_D 表示对起飞时间间隔和降落回收时间间隔的要求.

6) 任意两架在飞无人机之间的距离约束, 即

$$\forall t, \quad \|Location_i(t), Location_j(t)\| \geqslant D_D,$$

式中, $Location_i(t)$ 表示执行任务的第 i 架无人机在 t 时刻的位置, D_D 表示对两架在飞无人机之间的最小距离的要求.

7) 各基地 FY-1 型无人机的数量约束

$$\sum_i \{Base_i = base\} \leqslant \begin{cases} 2, & base = 1, 3, 5, 7, \\ 0, & base = 2, 4, 6. \end{cases}$$

8) 两种不同载荷对同一目标的侦察间隔时间约束

$$\forall v \in V_{\text{Target}}, \quad \left|T_v^{S1} - T_v^{S2}\right| < 4\text{h}.$$

9) 无人机最小转弯半径 $r \geqslant 70\text{m}$.

这条题目的难点在于使用成像传感器、光学传感器有特殊的技术要求 (不是简单地要求经过某些点), 其次是无人机在雷达有效探测范围内的滞留时间总和最小 (不是环路最短、甚至也不是最短链, 而是几组或一组路径中部分长度最短), 第三, 事先并不确定需要多少架无人机, 而且增加一架无人机, 滞留时间总和要重新计算, 不是简单对原方案剪一刀拆成两段完事.

如果严格地表述, 荷载 S-1 成像传感器无人机满足侦察技术要求且在雷达有效探测范围内的滞留时间总和最小是要求:

(1) 以 68 个目标中的 10 个雷达为圆心, 70km 为半径作圆生成区域 W;

(2) 以 68 个目标为圆心, X km、$X+2$km($2 < X < 6$ 可随意选择) 为半径作圆生成 68 个圆环集合 Y;

(3) 求可多次 (也可一次) 从 W 边界上任意一点出发再回到 W 边界上任意一点, 以和每个圆环相切或相交的方式将全部 68 个圆环连接成多组 (也可一组), 并且实现在 W 内的长度之和最短 (因为匀速, 即时间最短) 的路径 (还要关于 X 寻优), 由于可以从每个圆环中任取一点进行连接, 而圆环上有无穷多个点, 所以从这个意义上来说, 工作量比求哈密尔顿回路大太多的倍数, 是数学上的新问题, 值得进一步研究.

荷载 S-2 光学传感器无人机满足侦察技术要求且在雷达有效探测范围内的滞留时间总和最小是要求:

(1) 以 68 个点中的 10 个点为圆心, 70km 为半径作圆生成区域 W;

(2) 以 68 个点为圆心, 7.3km 为半径作圆生成 68 个圆的集合 Z;

(3) 求可多次 (也可一次) 从 W 边界上任意一点出发再回到 W 边界上任意一点, 以和每个圆相切或相交的方式将全部 68 个圆连接成多组 (也可一组), 并且实现在 W 内的长度之和最短 (因为匀速, 即时间最短) 的路径.

由于本质上不需要考虑基地, 在雷达有效探测范围内的滞留路线最短与整个飞行路线最短并不等价, 所以这里并不是求哈密尔顿回路; 因为只考虑在区域 W 内的长度, 起点、讫点不是固定点, 在 W 边界即可, 所以比普通意义下的链更广泛; 又因为链中可以包含不属于 W 的部分, 所以较长的链可能在区域 W 内的长度更短; 更有甚者, 需要连接的不再是点而是圆或圆环, 所以是与图论中经典问题不同的新的一类问题. 正因为如此, 创新性很强, 首先应该考虑启发式. 许多传统的算法可以参考, 但不应该照搬. 竞赛中不少研究生生搬硬套已有的方法, 结果犯了方向性错误.

(三)　问题的求解

由于问题比较复杂, 应该先尽可能地做简化. 根据题设条件, 可以忽略 FY-1 型无人侦察机的机动飞行对其燃料消耗的影响. 理由如下:

机动消耗的燃料是巡航的 2~ 4 倍, 最小转弯半径为 70m. 那么可以认为, 转弯半径越小, 加速度越大, 机动所消耗的燃料越多. 转弯半径为 70m, 机动消耗燃料为巡航的 4 倍, 机动航行 1s 相当于巡航航行 4s. 若无人机以最小半径转弯 180°, 转弯一次只需时间 $\pi r/v_1 = 3.9564\text{s}$. 由于无人机既可以顺时针也可以逆时针转弯, 所以每次转弯的最大角度不会超过 180°, 即使在每个目标都安排一次 (不靠近目标从侦察角度考虑, 没有必要转弯) 180° 转弯的机动也只需时间 $3.9564\text{s}\times68 = 269.0352\text{s}$(这一般是不可能的), 比正常飞行因为多消耗燃料而减少的巡航航行时间不超过 807.1056s (13.4526min), 相比于侦察无人机的巡航航行时间 10h, 开始研究时完全可以忽略不计, 最多在有了结果之后加以检验即可或事先从 10h 中扣除. 故以下忽略 FY-1 型侦察无人机的机动飞行对其燃料消耗的影响, 在执行侦察任务期间, 设无人机一直保持巡航飞行. 因此, 巡航时间和巡航距离成正比, 在完成侦察任务的前提下, 当无人机在雷达有效探测范围内的飞行路径最短, 则其滞留在雷达有效探测范围内的时间最短.

此外, 在本问题中, 雷达探测距离是 70km, FY-1 型无人机巡航高度为 1.5km, FY-2 和 FY-3 型无人机的巡航高度为 5km. 利用勾股定理, 可得雷达对 FY-1 型无人机的探测范围在地面上投影为圆心在雷达半径是 69.9839km 的圆, 雷达对 FY-2 型和 FY-3 型无人机的探测范围在地面上的投影为圆心在雷达半径是 69.8212km 的圆, 可见巡航高度影响不大, 可将雷达的探测距离近似为水平面上的探测范围的半径, 对解决问题的方法和求解的难度都没有影响, 故下面雷达在水平面上的探测距离都按 70km 计算, 这样实际将立体问题简化为平面问题.

此外, 对出发间隔、无人机间最小距离、基地无人机数量等也暂不考虑, 待初步方案有了后很容易再修正. 整个区域双方态势及雷达探测范围见图 7.3.

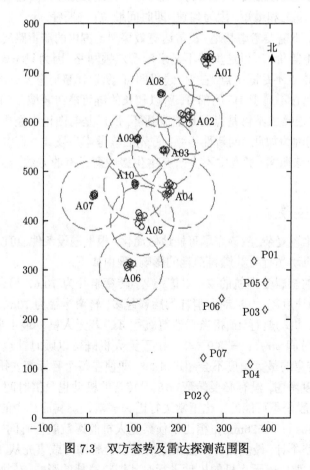

图 7.3　双方态势及雷达探测范围图

即使做了上述简化, 问题一仍然很困难, 因为有两次不同的侦察任务, 不同的侦察任务完成方式可以不相同, 有四个有侦察 FY-1 型无人机的基地供选择, 使用架次最多可以达到八架, 特别是共有 68 个目标需要侦察. 显然这是 NP-hard 问题, 一步就实现优化是不可能的, 至少在开始解决问题时还应该考虑进一步简化. 尤其是这里与传统的求最优路径问题有重大的差别, 不需要路径必须经过这些目标, 甚至肯定不能经过这些目标 (但又必须经过这些目标附近的区域), 很多研究生没有认识到这一点, 盲目下手, 失误是意料之中的事.

首先根据题目附件二的示意图 7.1, 不难发现无人机基地总体上位于防御方目标的东南方向, 目标群位于基地左上方, 相距较远. 目标群之间相对分散, 但每个目标群内的目标点却相对集中, 每个目标群配属有一个雷达站, 雷达站的有效覆盖范围毗连在一起, 形成一个连通的防御区域 W (图 7.3). 定性看, 同一目标群内部的目标之间的距离、目标群之间的距离、基地和目标群之间的距离有较大的差异. 同一目标群内部目标之间的距离明显小于目标群之间的距离, 目标群之间的距离也明显小于基地和目标群之间的距离. 为此应该做定量分析以证实上述判断, 下面计算各雷达站和各基地之间的距离、各目标群之间的距离、各目标群内目标间的距离, 并对三者进行比较 (表 7.4).

表 **7.4**　无人机基地及各目标群雷达站间相互距离　　　　(单位：km)

距离＼目标群＼基地	A0101	A0201	A0301	A0401	A0501	A0601	A0701	A0801	A0901	A1001
A0101	0.0	116.7	201.4	265.5	346.4	444.0	366.3	115.9	217.8	289.6
A0201	116.7	0.0	88.0	150.7	230.3	327.5	264.5	63.2	123.1	178.4
A0301	201.4	88.0	0.0	93.0	146.1	244.8	180.4	122.1	62.4	90.5
A0401	265.5	150.7	93.0	0.0	105.5	189.2	200.0	210.5	145.7	106.5
A0501	346.4	230.3	146.1	105.5	0.0	99.0	121.2	263.4	161.3	74.5
A0601	444.0	327.5	244.8	189.2	99.0	0.0	170.3	362.0	257.4	169.2
A0701	366.3	264.5	180.4	200.0	121.2	170.3	0.0	258.4	148.7	97.5
A0801	115.9	63.2	122.1	210.5	263.4	362.0	258.4	0.0	111.8	195.5
A0901	217.8	123.1	62.4	145.7	161.3	257.4	148.7	111.8	0.0	88.1
A1001	289.6	178.4	90.5	106.5	74.5	169.2	97.5	195.5	88.1	0.0
P1	421.1	326.9	298.1	228.0	265.3	274.1	379.1	398.1	356.5	305.3
P3	522.9	426.6	390.8	315.5	330.6	311.3	444.4	496.0	445.6	383.3
P5	469.8	337.0	347.1	275.2	303.8	300.0	418.6	448.1	404.5	349.2
P7	606.0	490.0	429.0	349.0	314.0	249.0	410.6	546.3	467.4	383.9

由表 7.4 可以发现基地与目标之间距离一般在 300 km 以上, 相邻目标群之间的距离也在 70 km 以上, 同一目标群内部目标之间距离一般 30 km 以内, 仅目标群 4 内部目标之间距离大一些, 但目标群 4 与其他目标群之间的距离也几乎都超

过 100 km. 综上所述, 基地与目标群之间的距离、相邻目标群之间的距离、同一目标群内部的目标之间距离明显处于不同的量级.

根据上述分析, 可以分三个步骤逐步进行路径优化. 第一步, 将每一个目标群用雷达一个节点代表, 先求保证经过这十个节点的最短路径, 这样首先大大压缩了问题的规模, 只有原来的七分之一, 而寻优工作量是按指数形式减少的, 这样就很有可能找到该问题十个雷达之间的最短链 (节点少, 易求解, 人工可以判断). 其次由于在同一个目标群的目标之间距离明显小于相邻目标群之间的距离, 因此将每一个目标群用雷达一个节点代表求出的最优路径与 68 个目标全部考虑时的最优路径的关键走向相同, 大方向决定了, 有利于下面的求解.

第二步, 对于每一个目标群, 求经过其内部每一个目标的最短路径, 由于每个目标群至多含 10 个目标, 所以工作量很小. 而且由于第一步已经确定最优路径的关键走向, 所以第二步中一定要按照第一步的关键走向选择恰当的起点、终点 (一般而言这是正确的, 但也应该将按目标群内全部目标生成的最短链作为目标群内的路径列入考虑范围); 然后在此基础上, 根据两次不同的侦察任务中使用的传感器成像机理, 调整细化无人机的侦察轨迹, 使其满足载荷传感器成像的技术要求.

第三步, 根据无人机机动性能限制, 设计转弯路线, 即无人机的绝大多数飞行轨迹都是直线, 仅在少数位置发生旋转. 最后, 将两种携带不同传感器的无人侦察机在十个目标群之间飞行的最优路径和每个目标群中的最优航线进行合并优化, 最终得到侦察所有目标的最优路线和滞留在雷达探测范围内的最少时间.

1. 第一步的求解

其实问题的第一问就不是一个传统的数学问题, 几乎所有研究生队都使用哈密尔顿回路算法找最短路径, 结果都没有找到第一问的最优解. 因为研究生们没有注意到该问题与传统的求哈密尔顿回路算法有两点明显的不同, 方法用错了, 当然效果不会好. 其一, 这里是求无人机在雷达有效探测范围 W 内的飞行路径 (这只是部分路程) 最短, 而不是整个回路的路程最短; 甚至无人机在雷达有效探测范围内的飞行里程与其在目标群之间的全部里程也不相同, 例如两个目标群之间距离大于 140 km, 在这两个目标群之间的连线中就可能包括不在雷达有效探测范围内的部分, 按题意其长短不影响目标函数的大小; 其二, 这里有四个基地每条回路只经过其中一个基地, 事先并不知道哪个回路经过哪个基地, 也不知道其中一个基地有几条回路经过, 可以是一条, 也可以是两条, 甚至可以没有回路经过, 这也与传统的哈密尔顿回路经过每点至少一次是不同的, 当然基地的选择可以用穷举方法尝试, 与第一点相比第二点不是本质性困难.

当有 N 架无人机参与侦察活动, 在防御方雷达探测范围内滞留时间应该等于全体飞入防御方雷达探测范围的无人机滞留时间的累加 (正比于累加路程), 即 N

架无人机进出防御方雷达探测范围的累加路程除了包括所有雷达之间路程外还需要增加初始进入和最后退出雷达防御圈 W 所必须飞行的 $2N$ 个雷达防御半径 (每条半径长 70km), N 越大则后者的路程越长. 故当增加被使用的无人机架数时, 固然可以停飞原来路线中雷达之间较长的路线, 但同时也增加了新的滞留时间, 所以对缩短在雷达有效探测范围内的滞留时间是有利还是有弊, 究竟谁优谁劣, 要由具体情况而定. 故应从使用一架无人机起逐次增加无人机的架数, 对使用每种架次无人机的飞行方案先在同架次的方案中进行寻优, 然后再将使用不同数量无人机的局部最优结果放在一起对比, 以确定最优解.

怎么解决这个数学上的新问题, 我们可以借用现成的数学手段, 但要注意两者之间的差别. 当然也不要指望立即就能够彻底解决问题, 获得最优解.

假如采用一架无人机可以在 10 小时之内侦察完全部目标, 这时求局部最优解的问题就转化成找一条经过十个雷达的最短链 (暂不考虑可能存在不在防御方雷达探测范围的部分路程的情况, 事后再检验即可). 怎么寻找最短链? 因为让链条的首尾相连接就成为回路, 所以求最短链问题与求最短回路问题是有密切联系的, 但并不等价. 由于最短链所扩展成的回路应该是最短的或比较短的, 而且要从封闭回路得到最短链, 显然应去掉回路中最长的一段, 因此不妨固定以距离比较大的两个雷达为一条边形成回路, 这样得到的回路在去掉最长边之后, 链条一般比较短. 在求出若干条最短或较短回路之后各自减去最长的一条边, 再比较大小, 即可找到较好的方案. 如果通过基地进行连接也是类似的. 所以尽管是新问题, 但经过分析仍然可以运用现有的数学方法去解决问题, 当然新问题最优解的规律与求解方法有待进一步研究.

由于本题所示路段并不复杂, 如

A06-A07: 170.3085km

A07-A09: 148.6607km

A02-A04: 150.7481km

A04-A06: 189.2010km

根据题目附件 1 和附件 4 计算出部分路段的长度如表 7.5 所示.

因为一架无人机的最优路线与求最短链比较接近, 与求十个雷达间的最短回路则相差得比较远, 所以在十个雷达再加进从四个基地 1 中任选的一个基地后, 对 11 个点的集合寻找最短回路, 就能够运用求哈密尔顿路的方法寻找最短回路. 但同时应该记住最短链与最短回路两者之间的差别. 实际上不同基地影响的是最短回路, 而基地连接的两个雷达即起讫点是最短链的关键. 由四个基地分别求出的最短或较短的回路中有可能包含在雷达有效探测范围内的路径长度最短的路径, 至少可以找到比较短的路线. 这就是启发式思想. 因为目标群纵向长, 横向略短, 根据在最短回路中去掉最长的一段产生最短链思想, 试选 A01、A06 和基地连接, 经计算所有回路中, 经过 P1 的回路长度最短, 为 1569.349 km, 最终确定该路线所经目标群依次为: 6-5-7-10-4-3-9-8-2-1(由图 7.4 可见与雷达间最短回路不同).

表 7.5　各路段长度表

路段	长度/km	路段	长度/km
A01-A02	116.7090	A06-A07	170.3085
A01-A08	115.8836	A06-A10	169.2395
A02-A01	116.7090	A07-A05	121.2477
A02-A03	87.9659	A07-A06	170.3085
A02-A04	150.7481	A07-A09	148.6607
A02-A08	83.6301	A07-A10	97.5141
A02-A09	123.1300	A08-A01	115.8836
A03-A02	87.9659	A08-A02	83.6301
A03-A04	93.0215	A08-A03	122.1475
A03-A08	122.1475	A08-A09	111.8258
A03-A09	62.3939	A09-A02	123.1300
A04-A02	150.7481	A09-A03	62.3939
A04-A03	93.0215	A09-A04	145.7258
A04-A05	105.4751	A09-A07	148.6607
A04-A06	189.2010	A09-A08	111.8258
A04-A09	145.7258	A09-A10	88.1419
A04-A10	106.5317	A10-A03	90.5207
A05-A04	105.4751	A10-A04	106.5317
A05-A06	98.9545	A10-A05	74.5252
A05-A07	121.2477	A10-A06	169.2395
A05-A10	74.5252	A10-A07	97.5141
A06-A04	189.2010	A10-A09	88.1419
A06-A05	98.9545	A03-A10	90.5207

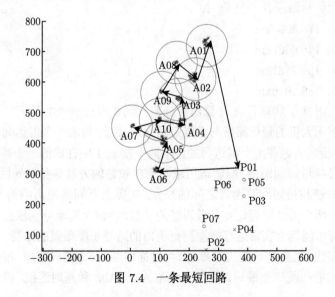

图 7.4　一条最短回路

但对于一架无人机的侦察而言这仅是最短链而并非最优路径, 因为若两个目标群之间距离大于 140 km, 在这两个目标群之间的连线中就可能包括不在雷达有效探测范围内的部分, 计算链条长度时必须加进去, 但不应计算在滞留时间内. 由于有这样的情况, 就可能发生使用一架无人机侦察时的最优路径并不是加进基地后的哈密尔顿最短回路所对应的最短链.

例如图 7.5 所示的方案, 因为 A06-A07 之间距离为 170.3085 km, 但计算滞留时间时只按 140 km 计算. 因此重新选择起讫点 A01、A04 和基地连接, 可得新方案:

$$A01 \to A08 \to A02 \to A03 \to A09 \to A10 \to A07再到A06 \to A05 \to A04$$

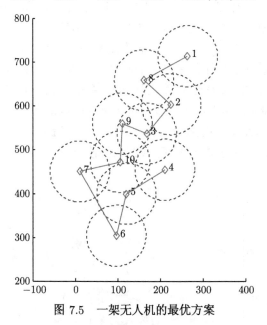

图 7.5　一架无人机的最优方案

虽然回路总长度超过上一方案, 但在雷达有效探测范围内滞留时间更短, 后者是比前者更好的方案. 所以既要借鉴现有的数学方法快速求解, 更要注意新问题与现成数学问题之间的差别, 不能生搬硬套.

因为前者在雷达有效探测范围内的飞行距离是

$$70 + 116.709 + 83.6301 + 111.8258 + 62.3939 + 93.0215 + 106.5317 + 97.5141$$
$$+ 121.2477 + 98.9545 + 70 = 1031.8283 (km).$$

后者在雷达有效探测范围内的飞行距离是

$$70 + 115.8836 + 83.6301 + 87.9659 + 62.3939 + 88.1419 + 97.5141 + 140 + 98.9545$$
$$+ 105.4751 + 70 = 1019.9591 (km).$$

仅使用一架无人机的讨论到此结束. 可以看到最优解、最短链与最短回路之间并不对应. 注意这里针对滞留时间问题对最短路问题的改进还停留在对具体实际问题的分析, 还没有上升到理论高度, 有待从更多的实际问题中探索普遍规律 (注意: 如果雷达探测半径扩大为 76 km, 后者又不如前者了, 可见找规律还是比较困难的).

第二个方案虽然不是最短回路, 但是总长度也很短, 所以才有可能滞留时间最短. 所以开始必须进行多次尝试, 注意不在雷达探测范围的长度不应该计算进滞留时间. 当然一般无法直接从图上看出谁最优, 最终效果必须由计算决定.

如采用两架无人机在 10 小时之内侦察完全部目标. 由于增加进入、退出雷达有效探测范围各一次, 飞行距离增加 140 km, 故一般效果不及使用较少无人机的方案, 但由于可以去掉一条最长边, 从而缩短链长. 故增加无人机的数量可能并不增加在雷达有效探测范围的时间. 特别要指出的是, 由于分成两条链, 增加了一对起讫点, 并不是简单地将原来的最短链剪成两段, 而是把点的原来集合分成两个小集合, 在每个小集合内可以重新安排节点的连接顺序, 就有可能使两条新的短链条的长度加上 140 km 长度仍然比原来链条的长度来得短. 例如前面得到的两种使用一架无人机的侦察方案中, 后者有两个雷达间距离大于 140 km 的一段, 将它们在这里分开, 拆成两条路径, 由于原来一段在雷达有效探测范围的长度与后来增加的进入、退出雷达有效探测范围的两段长度都是 140 km, 滞留时间没有变化, 其他飞行路径也没有变化, 即目标函数值不变, 故在这种情况下用一架或用两架无人机效果相同 (图 7.6).

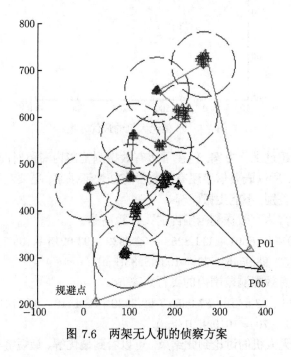

图 7.6 两架无人机的侦察方案

而第一个方案虽然每一段雷达间距离均小于 140 km, 拆成两条路径, 少了一段雷达间距离, 但又增加进入和退出雷达有效探测范围内的飞行距离 140 km, 似乎不利. 然而由于对新分成的两个雷达集合可以重新安排链接顺序, 减少在雷达有效探测范围内的飞行距离, 得到更好的方案.

把原来 A04 和 A10 之间连接断开, 4-3-9-8-2-1 路径不变, 后一个雷达集合飞行路径改成由目标群 6 到目标群 5 到目标群 10 再到目标群 7, 则省去原来 A04 到 A10 一段 106.5317 km, 去掉 A07 到 A05 一段 121.2477 km, 增加 A10 到 A05 一段 74.5252 km, 再增加由于增加进入、退出雷达有效探测范围各一次, 飞行距离增加 140 km, 最终结果是缩短了在雷达有效探测范围内的飞行距离 13.2542 km, 在雷达有效探测范围内的飞行距离减少为 1018.5741 km. 比上面一架无人机的最短方案还要缩短 1.385 km(这是针对这个具体问题的解释, 对于一般的实际问题如何将点集分成两个或更多子集, 通过改变连接次序而缩短链条的总长与惩罚值之和也是值得进一步研究的数学问题).

因为再增加 n 架无人机, 飞行距离将增加 $140n$ km, 而两雷达间距离大于 140 km 的都已经不在上述路径中, 所以将无人机数量增加至三架或更多, 肯定增加在雷达有效探测范围内的飞行总距离 (对线路的调整也不起作用了), 所以 1018.574 km 所对应的侦察方案就是第一问的最优解, 见图 7.7.

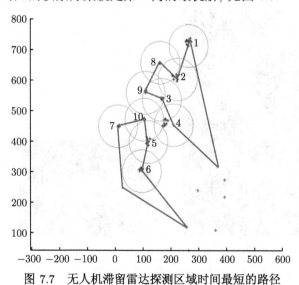

图 7.7　无人机滞留雷达探测区域时间最短的路径

2. 第二步的求解

在得到使用两架无人机经过十个雷达的最佳侦察路径基础上, 按预定流程在每个目标群内寻找携带不同传感器的无人侦察机所应采用的最优路径 (因为在雷达间飞行无人机没有侦察任务, 所以飞行应按最短直线路径飞行). 前已分析因为求满足传感器技术要求的最优路径不是经典的数学问题, 所以寻找携带两种不同传感器的无人机最优路径均采用贪心算法. 对于此类问题不应该空想, 无穷多个方案怎么办? 也不应该再追求获得最优解, 而是先动手, 熟悉情况, 寻找突破口. 可以先按前面的分析画图, 发现这些圆环 (携带 S-2 传感器时是圆) 有很多重叠 (图 7.8), 即无人侦察机经过这些圆环的交集区域就能够同时实现对产生交集的圆环所对应多个目标的侦察. 因此问题简化为找一条经过这些交集的若干子集 (产生这部分交集的圆环所对应多个目标应该包含本目标群的全体目标) 的路线就完成对目标群的侦察. 因为可选圆环的交集个数 (或产生交集的圆环比较多的交集) 一般不大于目标的个数, 所以问题的规模被缩小了, 实际上将这些交集优化连接成飞行路径更容易了 (在每个交集中取哪一点比较容易, 且影响很小, 无须仔细考虑). 当无人机沿此路径飞行时就能够对目标群内全部目标满足传感器成像的技术要求, 从而得到所有目标群内携带不同传感器的侦察无人机的优化飞行路径. 这样做的另一个重大的优点是, 无人机虽然机动灵活, 但工程上对转弯的次数是有一定限制的, 转弯次数少对控制是有利的. 而上面方法让无人机只经过较少的圆环的交集, 显著地减少了无人机转弯的次数.

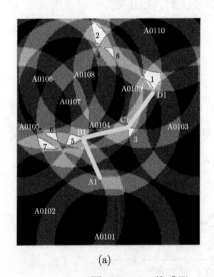
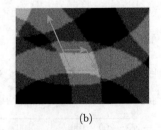

(a)　　　　　　　　　　　　(b)

图 7.8　S-1 传感器 A01 目标群探测图　　　　图 7.8 的电子图

先寻找携带 S-1 传感器的无人机在一个目标群中的优化飞行路径. 将 S-1 传感器固定在无人侦察机右侧, 采用贪心算法. 贪心算法是指, 在求解问题的过程中, 总是仅根据当前情况进行优化选择, 因此所得到的是局部最优解. 现在无人机以一定距离擦过目标就能够完成侦察任务, 因此存在一个小区域, 在这个小区域里无人侦察机可以与几个目标保持合适的距离, 因而可以侦察到几个目标. 我们先寻找 S-1 传感器的合适位置 (即上述小区域), 在这个小区域里 S-1 传感器能同时对目标群中最多目标实现侦察 (由于仅要求无人机到达这些小区域, 既缩小了问题的规模, 一般又可以减少路程. 当然也有例外情况, 而且可能这样的小区域不止一个, 要找较优解可能需要穷举), 再将与产生这些小区域的圆环所对应的目标及包含该小区域的圆环对应的目标剔除, 继续搜索目标群, 重复上述过程直到生成这些小区域的圆环能够对应这一目标群内所有的目标. 再对这些小区域分析, 优化选择连线哪些小区域就可以实现对目标群内所有目标的侦察并且飞行里程最短或比较短 (小区域的选择未讨论).

因为圆环外径未定, 可先选择 S-1 传感器参数 OB 长度. 利用贪心算法实现路径优化, 然后改变 OB 长度, 再次利用贪心算法实现路径优化, 如此循环, 找出合适的 OB 长度 (一般为使小区域覆盖目标最多, OB 长度取得长是有利的).

贪心算法流程图如图 7.9 所示.

1) A01 目标群路径规划

通过贪心算法得到可以覆盖 A01 目标群最多目标的 S-1 传感器的参数, 其中 OA = 5.9km, OB = 7.9km. 由于无人机的转弯半径 70m 较小, 无人机自转一圈在 0.140km 边长的正方形内, 所占用的面积小于 $0.02km^2$, 而圆环带宽为 2km, 所以在图中可以忽略不计. 如图 7.8(a) 所示, 图中有 8 块区域 (红色数字标出) 可以让无人机同时扫描 4 个目标, 他们分别是

区域 1: 可同时扫描 A0103、A0104、A0108、A0110

区域 2: 可同时扫描 A0106、A0107、A0109、A0110

区域 3: 可同时扫描 A0103、A0107、A0108、A0109

区域 4: 可同时扫描 A0104、A0106、A0109、A0110

区域 5: 可同时扫描 A0102、A0105、A0106、A0108

区域 6: 可同时扫描 A0102、A0104、A0106、A0107

区域 7: 可同时扫描 A0103、A0104、A0108、A0110

区域 8: 可同时扫描 A0104、A0107、A0106、A0110

由于这 8 个区域都没有包括目标 A0101, 因此额外添加一块图中可覆盖 A0101、A0102、A0104 三个目标的橙色线围成的区域 A1, 通过问题一路径优化模型我们得到了图 7.8(a) 中黄色的飞行路线 (这里既要考虑选择的这些小区域的全体覆盖了全部目标, 又要注意与第一步求出该目标群的关键走向接近, 并且希望总路程最短), 分别经过橙色线围成区域 (交点为 A1(262,723))、区域 5 交点为 (B1(260,727))、区域 3(交点为 C1(266,728))、区域 1(交点为 D1(270,732)), 它们覆盖该目标群内全部目标, 且路线紧凑, 这时仅 4 个小区域, 规模大为缩小. 再由上面的十个目标群侦查路线我们得到侦察无人机通过 A01 目标群时的航线关键走向是从左下方进入, 从

上方离开, 所以该目标群内航线取为 A1-B1-C1-D1, 距离为 12.37km. 与从 A0101 左上方经过 A0101(目标群 A1 的雷达) 直接去 A0201 仅增加路程大约 1 km.

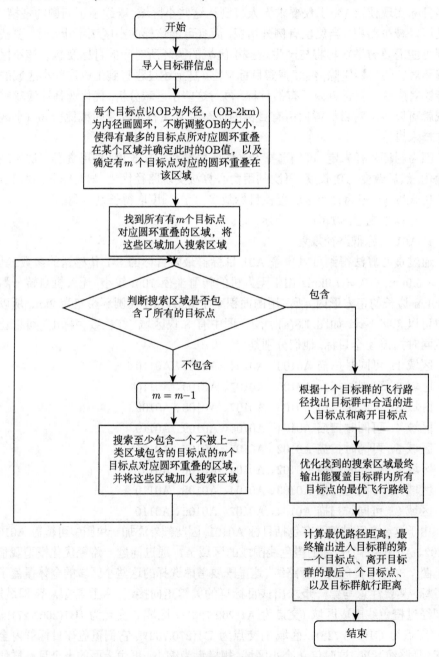

图 7.9 S-1 传感器路径扫描贪心算法流程图

图 7.8(b) 为 A1 点放大图, 显示了无人机在侦察目标附近匀速直线飞行一段的可行性, 在每个目标附近都有匀速直线运动的航程, 从而保证了成像的质量.

2) A02 目标群路径规划

如图 7.10 所示, 图中有 2 块区域 (红色数字标出) 可以让无人机同时扫描 4 个目标, 他们分别是

区域 1: 可同时扫描 A0204、A0205、A0206、A0208;

区域 2: 可同时扫描 A0201、A0202、A0203、A0204.

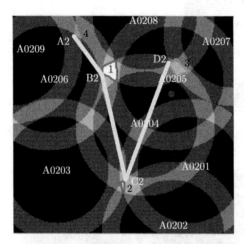

图 7.10　S-1 传感器 A02 目标群探测图　　　图 7.10 和图 7.11 的电子图

由于两个区域均未包含 A0207 和 A0209 目标, 故再次在这两个目标处搜索包含三个目标的区域如图 7.10 中的橙色线围成区域 3 和区域 4.

区域 3: 可同时扫描 A0204、A0207、A0208;

区域 4: 可同时扫描 A0206、A0208、A0209.

根据问题一路径优化模型可以得到图中黄色的飞行路线, 分别通过区域 4(交点为 A2(212,620))、区域 1(交点为 B2(214,615))、区域 2(交点为 C2(217,604)), 区域 3(交点为 D2(222,616)). 由前面的十个目标群侦查路线我们得到侦察无人机通过 A02 目标群时的航线为 A2-B2-C2-D2, 距离为 29.79km. 与第一步从 A0801 到 A0201 再去 A0101 大方向完全一致 (即从左上方进入, 从右上方退出. 若先选择左上方和右上方的小区域也是一种启发式思想), 也仅增加飞行距离不足 2 km, 比较理想.

同理, 我们可以得到其余 8 个目标群的侦察图和最佳路径, 分别如图 7.11(g) 与 (h) 所示. 图中红色线围成区域为最多个数目标对应圆环重合的区域, 图中橙色线围成区域为第二多个数 (次多) 目标对应圆环重合的区域. 需要对 A06 目标群的图 7.11(d) 和 A10 目标群图 7.11(h) 加以说明, 虽然图中红色线围成区域与

A06 目标群中的 A0604 和 A10 目标群中的 A1001 所对应的圆环无交, 但上述两圆环包围了红色线围成的区域, 因此无人机要到达该红色线围成区域, 必然飞过目标 A0604、A0604 所对应的圆环, 也就是在到达图中红色线围成区域侦察其他目标前就一定已经侦察到目标 A0604, 所以不需要再考虑经过目标 A0604 生成的圆环. 图 7.11(f) 与 (g) 更简单, 图中的红色线围成的一个区域可以覆盖目标群中的全部目标.

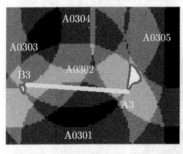

(a) A03目标群

(b) A04目标群

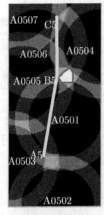

(c) A05目标群

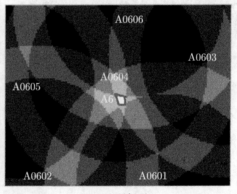

(d) A06目标群

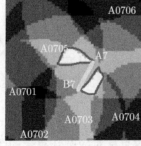

(e) A07目标群

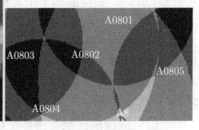

(f) A08目标群

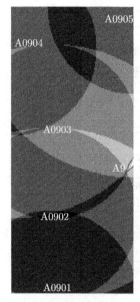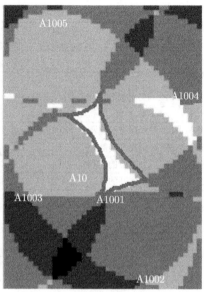

(g) A09目标群　　　　　　(h) A10目标群

图 7.11　各目标群的扫描区域和最优路径

表 7.6 中每个转折点在最后一列增加航程 1km, 可以保障无人机匀速直线运动满足成像要求所需要的时间.

表 7.6　目标群内路径计算结果

	OB 长度 /km	一次最多可扫描目标点数	路径扫描节点 (转折点) 数目	进入目标群点坐标 /km	离开目标群点坐标 /km	经过各节点航程 /km	计入节点扫描路径总航程/km
A01 目标群	7.9	4	4	(263, 723)	(270, 732)	12.37	16.37
A02 目标群	7.8	4	4	(212, 620)	(222, 616)	29.79	33.79
A03 目标群	5.2	4	2	(171, 540)	(164, 541)	7.07	9.07
A04 目标群	6.3	4	4	(205, 458)	(174, 457)	47.40	51.40
A05 目标群	7.2	4	3	(116, 395)	(120, 415)	21.14	24.14
A06 目标群	7.6	5	1	(93, 309)	与进入相同	0	1
A07 目标群	4.3	5	2	(14, 453)	(12, 452)	1.4	3.4
A08 目标群	4.1	5	1	(160, 658)	与进入相同	0	1
A09 目标群	4.1	5	1	(111, 564)	与进入相同	0	1
A10 目标群	4.1	4	1	(105, 474)	与进入相同	0	1

最终方案计算结果见表 7.7, 携带 S-1 传感器最终在雷达范围内飞行 1058.78km, 如果不考虑增加的匀速直线运动时间, 那么最终在雷达范围内飞行路径减小到 1035.78km. 仅比第一步只考虑 10 个雷达的飞行路径增加 17.21 km, 很理想了.

表 7.7 携带 S-1 传感器无人机总飞行路径计算结果

	目标群内耗费航程/km	离开上一个目标群坐标/km	进入这一个目标群坐标	耗费航程/km	总航程/km
从雷达外进入 A04 到离开的航程	51.40	—	(205, 458)	64.17(从雷达区外进入第一个目标点)	115.57
从离开 A04 到进入 A03 再到离开的航程	9.07	(174, 457)	(171, 540)	83.05	207.12
从离开 A03 到进入 A09 再到离开的航程	1	(164, 541)	(111, 564)	57.78	265.9
从离开 A09 到进入 A08 再到离开的航程	1	(111, 564)	(160, 658)	106.00	372.9
从离开 A08 到进入 A02 再到离开的航程	33.79	(160, 658)	(212, 620)	64.4	471.09
从离开 A02 到进入 A01 再到离开的航程	16.37	(222, 616)	(263, 723)	114.59	602.05
从 A01 离开雷达范围的航程	0	(270, 732)	—	64.17(从最后一个目标点离开雷达)	654.02
从雷达外进入 A06 到离开的航程	1	—	(93, 309)	64.17(从雷达区外进入第一个目标点)	719.19
从离开 A06 到进入 A05 再到离开的航程	24.14	(93, 309)	(116, 395)	89.02	832.35
从离开 A05 到进入 A10 再到离开的航程	1	(120, 415)	(105, 474)	60.88	894.23
从离开 A10 到进入 A07 再到离开的航程	3.4	(105, 474)	(14, 453)	93.39	991.02
从 A07 离开雷达范围的航程	0	(12, 452)		67.76	1058.78

3) 携带 S-2 传感器无人机在目标群中的飞行路径

为了求解携带 S-2 传感器无人机在目标群内的侦察路径, 仍然采用贪心算法, 先以每个目标为圆心, 7.35 km 为半径画圆, S-2 传感器经过这些圆 (相交、相切) 就可以实现对相应目标的侦察. 再寻找能被 S-2 传感器侦察到目标群中最多目标点的区域, 即 S-2 传感器经过该点就可以同时侦察到多个目标 (这是启发式思想, 能够获得第二步局部最优的理由同前), 再将这些目标点剔除, 继续搜索未被侦察目标集合能被 S-2 传感器侦察到最多数目的区域, 重复上述过程直到这些区域能够覆盖该目标群所有的目标点. 根据第一步得到的相邻两个目标群之间最短路的大致走向, 选择该目标群的路径起讫点, 再从起点出发用最短的连线通过这些区域最后到达讫点, 从而得到侦察机在该目标群内的最佳飞行路径. 该路径可实现对目标群内所有目标的侦察, 而且符合成像要求. 贪心算法流程图如图 7.12 所示.

由题目条件, S-2 传感器的扫描范围为半径为 7.35km 的圆, 现在以目标群中每个目标为圆心, 7.35km 为半径画圆, 如图 7.13 所示, 经过验证发现: A03, A06, A07, A08, A09, A10 六个目标群各可以被一个半径为 7.35km 的圆所包围, 见图 7.14(比 S-1 简单), 也就是说, 携带 S2 传感器的无人侦察机经过这些圆的圆心就可以一次性侦察完该目标群内的全部目标. 所以只要找到这个圆心即可, 而且仅需转弯一次.

由于问题简单, 不再赘述.

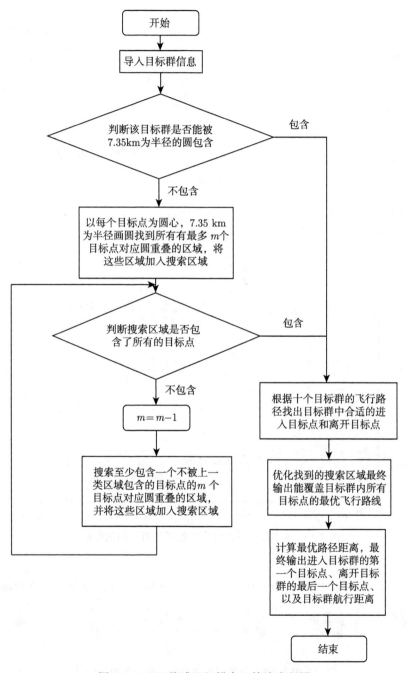

图 7.12　S-2 传感器扫描贪心算法流程图

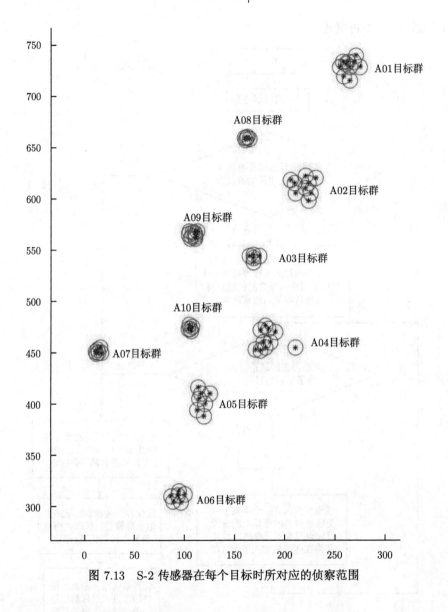

图 7.13　S-2 传感器在每个目标时所对应的侦察范围

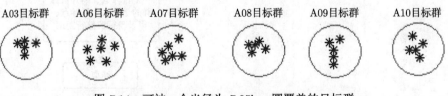

图 7.14　可被一个半径为 7.35km 圆覆盖的目标群

A01, A02, A04, A05 这四个目标群则需要至少 2 个半径为 7.35km 的圆才能覆盖该目标群内的全部目标. 下面重点分析这四个目标群内携带 S-2 传感器的无人机最优飞行路径.

通过拟合得到 A03、A06、A07、A08 、A09、A10 目标群对应圆心坐标分别为 (168, 542)、(93, 310)、(13, 452)、(161, 659)、(110,565)、(105,474), 因为严格讲只要 7.35km 圆覆盖全部目标即可, 故圆心可以在一定的区域中选取按第一步的关键方向选取圆心就可能再减少航程.

4) A01 目标群 S-2 路径规划

由于无人机的转弯半径 70m 的距离较小, 认为无人机自转一圈所占用的面积小于 0.02km², 在图中可以忽略不计. 如图 7.15 所示, 图中深绿色线围成区域 B1 可以同时侦察 A0102、A0104、A0105、A0106、A0107、A0108 计六个目标, 剩下 A0101、A0103、A0109、A0110, 可被图中黄色和橙色线围成区域 A1、C1 覆盖. 图中上方深红色线围成区域可以同时侦察 A0104、A0106、A0107、A0108、A0109、A01010 计六个目标, 剩下 A0101、A0102、A0103、A0105 需要三块区域才能覆盖, 比上一种方案多一个区域. 因此我们选择经过深绿色、黄色和橙色线围成区域的优化路径 (这也是启发式思想, 能否找出规律, 研究生们可以进一步思考).

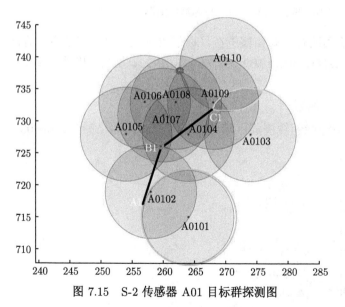

图 7.15　S-2 传感器 A01 目标群探测图

图 7.15~ 图 7.18 的电子图

根据第一步的目标群间路径可知侦察机在目标群 1 的关键走向是从下方进入, 由右边离开, 因此, 选择了从 A1(257, 716)→B1(259, 726)→C1(268, 732) 的航行路线, 长度为 21.02km, 明显看出选择经过上方红色线围成区域效果比较差.

5) A02 目标群 S-2 路径规划

如图 7.16 所示, 图中深绿色线围成区域 C2 可以同时侦察 A0204、A0205、A0207、A0208, 剩下 A0201、A0202、A0203、A0206、A0209, 可被图中黄色线和橙色线围成的两块区域 A2、B2 覆盖. 而图中深红色线围成区域可以同时侦察 A0204、A0205、A0206、A0208 计四个目标, 剩下 A0201、A0202、A0203、A0207、A0209 这五个目标, 需要三块区域才能覆盖, 所以选择经过深绿色、黄色和橙色线围成区域的优化路径.

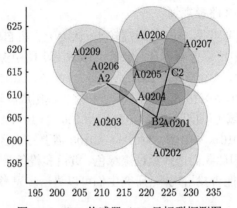

图 7.16 S-2 传感器 A02 目标群探测图

根据第一步的目标群间路径可知侦察机在目标群 2 从左上方进入, 右上方离开, 因此, 我们选择了从 A2(210, 612)→B2(222, 604)→C2(224, 615) 的航行路线, 长度为 25.60km.

6) A04 目标群 S-2 路径规划

如图 7.17 所示, 图中深绿色线围成区域 B4 可以同时扫描 A0402、A0403、

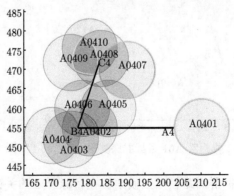

图 7.17 S-2 传感器 A04 目标群探测图

A0404、A0405 计四个目标, 图中 B4 右边深红色线围成区域也可以同时扫描 A0402、A0403、A0405、A0406 计四个目标, 但会比深绿色线围成区域多一块孤立的 A0404 区域. 根据第一步的目标群间路径可知侦察机从目标群右侧进入, 左上方离开, 因此从右侧进入要到达深绿色线围成区域一定会经过红色线围成区域, 故可将红色线和深绿色线围成区域看作同一区域. 剩下 A0408、A0409、A0410 可同时被黄色区域 C4 覆盖, 而 A0401 与 A0407 橙色的区域为独立区域连接. 最终, 我们选择了从 A4(203, 455)→B4(177, 455)→C4(184, 471)(C4 在 A0407 橙色的区域中, B4-C4 经过 A0409、A0410 的交集黄色区域, 它是 A0408、A0409、A0410 三个圆的交集) 的飞行路线, 长度为 43.36km.

7) A05 目标群 S-2 路径规划

如图 7.18 所示, 通过贪心模型直接找出了黄色 (A5)、红色 (B5)、绿色 (C5) 线围成区域可覆盖所有目标点. 根据第一步的目标群间路径可知侦察机从目标群 5 下方通过, 上方离开, 因此, 我们选择了从 A5(119, 395)→B5(118, 407)→C5(118, 410) 的飞行路线, 长度为 15.04km. 且这些区域可以以近似直线相连, 显然是最优的.

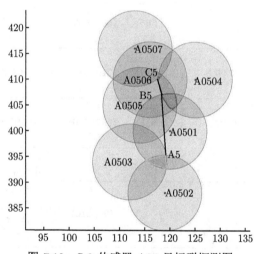

图 7.18　S-2 传感器 A05 目标群探测图

应当指出, 寻找能被 S-2 传感器侦察到目标群中最多目标的小区域即 S-2 传感器经过该点就可以同时侦察到最多个数目标, 再用最短的连线通过这些小区域并不能保证所有情况下都是最优解, 可以找到这样的反例, 因此对这类新数学问题还有继续研究的余地. 但对本题具体情况优化空间不大, 就不再展开了.

综上所述, 携带 S-2 传感器无人侦察机最终在雷达覆盖范围 W 内飞行路径 (表 7.8) 的长度为 1015.74km, 最终两种传感器扫描完十个目标群需要 2074.52km, 那么最终在雷达覆盖范围 W 内飞行路径时间为 10.37h. 若 S-1 传感器可以不特别为满足成像传感器的技术要求去做匀速直线运动, 则无人侦察机最终在雷达覆盖范围 W 内飞行路径为 2034.3141km, 滞留时间约 10.17 h.

表 7.8 携带 S-2 传感器无人机全部飞行路径计算

	目标群内耗费航程/km	离开上一个目标群坐标/km	进入这一个目标群坐标	耗费航程/km	总航程/km
从雷达覆盖域 W 外进入 A04 到离开的航程	43.36	—	(203, 455)	63(从雷达区外进入第一个目标点)	106.36
从离开 A04 到进入 A03 再到离开的航程	0	(184, 471)	(168, 542)	72.78	179.14
从离开 A03 到进入 A09 再到离开的航程	0	(168, 542)	(110, 565)	62.39	241.53
从离开 A09 到进入 A08 再到离开的航程	0	(110, 565)	(161, 659)	106.94	348.47
从离开 A08 到进入 A02 再到离开的航程	25.60	(161, 659)	(210, 612)	67.90	441.97
从离开 A02 到进入 A01 再到离开的航程	21.02	(224, 615)	(257, 716)	106.25	569.24
从 A01 离开雷达覆盖范围 W 的航程	0	(268, 732)	—	52.54(从最后一个目标点离开雷达)	621.78
从雷达覆盖范围 W 外进入 A06 到离开的航程	0	—	(93, 310)	63.29(从雷达区外进入第一个目标点)	685.07
从离开 A06 到进入 A05 再到离开的航程	15.04	(93, 310)	(119, 395)	88.89	798.00
从离开 A05 到进入 A10 再到离开的航程	0	(118, 410)	(105, 474)	65.31	854.31
从离开 A10 到进入 A07 再到离开的航程	0	(105, 474)	(13, 452)	94.59	948.9
从 A07 离开雷达覆盖范围 W 的航程	0	(13, 452)	—	66.84	1015.74

最终飞行方案如图 7.19 所示, 共有 4 架无人侦察机参与问题一的目标群侦察行动, 携带 S-1 传感器的无人侦察机路径用红色 (深色线) 表示, 携带 S-2 传感器的无人侦察机路径用黄色 (浅色线) 表示. 将从基地 P01 起飞携带 S-1 的无人机与携带 S-2 的无人机作为编队 A, 从基地 P07 起飞携带 S-1 的无人机与携带 S-2 的无人机作为编队 B. 编队 A 的两架无人机以三分钟以上间隔 (因为携带 S-2 的无人机航行时间短, 可以再晚点起飞, 既保证两架无人机之间距离始终大于 300 米, 同时保证两种不同传感器对同一目标的侦察间隔时间不超过 4 小时) 起飞, 分别经过目标群 A04、A03、A09、A08、A02、A01, 之后尽快从雷达范围离开返回基地 P01. 编队 B 两架无人机也以三分钟以上间隔起飞保证两种不同传感器对同一目标的侦察间隔时间不超过 4 小时, 分别经过目标群 A06、A05、A10、A07, 之后尽快从雷达范围离开返回基地 P07. 这种飞行方案保证侦察无人机滞留防御方雷达有效探测范围内的时间总和最小.

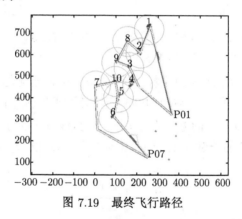

图 7.19　最终飞行路径

前面为了简化, 除在圆环的交的内部转一圈外, 其他方法都没有考虑无人机的转弯问题, 现在主要问题已经解决, 应该探讨这一点了. 下面以图文相结合的方式进行阐述 (图 7.20 和图 7.21).

对于搭载 S-1 型载荷的无人机, 通过前面两步, 在没有考虑机动转弯特性的情况下, 可得到无人机侦察路径, 如图 7.20 中的绿色折线所示. 现考虑无人机机动转弯特性这一因素, 优化设计方案为: 在无人机侦察完目标 1 后, 以半径 r 转弯一定角度, 然后巡航飞行, 接着再转弯一定角度, 沿目标 2 的侦察路径飞行.

图 7.20 的电子图

要实现转弯并不困难, 优化问题可通过如下数学模型很快获得解决. 如图 7.21 所示. 根据前两步的结果, 已知 C、E、J、P 四个点的坐标, 根据题意得到两个转弯圆弧的半径, 要求直线 CE 与圆 O_1 相切, 直线 JP 与圆 O_2 相切, 而直线 FH 与两圆均相切, 就能够求出 F、H 两点的坐标, 弧长 $\overset{\frown}{EF}$ 弧长 $\overset{\frown}{HJ}$ 及两弧所对应的圆心角.

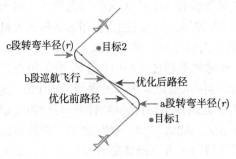

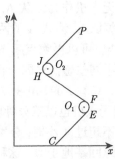

图 7.20　搭载 S-1 型传感器无人机的转弯　　图 7.21　搭载 S-1 型传感器无人机的转弯设
设计优化　　　　　　　　　　　　　　　计优化数学模型

下面举例简要说明求解过程. 假设图 7.21 中 C、E、J、P 的坐标依次为 $(1, 0)$、$(2, 1)$、$(1, 5)$、$(2, 6)$, 圆 O_1 和圆 O_2 的半径均为 1.

求解关键在于求 F, H 两点坐标, 在确定 F, H 两点坐标后, 通过直线斜率求出转弯角度 (弧长 $\overset{\frown}{EF}$ 和 $\overset{\frown}{HJ}$ 对应的圆心角), 进而求出转弯弧长.

由假设可知, 直线 CE 的方程为 $y = x - 1$, 直线 JP 的方程为 $y = x + 4$. 由于 CE 与 O_1 相切, O_1E 的长度为 1, 且 O_1E 垂直于 CE, 设 O_1 坐标为 (x_1, y_1), 可得如下方程组

$$
\begin{cases}
\dfrac{|y_1 - x_1 + 1|}{\sqrt{2}} = 1, \\[2mm]
\dfrac{1 - y_1}{2 - x_1} = -1.
\end{cases}
$$

求解该方程组可得: $x_1 = 2.7071, y_1 = 0.2929$; $x_1 = 1.2929, y_1 = 1.7071$, 从图中可以看出, O_1 点在 E 点上方, 其纵坐标应大于 E 点纵坐标, 所以 O_1 坐标将唯一确定 $(1.2929, 1.7071)$, 同理, 可得 O_2 坐标为 $(2.2071, 4.7929)$.

设 F 点坐标 (x_3, y_3), H 点坐标 (x_4, y_4), 根据题设相切的条件可得如下方程组:

$$
\begin{cases}
(x_3 - 1.2929)^2 + (y_3 - 1.7071)^2 = 1, \\[2mm]
(x_4 - 2.2071)^2 + (y_4 - 4.7929)^2 = 1, \\[2mm]
\dfrac{y_3 - 1.7071}{x_3 - 1.2929} \times \dfrac{y_4 - y_3}{x_4 - x_3} = -1, \\[2mm]
\dfrac{y_4 - 4.7929}{x_4 - 2.2071} \times \dfrac{y_4 - y_3}{x_4 - x_3} = -1.
\end{cases}
$$

得到 F 点的坐标 $(0.7182, 2.5255)$, H 点的坐标 $(2.7818, 3.9745)$. 至此, 图中各点坐标均已获得. 因此, 弧长 $\overset{\frown}{EF}$ 对应的圆心角可根据直线 CE 和直线 HF 的斜率求解, 弧长 $\overset{\frown}{HJ}$ 对应的圆心角可根据直线 JP 和直线 HF 的斜率求解, 圆心角一旦求出, 其所对应的弧长也可获得, 此处不再详述.

上述方案的缺点在于无人机在航行到目标 1 的正右方时, 立即机动转弯, 而应继续匀速直线飞行一段成像所需的距离, 例如 100 米. 为此可以让圆 O_1、O_2 分别沿 CE、JP 方向继续移动一段距离.

几乎没有研究生队认真讨论他们制定的飞行路径是否满足携带 S-1 传感器的无人侦察机的成像要求, 可以明显发现目标在他们的飞行路径的两侧, 而不是一侧. 其实只要注意到这个问题, 解决并不困难, 换成另外一条切线即可.

前面第二步优化时先 S-1 传感器能同时对目标群中最多目标实现侦察的小区域, 再优化选择通过这些小区域的连线, 特别在小区域转圈的方法保证满足成像要求. 所以这个方案比较完美.

最后说明一下, 为什么绝大多数研究生队找不到第一问的最优解, 有的队是因为开始就对 68 个目标一次性寻求最佳路径, 有的队是因为当成求哈密尔顿回路来解决问题并不再修正, 有的队是将求回路与满足传感器成像要求合在一起, 不是找错了方向, 就是将问题规模保留到无法求最优解的程度. 其实即使 68 个目标求最短路也有 68! 个方案, 而且起讫点可以取 W 边界上任意点, 情况更复杂了, 加上还能够拆成几架无人机飞行路线, 方案更多了, 所以寻优是有难度的. 但这类问题实际上无须如此穷举, 因为雷达之间经常隔着其他雷达, 显然这些线段是无须考虑的, 要考虑的方案就可以大大减少. 所以必须牢记具体问题具体分析是数学建模的灵魂.

二、无人机中继问题的建模、求解

在问题一的求解中就计算过, 从一个基地出发仅经过十个雷达站再回到原基地的最短回路, 其路程长为 1569.349 km, 而侦察无人机的速度是 200km/h, 仅此一项就耗时 7.85 小时, 离 8 小时仅剩 9 分钟. 还必须加上由于多增加侦察 58 个非雷达目标以及转弯多消耗的能量. 根据表 7.7, 表 7.8 计算, 仅由于增加在目标群内的飞行, 最佳飞行路径所增加的路程为 50 km 以上, 对应航行时间为 15 分钟, 故侦察无人机完成全部 68 个目标侦察任务至少飞行 8 小时以上. 再考虑分别荷载 S-1 成像传感器、S-2 光学传感器两架侦察无人机的起飞最小间隔 3 分钟, 则一架通信中继无人机要满足侦察无人机的实时通信, 最大飞行时间更应该超过 8 小时, 肯定超过通信中继 FY-2 无人机的最大飞行时间. 由此得出结论: 一架通信中继无人机无论如何是无法完成问题一中通信任务的. 即使考虑用多架无人侦察机去完成侦察任务, 由于将 10 个目标群的侦察任务分解给几架侦察机, 每架侦察机侦察的目

标群不同 (如果同一个目标群由几架无人机侦察, 显然增加了滞留时间), 而这些目标群之间距离在许多情况下大于 100km 特别 A1 目标群与其他目标群之间距离都大于 100km, 所以无法保证中继通信无人机始终与这几组 (包括携带 S-1、S-2 型载荷) 的无人机距离都小于等于 50km. 从第一问最佳方案看, 由于 A5、A6、A10 三个目标群都与另一条线路上的所有目标群之间的距离都大于 100km, 显然一架中继无人机无法完成通信任务. 如果不考虑无人机滞留雷达探测范围的时间最短, 仅考虑使用中继无人机架次最少, 则问题就困难得多, 所以这也是一个值得研究的问题.

由于问题一的最佳方案是从两个基地分别起飞两组无人机组, 每组包含两架无人机, 一架荷载 S-1 成像传感器、一架荷载 S-2 光学传感器, 同一组两架无人机的飞行航迹仅有比较小的差别, 而且两架无人机的出发时间相差最少 3 分钟, 但必须相差 15 分钟之内, 保证起飞时两架无人机距离小于 50 km. 因此可以在同一组无人机起飞间隔中 (与两架侦察无人机起飞间隔都大于 3 分钟) 或两架无人机起飞后 (与第一架无人机起飞相差小于 15 分钟, 与第二架无人机起飞相差大于 3 分钟) 让通信中继无人机起飞, 就可以保证通信中继无人机和两架无人机的距离始终在 50 km 之内, 实现侦察无人机和基地的实时通信. 而且问题一中每架无人侦察机的飞行时间都不超过 7 小时, 小于通信中继机的最大航行时间, 而通信中继机与无人侦察机飞行时间相近. 因而在问题二中, 两架通信中继机不会出现航行时间不够的情况. 所以这就是关于通信中继无人机的可行方案. 既然一架通信中继无人机是不够用的, 则这个方案就是关于通信中继无人机的最佳方案.

因为两架无人机如果速度相同、航迹相同, 无论采用什么航迹, 则在起飞后任意时刻 t, 两架飞机之间的距离一定不大于起飞时间差与速度的乘积. 因为在起飞时间差 $+t$ 时刻, 第二架飞机本应该抵达第一架飞机 t 时刻的位置, 若两架飞机之间的距离大于起飞时间差与速度的乘积, 由于第二架飞机在起飞时间差的时间里最远飞行的距离为起飞时间差与速度的乘积, 无法弥补两架飞机目前的距离, 即到不了目前第一架飞机所处的位置, 矛盾. 所以在起飞后任意时刻 t, 两架飞机之间的距离一定不大于起飞时间差与速度的乘积. 而根据第一问的结果荷载 S-1 成像传感器和荷载 S-2 光学传感器的无人机的航迹几乎相同, 速度相等, 因此只要保证起飞距离小于 50 km, 则实时通信就是完全可以的.

这里还有一个问题是通信中继无人机的速度是 300 km/h, 而侦察无人机的速度无论荷载什么成像传感器, 速度都是 200 km/h, 如果通信中继无人机的航迹与侦察无人机相同, 则不可能保证通信中继无人机和侦察无人机的距离始终在 50 km 之内. 但这个小困难很容易克服. 由于通信中继无人机 (FY-2) 速度快于无人侦察机 (FY-1), 我们需要对通信中继机每段短距离飞行路线进行优化, 尽量周期性地保证无人侦察机和通信中继机处于相对静止状态. 如图 7.22 所示, 红色直线为无人侦察机的飞行路线, 黄色曲线为通信中继机的飞行曲线. 其中, 黄色曲线长度为红色曲线长度的 1.5 倍.

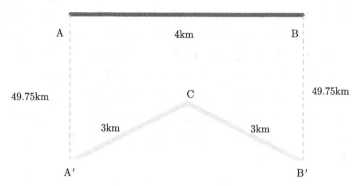

图 7.22　无人侦察机 (FY-1) 与通信中继无人机 (FY-2) 路径

对问题二还可以再进行优化, 即在通信中继无人机确定为两架的前提下, 需要尽量减少通信中继无人机在雷达范围内的飞行时间, 保证中继通信机在雷达范围内的滞留时间最短. 以每个雷达站为原点分别画半径为 70km 和 49.75km(FY-1 无人机的通信半径) 的圆, 大致如图 7.23 所示, 红色曲线为无人侦察机飞行路径, 红色圆圈为雷达扫描范围, 绿色圈之间连接线所包围的区域为无人侦察机在红色曲线上飞行, 可实现通信情况下通信中继机最大活动范围. 通信中继无人机落在以红色曲线为中轴、99.5km 为幅宽的带子中是可以与侦察无人机保持通信的必要条件. 从图 7.23 可见 99.5km 为幅宽的带子绝大多数都位于雷达探测范围, 故通信中继无人

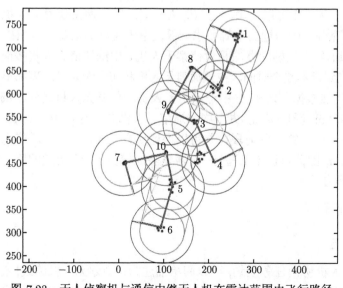

图 7.23　无人侦察机与通信中继无人机在雷达范围内飞行路径　　图 7.23 的电子图

机落此带中即落在雷达探测范围内, 这部分滞留时间无法减少. 唯有侦察无人机刚进入或已经开始从雷达探测范围退出时, 通信中继无人机既可以继续保持与侦察无人机的实时通信, 又可以在雷达探测范围之外. 这样通信中继无人机落在雷达探测范围之内的时间就可以少于侦察无人机. 图 7.23 的黄线为通信中继机在雷达范围内飞行草图. 前已说明, 为了保证通信, 在无人侦察机扫描每个目标群时, 通信中继机都位于雷达的范围内 (因为通信保障距离小于地面雷达探测范围). 也就是说, 通信中继机与无人侦察机, 在目标群之间的运动时间是相同的, 由问题一得到携带 S-1 传感器的无人侦察机在雷达范围内时间较长为 5.29h, 则两架通信中继无人机在目标群之间运动时间大致为

$$5.29 - 49.75 \times 4/200 = 4.29(\text{h}).$$

即当无人侦察机距离雷达站 20.25km 时 (70km−49.75km=20.25km), 中继通信无人机才刚刚进入雷达扫描范围. 同理, 当无人侦察机准备离开雷达区域, 当飞离最后一个雷达站 20.25km 时, 中继通信无人机已经可以离开雷达区域.

如果第一问的方案与前面不同, 例如使用的荷载 S-1 成像传感器和荷载 S-2 光学传感器的无人机的数量不等, 则解决问题会困难得多 (如果取中继通讯无人机数量与侦察无人机数量相等, 即一对一, 保证通讯总是可行的, 但惜乎中继无人机使用太多). 因为一般情况下荷载 S-1 成像传感器和荷载 S-2 光学传感器的无人机的航迹不同, 多架荷载 S-1 成像传感器的无人机之间由于侦察不同的目标群, 航迹更是相差较远. 很多研究生队仅根据某几个时刻侦察无人机和中继通信无人机之间的距离小于 50 km 就认为实现了实时通信, 理由并不充分. 认为两架侦察无人机之间距离小于 100 km 就一定可以让中继通信无人机同时和这两架侦察无人机实时通信同样理由也不充分. 因为题目明确要求 "保证空中飞行的侦察无人机随时与 FY-2 型无人机的通信". 正确的办法是对侦察无人机、中继通信无人机按航迹进行实时仿真, 在起飞到降落整个时间段中继通信无人机和侦察无人机距离都小于 50 km 才是可行的. 当然根据某时刻 t, 中继通信无人机和侦察无人机之间距离为 S, 要让距离增加到 50 km, 受侦察无人机、中继通信无人机的速度差 100 km/h 影响, 从 t 时刻开始, 在 $(50 - S)/100$ 时段内是可以保证侦察无人机、中继通信无人机之间距离小于 50 km, 因此可以不必验证, 仅需要验证较少的点 (折线的所有端点) 就能够保证随时通信.

三、消灭目标群规划问题

1. 首先应消灭雷达

问题三依然是无人机协同任务规划, 可以简单描述为: 规划无人机路线, 在 7 小时内打击摧毁所有敌方目标, 并使无人机滞留在敌方雷达探测范围内的时间最

短. 因为一个雷达被摧毁后失去探测能力, 其所在目标群内目标都将失去雷达的保护, 而且绝大多数目标都只被一个雷达覆盖. 于是可以制定以下基本打击策略: ① 优先打击雷达目标; ② 在雷达被击毁后, 再指派无人机打击无雷达保护的目标; ③ 以无人机在敌方雷达探测范围内的总滞留时间最短为优化目标, 兼顾优化整个打击行动的总时间. 首先安排无人机对所有雷达目标进行打击, 在保证总滞留时间最短的情况下, 优化打击路线, 节省飞行时间; 再调度全部无人机, 优化打击路线, 使得全体无人机在无雷达侦测情况下打击目标耗时最少. 部分研究生队连第一点都没有想到, 书生气太重了.

2. 使用不同炸弹的简单对比

为尽快消灭雷达, 同时使无人机在敌方雷达探测范围内的总滞留时间最短, 应该解决怎样使用 D-1 型炸弹和 D-2 型炸弹; 怎样对挂载 D-2 类型导弹的 FY-3 及实施目标指向的 FY-1 型无人机进行调度的问题. 同样将非雷达目标在最短的时间内打击掉, 也应该解决怎样使用 D-1 型炸弹和 D-2 型炸弹, 需要怎样对挂载 D-2 类型导弹的 FY-3 及实施目标指向的 FY-1 型无人机进行调度的问题. 由于不同的目标群里目标的数目和分布情况不一样, 应根据不同目标群里的目标数目和分布等具体情况选择不同的优化方案.

先比较用 D-1 或 D-2 炸弹对单独一个目标群雷达站实施摧毁的耗时, 见图 7.24.

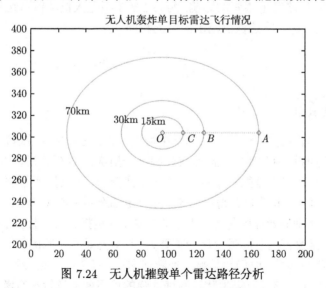

图 7.24　无人机摧毁单个雷达路径分析

(1) 若选用 D-2 型制导炸弹, 则需一架携带 S-3 目标指引器的 FY-1 型飞机配合完成任务. 根据 D-2 型制导炸弹及 S-3 型目标指引器的技术要求说明, 携带 S-3 目标指引器的 FY-1 型无人机与携带 D-2 型制导炸弹的 FY-3 型无人机的最佳配合方式为: FY-1 型无人机距雷达站 15km, FY-3 型无人机距雷达站 30 km 时, 此时 FY-3 型无人机发射 D-2 型制导炸弹. 因为 D-2 型制导炸弹的速度为 200m/s, 明显比 FY-1、FY-3 型无人机的速度快, 让 D-2 型制导炸弹替代 FY-3 型无人机多做飞行, 有利于早点毁灭敌方雷达, 减少 FY-1、FY-3 型无人机在雷达探测范围内的时间. 同时 FY-1 型无人机距雷达站 15km, 则其深入雷达探测范围最短, 包括进入、停留在雷达探测范围内的滞留时间最短. FY-1、FY-3 型无人机滞留雷达探测范围内的最短时间为 (即从无人机进入雷达探测范围至雷达站被摧毁为止的时间段, 注意两架无人机进入雷达探测范围的时间不同):

$$t = \frac{70-30}{300} \times 60 + \frac{70-15}{200} \times 60 + \frac{30 \times 1000}{200 \times 60} \times 2 = 29.5 (\text{min}),$$

其中第一、二项分别对应 FY-1、FY-3 型无人机从雷达探测范围 70km 圆的边界飞至距雷达站 15km(30km) 处的最短时间 (一定沿半径飞行), 第三项为 D-2 型制导炸弹飞行时间 (也沿半径飞行), 后面这段时间无论两架无人机怎样运动总在雷达探测范围内, 故应该计入无人机总滞留时间.

(2) 若选用 D-1 型炸弹, 则需 2 架 FY-3 型无人机满载 D-1 型炸弹 (共 12 发) 完成攻击任务. 因 D-1 型炸弹采用抛投方式对地攻击, D-1 型炸弹被发射后依靠惯性按抛体方式运动直至对目标实施轰炸, 在水平方向上是继续做速度 200km/h 的匀速直线运动, 忽略其他因素的影响, 两架 FY-3 型无人机滞留雷达探测范围时间 (注意两架无人机进入雷达探测范围的时间相同) 为

$$t = \frac{s}{v} \times 2 = \frac{70}{300} \times 2 \times 60 = 28 (\text{min}).$$

3. 注意可比性

很多研究生队根据以上两个计算结果得出结论: 对目标群雷达站实施打击, 应该首选 D-1 型炸弹. 有的研究生队则仅仅根据一架携带 D-2 型制导炸弹的 FY-3 型无人机其携带弹药可以摧毁三个目标, 而一架携带 D-1 型制导炸弹的 FY-3 型无人机其弹药只能摧毁 0.6 个目标得出结论: 应该全部选用 D-2 型炸弹. 后者甚至都没有考虑使用 D-2 型制导炸弹另外需要 FY-1 型无人机指引, 而且忽略题目要求的无人机滞留雷达探测范围时间最短这一首要目标, 显然是不正确的. 前者虽然考虑周到些, 定量分析也多些, 但仍然是孤立地看问题, 没有全局观点, 难免有失误. 更有甚者, 竞赛中还有部分研究生队对两种炸弹的使用效果竟然没有考虑比较. 凡此种种都反映出研究生们思维不活跃、分析问题不仔细、想象能力差、考虑问题片面. 虽然有竞赛时间很紧, 题目与所学专业差距较大的原因, 但分析问题不仔细、考虑问题片面严重影响研究生创新能力培养, 必须引起我们的高度重视, 尽快加以扭转.

上述几个结论的错误首先在于没有从全局考虑问题, 问题被简化得与原来情况有了很大的差别; 其次是没有注意可比性, 在条件不同的情况下去比较各自结果难免得出错误的结论. 例如, 雷达站附近总有多个目标, 包括其他雷达, 只考虑摧毁一个雷达不考虑有无摧毁其他目标的可能, 显然考虑不够全面; 再如, 前面比较 D-1 和 D-2 两种炸弹对一个目标群雷达站实施摧毁的耗时, 没有注意到携带 D-2 炸弹的无人机炸毁雷达后还有 4 枚 D-2 炸弹没有使用与携带 D-1 炸弹的两架无人机仅剩两枚 D-1 炸弹没有使用, 情况明显不同因而不具有可比性, 加之对使用 D-2 型制导炸弹时指引用的 FY-1 型无人机始终在雷达附近, 可以继续指引目标, 也是重大的区别; 又如, 不同的目标群的目标的数目和分布不一样, 目标群与周围目标群的距离也不一样, 不仔细分析清楚就不加区分统一处理, 也是没有考虑它们之间不具有可比性. 分析比较是数学建模的最重要的思想方法之一, 可比性是比较的前提, 如果前提不成立, 则比较结果经常是错误的或片面的. 简化也是数学建模的最重要的思想方法之一, 但一定要注意原问题与简化后的问题在最基本的方面或在要研究的方面等价. 如何实现这两者的统一是研究生必须培养的基本功.

4. 使用不同炸弹的进一步讨论

要找到最佳摧毁雷达的方案, 首先对影响总滞留雷达探测范围时间的因素及可能的情况要掌握清楚. ① 因为一架无人机仅可携带 6 枚 D-2 炸弹, 至多摧毁三个雷达或目标就不再具有攻击能力, 而携带 D-1 炸弹的无人机需要 5 架才可以摧毁三个雷达或目标, 也不再具有攻击能力, 所以就取不超过三个雷达或目标为研究对象, 都取无人机不再具有攻击能力为止, 这样的比较才具有可比性, 这样还没有考虑指引目标的 FY-1 型无人机可以继续发挥作用, 但如果不考虑这点, 使用 D-2 炸弹已经具有优势, 则不影响比较结果; ② 由于无人机进入雷达探测范围前的准备时间不计入总滞留时间, 所以都从刚有无人机进入雷达探测范围开始比较, 但本群雷达被摧毁后, 不同的目标群情况 (无人机是否在另外雷达的探测范围内) 不同, 应该分别讨论; ③ 无人机发 (抛) 射炸弹后, 无人机可以自由采取行动 (包括改变航向), 引导无人机可在距目标雷达 15 km 的圆内运动 (包括改变航向) 就能够引导 D-2 炸弹; ④ 无人机只要继续携带炸弹就可以就近对雷达或目标发动攻击 (携带 D-2 炸弹时对距离小于等于 30 km 的目标, 携带 D-1 炸弹时对可以平抛到达的目标都可以发动攻击), 引导无人机只要距目标不超过 15 km 就可以引导 D-2 炸弹攻击该目标; ⑤ 无人机同时位于几个雷达探测范围内, 不重复计算总滞留时间, 因此无人机在炸弹摧毁某一个雷达的时刻, 如果已经进入另一个雷达的探测范围, 显然再到达可以攻击这个雷达的位置 (15 km 或 30 km) 需要较短的时间, 有利于减少总滞留时间; ⑥ 显然无人机同时携带 D-1 和 D-2 炸弹, 一架、两架、三架以上时只能降低攻击力, 无法增加攻击力, 效果不好, 而对指引无人机要求不变, 所以不再予以考虑.

前面实际上已经将目标群和周围目标群联系在一起讨论了, 不再是孤立地看问题了. 因为满载 D-2 型炸弹的 FY-3 无人机只需飞至图 7.25 的中圈边界, 而协助它的 FY-1 型无人机只需飞至图 7.25 的内圈边界就可以实施引导, 若其时它们也进入了另一雷达的探测范围, 则它们在第一次攻击后, 立即着手向另一雷达发起攻击比从另一雷达的探测范围边界发起攻击就可能减少了滞留时间. 而如果在摧毁第一个雷达时无人机位于另一雷达的探测范围外, 则向另一个雷达发起攻击, 则滞留时间与从另一雷达的探测范围边界发起攻击方案相同. 显然两雷达之间距离超过 140km, 上述情况不会发生. 定量分析, 假如两雷达之间距离不小于 109km, 则当装载 D-2 型炸弹的 FY-3 无人机向第一个雷达发射 D-2 型炸弹时刻距第二个雷达不小于 109 − 30 =79(km), 在 D-2 型炸弹 2.5 分钟后爆炸时距离第二个雷达不小于 70 km, 没有进入第二个雷达的延长范围, 故肯定不能减少总滞留时间. 又如两雷达之间距离不小于 85km, 则当装载 D-2 型炸弹的 FY-3 无人机向第一个雷达发射 D-2 型炸弹时刻, 引导无人机距第一个雷达不大于 15km, 而且在 D-2 型炸弹爆炸前 2.5 分钟内, 必须距第一个雷达小于等于 15km 进行导引, 因此离第二个雷达不小于 70 km, 所以肯定不能减少总滞留时间. 故仅对两雷达间距离小于 85km 才需要考虑优化.

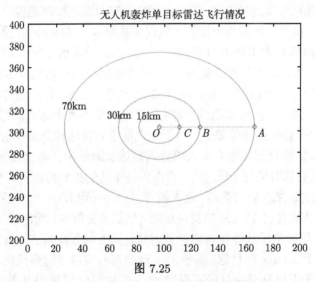

图 7.25

进一步, 由于装载 D-2 型炸弹的 FY-3 无人机只需飞至图 7.26 的目标 2 的中圈边界并投弹后就可以立即飞往第二个雷达的中圈边界, 距离比 FY-1 型无人机在 D-2 型炸弹爆炸后才能从第一个雷达的内圈边界飞往第二个雷达的内圈边界的距离要短 (短了接近 30 km), 而可以自由飞行的时间长了 2.5 分钟, 速度又比 FY-1 无人机快 100km/h, 所以如果装载 D-2 型炸弹的 FY-3 无人机都无法减少总滞留时间, 则 FY-1 型无人机更无法减少总滞留时间, 所以是否需要讨论连续摧毁两个雷达只需要根据 FY-1 型无人机的研究结果. 特别要指出的是: 如前分析, 一般情况下, 第一次投弹后到第二次投弹时, FY-3 无人机需要飞行的距离明显小于 FY-1 型无人机需要飞行的距离, 所以 FY-3 无人机按最短路飞行一定在 FY-1 型无人机到达第二个雷达内圈前就可以到达第二个雷达的中圈, 但由于 FY-1 型无人机这时没有到位, 无法引导, 所以不能对第二个雷达发动攻击, FY-3 无人机的提前到达徒然是增加滞留时间. 故 FY-3 无人机应在第二个雷达的探测范围边界外等待, 所以 FY-3 无人机一般无法减少攻击第二个雷达的滞留时间 (除非 FY-1 型无人机在第一个雷达被摧毁时离第二个雷达内圈很近). 当然 FY-3 无人机为了攻击第一个雷达在第一个雷达探测范围内仍然要飞行 70 − 30 = 40 (km). 这说明携带 S-3 目标指引器的 FY-1 型无人机与携带 D-2 型制导炸弹的 FY-3 型无人机配合, 连续攻击雷达目标, 只有在 FY-1 型无人机引导 D-2 型制导炸弹摧毁第一个雷达时位于第二个雷达的探测范围内, 才可能由于 FY-1 型无人机减少了在雷达探测范围内的滞留时间而减少这组无人机的总滞留时间. 一般情况下 FY-1 型无人机减少滞留时间后仍然比 FY-3 型无人机滞留时间长, 故 FY-3 型无人机不能比 FY-1 型无人机缩短更多的滞留时间. 竞赛中虽然有几个队发现携带 D-2 型制导炸弹对雷达连续攻击可能减少总滞留时间, 但都没有意识到 FY-3 型无人机不能比 FY-1 型无人机缩短更多的滞留时间, 看来仔细分析问题、全面考虑问题是研究生培养的重点任务.

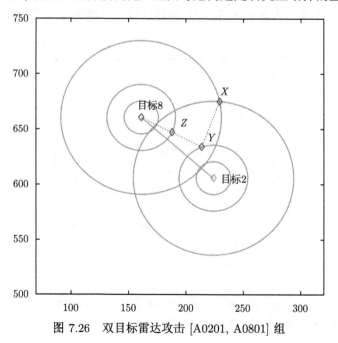

图 7.26　双目标雷达攻击 [A0201, A0801] 组

5. 多目标攻击组方案

上述仅是粗略的估计, 实际上两雷达之间距离应比 85 km 更小才有可能减少总滞留时间. 因此根据前面表 7.4 仅需考虑双目标攻击雷达组 [A0301, A0901]、[A0201, A0801]、[A0501, A1001]. 因为问题中没有一个雷达与另两个雷达之间的距离都小于 85 km 的情况, 所以三雷达组无须考虑了 (这就是具体问题具体分析, 这里具有可比性).

考虑双目标攻击雷达组 [A0201, A0801]. 由图 7.26 可见目标的 2 内圈与目标 8 的外圈仅刚重叠, 经计算该目标组无法缩短 FY-1 型无人机在两个雷达探测范围内的滞留时间. 由此可见两雷达间距离大于 83km, 连续攻击相邻两个雷达无法减少总滞留时间.

考虑 [A0501, A1001] 组.

如图 7.27 所示, 外圈与内圈有交叉, 考虑优化 FY-1 型机滞留时间. 以先攻击目标 5 为例 (由对称性, 无论先攻击哪个目标, 效果相同), 为了最快到达目标 5 的内圈, 显然应沿着半径方向进入. 而为了兼顾攻击目标 10, 减少在目标 10 雷达的探测范围内的滞留时间, 应该让 FY-1 型无人机在目标 5 的内圈位置中尽量靠近目标 5 内圈至目标 10 内圈之间最短连线即两圆心连线, 故 FY-1 型无人机选择从目标 5 与目标 10 的两个外圈的交点 X 出发沿目标 5 的半径到达 Y. 这段距离为 $70 - 15 = 55$ (km). 而从目标 5 内圈到达目标 10 内圈的最短距离为 Z 沿圆心连线方向到目

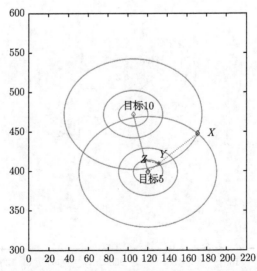

图 7.27　双目标 [A0501, A1001] 雷达攻击组 FY-1 型无人机时间优化示意图

标 10 内圈, 根据表 7.4 雷达 5 与雷达 10 距离 74.5km, 从 Z 到雷达 10 的内圈距离最短为 $74.5 - 15 - 15 = 44.5$(km). 由于制导任务需要, FY-1 型机在 D-2 型制导炸弹飞行的 2.5min 期间, 必须在目标 5 的内圈中滞留, 故在此时间段内 FY-1 型无人机只能从 Y 尽量向 Z 靠拢 (但到不了 Z), 即在目标 5 的内圈中最大限度地靠近目标 10(这里有优化问题), 而且在雷达 5 被摧毁时, FY-1 型无人机距离雷达 10 小于 70 km 就缩短了滞留时间. 经计算连续摧毁两个雷达比使用 D-1 炸弹分别摧毁两个雷达缩小滞留时间 3.54965 min.

再考虑双目标雷达攻击组 [A03, A09]. 采用同样方法, 求得在优化 FY-1 型飞机路径时减少滞留时间 5.87550566min.

由于其他雷达之间距离均大于 83km, 如前分析, 继续攻击第三个雷达已经无法减少无人机在雷达的探测范围内的滞留时间. 但携带 S-3 目标指引器的 FY-1 型无人机与携带 D-2 型制导炸弹的 FY-3 型无人机机组在连续攻击两个雷达目标后仍然携带 2 枚 D-2 型制导炸弹, 并且携带 S-3 目标指引器的 FY-1 型无人机就在第二个雷达的附近, 可以就近再摧毁第二个目标群里的一个目标. 这时因为第二个雷达已经被摧毁, 继续攻击第三个目标的时间就不计算在总滞留时间里. 然后 FY-3 型无人机按安全路径返回基地, 而携带 S-3 目标指引器的 FY-1 型无人机可以和后续到达的携带 D-2 型制导炸弹 FY-3 型无人机配合, 继续摧毁第二个目标群里的目标. 显然从减少摧毁 10 个目标群的总时间考虑是有利的.

综上所述, 我们确定最优目标分组为

单目标攻击雷达: A01、A02、A04、A06、A07、A08; 由两架携带 D-1 型炸弹的 FY-1 型无人机机组实施.

双目标攻击雷达组: [A0301, A0901]、[A0501, A1001]. 由携带 S-3 目标指引器的 FY-1 型无人机与携带 D-2 型制导炸弹的 FY-3 型无人机实施.

计算得最小滞留时间为 $52.45035048 + 50.12449424 + 28 \times 6 = 270.6748$ (min). 攻击雷达目标的无人机安排如表 7.9 所示.

表 7.9　攻击雷达目标的无人机安排

所需机型	A01	A02	A04	A06	A07	A08	[A03, A09]	[A05,A10]
FY-3 携 D-1	2	2	2	2	2	2		
FY-3 携 D-2							1	1

根据问题分析, 在摧毁雷达后继续摧毁剩余目标. 注意当某目标群的雷达已被摧毁, 攻击该目标群剩余目标的无人机才可进入原来的雷达探测圈.

在攻击剩余目标时, 由于一架满载 6 枚 D-2 炸弹的 FY-3 无人机可摧毁 3 个目标, 而一架满载 6 枚 D-1 弹的 FY-3 无人机只可摧毁 0.6 个目标, 所以 D-2 型炸弹在附近有携带 S-3 目标指引器的 FY-1 型无人机的情况下, 摧毁效率高 5 倍,而且携带 S-3 目标指引器的 FY-1 型无人机可以多次制导 (3 架无人机最多可摧毁 6 个目标, 4 架无人机可摧毁 9 个目标, 而满载 6 枚 D-1 弹的 FY-3 无人机摧毁同样个数的目标分别需要 10 架、15 架, 而且两个方案都不影响滞留时间, 因此具有可比性), 故可大幅减少无人机使用架数. 而且在第一问中就指出 A03, A06, A07, A08, A09, A10 六个目标群均可以各被一个半径为 7.35km 的圆所包含, 所以在目标群内部, 目标之间的距离很近, 如携带 S-3 目标指引器的 FY-1 型无人机进入目标群, 则该目标群内全部目标和 FY-1 型无人机的距离都小于 15 km, 则这架无人机甚至原地以 70 米为半径旋转就可以连续不断地引导 D-2 炸弹攻击这个目标群内的全部目标, 降低了调度困难. 粗略地进行估计, 58 个普通目标, 用 D-1 炸弹来摧毁, 需要 FY-3 无人机近 100 架, 用 D-2 炸弹来摧毁仅需要 20 架, 因为 FY-3 无人机 8 架已经全部到达雷达群区域, 个别普通目标已经提前被消灭, 所以两种方案相差 80 架无人机, 5 倍差距非常悬殊, 同时也带来作战时间上的重大差别. 故我们优先考虑使用 D-2 炸弹攻击剩余目标. 当然在摧毁同一目标群内的目标间存在一些时间差, 群内目标越多, 耗时越大, 目标群内除雷达外的目标最多是 9 个, 若每个目标群分配一架携带 S-3 目标指引器的 FY-1 型无人机, 从攻击第一个目标开始到攻击结束最多再需耗时 $9 \times 2.5 = 22.5$(min)(很多情况下由于目标群内目标间距离都很近, 所以 2.5 min 时间够让 FY-1、FY-3 型无人机调整到位, 甚至 D-2 炸弹的飞行时间小于 2.5 min, 因为攻击同一目标群内目标无须飞行 30km). 再考虑 FY-1 型无人机从雷达探测边界到达可引导炸弹距离所用时间 16.5min. 从而可知攻击一个雷达群目标的总时间最多为 $16.5 + 2.5 + 22.5 = 41.5$(min) (这与滞留时间不同, 因为 FY-3 型无人机到可以发射 D-2 炸弹距离需要时间少于 FY-1 型无人机, 而且雷达已经被摧毁, 22.5min 不应该计入滞留时间), 这里指的是用 D-2 炸弹摧毁 6 个单雷达的目标群.

由于基地总共有 8 架 FY-1 型无人机, 所以恰好分配完 (六个单雷达、两个双雷达组各用一架 FY-1 型无人机).

我们的预计攻击顺序如表 7.10 所示.

表 7.10 攻击任务分布

波次	任务		最长耗时
第一波	攻击外圈单雷达 A0101、A0201、A0401、A0601、 A0701、A0801		14min
第一波	攻击双目标雷达组 [A0301,A0901]、[A0501,A1001]	攻击 A01、A02、A04、A06、A07、A08 目标群内其他点	不超过 (14+41.5)min
第二波	攻击 A03、A05、A09、A10 目标群内其他点		41.5min

根据表 7.10 中每波的最长耗时, 加上中间调度时间估计及一定的误差估计, 所用耗时依然远小于 7 小时. 因此, 上述方案可以在规定时间内完成.

攻击剩余目标 (除雷达外) 的无人机分配

决定在对非雷达目标攻击时全部采用 D-2 型炸弹.

先计算在攻击雷达目标后, 各目标群所剩目标个数. 再计算出每个目标群所需无人机机型及架数.

表 7.11　摧毁目标群所需无人机架数及类型

目标		A01	A02	A03	A04	A05	A06	A07	A08	A09	A10
初始目标数		10	9	5	10	7	6	6	5	5	5
剩余目标数		9	8	4	9	6	5	5	4	4-1	4-1
采用机型	FY-3 携 D-2	3	3	2	3	2	2	2	2	1	1
	FY-1 携 S-3	1	1	(1)	1	(1)	1	1	1	(1)	(1)

注: 标括号系两个双目标群合用一架携 S-3 传感器的 FY-1 无人机.

其中, A0901、A1001 目标群的剩余目标个数为 $5-1-1$, 即 3 个. 这是因为雷达 A0901、A1001 在双目标雷达攻击组, 在攻击雷达组时, 采用一架 FY-1 型无人机配合一架 FY-3 型无人机的组合, 共携带 D-2 型炸弹 6 枚. 因此, 在轰炸完组内第二个雷达后, 可随即在临近 FY-1 型无人机的配合下, 攻击第二个目标群内一个目标, 从而使得目标再减少一个.

目标群 A01、A02、A04、A06 、A07、A08 分别调取剩余的 6 架 FY-1 型机, A03、A05、A09、A10 合成两个双目标雷达攻击组, 每组使用一架 FY-1 型无人机机, 两轮攻击总耗时 55.5min(未计从基地到目标群雷达探测边界、返回基地及无人机飞行至攻击位置的短时间段).

6. 无人机路径规划

由于攻击时间肯定小于约束时间 7 小时. 故在考虑无人机路径规划时, 可适当放宽前述攻击目标及批次的限制, 在合理时间内, 以求最短路为目标进行规划, 在约束条件下给出飞行路线规划的估算时刻表, 以模拟真实情景下各个基地对无人机的调遣, 但保证总体攻击时间仍小于 7 小时.

下面通过规划模型, 计算各基地派遣无人机数量.

记目标群中心位置为 $(a_i b_i)$, 需要继续调用的 FY-3 型无人机数量为 $d_i, i = 1, \cdots, 10$ (FY-1 型无人机已经分配完毕). 基地 i 位置为 (x_i, y_i), 基地 j 的 FY-3 型无人机储量为 $e_j, j = 1, \cdots, 7$; 从基地 j 向目标群 i 调用 FY-3 型无人机架数为 c_{ij}.

最优目标是使得攻击总时间最短, 考虑匀速飞行 (全部是 FY-3 型无人机), 所以将优化目标转换为飞行总距离最短, 目标群内飞行路径前面已经优化, 仅考虑目

标群中心至基地的距离, 故

$$\min \sum_{j=1}^{7} \sum_{i=1}^{10} c_{ij} \sqrt{(x_j - a_i)^2 + (y_j - b_i)^2}. \tag{7.1}$$

约束条件是各个基地的 FY-3 型无人机配备数量限制和各个目标群轰炸任务对 FY-3 型无人机的数量需求,

$$\text{s.t.} \quad \sum_{i=1}^{10} c_{ij} \leqslant e_j, \quad j = 1, 2, \cdots, 7, \tag{7.2}$$

$$\sum_{j=1}^{7} c_{ij} \geqslant d_j, \quad i = 1, 2, \cdots, 10, \tag{7.3}$$

$$c_{ij} \text{ 为非负整数}, i = 1, 2, \cdots, 10, j = 1, 2, \cdots, 7. \tag{7.4}$$

因为目标群中心位置 (a_i, b_i)、基地位置 (x_i, y_i)、各个基地的 FY-3 型配备数量 e_j 和各个目标的 FY-3 型轰炸数量需求 d_i 已知, 这是 LP 模型, 使用 LINGO 软件可得到全局最优解如表 7.12.

表 7.12   攻击雷达和剩余目标所需无人机机型、数量及调度基地

		A01	A02	A03	A04	A05	A06	A07	A08	A09	A10
攻击雷达目标	FY-1 数量			1		1					
	调度基地			P01		P05					
	FY-3 数量	2	2	1	2	1	2	2	2		
	调度基地	P01	P01	P01	P01	P05	P06	P06	P01		
攻击剩余目标	FY-1 数量	1	1		1		1	1	1		
	调度基地	P03	P03		P07		P07	P05	P01		
	FY-3 数量	3	3	2	3	3	2	2	1	1	1
	调度基地	P05	P01	P05	P06	P06P03	P06	P06	P01	P05	P06

因为共用 FY-3 型无人机可能延长时间, 对 A03、A05 两个目标群的非雷达目标也可以用 D-1 型炸弹摧毁, 但增加了无人机的使用量.

四、有远程雷达情况下如何摧毁全部目标群

A02、A05 和 A09 目标群周边可能配属有远程雷达, 其有效探测距离是 200km. 远程雷达采用相继开机模式, 一旦开启就能够侦察在 200km 范围内的无人机, 同时攻击方无人机也会获悉远程雷达的位置, 设法将其摧毁. 现将远程雷达考虑在内, 重新求解问题三.

因为远程雷达在对应目标群的周边地区, 绘制远程雷达的覆盖范围时, 不失一般性, 假设远程雷达位于 A02、A05、A09 目标群的某一目标点处, 见图 7.28.

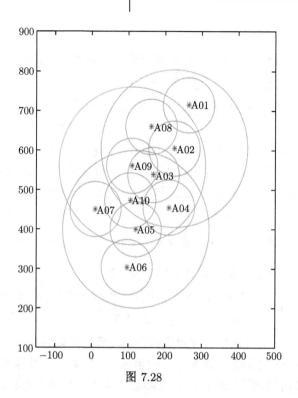

图 7.28

在该问题中, 我们考虑敌方是 "聪慧的". 敌方部署远程搜索雷达, 目的就是通过不同的雷达布置和不同的开机策略, 让我方无人机尽可能地长时间暴露在敌方远程雷达探测范围内. 而我方则需要根据敌方的部署策略, 相应地调整任务部署, 使得无人机在敌方的雷达探测范围滞留的总时间最短. 这里有一个相互博弈的过程.

通过上述分析, 可以看出这是一个最小最大化问题.

设敌方远程搜索雷达的集合为 $Radar = \{Ra_1, Ra_2, Ra_3\}$, 分别代表 A02, A05, A09 区域附近的远程搜索雷达位置, 远程雷达的探测距离 $R_r = 200\mathrm{km}$, 根据我方的任务规划, 可以建立无人机暴露在远程搜索雷达内时间总和与远程搜索雷达开机时刻对应关系的模型:

$$T_{rk}(t) = N_{rk}(t) \times H_{rk}(t),$$

其中, $rk = 1, 2, 3$ 是远程雷达编号, $T_{rk}(t)$ 代表如果 t 时刻第 rk 部远程搜索雷达开机, 我方无人机暴露在该远程搜索雷达探测范围内时间总和的平均值.

$N_{rk}(t)$ 表示 t 时刻, 我方处于第 rk 部雷达探测范围内无人机数量的平均值, 尽管有部分无人机可能执行完任务后将很快离开该探测区域, 同时也有其他无人机进入该雷达的探测范围执行任务, 而且由于雷达探测范围比较大, 这个数字变化并不激烈, 因此用 t 时刻的无人机数量来近似描述暴露在远程搜索雷达探测范围内的无人机平均数.

$H_{rk}(t)$ 表示, 如果 t 时刻第 rk 部远程搜索雷达开机, 在其附近的无人机摧毁第 rk 部雷达所需的最短时间, 其具体表达式为

$$H_{rk}(t) = \min\left\{\max\left\{\frac{L_{rk}^{13}(t) - Ly}{u_1}, \frac{L_{rk}^{32}(t) - Lt}{u_2}\right\} + t_f, \frac{L_{rk}^{31}(t)}{u_2}\right\}.$$

式中, u_1 是 FY-1 型飞机的巡航速度, u_2 是 FY-3 型无人机的巡航速度. $Ly = 15\mathrm{km}$, 表示 FY-1 型飞机引导 D-2 型炸弹攻击时距远程搜索雷达的最大距离. $Lt = 30\mathrm{km}$, 表示携带 D-2 型炸弹 FY-3 型飞机发射炸弹时, 距远程搜索雷达的最大距离. $t_f = 150\mathrm{s}$, 表示 D-2 型炸弹从最远距离开始投放到摧毁远程搜索雷达所需要的时间.

$\dfrac{L_{rk}^{13}(t) - Ly}{u_1}$ 表示距离远程雷达最近的携带 S-3 型载荷的 FY-1 型无人机从当前位置抵达可以引导 D-2 型炸弹位置所需要的时间, $\dfrac{L_{rk}^{32}(t) - Lt}{u_2}$ 表示距离远程雷达最近的携带充足 D-2 型炸弹的 FY-3 型无人机从当前位置抵达可以投放 D-2 炸弹位置所需时间, $\dfrac{L_{rk}^{31}(t)}{u_2}$ 表示距离远程雷达最近、且共携带 10 枚以上的 D-1 型炸弹的两架 FY-3 型无人机从当前位置到摧毁远程雷达所需时间.

敌方的策略, 就是在我方策略为 q 的情况下, 对每一个远程搜索雷达, 选择合适的位置 w_{rk}^s 和恰当的开机时间 t_{rk}^s, 使得我方无人机在敌方远程搜索雷达探测范围内时间总和最大化, 即

$$\sum_{rk=1}^{3} \max_{w_{rk}^s, t_{rk}^s} (T_{rk}(q, t_{rk}^s)).$$

我方就是要在敌方确定了三个远程雷达位置 w_{rk}^s 和井机顺序和最先开机时间 t_1^s (另外两台远程雷达开机时间取决于其他远程雷达被摧毁的时刻), 调整攻击策略 q, 使得无人机在敌方雷达探测范围内的总时间最短.

那么第 4 个问题的模型可以建立如下:

目标函数:
$$\min_q \sum_{rk=1}^{3} \max_{w_{rk}^s, t_{rk}^s} (T_{rk}(q, t_{rk}^s)).$$

决策变量: 在问题 3 的基础上, 增加攻击方对远程搜索雷达开机的响应模式.

约束条件: 同问题 3.

这个模型很不完整, 因为要完整地表达出来情况太复杂, 对于求解又没有多大帮助. 短时间内求出最优解是不切实际的, 故采用简化问题再求解的方法.

首先估计远程雷达布置的地点. 远程雷达的布置应该服从于远程雷达的功能和布置远程雷达的目的. 雷达是用来发现敌方来袭目标的, 进一步使用远程雷达是因为远程雷达功能强大, 可以在更远的距离上发现敌方来袭目标. 所以归根到底比

普通雷达更早、更多地发现敌方来袭目标是布置远程雷达的目的. 但赛题中明确一架无人机同时落在几个雷达的探测范围内, 不重复计算无人机在雷达的探测范围内的滞留时间. 而远程雷达的探测半径固定为 200km, 因此每个远程雷达探测范围的面积是固定的. 为了更早、更多地发现敌方来袭目标, 显然让远程雷达与普通雷达探测范围的重叠越小越好 (因为普通雷达已经开机), 三个远程雷达之间的距离越大越好 (从图 7.28 看远程雷达探测范围的重叠部分已经很大); 让远程雷达越靠近基地越好, 使无人机只能绕到目标群的后方才能减少滞留远程雷达的探测范围的时间, 无疑这将大大增加无人机的航程, 受无人机持续航行距离的影响, 无人机用于攻击的时间被大大缩短. 当然远程雷达的分布也要受题目指定位于 A02、A05 和 A09目标群附近的限制. 此外远程雷达由于不是同时开启, 未开启的远程雷达无法保护自己, 相反需要已开启的远程雷达或普通雷达的保护. 所以后开启的远程雷达应该位于已开启的远程雷达和普通雷达的探测范围腹地, 从而受到尽可能多的保护得以生存.

再考虑远程雷达的开启顺序. 由于远程雷达的探测半径都是 200km, 从保护其他远程雷达和整个目标群出发, 哪个远程雷达的探测范围可以覆盖最多个数的目标, 哪个远程雷达的探测范围和普通雷达的探测范围重叠越小, 保护作用越强, 越应该首先开启 (这还是启发式思想). 由此可以得出结论: A02 和 A05 周边的远程雷达先开启, A09 周边的远程雷达后开启, 再比较 A02 和 A05 周边的远程雷达, 应该 A05 周边的远程雷达先开启. 这样远程雷达相继开启的顺序就推出来了.

下面讨论攻击方的策略. 由于远程雷达的探测半径为 200km, 如果先摧毁普通雷达, 很多情况下无人机尚未到达普通雷达的探测范围的边界就已经深入到已开启远程雷达的探测范围, 因而增加滞留在敌方雷达探测范围的时间, 显然不可取. 而且摧毁普通雷达时如果恰好遇到远程雷达开启, 同样会增加滞留在敌方雷达探测范围的时间. 所以原则上远程雷达的威胁大, 应该先摧毁全部远程雷达, 然后再摧毁全部普通雷达, 最后摧毁全部目标.

很多研究生队把这个问题处理得太简单, 根本没有考虑现在的情况与没有远程雷达情况的差别, 还是按对向每个远程雷达派遣两架 FY-3 型无人机投掷 10 枚D-1 型炸弹摧毁它 (理由是因为远程雷达的探测半径为 200km, 用 D-2 型炸弹来摧毁需要 FY-1 型无人机来制导, 而 FY-1 型无人机的速度仅为 FY-3 型无人机速度的 2/3, 且 $200 - 15 = 185$(km) 的飞行距离更长, 在远程雷达的探测范围的时间更长, 所以认为使用 D-2 型炸弹摧毁远程雷达效果不好. 其实仍然犯了孤立地看待问题, 考虑问题不全面的错误), 更有甚者, 就用 2 枚 D-2 型炸弹来摧毁远程雷达, 都没有使用 FY-1 型无人机来制导.

其实, 由于增加了远程雷达, 使得在原来区域内, 雷达的密度增加了, 而且由于远程雷达的探测半径相比普通雷达从 70km 增加到 200km, 使无人机在雷达的探测范围内的航程增加, 因而遇到的情况复杂了, 同时攻击方在雷达探测范围内滞留时间长了, 可以选择的操作变多了. 如果分析、考虑问题不全面, 很多的选择项事先被排除, 怎么可能找到最优解或较优解. 实际上如果画出远程雷达的探测范围图就可以比较直观地考虑问题, 容易开阔思路. 实际问题和数学理论问题的一个很大的差别就是它不是完全抽象的, 有具体的空间和时间, 有具体的背景, 不需要凭空冥思苦想, 画个图、联系一下实际背景就容易考虑, 容易分析了. 这条赛题的几个子问题都清楚表明了这一点.

当然使用 10 枚 D-1 型炸弹摧毁远程雷达, 事情就很简单了, 因为发射 D-1 型炸弹后, FY-3 型无人机就什么也做不了, 只能尽快返回基地. 但使用 D-2 型炸弹情况就复杂了, 下面详细讨论用一架 FY-1 型无人机配合一架 FY-3 型无人机携带 6 枚 D-2 型炸弹的组合方式, 去摧毁远程雷达的情况. 如同第三问, 这两架无人机可以摧毁三个目标, 除了远程雷达外, 还可以摧毁普通雷达和非雷达目标. 具体是两个普通雷达, 还是一个普通雷达和一个非雷达目标视具体情况而定.

因为十个普通雷达及已经开机的远程雷达的位置已经掌握, 而且已经开机的远程雷达应该处于目标群的腹地 (在普通雷达的探测范围内), 所以可以选择从恰当的方向攻击远程雷达, 其间经过某个普通雷达的上空. 这样就可以先顺路摧毁普通雷达, 进而摧毁远程雷达 (见图 7.29, 无人机是否有在雷达探测范围外等待的情况与

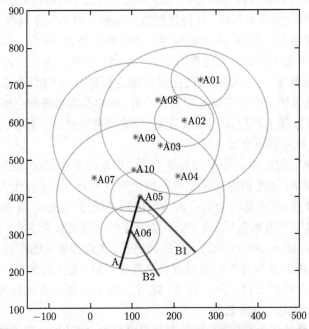

图 7.29　分别攻击 A05 远程雷达、A06 的普通雷达方案路线图

远程雷达、普通雷达的分布情况有关). 显然比开始单独攻击远程雷达, 消灭远程雷达后再返航单独摧毁普通雷达的方案减少了迂回所增加的滞留时间, 也比使用 D-1 型炸弹减少了无人机在一个普通雷达的探测范围内的滞留时间.

　　这里先明确几点: (1) 以单独摧毁远程雷达、单独摧毁普通雷达的滞留时间的和为参照, 这样便于比较; 而且由于分别单独摧毁远程雷达、普通雷达一定是可行方案, 故滞留时间比它长的方案在寻优中都无须考虑. (2) 摧毁第一个普通雷达时, 为了减少滞留时间都是让 FY-1 型无人机、FY-3 型无人机沿最短路径在同一时刻分别到达离雷达 15 km、30 km 的地方, 因为两者速度不同, 一定不能同时出发. (3) 摧毁第一或第二个雷达后, 要让 FY-1 型无人机、FY-3 型无人机同时进入发射或引导 D-2 型炸弹的位置. 由于 FY-1 型无人机的飞行路程一般比较长, 而且速度慢, 故摧毁相邻两个雷达的时间间隔长短取决于 FY-1 型无人机. 当 FY-1 型无人机、FY-3 型无人机都位于雷达探测范围之内时总滞留时间是 FY-1 型无人机的最短滞留时间的两倍. 但如果 FY-3 型无人机已经位于或可以退到后一个雷达的探测范围之外就可能减少滞留时间, 所以选择 FY-1 型无人机的最短路径是关键. (4) 多摧毁一个雷达能否缩短滞留时间的关键是在前一个雷达被 D-2 型炸弹摧毁的时刻, FY-1 型无人机是否位于后一个雷达的探测范围之内, 而且越靠近后一个雷达, 则减少的滞留时间越多. (5) 由于未开启的两个远程雷达的具体位置事先并不知道, 为了尽快消除远程雷达的威胁, 同时减少滞留时间, 应该在它们开机前就将两组配备 FY-1 型无人机、荷载 6 枚 D-2 型炸弹的 FY-3 型无人机组合分别尽量接近远程雷达及其周边的目标群的雷达 (即 A02、A05 和 A09 三个雷达, 因为已知尚未开机的远程雷达就在附近), 但不要进入普通雷达的探测范围, 以免增加滞留时间. 一旦这些远程雷达开机, 攻击方掌握了远程雷达的具体位置后, 仍然采用无人机组对付第一个开机远程雷达的方法, 让远程雷达以及摧毁远程雷达路途中遇到的普通雷达尽快被摧毁.

　　下面以摧毁 A05 目标群周边的远程雷达为例介绍大致想法.

　　使用 1 架 FY-1 和 1 架 FY-3 无人机, 经过 A06 普通雷达的上空进入 A05(设远程雷达布置在此或附近), 利用 FY-1 引导, 首先攻击 A06 的普通雷达, 然后攻击 A05 处的远程搜索雷达; 下面计算该方案中所有无人机在雷达辐射范围内滞留时间总和的最小值.

　　如图 7.30 所示, 若要无人机在雷达探测范围内滞留时间最少, 需满足 FY-1 型无人机沿 P1O2 直线飞行, 且在攻击 A06 普通雷达的 D-2 型炸弹摧毁 A06 雷达时刻, 协助制导的 FY-1 无人机刚好到达 P4 点 (因为若 FY-1 型无人机越过 P4 点, 则与雷达 A05 的距离超过 15 km, 无法对 D-2 型炸弹制导), 而 FY-3 型无人机在投弹时刚好处于 P2 点 (D-2 型炸弹比 FY-3 型无人机速度快, 这样可以更快地摧毁雷达). 因为 FY-1 型无人机、FY-3 型无人机速度不等, FY-1 型无人机应先于 FY-3

型无人机出发 (D-2 型炸弹飞行时间仅 2.5 分钟, 故 D-2 型炸弹发射时 FY-1 型无人机已经越过 O1).

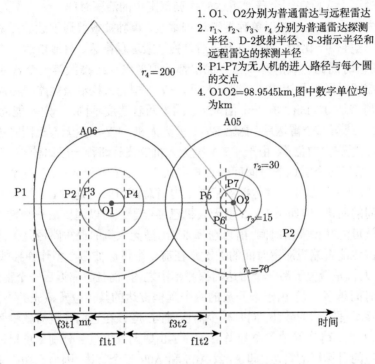

1. O1、O2分别为普通雷达与远程雷达
2. r_1、r_2、r_3、r_4 分别为普通雷达探测半径、D-2投射半径、S-3指示半径和远程雷达的探测半径
3. P1-P7为无人机的进入路径与每个圆的交点
4. O1O2=98.9545km,图中数字单位均为km

图 7.30   方案的路径和时间分析

经计算, FY-1 型无人机从 P4 点沿直线飞行最快抵达可引导攻击雷达 A05(设远程雷达也在这里) 距离, 即到达 P6 点所需时间为 20.69min; FY-3 型无人机从 P3 点 (FY-1 型无人机抵达 P4 点时, FY-3 型无人机到达 P3 点) 沿直线飞行抵达可向雷达 A05 投弹区域, 即 P5 点所需时间为 18.09min. 为了在同一时刻两架无人机分别发射、制导 D-2 型炸弹, 在攻击 A05 普通雷达的情况下, FY-3 型无人机应在 A05 雷达探测范围外等待 2.6min (若攻击远程雷达, 由于 FY-3 型无人机无论怎样飞行, 总在其探测范围内, 则应该继续接近远程雷达直至 10km 以节省 D-2 型炸弹的飞行时间). 发射攻击 A05 内常规雷达所需滞留时间与用一架 FY-1 型无人机配合一架 FY-3 型无人机单独攻击雷达的滞留时间相同. 还可以这样估计, FY-1 型无人机一直沿雷达连线飞行, 不做任何变化, 因此暴露时间与单独消灭远程雷达相同, FY-3 型无人机迟出发, D-2 型炸弹射向 A06 时刚好它到达 P2 点. 当 FY-1 型无人机到达 P6 点, FY-3 型无人机可到达离 O2 点 22km 处, 仅比单独消灭远程雷达多了不到 3min, 因而缩短暴露时间 25min, 所以明显优于用 D-2 型炸弹单独消灭远程雷达.

即使无法沿普通雷达与远程雷达的连线深入目标群发动攻击, 可以首先考虑沿远程雷达的探测范围的半径前进, 在前进过程中在接近普通雷达时对普通雷达实行摧毁, 只是普通雷达到飞行直线的距离比 15 或 30km 要短些, 也可能需要稍加停留.

因为远程雷达与普通雷达位置一般不会一致, 所以估计攻击远程雷达时间要在前述计算结果基础上再加上误差时间 (即从普通雷达飞行到远程雷达所需要时间的估计): 如果远程搜索雷达与普通雷达相隔比较近, 则可以连续攻击一个远程雷达和两个普通雷达. 在雷达探测区域内的总滞留时间为三段时间之和. 在 A05 区域内, 普通雷达和其他目标的最远距离为 18.47km. 可作为从 A05 普通雷达飞行到远程雷达所需要时间的估计 te=5.541min(认为远程雷达在目标群中位置类似其他目标).

故我们可得最小滞留时间的估计 (具体数值因情况而异).

综上所述, 采用 D-2 型弹攻击为最小滞留时间方案.

为了确定远程雷达开机顺序的影响, 又采用上述相同的方法计算优先开启 A02 远程雷达的情况, 无人机最小滞留时间相差仅十分钟左右, 总体而言差别不大.

后续攻击安排

第一组无人机进入到 A05 远程雷达的探测圆后, 其他远程雷达尚未开启. 为最小化无人机在雷达探测范围内滞留时间, 此时可以调拨其他无人机组准备执行攻击 A02 和 A09 附近远程雷达任务. 因为 A02 和 A09 附近远程雷达未开机, 只受普通雷达半径 70 km 探测圆的保护, 而不是 200 km, 故可以在不计算滞留时间的前提下迅速接近未开机的远程雷达. 一旦明确远程雷达的具体位置就可以更快地将其摧毁. 同样因为远程雷达与普通雷达位置不会一致, 可以将 A02 和 A09 目标群的普通雷达作为攻击目标计算滞留时间, 再加上误差时间, 其和作为在未开机的远程雷达的探测范围内滞留总时间的估计.

执行摧毁无远程雷达目标群的无人机群在未准备好时不能进入第一部远程雷达的探测范围, 也不能进入其他目标群的雷达探测范围. 当摧毁全部远程雷达后再去执行摧毁普通雷达目标群的任务, 这部分任务的滞留在雷达探测范围的时间, 与第三问中使用 D-1 型炸弹攻击普通雷达的过程相同, 其滞留时间 $t_2 = 28$min, 若普通雷达被第一部远程雷达探测范围覆盖, 则开始应待在远程雷达探测范围外, 待远程雷达被摧毁后才开始靠近普通雷达, 这样就不会增加滞留时间.

若远程雷达 A05 首先开启, 根据图 7.29, A02 不在远程雷达探测范围内, A09 靠近远程雷达探测范围的边界, 因此炸毁第一部远程雷达的同时, 可以让执行摧毁 A02 和 A09 目标群任务的无人机先完成对普通雷达的攻击, 同时尽量接近 A02 和 A09 雷达原来的位置 (因为这样比待在普通雷达的探测边界更接近远程雷达, 有利于节省滞留时间), 一旦第二部远程雷达坐标确定, 则位于上述位置的无人机可以立即攻击第二部远程雷达, 这样造成的滞留时间更短; 类似当第三部远程雷达开启时, 非常接近它的无人机组也可以尽快将其摧毁, 减少滞留时间.

远程雷达全部摧毁后, 最大的威胁已经解除, 部分普通雷达也已经被摧毁, 余下任务可以参照第三问, 先摧毁剩下的普通雷达 (普通雷达只剩下 4 个以上, 最多剩 7 个, 因为 A05、A09、A02 普通雷达肯定被摧毁了, 所以双目标攻击组这时不再需要), 让两架携带 6 枚 D-1 型炸弹 FY-3 型无人机去摧毁一个普通雷达. 在全部雷达被摧毁后再尽量用携带 6 枚 D-2 型炸弹 FY-3 型无人机在 FY-1 型无人机的制导下摧毁其他非雷达目标. 然后返回各自原来基地.

五、问题五求解模型的评估

1. 算法复杂度分析

对于问题一, 本章将模型从上到下分为目标群间路径规划、目标群内的路径规划和机动转弯设计三个层级, 各层模型在求解方法上相对独立, 同时将各约束尽量分配在不同层次上, 在能够确保生成的结果可行, 且较少损失求解精度的前提下, 有效降低了求解问题的复杂度.

由于对问题进行了有效拆解, 各子问题的规模都相对较小, 解算中并不需要使用进化算法等复杂迭代算法, 也能得到近似最优解.

问题一的前两层模型的解法都是基于求解旅行商问题的合成启发法, 其计算复杂度依赖于目标群数量和总目标数. 由于每一层问题的节点数目都不超过 10 个, 因此本问题求解无人机侦察任务时, 完成目标群侦察任务航迹优化算法的复杂度不高. 对子问题的求解, 本章只使用了低阶线性的求解算法就能够获得合理有效的规划结果.

对于问题二, 由于容易证明一架中继通信无人机无法保证实时通信, 而让一架携带 S-1 成像传感器、一架携带 S-2 光学传感器的两架无人侦察机作为一组很容易找到一架中继通信无人机保证这组无人机的实时通信, 所以根据问题一的解决方案, 两架中继通信无人机就是最优解.

对于问题三, 将规划问题拆解为与优化目标相关的部分和只需在满足约束条件的前提下规划出可行解的相互独立的两部分. 一部分寻求最优, 另一部分寻求简单的规划方案生成方法. 完成任务指派的算法计算复杂性的增长速度随着问题规模 (打击目标数) 的增加呈线性增长. 因此, 本章提出的算法能够较好地得到问题的近似最优解, 同时面对更大规模的问题, 也能展现出良好的处理能力.

2. 算法效率提高方法讨论

无论是无人机目标侦察还是火力打击问题都是涉及多种复杂非线性约束、多类型决策变量的规划问题. 对于这类问题, 一定要追求最优解是不现实的. 在工程实际中, 一般寻求稳定、高效的求解方法, 生成较优规划方案.

这类问题通常采用 "全局优化, 分层实现" 的理念, 通过细致分析各种约束条件, 基于满足在模型各个层次上的约束条件, 构建模型在该层次上的子模型, 然后基于 "整合" 思想, 构建规划方案.

在求解中尽量避免使用进化算法; 尽量通过任务拆解进行降维处理, 降低问题规模; 尽量多做线性化处理, 降低求解复杂性.

3. 关键参数研究

我们分析了无人机速度、S-1 型载荷成像带宽等参数, 发现提高 FY-1 型无人机速度等能有效地改善侦察和攻击能力.

(1) FY-3 型无人机的速度

若 FY-3 型无人机的速度增加至 350km/h, 两架载 D-1 型炸弹的无人机攻击单个雷达站的暴露总时间能从 0.4667h 减少至 0.4h, 一架载 D-2 型弹的 FY-3 型无人机与一架载 S-3 型载荷的 FY-1 型无人机协同攻击单个雷达站的暴露总时间能从 0.4917h 减少至 0.4726h.

(2) FY-1 型无人机的速度

若 FY-1 型无人机的速度增加至 250km/h, 一架载 D-2 型弹的 FY-3 型无人机与一架载 S-3 型载荷的 FY-1 型无人机协同攻击单个雷达站的暴露总时间能从 0.4917h 减少至 0.4637h, 完成问题一的侦查任务能减少 1/5 的暴露时间.

(3) S-1 型载荷的成像带宽

若 S-1 型载荷的成像带宽增加至 3km, 搭载 S-1 型载荷的无人机侦查路径长度只减少 20km, 即缩短 0.1h 的暴露时间; 若增加至 5km, 只减少 28km, 即缩短 0.14h 的暴露时间.

(4) FY-2 型中继通信无人机的通信范围

若 FY-2 型中继通信无人机的通信范围从 50km 扩大到 70km, 则 FY-2 型中继通信无人机几乎就可以在普通雷达的探测范围之外飞行仍然保证实时通信, 所以 FY-2 型中继通信无人机滞留时间几乎为零.

第8章

多波次导弹发射中的规划问题

2017年中国研究生数学建模竞赛E题

随着导弹武器系统的不断发展, 导弹在未来作战中将发挥越来越重要的作用, 导弹作战将是未来战场的主要作战样式之一.

为了提高导弹部队的生存能力和机动能力, 常规导弹大都使用车载发射装置, 平时在待机地域隐蔽待机, 在接受发射任务后, 各车载发射装置从待机地域携带导弹沿道路机动到各自指定发射点位实施发射. 每台发射装置只能载弹一枚, 实施多波次发射时, 完成了上一波次发射任务的车载发射装置需要立即机动到转载地域 (用于将导弹吊装到发射装置的专门区域) 装弹, 完成装弹的发射装置再机动至下一波次指定的发射点位实施发射. 连续两波次发射时, 每个发射点位使用不超过一次.

某部参与作战行动的车载发射装置共有 24 台, 依据发射装置的不同大致分为 A、B、C 三类, 其中 A、B、C 三类发射装置的数量分别为 6 台、6 台、12 台, 执行任务前平均部署在 2 个待机地域 (D1, D2). 所属作战区域内有 6 个转载地域 (Z01~Z06)、60 个发射点位 (F01~F60), 每一发射点位只能容纳 1 台发射装置. 各转载地域最多容纳 2 台发射装置, 但不能同时作业, 单台转载作业需时 10 分钟. 各转载地域弹种类型和数量满足需求. 相关道路情况如图 8.1 所示 (道路节点 J01~J62), 相关要素的坐标数据如附件 1 所示. 图 8.1 中主干道路 (图中红线) 是双车道, 可以双车通行; 其他道路 (图中蓝线) 均是单车道, 只能在各道路节点处会车. A、B、C 三类发射装置在主干道路上的平均行驶速度分别是 70 千米/小时、60 千米/小时、50 千米/小时, 在其他道路上的平均行驶速度分别是 45 千米/小时、35 千米/小时、30 千米/小时.

部队接受发射任务后, 需要为每台车载发射装置规划每个波次的发射点位及机动路线, 要求整体暴露时间 (所有发射装置的暴露时间之和) 最短. 本问题中的 "暴露时间" 是指各车载发射装置从待机地域出发时刻至第二波次发射时刻为止的时间, 其中发射装置位于转载地域内的时间不计入暴露时间内. 暂不考虑发射装置在发射点位必要的技术准备时间和发射后发射装置的撤收时间.

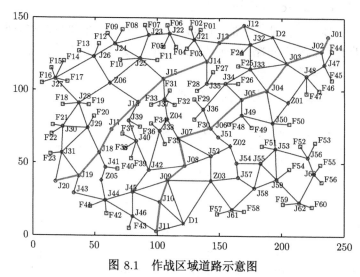

图 8.1　作战区域道路示意图

图 8.1 的电子图

请你们团队结合实际, 建立数学模型研究下列问题:

(1) 该部接受到实施两个波次的齐射任务 (齐射是指同一波次的导弹同一时刻发射), 每个波次各发射 24 枚导弹. 给出具体发射点位的分配及机动路线方案, 使得完成两个波次发射任务的整体暴露时间最短. 方案需按题目后面对附件 2 说明中规定的格式给出, 并存入文件 "E 队号.xls" 中, 随论文同时上传指定邮箱, 作为竞赛论文评审的重要依据. 统一以第一波次的发射时刻作为第二波次机动的起始时刻.

(2) 转载地域的合理布设是问题的 "瓶颈" 之一. 除已布设的 6 个转载地域外, 可选择在道路节点 J25、J34、J36、J42、J49 附近临时增设 2 个转载地域 (坐标就取相应节点的坐标). 应该如何布设临时转载地域, 使得完成两个波次发射任务的整体暴露时间最短.

(3) 新增 3 台 C 类发射装置用于第二波次发射. 这 3 台发射装置可事先选择节点 J04、J06、J08、J13、J14、J15 附近隐蔽待机 (坐标就取相应节点的坐标), 即这 3 台发射装置装弹后从待机地域机动到隐蔽待机点的时间不计入暴露时间内. 每一隐蔽待机点至多容纳 2 台发射装置. 待第一波次导弹发射后, 这 3 台发射装置机动至发射点位参与第二波次的齐射, 同时被替代的 3 台 C 类发射装置完成第一波次齐射后择机返回待机地域 (返回时间不计入暴露时间). 转载地域仍为事先布设的 6 个的前提下, 应该如何选择隐蔽待机点, 使得完成两个波次发射任务的整体暴露时间最短.

(4) 道路节点受到攻击破坏会延迟甚至阻碍发射装置按时到达指定发射点位. 请结合图 8.1 路网特点, 考虑攻防双方的对抗博弈, 建立合理的评价指标, 量化分析该路网最可能受到敌方攻击破坏的 3 个道路节点.

(5) 在机动方案的拟制中, 既要考虑整体暴露时间尽可能短, 也要规避敌方的侦察和打击, 采用适当分散机动的策略, 同时还要缩短单台发射装置的最长暴露时间. 综合考虑这些因素, 重新讨论问题 (1).

附件 1 相关要素名称及位置坐标数据. xls (表 8.1).

表 8.1 相关要素名称及位置坐标数据

要素编号	X 坐标/km	Y 坐标/km	要素编号	X 坐标/km	Y 坐标/km
D1	121	8	F19	45	90
D2	193	137	F20	49	82
			F21	16	76
Z01	205	92	F22	15	70
Z02	159	62	F23	14	56
Z03	143	38	F24	168	126
Z04	108	80	F25	165	117
Z05	55	38	F26	165	105
Z06	62	105	F27	145	113
			F28	132	100
F01	135	142	F29	130	94
F02	127	143	F30	130	80
F03	124	129	F31	110	100
F04	115	130	F32	114	90
F05	105	130	F33	95	90
F06	108	145	F34	95	77
F07	90	145	F35	106	63
F08	72	142	F36	86	75
F09	60	139	F37	72	70
F10	70	121	F38	74	60
F11	100	121	F39	79	53
F12	53	132	F40	68	46
F13	37	127	F41	46	20
F14	25	120	F42	59	15
F15	15	115	F43	77	5
F16	7	105	F44	240	127
F17	28	106	F45	240	107
F18	24	90	F46	230	100

续表

要素编号	X 坐标/km	Y 坐标/km	要素编号	X 坐标/km	Y 坐标/km
F47	220	98	J25	86	122
F48	158	77	J26	49	123
F49	176	75	J27	18	108
F50	206	77	J28	37	91
F51	184	62	J29	44	74
F52	215	62	J30	24	75
F53	227	64	J31	23	57
F54	206	46	J32	175	132
F55	231	49	J33	175	115
F56	232	37	J34	155	105
F57	148	15	J35	140	105
F58	170	17	J36	137	87
F59	201	22	J37	106	94
F60	224	20	J38	102	72
			J39	77	79
J01	237	137	J40	83	65
J02	232	127	J41	58	47
J03	204	119	J42	93	45
J04	188	100	J43	33	29
J05	168	94	J44	58	24
J06	143	74	J45	80	30
J07	117	67	J46	80	13
J08	122	48	J47	234	118
J09	108	38	J48	220	110
J10	102	23	J49	168	83
J11	99	3	J50	193	78
J12	170	145	J51	149	68
J13	150	133	J52	143	55
J14	140	120	J53	195	60
J15	105	108	J54	164	50
J16	85	92	J55	183	50
J17	63	73	J56	221	54
J18	53	57	J57	165	40
J19	37	41	J58	178	33
J20	18	37	J59	196	39
J21	130	135	J60	226	43
J22	110	139	J61	160	18
J23	93	138	J62	214	23
J24	66	132			

附件 2 问题 (1) 的结果. xls

对附件 2 的说明: (请认真阅读, 严格按照要求完成)

(1) 该附件要求参赛研究生将问题 (1) 的求解结果按照统一的格式填入附件 2 中, 作为评阅的重要依据.

(2) 附件 2 每一行的记录格式是:

发射装置编号——待机地域编号——出发时刻——道路节点编号——到达时刻——离开时刻——道路节点编号——到达时刻——离开时刻······ 第一波次发射点位——到达时刻——第二波次起始时刻——道路节点编号——到达时刻——离开时刻······转载地域编号——到达时刻——离开时刻——道路节点编号——到达时刻——离开时刻······——第二波次发射点位——到达时刻——第二波次齐射时刻.

上面记录格式要求: 每一行记录某一台发射装置从待机区域经过若干道路节点到达指定的发射点位, 完成第一波次发射任务后到相应的转载地域装弹, 再经过若干道路节点到达第二波次发射点位. 表中用两个数值描述每一台发射装置机动方案中经过每一个道路节点的情况; 实际上, 某发射装置在某节点处离开时刻和到达时刻之间的差值就描述了该台发射装置在此节点处可能出现的会车等待时间.

(3) 鉴于不同发射装置经过的道路节点的数目可能不一样, 在按照上面规定的格式记录问题 (1) 的解算结果时, 每一行记录占用的表格长度也就可能不一样, 只需按照上面规定的格式完整地记录每一台发射装置的发射点位的分配及机动路线方案即可, 也就是每一行记录的最后一列的结果是该台发射装置第二波次的齐射时刻, 中间不留空格.

(4) 第一波次以 0 时刻开始计时, 以第一波次发射时刻作为第二波次开始时刻. 统一换算成以分钟为单位, 结果保留一位小数. 如要描述 A01 自 D1 出发, 经节点 J11、J46 到达发射点位 F43, 完成第一波次发射任务后再从发射点位 F43 出发去相应的转载地域装弹, 之后按机动方案沿道路到达第二波次的发射点位; A05 在 D2 延迟 15 分钟后出发去 J32 节点, 在 J32 节点处等待 5 分钟后依据机动方案沿道路到达相应的发射点位, 完成发射后再遂行第二波次任务, 则结果应记录为表 8.2.

表 8.2

发射车编号	待机区域编号	出发时刻	节点编号	到达时刻	离开时刻	节点编号	到达时刻	离开时刻	发射点位编号	到达时刻	第二波次开始时刻	···
A01	D1	0	J11	45.1	45.1	J46	88.1	88.1	F43	105.2	···	···
A05	D2	15	J32	67.4	72.4	···	···	···	···	···		

附件 3　相关符号说明见表 8.3.

表 8.3　符号说明

序号	符号	符号说明
1	$D_i\,(i=1,2)$	2 个待机地域
2	$Z_k(k=1,2,\cdots,6)$	6 个转载地域
3	$J_m(m=1,2,\cdots,62)$	62 个道路节点
4	$F_j(j=1,2,\cdots,60)$	60 个发射点位
5	t_{wait}	会车或装弹或等待齐射的等待总时间
6	$v_l(l=\mathrm{A},\mathrm{B},\mathrm{C})$	A,B,C 三种车的速度
7	F_n	除去第一波次发射点位后的发射点位

问题的求解

很显然这条题目实际背景很强, 导弹将是今后战争的主要武器, 饱和攻击、成批发射是导弹的常规作战形式. 所以题目价值很大, 值得深入研究. 另一方面这条题目过程似乎并不十分复杂, 数据量也不算太大, 但几千支研究生队花 100 小时攻关后, 结果却并不理想, 问题获得解决的程度似乎与问题本身的难度并不匹配. 通过赛后进一步研究, 发现问题仍然是研究生在分析问题、解决实际问题的方面存在薄弱环节, 亟待加强. 下面先介绍竞赛中做得比较好的研究生队的一些做法, 然后指出其中存在的问题, 再分析问题的突破口与关键进而求解, 最后对比两者获得的结果与各自解决问题的方法, 希望对提高研究生数学建模能力和解决实际问题的能力有所帮助.

一、问题一的解答

问题一是战时导弹打击任务分配和路径规划问题, 是整个问题的核心与基础, 第二问与第三问是第一问的延伸, 第一问方法的优劣直接影响第二问与第三问的方案的优劣, 即使第四问、第五问也与第一问关系密切, 因此应尽力解决好第一问, 打好基础.

问题一要求, 在整体暴露时间最短的情况下, 完成两波次各齐射 24 枚导弹的任务, 就是要为各辆车载导弹合理分配待机地域、两次发射点位、装弹转载地域并优化它们的机动路线, 因此需要建立两波次导弹齐射任务方案优化模型. 可是赛题的可选方案太多, 并且约束条件很复杂, 前后的关联性又很强, 不进行简化求解不太现实, 故一般将其简化为多层次优化模型. 因为暴露时间包括导弹车行驶时间和等待时间, 而且主要是行驶时间, 所以第一层优化在不考虑会车、等待的情况下求解行驶时间最短的最优路线, 第二层优化则进一步考虑发射装置在单车道及转载地域等待的情况, 提出了会车判断准则, 发射装置行驶顺序规则, 对发射装置机动时间进行调整得到最终方案. 其中第一层优化又可以按两种思路进行, 一种是进行整体优化, 但由于问题依然足够复杂, 只能靠优化算法求较优解, 另一种思路是继续简化问题, 可将第一层优化分解为三阶段优化问题如图 8.2 所示, 即从待机地域到第一波次发射位点, 从第一波次发射位点到转载地域, 从转载地域到第二波次发射位点共三个阶段的优化, 每个位点的使用不超过一次, 每个阶段的暴露时间如图 8.3 所示. 根据总体暴露时间最短的要求, 启发式思想是使每一阶段到达各对应位点时间最短, 即每阶段对应位点间的距离最短和车载发射装置行驶方案最优.

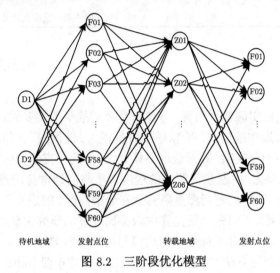

图 8.2　三阶段优化模型

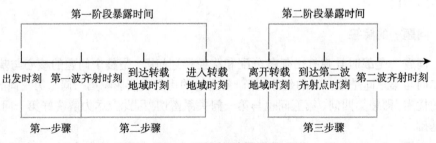

图 8.3　暴露时间说明图

尽管做了不同简化的各种数学模型不尽相同, 但只要期望达到一定的精度就都很复杂, 所以下面模型中部分约束就用语言表述清楚, 不追求严格的数学模型 (有兴趣可以参考文献和第五部分).

为求暴露时间最短的最优路线, 首先需要对数据进行预处理, 求出三种车辆经过相邻两个节点的时间, 进一步求出三种车辆在任意两个节点间行驶的最短时间.

1.Floyd 算法求最短时间矩阵

可以先在不考虑会车、等待的情况下讨论最优路线规划, 因为如果某个可行解 X 的第一阶段中发生两台发射装置会车的事件, 只要这两台发射装置的类型相同又是从同一待机地域出发的, 则仅交换这两台发射装置的发射点, 一定可以构造出行驶里程更短的可行解 Y. 可行解 Y 既消除了会车事件, 而且暴露时间一定不比可行解 X 长, 所以第一阶段不需要考虑会车事件. 若两台发射装置类型不相同, 但是从同一个待机地域出发. 由于都按最短路行驶, 故不会发生会车, 让快车先走, 则也不会发生超车. 至于从不同待机地域出发的车载发射装置, 因为在第一阶段为缩短暴露时间都应该选择离待机地域最近或较近的发射点, 而两个待机地域分别在图形的最上、最下方, 所以第一阶段导弹车行驶路线一般不会相交, 研究开始阶段在不考虑会车的情况下求最短行驶时间是合适的. 至于第二、第三两个阶段是可能发生会车, 但进行第二层优化时, 在路线规划好之后会进行调整避免会车, 所以在开始也不考虑会车与超车.

首先运用 Floyd 算法分别求出各种导弹车在道路网中任意两个道路节点之间行驶所需要的最短时间矩阵. 与 Dijkstra 算法求解从一个顶点到其余各顶点的最短路径不同, Floyd 算法是一种利用动态规划的思想寻找给定的加权图中多源点之间最短路径的算法; 因为从待机地域移动到发射点位并非一条直线, 而是由网路中相邻节点形成的路段组成的, 所以先求出每条路段的长度. 为了表示方便, 我们将待机地域、发射点位、转载地域、道路节点不加区分, 设某条路段两端点的坐标分别为 $u(x_i, y_i)$, $v(x_j, y_j)$, 该路段近似为线段, 则这条路段的长度公式为

$$l_{uv} = \sqrt{\left(x_i - x_j\right)^2 + \left(y_i - y_j\right)^2}.$$

采用 Floyd 算法, 具体原理如下:

首先初始化距离矩阵. 把网络图用矩阵 G 表示出来, 如果从节点 E_i 到 E_j 有路可达, 则 $G[i][j] = L$, L 表示依上述公式求出的从节点 E_i 到 E_j 的长度, 否则 $G[i][j] = \infty$. 接着不断地更新距离矩阵. 把节点 E_k 插入 E_i 到 E_j 的路线中, 更新 $G[i][j] = \min(G[i][j], G[i][k] + G[k][j])$. 直至节点加入后矩阵 G 不再变化就获得了给定的加权图中多源点之间最短路径矩阵. 由于题目中有 A、B、C 三种车型, 且三种车辆在主干道路 (图中红线) 和其他道路 (图中蓝线) 的车速均不相同, 因此在求解各节点之间的最短时间矩阵时, 既需要考虑是否包含主干道路的影响, 又需要对 A、B、C 三种车型, 分别用 Floyd 算法获得三种车型的最短时间矩阵记为 $J_A J_B J_C$(注意尽管很少发生, 但确有包含主干道的道路里程虽长一点, 由于速度快节省了更多的时间, 因而可能最短路并不是最短时间路线). 表 8.4 即为所求得的各节点间最短路径矩阵的一部分. 表 8.5 即为 J_A 矩阵的一部分.

表 8.4 各节点间最短路径矩阵

	D1	D2	Z01	Z02	Z03	Z04	Z05	Z06
D1	0	147.7329	118.7939	66.0303	37.20215	73.1642	72.49828	113.5341
D2	147.7329	0	46.57252	82.34683	110.9099	102.3426	169.8382	134.8518
Z01	118.7939	46.57252	0	54.91812	82.21922	97.73945	159.424	143.5897
Z02	66.0303	82.34683	54.91812	0	28.84441	54.08327	106.7333	106.1037
Z03	37.20215	110.9099	82.21922	28.84441	0	54.67175	88	105.119
Z04	73.1642	102.3426	97.73945	54.08327	54.67175	0	67.62396	52.35456
Z05	72.49828	169.8382	159.424	106.7333	88	67.62396	0	67.36468
Z06	113.5341	134.8518	143.5897	106.1037	105.119	52.35456	67.36468	0
F01	134.7294	58.21512	86.02325	83.52245	104.3072	67.62396	131.2098	81.84131
F02	135.1333	66.27217	93.19335	87.09191	106.2121	65.80274	127.3146	75.29276
F03	121.0372	69.46222	89.05055	75.591	92.96236	51.5461	114.2016	66.48308
F04	122.1475	78.31347	97.6934	80.99383	96.16652	50.48762	109.8362	58.60034
F05	123.0447	88.27797	106.9766	86.83317	99.53894	50.08992	104.7091	49.73932
F06	137.6154	85.37564	110.5351	97.41663	112.5789	65	119.4069	60.959
F07	140.4635	103.3102	126.6254	107.9354	119.4069	67.44627	112.5789	48.82622
F08	142.678	121.1033	142.088	118.1905	125.9246	71.69379	105.3803	38.32754
F09	144.5061	133.015	152.427	125.4193	130.7287	76.05919	101.1237	34.05877
F10	123.9758	124.0363	138.0797	106.7801	110.5351	55.9017	84.34453	17.88854
F11	114.9348	94.36631	108.9312	83.4386	93.47727	41.7732	94.41398	41.23106
F12	141.4214	140.0893	157.1751	127.0276	130.1384	75.69016	94.02127	28.4605
F13	145.6606	156.3202	171.6071	138.2353	138.4088	85.14693	90.80198	33.30165
F14	147.5127	168.8579	182.1648	146.0137	143.6941	92.13577	87.31552	39.92493
F15	150.6154	179.3544	191.387	153.4438	149.3754	99.368	86.76981	48.05206
F16	149.683	188.7326	198.4263	157.9652	151.608	104.0481	82.41966	55
F17	135.1037	167.8869	177.5528	138.1919	133.6001	84.11896	73.1642	34.0147
F18	127.0157	175.4138	181.011	137.8731	129.8653	84.59314	60.53924	40.8534
F19	111.8034	155.2836	160.0125	117.3882	110.9414	63.78871	52.95281	22.67157
F20	103.2473	154.146	156.3202	111.8034	103.7882	59.03389	44.40721	26.41969
F21	125.096	187.2165	189.676	143.6837	132.5632	92.08692	54.45181	54.3783
F22	122.8007	190.192	191.2694	144.2221	131.9394	93.53609	51.22499	58.60034
F23	117.2732	196.4739	194.3631	145.1241	130.2498	97.01546	44.77723	68.593
F24	127.0157	27.313	50.24938	64.62971	91.48224	75.60423	143.2236	108.0602
F25	117.5457	34.4093	47.16991	55.3263	82.0061	67.95587	135.4289	103.6967
F26	106.5129	42.52058	42.05948	43.41659	70.5195	62.24147	128.7983	103
F27	107.7079	53.66563	63.56886	52.88667	75.02666	49.57822	117.1537	83.38465
F28	92.65528	71.34424	73.43705	46.61545	62.96825	31.241	98.85848	70.17834
F29	86.46965	76.27582	75.02666	43.18565	57.48913	26.07681	93.60021	68.88396
F30	72.56032	84.95881	75.95393	34.1321	43.9659	22	85.95929	72.44998
F31	92.65528	90.87354	95.33625	62.00806	70.23532	20.09975	82.87943	48.25971

续表

	D1	D2	Z01	Z02	Z03	Z04	Z05	Z06
F32	82.29824	91.92388	91.02198	53	59.5399	11.6619	78.64477	54.12024
F33	86.02325	108.6876	110.0182	69.857	70.76722	16.40122	65.60488	36.24914
F34	73.73602	114.9087	111.018	65.73431	61.84658	13.34166	55.86591	43.27817
F35	57.00877	114.2147	103.1601	53.00943	44.65423	17.11724	56.79789	60.82763
F36	75.591	123.6649	120.2082	74.1485	67.95587	22.56103	48.27007	38.41875
F37	79.02531	138.3112	134.8073	87.36704	77.87811	37.36308	36.23534	36.40055
F38	70.0928	141.7392	134.8518	85.02353	72.42237	39.44617	29.06888	46.57252
F39	61.55485	141.6051	131.8977	80.50466	65.73431	39.62323	28.30194	54.70832
F40	65.21503	154.6157	144.5164	92.39589	75.42546	52.49762	15.26434	59.3043
F41	75.95393	187.8776	174.5423	120.5529	98.65597	86.27862	20.12461	86.49277
F42	62.39391	181.2181	165.0606	110.4943	87.09191	81.40025	23.34524	90.04999
F43	44.10215	175.7271	154.7676	99.86491	73.79024	81.15417	39.66106	101.1187
F44	168.2914	48.05206	49.49747	103.8557	131.6435	140.1178	205.2949	179.3544
F45	154.7966	55.75841	38.07887	92.66067	119.0378	134.7331	197.4487	178.0112
F46	142.6359	52.3259	26.24881	80.5295	106.8316	123.6285	185.6583	168.0744
F47	133.7946	47.43416	16.15549	70.83078	97.6166	113.4372	175.5705	158.155
F48	78.29432	69.46222	49.33559	15.0333	41.78516	50.08992	110.1363	100
F49	86.68333	64.28841	33.61547	21.40093	49.57822	68.18358	126.5306	117.8813
F50	109.4806	61.39218	15.0333	49.33559	74.09453	98.04591	155.9551	146.697
F51	82.9759	75.53807	36.61967	25	47.50789	78.1025	131.2136	129.3561
F52	108.4066	78.16009	31.62278	56	75.89466	108.5035	161.79	158.9277
F53	119.8833	80.5295	35.60899	68.02941	87.93179	120.0708	173.954	170.0176
F54	93.10746	91.92388	46.01087	49.64877	63.50591	103.7304	151.2118	155.6181
F55	117.3925	95.85406	50.24938	73.1642	88.68484	126.8464	176.3434	178.0365
F56	114.7258	107.3359	61.26989	77.16217	89.00562	131.244	177.0028	183.0956
F57	27.89265	130.0346	95.80188	48.27007	23.5372	76.32169	95.80188	124.4829
F58	49.81967	122.1843	82.76473	46.32494	34.20526	88.39118	116.9017	139.3126
F59	81.21576	115.2779	70.11419	58	60.16644	109.6038	146.8741	161.895
F60	103.6967	121.0372	74.46476	77.38863	82.9759	130.5986	169.9559	182.9453

表 8.5　J_A 矩阵的一部分

	D1	D2	Z01	Z02	Z03	Z04	Z05	Z06	F01
D1	0	3.216962	2.810851	1.592587	0.826714	1.604383	1.843256	3.183553	3.350907
D2	3.216962	0	1.241146	2.027004	2.792876	2.263392	3.147194	2.590215	1.512168
Z01	2.810851	1.241146	0	1.620893	2.295799	1.909197	3.556323	3.242478	2.352689
Z02	1.592587	2.027004	1.620893	0	0.765872	1.183734	2.597824	2.762904	2.541958
Z03	0.826714	2.792876	2.295799	0.765872	0	1.36549	2.249817	2.94466	3.112014
Z04	1.604383	2.263392	1.909197	1.183734	1.36549	0	2.120695	1.57917	1.746524
Z05	1.843256	3.147194	3.556323	2.597824	2.249817	2.120695	0	1.731187	2.630326
Z06	3.183553	2.590215	3.242478	2.762904	2.94466	1.57917	1.731187	0	2.064509

	D1	D2	Z01	Z02	Z03	Z04	Z05	Z06	F01
F01	3.350907	1.512168	2.352689	2.541958	3.112014	1.746524	2.630326	2.064509	0
F02	3.349611	1.510872	2.351393	2.540662	3.110718	1.745228	2.62903	2.063213	0.38103
F03	3.348306	1.509567	2.350088	2.539357	3.109413	1.743923	2.627725	2.061908	0.379725
F04	3.750337	2.003043	2.843564	3.032833	3.511443	2.145954	3.029756	1.648892	0.873201
F05	3.750337	2.003043	2.843564	3.032833	3.511443	2.145954	3.029756	1.648892	0.873201
F06	3.66209	1.914797	2.755318	2.944587	3.423197	2.057708	2.94151	1.560646	0.784955
F07	3.312353	2.321921	3.162443	2.891705	3.07346	1.707971	2.591773	1.210909	1.192079
F08	3.511077	2.917739	3.570002	3.090428	3.272184	1.906694	2.790496	1.18002	1.896629
F09	3.456802	2.863464	3.515727	3.036154	3.217909	1.852419	2.736221	1.125745	1.842355
F10	3.111269	2.517931	3.170194	2.69062	2.872376	1.506886	2.390688	1.009824	1.767184
F11	3.066923	2.473585	3.125848	2.646275	2.82803	1.46254	2.346342	0.965479	1.722838
F12	3.89583	3.302492	3.954755	3.475181	3.656937	2.291447	2.443464	0.712277	2.283793
F13	3.958058	3.36472	4.016983	3.537409	3.719165	2.353675	2.505692	0.774505	2.34602
F14	4.013809	4.10223	4.754492	4.274919	4.42037	3.091185	2.170553	1.512014	3.138947
F15	3.874327	3.962748	4.615011	4.135437	4.280888	2.951703	2.031071	1.372533	2.999465
F16	3.95846	4.046881	4.699144	4.21957	4.365021	3.035836	2.115204	1.456666	3.083598
F17	3.931711	4.020132	4.672394	4.192821	4.338272	3.009087	2.088455	1.429916	3.056849
F18	3.428272	3.516693	4.168956	3.689382	3.834833	2.505648	1.585016	0.926478	2.990987
F19	3.317691	3.406112	4.058375	3.578801	3.724252	2.395067	1.474435	0.815897	2.880406
F20	2.939623	3.32502	3.977283	3.497709	3.346185	2.313975	1.096368	1.25493	2.808153
F21	3.35414	3.739537	4.3918	3.912226	3.760702	2.728492	1.510884	1.27402	3.22267
F22	3.403771	3.789168	4.44143	3.961857	3.810332	2.778123	1.560515	1.32365	3.2723
F23	3.046413	3.684854	4.337116	3.800981	3.452974	2.673809	1.456201	1.696706	3.167986
F24	3.417089	0.620024	1.441273	2.227131	2.993003	2.149927	3.033729	2.47675	1.398703
F25	3.061055	1.019546	1.085239	1.871097	2.63697	2.159401	3.428741	2.871702	1.798225
F26	2.695692	1.512049	1.316465	1.505734	2.271606	1.794038	2.927436	2.370457	1.480668
F27	3.016447	1.651624	1.63722	1.826489	2.592362	1.697722	2.581524	2.024546	1.134757
F28	3.016447	1.651624	1.63722	1.826489	2.592362	1.697722	2.581524	2.024546	1.134757
F29	2.175836	2.075501	1.711341	0.985878	1.75175	1.274181	2.921307	2.853352	2.04412
F30	2.175836	2.075501	1.711341	0.985878	1.75175	1.274181	2.921307	2.853352	2.04412
F31	2.078899	2.109369	2.383713	1.65825	1.840006	0.474516	1.982126	1.425148	1.592501
F32	2.117414	2.147884	2.422228	1.696765	1.878521	0.513031	2.020641	1.463662	1.631016
F33	2.178757	2.209226	2.483571	1.758108	1.939864	0.574374	2.081984	1.525005	1.692359
F34	2.017768	2.676777	2.322582	1.597119	1.778875	0.413385	2.089635	1.992555	2.159909
F35	2.045469	2.704477	2.350283	1.62482	1.806575	0.441086	2.117336	2.020256	2.18761
F36	2.546328	2.561182	3.213445	2.582134	2.571817	1.550137	1.702154	1.145175	2.044315
F37	2.257498	2.94931	3.251802	2.293304	2.282987	1.620094	2.031433	1.533303	2.432442
F38	2.217777	2.909589	3.212082	2.253584	2.243267	1.580374	1.991713	1.493582	2.392722
F39	2.270077	2.961889	3.264381	2.305883	2.295567	1.632673	2.044012	1.545882	2.445021
F40	2.277405	3.159706	3.811968	3.031973	2.683966	2.148661	0.434149	1.743699	2.642838
F41	1.806173	3.746459	3.51924	2.560742	2.212735	2.083612	0.599265	2.330452	3.229592

续表

	D1	D2	Z01	Z02	Z03	Z04	Z05	Z06	F01
F42	1.726313	3.666598	3.43938	2.480881	2.132874	2.003752	0.519405	2.250591	3.149731
F43	1.168354	3.677095	3.270985	2.312487	1.964479	1.863421	1.054635	2.770438	3.609945
F44	3.609439	1.330033	1.119376	2.419481	3.185353	2.707784	4.35491	3.83936	2.761312
F45	3.647512	1.368107	1.15745	2.457554	3.223426	2.745858	4.392983	3.877433	2.799386
F46	3.470399	1.190994	0.834953	2.280441	3.046313	2.568745	4.21587	3.70032	2.622272
F47	3.422796	1.143391	0.78735	2.232838	2.99871	2.521142	4.168267	3.652717	2.574669
F48	2.598637	1.62552	1.21941	1.408679	2.174551	1.696983	3.344108	3.030264	2.140475
F49	2.590899	1.617783	1.211672	1.400941	2.166814	1.689245	3.336371	3.022526	2.132737
F50	3.002498	1.614727	0.6995	1.750437	2.175784	2.282778	3.929903	3.616059	2.72627
F51	2.558746	1.975898	1.060671	1.306685	1.732032	2.490419	3.90451	3.97723	3.087441
F52	3.125479	2.542631	1.627404	1.873418	2.298765	3.057152	4.471243	4.543963	3.654174
F53	3.162411	2.579562	1.664335	1.91035	2.335696	3.094084	4.508174	4.580894	3.691106
F54	2.33862	2.465898	1.550671	1.360799	1.511906	2.544533	3.761723	4.123703	3.577442
F55	3.294414	2.762482	1.847255	2.093269	2.467699	3.277003	4.691094	4.763814	3.874025
F56	3.309414	2.777483	1.862256	2.10827	2.4827	3.292004	4.706094	4.778815	3.889026
F57	1.684895	3.263904	2.348677	1.624053	0.858181	2.22367	3.107998	3.802841	3.970195
F58	1.633352	3.212361	2.297134	1.57251	0.806637	2.172127	3.056455	3.751297	3.918651
F59	2.892288	3.019566	2.104339	1.914466	2.065573	3.0982	4.315391	4.677371	4.131109
F60	2.834552	2.96183	2.046603	1.856731	2.007838	3.040465	4.257655	4.619635	4.073374

接着建立第一层次的优化模型, 由目标函数和约束条件组成. 按题意不考虑车载发射装置的准备时间和发射后的撤收时间.

前已说明第一层优化分为三个阶段:

第一阶段: 第一波次发射节点的选择, 即从 $D_i \to F_j (i = 1, 2; j = 1, 2, 3, \cdots, 60)$;

第二阶段: 转载地域选择, 即从 $F_j \to Z_k (j = 1, 2, 3, \cdots, 60; k = 1, 2, 3, \cdots, 6)$, 这个阶段的出发点确定为第一波次的发射节点;

第三阶段: 第二波次发射节点选择, 即从 $Z_k \to F_j (k = 1, 2, 3, \cdots, 6; j = 1, 2, 3, \cdots, 60)$, 这个阶段的出发点为第二阶段选择的转载地域.

目标函数可表示为

$$t_{\min} = \min \sum_{i=1}^{24} \left(\frac{x_{D_i F_i^1} \cdot d\left(D_i, F_i^1\right) + x_{F_i^1 Z_i} d\left(F_i^1, Z_i\right) + x_{Z_i F_i^2} d\left(Z_i, F_i^2\right)}{v_i} + w_i \right).$$

式中, i 代表第 i 个车载发射装置, F_i^1, F_i^2 分别为第 i 个车载发射装置的第一和第二波次的发射点位;

D_i 和 Z_i 分别代表第 i 个车载发射装置的待机地域 (1 或 2) 和所选择的转载地域 (在 1、2、3、4、5、6 中选择);

x_{ij} 为决策变量, 当 $x_{ij} = 1$, 说明车载装置选择从节点 i 到节点 j 的最短时间路线, 否则 $x_{ij} = 0$, 其中 $i, j \in \{D, F, Z, J\}$.

$D_i F_i^1, F_i^1 Z_i, Z_i F_i^2$ 分别代表一系列首尾相接的相邻节点路段 jk 所形成的第 i 个车载装置从待机地域至第一波发射点、从第一波发射点至转载地域、从转载地域至第二波发射点的最短距离矩阵中的相应的元素.

v_i 为第 i 台导弹车的行驶速度; 因为在不同道路上导弹车的行驶速度不相等, 故目标函数的第一个分式中每一项严格地表达应为不同分母 (双向和单向道路上的速度) 的两个分式和.

w_i 为第 i 个导弹车的会车等待及在第二波发射点等待齐射的时间和在转载点装弹暴露时间 (不含隐蔽时间), 具体计算处理见下面单车道约束及转载地域约束所述.

下面分别给出三个阶段 0-1 规划模型的约束条件. 引入 0-1 变量, $x_i(i = 1, 2, 3, \cdots, 120)$, $y_j(j = 1, 2, 3, \cdots, 360)$ 和 $z_k(k = 1, 2, 3, \cdots, 360)$ 分别表示第一阶段从待机区域 D_1 或 D_2 出发是否选取 $F_1, F_2, F_3, \cdots, F_{60}$ 为第一波次发射点, 第二阶段从第一波发射点出发是否选取 $Z_{01}, Z_{02}, Z_{03}, \cdots, Z_{06}$ 为转载地域以及第三阶段从转载地域 $Z_{01}, Z_{02}, \cdots, Z_{06}$ 出发是否选取 $F_1, F_2, F_3, \cdots F_{60}$ 为第二波发射点.

$$x_i = \begin{cases} 0, & \text{从} D_1 \text{出发不选取} F_i \text{为第一波发射点}, \\ 1, & \text{从} D_1 \text{出发选取} F_i \text{为第一波发射点} \end{cases} \quad (i = 1, 2, 3, \cdots, 60).$$

D_2 类似 $(i = 61, 62, 63, \cdots, 120)$ 选取 $i - 60$ 为第一波发射点

$$y_j = \begin{cases} 0, & \text{从} F_1, F_2, F_3 \cdots, F_{60} \text{中某发射点不到达某转载} \\ & \text{地域} Z_{01}, Z_{02}, Z_{03}, \cdots, Z_{06}, \\ 1, & \text{从} F_1, F_2, F_3 \cdots, F_{60} \text{中某发射点到达某转载} \\ & \text{地域} Z_{01}, Z_{02}, Z_{03}, \cdots, Z_{06} \end{cases} \quad (j = 1, 2, 3, \cdots, 360),$$

$(j + 59)/60$ 的整数部分对应 Z 的下标, $j/60$ 的余数对应 F 的下标. 余数 0 对应 60.

$$z_k = \begin{cases} 0, & \text{从} Z_{01}, \cdots, Z_{06} \text{中某转载地域出发不选} F_1, \cdots, F_{60} \\ & \text{中某点为第二波发射点}, \\ 1, & \text{从} Z_{01}, \cdots, Z_{06} \text{中某转载地域出发选} F_1, \cdots, F_{60} \\ & \text{中某点为第二波发射点} \end{cases} \quad (k = 1, 2, 3, \cdots, 360),$$

$(k + 59)/60$ 的整数部分对应 Z 的下标, $k/60$ 的余数对应 F 的下标. 余数 0 对应 60.

$$\min T = X_I T_{DF} + X_J T_{FZ} + X_K T_{ZF},$$

其中, X_I, X_J, X_K 表示分别由 x_i, y_j, z_k 组成的三个 $120, 360, 360$ 维行向量, T_{DF}, T_{FZ}, T_{ZF} 分别表示从 J_A, J_B, J_C 矩阵中提取出的从待机区域 D_1 和 D_2 到发射点 $F_1, F_2, F_3, \cdots, F_{60}$, 从发射点 $F_1, F_2, F_3, \cdots, F_{60}$ 到转载地域 $Z_{01}, Z_{02}, Z_{03}, \cdots, Z_{06}$ 以及从转载地域 $Z_{01}, Z_{02}, Z_{03}, \cdots, Z_{06}$ 到发射点 $F_1, F_2, F_3, \cdots, F_{60}$ 的最短时间矩阵相应部分按列拉直而成的 $120, 360, 360$ 维列向量 (按车型从 J_A, J_B, J_C 中选择).

在第一阶段: 从 $D_i \to F_j (i = 1, 2; j = 1, 2, 3, \cdots, 60)$, 需要满足从 D_1、D_2 出发的 A, B, C 三种类型的车的和数量分别是 3 台, 3 台, 6 台, 且每车选择一个发射点, 每个发射点最多被选中一次. 具体约束条件如下:

$$N_{AD_1} = 3,$$
$$N_{AD_2} = 3,$$
$$N_{BD_1} = 3,$$
$$N_{BD_2} = 3,$$
$$N_{CD_1} = 6,$$
$$N_{CD_2} = 6,$$
$$\sum x_{D_1 F_{01}} + \sum x_{D_2 F_{01}} \leqslant 1,$$
$$\sum x_{D_1 F_{02}} + \sum x_{D_2 F_{02}} \leqslant 1,$$
$$\cdots \cdots$$
$$\sum x_{D_1 F_{60}} + \sum x_{D_2 F_{60}} \leqslant 1,$$

其中 N_{AD_1} 表示从 D_1 出发的 A 型车载装置的总和, 余类推.

$\sum x_{D_1 F_{01}}$ 为从 D_1 出发并以 F_1 为发射点的车载装置个数, 余类推.

在第二阶段: 从 $F_j \to Z_k (j = 1, 2, 3, \cdots, 60; k = 1, 2, 3, \cdots, 6)$, 所有的 6 台 A 型车, 6 台 B 型车, 12 台 C 型车都必须经过转载点, 且从各个发射点到转载地域的导弹数量等于从各待机地域到各发射点导弹的数量, 具体约束条件如下:

$$N_{AZ} = 6,$$
$$N_{BZ} = 6,$$
$$N_{CZ} = 12,$$
$$\sum x_{F_{01} Z} = \sum x_{DF_{01}},$$
$$\sum x_{F_{02} Z} = \sum x_{DF_{02}},$$
$$\cdots \cdots$$
$$\sum x_{F_{60} Z} = \sum x_{DF_{60}}.$$

N_{AZ} 表示经过全部转域 Z 的 A 型车载装置数, 余类推.

$\sum x_{F_{01} Z}$ 表示从 F_1 出发到所有转域的车载装置个数, 余类推.

$\sum x_{DF_{01}}$ 为从所有待机点出发以 F_1 为第一发射点的导弹车个数, 余类推.

在第三阶段: 从 $Z_k \to F_j(j = 1, 2, 3, \cdots, 6; k = 1, 2, 3, \cdots, 60)$, 要保证进入每个转载地域的 A(B, C) 型车的数量 $\sum x_{AZ_j}$ 等于从各转载地域出去 A(B, C) 型车的数量 $\sum x_{AZ_jF}$, 且每一个发射点最多使用一次, 具体约束条件如下:

$$\sum x_{AZ_j} = \sum x_{AZ_jF},$$

$$\sum x_{BZ_j} = \sum x_{BZ_jF},$$

$$\sum x_{CZ_j} = \sum x_{CZ_jF},$$

$$\sum x_{DF_{01}} + \sum x_{ZF_{01}} \leqslant 1,$$

$$\sum x_{DF_{02}} + \sum x_{ZF_{02}} \leqslant 1,$$

$$\cdots\cdots$$

$$\sum x_{DF_{60}} + \sum x_{ZF_{60}} \leqslant 1.$$

$\sum x_{DF_{60}}$ 为选择 F_{60} 为第一发射点的车载发射装置总数, $\sum x_{ZF_{60}}$ 为选择 F_{60} 为第二发射点的车载发射装置总数.

按三个模型, 先后解出不分 A, B, C 类型车的情况下, 第一波发射节点和第二阶段转载地域及每辆车的第二波发射点. 为了减少行驶时间, 应该发挥 A, B 车速度快的优势, 让快车跑远路, 慢车跑近路. 然后根据最短时间距离矩阵中路线和时间给出 24 辆车从待机区域到第二波发射点的具体路线图和行驶时间.

第二层次优化: 求解每波次发射时间安排、每辆导弹车路线上各个道路节点的时间安排. 考虑到同一路段上相向而行的两车可能途中相遇, 需要在行进节点等待会车, 以及在转载地域可能要等待装弹, 都需要对第一层次优化的结果进行微调纠正. 由于导弹车在待机地域都属于隐蔽状态, 第一阶段应该根据各车的行驶时间选择合适的出发时刻, 行驶时间越短的车载装置越推迟出发, 以保证 24 辆车同时到达第一波发射点, 从而等待第一波发射造成的暴露时间为零. 第二阶段由于在每个转域无论是否装弹, 总有两辆车可以处于隐蔽状态, 所以如果可以延迟离开, 则应在转载地域等待, 直至转载地域来了第三辆车时再出发, 尽量使所有 (或大部分) 发射装置同时 (或近似同时) 到达第二波发射地点.

2. 模型的求解结果

1) 第一种较优的方案

根据前面求出的道路网中任意两个道路节点之间路径所用的最短时间矩阵 J_A, J_B, J_C. 再通过建立 0-1 规划模型, 初步求得 A, B, C 三种类型装载车的两波发射点. 某个较优方案的三种类型导弹车发射节点的分布如图 8.4 所示. 图中每个发射点第一个字母代表导弹车类型, 破折号前数字为车的顺序号, 小于等于 A, B, C 车辆数一半的代表从 D_1 出发, 大于车辆数一半的代表从 D_2 出发, 破折号后数字代表该节点作为第几波发射点.

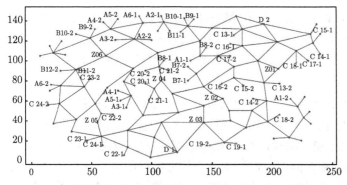

图 8.4　三种类型的装载车在路网中各个发射节点的分布图　　图 8.4 和图 8.5 的电子图

　　相应地得到对 0-1 规划结果进行微调后、并考虑了在转载地域等待的时间路径图如图 8.5.

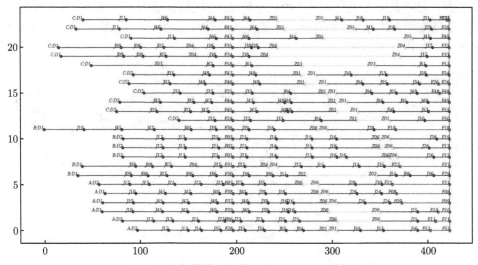

图 8.5　包括等待时间的最短暴露时间路径图

　　图 8.5 中的蓝线对应 A, B, C 三种类型装载车正在道路上行驶的状态, 黄色的线段对应三种类型导弹车在各个转载地域处于隐蔽的等待状态 (计入暴露时间的部分不在其中), 红色线段对应在各个转载地域的暴露状态及到达发射点后等待

齐射的状态. 由图可见, 红线部分即等待造成的暴露时间在整个暴露时间中所占的比例不大, 说明开始先求行驶时间最短是合理的. 同时为了使整体暴露时间最少, 三种类型导弹车在待机地域的出发时间都不相同. 该方案整体最短的暴露时间为 7621.8min(因为有个别约束条件没有满足, 所以最终暴露时间可能要增加几个小时, 但即便加 3~5 小时也是竞赛中很好的结果之一).

除以上两种表达最终规划方案的方式, 第三种表达方式是按赛题要求用表格形式来表示结果 (见后面的表 8.9), 每行代表一辆车载装置的运行方案, 从待机地域出发、进入、离开下一个节点的时刻, 进入、离开再下一个节点的时刻, ……, 直到第二波发射时刻.

以上三种表达方式各有利弊, 第一个图比较直观, 一眼可以看到最左上、最右下边界处的十二个发射点没有被使用, 因为它们距离待机地域和转域都比较远, 定性看是基本正确的. 第二张图时间表达得非常清晰, 黄线对应隐蔽, 不增加暴露时间, 红线对应等待造成的暴露时间, 很直观. 对比不同方案红线的长短, 利用图就可以发现改进的方向. 表格方式对时间表达很准确, 易于判断会车、转域等待.

2) 第二种较优的方案

如果用遗传算法寻优, 也可以获得较优解, 结果相差不大. 第二个比较优秀方案的整体暴露时间为 131.4 小时. 具体见图 8.6、图 8.7 和表 8.6、表 8.7(请注意, 该方案第二波次的规划路径图 8.7 表达不清晰, 方案的表格表 8.6、表 8.7 表达不够直观, 不及前面表格精细. 同样因为不满足全部约束条件, 所以总暴露时间也要增加几个小时) 和方案如下:

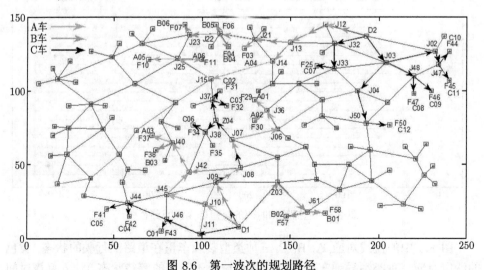

图 8.6　第一波次的规划路径

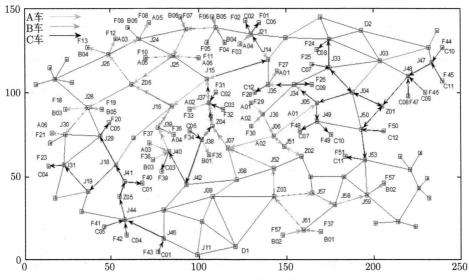

图 8.7　第二波次的规划路径

表 8.6　第一波次机动方案表

发射装置编号	待机地域编号	道路节点编号	第一波次发射点位	途经节点个数	暴露时间/min
A01	D1	J09、J08、J07、J06、J36、	F29	5	130.6
A02	D1	J09、J08、J07、J06、J36	F30	5	130.6
A03	D1	J10、J45、J42、J40	F37	4	135.4
A04	D2	J12、J13、J21	F3	3	90.6
A05	D2	J12、J13、J14、J15、J25	F10	5	151.1
A06	D2	J12、J13、J14、J15、J25	F11	5	148.4
B01	D1	J61	F58	1	126.0
B02	D1	J61	F57	1	130.0
B03	D1	J09、J08、J42、J40	F38	4	179.2
B04	D2	J12、J13、J21、J22	F4	4	152.1
B05	D2	J12、J13、J21、J22	F6	4	145.3
B06	D2	J12、J13、J21、J22、J23	F7	5	176.7
C01	D1	J11、J46	F43	2	105.2
C02	D1	J09、J08、J07、J37	F31	4	183.9
C03	D1	J09、J08、J07、J37	F32	4	187.4
C04	D1	J11、J46、J44	F42	3	155.4
C05	D1	J11、J46、J44	F41	3	162.6
C06	D1	J09、J08、J07、J38	F34	4	178.4
C07	D2	J32、J33	F25	2	91.8
C08	D2	J03、J48	F47	2	102.9
C09	D2	J03、J48	F46	2	107.2
C10	D2	J03、J02、J47	F44	3	117.2
C11	D2	J03、J02、J47	F45	3	120.6
C12	D2	J03、J04、J50	F50	3	143.2

表 8.7　第二波次机动方案表

发射装置编号	第二波次起始点位	道路节点编号	装载地域编号	道路节点编号	第二波次发射点位	途经道路节点总个数	在装载地停留时间	暴露时间 /min
A01	F29	J36、J06、J51	Z02	J51、J06、J05、J34、J35	F27	8	51.4	168.7
A02	F30	J36、J06、J51	Z02	J51、J06、J07、J37	F33	7	55.5	164.6
A03	F37	J40、J39、J16	Z06	J26	F12	4	85.4	134.7
A04	F3	J21、J14、J15、J37	Z04	J37、J15、J16、J39	F36		22.5	197.6
A05	F10	J25	Z06	J26、J24	F08	3	32.8	187.3
A06	F11	J25	Z06	J28、J30	F21	3	34.1	186.0
B01	F58	J61	Z03	J52、J07、J38	F35	4	10.0	210.1
B02	F57	J61	Z03	J57、J58、J59	F54	4	37.3	182.8
B03	F38	J40、J39、J16	Z06	J28	F18	4	10.0	210.1
B04	F4	J22、J23、J25	Z06	J26	F13	4	33.1	186.9
B05	F6	J22、J23、J25	Z06	J28	F19	4	10.0	210.1
B06	F7	J23、J25	Z06	J26、J24	F9	4	21.8	198.3
C01	F43	J46、J44	Z05	J41	F40	3	86.1	134.0
C02	F31	J37	Z04	J37、J15、J14、J21	F02	5	23.5	196.6
C03	F32	J37	Z04	J38、J42、J40	F39	5	26.0	194.1
C04	F42	J44	Z05	J41、J18、J19、J31	F23	5	44.1	176.0
C05	F41	J44	Z05	J41、J18、J29	F20	4	67.5	152.6
C06	F34	J38	Z04	J37、J15、J14、J21	F01	5	10.0	210.1
C07	F25	J33、J04	Z01	J04、J05、J49	F48	5	10.0	210.1
C08	F47	J48	Z01	J04、J33、J32	F24	4	19.4	200.7
C09	F46	J48	Z01	J04、J05、J34	F26	4	25.6	194.4
C10	F44	J47、J48	Z01	J04、J05、J49	F49	5	12.1	208.0
C11	F45	J47、J48	Z01	J50、J53	F51	4	16.9	203.2
C12	F50	J50	Z01	J04、J05、J34、J35	F28	5	11.5	208.6

3) 判断会车、超车算法

由于 A, B, C 三种车的速度各不相同, 因此在单车道上两种不同类型的车辆同向行驶时可能存在快车要超越慢车的问题. 两辆车在单车道上相向而行时存在会车的问题. 而题目规定单车道上不允许超车与会车, 因此需要对这两个问题进行检测. 检测超车、会车问题主要是依据两车各自经过同一条路段两个端点所形成的两个时间区间之间的关系而定. 寻找整个方案中任意两辆车通过有相同的两个端点的单车道的所有情况, 就可以判断整个方案是否存在超车或者会车的情况. 图 8.8 代表同向而行两辆车的时间区间真包含而存在超车的情况, 图 8.9 代表相向而行两辆车时间区间存在非空交集而发生会车的情况.

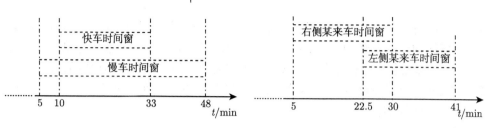

图 8.8 超车判断示意图 　　图 8.9 会车判断示意图

判断会车、超车具体算法流程为:

Step1 首先计算发射装置在路径中经过各节点的时刻. 假设两辆车在同一非主干路段上行驶, 时间区间分别为 $[t_{i1}, t_{i2}]$ 和 $[t_{j1}, t_{j2}]$.

Step2 判断是否超车: 判断任意两辆不同类型的车辆的路径中 (相同类型车辆不存在超车问题) 在同一非主干路段同向行驶的时间区间是否存在一个包含另一个的情况, 即 "先发后至" 为超车. 即判断 $(t_{i1} > t_{j1} \&\& t_{i2} < t_{j2})$ 或 $(t_{i1} < t_{j1} \&\& t_{i2} > t_{j2})$ 是否为真, 即某车较另一车先到起点后离终点是否为真, 如果为真, 说明在该段路程上存在超车; 如果为假, 则在该段路程上这两辆车无超车的情况.

Step3 判断是否存在会车: 在某一非主干路段任意两台车辆相向行驶, 计算两辆车经过这条路段的两个时间区间, 若它们的交集为空, 即: 如果判断 $(t_{i1} > t_{j2} || t_{i2} < t_{j1})$ 为真, 说明 i, j 中有车已离开某路段的终点而另一车尚未到该路段的这个端点, 因此不存在会车; 如果判断 $(t_{i1} > t_{j2} || t_{i2} < t_{j1})$ 为假则这两辆车在该段路程上出现会车.

Step4 若存在超车现象, 则应让快车与被超车辆同速前进或被超车辆提前出发; 若存在会车现象, 则将两辆车中在该路段会车前行驶时间较短的车辆推迟出发或另一辆车提前出发.

4) 转载区域选择

因为各转载地域弹种类型和数量满足所有需求, 所以各发射点上的发射装置都可以选择去行驶时间最短的转载地域装弹. 在转载区域选择过程中, 首先要以 24 个第一波发射点为出发点, 转载区域为终点, 采用 Dijkstra 算法找出从每个第一波发射点到各转载区域的最短路径. 由于各车载装置类型、车速是确定的, 可以计算出从第一波发射点到各转载区域的最短时间, 将最终结果存放入 24×6 的矩阵中. 然后对每个发射装置到各转载区域的最短时间排序, 选择时间最小的转载区域, 直到 24 辆车载装置都选择完毕, 这样就确定了 24 条路径. 其次考虑装弹时间, 以第一波齐射结束为起始点, 在行驶时间的基础上计算每个发射装置在选定转载区域中的装弹完成时间, 此处要分多种情况讨论: 若发射装置到达转载区时转载区内已有两辆以上装置, 则在区域外等待只剩一辆车装弹时再进入转载区域隐蔽; 若发射装置到达转载区域时只有一辆发射装置在装弹或已经完成装弹正在隐蔽, 则可直接进入转载区, 并且等待这辆车装弹完成后或立即开始装弹; 若发射装置到达转载区域时, 转载区内没有车辆, 则可以直接装弹. 经计算得出 24 辆发射装置从第一波发射点到转载地域途中各节点的时间以及装弹完成的时间. 最后再利用发射装置路经各节点的时间来判断是否存在会车和超车情况, 若存在会车或者超车情况, 则对初步方案的时间点进行修正.

算法过程如下:

Step1 用 Dijkstra 算法计算出从第一波发射点到各转载区域的最短路径并转换成最短时间, 将最终结果存放入 24×6 的矩阵中.

Step2 将每辆车从一发点到六个转域的时间排序, 选择时间最小的转载区域, 直到 24 台装置都选择完毕.

Step3 计算为每台发射装置完成装弹的时间并排序.

Step4 判断发射装置在前往和离开转载地域的行驶过程中是否存在会车、超车.

Step5 若存在会车、超车现象, 则停车等待或减速行驶, 按增加暴露时间最少的方案去解决.

从转域到二发点的算法与前面类似, 不再赘述.

5) 第三种较优的方案

再介绍一篇优秀论文, 它根据启发式思想, 全局考虑 D→F→Z→F 两个波次的等效距离, 加入适当的近似模型进行整体优化. 采用模拟退火算法配合 Dijkstra 算法进行计算, 最后考虑转载地域排队等待的问题, 求出了更接近最优解的路径.

对于问题一, 仍然分两步求解: (1) D→F→Z→F 整体规划; (2) 机动调度规划.

(1) D→F→Z→F 整体规划

D→F→Z→F 整体规划即为每台车安排两个波次发射点位和转载地域 (注意这里是一次性优化, 没有分为三个阶段). 为简化模型, 将暴露时间的求解转化为综合最短机动路线的求解. 最短机动路线求解主要采用 Dijkstra 算法和模拟退火算法, 利用 MATLAB 编程计算. 利用模拟退火算法得到最终的 24 条最短机动路径.

模拟退火算法流程如图 8.10 所示.

采用模拟退火算法的原因是上述模型不是凸规划, 存在很多局部最优解, 而模拟退火算法在搜索过程中引入了随机因素, 若当前获得的稳定的解是一个局部最优解, 模拟退火算法中会以一定的概率来接受目标函数值比当前解来得差的解, 因此有可能会跳出局部最优解的范围, 找到全局更好的解.

因为车载发射装置在单、双车道上的行驶速度不同, A、B、C 三类发射装置在主干道路上的平均行驶速度分别是 70km/h、60km/h、50km/h, 在其他道路上的平均行驶速度分别是 45km/h、35km/h、30km/h, 且 $\frac{45}{70} \approx \frac{35}{60} \approx \frac{30}{50}$, 与均值误差不足

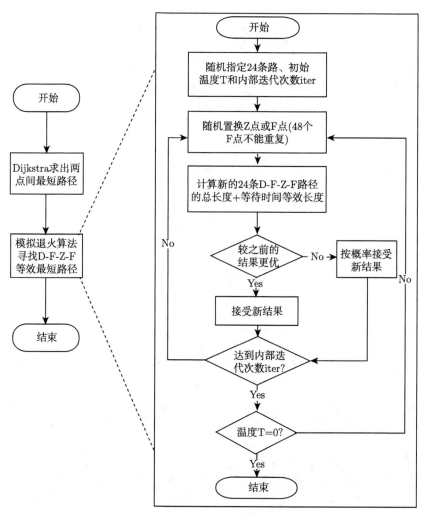

图 8.10　模拟退火算法流程图

5%, 故无论是什么种类的车, 都可以将速度的变化转化为路程的变化, 从而不再考虑单双车道的差别. 为简化模型, 将双车道的距离按相应比例缩小后再进行统一编程计算, 当然这仅是用于在初始阶段计算近似值, 在后续具体时间求解会车与等待时仍以原路径长度进行计算, 以保证没有误差. 根据三种车的数量比例以及在单、双车道上的行驶速度, 求得缩小比例为 $\frac{45}{70} \times \frac{1}{4} + \frac{35}{60} \times \frac{1}{4} + \frac{30}{50} \times \frac{1}{2} = 0.605$. 图 8.11 和图 8.12 分别是原始比例路线长度和缩小后的路线长度 (每段路段的长度标于图中).

图 8.11 ~ 图 8.24 的电子图

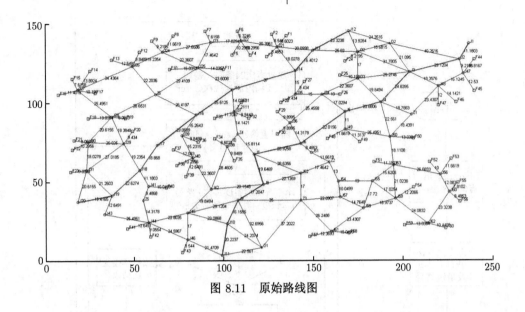

图 8.11　原始路线图

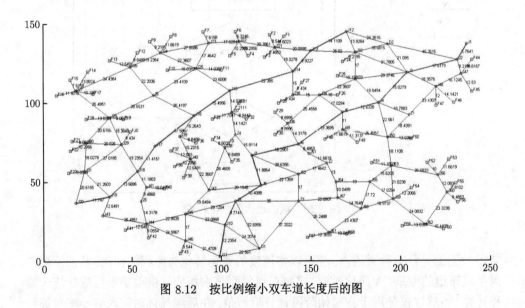

图 8.12　按比例缩小双车道长度后的图

基于以上两个算法流程思想, 利用 MATLAB 编程得出了 24 条从 D→F→Z→F 的最短路径, 即实现 24 辆车载发射装置两波次齐射任务的最短机动路线. 具体路线如表 8.8 所示, 其中, 加粗 D 为待机地域, 第一个加粗 F 为第一波次的发射点位, 加粗 Z 为转载地域, 第二个加粗 F 为第二波次的发射点位.

表 8.8　具体路线

序号	车辆机动路线
1	**D1**→ J10 → J45 → J42 → J40 → J39 →**F36**→ J39 → J16 →**Z6**→ J28 →**F18**
2	**D1**→ Z3 → J61 →**F58**→ J61 →**Z3**→ J57 → J58 → J59 →**F54**
3	**D1**→ J9 → J8 → J7 → J6 → J36 →**F29**→ J36 → J6 → J51 →**Z2**→ J51 → J6 → J36 →**F30**
4	**D1**→ J11 → J46 → J44 →**F41**→ J44 →**Z5**→ J41 → J18 → J19 → J31 →**F23**
5	**D1**→ J9 → J8 → J7 → Z4 → J38 →**F35**→ J38 →**Z4** → J37 →**F33**
6	**D1**→ J10 → J45 → J42 → J40 →**F37**→ J40 → J39 → J16 →**Z6**→ J25 →**F10**
7	**D1**→ Z3 → J61 →**F57**→ J61 →**Z3**→ J57 → J58 → J59 → J62 →**F60**
8	**D1**→ J11 → J46 →**F43**→ J46 → J44 →**Z5**→ J41 → J18 → J29 →**F20**
9	**D1**→ J10 → J45 → J42 → J40 →**F38**→ J40 → J39 → J16 →**Z6**→ J26 →**F13**
10	**D1**→ J9 → J8 → J7 → Z4 → J38 →**F34**→ J38 →**Z4**→ J38 → J42 → J40 →**F39**
11	**D1**→ J11 → J46 → J44 → Z5 → J41 →**F40**→ J41 →**Z5**→ J41 → J18 → J29 → J30 →**F22**
12	**D1**→ J11 → J46 → J44 →**F42**→ J44 →**Z5**→ J41 → J18 → J29 → J30 →**F21**
13	**D2**→ J12 → J13 → J21 →**F2**→ J21 → J14 → J15 → J16 →**Z6**→ J26 → J24 →**F9**
14	**D2**→ J32 →**F24**→ J32 → J33 → J4 →**Z1**→ J50 → J53 → J56 →**F52**
15	**D2**→ J12 → J13 → J21 → J22 →**F6**→ J22 → J23 → J25 →**Z6**→ J28 →**F19**
16	**D2**→ J32 → J33 → J34 →**F26**→ J34 → J5 → J6 → J51 →**Z2**→ J51 → J6 → J5 → J34 → J35 →**F27**
17	**D2**→ J3 → J48 →**F46**→ J48 →**Z1**→ J4 → J5 → J34 → J35 →**F28**
18	**D2**→ J3 → J2 → J47 →**F44**→ J47 → J48 →**Z1**→ J50 → J53 →**F51**
19	**D2**→ J12 → J13 → J21 →**F1**→ J21 → J14 → J15 → J37 →**Z4**→ J37 →**F31**
20	**D2**→ J12 → J13 → J14 → J15 → J25 →**F11**→ J25 →**Z6** → J26 →**F12**
21	**D2**→ J3 → J48 →**F47**→ J48 →**Z1**→ J4 → J5 → J49 →**F48**
22	**D2**→ J3 → J2 → J47 →**F45**→ J47 → J48 →**Z1**→ J50 →**F50**
23	**D2**→ J12 → J13 → J21 →**F3**→ J21 → J14 → J15 → J37 →**Z4**→ J37 →**F32**
24	**D2**→ J32 → J33 →**F25**→ J33 → J4 →**Z1**→ J4 → J5 → J49 →**F49**

为直观看出每台导弹车机动路线的走向, 根据每条机动路线经过转载地域的不同, 图 8.13~ 图 8.18 分别为方案中从待域到第一波发射点再到达 6 个转载地域 (Z1~ Z6) 的所有机动路线图 (绿线标出), 图 8.19~ 图 8.24 为从 6 个转载地域出发

至第二波次发射点位的所有机动路线图 (黄线标出, 红框为二发点).

上述表达方法可以将每辆车的机动路线直观地展现出来, 转域与发点的位置关系及转域工作量的大小都表达得十分清晰, 有利于启发改进的方向. 问题是分散在几张图上使得整体性不强, 前后 12 张图时间上有交叉, 又没有区分车辆类型. 后面会介绍更好的表达方式.

模拟退火算法的优点是可能跳出局部最优解, 恰好在这里得到体现, 这个方案的结果比较理想.

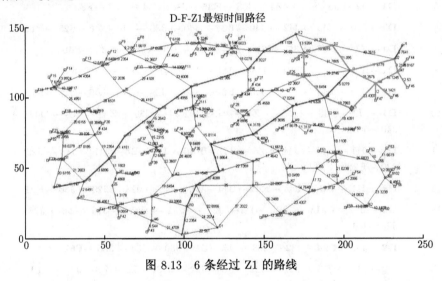

图 8.13　6 条经过 Z1 的路线

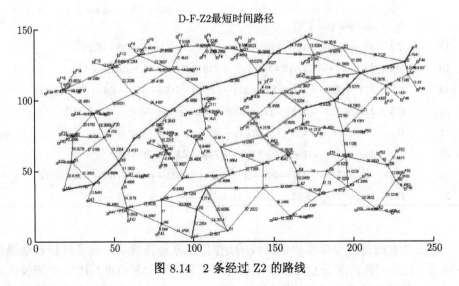

图 8.14　2 条经过 Z2 的路线

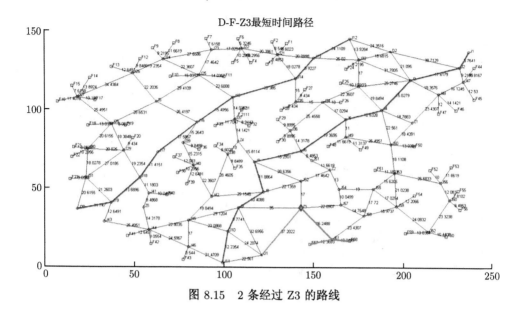

图 8.15　2 条经过 Z3 的路线

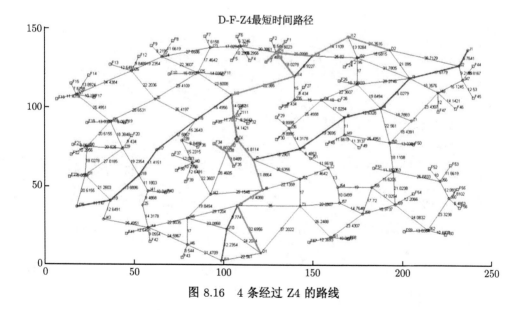

图 8.16　4 条经过 Z4 的路线

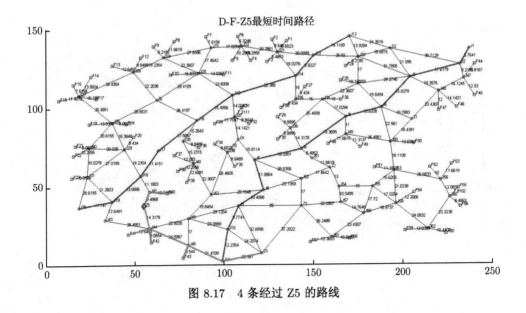

图 8.17 4 条经过 Z5 的路线

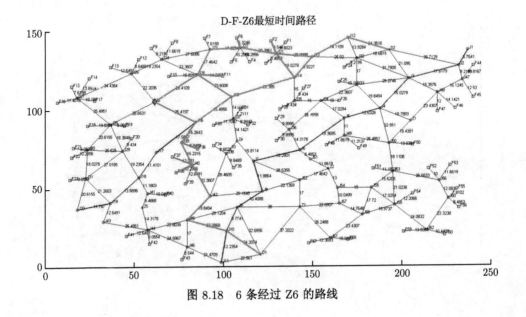

图 8.18 6 条经过 Z6 的路线

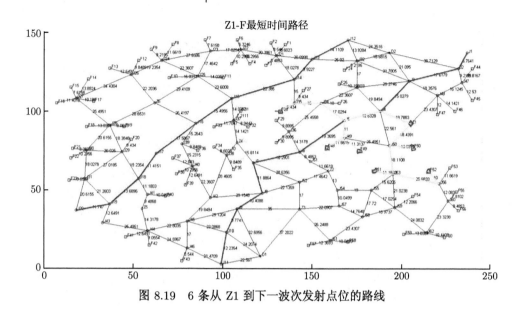

图 8.19　6 条从 Z1 到下一波次发射点位的路线

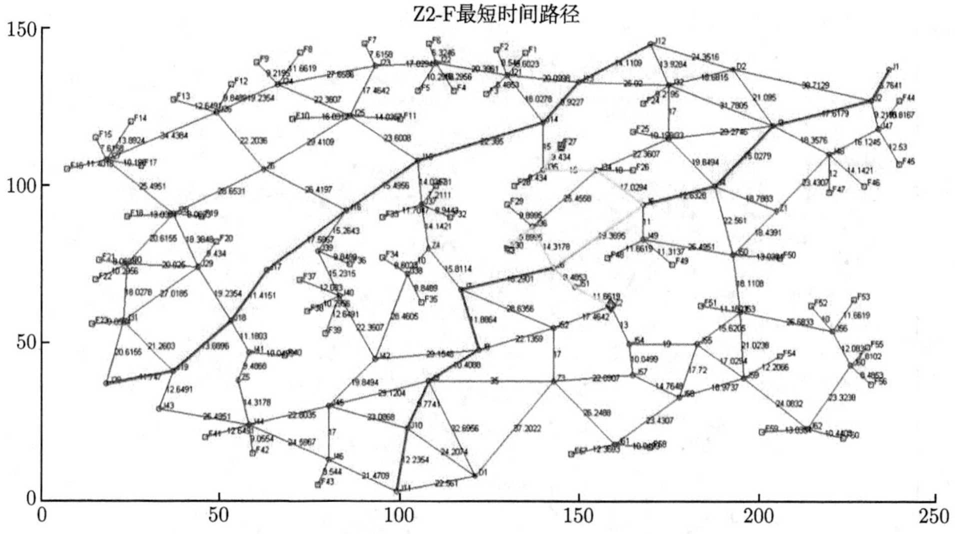

图 8.20　2 条从 Z2 到下一波次发射点位的路线

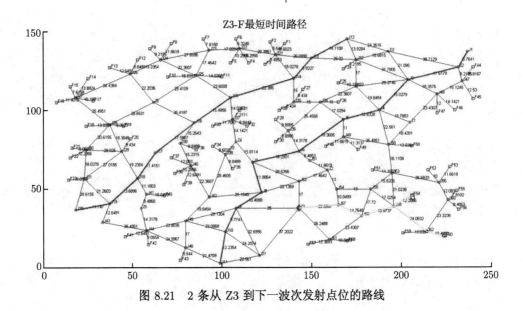

图 8.21　2 条从 Z3 到下一波次发射点位的路线

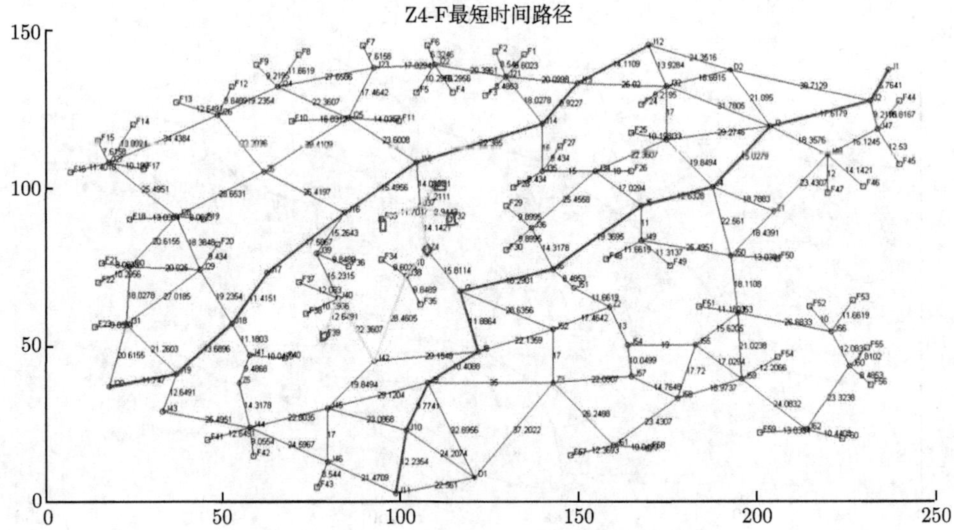

图 8.22　4 条从 Z4 到下一波次发射点位的路线

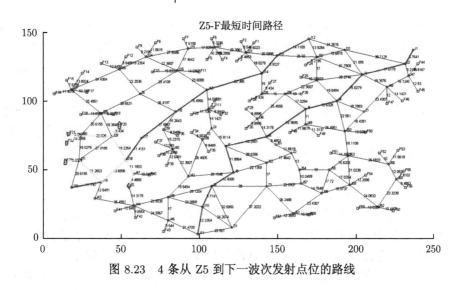

图 8.23　4 条从 Z5 到下一波次发射点位的路线

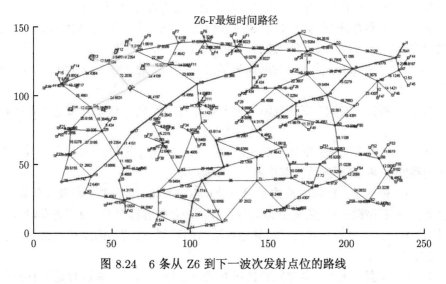

图 8.24　6 条从 Z6 到下一波次发射点位的路线

(2) 机动调度规划

接着进入机动调度规划即求解每辆车载发射装置具体的机动路线规划、时间安排、每波次齐射时间安排及整体暴露时间等, 采用模拟方式进行求解. 其输入为三个阶段整体规划结果, 输出为对应的机动调度方案.

每个待机地域均有 12 辆车载发射装置, 且 A,B,C 类车各 3,3,6 辆. 由于同一波次 24 枚导弹需齐射, 且在待机地域的时间不计入暴露时间, 所以应该让 24 辆车载导弹装置同时到达第一波发射点位, 即每辆车按行驶时间长短选择恰当时刻从待机地域出发, 保证 24 辆车同时到达第一波发射点. 这样每辆车的暴露时间即为该车的行驶时间, 不含等待时间. 为了节省行驶时间, 总里程一定的条件下, 让速度最快的 A 车发挥优势跑远路, B 车跑较远的路, 剩下最近的 12 条路由 C 车行驶. 因为要求 24 辆车同时到达第一波发射点位, 行驶时间长的快车先出发, 前已说明这个阶段不会有超车和会车.

将所有车载发射装置与除待机地域的所有节点视为可以产生 "碰撞" 的刚体, 每当有车经过节点时, 产生一个 "碰撞" 事件, 捕捉 "碰撞" 事件计算是否存在潜在的行驶冲突, 若有, 则选择其中一辆进行避让.

机动调度规划整体流程如下:

Step1　选择上面求出的 24 条最短路径.

Step2　找到 D→F 这一阶段的最长行驶时间 t, 以 0 时作为对应的导弹车的出发时刻, t 作为第一波次齐射时间, 其余各路径的出发时刻用齐射时刻 t 减去相应路径行驶耗时得到, 再分别计算按各自路径行驶时经过各节点的时刻.

Step3　每辆车经过任一节点时产生 "碰撞" 事件 (即车辆行驶到节点), 判断该车与其他车辆在该车下一路段 (仅考虑单车道) 是否存在会车或超车.

Step4　若存在冲突, 则让行驶速度较快的车辆避让等待, 并返回 Step3, 否则沿给定路线前进, 直至到达第一波齐射点, 进入 Step5.

Step5　以 Step2 中的齐射时间作为第二波次的起始时刻, 计算经过 F→Z 路径中各节点的时刻.

Step6　根据 "碰撞" 事件判断任意两辆车在途经同一单车道时是否存在行驶冲突.

Step7　若存在冲突, 则让行驶速度较快的车辆避让等待, 并返回 Step6, 否则沿既定路线前进, 直至到达转载地域, 进入 Step8.

Step8　根据 Z→F(第二波次发射点位) 各车辆耗时, 求得单车最长暴露时间, 根据此时间安排相应车辆在转载地域等待以减少整体暴露时间, 决定各车辆从转载地域出发时刻后, 再推算它们经过其他各节点的时刻, 待前后两次计算结果没有变化, 进入 Step11.

Step9　根据 "碰撞" 事件判断任意两辆车在途经同一单车道时是否存在行驶冲突.

Step10　若存在冲突, 则让行驶较快的避让等待, 并返回 Step9, 否则进入 Step8.

Step11　将每辆车的全程暴露时间累加得到最终整体暴露时间.

通过以上流程, 可获得 24 台车的整个机动调度规划, 并得到每辆车途经每一个节点处的到达时刻、离开时刻以及最终的整体暴露时间. 由计算结果可知, 第一波次的齐射时刻为 216.0min, 第二波次齐射时刻为 432.8min, 第一波次的齐射时刻到第二波次齐射时刻时间为 216.8min, 整体暴露时间为 7643min(即 127.7h). 具体的发射点位分配及机动路线方案以及各节点的到达时间、出发时间记录在表 8.9 中.

表 8.9　发射点位分配及机动路线时刻表

A01	D1	115.0	Z3	164.6	164.6	J61	199.6	199.6	F57	216.0	J61	232.5	232.5	Z3	267.5	312.3
A02	D1	80.6	J10	112.9	112.9	J45	143.7	143.7	J42	170.1	J40	199.9	199.9	F37	216.0	216.0
A03	D1	63.3	J10	95.5	95.5	J45	126.3	126.3	J42	152.8	J40	182.6	182.6	J39	202.9	202.9
A04	D2	178.8	J32	203.8	203.8	F24	216.0	216.0	J32	228.3	J33	251.0	251.0	J4	277.5	277.5
A05	D2	125.4	J12	157.9	157.9	J13	177.9	177.9	J21	204.7	F2	216.0	216.0	J21	227.4	227.4
A06	D2	125.3	J32	150.2	150.2	J33	172.9	172.9	J34	202.7	F26	216.0	216.0	J34	229.4	229.4
B01	D1	40.4	J11	79.0	79.0	J46	115.8	115.8	J44	158.0	Z5	182.6	182.6	J41	198.8	198.8
B02	D1	90.0	Z3	153.8	153.8	J61	198.8	198.8	F58	216.0	J61	233.3	233.3	Z3	278.3	316.2
B03	D1	45.0	J10	86.5	86.5	J45	126.0	126.0	J42	160.1	J40	198.4	198.4	F38	216.0	216.0
B04	D2	137.4	J32	169.4	169.4	J33	198.6	198.6	F25	216.0	J33	233.5	233.5	J4	267.6	267.6
B05	D2	124.2	J3	160.3	160.3	J48	191.8	191.8	F46	216.0	J48	240.3	240.3	Z1	280.5	302.5
B06	D2	70.7	J12	112.5	112.5	J13	135.8	135.8	J21	170.2	J22	205.2	205.2	F6	216.0	216.0
C01	D1	25.7	J9	91.1	91.1	J8	111.7	111.7	J7	135.3	J6	167.6	167.6	J36	196.2	196.2
C02	D1	37.6	J9	103.0	103.0	J8	123.6	123.6	J7	147.2	Z4	178.8	178.8	J38	198.8	198.8
C03	D1	35.1	J9	100.5	100.5	J8	121.1	121.1	J7	144.7	Z4	176.3	176.3	J38	196.3	196.3
C04	D1	53.5	J11	98.6	98.6	J46	141.6	141.6	J44	190.7	F41	216.0	216.0	J44	241.3	241.3
C05	D1	60.7	J11	105.8	105.8	J46	148.7	148.7	J44	197.9	F42	216.0	216.0	J44	234.2	234.2
C06	D1	110.9	J11	156.0	156.0	J46	199.0	199.0	F43	216.0	J46	233.1	233.1	J44	282.3	282.3
C07	D2	98.8	J3	141.0	141.0	J2	176.0	176.0	J47	194.4	F44	216.0	216.0	J47	237.7	237.7
C08	D2	95.4	J3	137.6	137.6	J2	172.5	172.5	J47	191.0	F45	216.0	216.0	J47	241.1	241.1
C09	D2	113.1	J3	155.3	155.3	J48	192.0	192.0	J47	216.0	J48	240.0	240.3	Z1	287.2	302.5
C10	D2	82.0	J12	130.7	130.7	J13	158.6	158.6	J21	198.8	F1	216.0	216.0	J21	233.2	233.2
C11	D2	82.2	J12	130.9	130.9	J13	158.9	158.9	J21	199.1	F3	216.0	216.0	J21	233.0	233.0
C12	D2	0.0	J12	48.7	48.7	J13	76.7	76.7	J14	96.4	J15	140.8	140.8	J25	188.0	188.0

续表

A01	J57	341.7	341.7	J58	361.4	361.4	J59	386.8	386.8	J62	418.9	418.9	F60	432.8	432.8			
A02	J40	232.2	232.2	J39	252.5	252.5	J1€	272.8	272.8	Z6	312.9	336.4	J25	375.6	375.6	F10	397.0	432.8
A03	F36	216.0	216.0	J39	229.2	229.2	J16	249.5	249.5	Z6	284.8	331.3	J28	369.5	369.5	F18	386.9	432.8
A04	Z1	302.5	312.5	J50	337.1	337.1	J53	361.2	361.2	J56	396.8	396.8	F52	410.1	432.8			
A05	J14	251.5	251.5	J15	283.2	283.2	J15	305.1	305.1	Z6	341.3	365.3	J26	394.9	394.9	J24	420.5	420.5
A06	J5	252.1	252.1	J6	279.5	279.5	J51	290.8	290.8	Z2	306.4	323.2	J51	338.8	338.8	J6	350.1	350.1
B01	F40	216.0	216.0	J41	233.3	233.3	Z5	249.5	312.5	J41	328.7	328.7	J18	347.9	347.9	J29	380.9	380.9
B02	J57	354.0	354.0	J58	379.3	379.3	J59	411.9	411.9	F54	432.8	432.8						
B03	J40	233.7	233.7	J39	259.8	259.8	J16	286.0	286.0	Z6	331.3	341.3	J26	379.4	379.4	F13	401.0	432.8
B04	Z1	302.5	322.5	J4	354.7	354.7	J5	375.6	375.6	J49	394.4	394.4	F49	413.8	432.8			
B05	J4	334.7	334.7	J5	355.6	355.6	J34	384.8	384.8	J35	410.5	410.5	F28	426.7	432.8			
B06	J22	226.9	226.9	J23	256.1	256.1	J25	286.0	286.0	Z6	336.4	370.0	J28	419.0	419.0	F19	432.8	432.8
C01	F29	216.0	216.0	J36	235.8	235.8	J6	264.5	264.5	J51	281.4	281.4	Z2	304.8	344.1	J51	367.4	367.4
C02	F34	216.0	216.0	J38	233.2	233.2	Z4	253.2	285.9	J38	305.9	305.9	J42	362.8	362.8	J40	407.5	407.5
C03	F35	216.0	216.0	J38	235.7	235.7	Z4	255.7	370.1	J37	398.4	398.4	F33	421.8	432.8			
C04	Z5	272.8	303.7	J41	322.7	322.7	J18	345.0	345.0	J19	372.2	372.2	J31	414.7	414.7	F23	432.8	432.8
C05	Z5	262.8	272.8	J41	291.8	291.8	J18	314.1	314.1	J29	352.6	352.6	J30	392.7	392.7	F21	408.8	432.8
C06	Z5	311.0	334.1	J41	353.1	353.1	J18	375.5	375.5	J29	413.9	413.9	F20	432.8	432.8			
C07	J48	269.9	269.9	Z1	316.8	337.3	J50	374.2	374.2	J53	410.4	410.4	F51	432.8	432.8			
C08	J48	273.3	273.3	Z1	322.5	369.8	J50	406.7	406.7	F50	432.8	432.8						
C09	J4	340.1	340.1	J5	365.1	365.1	J49	387.1	387.1	F48	410.5	432.8						
C10	J14	269.3	269.3	J15	313.7	313.7	J37	341.8	341.8	Z4	370.1	390.1	J37	418.4	418.4	F31	432.8	432.8
C11	J14	269.1	269.1	J15	313.5	313.5	J37	341.5	341.5	Z4	369.8	386.6	J37	414.9	414.9	F32	432.8	432.8
C12	F11	216.0	216.0	J25	244.1	244.1	Z6	302.9	312.9	J26	357.3	357.3	F12	377.0	432.8			

续表

发射点	导弹			导弹			导弹			导弹		
A01												
A02												
A03												
A04												
A05	F9	432.8	432.8									
A06	J5	377.5	377.5	J34	400.2	400.2	J35	420.2	420.2	F27	432.8	432.8
B01	J30	415.2	415.2	F22	432.8	432.8						
B02												
B03												
B04												
B05												
B06												
C01	J6	384.4	384.4	J36	413.0	413.0	F30	432.8	432.8			
C02	F39	432.8	432.8									
C03												
C04												
C05												
C06												
C07												
C08												
C09												
C10												
C11												
C12												

表格是 24 行, 由于太长无法在书中整体表达, 所以把表格截成若干段, 只要按车辆代号 A1, A2, ⋯, C10, C11, C12 每行顺序对齐即可. 其中第一列是车辆代号, 以后三列作为一个整体, 第一列是地点, 后两列分别是导弹车到达、离开该地点的时刻, 如果不同则表示在此等待了一段时间. 前后相邻两个节点的离开、到达时刻之差为在该路段行驶时间, 一般是正常速度行驶时间, 如果不能超车, 可能时间延长.

上述方案是一个经过计算机程序验证的, 完全符合约束条件的方案, 也是竞赛中第一问所获得的最好结果. 与前面两个较优解相比, 其第一波齐射时间明显比另两个方案要晚, 达 20~30 分钟, 但第二波齐射时间却基本相同.

第一问优化方案仿真

对第一问的优化方案进行仿真并动态演示效果非常好. 方案中是否存在回车、超车一目了然, 等待第一次、第二次齐射的发射装置有多少, 等待时间是否太长也十分清楚, 各转域任务是否均衡、是否过度集中跃然纸上, 方案是否存在不合理的情况及如何改进都很有启发.

二、问题二的解答

1. 问题二模型的建立

题目要求在道路节点 J25、J34、J36、J42、J49 当中选择 2 处增设临时转载地域 (坐标就取相应节点的坐标), 要求给出一种增设临时转载地域的布设方案, 使得完成连续两个波次发射任务的整体暴露时间最短. 从五个道路节点中选择 2 处临时增设转载地域, 穷举总共由 10 种组合: ① J25 和 J34; ② J25 和 J36; ③ J25 和 J42; ④ J25 和 J49; ⑤ J34 和 J36; ⑥ J34 和 J42; ⑦ J34 和 J49; ⑧ J36 和 J42; ⑨ J36 和 J49; ⑩ J42 和 J49.

同问题一, 同样将两个波次的齐射任务分为三个阶段: 第一波次发射节点选择、转载地域选择、第二波次发射节点选择, 建立 0-1 规划模型, 以最短时间为目标函数. 本题再基于问题一的基础上进行分析, 由于需要临时增设 2 个转载地域, 因此不影响第一阶段第一波次发射点 $D_i \to F_j (i = 1, 2; j = 1, 2, 3, \cdots, 60)$ 的选择, 即本题中第一阶段的约束条件与问题一相同.

在第二阶段从 $F_j \to Z_k (j = 1, 2, 3, \cdots, 60; k = 1, 2, 3, \cdots, 6)$, 由于需要临时增设 2 个转载地域, J_A、J_B、J_C 矩阵各增加了 2 列, 第一问中第二阶段的约束条件变成 (取 10 种组合中 J25 和 J34 一种为例)

$$N_{AZ} + N_{AJ25} + N_{AJ34} = 6,$$

$$N_{\mathrm{BZ}} + N_{\mathrm{BJ}25} + N_{\mathrm{BJ}34} = 6,$$

$$N_{\mathrm{CZ}} + N_{\mathrm{CJ}25} + N_{\mathrm{CJ}34} = 12,$$

$$\sum x_{F_{01}Z} + x_{F_{01}J25} + x_{F_{01}J34} - \sum x_{DF_{01}} = 0,$$

$$\sum x_{F_{02}Z} + x_{F_{02}J25} + x_{F_{02}J34} - \sum x_{DF_{02}} = 0,$$

$$\cdots\cdots$$

$$\sum x_{F_{60}Z} + x_{F_{60}J25} + x_{F_{60}J34} - \sum x_{DF_{60}} = 0.$$

在第三阶段从 $Z_k \to F_j (j = 1, 2, 3, \cdots, 6; k = 1, 2, 3, \cdots, 60)$, 由于需要临时增设 2 个转载地域, J_{A}、J_{B}、J_{C} 矩阵增加了 2 列, 第一问中第三阶段的约束条件变成:

$$\sum x_{\mathrm{A}Z} + \sum_{m}^{25,34} x_{\mathrm{A}Jm} = \sum x_{\mathrm{A}ZF} + \sum_{m}^{25,34} x_{\mathrm{A}JmF},$$

$$\sum x_{\mathrm{B}Z} + \sum_{m}^{25,34} x_{\mathrm{B}Jm} = \sum x_{\mathrm{B}ZF} + \sum_{m}^{25,34} x_{\mathrm{B}JmF},$$

$$\sum x_{\mathrm{C}Z} + \sum_{m}^{25,34} x_{\mathrm{C}Jm} = \sum x_{\mathrm{C}ZF} + \sum_{m}^{25,34} x_{\mathrm{C}JmF},$$

$$\sum x_{DF_{01}} + \sum x_{ZF_{01}} + \sum_{m}^{25,34} x_{JmF_{01}} \leqslant 1,$$

$$\sum x_{DF_{02}} + \sum x_{ZF_{02}} + \sum_{m}^{25,34} x_{JmF_{02}} \leqslant 1,$$

$$\cdots\cdots$$

$$\sum x_{DF_{60}} + \sum x_{ZF_{60}} + \sum_{m}^{25,34} x_{JmF_{60}} \leqslant 1.$$

2. 问题求解

采用和第一问相同的模拟退火算法, 由于退火算法每次的输出结果都会略微有差别, 故采用多次计算取平均值的方法. 计算出 10 种不同情况下的等效最短路径及其均值如表 8.10 所示.

表 8.10　　　　　　　　　　　　　　(单位: km)

节点	路程	第一次退火	第二次退火	第三次退火	第四次退火	第五次退火	五次结果平均值
J25、J34	D-F-Z-F 总路程	3759.4	3756.4	3780.7	3758.4	3751.4	3761.7
	加等待时间等效长度的总路程	3855.4	3858.4	3864.7	3854.4	3865.4	3860.7
J25、J36	D-F-Z-F 总路程	3857.4	3831.8	3828.0	3815.7	3835.0	3827.6
	加等待时间等效长度的总路程	3947.4	3933.8	3918.0	3923.7	3931.0	3926.6
J25、J42	D-F-Z-F 总路程	3935.3	3930.7	3905.0	3894.5	3900.4	3907.6
	加等待时间等效长度的总路程	4031.3	4014.7	4013.0	4020.5	4014.4	4015.6
J25、J49	D-F-Z-F 总路程	3839.1	3836.1	3821.9	3840.5	3833.1	3832.9
	加等待时间等效长度的总路程	3917.1	3926.1	3911.9	3930.5	3911.1	3919.9
J34、J36	D-F-Z-F 总路程	3898.7	3918.9	3940.1	3934.8	3896.7	3922.6
	加等待时间等效长度的总路程	4024.7	4044.9	4036.1	4060.8	4022.7	4041.1
J34、J42	D-F-Z-F 总路程	3921.0	3895.2	3930.6	3931.8	3936.3	3923.5
	加等待时间等效长度的总路程	4005.0	4015.2	4032.6	4003.8	4026.3	4019.5
J34、J49	D-F-Z-F 总路程	3913.9	3880.7	3943.1	3895.5	3914.4	3908.4
	加等待时间等效长度的总路程	4039.9	4018.7	4045.1	4021.5	4028.4	4028.4
J36、J42	D-F-Z-F 总路程	4061.5	4027.4	4028.9	4066.1	4035.6	4039.5
	加等待时间等效长度的总路程	4151.5	4141.4	4130.9	4180.1	4137.6	4147.5
J36、J49	D-F-Z-F 总路程	4029.3	4041.5	4029.3	4021.6	4041.5	4033.5
	加等待时间等效长度的总路程	4149.3	4137.5	4149.3	4129.6	4137.5	4138.5
J42、J49	D-F-Z-F 总路程	4040.1	4064.3	4034.4	4034.0	4015.6	4037.1
	加等待时间等效长度的总路程	4124.1	4124.3	4118.4	4118.0	4117.6	4119.6

图 8.25 的电子图

　　由表 8.10 可见选取在节点 J25、J34 附近临时增设 2 个转载地域可以获得最短的等效最短路径, 从而使得完成两个波次发射任务的整体暴露时间最短.

　　选取在 J25 和 J34 节点附近临时增设 2 个转载地域的方案中, 第五次退火的路径如表 8.11 和图 8.25 所示.

表 8.11　退火路径

待机地域 D	一发射点位 F	转载地域 Z	二发射点位 F
D2	F24	Z8 (J34)	F29
D2	F06	Z7 (J25)	F11
D2	F47	Z1	F48
D2	F26	Z8 (J34)	F27
D2	F02	Z7 (J25)	F08
D2	F01	Z7 (J25)	F10
D2	F45	Z1	F52
D2	F46	Z1	F50
D1	F35	Z4	F32
D1	F34	Z4	F33
D1	F36	Z6	F12
D1	F43	Z5	F23
D1	F57	Z3	F60
D1	F41	Z5	F40
D1	F37	Z6	F19
D1	F42	Z5	F20
D1	F31	Z7 (J25)	F07
D1	F39	Z6	F18
D2	F03	Z7 (J25)	F09
D2	F49	Z8 (J34)	F30
D2	F25	Z8 (J34)	F28
D2	F44	Z1	F51
D1	F58	Z3	F54
D1	F38	Z6	F13

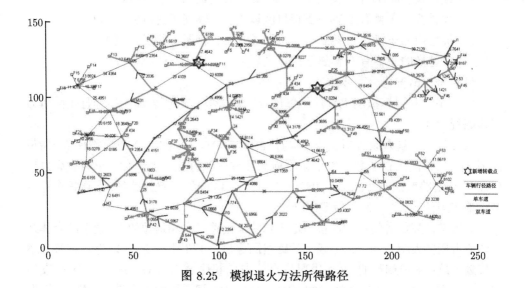

图 8.25　模拟退火方法所得路径

三、问题三求解

1. 问题分析

问题三新增 3 台 C 类发射装置替代原先 12 台中的 3 台进行第二波次发射. 并从 6 个节点中选择 2 或 3 个合适隐蔽待机点, 使整体暴露时间最短.

竞赛中不少研究生不进行分析, 就选择 C 类车中行驶距离最长的三辆在第二波齐射中被替换掉. 再在 15 个暂未使用的发射点中选出距离六个待选待机节点最近的三个发射点作为二发点, 数学含量太低.

由于三辆隐蔽车辆在第二波齐射前的暴露时间和三辆被替换的车辆第一波齐射前的暴露时间计算是相同的: 在没有超车和单行道会车的情况下, 只需要让它们先前一直处于 "待机状态", 再同其余 21 辆车辆中最晚到达二发射点的一辆车同时到达二发射点, 就不会因为等待而增加暴露的时间, 也不增加别的车辆的等待时间. 因此无论第二波三辆隐蔽车辆还是后来被替换的第一波的三辆车的暴露时间等于行驶时间, 所占比重较小. 由于选择从待机点到发射点的最短路线, 其中不包含装弹过程, 一般对其他车辆没有影响, 故可以先只考虑它们的里程, 后面再考虑路径和经过各节点的时刻.

2. 问题求解

由于被替换的车辆可以属于待机区域 D1 或 D2, 故有四种分配方式:
(1) 被替换的车辆有 3 辆属于待机区域 D1, 0 辆属于待机区域 D2;
(2) 被替换的车辆有 2 辆属于待机区域 D1, 1 辆属于待机区域 D2;
(3) 被替换的车辆有 1 辆属于待机区域 D1, 2 辆属于待机区域 D2;
(4) 被替换的车辆有 0 辆属于待机区域 D1, 3 辆属于待机区域 D2.
针对每种情况再分两步求解:

第一步　利用模拟退火算法计算出 21 辆导弹车实施 2 波次导弹打击的等效最短路径;

第二步　求解剩余发射位点 F 与待机区域 D1、D2 间 3 条最短路径 (与待机区域 D1、D2 间路径条数取决于采用前面四种分配方式中哪一种), 求解剩余发射位点 F 与道路节点 J04、J06、J08、J13、J14、J15 间 3 条最短路径, 注意每个道路节点最多用两次, 每个发点最多用一次.

分别按前述四种情况利用模拟退火算法解出路径之和最短的 21 辆车的全体路径和所占用的发射位点 F. 21 辆车的路线固定后, 再利用 LINGO 软件求解整数线性规划问题: 求出剩下的 18 个发射位点 F 与待机区域 D1、D2, 剩下的 18 个发射位点 F 与道路节点 J04、J06、J08、J13、J14、J15 间最短的 6 条路径. 最后, 根据两步的等效最短路径之和最小确定 3 辆被替代 C 型车和 3 辆替代车辆所属的隐藏节点以及他们需要到达的发射位点 F.

　　由于模拟退火的计算结果有轻微的差异, 故采用多次计算的方法. 多次计算所得的结果如表 8.12 所示.

表 8.12　多次计算结果

被替代的车的出发点	D-F-Z-F 路程/km	加等效等待时间的路程/km	D-F 和 J-F 路程/km	总 D-F-Z-F 路程/km	加等效等待时间的总路程/km
D1/D1/D1	3524.04	3644.04	508.05	4032.09	4152.09
D1/D1/D1	3553.19	3649.19	464.30	4017.49	4113.49
D1/D1/D1	3539.30	3659.30	492.46	4031.76	4151.76
D1/D1/D1	3535.75	3655.75	490.27	4026.02	4146.02
D1/D1/D1	3529.89	3649.89	485.99	4015.88	4135.88
均值	3536.43	3651.63	488.21	4024.65	4139.85
D2/D1/D1	3578.46	3674.46	445.47	4023.93	4119.93
D2/D1/D1	3545.35	3665.35	460.93	4006.28	4126.28
D2/D1/D1	3573.89	3669.89	445.47	4019.36	4115.36
D2/D1/D1	3544.91	3664.91	435.38	3980.29	4100.29
D2/D1/D1	3565.21	3673.21	426.43	3991.64	4099.64
均值	3561.56	3669.56	442.74	4004.30	4112.30
D2/D2/D1	3585.06	3693.06	372.54	3957.60	4065.60
D2/D2/D1	3598.32	3694.32	388.98	3987.30	4083.30
D2/D2/D1	3569.84	3689.84	473.93	4043.77	4163.77
D2/D2/D1	**3590.56**	**3692.56**	**362.41**	**3952.97**	**4054.97**
D2/D2/D1	3588.03	3684.03	388.33	3976.36	4072.36
均值	3586.36	3690.76	397.24	3983.60	4088.00
D2/D2/D2	3591.11	3711.11	438.94	4030.05	4150.05
D2/D2/D2	3597.68	3705.68	353.14	3950.82	4058.82
D2/D2/D2	3587.61	3707.61	390.43	3978.04	4098.04
D2/D2/D2	3597.55	3717.55	390.43	3987.98	4107.98
D2/D2/D2	3583.51	3703.51	365.61	3949.12	4069.12
均值	3591.49	3709.09	387.71	3979.20	4096.80

　　由表 8.12 可知, 被替代的车辆应有 2 辆属于待机区域 D2, 1 辆属于待机区域 D1. 表中最好的一条结果已加粗标注出, 其求解的 21 条路径如表 8.13 所示.

　　由此路径表可知剩余的 18 个发射位点为发射位点 F01、F02、F03、F04、F05、F07、F08、F14、F15、F16、F17、F39、F52、F53、F55、F56、F59、F60. 第一问的答案中没有使用的发射点 F04、F05、F07、F08、F14、F15、F16、F17、F53、F55、F56、F60 都包含在其中, 说明 21 辆车发射点选择正确.

表 8.13 21 条路径

序号	待机区域 D	发射位点 F	转载区域 Z	发射位点 F	等效最短路径/km
1	D2	F48	Z2	F30	177.96
2	D2	F26	Z2	F29	178.95
3	D2	F25	Z1	F45	146.80
4	D2	F46	Z1	F51	138.90
5	D2	F24	Z1	F27	165.64
6	D2	F44	Z1	F28	182.01
7	D1	F37	Z6	F19	207.30
8	D1	F43	Z5	F20	149.37
9	D1	F36	Z6	F13	200.97
10	D1	F58	Z3	F57	148.42
11	D1	F31	Z4	F33	139.36
12	D1	F38	Z6	F18	208.70
13	D1	F40	Z5	F21	190.01
14	D1	F42	Z5	F22	171.28
15	D1	F34	Z4	F10	175.82
16	D2	F49	Z2	F54	194.14
17	D2	F11	Z6	F09	202.51
18	D2	F6	Z6	F12	187.56
19	D2	F47	Z1	F50	118.36
20	D1	F41	Z5	F23	172.92
21	D1	F35	Z4	F32	133.59

图 8.26 的电子图

接着用 LINGO 求解整数规划可得: 配对方式为 D1-F39、D2-F1、D2-F4、J13-F2、J14-F3 和 J15-F7, 最短路径之和为 362.41km. 故选取 J13、J14 和 J15 作为隐蔽地点分别隐蔽一台发射装置. 隐蔽节点选择和最终路径如图 8.26 所示.

从方案看第二波齐射时间被提前了, 这无疑是正确的. F1、F4 都靠近原来的待机地域, F2、F3、F7 都非常接近 J13、J14 和 J15, 使用计算机寻优的结果比较好. 但是我们不应该迷信计算机, 实际上 J14 比 J13 更接近 F2, 而 J14 可以实现让两辆导弹车隐蔽, 立刻得到更好的方案.

下面再介绍一个比较好的方案 (图 8.27).

图 8.27 的电子图

整体最短的暴露时间为 6845.8 min, 选择在 J14 附近隐蔽待机 2 台 C 类发射装置, 在 J13 附近隐蔽待机 1 台 C 类发射装置, 3 台 C 类发射装置到发射点的具体路线分别为

$$C: J14 \to J35 \to F28$$
$$C: J14 \to J35 \to F27$$
$$C: J13 \to J21 \to F01$$

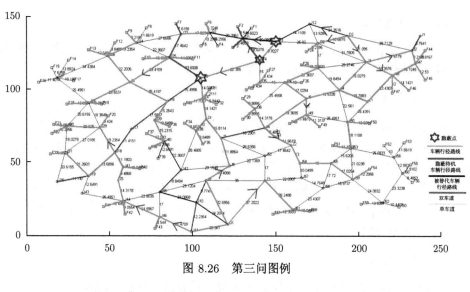

图 8.26　第三问图例

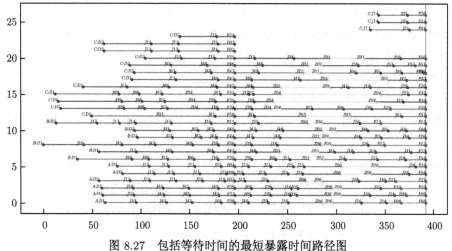

图 8.27　包括等待时间的最短暴露时间路径图

四、问题四求解

(一) 问题分析

道路节点受到攻击破坏会延迟甚至阻碍发射装置按时到达指定发射点位. 问题四要求结合图 8.1 路网特点, 考虑攻防双方的对抗博弈, 建立合理的评价指标, 量化分析该路网最可能受到敌方攻击破坏的 3 个道路节点 (J). 对此, 我们可以建立不完美信息博弈模型, 采用层次分析法对所取指标加权计算, 定量分析出最可能受到敌方攻击破坏的 3 个道路节点.

(二) 问题求解

根据题意, 建立不完美信息博弈模型, 定量分析出损毁后可能对导弹发射延时或阻碍时间最长的三个节点分别是 J15、J07、J13.

1. 不完美信息博弈模型

不完美信息博弈是指: 所有参与者都不能够获得其他参与者的行动信息, 也就是说当参与者自己做选择的时候不知道其他参与者的选择, 这被称为不完美信息博弈. 现假设敌方已知的情报只有我军发射地域的全部路网特点, 包括:

(1) 待机地域 D1~ D2、发射点位 F01~ F60、转载地域 Z01~ Z06 和道路节点 J01~ J62 的全部坐标位置 (但不知道这些点的作用) 与它们之间的连接关系.

(2) 单双车道信息.

2. 指标的选取

常用的重要性评价指标可以分为两大类: 系统科学分析方法和社会网络分析方法. 系统科学分析方法强调 "重要性等价于破坏性", 指的是通过度量节点被删除后整个网络性能受到的破坏程度来反映节点的重要性. 社会网络分析方法强调 "重要性等价于显著性", 指的是在不破坏网络结构的情况下, 通过分析网络中的某些显著性来判断节点重要性.

1) 基于路网拓扑结构的评价指标

路网可以定义为一个 4 元组 $G(V, E, L_E, E_S)$. 其中, V 是路网中节点的集合; E 是路网中路段的集合; L_E 是路段的里程属性集合; E_S 是路网的邻接矩阵; e_{ij} 表示邻接矩阵的元素,

$$e_{ij} = \begin{cases} 1, & \text{节点 } i \text{ 和节点 } j \text{ 之间存在一条相连通的路段,} \\ 0, & \text{节点 } i \text{ 和节点 } j \text{ 之间不存在直接相通的路段.} \end{cases}$$

从定义可以看出, V 和 E 是路网的关键组成部分 (即构成组件), L_E 是路网的功能属性, E_S 清晰地描述了路网结构.

(1) 节点的连接度指标

节点的连接度是最常用的节点重要性评价指标, 节点的度定义为网络拓扑中与此节点连接的边数, 记为

$$k_i = \sum_j a_{ij} = \sum_j a_{ji},$$

式中, k_i 为连接度; a_{ij} 为邻接矩阵的元素, 若节点 j 与节点 i 邻接, $a_{ij} = 1$, 节点 j 与节点 i 不邻接, $a_{ij} = 0$. 节点的重要性和其连接度成正比.

节点的连接度是网络拓扑的一个局部特征, 可以简单直接地刻画和衡量节点的连接复杂程度, 也能在一定程度上反映节点的重要性, 在网络评估中具有一定的价

值. 但是节点的连接度仅是网络的局部特征, 因此该指标具有片面性, 有些重要的 "核心节点" 虽然不具有较大的连接度, 但是却在整个路网中起着重要的连接作用. 如图 8.28 所示, 节点 V4 的连接度虽然是 2, 却是整个网络的 "桥节点", 其地位很重要.

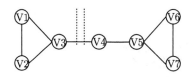

图 8.28 连接度图例

由以上分析可知, 节点的连接度指标是网络拓扑中评价节点重要性的最直观的指标, 但是此指标只能在一定程度上反映网络的局部特征, 即节点的连接度对节点的重要性评价具有一定的局限性, 并不能找出网络中所有的关键节点, 而且不能区分连接度相同的节点的重要程度, 只能作为反映节点重要性的一个方面.

根据上述节点连接度指标计算方法, 可以得到 J01~ J62 共 62 个节点的连接度 k_i, 如表 8.14.

表 8.14 各节点连接度

节点编号	J01	J02	J03	J04	J05	J06	J07	J08	J09	J10
连接度 k_i	1	4	6	5	4	4	4	4	5	4
节点编号	J11	J12	J13	J14	J15	J16	J17	J18	J19	J20
连接度 k_i	3	3	4	4	4	4	2	4	4	2
节点编号	J21	J22	J23	J24	J25	J26	J27	J28	J29	J30
连接度 k_i	6	5	4	5	4	5	6	6	5	5
节点编号	J31	J32	J33	J34	J35	J36	J37	J38	J39	J40
连接度 k_i	5	6	5	5	4	4	5	4	3	5
节点编号	J41	J42	J43	J44	J45	J46	J47	J48	J49	J50
连接度 k_i	3	4	2	6	5	4	4	5	4	5
节点编号	J51	J52	J53	J54	J55	J56	J57	J58	J59	J60
连接度 k_i	2	4	5	3	4	4	3	4	5	4
节点编号	J61	J62								
连接度 k_i	4	4								

(2) 节点的介数指标

节点的介数是网络中所有通过该节点的最短路径数占全网中最短路径总数的比例, 可记为

$$B_i = \sum_{j,k \in V, j \neq k} \frac{\eta_{jk}(i)}{\eta},$$

式中, η 为连接网中任意两个节点的最短路径总数; $\eta_{jk}(i)$ 是连接节点 j 和节点 k 的最短路径中经过节点 i 的最短路径的条数. 显然节点的介数越大该节点越重要.

节点的介数指标与节点的最短路径指标有一定的相似性, 区别之处在于最短路径指标计算的是最短路径的绝对数量, 而介数指标则是计算最短路径的相对数量. 介数指标可以反映一个节点对其他节点对间交通的控制度. 如图 8.29 所示.

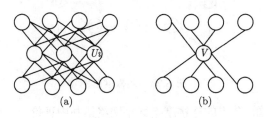

图 8.29　介数图例

图 8.29 中有三层节点: 上层的起始节点、中层的中间节点及下层的结束节点. 两个图的中间节点的最短路径指标是相同的, 但是如果图 (b) 中的中间节点阻塞或者被破坏, 那么整个网络就会瘫痪. 图 (a) 中的一个或者两个节点失效, 整个网络仍是连通的而不会陷入瘫痪. 原因是图 (b) 中整个网络的交通量都由中间的一个节点承担, 相比之下, 图 (a) 中的整个网络的交通量则是由中间的三个节点分担. 节点的介数指标能够很好地反映节点在整个网络中的作用和影响力, 刻画网络中节点对于交通流流动的影响力.

根据上述节点介数指标计算方法, 可以得到 J1 ~ J62 共 62 个节点的介数 B_i, 如表 8.15.

表 8.15　各节点介数

节点编号	J01	J02	J03	J04	J05	J06	J07	J08	J09	J10
介数 B_i	0.02	0.07	0.12	0.19	0.23	0.21	0.21	0.13	0.12	0.04
节点编号	J11	J12	J13	J14	J15	J16	J17	J18	J19	J20
介数 B_i	0.03	0.02	0.11	0.26	0.38	0.30	0.15	0.17	0.06	0.02
节点编号	J21	J22	J23	J24	J25	J26	J27	J28	J29	J30
介数 B_i	0.10	0.08	0.07	0.06	0.12	0.06	0.08	0.12	0.09	0.05
节点编号	J31	J32	J33	J34	J35	J36	J37	J38	J39	J40
介数 B_i	0.03	0.10	0.05	0.16	0.16	0.05	0.19	0.06	0.06	0.07
节点编号	J41	J42	J43	J44	J45	J46	J47	J48	J49	J50
介数 B_i	0.08	0.06	0.03	0.10	0.09	0.04	0.05	0.05	0.05	0.13
节点编号	J51	J52	J53	J54	J55	J56	J57	J58	J59	J60
介数 B_i	0.10	0.08	0.15	0.11	0.10	0.09	0.04	0.04	0.08	0.05
节点编号	J61	J62								
介数 B_i	0.05	0.05								

2) 基于节点删除法的路网评价指标

由上述基于路网结构的评价指标可知, 仅从路网拓扑结构的角度分析关键节点, 会有一定的片面性. 因为道路网络是具有特定功能的运输网络, 节点的重要性更多地体现在网络对运输需求的满足程度上. 因此在路网中, 节点的重要性不仅受路网拓扑结构的影响, 还要受路网上交通流分布的影响.

在道路网络中, 各个节点和路段间并不是相互独立的, 因为路网中的交通流是动态的, 而每个节点和路段都有着有限的容量和负载. 因此, 路网中一个节点的失效, 将会导致路网中交通流的重新分配, 而交通流的重新分配可能又导致某些节点超过其容量而失效 (指一般情况下, 本题不存在失效问题), 并进一步导致其他节点和边的 "级联失效". 所以, 道路网络并不是一个静态的网络, 而是一个具有负载的动态分配网.

在对路网中节点的重要度进行分析时, 节点删除法是最常使用的评价方法. 在交通仿真或者交通模拟时, 人们首先在完整的路网中进行交通分配, 观察此时路网中的旅行时间和路网容量, 然后移除某个节点, 并删除与此节点相连接的边, 并对交通流进行再次负载分配, 记录此时的旅行时间和路网容量. 将两次观察到的路网容量和旅行时间进行对比分析, 造成影响越大的节点的重要性越大.

基于节点删除的评价方法能够准确地评价路网中节点的重要性. 但是, 有些节点的删除会使得网络不连通, 致使总的旅行时间无限大, 例如, 本题中删除道路节点 J46 会导致发射位点 F43 不连通. 为了解决这种情况, 我们并不将道路节点简单地删除, 而是增加与其相连的网点之间的路程, 这样就可以解决由于路网不连通而导致旅行时间无限大的问题, 并且可以方便地比较路程增加后, 对整个路网连通的影响. 由于对方只有发射地域的路网信息, 并不知道对手的行动计划, 如导弹发射波次、发射装置数量等信息, 故以增加与节点 J01~ J62 之一相连的网点之间路程后, 从待机区域 D1 和 D2 到发射位点 F01~ F60 的最短路径之和与路网没有发生变化前的最短路径之和对比, 作为评价节点重要性的指标之一, 记为最短路径变化量

$$\Gamma_i = \sum R_{old,i} - \sum R_{new,i,}$$

式中 $\sum R_{old,i}$ 为与节点 J_i 直接相连路段加长前由待机区域 D1、D2 到发射位点 F01~ F60 的最短路径之和; $\sum R_{new,i}$ 为与节点 J_i 直接相连路段加长后由待机区域 D1、D2 到发射位点 F01~ F60 的最短路径之和. 节点的最短路径变化量越大, 该节点越重要.

根据上述节点删除法最短路径变化量指标计算方法, 可以得到 J1~ J62 共 62 个节点的最短路径变化量, 如表 8.16 所示.

表 8.16　最短路径变化量

节点编号	J01	J02	J03	J04	J05	J06	J07	J08	J09	J10
最短路径变化量	0.00	30.579	367.54	375.93	212.8	265.66	600.65	600.65	592.77	23.102
节点编号	J11	J12	J13	J14	J15	J16	J17	J18	J19	J20
最短路径变化量	41.738	185.92	658.63	488.56	626.32	234.6	91.616	237.99	31.304	0
节点编号	J21	J22	J23	J24	J25	J26	J27	J28	J29	J30
最短路径变化量	195.85	135.85	48.143	80	161.97	80	160	169.98	181.23	80
节点编号	J31	J32	J33	J34	J35	J36	J37	J38	J39	J40
最短路径变化量	40	62.431	57.702	67.37	80	80	339.64	80	100	140
节点编号	J41	J42	J43	J44	J45	J46	J47	J48	J49	J50
最短路径变化量	181.08	80	10.53	300	20.462	59.098	80	80	80	230.84
节点编号	J51	J52	J53	J54	J55	J56	J57	J58	J59	J60
最短路径变化量	0	0	254.61	13.74	47.36	120	113.86	72.444	118.55	80
节点编号	J61	J62								
最短路径变化量	80	84.583								

3. 层次分析法

记上述三个指标分别为 W_1、W_2 和 W_3, 根据层次分析法, 赋予每个指标的权重记为 P_1、P_2 和 P_3. 此外, 考虑到双车道节点较单车道节点流通量更高, 速度更快, 故对单、双车道节点加权记为 $P_单$ 和 $P_双$. 则最终各节点综合重要度 Z 为

$$Z_i = \begin{cases} P_双 \left(P_1 W_{1,i} + P_2 W_{2,i} + P_3 W_{3,i} \right), & i \in 双车道节点, \\ P_单 \left(P_1 W_{1,i} + P_2 W_{2,i} + P_3 W_{3,i} \right), & i \in 单车道节点. \end{cases}$$

评价体系的组成如图 8.30 所示.

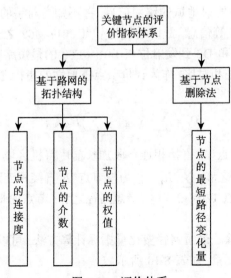

图 8.30　评价体系

经综合考虑, 取 $P_双 = \dfrac{70+60+50}{45+35+30} = \dfrac{18}{11}$, $P_单 = 1$, $P_1 = 4.7328$, $P_2 = 301.304$, $P_3 = 0.3065$, 使 W_1, W_2, W_3 的权重分别占 $0.2, 0.3, 0.5$.

计算后, 得到各节点综合重要度如表 8.17 所示.

表 8.17　综合重要度

节点编号	综合重要度 Z	节点编号	综合重要度 Z	节点编号	综合重要度 Z	节点编号	综合重要度 Z
J01	17.53	J61	58.40	J56	82.63	J44	150.26
J43	21.66	J11	58.85	J59	83.92	J37	184.59
J20	25.28	J62	59.81	J40	87.51	J18	233.53
J51	39.37	J57	61.06	J22	89.23	J05	250.26
J52	42.85	J38	61.39	J35	91.30	J06	266.98
J31	44.90	J42	61.39	J34	92.16	J03	289.54
J46	49.01	J10	62.14	J41	93.62	J16	295.45
J54	51.30	J39	62.79	J27	101.36	J04	320.25
J58	53.10	J30	63.14	J29	106.13	J09	394.76
J23	54.62	J48	63.14	J25	113.93	J08	395.86
J33	56.30	J55	63.35	J28	116.38	J14	403.25
J45	56.85	J24	66.13	J21	118.33	J13	415.16
J36	58.40	J26	66.13	J12	126.27	J07	435.01
J47	58.40	J19	76.04	J50	133.29	J15	531.07
J49	58.40	J32	77.44	J17	134.84		
J60	58.40	J02	80.57	J53	146.56		

由此可见, 在不完美信息博弈模型中, 敌方最有可能破坏的三个节点分别是 J15, J07, J13.

这里也有比较明显的缺陷, 一是指标都是其他问题中早就提出来, 并非最适合现在的问题; 二是主观确定权重, 难免影响结果的准确性; 三是对敌方掌握的信息没有给出一个范围. 如果能够发掘出更准确的指标以及客观决定权重的方法就更理想了.

五、问题五求解

1. 问题分析

问题五在问题一的基础上增加了两个要求, 一是车载发射装置运输过程中要规避敌方的侦察和打击, 采用适当分散机动的策略, 二是要缩短单台发射装置的最长暴露时间 (与两次齐射时刻之间的时长有密切的联系, 但还不是一回事, 似乎两次齐射时刻之间的时长更重要些). 因此问题五是多目标优化问题, 可以在问题一的单目标优化模型上增加两个目标函数.

2. 模型建立

对两波次齐射系统进行系统分析, 为达到单台发射装置的最长暴露时间和整体暴露时间最短以及行驶路线适当分散, 将多目标优化问题中多个目标加权合并转化为单目标优化问题, 目标函数为

$$
\begin{cases}
\min \quad Z = \lambda_1 Y + \lambda_2 X/\chi + \lambda_3 E, \\
X = \sum_{k=1}^{24}\left(t_{kwait} + \sum_i \sum_l \left(d\left(h_{k,l}^{(i)}, h_{k,l+1}^{(i)}\right)/v_i\right)\right), \\
Y = \max\left\{t_{kwait} + \sum_i \sum_l \left(d\left(h_{k,l}^{(i)}, h_{k,l+1}^{(i)}\right)/v_i\right)\right\}, \\
E = \sum_p e^{w_p}.
\end{cases}
$$

式中, Z 为目标函数, 由于 X,Y,E 的数量级不一致, 故引入系数 $1/\chi$, 对三个目标的数量级进行统一, $\lambda_1, \lambda_2, \lambda_3$ 为各个目标的权重; 记 $H_k^{(i)} = \left\{h_{k,1}^{(i)}, h_{k,2}^{(i)}, \cdots, h_{k,n_{k_1}}^{(i)}\right\}$, 表示第 i 段第 k 辆车载发射装置机动路线中节点的有序集合, $d\left(h_{k,l}^{(i)}, h_{k,l+1}^{(i)}\right)/v_i$ 表示第 i 段第 k 辆车载发射装置在机动路线中相邻节点的行驶时间, t_{kwait} 表示第 k 辆车的会车、跟车、等待装弹、等待齐射等所耗费的暴露时间. w_p 表示第 p 条路线经过的次数, e^{w_p} 用来衡量路径分散程度, 路径被重复路过的次数越多, 代表着分散程度越差.

目标函数满足以下约束:

$$\psi_{k_1}^{(i)} \neq \psi_{k_2}^{(j)}(k_1 \neq k_2, i = j, \text{ 或 } i \neq j, k_1, k_2\text{任意}),$$

$$
\begin{cases}
e_{h_{k,l}^{(i)},h_{k,l+1}^{(i)}} = 1(1 \leqslant l \leqslant n_k - 1), \\
h_{k,1}^{(i)} = o_k^{(i)}, h_{k,n_{k_1}}^{(i)} = \psi_{k,1}^{(i)}, \\
Q_{h_{k,l}^{(i)},h_{k,l+1}^{(i)}}^{(k_1,i)} \cap Q_{h_{k,l}^{(i)},h_{k,l+1}^{(i)}}^{(k_2,i)} = \Phi(k_1 \neq k_2), \\
Q_{h_{k,l}^{(i)},h_{k,l+1}^{(i)}}^{(k,i)} = \left[J_{h_{k,l}^{(i)}}^{(k,i)}, J_{h_{k,l+1}^{(i)}}^{(k,i)}\right], \\
J_{h_{k,l}^{(i)}}^{(k,i)} = \sum_{p=1}^{l-1} t_{h_{k,p}^{(i)},h_{k,p+1}^{(i)}} + t_k^{(i)}, \\
t_k^{(i)} = \max_{k'}\sum_l t_{h_{k',l}^{(i)},h_{k',l+1}^{(i)}} - \sum_l t_{h_{k,l}^{(i)},h_{k,l+1}^{(i)}},
\end{cases}
$$

其中, 第一个约束表示一辆车载发射装置匹配一个发射点位, 且发射点位不重复, $\psi_k^{(i)}$ 表示第 k 辆车载发射装置第 i 波次的发射点位; 第二组约束表示所列路线的

相邻节点有路可通, 其中, $e_{h_{k,l}^{(i)}, h_{k,l+1}^{(i)}}$ 表示第 k 辆车在第 i 阶段所经路线中相邻节点的连通情况, 连通为 1, 否则为 0, 且第 i 阶段起点为 $o_k^{(i)}$, 终点为 $\psi_{k,1}^{(i)}$; 第三组约束表示任意两道路节点的正反向行驶时间区间交集为空集 $\varPhi$, 以避免在单向车道上出现会车情况, 其中, $Q_{h_{k,l}^{(i)}, h_{k,l+1}^{(i)}}^{(k,i)}$ 表示第 k 辆车在第 i 波次打击任务所经路线中相邻两节点的时间区间, $J_{h_{k,l}^{(i)}}^{(k,i)}$ 表示第 k 辆车在第 i 波次打击任务中到达其机动路线第 l 个节点的时刻, $t_k^{(i)}$ 表示第 k 辆车在第 i 波次的出发时刻 (因为在待机地域有隐蔽时间), $t_{h_{k,l}^{(i)}, h_{k,l+1}^{(i)}}$ 等价于目标函数中的 $d\left(h_{k,l}^{(i)}, h_{k,l+1}^{(i)}\right)/v_i$. 模型显然不够严格, 否则模型更复杂了.

3. 问题求解

求解时, 对于目标的权重, 战时可以通过情报收集和专家评价法来确定, 本问题中取三个目标重要性一致, 因此, λ_1, λ_2, λ_3 取值均为 1/3, 同时, 本题模型中的 $E = \sum_p e^{w_p}$ 中 w_p 也为可调权重, 此处取值 $w_p = 1.5\times$ 路径途径次数. 路径途径次数越多, e^{w_p} 越大, 由问题一求解的路径能看出较为常见的重复次数为 2~4 次, 重复次数大于 4 后, 越大越不能接受, 因此我们假定 e^{w_p} 随着行经路径重复次数指数式增长. 在求解最小暴露时间时, 我们仍将时间近似换算成等效距离来进行计算, 此时的等效距离考虑了车辆的总体暴露时间以及个体最长暴露时间和分散度的量化等效距离, 因为 X, Y, E 的数量级不一致, 为使三个目标的数量级基本一致而引入的系数 $1/\chi$, 根据前几问的总体等效最短距离与个体最长等效距离之比取系数 χ 为 17. 可能上述指标有不尽合理之处, 如待机地域面前的道路不多, 而必经车辆不少, 则重复度一定很高, 无法降低, 但由于同向而行, 并不造成拥堵.

具体实现流程图如图 8.31 所示.

与问题一一样, 用 Dijkstra 算法求出各点之间的最短距离仍是后面求解的基础, 为了能够更加接近在一定限制条件下的全局最优解, 仍然选择使用模拟退火算法, 与之前不同的是, 模拟退火的评估函数需要加入个体最长暴露时间以及分散度的等效距离. 为了缩短求解路径途经次数的时间, 选择使用查表法来进行路径途经次数的统计.

对于求出的最短等效距离, 可以求得此时的所有车辆的路径, 下面对三种情况进行分析, 如图 8.32 所示. 图 8.32 是第一问求得的整体暴露时间最短的路径图, 图示有 6 种颜色的连线, 黑色代表途径 6 次, 深红色代表途径 5 次, 红色代表途径 4 次, 桃红色代表途径 3 次, 淡黄色代表途径 2 次, 灰色代表途经 1 次. 从图中可以看出途径 6 次的连线有 1 条, 途径五次的连线有 5 条, 途径四次的连线有 13 条, 其他连线若干条, 此时的等效最短路径值为 4247.6km.

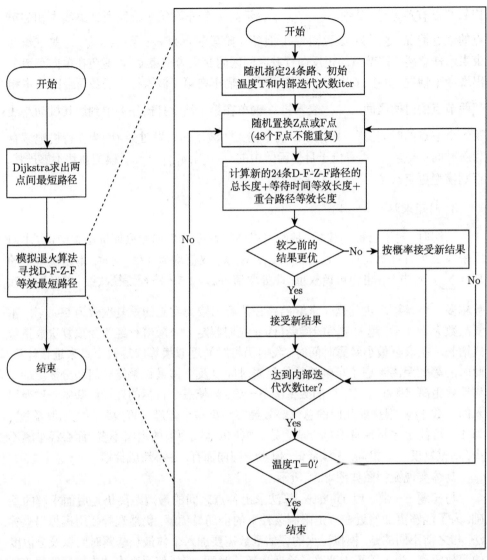

图 8.31　流程图

图 8.32~ 图 8.34 的电子图

下面在图 8.32 的基础上在目标函数引入了个体最长暴露时间和分散度, 按最短等效路径进行对比, 在整体暴露时间和单个车辆最长暴露时间以及分散度这三个权值的调整后, 我们得到了图 8.33 和图 8.34.

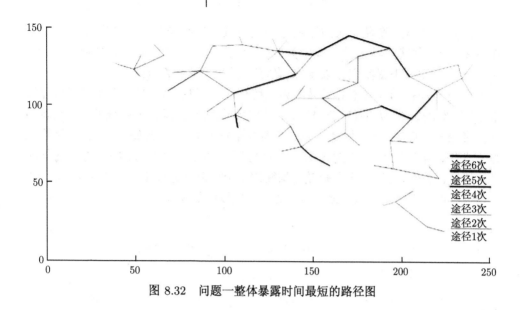

图 8.32　问题一整体暴露时间最短的路径图

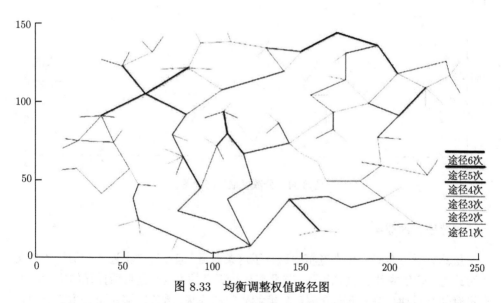

图 8.33　均衡调整权值路径图

对于均衡调整权值路径图我们选择了较为均衡的三个权值, 在进行多次比较后发现差别不大, 此均衡调整权值路径图中途径 6 次的连线有 0 条, 途径五次的连线有 2 条, 途径四次的连线有 10 条, 其他连线若干条. 相较于第一问路径可以看出明显的分散开, 但是相应的, 此时的等效最短距离相较增加为 4525km.

图 8.34 为分散度最优的路径图, 此时我们将分散度等效路径的权值设置远远高于其他两个权重, 此时在分散度最优路径图中途径 6 次的连线有 0 条, 途径五

次的连线有 1 条, 途径四次的连线有 9 条, 其他连线若干条. 相较于图 8.32, 图 8.33 导弹装载车经过的路段更为分散, 但是此时的等效最短距离显著增加到 5031km. 对比三张图我们可以看出, 均衡调整权值路径图 (图 8.33) 相较于第一问的路径图 (图 8.32) 虽然在等效距离上稍有增加, 但是从分散的角度来讲优化较多, 能有效地规避敌方的侦察和打击, 分散度最优路径图虽然分散程度较均衡调整权值路径图稍有些提升, 但是在等效距离方面做出了较大的牺牲. 所以综合考虑, 为了能有效地规避敌方的侦察和打击, 同时又尽量减少发射装置的总体暴露时间和个体的最长暴露时间, 尽量选择较为均衡的三个权值来进行路径优化求解, 对于权值还可以根据具体地形以及战时情况进行调整以满足需要.

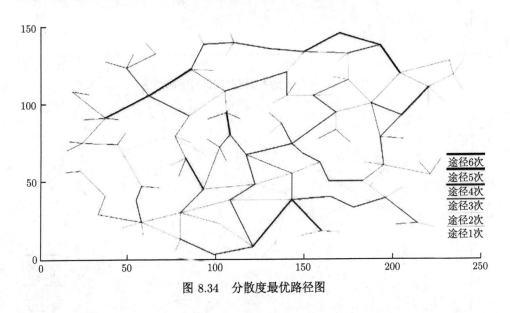

图 8.34 分散度最优路径图

六、继续研究的成果

虽然有近万名研究生在竞赛中选择了这条题目, 但竞赛中上述几个最好的方案可否改进? 除依靠计算机寻优外, 有没有其他更好的办法? 题目所描述的实际问题有没有什么规律可言? 下面介绍赛后继续研究的成果, 希望能够对研究生们发现问题、寻找差距、纠正缺点、提高能力有所帮助.

首先应该仔细分析问题. 问题的关键指标是暴露时间, 它由行驶时间和会车、超车、装弹、等待齐射所造成的暴露时间组成. 其中行驶时间是主要部分, 如前所说有三部分: 从待机地域到第一波发射点, 由第一波发射点到转域, 从转域到第二波发射点. 为使行驶时间达到最小, 首先应该优化导弹车的机动路线, 即寻求 24 个合适的转域、24 个合适的一发点、24 个合适的二发点, 每段都按最短行驶时间的路线行驶, 同时让快车走远路, 慢车走近路. 等待所造成的暴露时间也由三部分组成: 会车或超车产生的暴露时间, 在转域等待装弹所产生的暴露时间, 在二发点等待齐射的暴露时间. 从前面几个竞赛中最好的方案看, 这部分时间虽然短些, 但也举足轻重, 必须优化. 抓主要矛盾无疑是正确的, 但是事情是在不断变化的, 矛盾也是会转化的, 等待所造成的暴露时间与行驶时间相比是次要的, 但在行驶时间的路线经过优化已经比较短的情况下, 等待所造成的暴露时间就变成主要矛盾了; 在 72 条路线都确定的情况下等待所造成的暴露时间就变成总暴露时间不同的唯一原因了. 当然三种等待所造成的暴露时间对总暴露时间的影响也各不相同, 应该进一步分析, 找到矛盾的主要方面. 几乎所有的队都对后一个问题考虑不够, 尽管有些队考虑了转域的等待问题, 却普遍忽略了考虑等待第二次齐射的暴露时间, 虽然有极个别的队曾经想到优化等待第二次齐射的暴露时间, 可是没有发现它的特点及正确地减少等待第二次齐射暴露时间的方法, 无功而返.

前面两个方案首先根据从待机地域到发点的距离选择 24 个一发点使上述距离最短, 然后再根据距离确定转域、最后仍然根据距离确定 24 个二发点. 显然主要考虑的是行驶时间最短, 分了几层优化, 符合启发式思想. 但上层的优化结果对下层形成很强的约束, 又没有反复进行迭代, 实际上对等待所造成的暴露问题无法考虑或考虑不够. 这是这类模型先天性的重大缺陷, 导致结果不理想. 而第三个方案采用模拟退火方法全局优化, 对发射点和转域都进行随机挑选, 所以效果好些.

初步分析, 会车与超车对暴露时间的影响不大. 因为一条路段如果仅有一台车经过, 则不存在会车与超车. 如果两个导弹车的道路集合的交集为空集或几个孤立点, 则在这两条道路上行驶的车辆也不存在会车与超车. 在同一条路线 (或同一条路段) 上行驶的车辆快车在前, 慢车在后, 不存在超车. 出发点、终点 (可以是更长路程中的一点) 相同, 由于都必须走最短路, 所以不存在会车, 如果快车先出发, 则也不存在超车. 分别在不同时间段行驶的车辆间不存在会车、超车, 例如到一发点去的车辆与到转域或二发点的车辆因为分别在一发前、后两个无交的时间段, 故不存在会车、超车. 因为第一阶段从同一个待机地域出发, 在所经过的路段上应该是同向的, 而且快车走远路, 可以先开, 所以不存在会车、超车的问题. 来自不同待机地域的导弹车, 由于两个待机地域分别位于整个作战区域的最上部与最下部, 每辆车又都选择离待机地域较近的一发点, 所以不会发生会车或超车, 否则通过交换发点可以减少暴露时间. 如果两辆车在同一单行路段双向行驶, 可以通过交换发点或转域而缩短里程, 且可以避免会车, 因此除在转域附近由于进出需要会发生会车, 一般会车可以避免 (无法避免时, 只能双向错时通行, 单向行驶的时间区间无交). 至于到不同转域装弹的车辆由于行驶路线基本无公共的路段也不会发生会车. 进一步, 因为每段路长度不长, 不同类型导弹车的速度相差不大, 同向时相对速度不大, 所以无法超车时所产生的延时比较短. 综上所述, 会车与超车等待所造成的暴露时间不是暴露时间的重点. 上述第一个方案中会车、超车时间很短也从侧面说明这个判断是符合实际情况的.

至于在转载地域等待装弹所造成的暴露时间也不是主要矛盾. 因为每个转载地域可以同时容纳两辆导弹车处于隐蔽状态, 所以进入某转载地域的第一辆和第二辆导弹车都不处于暴露状态, 进入某转载地域的第 n 辆 $(n > 2)$ 导弹车只要保持与进入同一转域的第 $n - 2$ 辆导弹车间隔在 10 分钟以上一般不存在暴露时间. 由于一发为齐射, 各一发点到转载地域距离不等, 故同时到达转载地域的情况很少. 特别是总共有 6 个转域, 总共才 24 辆导弹车, 平均每个转载地域仅为 4 辆车装弹, 而且每辆车装弹时间为 10 分钟, 比较短. 因此在转载地域等待装弹所造成的暴露时间不是突出的问题 (如前面模拟退火方法得到的方案, 因为等待装弹的暴露时间为零, 也证明此判断是符合实际情况的). 在转载地域附近因为装弹的车辆有进有出, 可能产生会车, 但如果坚持转载地域附近发生会车时先出后进, 最好能够进、出沿不同的路线, 则一般不会因为等待而增加在转载地域的暴露时间. 最理想的情况是每辆车在装弹时, 其他车辆都在行驶, 各辆车的第二、三两段行驶之和相等, 而从一发到转域的时刻为不小于 10 分钟的等差级数. 这时不仅暴露时间为零, 而且总时间最短.

由以上分析可知, 转载地域应选择距离多个发点都比较近的节点, 转载地域选择在双车道最好 (进出车辆可以双向行驶, 没有会车、超车), 否则也应选择离双车道近的节点 (因为单行道的路程越长, 堵车的概率越大, 而且堵车的后果即堵车的时间越长) 或连接道路较多的节点 (有利于解决转域前的会车问题). 这对解决第二问很有用.

剩下的就是等待第二次齐射的暴露时间了. 每辆车等待第二次齐射的暴露时间既取决于该导弹车到达第二波发射点的时刻, 也取决于 24 辆导弹车中最晚到达第二波发射点的时刻. 若该导弹车到达第二波发射点的时刻改变了, 则这辆车的行驶时间随之改变, 但可能并不影响这辆车的暴露时间, 因为行驶时间虽然缩短 (延长), 但等待第二次齐射的时间加长 (缩短) 了, 总和却不变, 所以仅孤立地分别考虑三段行驶时间最短, 很可能是做了无用功. 但如果这辆车是 24 辆导弹车中最晚到达第二波发射点的一辆, 则情况发生了根本的变化, 不仅这辆车的暴露时间缩短了, 而且其他 23 辆车的等待第二次齐射的时间都缩短了, 从而总的暴露时间大大缩短了, 其效率最高达 24 倍. 从数学上看, 边际效应将是第一阶段某辆导弹车行驶时间边际效应的 24 倍, 因此在各车载装置的行驶时间基本接近最优时, 最晚到达第二波发射点的导弹车的行驶时间, 即这辆车到达第二波发射点的时刻就显得非常重要, 对缩短总暴露时间影响重大, 如果抓不住这点仅靠计算机穷举, 效率肯定太低.

24 辆导弹车中最晚到达第二波发射点的时刻既与从一发点到转域及转域到二发点的距离有关, 也与在转载地域等待装弹时间有关. 但前面已经对前两项分别进行优化, 第三项受到在同一转域装弹的其他车辆的影响, 优化受到限制. 问题似乎又陷入窘境, 我们必须跳出原来思维的框框, 不能再以三个行驶时间、三个暴露时间为优化对象. 因为第一波发射必须是齐射, 所以 24 辆导弹车中最晚到达第二波发射点的时刻取决于这辆导弹车在第二段与第三段的行驶时间之和 (因为这辆车行驶时间最长, 应该受到 "优待", 在转载地域的等待时间为零, 至少应该很短, 这时最晚到达第二波发射点的时刻取决于这辆导弹车在第二段与第三段的行驶时间之和). 进一步分析, 我们头脑中根深蒂固的概念: 两个加数之和当每个加数都取最小时, 和一定最小, 在这里并不适用. 因为这里有 48 段道路, 相加后有 24 个和, 即使 48 段道路相同, 24 个和仍然很可能不同, 当然最大和所对应的最晚到达第二波发射点的时刻也就不同. 因为每辆导弹车从一发点出发时刻与到达二发点的时刻之间的时间差等于第二段与第三段的行驶时间之和 (在优化后的方案中, 导弹车应该尽量减少会车与装弹等待时间), 而最晚到达第二波发射点的时刻取决于这批和当中最大的一个. 由此可见第一问的 "突破口" 是让 24 辆导弹车在第二段与第三段的行驶时间之和的最大值达到最小. 虽然要实现上述目标同样要对第二段与第三段的行驶时间 (都是从发点到转域的距离) 分别寻优, 但这只是必要条件, 还必须让它们两两配对并求和计算最大值, 然后再改变配对方案使和的最大值达到最小. 因为即使是相同的 48 条线路, 如果配对方案不同, 行驶时间之和就不同, 最大值也不相同, 不优化就无法使最大值实现最小. 特别在先根据待机地域到发点的距离确定 24 个一发点之后, 连 48 条线路都不能任意选择, 也无法任意配对, 因此, 尽管优化变量表面看差别不大, 但优化结果却大相径庭.

因为本问题的转载地域共有六个, 而在不同转载地域装弹的上述路线无法配对, 所以在选择发点到转载地域距离短的线路时必须注意, 每一个转载地域都一定与偶数个发射点相连, 否则无法保证两两配对, 必须在同一个转载地域中从发点到转载地域距离短的线路中成对地选择最小的线路. 又因为最大值指的是 24 辆车辆各自行驶时间中最大的, 所以每选取一对发点到同一转载地域距离和最短的线路, 必须在 6 个转载地域中通盘考虑, 即每次都考察六个转载地域, 从中选出同属某一转载地域, 且到发点距离最短的一对 (这只是启发式思想, 并非一定最优). 其次, 因为 "突破口" 是 24 辆导弹车在第二段与第三段的行驶时间之和的最大值达到最小, 所以配对时除了达最大值的那一对是不能变化的, 其余 23 对的配对就比较灵活, 只要配对和小于等于那个最大值就都是可以的. 这使进一步优化成为可能. 这条题目的难点在于 "突破口" 不是通常情况的单变量, 而是两个单变量的和, 这给分析造成一定的困难, 研究生应对此重视.

为了让 24 辆导弹车在第二段与第三段的行驶时间之和的最大值达到最小. 首先必须考虑各发射点到六个转载地域的距离, 列表 8.18 如下.

表 8.18　发射点到六个转载地域的距离表

	Z1	Z2	Z3	Z4	Z5	Z6
F1	109.3598	116.5509	151.0152	**91.80789**	157.8466	92.90292
F2	109.3015	116.4926	150.9569	91.74956	157.7883	**92.8446**
F3	109.2428	116.4339	150.8981	**91.69084**	157.7296	92.78588
F4	131.4492	138.6403	158.0149	96.56792	161.1406	74.20015
F5	131.4492	138.6403	158.0149	96.56792	161.1406	74.20015
F6	127.4781	134.6692	154.0439	92.59684	157.1695	**70.22907**
F7	145.7987	138.77	138.3057	76.85867	141.4313	54.4909
F8	177.5035	147.7125	147.2483	85.80124	140.0413	53.10089
F9	175.0611	145.2702	144.8059	83.35888	137.599	**50.65853**
F10	163.3304	129.7212	129.2569	67.80987	132.3825	**45.4421**
F11	161.3348	127.7256	127.2614	65.81432	130.387	**43.44655**
F12	194.9258	165.1349	164.6706	103.2236	118.9929	**32.05246**
F13	197.7261	167.9351	167.4709	106.0238	121.7931	**34.85271**
F14	233.4077	203.6168	198.9166	141.7055	97.67487	68.04064
F15	227.1311	197.3401	192.64	135.4288	91.3982	61.76397
F16	230.9171	201.1261	196.426	139.2148	95.18419	65.54995
F17	229.7133	199.9224	195.2222	138.0111	93.98047	64.34623
F18	217.422	183.8128	172.5675	121.9015	71.32574	**41.6915**
F19	212.4458	178.8366	167.5914	116.9253	66.34959	**36.71536**
F20	225.917	172.3832	150.5783	130.3965	**49.33654**	56.47186
F21	233.0614	191.0364	169.2316	137.5409	**67.9898**	57.33088
F22	235.2947	193.2698	171.4649	139.7742	**70.22317**	59.56426
F23	250.1907	177.1887	155.3838	149.5733	**73.61027**	76.35177
F24	**64.85727**	108.5011	142.9653	115.8186	181.8573	138.6399
F25	**48.83577**	92.47957	126.9438	115.0696	193.7752	151.5909
F26	66.69829	**69.92085**	104.3851	92.51088	171.2165	129.0322
F27	81.13227	**84.35483**	118.8191	89.61179	155.6505	113.4662
F28	**81.13227**	84.35483	118.8191	89.61179	155.6505	113.4662
F29	92.05363	**44.3645**	78.82875	66.95453	154.2364	147.1645
F30	92.05363	**44.3645**	78.82875	66.95453	154.2364	147.1645
F31	135.775	83.26452	82.80027	**21.35324**	115.4633	73.27896
F32	137.5081	84.99769	84.53344	**23.08641**	117.1965	75.01213
F33	140.2686	87.75812	87.29387	**25.84684**	119.9569	77.77256
F34	133.0241	80.5136	80.04936	**18.60233**	94.03359	98.81232
F35	134.2706	81.76014	81.29589	**19.84886**	95.28012	100.0588
F36	174.424	116.196	115.7318	78.9035	93.71721	**51.53288**
F37	181.8557	103.1987	102.7344	72.90422	91.41449	**68.99862**
F38	180.0683	101.4113	100.947	71.11681	89.62707	**67.2112**
F39	182.4218	103.7647	103.3005	**73.47029**	91.98055	69.56468
F40	218.4779	142.5833	120.7785	114.968	**19.53671**	87.50347
F41	200.0349	121.3779	99.57306	93.76255	**26.96693**	113.9074

续表

	Z1	Z2	Z3	Z4	Z5	Z6
F42	196.4412	117.7842	95.97933	90.16883	**23.37321**	110.3136
F43	190.1263	111.4693	89.66444	83.85394	**47.45857**	124.6697
F44	**50.37192**	134.5423	153.6829	164.7937	249.717	206.4996
F45	**52.08523**	136.2556	155.3962	166.507	251.4303	208.2129
F46	**37.57288**	121.7432	140.8838	151.9946	236.9179	193.7005
F47	**35.43075**	119.6011	138.7417	149.8525	234.7758	191.5584
F48	**55.59609**	74.82471	109.289	97.41474	184.6967	158.7235
F49	**55.24789**	74.47651	108.9408	97.06654	184.3485	158.3753
F50	**31.47749**	78.76967	97.91027	124.2863	199.152	185.5951
F51	**47.7302**	58.80084	77.94144	120.7121	179.1832	200.9221
F52	**73.23319**	84.30383	103.4444	146.2151	204.6862	226.4251
F53	74.89509	85.96573	105.1063	147.877	206.3481	228.087
F54	69.78021	61.23594	**68.03577**	123.1472	169.2775	203.3572
F55	83.12648	94.19712	111.0465	156.1084	212.2882	236.3184
F56	83.80151	94.87215	111.7215	156.7834	212.9633	236.9934
F57	105.6905	73.08238	**38.61813**	100.0652	139.8599	180.2751
F58	103.371	70.76293	**36.29869**	97.74572	137.5405	177.9557
F59	94.69525	86.15098	92.95081	148.0623	194.1926	228.2723
F60	92.09715	83.55288	**90.35271**	145.4642	191.5945	225.6742

　　表中黑体是前面表 8.8 方案选中的 48 条线路, 可以看到基本上都是最短或比较短的, 所以这个方案结果令人比较满意.

　　由于每个发射点只可以使用一次, 所以表中每行最多只能选用一个数字. 前已说明从表格每列中选择的个数必须是偶数, 才能让它们配对. 在 48 条路线选择后, 为使其中经过共同转域的路线配对后和的最大值达最小, 应采用以下的办法: 在具有共同转域的数字集合 (把不同的发射点分配给不同的转载地域需要讨论, 这里假设已经正确分配之后) 中, 首先让最大的与最小的数字配成一对, 然后在剩下数字中再选最大的与最小的再配成一对, 如此循环直至配完.

　　下面证明上述办法一定可以实现配对和的最大值达到最小. 由于配对必须在具有共同转载地域的路线间才可以进行, 而且每个转载地域中线路是给定的, 相互之间没有任何影响 (每个发点最多使用一次). 所以只要证明具有共同转载地域的每列数字中和的最大值按上述办法能够达到最小即可. 若 X 是全体转载地域配对和的最大值集合中最小的, 记其所在的全体转载地域配对方案为 Y, 则 X 肯定是 Y 在其中某个转载地域的子配对方案 V 下配对和的最大值 (大范围的最大值一定也是小范围的最大值). 如果 X 不是这个转载地域配对和的最大值中最小的, 则一定这个转载地域还有另外的配对方案其配对和的最大值 Z 比 X 还小, 相应的这个转载地域内的子配对方案为 U, 则让 U 在方案 Y 中顶替 V, 其他转载地域的配对方案不变, 就得到比 X 更小的配对和的最大值 (因为这个转载地域的配对和都比 X 小, 另外五个转域中配对和因为保持不变, 原来比 X 小, 现在仍然比 X 小) 与 X 在全体转域配对和的最大值中达到最小矛盾.

设某个转域内有 $2m$ 个数字, 按从小到大的顺序排列 $x_1, x_2, \cdots, x_{2m}$, 上述配对方法为 $x_1 + x_{2m}, x_2 + x_{2m-1}, x_3 + x_{2m-2}, \cdots, x_m + x_{m+1}$ (下标之和均为 $2m+1$), 设其中最大值为 $x_i + x_{2m+1-i}$. 用反证法证明 $x_i + x_{2m+1-i}$ 就是这 $2m$ 个数字任意配对情况下配对和最大值中的最小值.

设在任意方法配对中, 当配对为 $x_{j_1} + x_{k_1}, x_{j_2} + x_{k_2}, x_{j_3} + x_{k_3}, \cdots, x_{j_m} + x_{k_m}$ 时, 上述 m 个和的最大值 $x_{j_n} + x_{k_n}$ 达到配对和最小, 由配对要求有 $\forall s, t, j_s, k_t$ 全不相同, 并设 $\forall s, j_s < k_s$.

证明的思路是证明当配对和的两个数的下标之和不等于 (小于、大于) $2m+1$ 都不可能成为配对和最大值中最小的一个.

若 $j_n + k_n < 2m+1$, 则 $j_n - 1 < 2m - k_n$, 即 $2m$ 个数字中比 x_{k_n} 大的数字个数要多于比 x_{j_n} 小的数字的个数, 则在这个配对方案中由抽屉原则, 一定有一个下标 $k_s > k_n$ 的数字与下标大于 j_n 的数字 x_{j_s} 配对在一起, 因为 $x_{j_n} < x_{j_s}, x_{k_n} < x_{k_s}$, 不等量加不等量, 原来大的仍然大, 故 $x_{j_n} + x_{k_n} < x_{j_s} + x_{k_s}$ 与 $x_{j_n} + x_{k_n}$ 是这种配对方法获得的最大值矛盾.

若 $j_n + k_n > 2m+1$, 证明的思路是一定能够在 $x_{j_1} + x_{k_1}, x_{j_2} + x_{k_2}, x_{j_3} + x_{k_3}, \cdots, x_{j_m} + x_{k_m}$ 配对方案的基础上找到一个新方案, 它产生的配对和的最大值比 $x_{j_n} + x_{k_n}$ 小, 与 $x_{j_n} + x_{k_n}$ 是和的最大值中最小的矛盾.

因为 $j_n + k_n > 2m+1$, 则 $j_n - 1 > 2m - k_n$, 即在 $2m$ 个数字中比 x_{k_n} 大的数字个数要少于比 x_{j_n} 小的数字的个数, 又因为上述方案中配对和的最大值是 $x_{j_n} + x_{k_n}$, 所以不小于 x_{k_n} 的数字一定与不大于 x_{j_n} 的数字配对. 在这部分配对中, 与下标小于等于 $2m - k_n + 1$ 的数字配对的数字组成的集合记为 S_1, $\{x_{k_n}, x_{k_n+1}, \cdots, x_{2m}\}$ 与 S_1 的差集记为 S_2. 与集合 S_2 中数字配对的元素集合记为 S_3, 显然 S_3 集合里元素的下标都大于 $2m - k_n + 1$. 保持 S_1 中的配对不变, 与 S_2 配对的 S_3 全部改变. S_2 中数字依下标 k_p 按从大到小的顺序 (也是数字从大到小的顺序) 与小于等于 j_n 的、且没有与 S_1 中数字配对的数字进行配对. 后者按下标从小到大的顺序逐个配对. 故后者的下标都不超过 $2m - k_n + 1$(S_1, S_2 总共 $2m - k_n + 1$ 个元素, 由于逐个配对一定让从 1 开始的最小的 $2m - k_n + 1$ 个下标都配对了, 而且与 S_2 中元素配对的数字对应的下标都变小了), 肯定都小于 j_n. 调整后与 S_2 中数字配对的数字集合记为 S_4, S_4 的下标集合记为 T_4(T_4 的元素也都小于等于 $2m - k_n + 1$). 再让原来与下标集合 T_4 的元素所对应的数字配对的数字集合记为 S_5, S_5 中元素由于在原方案中没有与 S_1、S_2 中元素配对, 所以下标都小于 k_n. 最后让 S_3 和 S_5 的元素配对 (由于配对关系, S_2 与 S_3, S_2 与 S_4, T_4 与 S_5 的元素个数相等, S_3 和 S_5 可以配对), 其余的配对不变, 形成新的配对方案, 该方案中 S_2 的配对变化了, 由于另一个数变小, 所以和变小了. S_5 的配对也变化了, 但由于 T_3 的元素都小于等于 j_n, S_5 与 S_1、S_2 都无交, 所以 S_4 元素的下标都小于 k_n, 新的配对和仍然小于 $x_{j_n} + x_{k_n}$, 其余原来小于 $x_{j_n} + x_{k_n}$ 的配对没有变, $x_{j_n} + x_{k_n}$ 换成了 $x_{2m+1-k_n} + x_{k_n}$, 所以新的配对方案的和的最大值小于 $x_{j_n} + x_{k_n}$, 与 $x_{j_n} + x_{k_n}$ 是配对和最大值的最小值矛盾. 证毕. 如果 $2m$ 个数字按从小到大的顺序排列 $x_1, x_2, \cdots, x_{2m}$ 不是严格下降的对证明没有实质影响.

至于确定六个转载地域里取哪几对发点才能保证配对和的最大值达到最小, 这还是一个没有完全解决的问题. 因为配对和的最大值除了肯定与配对数字的平均值有关, 平均值比较大的配对和的最大值一般比较大. 此外与配对数字的分布也很有关系, 数字越集中在平均值附近的配对和相对比较小. 很容易构造这样的例子, 一组平均值小的配对数字按上述方法配对和的最大值却大于另一组平均值大的配对数字按上述方法配对和的最大值. 尤其在我们的问题中每个发点只能使用一次, 产生在一个转载地域中用过的发点所对应的六条路线只能使用一次, 更增添了难度. 一个启发式思想就是逐对选择路线, 按转载地域穷举增加一对线路后行驶时间的平均值和增加的这一对线路的行驶时间排序, 取最短的一对, 然后按最佳配对方式配对计算配对和的最大值, 选取六组中小的一个.

当然还要进一步讨论, 如果有两个以上的导弹车最后同时到达第二波发射点, 情况就又类似非最后到达第二波发射点的导弹车的情况, 这时最后同时到达第二波发射点的时刻的边际效应都变小了, 但这种情况发生的概率非常非常小 (由于在转载地域隐蔽适当的时间而最后同时到达第二波发射点不属于前面讨论的情况). 但由于最后到达第二波发射点的导弹车的时刻被提前, 倒数第二到达第二波发射点的导弹车的时刻变成新的最后到达第二波发射点的时刻, 所以最后到达第二波发射点时刻的边际效应对同一辆发射车只发生在比较短的时间区间内.

从上面讨论容易看出选择发射点, 在第一波时边际效应是 1 倍, 而二波放在一起考虑时, 边际效应可能是 24 倍, 因此根据第一波发射点到第二波发射点的最短行驶时间选择发射点要优于按待机地域到第一波发射点距离选择发射点, 这也是众多研究生队第一问的结果都不十分理想的重要原因.

前已说明, 根据一发到二发的时刻只决定行驶时间最长的一台导弹车的配对, 剩余的 23 辆车的配对仍然有一定的灵活性. 现在虽然确定了 48 个发点, 但究竟选择哪些发射点作为一发点, 哪些发射点作为二发点还应该进行优化. 由于从待机地域到一发点的行驶时间一定成为暴露时间, 而作为二发点, 其到待机地域的行驶时间与暴露时间无关 (因为无须从二发点回到待机地域), 所以作为一发点或二发点, 不管谁是一发点谁是二发点, 只要转载地域不变, 对行驶时间没有什么差别, 但应该选择从待机地域到发点的行驶时间短的作为一发点. 从转载地域到发点的距离确定, 行驶时间从而暴露时间也就大致确定. 前已分析, 导弹车到达同一转域的时间保持一定的间隔 (最理想的是公差为 10 分钟的等差序列) 就可以减少甚至不产生因装弹等待造成的暴露时间. 如果导弹车比较少, 例如两辆, 则无须调整, 如果车辆较多, 例如三辆, 可能没有在转载地域等待的暴露时间或暴露时间很短, 也无须调整. 但如果在同一转载地域装弹的导弹车比较多, 就应该根据从一发点到转域的行驶时间从小到大排序, 如果间隔比较平均, 则不增加或增加暴露时间很少, 一般不进行调整, 如果间隔很不均匀, 有导弹车集中到达的情况, 则很可能因等待装弹而产生暴露时间. 这时查看与集中到达的导弹车配对的二发点到转载地域的距离, 如果与一发点到转载地域的距离相差较大, 则可以交换这台导弹车的一发点与二发点以避免集中到达. 例如, 按前面讨论的方法, x_1 和 x_{2m} 配对, x_2 与 x_{2m-1} 配对, x_3 与 x_{2m-2} 配对, 若 x_1 和 x_3 到达转域的时间差不足 10 分钟, 一定产生暴露时间, 如果取 x_{2m-2} 与 x_1 和 x_2 作为第一波发射点, 则 x_1 与第三个到达转域的导弹车的时间间隔不小于 10 分钟, x_1 装弹后等第三个到达转域的导弹车到达时再离开, 则不产生暴露时间.

当在同一转载地域装弹的导弹车到达转载地域的时间相隔比较近, 则可能产生暴露时间. 很明显因为转载地域等待装弹的最少暴露时间不小于总空白时间减去最大隐蔽时间. 其中总空白时间指的是一发到二发时间间隔与每辆车行驶时间 (从一发点到转载地域, 再从转载地域到二发点) 之差, 再关于在此转载地域装弹车求和, 这段时间如果不隐蔽就一定暴露. 最大隐蔽时间的估计为

(倒数第二辆离开该转载地域导弹车的时刻

− 正数第二辆导弹车进入该转载地域的时刻) × 2

+ (正数第二辆导弹车进入该转域的时刻

− 正数第一导弹车进入该转域的时刻)

+ (倒数第一辆离开该转域导弹车的时刻

− 倒数第二辆离开该转域导弹车的时刻),

其中第一项容许两辆车同时在转域的时间 ×2, 第二、三项是仅一辆车在转域的时间. 显然除首尾两辆车外其他导弹车到达过于密集或多数车辆的空白时间太长, 则暴露时间必然比较长. 所以应该尽力减少 24 辆车的行驶时间的最大差 (最快一辆车跑完里程, 不隐蔽一定暴露. 为使最大差达到最小, 则配对和不仅最大值实现最小, 也应尽量让最小值实现最大. 为实现这一点, 仍然可以采用前已证明的配对方案, 类似地可以证明按这种配对方案一定可以使配对和的最小值实现最大).

上述分析究竟有没有作用? 找到更好的解才是硬道理, 才能服众. 事实是 "磨刀不误砍柴工". 对竞赛中找到的最好的方案, 根据上面发现的结论, 很容易发现可以改进的地方. 例如该方案中 A04 车提前 20 多分钟到达二发点, 这段时间属于暴

露时间, 如果延迟从转载地域出发, 增加隐蔽时间, 推迟到达二发点的时间, 则将原来暴露时间转变为隐蔽时间, 如果其他情况都不改变, 则总暴露时间就缩短了. 现在的问题就是在转载地域 Z1, A04 车可否多隐蔽一段时间, 原方案在转载地域 Z1 有 6 辆车装弹, 分别是 A04 车 302.5 分到, 312.5 分离开; B05 车 280.5 分到, 302.5 分离开; B04 车 302.5 分到, 322.5 分离开; C07 车 316.8 分到, 337.3 分离开; C08 车 322.5 分到, 369.8 分离开; C09 车 287.2 分到, 302.5 分离开.

图 8.35 横轴代表时间, 上方线代表导弹车进入转域, 下方线代表导弹车离开转域, 数字代表进入、离开的时刻, 紧靠上方线的数字代表在转域内的车辆数, 明显可以看出若将 312.5 分钟离开的车辆延迟到 316.8 分钟离开, 不会增加暴露时间, 这正是 A04 车.

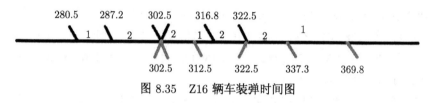

图 8.35　Z16 辆车装弹时间图

下面讨论 A04 车延迟离开转域 Z1 是否会造成会车? 根据方案 A04 车离开转域 Z1 后的行驶方案为 337.1 分钟到达 J50, 361.2 分钟到达 J53, 396.8 分钟到达 J56, 410.1 分钟到达 F52. 查整个方案经过 J50、J53、J56 的只有 C07 和 C08 两辆车, 它们离开转域 Z1 后的行驶方案分别为 C07 在 374.2 分钟到达 J50, 410.4 分钟到达 J53, 后来就到二发点 F51 了; C08 在 406.7 分钟到达 J50, 后来就到二发点 F50 了. 因此三车在共同经过的路段上, 不仅是同向行驶, 而且快车在前, 连时间上也相差近 40 分钟, 所以肯定不会产生会车或超车. 所以 A04 车完全可以延迟到 316.8 分钟离开转载地域 Z1, 这样在二发点等待齐射的暴露时间就缩短了 4.3 分钟, 很简单就优化了结果. 研究生一定注意不能过分迷信计算机, 要充分发挥人脑的聪明智慧, 要善于分析问题.

进一步分析可以发现, 竞赛中找到的最好的方案存在重大的问题: 二发的时刻可以提前, 从而大大减少等待第二次齐射的暴露时间. 首先原方案中 A02、A03、A04、B03、B04、B05、C03、C05、C09、C12 这十辆车都是在二发齐射时刻前就已经到达二发点等待齐射, 所以它们完全可以提前进行二次发射. 而剩下的 A01、A05、A06、B01、B02、B06、C01、C02、C04、C06、C07、C08、C10、C11 十四辆车都在转载地域停留 16 分钟以上时间, 所以如果这十四辆车都可以从转载地域提前出发, 则二发时刻就能够提前, 边际效应达 24 倍, 暴露时间的减少将非常明显. 为此我们列举这十四辆车的行驶方案, 分析有无提前的可能. 因为各导弹车提前到达二发点都是节省在转载地域等待的时间, 离开转载地域之前的方案不变, 故新方案在所有导弹车都没有离开转载地域前一定可行, 下面只从有导弹车从转载地域离开时刻考虑问题.

A01 经 Z3 (267.5, 312.3)、J57 (341.7)、J58 (361.4)、J59 (386.8)、J62 (418.9) 最终到二发点 F60.

A05 经 J15 (283.2)、J16 (305.1)、Z6 (341.3, 365.3)、J26 (394.9)、J24 (420.5) 最终到二发点 F09.

A06 经 J06 (279.5)、J51 (290.8)、Z2 (306.4, 323.2)、J51 (338.8)、J06 (350.1)、J05 (377.5)、J34 (400.2)、J35 (420.2) 最终到二发点 F27.

B01 经 Z5 (312.5)、J41 (328.7)、J18 (347.9)、J29 (380.9)、J30 (415.2) 最终到二发点 F22.

B02 经 Z3 (316.2)、J57 (354.0)、J58 (379.3)、J59 (411.9) 最终到二发点 F54.

B06 经 J25 (286.0)、Z6 (336.4, 370.0)、J28 (419.0) 最终到二发点 F19.

C01 经 J06 (264.5)、J51 (281.4)、Z2 (304.8, 344.1)、J51 (367.4)、J06 (384.4)、J36 (413.0) 最终到二发点 F03.

C02 经 Z4 (285.9)、J38 (305.9)、J42 (362.8)、J40 (407.5) 最终到二发点 F39.

C04 经 Z5 (272.8, 303.7)、J41 (322.7)、J18 (345.0)、J19 (372.2)、J31 (414.7) 最终到二发点 F23.

C06 经 J44 (282.3)、Z5 (311.0, 334.1)、J41 (353.1)、J18 (375.5)、J29 (413.9) 最终到二发点 F20.

C07 经 J48 (269.9)、Z1 (316.8, 337.3)、J50 (374.2)、J53 (410.4) 最终到二发点 F51.

C08 经 J48 (273.3)、Z1 (322.5, 369.8)、J50 (406.7) 最终到二发点 F50.

C10 经 J14 (269.3)、J15 (313.7)、J37 (341.8)、Z4 (370.1, 390.1)、J37 (418.4) 最终到二发点 F31.

C11 经 J14 (269.1)、J15 (313.5)、J37 (341.5)、Z4 (369.8, 386.6)、J37 (414.9) 最终到二发点 F32.

仔细观察后发现, 24 辆车的路线可以按转载地域的不同分为六个集合, 六个集合之间除在 Z1、Z2 转载地域装弹的车辆在 J05 到 J34 到 J35 线路有重叠外 (虽然 A 车在后, B 车在前, 但相差 20 分钟, 最后仍然相差 10 分钟, 所以不存在超车, 即使提前几分钟, 也没有超车问题) 没有公共路线, 所以无论各集合内部怎么提前, 都互相没有影响.

六个集合内部公共路线如下:

Z1: A04 经 J04 (277.5) Z1 (302.5, 312.5) J50 (337.1) J53 (361.2) J56 (396.8) 提前到二发点 F52.

B04 经 J04 (267.6) Z1 (302.5, 322.5) J04 (354.7) J05 (375.6) J49 (394.4) 提前到二发点 F49.

B05 经 Z1 (280.5, 302.5) J04 (334.7) J05 (355.6) J34 (384.8) J35 (410.5) 提前到二发点 F28.

C07 经 J48 (269.9) Z1 (316.8, 337.3) J50 (374.2) J53 (410.4) 最终到二发点 F51.

C08 经 J48 (273.3) Z1 (322.5, 369.8) J50 (406.7) 最终到二发点 F50.

C09 经 Z1 (287.2, 302.5) J04 (340.1) J05 (365.1) J49 (387.1) 提前到二发点 F48.

J48 到 Z1 然后到 J5 再到 J53 是 A4、C7、C8 三车的公共路段, A4、C7、C8 三车同向, 且快车在前, 后两车同速, 故 C7、C8 提前从转域 Z1 出发完全可行.

J04 到 Z1 回到 J04 然后到 J05 再到 J49 是 A4、B4、B5、C9 的公共路段, 但四辆车都是提前到达二发点, 原来可行, 这次时间表不变, 仍然可行, 而 C7、C8 不经过这些路段, 所以提前与否, 不会造成不可行. 原方案中 J04 到 Z1 再回到 J04 存在双向行驶, 但 J04 到 Z1 在 302.5 分钟之前, Z1 回到 J04 发生在 302.5 分钟之后, 交集为空集, 所以不存在会车问题. 这次又都不调整所以继续可行.

Z2：A06 车 J05 (252.1) J06 (279.5) J51 (290.8) Z2 (306.4, 323.2) J51 (338.8) J06 (350.1) J05 (377.5) J34 (400.2) J35 (420.2), 最终到达二发点 F27.

C01 车 J06 (264.5) J51 (281.4) Z2 (304.8, 344.1) J 51 (367.4) J06 (384.4) J36 (413.0), 最终到达二发点 F30.

J06 到 J51 然后到 Z2 回到 J51 再到 J06 是两车的公共路段, 因为反向分成 J06 到 J51 然后到 Z2 一段, Z2 到 J51 再到 J06 一段. 第一段的行驶时间在 306.4 分钟之前, 第二段的行驶时间在 323.2 分钟之后, 交集为空集.

两车在两段都是同向, 第二段快车在前, 第一段虽然快车在后, 但原方案可行, 没有发生超车, 故从第二段开始提前相同的时间 6.8 分钟仍然可行.

Z3：A01 车 Z3 (267.5, 312.3) J57 (341.7) J58 (361.4) J59 (386.8) J62 (418.9), 最终到达二发点 F60.

B02 车 Z3 (278.3, 316.2) J57 (354.0) J58 (379.3) J59 (411.9) , 最终到达二发点 F54.

A01 车与 B02 车公共路线 Z3 到 J57、J57 到 J58、J58 到 J59, 同向, 且快车始终在前, 所以都提前完全可行.

Z4：C02 车 Z4 (253.2, 285.9) J38 (305.9) J42 (362.8) J40 (407.5), 最终到达二发点 F39.

C03 车 Z4 (255.7, 370.1) J37 (398.4), 提前到达二发点 F33.

C10 车 J14 (269.3) J15 (313.7) J37 (341.8) Z4 (370.1, 390.1) J37 (418.4), 最终到达二发点 F31.

C11 车 J14 (269.1) J15 (313.5) J37 (341.5) Z4 (369.8, 386.6) J37 (414.9), 最终到达二发点 F32.

J14 到 J15 然后到 J37 再到 Z4 然后回到 J37 是 C03、C10、C11 的公共路段, C02 车与这批路段交集为空集, 所以 C02 提前与否完全不受另外三车的影响, 一定可行. 上述公共路段因为有反向, 分为 J14 到 J15 然后到 J37 再到 Z4 一段, Z4 回到 J37 第二段. 第一段的行驶时间在 370.1 分钟之前, 第二段的行驶时间在 370.1 分钟之后, 两个时间段的交集为空集, 在两个时间段里, 三辆车同向、同速, 所以不产生会车问题. 修改的方案因为 C03 不需要提前 (C03 原来就提前到达二发点), 而需要提前的 C10、C11, 原来开车的时间在 370.1 分钟之后, 故可以提前, 只要提前时间后不早于 380.1 (需要装弹) 一定可行.

Z5: B01 车 Z5 (249.5, 312.5) J41 (328.7) J18 (347.9) J29 (380.9) J30 (415.2), 最终到达二发点 F22.

C04 车 Z5 (272.8, 303.7) J41 (322.7) J18 (345.0) J19 (372.2) J31 (414.7), 最终到达二发点 F23.

C05 车 Z5 (262.8, 272.8) J41 (291.8) J18 (314.1) J29 (352.6) J30 (392.7), 提前到达二发点 F21.

C06 车 J44 (282.3) Z5 (311.0, 334.1) J41 (353.1) J18 (375.5) J29 (413.9), 最终到达二发点 F20.

Z5 到 J41 再到 J18 最终到 J29 是四车的公共路段, 其中 C04 车不行驶最后一段, 因此不存在被快车 B01 在这段超车的问题. 四路段上车辆都是同向行驶, 后三车都是慢车、同速, C04、C06 提前, C05 不变, 完全可行. B01 虽然是快车, 但始终在 C06 前面, 则不存在超车问题. B01 虽然在 C04、C05 后面, 由于 B01 从 Z5 出发滞后较多时间, 所以到公共路段的终点前, 仍未赶上, 同样不存在超车问题. 故 B01 与 C04、C06 提前相同的时间, 一定可行.

Z6: A02 车 J16 (272.8) Z6 (312.9, 336.4) J25 (375.6) 提前到二发点 F10.

A03 经 J16 (249.5) Z6 (284.8, 331.3) J28 (369.5) 提前到二发点 F18.

A05 经 J15 (283.2) J16 (305.1) Z6 (341.3, 365.3) J26 (394.9) J24 (420.5) 最终到二发点 F09.

B03 经 J39 (259.8) J16 (286.0) Z6 (331.3, 341.3) J06 (379.4) 提前到二发点 F13.

B06 经 J25 (286.0) Z6 (336.4, 370.0) J28 (419.0) 最终到二发点 F19.

C12 经 Z6 (302.9, 312.9) J26 (357.3) 提前到二发点 F12.

J16 到 Z6, Z6 到 J28, Z6 到 J26 都是公共路段, 但路段上车辆都是同向行驶. 其中第一段, 慢车 B03 在后, 三辆 A 车同速, 所以不存在会车、超车问题; 第二段慢车 B06 在后, 快车 A03 在前, 无超车问题; 第三段虽然慢车 C12 在前, 由于比快车 A05 早出发 50 分钟, 所以依然没有超车问题, A05 提前一段时间一定可行. Z6

与 J25 之间虽然存在双向行驶的问题, 但分别在 336.4 分钟前、后, 所以没有会车问题, B06 可以提前出发. A05 在转域 Z 后需要提前, 与 C12 有公共路段, 但同向且 C12 先出发很长时间, 故 A05 可以提前. A02 已经提前到达二发点, 无须提前, 只限制 B06 到达转域 Z6 的时刻, 但不限制 B06 离开 Z6 的时刻, 故 B06 可以提前离开 Z6, 照样可行.

综上所述, 六个转域, 14 辆车都可以提前从转域出发, 从而提前到达二发点, 另外 10 辆车, 原方案中就提前到达二发点, 所以一发到二发的时间间隔可以缩短. 原方案可以大大改进, 初步为一发到二发的时间间隔缩短 6.5 分钟, 整个暴露时间缩短 156 分钟.

从上面的详细分析也可以看出, 会车很少, 双向行驶的道路只有三条. 超车的情况也不多, 而且由于出发时间相差较远, 其中不少到公共路段的终点了, 也没有发生超车. 所以在开始分析问题时, 先不考虑会车与超车是完全恰当的. 对六个转载地域可以都按照前面对 Z1 图示的方法表达导弹车到达离开的情况, 结果发现竞赛中得到的最好的方案六个转载地域都没有发生导弹车因为在转载地域外等待而暴露的情况, 这也间接说明开始分析时将转载地域装弹产生的暴露不作为重点考虑, 而集中注意力在缩短一发、二发的时间间隔上是适宜的.

竞赛中得到的最好的方案, 原来似乎无懈可击. 但根据上面的分析结论, 就可以发现改进的方向. 这个方案虽然选择的是转载地域到发点距离比较短的路线, 但没有按照长短搭配的方法配对, 导致一发、二发之间时间间隔并不是最小, 而 24 辆车在一发、二发间的行驶时间却没有变化, 因而显著地增加了暴露时间. 此外, 容易看出 F35 和 F33 是同一辆导弹车的两个发射点, 由于它们距离转域都很近, 明显不符合长短搭配的原则, 应该改进.

下面讨论第二问. 这个问题与第一问没有任何本质的区别, 只是可以增加两个转域, 而且可以选择. 如果选定两个附加转域, 则仅将第一问的转域从 6 个增加到 8 个. 完全应该按照第一问的长短搭配, 缩短一发、二发时刻之差的思想来解决第二问的问题. 至于从五个待选节点中选择两个节点作为转域, 无须分 10 种情况穷举, 仅根据五个待选节点中哪两个节点到发射点的距离短就能比较后决定选取. 为此需要计算五个待选节点与 60 个发射点的距离, 以便搭配后能够获得更小的最大值.

根据表 8.19 加上前面发射点到转域的距离, 对比后发现在 6 个转域加上 5 个待选转域共 11 个点到 60 个发射点的距离中, J25、J34、J42、J49、J36 分别有 8 个、8 个、5 个、2 个、2 个是最近的. 而且 J25、J34 最短距离比第二短的距离少很多, 而 J 42 最短距离中有 2 个比第二短的距离少几千米. 此外, 五个候选转载地域都不在双向道路上, J25、J34、J42、J49、J36 连接的道路分别是 6, 5, 4, 4, 4 条. 由此可见, 无须穷举, 应该选择 J25、J34 作为增加的转域, 从而节省大量的工作量.

表 8.19　待选节点与发射点的距离表

	J25	J34	J36	J42	J49
F1	63.49204	**56.63008**	82.08593	130.2684	84.65947
F2	63.43372	**56.57176**	82.0276	130.2101	84.60115
F3	63.37499	**56.51304**	81.96888	130.1513	84.54242
F4	**44.78927**	78.71946	104.1753	135.0284	106.7489
F5	**44.78927**	78.71946	104.1753	135.0284	106.7489
F6	**40.81819**	74.74839	100.2042	131.0573	102.7778
F7	**25.08002**	93.06899	118.5248	115.3192	121.0984
F8	**34.02258**	124.6234	142.8563	124.2617	152.6528
F9	**31.58022**	122.1811	140.4139	121.8194	150.2105
F10	**16.03122**	106.6321	124.8649	106.2704	134.6615
F11	**14.03567**	104.6365	122.8694	104.2748	132.6659
F12	51.44492	142.0458	160.2786	111.3287	170.0752
F13	54.24517	144.846	163.0789	114.129	172.8754
F14	89.92686	180.5277	198.7605	147.3169	208.5571
F15	83.65019	174.251	192.4839	141.0402	202.2804
F16	87.43617	178.037	196.2699	144.8262	206.0664
F17	86.23245	176.8333	195.0661	143.6225	204.8627
F18	71.10238	160.7237	178.9565	120.9678	188.7531
F19	66.12624	155.7475	173.9804	115.9916	183.7769
F20	85.88274	169.2187	187.4515	106.3073	197.2481
F21	86.74177	176.3631	194.5959	124.9606	204.3925
F22	88.97514	178.5964	196.8293	127.1939	206.6258
F23	105.7626	193.4924	198.479	111.1128	221.5218
F24	109.229	**48.58022**	74.03607	154.2791	76.60961
F25	123.1596	**32.55872**	58.01456	148.0599	60.58811
F26	100.6008	**10**	35.45584	125.5011	38.02939
F27	85.03483	**24.43398**	49.88983	128.0723	52.46337
F28	85.03483	**24.43398**	49.88983	128.0723	52.46337
F29	118.7332	35.35534	**9.899495**	99.94478	63.38473
F30	118.7332	35.35534	**9.899495**	99.94478	63.38473
F31	44.84762	88.24677	78.40827	59.81374	107.1061
F32	46.58079	89.97994	80.14144	61.54691	108.8392
F33	49.34122	92.74037	82.90187	64.30733	111.5997
F34	70.38098	101.1132	75.65736	37.06282	104.3552
F35	71.62751	102.3597	76.90389	38.30936	105.6017
F36	74.32654	117.7257	135.9585	**47.44108**	145.7551
F37	91.79227	135.1914	124.489	**34.44373**	153.1868
F38	90.00486	133.404	122.7016	**32.65631**	151.3994
F39	92.35834	135.7575	125.0551	**35.00979**	153.7529
F40	116.9144	161.7796	163.8737	76.50747	189.8089
F41	143.3182	168.1241	142.6682	55.30205	171.366

续表

	J25	J34	J36	J42	J49
F42	139.7245	164.5304	139.0745	51.70833	167.7723
F43	135.6326	158.2155	132.7596	**45.39344**	161.4574
F44	177.0887	96.93397	122.3898	197.7839	94.3061
F45	178.802	98.64728	124.1031	199.4972	96.01942
F46	164.2896	84.13494	109.5908	184.9849	81.50707
F47	162.1475	81.9928	107.4486	182.8427	79.36494
F48	130.2921	39.69129	65.14713	130.405	**11.6619**
F49	129.9439	39.34309	64.79894	130.0568	**11.31371**
F50	157.1637	66.56289	92.01873	147.5246	38.5335
F51	172.4908	82.81559	93.26585	127.5558	54.78621
F52	197.9938	108.3186	118.7688	153.0588	80.2892
F53	199.6557	109.9805	120.4307	154.7207	81.9511
F54	174.9259	104.8656	95.70095	129.9909	76.83622
F55	207.8871	118.2119	128.6621	162.9521	90.18249
F56	208.5621	118.8869	129.3372	163.6271	90.85752
F57	151.8438	133.0032	107.5474	106.9088	112.7465
F58	149.5244	130.6838	105.2279	104.5894	110.427
F59	199.8409	129.7806	120.616	154.9059	101.7513
F60	197.2428	127.1825	118.0179	152.3078	99.15316

　　同样可以看出竞赛中最好的结果也是可以改进的, 例如 F26、F27 都是离候选转载地域 J34 非常近的两个发点, 将这两个发点作为同一辆导弹车的一发、二发点显然违背应根据发点到转域的距离, 将距离远的与距离近的搭配, 以缩短一发、二发时刻的间隔的思想. 所以优化的余地还是比较大的.

　　下面讨论第三问. 首先指出替换行驶时间最长的三台 C 型车, 是启发式思想, 属于中学生的水平, 肯定无法达到最优. 因为即使从节省行驶时间考虑, 应该替换的是三条路程最长的线路. 而第一问都是让快车走远路, 慢车走近路, 所以最远的路线应该是 A 型车的行驶路线, 替换原来最长的三条路线, 就可以让 A 型车行驶 B 型车原来的行驶路线, 再让替换下来的 B 型车行驶 C 型车原来的行驶路线, 这样是选择原来 24 条路线中最短的 21 条, 3 条最长的路线无须行驶了.

　　其次, 第三问中 24 + 3 辆导弹车的情况完全不等价, 因为仅参加一个波次打击的 6 台 C 型车 (相当于参加两波次打击的 3 辆车) 与其余 21 辆导弹车的暴露机制有很大的不同. 仅参加一个波次打击的 6 台 C 型车分别参加第一段、第三段, 都不参与第二段, 而且由于在待机地域或新增加待机地域已经完成装弹, 无须再到转域, 特别是待机地域或新增加待机地域有隐蔽功能, 所以这些车辆的暴露时间即行驶时间. 优化也非常简单, 选取到待机地域或新增加候选待机地域最近的发点即可. 但根据前面的分析, 上述优化的边际效应都是 1, 而缩短 21 辆参加两波次打击的导弹车的一发、二发时刻的最长间隔, 边际效应可以达 21, 所以首先应对 21 辆导弹车的路线进行优化, 它们的路线确定后再对 6 台 C 型车的发点选优.

先考虑 $24 - 3 = 21$ 辆车的暴露时间最短, 这时情况与第一问完全相同, 仅车辆数不是 24 而是 21 罢了. 按长短搭配的思想求出 21 辆车的一发、二发时刻间隔的最小值. 进一步求出 21 台导弹车的行驶路线与时间安排. 排除 $21 \times 2 = 42$ 个发射点 F 后, 再从剩余的 $60 - 42 = 18$ 个发射点 F 中选取 3 个距离待机区域 D1 或 D2 最近的发点 (D1、D2 最终挑选的车辆数要满足题目的要求, 即 A、B、C 型车都是 3、3、6 辆). 在剩余的 18 个发射点和 6 个候选道路节点 J04、J06、J08、J13、J14、J15 间选择最短距离的 3 条 (6 个候选道路节点最多被选两次, 发点最多被选一次).